柴油发电机组新技术及应用

许乃强 蔡行荣 庄衍平 编著

机械工业出版社

柴油发电机组作为常用后备、应急电源设备，广泛应用于各行各业用电系统中，特别是在负载对供电质量要求越来越严格的今天，已成为不可或缺的供电保障。本书的三位作者均来自于柴油发电设备制造第一线，具有深厚的理论知识和丰富的实践经验，他们对近年来柴油发电设备的技术发展以及柴油发电设备在实际工程中的技术应用进行了深入研究，并加以总结归纳，完成本书。

通过阅读本书，读者可以了解柴油发电机组作为一种发电设备，在当前用电系统应用中技术发展的最新状况，并且还可以了解其中的一些技术细节。本书信息量丰富、可读性强，在编写内容上博采众家之长，技术应用和工程案例相结合，文字描述与图表、图像直观表达相结合，通俗易懂，易于理解。

本书适合发电设备制造行业的工程技术人员，电气工程设计人员，广大用户，操作、维修人员以及电气工程专业的在校师生阅读。

图书在版编目（CIP）数据

柴油发电机组新技术及应用/许乃强，蔡行荣，庄衍平编著. —北京：机械工业出版社，2018.3（2023.6 重印）

ISBN 978-7-111-59507-6

Ⅰ.①柴… Ⅱ.①许… ②蔡… ③庄… Ⅲ.①柴油发电机-发电机组 Ⅳ.①TM314

中国版本图书馆 CIP 数据核字（2018）第 059209 号

机械工业出版社（北京市百万庄大街 22 号　邮政编码 100037）
策划编辑：林春泉　　责任编辑：林春泉
责任校对：张　征　　封面设计：鞠　杨
责任印制：邓　博
北京盛通商印快线网络科技有限公司印刷
2023 年 6 月第 1 版第 4 次印刷
184mm×260mm・27.5 印张・700 千字
标准书号：ISBN 978-7-111-59507-6
定价：99.00 元

电话服务　　　　　　　　网络服务
客服电话：010-88361066　　机　工　官　网：www.cmpbook.com
　　　　　010-88379833　　机　工　官　博：weibo.com/cmp1952
　　　　　010-68326294　　金　书　网：www.golden-book.com
封底无防伪标均为盗版　　　机工教育服务网：www.cmpedu.com

序

从受上海科泰电源股份有限公司（简称上海科泰）许乃强先生相邀为他和蔡行荣、庄衍平三位作者新编著的《柴油发电机组新技术及应用》一书作序那刻起，我对这本技术专著就充满了各种期待。作为内燃发电机组行业的一个老兵，我期望这本专著脱落老套，将平凡叙述出精彩。内燃发电机组是一个传统行业，早在30多年前我大学刚刚毕业的时候，这个行业，连同它的上游产品内燃机行业都被工业界看作是"夕阳"行业，认为已经穷尽研究，很难创新了。所以在接到邀请的那一刻，我很好奇，情不自禁地猜想着三位作者该如何将现代科技融入到传统的内燃发电机组领域，又如何赋予这个传统行业最新的技术内涵……

带着这些期盼和好奇，我收到了打印的书稿。迫不及待地打开，瞬间眼前一亮，仅仅阅读了目录，我就知道本书不负期待，开卷有益。当时我正在福建福清参加中国电器工业协会内燃发电设备分会2017年行业会议，会议期间，我从头至尾细细品读了书稿，有种久违的朋友相见恨晚的感觉。这本书的架构科学、合理，内容翔实、丰富，叙述平实、亲切，技术新颖、实用，既有理论，又有案例，既有传统技术内容提升，又能与最新技术融合。

我于2015年接任中国电器工业协会内燃发电设备分会理事长一职。作为行业的一个"带头人"，我深感这个传统行业负重前行，步履艰难。目前，中国内燃发电设备行业低端产能过剩，产品质量参差不齐，市场陷入恶性竞争。但是，另一方面高技术含量的高端产品却又浴火重生，像大型数据中心、分布式电源、复合能源系统，都对内燃发电机组产品形成巨大的需求，每年仅在国内就形成数百亿元的市场，而且这个市场需求还在逐年扩大。假如再加上全球化发展所带来的市场机会，说中国内燃发电设备行业进入了一个新的发展时代也不过分。可以说，中国内燃发电设备行业面临着共同的危机，也面临着共同的机会。在中国内燃发电设备行业发展由高速增长趋向平稳，从追求数量到质量提升的背景下，许乃强等三位作者潜心耕耘，集几十年技术研发成果之大成，编成了本书，为我们整个内燃发电设备行业规范、指导设计、工艺制造、试验检测提供了一个重要的技术文献，对促进行业健康、规范发展具有积极的作用。

传统内燃发电设备如何进行转型升级？行业的未来在哪里？传统发电机组与最新科技如何结合？这些行业人士关心的问题，都可以从这本专著中找到答案或引发一些思考。

谢谢许乃强、蔡行荣、庄衍平三位作者，也谢谢上海科泰电源股份有限公司，他们为行业的技术进步做了一个精彩的总结和提炼，并探讨了未来的发展方向。我们希望所有的期待都变成现实。

谨以此序为我们行业呐喊，为其健康发展和技术进步呼吁，希望行业同仁都能为此共同努力、奋斗！

再次感谢本书的作者和上海科泰电源股份有限公司团队！

中国电器工业协会内燃发电设备分会理事长：张红忠

前言

我和蔡行荣、庄衍平既是本书的共同作者，也是老同事、老朋友。我们都是在20世纪80年代进入柴油发电机组行业的，当时蔡行荣是企业的生产技术厂长，算是我的老领导，我是技术科长，庄衍平在另一家国企做技术管理工作。后来我们所在的国企因故倒闭，我们只好白手起家，自己创业，但没有改行，一直都是做柴油发电机组产品，从广东做到上海，从一家名不见经传的普通民企做到上市公司，差不多是一辈子只做一个产品，做出感情来了。

我们三个人有一个共同的特点，就是对技术特别感兴趣。在自己创业之后，我们的主要工作都是企业管理，但无论担任什么职务，在什么岗位，对柴油发电机组的技术问题我们始终热情不减，情有独钟。只要有时间，我们都喜欢一头扎进对某个技术问题的钻研之中，一旦攻克了某个技术难题，或者在技术方面有了新的发明创造，那种喜悦之情难以言表。多年来，我们三人都有不少技术研发成果，有的是公开发表的论文，有的是国家专利。在政府部门的人事管理中，有所谓学者型干部的说法，我以为，我们三人应当属于技术型企业管理者吧。

撰写《柴油发电机组新技术及应用》这本书的想法，是我们在上海科泰电源股份有限公司工作期间形成的。上海科泰电源股份有限公司成立于2002年，蔡行荣、庄衍平是上海科泰电源股份有限公司的元老，我参与了上海科泰电源股份有限公司的创建，但实际参与上海科泰电源股份有限公司的管理要晚一些。上海科泰电源股份有限公司于2010年在深圳证券交易所挂牌上市，股票代码为300153，算是中国柴油发电机组行业一家龙头公司。在上海科泰电源股份有限公司十几年的发展历程中，我们投入最多的是对产品的质量控制，以及千方百计地满足市场对柴油发电机组技术的各种最新需求。在工作实践中，我们切身体会到：企业竞争，质量领先，技术为王。柴油发电机组看起来是一种很简单的机电集成产品，但是如何提高它的质量以及如何才能使它更好地适应新的使用环境，却是一个每天都有新发展、新挑战的课题。在中国柴油发电机组行业，凡是发展比较好的企业，一定都是能较好地面对这些发展和挑战的；而忽略这些发展和挑战，只把关注点放在抢市场、拼价格上的企业都不能长久。因此，对柴油发电机组产品的最新应用技术进行总结，不仅关系到产品的进步，还关系到行业的生存和发展。

柴油发电机组在应用技术方面的变化，主要体现在以下两个方面：

首先，柴油发电机组作为一种集成设备，其自身的应用技术近年来有了很大的进步。在20年前，中国柴油发电机组设备的技术是很原始的，只要能用一台柴油发动机联上一台交流发电机，发出电来给负载就可以了，对电气指标、噪声、污染、能耗和控制等要求都比较低。但是今天，时代进步了，观念更新了，使用环境对柴油发电机组产品自身的技术要求变得越来越严苛了，不仅要求运行平稳可靠，而且要求低能耗、绿色、无污染；不仅要求能适应高寒、沙漠等特殊的使用环境，而且还要求远程遥控，无人值守。于是，一系列柴油发电机组产品自身的新技术诞生了，如发动机的高压共轨技术、交流发电机组的DVR（Digital Volatge Regulation，数字电压调节）技术、控制系统方面的全自动数字控制技术，以及最新投入应用的"云计算"技术。可以说，今天的柴油发电机组和20年以前已经完全不一样了，而且可以预料，在今后这种柴油发电机组自身应用技术,还将有一个突飞猛进的发展。中国制造的柴油发电机组不仅要跟上世界最新技术的发展,而且还要引领世界技术潮流,这才是中国柴油发电机组行业的生命所在。

其次,柴油发电机组作为一种电力设备,在它的使用领域,应用技术也发生着日新月异的变化。记得20世纪80年代我们刚刚进入柴油发电机组行业时,柴油发电机组的用途非常简单,就是作为备用电源,当主电源不能正常供电时,将柴油发电机组发动起来供电就可以了。但是,到了网络时代,柴油发电机组的作用已今非昔比,不仅用途大大拓宽,而且使用的条件更加复杂,更加敏感,作用也更加重要。比如上海科泰电源股份有限公司比较擅长的核电站专用柴油发电机组,就要考虑到在遭遇地震、洪水等自然灾害时,如何保证机组依然能安全、可靠地运行。在20多年以前,500kW的柴油发电机组就属于大功率了,然而,现在的大型数据中心,柴油发电机组的功率都要求在2000kW甚至3000kW之上,而且是多机高压并机。军事用途的柴油发电机组已经成为现代化武器不可或缺的一个组成部分,关系到军队的战斗力。此外像石油、航空、船舶和通信等领域,对柴油发电机组的应用技术也都有着各自特殊的要求。另外,随着社会现代化的进程,人类对供电的要求越来越高,工况环境也越来越复杂,比如正在被人们所熟悉和接受的分布式能源,就是以燃油(气)发电机组为核心,就地进行能源转化、电、热(冷)联供的新型电力生产方式,可以达到最佳的效率和环保效果。可以说,我们用老眼光,可能已经完全无法看懂今天柴油发电机组的应用技术了。因而,有必要对柴油发电机组的最新应用技术进行研究,以使我们的思想跟得上时代的进步。

而这些,正是我们撰写本书的目的。我们三位作者——几乎与柴油发电机组打了一辈子交道的行业老兵,将我们近年来的一些亲身体验诉诸笔端,对柴油发电机组近年来的最新应用技术进行总结归纳,与行业同仁、用户及读者进行分享,这既是我们的责任,也是我们的快乐!

在本书撰写的过程中,得到了上海科泰电源股份有限公司很多同事的帮助,如杨少慰、田智会、杨少琴、郭海燕、王瑞锋、胡耀军、陆宝冬、李作雨和陈章浓等同事都协助进行了资料的收集整理,并参与了初稿的撰写,在此表示感谢!

我们感谢兰州电源车辆研究所有限公司的张红忠副总经理,他作为行业的专家和中国电器工业协会内燃发电设备分会的理事长,为本书写了序。行业和领导的支持,是对我们最大的鼓舞。

我们特别要感谢空军工程大学退休教授石楚生先生,他在百忙之中对我们进行了专业的指导,并审阅了书稿全文,对提高本书的质量起到至关重要的作用。在此,我代表三位作者对石老师表示深深的感谢!

我们还要感谢机械工业出版社的林春泉编审,这是我们的第二次合作了。林编审在本书的撰写过程中给予了我们很多鼓励,没有她的支持,我们几位业余作者要完成本书的撰写,是难以想象的。

由于水平所限,本书难免有浅薄疏漏之处,责任在作者,请各位专家、同行、读者多加原谅,并欢迎提出宝贵意见,以便我们改进!

许乃强

目　　录

序
前言
第1章　柴油发电机组概述 ………………… 1
　1.1　柴油发电机组的技术发展历程 ……… 1
　1.2　柴油发电机组的结构 …………………… 1
　1.3　柴油发电机组的特点 …………………… 2
　1.4　柴油发电机组的分类 …………………… 2
　1.5　柴油发电机组的技术标准与性能 …… 6
　　1.5.1　柴油发电机组的标准 ……………… 6
　　1.5.2　柴油发电机组的工况条件 ………… 7
　　1.5.3　柴油发电机组的功率标定和修正 … 7
　　1.5.4　柴油发电机组的电气性能指标 … 11
　1.6　柴油发电机组的选择 …………………… 19
第2章　柴油机新技术的应用 ……………… 26
　2.1　柴油机概述 …………………………… 26
　2.2　柴油机技术的发展 …………………… 35
　2.3　电控燃油系统 …………………………… 38
　　2.3.1　电控燃油系统概述 ………………… 38
　　2.3.2　电控单体式喷油器（EUI）燃油
　　　　　系统 …………………………………… 42
　　2.3.3　电控高压共轨（DCR）燃油
　　　　　系统 …………………………………… 44
　　2.3.4　其他类型的电控燃油系统 ……… 49
　　2.3.5　电控燃油系统的故障诊断方法 … 54
　　2.3.6　帕金斯（Perkins）电控燃油系统及
　　　　　故障诊断 …………………………… 56
　　2.3.7　沃尔沃（VOLVO）电控燃油系统及
　　　　　故障诊断 …………………………… 63
　　2.3.8　奔驰（MTU）电控燃油系统及故障
　　　　　诊断 …………………………………… 71
　　2.3.9　康明斯（Cummins）电控燃油系统及
　　　　　故障诊断 …………………………… 73
　2.4　增压中冷及多气门技术 ……………… 86
　　2.4.1　增压中冷技术 ……………………… 86
　　2.4.2　多气门技术 ………………………… 88
　2.5　智能变速风扇及其他 ………………… 88
　　2.5.1　智能变速风扇 ……………………… 88
　　2.5.2　废气再循环（EGR）技术的应用 … 91
　　2.5.3　后处理技术 ………………………… 92
　　2.5.4　乳化柴油的应用 …………………… 92
　　2.5.5　机油消耗控制技术 ………………… 93
第3章　发电机及励磁系统的新技术 …… 95
　3.1　概述 …………………………………… 95
　3.2　发电机的基本参数 …………………… 96
　3.3　发电机的分类 ………………………… 98
　3.4　发电机的新技术和应用 ……………… 100
　　3.4.1　现代发电机的智能化 …………… 101
　　3.4.2　云端大数据的分析和新产品开发中的
　　　　　客户交互 …………………………… 101
　　3.4.3　IDC数据中心的单独功率标定和高压
　　　　　大容量多机并机、冗余控制等技术
　　　　　的使用 ……………………………… 103
　　3.4.4　成型绕组发电机与散嵌绕组
　　　　　发电机 ……………………………… 109
　3.5　永磁发电机 …………………………… 111
　　3.5.1　永磁同步发电机的特点 ………… 111
　　3.5.2　永磁同步发电机的结构 ………… 112
　　3.5.3　永磁同步发电机的参数、性能和
　　　　　运行特性 …………………………… 113
　　3.5.4　永磁发电机的应用 ……………… 116
　3.6　异步发电机 …………………………… 118
　　3.6.1　异步发电机的工作原理 ………… 118
　　3.6.2　异步发电机的自激建压条件 …… 119
　　3.6.3　异步发电机负载运行状态及
　　　　　应用 ………………………………… 120
　3.7　无刷发电机的励磁系统 ……………… 122
　　3.7.1　PMG永磁机励磁系统 …………… 122
　　3.7.2　辅助绕组励磁系统 ……………… 122
　　3.7.3　自励式励磁系统 ………………… 123
　　3.7.4　旋转晶闸管（SCR）励磁系统 … 124
　　3.7.5　相复励磁系统 …………………… 125
　3.8　励磁系统的数字电压调节器
　　　（DVR） ………………………………… 126
　　3.8.1　DVR2000E数字电压调节器综述 … 126

3.8.2　DVR2000E 型数字电压调节器的功能
　　　　　及运行特性 …………………… 127
　　3.8.3　DVR2000E 典型应用的接线与
　　　　　调整 …………………………… 131
第4章　发电机组新控制技术 …………… 133
4.1　柴油发电机组控制系统的发展趋势 …… 133
　　4.1.1　柴油发电机组控制系统概述 …… 133
　　4.1.2　柴油发电机组控制系统的发展
　　　　　趋势 …………………………… 137
4.2　发电机组的复杂应用 ………………… 139
　　4.2.1　冗余应用 …………………………… 139
　　4.2.2　通信应用 …………………………… 140
　　4.2.3　快速并机应用 …………………… 140
　　4.2.4　复杂并机项目的应用 …………… 141
4.3　基于移动云服务的柴油发电机组远程
　　　监控系统 ………………………………… 141
　　4.3.1　移动云服务的特点 ……………… 142
　　4.3.2　系统组成 …………………………… 142
　　4.3.3　通信与数据交互 ………………… 143
　　4.3.4　远程数据管理与服务 …………… 144
　　4.3.5　项目的技术框架及其关键技术 …… 145
　　4.3.6　科泰天辰云系统的主要功能 …… 145
　　4.3.7　科泰天辰云系统的优点 ………… 146
4.4　科泰 TC 系列控制屏 ………………… 147
　　4.4.1　简易控制屏 ……………………… 147
　　4.4.2　单机自动控制屏 ………………… 152
　　4.4.3　TC 3.0 发电机组并联控制器 …… 159
第5章　高电压柴油发电机组 …………… 166
5.1　高电压柴油发电机组概述 …………… 166
5.2　高电压发电机组的特点 ……………… 166
　　5.2.1　高电压发电机组主要技术特征及
　　　　　指标 …………………………… 166
　　5.2.2　高电压柴油发电机组的组成 …… 167
5.3　高电压柴油发电机组的配电系统 …… 169
　　5.3.1　高压配电系统的组成 …………… 169
　　5.3.2　配电系统各部分的特点 ………… 169
5.4　高电压交流柴油发电机组系统的
　　　保护 ……………………………………… 170
　　5.4.1　发电机组差动保护 ……………… 171
　　5.4.2　高电压发电机组系统的接地
　　　　　保护 …………………………… 171
5.5　高电压柴油发电机组与市电的工作逻辑
　　　关系 ……………………………………… 173
　　5.5.1　自启动逻辑 ……………………… 173

　　5.5.2　市电恢复切换逻辑 ……………… 173
　　5.5.3　并机逻辑 …………………………… 174
5.6　高电压发电机组的选型与分布式
　　　并机 ……………………………………… 174
　　5.6.1　高电压发电机组的选型 ………… 174
　　5.6.2　高电压发电机组的分布式并机
　　　　　系统 …………………………… 178
5.7　高电压发电机组的安全管理和操作
　　　规范 ……………………………………… 186
　　5.7.1　高电压柴油发电机组的安全
　　　　　管理 …………………………… 186
　　5.7.2　高电压发电机组的操作规范 …… 187
第6章　特殊用途的柴油发电机组 ……… 188
6.1　低噪声柴油发电机组 ………………… 189
　　6.1.1　低噪声柴油发电机组的噪声
　　　　　控制 …………………………… 189
　　6.1.2　低噪声柴油发电机组的外观、结构
　　　　　和系统 ………………………… 191
　　6.1.3　静音型机组的防尘防雨设计 …… 195
　　6.1.4　组合式低噪声方舱电站 ………… 197
6.2　移动式柴油发电机组 ………………… 199
　　6.2.1　概述 ………………………………… 199
　　6.2.2　车载电站 …………………………… 200
　　6.2.3　挂车电站 …………………………… 210
6.3　特殊环境条件下柴油发电机组的
　　　应用 ……………………………………… 211
　　6.3.1　极端高温环境条件下柴油发电机组
　　　　　的应用 ………………………… 212
　　6.3.2　极端低温环境条件下柴油发电机组
　　　　　的应用 ………………………… 213
　　6.3.3　高原环境条件下柴油发电机组
　　　　　的应用 ………………………… 214
　　6.3.4　上海科泰电源股份有限公司内装式电动
　　　　　电缆绞盘 ……………………… 222
第7章　数据中心和通信用发电机组 …… 224
7.1　通信行业的发展对应急电源的要求 …… 224
7.2　高压交流柴油发电机组在通信行业
　　　的应用 …………………………………… 225
7.3　通信基站应急供电用高压直流柴油
　　　发电机组 ………………………………… 232
7.4　通信基站户外型耐低温风冷柴油
　　　发电机组 ………………………………… 234
7.5　电动汽车应用于通信基站的应急
　　　供电 ……………………………………… 237

7.6	通信基站混合能源系统 ……………… 240
	7.6.1 变频节能混合能源系统 ……… 241
	7.6.2 混合能源管理系统 …………… 246
	7.6.3 上海科泰电源股份有限公司混合能源系统 ……………………… 249
	7.6.4 混合能源系统的方案设计实例 …… 253

第8章 柴油发电机组在发电厂保安电源的应用 ………………………… 255

- 8.1 发电厂保安电源柴油发电机组概述 …… 255
- 8.2 黑启动柴油发电机组概述 …………… 256
- 8.3 火力发电厂保安电源柴油发电机组 …… 256
- 8.4 水力发电厂保安电源柴油发电机组 …… 260
- 8.5 核电站保安电源柴油发电机组 ……… 263
- 8.6 保安电源控制系统分类 ……………… 263
  - 8.6.1 不与发电厂保安电源进行同期并网的控制逻辑 ………………… 264
  - 8.6.2 与发电厂保安电源进行同期并网的控制逻辑 ………………… 265
  - 8.6.3 黑启动应用的控制逻辑和一次系统图 ………………………… 269
  - 8.6.4 柴油发电机组的控制系统 …… 269

第9章 柴油发电机组在核电站的应用 ………………………………… 271

- 9.1 核电站柴油发电机组概述 …………… 271
  - 9.1.1 核电站的发展史 ……………… 271
  - 9.1.2 核电站应急柴油发电机组的重要性 …………………………… 272
  - 9.1.3 核电站柴油发电机组的分类 … 272
  - 9.1.4 核电站应急柴油发电机组简述 …… 273
- 9.2 核电站柴油发电机组的主要应用形式 ………………………………… 275
  - 9.2.1 核安全级柴油发电机组 ……… 275
  - 9.2.2 水压试验泵柴油发电机组 …… 280
  - 9.2.3 附加柴油发电机组 …………… 284
  - 9.2.4 移动式应急柴油发电机组 …… 286
- 9.3 核电站柴油发电机组的典型案例分析 ………………………………… 294
  - 9.3.1 核安全级柴油发电机组（KMS1000E） ……………… 294
  - 9.3.2 水压试验泵柴油发电机组（KV275E） ………………… 296
  - 9.3.3 移动式应急柴油发电机组（KV570CV） ……………… 297
  - 9.3.4 柴油发电机组的抗震试验 …… 300

第10章 柴油发电机组在石油和天然气行业的应用 ……………………… 305

- 10.1 概述 ……………………………… 305
- 10.2 传统油田钻机负载特性及配套机组的现状 ………………………… 306
- 10.3 上海科泰电源股份有限公司采用的单机容量为500kVA，3台机组智能并机的解决方案 ……………………… 307
- 10.4 1200kW陆地钻机发电机组（动力模块） ………………………… 309

第11章 柴油发电机组在港机的应用 … 316

- 11.1 港口起重设备概述 ……………… 316
- 11.2 轮胎式集装箱龙门起重机动力房柴油发电机组 ………………… 317
  - 11.2.1 轮胎吊简介 ………………… 317
  - 11.2.2 柴油发电机组动力房的选型及设计 ……………………… 318
- 11.3 移动式动力房 …………………… 325
  - 11.3.1 挂车电站 …………………… 325
  - 11.3.2 集装箱式电站 ……………… 326
- 11.4 港口设备用结构件的加工特殊要求 … 327
  - 11.4.1 焊接工艺的要求 …………… 327
  - 11.4.2 表面处理 …………………… 328
  - 11.4.3 油漆工艺的要求 …………… 330
- 11.5 应用实例 ………………………… 332

第12章 船用柴油发电机组的应用 …… 333

- 12.1 船用柴油发电机组概述 ………… 333
- 12.2 船用柴油发电机组的选型 ……… 336
- 12.3 船主发电机 ……………………… 337
- 12.4 船用辅助发电机 ………………… 339
- 12.5 船用应急发电机 ………………… 343
- 12.6 船用柴油发电机组的装配 ……… 344
- 12.7 船舶电力系统 …………………… 345

第13章 柴油发电机组在机场地面电源系统的应用 ……………………… 349

- 13.1 概述 ……………………………… 349
- 13.2 飞机地面移动式电源机组的基本要求 ………………………… 349
  - 13.2.1 技术标准 …………………… 349
  - 13.2.2 基本技术要求 ……………… 350
  - 13.2.3 保护功能 …………………… 354
  - 13.2.4 安全要求 …………………… 357

13.3 总体技术方案 ………………… 359
　　13.3.1 飞机地面电源机组系统组成 …… 359
　　13.3.2 柴油发电机组配置 …………… 359
　　13.3.3 电源机组的技术特点 ………… 363
　　13.3.4 直流28V电源模块 …………… 363
　　13.3.5 框架结构和挂车底盘 ………… 364
13.4 自行式电源机组 ………………… 366

第14章 柴油发电机组的机房设计与安装 …………………………… 367

14.1 机房设计概述 …………………… 367
14.2 柴油发电机组的基础 …………… 369
14.3 机房的通风 ……………………… 373
　　14.3.1 排气系统 ………………………… 373
　　14.3.2 通风系统 ………………………… 374
　　14.3.3 机房的通风散热 ………………… 376
14.4 机房降噪 ………………………… 380
　　14.4.1 噪声限制适用标准和测量评价 … 380
　　14.4.2 机房降噪措施 …………………… 381
　　14.4.3 机房降噪方案的设计 …………… 384
14.5 机房设备的安装 ………………… 390
　　14.5.1 机组安装前的准备工作与机组的安装 ……………………………… 390
　　14.5.2 排烟系统的安装 ………………… 391
　　14.5.3 降噪装置的安装 ………………… 392
　　14.5.4 机组燃油箱及管路的安装 ……… 392
　　14.5.5 电气系统的安装 ………………… 394
14.6 机房安装的典型案例 …………… 394
　　14.6.1 低噪声机房设计案例一 ………… 394
　　14.6.2 低噪声机房设计案例二 ………… 396
　　14.6.3 低噪声机房设计案例三 ………… 399

附录 ……………………………………… 401
　附录A 分布式能源系统 ………………… 401
　附录B 高层建筑负载和应急（备用）柴油发电机组的选择及容量计算 ……… 406
　附录C 上海科泰电源股份有限公司柴油发电机组典型产品型谱 ……………… 409

参考文献 ………………………………… 427

第 1 章　柴油发电机组概述

1.1　柴油发电机组的技术发展历程

柴油发电机组是一种能源转换设备，它是将热能（燃油通过燃烧）转化为机械能（发动机旋转），再将机械能转换为电能的设备，燃油是其原料，电能是其产品。

1897 年全世界第一台柴油发电机诞生于德国的奥格斯堡（Augsburg），是由 MAN 公司的创始人 Rudolf Diesel 发明的。目前，柴油机的英文名字即为创始人的姓名 Diesel。

从 1897 年第一台柴油发电机组诞生到现在的一百多年时间里，柴油发电机组的技术发展一直与柴油发动机的技术发展及控制技术的发展密切相关。前 50 年技术进步相对缓慢。后 50 年来随着柴油机技术水平的快速发展和机组控制技术的不断更新换代，柴油发电机组从 20 世纪 60 年代使用的手启动、机房固定安装的普通机组，到 70 年代研制成功了自启动机组，80 年代研制成功了微型计算机控制的自动化无人值守机组，到 90 年代开始研制低噪声排放的机组，2000 年后注重噪声和尾气排放环境保护。最近几年，随着云计算技术的发展，柴油发电机组智能控制也朝云监控方向发展。从而使柴油发电机组的技术装备水平不断提高，现代柴油发电机组具有灵活、方便、自动化程度高、噪声小和排放低等优点。随着科学技术的不断发展，一些新技术、新成果的应用使得现代柴油发电机组具有更高的适用性、可靠性、安全性以及良好的环保特性，将不断满足现代社会对柴油发电机组的更高要求。

1.2　柴油发电机组的结构

柴油发电机组是一种机电一体化设备，它由柴油发动机、交流发电机和机组控制系统三大部件组成，如图 1-1 所示，包括前端的供油系统和后端的输配电系统，组成一个完整的电站系统。其技术涉及机械动力学、电学、自动化控制等各个领域。

柴油发电机组是一种成套发电设备。柴油机电站可以是单台柴油发电机组自成体系独立发电、供电，也可多台柴油发电机组并列发电、供电。在这个系统中，只要保证燃油供应，就可不间断地输出电能。

在柴油发电机组的各主要部件中，柴油机有着最为重要的地位，这不仅是因为柴油发动机的价值最高，而且也是因为柴油发动机是整个柴油发电机组的心脏，在能源转换过程中发挥着主要的作用。只有优质的发动机、优质的发电机、优质的控制系统和优

图 1-1　柴油发电机组结构简图
1—底座油箱　2—控制箱　3—开关箱　4—发电机　5—发动机

质的成套工艺才能组成最优质的发电机组。

1.3 柴油发电机组的特点

柴油发电机组是集柴油机、发电机和自动控制等多个学科领域相交叉的技术。柴油发电机组是以柴油机为动力的发电设备，它与常用的蒸汽发电机组、水轮发电机组、燃气涡轮发电机组、原子能发电机组等发电设备相比较，具有结构紧凑、占地面积小、热效率高、启动迅速、控制灵活以及燃料储存容易等优点。

（1）单机容量等级多

柴油发电机组的单机容量从几千瓦至几万千瓦，目前国产机组最大单机容量为几千千瓦。用作船舶、邮电、高层建筑、工矿企业、军事设施的常用、应急和备用发电机组的单机容量，可选择的容量范围大，具有适用于多种容量用电负荷的优势。

采用柴油发电机组作为应急和备用电源时，可采用一台或多台机组，装机容量根据实际需要灵活配置。

（2）配套设备结构紧凑、单位功率重量轻、安装地点灵活

柴油发电机组的配套设备比较简单、辅助设备少、体积小、重量轻。以高速柴油机为例，功率重量比一般在 $8\sim20kg/kW$，而蒸汽动力装置比柴油发电机的这项指标大4倍以上。与水轮机组需建水坝、蒸汽机组需配置锅炉、燃料储备和水处理系统等比较，柴油发电机组具有占地面积小、建设速度快和投资费用低的优点。

常用发电机组通常采用独立配置方式，一般不与外（市）电网并联运行。而备用发电机组或应急发电机组一般与变配电设备配合使用。机组占地面积小，安装地点灵活。

（3）热效率高，燃油消耗低

柴油机是目前热效率最高的热力发动机，其有效热效率为30%～46%，高压蒸汽轮机约为20%～40%，燃气轮机约为20%～30%，因此柴油发电机组的燃油消耗较低。

（4）启动迅速、并能很快达到全功率

柴油机的启动一般只需几秒钟，在应急状态下可在1min内达到全负载运行；在正常工作状态下约在5～30min内达到全负载，而蒸汽动力装置从启动到全负载一般需要3～4h。柴油机的停机过程也很短，紧急状态可即时停机，正常状态的停机过程不超过3min，可以频繁起停。所以柴油发电机组很适合作为应急发电机组或备用发电机组。

（5）维护操作简单，所需操作人员少，在备用期间的保养容易

（6）柴油发电机组的建设与发电的综合成本最低

柴油发电机组中的柴油机一般为四冲程、水冷、中高速内燃机。燃用不可再生的柴油或在柴油中掺烧乙醇、生物柴油、压缩天然气（CNG）和液化石油气（LPG）等可再生能源以节省能源和保护环境。柴油机燃烧后的排放物主要为CO、HC、PM（颗粒）污染环境，而且排气噪声较大。尽管如此，柴油发电机组与水力、风力、太阳能等可再生能源发电以及核能、火力发电等相比较，具有非常明显的优势：柴油发电机组的建设与发电的综合成本最低。

1.4 柴油发电机组的分类

1. 按用途分类

（1）自备电源

某些用电单位没有网电供应，如远离大陆的海岛，偏远的牧区、农村、荒漠高原的军营、

工作站等；还有些用电单位虽然有网电供应，但供应极不正常，往往因为季节和恶劣天气或线路故障等原因停止供电，这些用电单位，就需要配置自备电源。所谓自备电源，就是自发自用的电源，在需要电功率不太大的情况下，柴油发电机组往往成为自备电源的首选。

（2）备用电源

备用电源也称应急电源。主要用途是某些用电单位虽然已有比较稳定可靠的网电供应，但为了防止意外情况，如出现电路故障或发生临时停电等，仍配置自备电源作应急发电使用。可见，备用电源实际上也是自备电源的一种，只不过它不被作为主电源使用，而仅仅在紧急的情况下作为一种应急使用。使用备用电源的用电单位一般对供电保障的要求比较高，甚至不允许有一分一秒的停电，必须在网电终止供电的瞬间就用自备发电来保障供电，否则就会造成巨大损失。这类单位包括一些传统的高供电保障单位，如医院、矿山、电厂保安电源，使用电加热设备的工厂等；近年来，网络保护电源已成为备用电源需求的新增长点，如电信行业、银行、机场、指挥中心、数据库、高速公路、高等级宾馆、写字楼和高级餐饮娱乐场所等，正日益成为备用电源使用的主体。

（3）调峰电源

调峰电源的用途是弥补网电供应之不足。在网电供应不足的情况下，用电高峰时段就会产生电力短缺，网电使用受到限制，供电部门不得已到处拉闸限电，这时，就需要调峰电源加以弥补。设置调峰电源通常应是公共供电部门的工作，但是，在中国由于电力供应阶段性地呈现出整体供不应求的局面，用电单位只能自行解决调峰问题。调峰电源小型化为使用柴油发电机组提供了可能。

（4）移动电源

移动电源就是没有固定的使用地点，而被到处转移使用的发电设备。柴油发电机组由于轻便灵活、易操作的特点，而成为移动电源的首选。移动电源一般被设计为电源车辆的形式，有自行电源车辆，也有拖车电源车辆。使用移动电源的用电单位，大都具有流动工作的性质，如油田、地质勘探、野外工程施工、探险、野炊、流动指挥所、火车、轮船、货运集装箱的电源车厢（仓）等，也有一些移动电源具有应急电源的性质，如城市供电部门的应急供电车，供水、供气部门的工程抢险车、抢修车等。

可以看出，以上柴油发电机组的4种用途，是因应社会发展的不同阶段而产生的，其中，自备电源和调峰电源是因为供电设施建设落后或电力供应能力不足而产生的用电需求，是社会不够发展的结果；而备用电源和移动电源是因为供电保障要求的提高和供电范围不断扩大而产生的用电需求，是社会发展的结果。因此，如果从社会发展的角度来审视柴油发电机组产品的市场用途，可以说作为自备电源和调峰电源是其过渡性用途，而作为备用电源和移动电源则是其长期用途。

2. 按控制方式分类

柴油发电机组按控制方式可分为手动、自动、遥控和并车等4种类型。

（1）手动机组

手动控制的柴油发电机组控制系统比较简单，要求配备操作人员在现场进行启动、合闸、分闸、停机等的操作。

（2）自动机组

自动控制的柴油发电机组一般作为备用机组，具有自动启动、自动运行、自动停机的功能。如果配备了ATS自动切换系统便可实现负载在市电供电和柴油发电机组供电之间的自动切换，保障负载电力的持续供应。自动控制柴油发电机组的优点是大大减少了对操作人员的依赖性,并缩短市电中断至由机组供电之间的中断时间。

(3) 遥控机组

远程监控自动化柴油发电机组,俗称"三遥"机组或带智能接口机组。采用微机控制技术,对柴油发电机组实行全面自动控制,并由串行通信接口(RS232、RS485 或 RS422)实现中心站对分散于各处的机组进行实时的遥控、遥信、遥测,从而实现无人值守。可作为邮电通信设备的应急备用电源,亦可用作智能化大楼的应急备用电源。

(4) 并车机组

当某些情况要求多台发电机组并联供电或者机组与市电并联供电时,就需要采用并车机组。并车机组采用先进的全自动并车控制系统,实现机组与机组,机组与市电间的自动同步、并联,联合对负载供应电力。

3. 按外观构造分类

柴油发电机组按外观构造可分为基本型机组、防音型机组、挂车机组、车载机组、集装箱(又称方舱)机组等五种类型机组。

(1) 基本型机组

基本型机组就是与发电机组配套运行的最基本的机组,其外观如图 1-2 所示。

图 1-2 基本型机组

(2) 防音型机组

防音型机组与基本型机组的本质区别是机组外部加装了金属防音箱,消声器内置,降低了机组噪声。适用于要求噪声低的特殊应用场合,如:办公地点、学校、医院等。其外观如图 1-3 所示。

(3) 挂车机组

挂车机组是在防音型机组的基础上加装了拖卡,实现了机组的便捷式移动,普遍应用于城市范围内的短距离应急供电。防音型挂车机组外观如图 1-4 所示。

(4) 车载机组

车载机组是将整台基本型机组安装在汽车车厢内,厢体做防音降噪处理如图 1-5 所示,是专门为远距离应急供电而设计制造的机组。

(5) 方舱机组（电站）

方舱（包括集装箱）机组是将整台基本型机组安装在方舱内,是专门为野外工程建设供电而设计制造的机组,机组功率一般在 500kW 以上。方舱机组外观如图 1-6 所示。

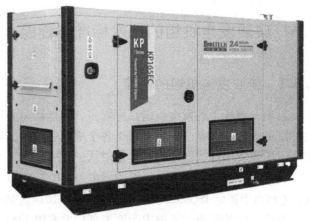

图 1-3　防音型机组

图 1-4　防音型挂车机组外观图

图 1-5　车载电站外观图

图 1-6　方舱电站外观图

1.5 柴油发电机组的技术标准与性能

1.5.1 柴油发电机组的标准

目前，市场上的发电机组品牌繁多，在选购时必须注意所选机组的性能和质量必须符合有关标准的要求。国家、国际上对于各个应用领域的发电机组有着较详细的标准法规，生产商应能出示国家或国际认证机构的鉴定或认证证书。

我国对各种内燃机发电机组的标准是 GB/T 2820—2009《往复式内燃机驱动的交流发电机组》（相当于国际 ISO8528）、GB/T 31038—2014《高电压柴油发电机组通用技术条件》等。

各个具体的行业标准要求为军事部门的 GJB 235A《军用内燃机电站通用技术规范》、通信行业标准 YD/T 502—2007《通信用柴油发电机组》、船舶行业的 GB/T 13032—2010《船用柴油发电机组》等。

另外，在重视环境保护的今天，机组本身应具有或者经过其他特殊处理后，使其符合 GB20891—2014《非道路移动机械用柴油机排气污染物排放限值及测量方法（中国第三、四阶段）》和 GB12348—2008《工厂企业厂界环境噪声排放标准》的规定。适用于柴油发电机组的主要国家标准有：

GB/T 2820.1—2009 往复式内燃机驱动的交流发电机组 第1部分：用途、定额和性能；

GB/T 2820.2—2009 往复式内燃机驱动的交流发电机组 第2部分：发动机；

GB/T 2820.3—2009 往复式内燃机驱动的交流发电机组 第3部分：发电机组用交流发电机；

GB/T 2820.4—2009 往复式内燃机驱动的交流发电机组 第4部分：控制装置和开关装置；

GB/T 2820.5—2009 往复式内燃机驱动的交流发电机组 第5部分：发电机组；

GB/T 2820.6—2009 往复式内燃机驱动的交流发电机组 第6部分：试验方法；

GB/T 2820.7—2002 往复式内燃机驱动的交流发电机组 第7部分：用于技术条件和设计的技术说明；

GB/T 2820.8—2002 往复式内燃机驱动的交流发电机组 第8部分：对小功率发电机组的要求和试验；

GB/T 2820.9—2002 往复式内燃机驱动的交流发电机组 第9部分：机械振动的测量和评价；

GB/T 2820.10—2002 往复式内燃机驱动的交流发电机组 第10部分：噪声的测量（包面法）；

GB/T 2820.11—2002 往复式内燃机驱动的交流发电机组 第11部分：旋转不间断电源 性能要求和试验方法；

GB/T 2820.12—2002 往复式内燃机驱动的交流发电机组 第12部分：对安全装置的应急供电；

GB/T 2819—1995 移动电站通用技术条件；

GB/T 31038—2014 高电压柴油发电机组通用技术条件；

GB/T 21428—2008 往复式内燃机驱动的交流发电机组 安全性；

GB/T 12786—2006 自动化内燃机电站通用技术条件；

GB/T 4712—2008 自动化柴油发电机组分级要求；
GB/T 20136—2006 内燃机电站通用试验方法；
GB/T 13032—2010 船用柴油发电机组通用技术条件；
GB20891—2014 非道路移动机械用柴油机排气污染物排放限值及测量方法（中国第三、四阶段）。

1.5.2 柴油发电机组的工况条件

柴油发电机组的工作条件是指在规定的使用环境条件下能输出额定功率，并能可靠地连续工作。国家标准规定的电站（机组）工作条件，主要按海拔、环境温度、相对湿度、有无霉菌、盐雾以及放置的倾斜度等情况来确定。国家标准 GB/T 2820.1 规定的电站（机组）工作的标准基准条件为：

1）第一种环境条件
① 绝对大气压力 P_r：100kPa；
② 环境温度 T_r：298K（25℃）；
③ 空气相对湿度，Φ_r：30%。

2）第二种环境条件
① 绝对大气压力，P_r：89.9kPa；
② 环境温度，T_r：313K（40℃）；
③ 空气相对湿度，Φ_r：60%。

3）机组在下列条件下应能输出规定功率（允许修正）并可靠地工作
① 海拔：不超过 4000m；
② 环境温度：下限值分别为 5℃、-15℃、-25℃、-40℃；
　　　　　　　上限值分别为 40℃、45℃、50℃；
③ 相对湿度、凝露和霉菌；
a. 综合因素：见表 1-1 的规定。
b. 长霉：机组电器零部件经长霉试验后，表面长霉等级应不超过 GB/T 2423.16 规定的 2 级。

机组运行的现场条件应由用户明确确定，且应对任何特殊的危险条件如爆炸大气环境和易燃气体加以说明。

表 1-1 综合因素下柴油机功率

	环境温度上限值/℃	40	40	45	50
相对湿度%	最湿月平均最高相对湿度	90（25℃时）①	95（25℃时）②		
	最干月平均最低相对湿度			10（40℃时）②	
	凝露		有		
	霉菌		有		

① 指该月的平均最低温度为 25℃，月平均最低温度是指该月每天最低温度的月平均值。
② 指该月的平均最高温度为 40℃，月平均最高温度是指该月每天最高温度的月平均值。

1.5.3 柴油发电机组的功率标定和修正

1. 柴油机的标定功率

对于一台柴油发电机组而言，柴油机输出的功率是指它的曲轴输出的机械功率。柴油机允许使用的最大功率受零部件的机械负载和热负载的限制,因此需规定允许连续运转的最大功率,称为柴油机标定功率。内燃机不能超过标定功率使用,否则会缩短使用寿命,甚至可能造成事故。

按国家标准规定,内燃机铭牌上的标定功率分为下列4类:

1) 15min功率:即内燃机允许连续运转15min时能输出的最大有效功率。是短时间内可能超负载运转和要求具有加速性能的标定功率,如汽车、摩托车等内燃机的标定功率。

2) 1h功率:即内燃机允许连续运转1h能输出的最大有效功率。如轮式拖拉机、机车、船舶等内燃机的标定功率。

3) 12h功率:即内燃机允许连续运转12h能输出的最大有效功率。如电站机组、工程机械用的内燃机标定功率。

4) 持续功率:即内燃机允许长时间连续运转的最大有效功率。

电站用柴油机的功率标定为12h功率。即柴油机在大气压力为101.325kPa,环境温度为20℃,相对湿度为50%的标准工况下,柴油机以额定转速连续12h正常运转时,达到的有效功率为柴油机的持续功率,用符号Ne表示。

一般来说,内燃机允许连续运行的时间越长,其标定功率相对要小。内燃机按规定的时间在标定工况下工作之后,立即可以发出的最大功率为超负载功率,其大小以额定功率的百分数表示。一般情况下,标定功率为12h功率的内燃机或具有持续功率的内燃机具有超负载功率,其数值可以分别规定为这两种额定功率的110%,并可在12h运行期间连续运行1h。

2. 交流同步发电机的标定功率

交流同步发电机的标定功率是指在额定转速下长期连续运转时输出的额定电功率,用PH表示。发电机的额定功率类别,通常用工作制类别表示。

GB755(idtIEC34-1)对旋转电机规定了10种工作制。

ISO8528-3(GB/T2820.3)规定,对RIC发动机驱动的发电机组用发电机,应规定持续定额(工作制S1)或离散恒定负载定额(工作制S10)。

1) S1工作制——连续工作制:保持在恒定负载下运行至热稳定状态;

2) S10工作制——离散恒定负载工作制:包括不多于4种离散负载值(或等效负载)的工作制。每一种负载的运行时间应足以使电机达到热稳定。在一个工作周期中的最小负载可为0。

3. 柴油发电机组的功率标定和修正

在考虑了往复式内燃(Reciprocating Internal Combustion,RIC)机、交流(AC)发电机、控制装置和开关装置制造商规定的维修计划及维护方法后,发电机组制造商应按如图1-7和图1-10所示确定机组的输出功率。

在使用时,如果与输出功率有关的条件不能满足,发电机组的寿命将缩短。

GB/T 2820.1规定的柴油发电机组4种功率标定描述如下:

(1) 持续功率(COP)

持续功率(Continuous Power,COP)定义:在规定的运行条件下并按制造商规定的维修间隔和方法实施维护保养,发电机组每年运行时间不受限制地为恒定负载持续供电的最大功率,如图1-7所示。

(2) 基本功率(PRP)

基本功率(Prime Power,PRP)定义:在规定的运行条件下并按制造商规定的维修间隔和方法实施维护保养,发电机组能每年运行时间不受限制地为可变负载持续供电的最大功率,如

图 1-8 所示。

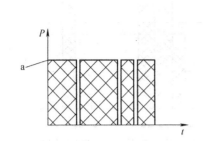

图 1-7 持续功率（COP）图解

t—时间　P—功率　a—持续功率（100%）

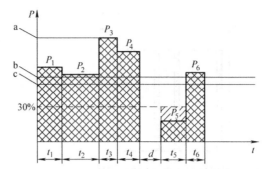

图 1-8 基本功率（PRP）图解

t—时间　P—功率　a—基本功率（100%）

b—24 小时内允许的平均功率（p_{pp}）

c—24 小时内实际的平均功率（p_{pa}）

d—停机时间

注：$t_1 + t_2 + t_3 + \cdots + t_n = 24h$

在 24h 周期内允许的平均输出功率（p_{pp}）应不大于 PRP 的 70%，除非往复式内燃（RIC）机制造商另有规定。

注：当要求允许的 p_{pp} 大于规定值时，可使用持续功率（COP）。

当确定某一变化的功率序列的实际平均输出功率 p_{pa} 如图 1-8 所示时，小于 30% PRP 的功率应视为 30%，且停机时间应不计。

实际的平均功率（p_{pa}）按下式计算：

$$p_{pa} = \frac{p_1 t_1 + p_2 t_2 + p_3 t_3 + \cdots + p_n t_n}{t_1 + t_2 + t_3 + \cdots t_n} = \frac{\sum_{i=1}^{n} p_i t_i}{\sum_{i=1}^{n} t_i}$$

式中　P_1、P_2、$\cdots P_i$ 是时间 t_1、t_2、$\cdots t_i$ 时的输出功率。

（3）限时运行功率（LTP）

限时运行功率（Limeitet - time running Power）定义：在规定的运行条件下并按制造商规定的维修间隔和方法实施维护保养，发电机组每年供电达 500h 的最大功率，如图 1-9 所示。

注：按 100% 限时运行功率（LTP）每年运行时间最多不超过 500h。

（4）应急备用功率（ESP）

应急备用功率（Emergeucy Spare Power，ESP）定义：在规定的运行条件下并按制造商规定的维修间隔和方法实施维护保养，当公共电网出现故障或在试验条件下，发电机组每年运行达 200h 的某一可变功率系列中的最大功率，如图 1-10 所示。

在 24h 的运行周期内允许的平均输出功率（p_{pp}）如图 1-10 所示，应不大于 ESP 的 70%，除非往复式内燃（RIC）机制造商另有规定。

实际的平均输出功率（p_{pa}）应低于或等于定义 ESP 的平均允许输出功率（p_{pp}）。

当确定某一可变功率序列的实际平均输出功率（p_{pa}）时，小于 30% ESP 的功率应视为 30%，且不计停机时间。

实际的平均功率（p_{pa}）按上式计算。

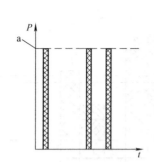 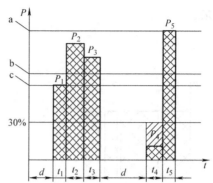

图 1-9 限时运行功率（LTP）图解
t—时间　P—功率
a—限时运行功率（100%）

图 1-10 应急备用功率（ESP）图解
t—时间　P—功率
a—应急备用功率（100%）
b—24 小时内允许的平均功率（p_{pp}）
c—24 小时内实际的平均功率（p_{pa}）　d—停机时间
注：$t_1 + t_2 + t_3 + \cdots + t_n = 24h$

对于同一种发电机组，额定功率类别不同，其大小也不同。所有国家标准以及 ISO8528 - 5（GB/T 2820.5）均规定制造商在产品标牌上额定功率前必须标明功率类别，即加词头：COP、PRP 或 LTP。这样表示，既能反映发电机组的实际情况，又便于用户使用。同样，用户在选购机组时，也务请注意功率类别。

4. 柴油发电机组的功率匹配比

发电机组匹配比是指内燃机的标定功率与发电机的标定功率之比。其计算公式：

$$K_p = \frac{N_e}{P_{rf}} = \frac{1.36 k_1 k_2}{\eta_e \eta_r}$$

式中　K_p——匹配比；
　　　N_e——内燃机标定功率（hp）；
　　　P_{rf}——发电机额定功率（kW）；
　　　1.36——单位换算系数；
　　　k_1——功率储备系数（如考虑海拔、温度等环境因素时）；
　　　k_2——改装系数，当与原动机标定功率配套情况相同时，$k_2 = 1$；如未考虑风扇等所耗功率为 5%，则 $k_2 = 1.05$；
　　　η_e——传动系数；根据传动方式不同，$\eta_e = 0.94 \sim 0.98$；
　　　η_r——发电机效率。

从总体上来讲，K_p 没有固定数值，但对于某一种机组而言，可以确定相应 K_p 值。确定 K_p 值的原则是保证发电机组在规定的环境条件或现场条件下能发出额定功率并可靠运行。当然，K_p 值也不宜过大，否则会造成资源浪费，增大机组重量和体积，使机组长期在低负载下运行将导致指标恶化。

5. 柴油发电机组的功率修正

内燃发电机组的功率修正与内燃机的功率修正有着密切的关系，但又有区别。

（1）内燃机的功率修正

功率修正的目的是，当试验现场的环境条件为非标准环境条件时，为了对内燃机的性能做出判断，应将有关指标值（如功率、油耗等）修正到标准状况或者是把内燃机在标准环境条件下的有关指标值按现场条件进行修正，以便正确使用内燃机。

在一般工程计算中，对于柴油机可按下列方法进行修正。

$$P = CP_0$$

式中　P——现场条件下内燃机的有效功率（kW）；

　　　P_0——标准环境条件下内燃机的有效功率（kW）；

　　　C——功率换算系数，用百分数%来表示。

（2）当环境条件与标准规定不同时，其功率应进行修正。修正公式如下：

$$P_F = \frac{P\eta_e\eta_r}{k_2} = \frac{P_0 C\eta_e\eta_r}{k_2}$$

式中　P_F——现场条件下发电机组的实际功率（kW）；

　　　P——现场条件下内燃机的实际功率（kW）；

　　　P_0——标准环境条件下内燃机的有效功率（kW）；

　　　C——功率换算系数（%）；

　　　k_2——改装系数，当与原动机标定功率的配套情况相同时，$k_2 = 1$；如未考虑风扇等所耗功率为5%，则 $k_2 = 1.05$；

　　　η_e——传动系数；根据传动方式不同，$\eta_e = 0.94 \sim 0.98$；

　　　η_r——发电机效率。

1.5.4 柴油发电机组的电气性能指标

1. 主要技术性能术语和定义

主要符号、技术性能术语和定义见表1-2。

表1-2　符号、术语和定义

符号	术语	单位	定义
f	频率	Hz	—
$f_{d,max}$	最大瞬态频率上升（上冲频率）	Hz	从较高功率突变到较低功率时出现的最高频率 注：与GB/T 6072.4 - 中的符号不同
$f_{d,min}$	最大瞬态频率下降（下冲频率）	Hz	从较低功率突变到较高功率时出现的最低频率 注：与GB/T 6072.4 - 中的符号不同
f_{do}^a	过频率限制装置的工作频率	Hz	在整定频率一定时，过频率限制装置启动运行时的频率
f_{ds}	过频率限制装置的整定频率	Hz	超过该值时，将触发过频率限制装置的发电机组频率 注：在实践中，用确定的允许过频值代替整定频率值（也见GB/T 2820.2 表1）
f_i	空载频率	Hz	—
$f_{i,r}$	额定空载频率	Hz	—
f_{max}^b	最高允许频率	Hz	由发电机组制造商规定、低于频率极值一定安全量的频率
f_r	标定频率（额定频率）	Hz	—
$f_{i,max}$	最高空载频率	Hz	—
$f_{i,min}$	最低空载频率	Hz	—
f_{arb}	实际功率时的频率	Hz	—
$\hat{f}_\vee$	频率波动范围	Hz	—
I_k	持续短路电流	A	—
t	时间	s	—
t_a	总停机时间	s	从发出停机命令到发电机组完全停止的间隔时间： $t_a = t_i + t_c + t_d$

（续）

符号	术语	单位	定义
t_b	加载准备时间	s	在考虑了给定的频率和电压容差后，从发出启动命令到准备提供约定功率的间隔时间： $t_b = t_p + t_g$
t_c	卸载运行时间	s	从卸载到给出发电机组停机信号的间隔时间。即常说的"冷却运行时间"
t_d	停转时间	s	从给出发电机组停机信号到发电机组完全停止的间隔时间
t_e	加载时间	s	从发出启动命令到施加约定负载的间隔时间： $t_e = t_p + t_g + t_s$
$t_{f,de}$	负载减少后的频率恢复时间	s	在规定的负载突减后，从频率离开稳态频率带至其永久地重新进入规定的稳态频率容差带之间的间隔时间
$t_{f,in}$	负载增加后的频率恢复时间	s	在规定的负载突加后，从频率离开稳态频率带至其永久地重新进入规定的稳态频率容差带之间的间隔时间
t_g	总升转时间	s	在考虑了给定的频率和电压容差后，从开始转动到做好准备供给约定功率止的间隔时间
t_h	升转时间	s	从开始转动至首次达到标定转速止的间隔时间
t_i	带载运行时间	s	从给出停机指令至断开负载止的间隔时间（自动化机组）
t_p	启动准备时间	s	从发出启动指令至开始转动的间隔时间
t_s	负载切换时间	s	从准备加入约定负载至该负载已连接止的间隔时间
t_u	中断时间	s	从初始启动要求的出现起至投入约定负载止的间隔时间： $t_u = t_v + t_p + t_g + t_s = t_v + t_e$ 注：1. 该时间对自动启动的发电机组应专门加以考虑（见第11章） 2. 恢复时间（GB/T 2820.12）为中断时间的特例
$t_{U,de}$	负载减少后的电压恢复时间	s	从负载减少瞬时至电压恢复并保持在规定的稳态电压容差带内止的间隔时间
$t_{U,in}$	负载增加后的电压恢复时间	s	从负载增加瞬时至电压恢复并保持在规定的稳态电压容差带内止的间隔时间
t_v	启动延迟时间	s	从初始启动要求的出现至有启动指令（尤其对自动启动的发电机组）止的间隔时间。该时间不取决于所采用的发电机组。该时间的精确值由用户负责确定，或有要求时按立法管理机构的专门要求确定。例如，该时间应可保证在出现非常短暂的电网故障时避免启动
t_z	发动时间	s	从开始转动至达到发动机发动转速止的间隔时间
t_0	预润滑时间	s	对某些发动机，在开始发动之前为保证建立润滑油压力所要求的时间。对通常不要求预润滑的小型发电机组，该时间一般为零
v_f	频率整定变化速率		在远程控制条件下，用每秒相对的频率整定范围的百分数来表示频率整定变化速率： $v_f = \dfrac{(f_{i,max} - f_{i,min})/f_r}{t} \times 100$
v_u	电压整定变化速率		在远程控制条件下，用每秒相对的电压整定范围的百分数来表示电压整定变化速率： $v_u = \dfrac{(U_{s,up} - U_{s,do})/U_r}{t} \times 100$
$U_{s,do}$	下降调节电压	V	—
$U_{s,up}$	上升调节电压	V	—

（续）

符号	术语	单位	定义
U_r	额定电压	V	在额定频率和额定输出时，发电机端子处的线对线电压 注：额定电压是由制造商针对运行和性能特性给定的电压
U_{rec}	恢复电压	V	在规定负载条件能达到的最高稳态电压 注：恢复电压一般用额定电压的百分数表示。它通常处在稳态电压容差带（ΔU）内。当超过额定负载时，恢复电压受饱和度和励磁机/调节器磁场强励能力的限制
U_s	整定电压	V	就限定运行由调节选定的线对线电压
$U_{st,max}$	最高稳态电压	V	考虑到温升的影响，在空载与额定输出之间的所有功率、额定频率及规定功率因数的稳态条件下的最高电压
$U_{st,min}$	最低稳态电压	V	考虑到温升的影响，在空载与额定输出之间的所有功率、额定频率及规定功率因数的稳态条件下的最低电压
U_0	空载电压	V	额定频率和空载时，在发电机端子处的线对线电压
$U_{dyn,max}$	负载减少时，最高瞬时上升电压	V	从较高负载突变到较低负载时出现的最高电压
$U_{dyn,min}$	负载增加时，最低瞬时下降电压	V	从较低负载突变到较高负载时出现的最低电压
$\hat{U}_{mod,s}$	电压调制	%	在低于基本发电频率的典型频率下，围绕稳态电压的准周期电压波动（峰对峰），用额定频率和恒定转速时平均峰值电压的百分数表示： $$\hat{U}_{mod,s} = 2\frac{\hat{U}_{mod,s,max} - \hat{U}_{mod,s,min}}{\hat{U}_{mod,s,max} + \hat{U}_{mod,s,min}} \times 100$$ 注：1. 这可能是由调节器、循环不均匀度或间断负载引起的循环或随机的扰动 2. 灯光闪烁是电压调制的1个特例
$\hat{U}_{mod,s,max}$	电压调制最高峰值	V	围绕稳态电压的准周期最大电压变化（峰对峰）
$\hat{U}_{mod,s,min}$	电压调制最低峰值	V	围绕稳态电压的准周期最小电压变化（峰对峰）
$\hat{U}_v$	电压振荡宽度	V	—
Δf_{neg}	对线性曲线的下降频率偏差	Hz	—
Δf_{pos}	对线性曲线的上升频率偏差	Hz	—
Δf	稳态频率容差带	—	在负载增加或减少后的给定调速周期内，频率达到的围绕稳态频率的约定频率带
Δf_c	对线性曲线的最大频率偏差	Hz	在空载和额定负载间，Δf_{neg} 和 Δf_{pos} 的较大者
Δf_s	频率整定范围	Hz	最高和最低可调空载频率之间的范围： $\Delta f_s = f_{i,max} - f_{i,min}$
$\Delta f_{s,do}$	频率整定下降范围	Hz	额定空载频率和最低可调空载频率之间的范围： $\Delta f_{s,do} = f_{i,r} - f_{i,min}$
$\Delta f_{s,up}$	频率整定上升范围	Hz	最高可调空载频率和额定空载频率之间的范围： $\Delta f_{s,up} = f_{i,max} - f_{i,r}$
ΔU	稳态电压容差带	V	在突加/突减规定负载后的给定调节周期内，电压达到的围绕稳态电压的约定电压带。除另有规定外： $$\Delta U = 2\delta U_{st} \times \frac{U_r}{100}$$
ΔU_s	电压整定范围	V	在空载与额定输出之间的所有负载、商定的功率因数范围内、额定频率下，发电机端子处电压调节的上升和下降的最大可能范围： $\Delta U_s = \Delta U_{s,up} + \Delta U_{s,do}$

（续）

符号	术语	单位	定义
$\Delta U_{s,do}$	电压整定下降范围	V	在空载与额定输出之间的所有负载、商定的功率因数范围内、额定频率下，发电机端子处额定电压与下调节电压之间的范围：$\Delta U_{s,do} = U_r - U_{s,do}$
$\Delta U_{s,up}$	电压整定上升范围	V	在空载与额定输出之间的所有负载、商定的功率因数范围内、额定频率下，发电机端子处上升调节电压与额定电压之间的范围：$\Delta U_{s,up} = U_{s,up} - U_r$
$\Delta \delta f_{st}$	频率/功率特性偏差	%	在空载与额定功率之间的功率范围内，对线性频率/功率特性曲线的最大偏差，用额定频率的百分数表示：$\Delta \delta f_{st} = \dfrac{\Delta f_c}{f_r} \times 100$
α_U	相对的稳态电压容差带	%	该容差带用额定电压的百分数表示：$\alpha_U = \dfrac{\Delta U}{U_r} \times 100$
α_f	相对的频率容差带	%	该容差带用额定频率的百分数表示：$\alpha_f = \dfrac{\Delta f}{f_r} \times 100$
β_f	稳态频率带	%	恒定功率时，发电机组频率围绕平均值波动的包络线宽度 $\hat{f}$，用额定频率的百分数表示：$\beta_f = \dfrac{\hat{f}}{f_r} \times 100$ 1. 应指出 β_f 的最大值出现在20%额定功率和额定功率之间 2. 对于功率低于20%者，稳态频率带可能显示出较高的值，但应允许同步
δf_d^-	负载增加时（对初始频率）的瞬态频率偏差	%	在突加负载后的调速过程中，下冲频率与初始频率之间的瞬时频率偏差，用初始频率的百分数表示：$\delta f_d^- = \dfrac{f_{d,min} - f_{arb}}{f_{arb}} \times 100$ 1. 负号表示负载增加后的下冲，正号表示负载减少后的上冲 2. 瞬态频率偏差应在用户允许的频率容差内，且应专门说明
δf_d^+	负载减少时（对初始频率）的瞬态频率偏差	%	在突减负载后的调速过程中，上冲频率与初始频率之间的瞬时频率偏差，用初始频率的百分数表示：$\delta f_d^+ = \dfrac{f_{d,max} - f_{arb}}{f_{arb}} \times 100$ 1. 负号表示负载增加后的下冲，正号表示负载减少后的上冲 2. 瞬态频率偏差应在用户允许的频率容差内，且应专门说明
δf_{dyn}^-	负载增加时（对额定频率）瞬态频率偏差	%	在突加负载后的调速过程中，下冲频率与初始频率之间的瞬时频率偏差，用额定频率的百分数表示：$\delta f_{dyn}^- = \dfrac{f_{d,min} - f_{arb}}{f_r} \times 100$ 1. 负号表示负载增加后的下冲，正号表示负载减少后的上冲 2. 瞬态频率偏差应在用户允许的频率容差内，且应专门说明

(续)

符号	术语	单位	定义
δf_{dyn}^+	负载减少时（对额定频率）瞬态频率偏差	%	在突减负载后的调速过程中，上冲频率与初始频率之间的瞬时频率偏差，用额定频率的百分数表示：$$\delta f_{dyn}^+ = \frac{f_{d,max} - f_{arb}}{f_r} \times 100$$ 1. 负号表示负载增加后的下冲，正号表示负载减少后的上冲 2. 瞬态频率偏差应在用户允许的频率容差内，且应专门说明
δU_{dyn}^-	负载增加时的瞬态电压偏差	%	负载增加时的瞬态电压偏差是指：发电机在正常励磁条件下以额定频率和额定电压工作，接通额定负载后的电压降，用额定电压的百分数表示：$$\delta U_{dyn}^- = \frac{U_{dyn,min} - U_r}{U_r} \times 100$$ 1. 负号表示负载增加后的下冲，正号表示负载减少后的上冲 2. 瞬态电压偏差应在用户允许的电压容差内，且应专门说明
δU_{dyn}^+	负载减少时的瞬态电压偏差	%	负载减少时的瞬态电压偏差是指：发电机在正常励磁条件下以额定频率和额定电压工作，突然卸去额定负载后的电压上升，用额定电压的百分数表示：$$\delta U_{dyn}^+ = \frac{U_{dyn,max} - U_r}{U_r} \times 100$$ 1. 负号表示负载增加后的下冲，正号表示负载减少后的上冲 2. 瞬态电压偏差应在用户允许的电压容差内，且应专门说明
δf_s	相对的频率整定范围	%	用额定频率的百分数表示的频率整定范围：$$\delta f_s = \frac{f_{i,max} - f_{i,min}}{f_r} \times 100$$
$\delta f_{s,do}$	相对的频率整定下降范围	%	用额定频率的百分数表示的频率整定下降范围：$$\delta f_{s,do} = \frac{f_{i,r} - f_{i,min}}{f_r} \times 100$$
$\delta f_{s,up}$	相对的频率整定上升范围	%	用额定频率的百分数表示的频率整定上升范围：$$\delta f_{s,up} = \frac{f_{i,max} - f_{i,r}}{f_r} \times 100$$
δf_{st}	频率降	%	整定频率不变时，额定空载频率与额定功率时的额定频率之差，用额定频率的百分数表示：$$\delta f_{st} = \frac{f_{i,r} - f_r}{f_r} \times 100$$
δ_{QCC}	交轴电流补偿电压降程度	—	—
δ_s	循环不均匀度	—	—
δf_{lim}	过频率整定比	%	过频率限制装置的整定频率与额定频率之差除以额定频率，用百分数表示：$$\delta f_{lim} = \frac{f_{ds} - f_r}{f_r} \times 100$$

(续)

符号	术语	单位	定义
δU_{st}	稳态电压偏差	%	考虑到温升的影响，在空载与额定输出之间的所有功率、额定频率及规定功率因数的稳态条件下，相对于整定电压的最大偏差，用额定电压的百分数表示： $$\delta U_{st} = \pm \frac{U_{st,max} - U_{st,min}}{2U_r} \times 100$$
δU_s	相对的电压整定范围	%	用额定电压的百分数表示的电压整定范围： $$\delta U_s = \pm \frac{\Delta U_{s,up} + \Delta U_{s,do}}{U_r} \times 100$$
$\delta U_{s,do}$	相对的电压整定下降范围	%	用额定电压的百分数表示的电压整定下降范围： $$\delta U_{s,do} = \frac{U_r - U_{s,do}}{U_r} \times 100$$
$\delta U_{s,up}$	相对的电压整定上升范围	%	用额定电压的百分数表示的电压整定上升范围： $$\delta U_{s,up} = \frac{U_{s,up} - U_r}{U_r} \times 100$$
$\delta U_{2,0}$	电压不平衡度	%	空载下的负序或零序电压分量对正序电压分量的比值。电压不平衡度用额定电压的百分数表示

a. 对于给定的发电机组，其工作频率取决于发电机组的总惯量和过频率保护系统的设计。
b. 频率限值（见 GB/T 2820.2 中图3）是指发电机组的发动机和发电机能够承受而无损坏风险的计算频率。

2. 电气性能指标

（1）电压整定范围

在规定的功率因数范围内和额定频率时，机组从空载到额定负载之间输出时，在发电机端子处的上升和下降调节电压的最大可能范围应不小于额定电压的 ±5%。

（2）电压和频率性能等级的运行极限值按表1-3的规定。

表1-3 性能等级的运行极值

参数		符号	单位	运行极值 性能等级			
				G1	G2	G3	G4
频率降		δf_{st}	%	≤8	≤5	≤3[r]	AMC[a]
稳态频率带		β_f	%	≤2.5	≤1.5[b]	≤0.5	AMC
相对的频率整定下降范围		$\delta f_{s,do}$	%	> (2.5 + δf_{st})			AMC
相对的频率整定上升范围		$\delta f_{s,up}$	%	>2.5[c]			AMC
频率整定变化速率		ν_f	%/s	0.2 ~ 1			AMC
（对初始频率的）瞬态频率偏差	100%突减功率[p]	δf_d	%	≤ +18	≤ +12	≤ +10	AMC
	突加功率[d,e,q]			≤ -(15 + δf_{st})[d]	≤ -(10 + δf_{st})[d]	≤ -(7 + δf_{st})[d]	
（对额定频率的）瞬态频率偏差	100%突减功率[p]	δf_{dyn}	%	≤ +18	≤ +12	≤ +10	AMC
	突加功率[d,e,q]			≤ -15[d]	≤ -10[d]	≤ -7[d]	
				≤ -25[e]	≤ -20[e]	≤ -15[e]	

（续）

参数		符号	单位	运行极值 性能等级			
				G1	G2	G3	G4
频率恢复时间		$t_{f,in}$	s	$\leq 10^f$	$\leq 5^f$	$\leq 3^f$	AMC
		$t_{f,de}$		$\leq 10^d$	$\leq 5^d$	$\leq 3^d$	
相对的频率容差带		α_f	%	3.5	2	2	AMC
稳态电压偏差		δU_{st}	%	$\leq \pm 5$	$\leq \pm 2.5$	$\leq \pm 1$	AMC
				$\leq \pm 10^g$	$\leq \pm 1^h$		
电压不平衡度		$\delta U_{2,0}$	%	1^i	1^i	1^i	1^i
相对的电压整定范围		δU_s	%	$\leq \pm 5$			AMC
电压整定变化速率		ν_u	%/s	0.2~1			AMC
瞬态电压偏差	100%突减功率	δU_{dyn}^+	%	$\leq +35$	$\leq +25$	$\leq +20$	AMC
	突加功率[d,e]	δU_{dyn}^-		$\leq -25^d$	$\leq -20^d$	$\leq -15^d$	
电压恢复时间[j]		$t_{U,in}$	s	≤ 10	≤ 6	≤ 4	AMC
		$t_{U,de}$		$\leq 10^d$	$\leq 6^d$	$\leq 4^d$	
电压调制[k,l]		$\hat{U}_{mod,s}$	%	AMC	$0.3^{m,n}$	0.3^n	AMC
有功功率分配	80%和100%标定定额之间	ΔP	%	—	$\leq +5$	$\leq +5$	AMC
	20%和80%标定定额之间				$\leq +10$	$\leq +10$	

注：1. AMC：为制造商和用户之间的协议。

2. 采用单缸或双缸发动机的发电机组，该值可达2.5。

3. 若不需并联运行，转速或电压的整定不变是允许的。

4. 采用涡轮增压发动机的发电机组。

5. 适用于火花点火气体发动机。

6. 该规定值仅是当卸去100%负载时的典型数值，此时制动扭矩只由发电机组的机械损耗提供，所以恢复时间将只取决于发电机组的总惯量和机械效率。由于用途和/或发动机型式不同引起的变化会很大。

7. 适用于10kVA以下的小型机组。

8. 当考虑无功电流特性时，对带同步发电机的机组在并联运行时的最低要求：频率漂移范围应不超过0.5%。

9. 在并联运行的情况下，该值应减小为0.5。

10. 除非另有规定，用于计算电压恢复时间的容差带应等于 $2 \times \delta U_{st} \times \dfrac{U_r}{100}$

11. 运行限值不包括在稳态限值内。

12. 若因发动机所迫出现发电机的扭转振动，将导致电压调制超过极限，发电机制造厂须予合作以减小振动或提供专门的励磁调节器。

13. 单缸或双缸发动机的发电机组，该值可为±2。

14. 在因亮度变化引起光线闪烁的情况下，眼睛的最高辨别力对应10Hz电压波动的刺激阈值为：$U_{mod10} \leq 0.3\%$。对U_{mod10}给出的运行极限值与10Hz时的某一正弦电压波动有关。对幅值α_f、频率为f的电压波动，等效10Hz的幅值为：$\alpha_{10} = g_f \alpha_f$。式中的$g_f$是按图12的频率对应于$\alpha_f$的加权系数。考虑某一电压波动的所有谐波，对应等效10Hz的电压调制为：$\hat{U}_{mod10} = \sqrt{\sum_{i=1}^{n} g_{f,i}^2 \alpha_{f,i}^2}$

15. 当使用该容差时，并联运行发电机组的有功额定负载或无功额定负载的总额按容差值减小。

16. 负载减小时，运行限值仅在$f_{arb} = f_r$时有效。

17. 负载增加时，运行限值仅在$f_{arb} = f_i$时有效。

18. 在某些情况下，频率降为0%（同步时）。

(3) 冷热态电压变化

机组在额定工况下,从冷态到热态的电压变化:对采用可控励磁装置的发电机,机组冷热态电压的变化应不超过 ±2% 额定电压;对采用不可控励磁装置的发电机,机组的冷热态电压变化应不超过额定电压的 ±5%。

(4) 畸变率

机组在空载额定电压时的线电压波形正弦性畸变率应不大于下列规定值:

1) 单相机组和额定功率小于 3kW 的三相机组为 15%;
2) 额定功率为 3~250kW 的三相机组为 10%;
3) 额定功率大于 250kW 的机组为 5%。

(5) 不对称负载要求

额定功率不大于 250kW 的三相机组在一定的三相对称负载下,在其中任一相(对晶闸管励磁是指接其中的某一相)上再加 25% 额定相功率的电阻性负载,当该相的总负载电流不超过额定值时应能正常工作,线电压的最大(或最小)值与三相电压平均值之差不超过三相电压平均值的 ±5%。

(6) 并联

1) 同型号规格和容量比不大于 3:1 的机组并联

型号规格相同和容量比不大于 3:1 的机组在 20%~100% 总额定功率范围内应能稳定地并联运行,且可平稳转移负载的有功功率和无功功率,其有功功率和无功功率的分配差度应不大于表 1-3 的规定。

2) 容量比大于 3:1 的机组并联

容量比大于 3:1 的机组并联,各机组承担负载的有功功率和无功功率分配差度按产品技术条件的规定。

(7) 启动电动机

三相机组空载时应能直接成功启动(见表 1-4 规定的)空载四极笼型三相异步电动机。

表 1-4 机组额定功率 P 与电动机额定功率

序号	机组额定功率 P	电动机额定功率
1	$P \leqslant 40$	$0.7P$
2	$40 < P \leqslant 75$	30
3	$75 < P \leqslant 120$	55
4	$120 < P \leqslant 250$	75
5	$250 < P \leqslant 1250$	按产品技术条件规定

(8) 温升

机组各部件温度(或温升)应符合各自产品技术条件的规定。

注:性能等级划分:

1) 性能 G1 级——该级别要求适用于只需规定其电压和频率的基本参数的负载。一般用于照明和其他简单的电器设备等。
2) 性能 G2 级——该级别要求适用于对其电压特性与公用电力系统有相同要求的负载。

当负载变化时，可有允许短暂的电压偏差和频率偏差。一般用于照明系统、泵、风机和卷扬机。

3）性能 G3 级——该级别要求适用于对频率、电压和波形特性有严格要求的电器设备。一般用于无线电通信和晶闸管整流器控制的负载。应特别注意，对于整流器和晶闸管整流器控制的负载，都需有特殊考虑负载对发电机电压波形的影响。

4）性能 G4 级——该级别要求适用于对频率、电压和波形特性有特别严格要求的负载。一般用于数据处理设备或计算机控制系统等。

1.6 柴油发电机组的选择

上海科泰股份有限公司生产的柴油发电机组有着良好的性能和可靠的质量保证。但是，在选择机组时仍然需要注意许多方面的细节，以使机组发挥最佳的运行性能和取得较佳的经济效应。应注意以下几点：

1. 机组使用用途

柴油发电机组按用途分为长行机组和备用机组两种。选择机组时，应首先明确该机组是做何种用途。在长期缺电甚至无市电供应的地区，需要发电机组无限时运行时，应选用长行机组。若机组只是用来在市电发生故障时，才启动运行来供应负载所需电力时，则使用备用机组。长行机组和备用机组由于使用额定功率限制的不同，使用频率和周期时间也不同，应根据需要来选用。

（1）应急柴油发电机组的选择

应急发电机组主要用于重要场所，在紧急情况、事故停电或瞬间停电，通过应急发电机组迅速恢复并延长一段供电时间，这类用电负载为一级负载。对断电时间有严格要求的设备、仪表以及计算机系统，除配备发电机组外，还应配备蓄电池或 UPS 电源。

应急发电机组的工作有两个特点：一是作应急用，连续工作的时间不长，一般只需要运行几小时（小于12h）；二是作备用，应急发电机组平时是处于停机等待状态，只有当主用电源全部故障断电后，应急发电机组才启动运行，并为紧急用电负载供电，当主用电源恢复后，随即切换停机。

1）应急柴油发电机组发电机容量的确定

应急柴油发电机组的额定容量为经大气修正以后的12h额定容量，其容量应能满足紧急用电的计算总负载，并按发电机容量能满足一级负载中单台最大容量电动机启动的要求进行校验。应急发电机一般选用三相无刷交流同步发电机，其额定输出电压为400V。

2）应急柴油发电机组台数的确定

根据应急负载容量一般只设置1台应急柴油发电机组，也可以选用2台以上机组并联运行供电。由于并机技术的进步，目前数据中心应急备用电源已有20台以上柴油发电机组并联应用实例，详见第7章内容。当选用多台柴油发电机组时，机组应尽量选用型号、容量相同，调压、调速特性相近的成套设备，所用的燃料性质应一致，以便运行维修保养及共用备件，当应急备用的发电机组有2台时，自启动装置应使2台机组能互为备用，即市电电源故障停电经过延时确认以后，发出自启动指令，如果第1台机组连续3次自启动失败，应发出报警信号，并自动启动第2台机组。

3）应急柴油发电机组的选择

应急机组宜选用高速、增压、油耗低、高可靠性、同容量的柴油发电机组。高速、增压柴油机单机容量较大，占地空间较小，柴油机选配电子调速装置，调速性能较好，发电机宜选配无刷励磁的同步发电机。

4）应急柴油发电机组的控制

应急柴油发电机组的控制应具有快速自启动及自动投入装置。当主用电源故障断电后，应急机组应能快速自启动并恢复供电，一级负载的允许断电时间从十几秒至几十秒，应根据具体情况确定。当重要工程的主用电源断电以后，首先要有 3～5s 的确认时间，应避开瞬时电压降低及电网合闸或备用电源自动投入的时间，然后，再发出启动应急发电机组的指令。从指令发出，机组开始启动、升速到能带全负载需要一段时间。一般大、中型柴油机还需要预润滑及暖机过程，使紧急加载时的机油压力、机油温度、冷却水温度符合产品技术条件的规定：预润滑及暖机过程可以根据不同情况预先进行。使机组随时处于预润滑及暖机状态，以便随时快速启动，尽量缩短故障断电时间。

应急柴油发电机组投入运行以后，为了减少突加负载时的机械和电流冲击，在满足供电要求的情况下，紧急负载最好按时间间隔分级增加。自动化柴油发电机组自启动成功后的首次允许加载量为：对于额定功率小于 250kW 的发电机组，首次允许加载量不小于 50% 的额定负载；对于额定功率大于 250kW 的发电机组，按产品技术条件规定。如果对瞬时电压降及过度过程要求不严格时，一般机组突加负载或突卸负载的负荷量不宜超过机组额定容量的 70%。

(2) 常用柴油发电机组的选择

某些柴油发电机组在某段时间或经常需要长时间连续地运行，作为用电负载的常用供电电源，这类发电机组称为常用发电机组。常用发电机组可作为常用机组和备用机组。远离大电网的乡镇、海岛、林场、矿山、油田等地区或者工矿企业，为了供给当地居民生产及生活用电，需要安装柴油发电机组，这类发电机组平时应不间断的运行。

国防工程、通信枢纽、广播电台、微波接力站等重要设施，应具有备用柴油发电机组。这些单位的设施用电平时由市电电网供给。但是，由于地震、台风、战争等其他自然灾害或人为因素，使电网遭受破坏而停电以后，已设置好的柴油发电机组应能迅速地启动，并能长期不间断的运行，以保证这些重要单位用电负载的连续供电，这种备用发电机组也属于常用发电机组类型。常用发电机组持续工作时间较长、负载曲线变化较大、柴油发电机组容量、台数、型式的选择及机组的运行控制方式与应急机组不同。

1）常用柴油发电机组容量的确定

按机组长期持续运行输出功率能满足全工程最大计算负载的选择，并根据负载的重要性确定备用机组容量。柴油发电机组持续运行的输出功率，一般为额定功率的 0.9 倍。发电机输出额定电压的确定与应急发电机组相同，一般为 400V，个别用电量大，输电线路远的工程可选用高压发电机组。

2）常用柴油发电机组台数的确定

常用柴油发电机组台数的设置通常为 2 台以上，以保证供电的连续性及适应用电负载曲线的变化。机组台数多，才可以根据用电负载的变化确定投入发电机组的运行台数，使柴油机长期在经济负载下运行，以减少燃油消耗率，降低发电成本。柴油机的最佳经济运行状态是在额定功率的 75%～90% 之间。为保证供电的连续性，常用柴油发电机组本身应考虑设置备用机组，当运行机组发生故障和停机维修时，使发电机组仍然能够满足对重要用电负载不间断地持续供电。

3）常用柴油发电机组的控制

常用柴油发电机组一般应该考虑能并联运行，以简化配电主线路接线，使机组启动停机轮换运行时，通过并车、转移负载、切换机组而不致中断供电。发电机组应安装有柴油发电机组的测量及控制装置，机组的调速及励磁调节装置应适用于并联运行的要求。对重要负载供电的备用发电机组，宜选用自动化柴油发电机组，当外电源故障断电后，能够自动、迅速地启动，恢复对重要负载的供电。柴油机在运行时，机房噪声很大，自动化机组便于改造为隔室操作，自动监控的发电机组。当发电机组正常运行时，操作人员不必进入柴油发电机组机房，在控制室便可对柴油发电机组进行监控。

2. 机组的具体应用类型

为适应不同环境特点和各种特殊要求的需要，柴油发电机组有着多种不同应用类型和可加装的配套件，加装不同的配套件能够适应陆上、海上的恶劣环境，满足高灵敏度负载对机组的要求和用户对自动化程度的需求等各种功能。以下是几种配套件和不同类型机组的选择：

(1) 机组配套件的选择

① 水套加热器　对于水冷机组，虽然使用防冻冷却液，但在环境温度低于0℃的寒冷地区，仍然会因为液体的流动性变差、机体内温度过低使发动机启动困难。使用水套加热器，可使冷却液温度升高，流动性增强，并且依靠热传递使机体温度也随之升高，从而解决了低温启动难的问题。

② 交流发电机、控制屏防潮器　若机组存放于湿度高或长期处于低温地方，建议使用交流发电机和控制屏防潮器。这样便可降低发电机和控制屏的湿度，或在冬天时减少产生静电的影响。

③ 启动电池市电充电器　利用启动电池市电充电器，可以在市电正常时，对启动电池进行快速或慢速充电，使其保持足够的电量满足下一次的启动需要。这种配件对于要求随时启动的备用发电机组和自动化机组就尤为重要。

④ 电子调速系统和电控柴油机　使用电子调速器的机组（包括电控柴油机）区别于机械调速式机组，最明显的优点就是使频率稳态调整率范围很小，即柴油机的速度比机械调速式机组稳定了许多，使发电机输出频率、电压波动很小，适合于一些对频率、电压要求较高的负载，如电子计算机、UPS供电系统。另外，作为并机使用的机组除电喷机组外均需要加装电子调速器。

⑤ 其他　其他的配套件有高、低位燃油接触开关、接地故障保护、自动燃油补充系统等，这些配套件都必须预先订购，并由专业人员加装。

(2) 防护等级的选择

在柴油发电机组中，交流发电机不允许有异物和水分的进入，否则会导致发电机相间短路，烧毁发电机。由于本身运行时需要散热的原因，交流发电机不可能完全密封，所以就存在防护等级选择的问题。

上海科泰电源股份公司柴油发电机组采用IP防护等级标准，该等级由两个数字组成，第1个数字表示防尘、防止外物侵入的等级，第2个数字表示防湿气、防水侵入的密闭程度。标配的防护等级为IP22或IP23，另可升级为IP44或IP55。依照等级标准，含义见表1-5和表1-6。

表 1-5　第一个数字的含义

特征数字	特征符号	简要说明	型号含义
2		能防止直径不小于 12.5mm 的固体异物	能防止直径大于 12mm、长度不大于 80mm 的固体物进入壳内，能防止手指触及壳内带电部分或运动部件
4		防尘	不能安全防止尘埃进入壳内，但进尘量不足以影响电器的正常运行
5		尘密	无尘进入

表 1-6　第二个数字的含义

特征数字	特征符号	简要说明	型号含义
2		15°防滴	当外壳从正常位置倾斜 15°以内时，垂直滴水无有害影响
3		防淋水	以垂直 60°范围内的淋水无有害影响
4		防溅水	任何方向溅水无有害影响
5		防喷水	任何方向喷水无有害影响

请参考表 1-5、表 1-6 的说明，根据机组所处的环境，选择合适的 IP 防护等级。其中 IP23 为船用机组标准，在尘屑非常多的场合（如木屑场）可考虑使用 IP44 或 IP55。IP44 是在 IP23 的基础上加装进、排风过滤器，IP55 为电机外壳加装热交换器。

（3）热交换器的选择

柴油发电机组冷却系统的标配是与机组为一体式的散热水箱。这种冷却系统的优点是在不增加附属设备的情况下就能向负载供电，这种机组适合于水源缺少的地区，但整个机组外形尺寸相对较大，其缺点是风扇的转动增加了机组的噪声。

若要克服散热水箱的缺点，可考虑选用热交换器。带热交换器冷却的发电机组由于用热交换器取代了传统的水箱风扇而使噪声和外形尺寸大大减少，这样机组就可布置在较小的机房和居民住宅区内。但是使用这种机组要求室外有足够的地方安装外部循环水池或冷却塔来冷却柴油机的冷却水，因此相对增加了基础设施的成本，这种机组适用于民用住宅区商店和宾馆等人口密集的地区供电。

（4）PMG 永磁励磁系统的选用

PMG（Permanent Magnet Generator，永磁发电机）系列永磁交流同步发电机的电子自动调压系统 AVR 独立于发电机的机械系统，功率源从副励磁机电枢绕组取得。在发电机负载和转速突变时，该系统不受发电机机械过渡过程的影响，将输出电压调整到额定值。因此，PMG 系列永磁交流同步发电机的动态电压调整率远小于其他励磁发电机，并有较好的动态稳定性。而常规励磁发电机 AVR 的功率输出受电枢绕组电势波形的影响较大，特别是非线性负载对电枢绕组电势波形的影响比较明显。另外，永磁发电机还有电磁干扰小、电机效率高、电机温升低、适合于在恶劣环境下工作等优点，它适用于以下场合：

要求发电机供电质量高，瞬间电压波动少，输出电压波形好，畸变率低的场合。例如：作为高精度电子仪器和设备的供电电源。

对发电机所产生的电磁干扰有严格限制的场合。例如：作为通信设备、雷达、高精度控制系统的供电电源。

发电机的运行环境恶劣的场合。例如：高温运行环境及发动机转速高，输出转矩脉振大的情况。

对发电机节能有严格要求的场合。例如：燃料供应困难和发动机功率受限制的场合。

(5) 并机的选择

从负载的大小、机组运行状态等方面考虑，有时需要机组进行并机的使用。如为了增加后备电源的弹性，或者因为负载太大，这时可考虑将两台或者更多机组进行并机使用，作为备用电源。也有些情况，由于负载中感性负载所占比例很大，启动时所需功率很大，而在正常运行时功率较小，造成低载运行对机组十分不利，这时考虑使用并机启动负载，启动后又单机运行的模式。

并机时，若要将一部机组并到带电的母排上，一定要符合电压相同、频率相同、相序相同和相位相同的条件。

上海科泰股份有限公司有一整套先进成熟的并机系统，其核心部分为TC3.0智能控制屏。该控制屏采用微处理器技术，对机组的运行状态进行实时监测和控制。而且在负载分配中，控制器将通过自身设定的参数，按比例确定各机组承担的负载功率。并根据负载大小自动将机组并机或者解列后停机，这样便可以达到比较好的经济效益以及保持机组良好的运行状态。

(6) 自动化程度的选用

科泰股份有限公司的机组从自动化程度上大致可分为手动、自动、遥控三种类型。用户可根据自己的实际需要，选择合适的控制系统。如需操作人员职守的手动机组及自动启动的机组，选择TC1.0控制屏；需实现"三遥"功能的遥控机组可选择TC2.0控制屏；并机则选用TC3.0智能控制屏。如果所有的智能型控制屏再配置ATS切换系统，便可实现机电和市电对负载供电的自动切换。

3. 机组的容量估算

发电机组容量的估算是十分重要也是比较复杂的问题，容量过小，无法带全部负载或者在启动大功率负载时导致突然停机；容量过大，投资及维护成本高，造成经济浪费。而且根据柴油机的特性，如果在小负载下长期工作，将造成活塞环、喷油嘴积炭严重，气缸磨损加剧等损坏机组的不良后果。所以在容量估算时需要考虑多方面的因素，包括：使用环境、负载的类型和预留裕量等内容。

(1) 使用环境

不同的工作环境会影响机组的输出功率。工作环境主要包括环境温度、海拔和相对湿度。当环境温度、海拔过高时，空气密度降低，机组运行时燃烧所需氧气供应量减少，机组的输出功率应做相应的下调。换而言之，选用的机组功率要比负载的功率绝对值高。柴油发电机组的额定功率是在标准状态环境下满负载运行时测得，即：进气温度为27℃，海拔为152.4m，相对湿度为60%。当超过该标准时，标定功率就要有所折扣了，具体的折扣计算方法见本章内容。

值得注意的是，电控柴油机采用了电子喷油控制技术，通过对安装在发电机上的电子控制单元对进气歧管的进气压力、燃油温度的精确测量，控制每个喷油器的喷油正时和喷油量，使得机组在非标准环境下有较小的功率下降。

（2）负载的类型

不同类型的负载对发电机组容量要求相差是很大的，负载类型一般分为电阻性、电感性等线性负载与内含整流电路的非线性负载（又称整流性负载）。阻性负载如灯泡、电炉子、烤箱等，感性负载如空调、机床、水泵等，非线性负载如UPS、电子计算机、程控交换机、PLC设备等。带电阻性负载时，发电机组的容量只需要略大于负载功率。但是在带电感性负载和非线性负载时，容量就需重新计算。

1）电感性负载对容量的影响

电感性负载（如三相笼型异步电动机）的特性是当启动时有很大的电流，而且功率因数大大低于正常运转值。如果直接启动，启动电流值为正常运转时的5~7倍，这就要求机组容量足够大满足其启动要求。但是随之而来的问题是机组的功率选大了，而正常运行时功率又远小于机组额定值，这显然是不经济的。

例如：机组带一台额定功率 $P=55\text{kW}$，满载稳定运行时电压 $U=380\text{V}$、功率因数 $p_\text{f}=0.89$、效率 $\eta=92\%$、启动电流值为额定时5倍的三相异步电动机时

额定电流值为

$$I=\frac{P}{\sqrt{3}Up_\text{f}\eta}=102\text{A}$$

若根据电流值选择机组时，可确定额定电压为380V时，最大输出电流值为126A，功率为70kW的三相柴油发电机组。

由于启动电流 $I_\text{启}=5\cdot I=510\text{A}$，为了满足启动要求，不得不选择最大输出电流值为532A，功率为300kW的机组。显然，机组功率变大了，而正常运行时功率又远小于额定功率，非常不经济。为了减小电动机启动时的影响，往往采用降压启动的方法，就是在启动时降低加在电动机定子绕组上的电压，待电动机转速接近稳定时，再把电压恢复到正常值。一般有以下几种降压方法：

① 星形－三角形（Y－△）换接启动；
② 自耦降压启动；
③ 电抗降压启动；
④ 软启动；
⑤ 变频启动。

其中Y－△法的启动电流为直接启动电流的1/3；自耦降压启动法的设备具有抽头根据启动转矩的要求得到不同电压；电抗降压启动电流按其端电压的比例降低；延边三角形启动电流一般为直接启动时的1/2。具体的操作方法可在电工手册上查得。

2）非线性负载对容量的影响

非线性负载（如电子计算机等）设备都有启动冲击电流、谐波反馈、电流突变等干扰，而且往往对机组电压降值有很高的要求。由于柴油发电机组所送出的电源本身不但电压畸变度大，而且随着机组的额定输出功率容量的减小，其内阻增大的矛盾会显得更加突出。当带电阻性负载时，这种影响比较小。然而，在带计算机和通信设备这种整流滤波型负载或UPS时，会影响负载的正常运行乃至使用寿命。虽然上海科泰电源股份有限公司的机组有着优良的电气性能，但出于安全考虑仍应把容量选得大一些。

在电压降的要求上，大容量机组带较小的负载产生电压降较小，PMG 比 SHUNT 小得多，当 SHUNT 无刷自励式机组带无输入滤波器的 UPS 时，往往要求容量为 UPS 容量的 2~2.5 倍。选择带高效输入滤波器的 UPS 或带 PMG 永磁式机组则容量匹配可以非常接近。

总之，计算发电机组容量时应明确各个负载的性能，以做出正确的选择，几种负载的参考特性参数见表 1-7。

表 1-7　不同负载时的启动电流和运行电流

负载 \ 电流	启动时	正常运行时
灯泡/电热器等（电阻性负载）	1 倍	1 倍
荧光灯/水银灯等（卤素负载）	2.1~2.8 倍	1.2~1.8 倍
钻孔机/喷沙机等（交流整流负载）	2.0~3.0 倍	1.3~1.6 倍
三相笼型异步电动机等（电感性负载）	5.0~6.0 倍	1.3~2.0 倍

(3) 其他考虑因素

根据现有负载进行计算机组容量后，还要加入其他考虑因素，如：是否有些负载可能发生过载的现象，今后是否有扩充负载的需要，建议根据自己的实际需要适量加大机组的容量。

另外，在经济条件许可的情况下，建议采用 2 台或多台发电机组，其中一些发电机组用于敏感的负载（如电子计算机系统和其他电子设备），另一些发电机组则用于不敏感的负载（如电阻性负载和电动机）。防止由于电动机启动时造成机组电压波形畸变对敏感性负载的影响。

4. 特殊用途机组的选择

特殊用途机组的开发和应用，扩大了柴油发电机组的应用范围，拓展了用户的选择空间。如适合于特殊噪声要求场合的防音型机组；城市范围内的短距离应急供电或工程事故抢修供电的防音型拖车机组；自备动力，适合于城市范围远距离移动应急供电的车载电站；适合放置大型机组，同时具有防音效果的集装箱机组。

第 2 章 柴油机新技术的应用

2.1 柴油机概述

1. 发动机

发动机（Engine）是一种将其他形式的能转化为机械能的机器，包括外燃机（斯特林发动机、蒸汽机等）、内燃机（汽油发动机、柴油发动机等、燃气机）等。内燃机通常是把化学能转化为机械能。发动机既适用于动力发生装置，也包括动力装置的整个机器（如：汽油发动机、航空发动机）。发动机在英国诞生其概念源于英语，本义是指那种"产生动力的机械装置"。

发动机的产生和发展主要经历三个发展阶段：蒸汽机、外燃机和内燃机。

燃料燃烧部位的不同是内燃机与外燃机的最大区别。

外燃机是指其燃料在发动机的外部燃烧，再将热能转变成机械能的机器。在 1816 年，苏格兰的 R. 斯特林发明了外燃机，故又称斯特林发动机。发动机将燃烧产生的热能转化成动能，瓦特改良的蒸汽机就是一种典型的外燃机，当大量的煤燃烧产生热能把水加热成大量的水蒸汽时，产生了高压推动机械做功，完成了热能向机械能的转变。

内燃机是指其燃料在发动机的气缸内部燃烧，再将热能转变成机械能的机器。其种类十分繁多，常见典型的内燃机有汽油机、柴油机。不常见的内燃机有火箭发动机和飞机装配的喷气式发动机。由于动力输出方式不同，前两种和后两种存在着很大差异。一般地，前者多应用于地面，后者多应用于空中。当然有些汽车制造者出于创造世界汽车车速新纪录的目的，也在汽车上装用过喷气式发动机，但因其特殊性不适合批量生产。

2. 柴油机

柴油机是以柴油为燃料。属于压缩点燃式发动机，柴油机在工作时，新鲜空气被吸入柴油机气缸内，因活塞的运动而受到高强度的压缩，高温达到 500~700℃。燃油在高压油泵的作用下以雾状喷入高温空气中，与高温空气形成可燃混合气，自动着火燃烧。燃烧中释放的巨大能量作用在活塞顶面上，推动活塞并通过连杆和曲轴转换为旋转的机械能。

在 1897 年法国出生的德裔工程师狄塞尔，成功研制实用的四冲程柴油机。因较高的热效率而引起人们的重视。刚开始柴油机采用空气喷射燃料，附属装置庞大笨重，只适合固定作业。20 世纪初，开始在船舶上应用，1905 年制成第一台二冲程船用柴油机。因其发明者是狄塞尔，故被称为狄塞尔引擎。

在 1922 年德国的博施发明机械喷射装置，逐渐替代了空气喷射。20 世纪 20 年代后期出现了高速柴油机，并开始用于汽车。到了 50 年代，一些结构性能更加完善的新型系列化、通用化的柴油机发展起来，柴油机进入了专业化大量生产阶段。特别是废气涡轮增压技术的出现，使柴油机成为现代动力机械中最重要的部分。

（1）柴油机的分类

1) 按工作循环可分为二冲程和四冲程柴油机；

2) 按冷却方式可分为风冷式和水冷式柴油机；

3）按进气方式可分为自然吸气式和涡轮增压式柴油机；

4）按转速可分为低速（小于350r/min）、中速（350～1000r/min）和高速（大于1000r/min）柴油机；

5）按燃烧室形状可分为直接喷射式、涡流室式和预燃室式柴油机；

6）按气体压力作用方式可分为单作用式、双作用式和对置活塞式柴油机等；

7）按气缸数目可分为多缸和单缸柴油机；

8）按用途可分为汽车用柴油机、机车柴油机、船用柴油机、发电柴油机、工程机械用柴油机和农用柴油机等。

柴油是柴油机主要燃料，通常轻柴油用于高速柴油机；中、低速柴油机用轻柴油或重柴油。柴油机用喷油泵和喷油器将高压燃油以雾状喷入气缸，与空气混合燃烧。因此，柴油机可用挥发性较差的重质燃料或劣质燃料，如原油和渣油等。

在燃用原油和渣油时，须过滤杂质和水分，还需对供油系统进行预热保温，降低燃油粘度，以便输送和喷射。如果柴油机设计合适的燃烧室也可燃用乙醇、甲醇和汽油等轻质燃料。可加入添加剂提高十六烷值改善轻质燃料的着火性能，或与柴油混合使用。一些气体燃料，如天然气、液化石油气、沼气和发生炉煤气等也可作为柴油机的燃料，但这时通常以气体燃料为主，以少量柴油引燃，这种发动机称为双燃料内燃机。

（2）柴油机的基本结构

柴油机是一种最常用内燃机，是柴油发电机组的动力源，它是一种将柴油喷射到气缸内与高压空气混合，燃烧释放出热量转变为机械能的热力发动机。柴油机功能划分的结构组成部分如下：

1）曲柄连杆机构与机体组件：曲柄连杆机构是将热能转换为机械能的主要部件。它包括曲轴箱、气缸体、气缸盖、活塞、活塞销、连杆、曲轴和飞轮等。

2）燃油系统：将燃油源源不断地供到燃烧室，确保柴油机能量的持续供应。它包括柴油箱、输油泵、输油循环管道、燃油滤清器、喷油泵和喷油嘴等零部件。

3）配气机构：配气机构保证了燃烧室定期吸入新鲜空气、排出燃烧后的废气。主要由进气门、排气门、凸轮轴及驱动零件等组成。

4）冷却系统：冷却系统由水泵、散热器、恒温器、风扇和水套等部件组成。

5）润滑系统：润滑系统包括润滑油泵、润滑油滤清器和润滑管道等。

6）启动系统：柴油机的启动一般为电动马达的启动方式。根据使用环境的不同，还有气动马达及液压马达等启动方式。

（3）柴油机的常用术语

表示柴油机工作原理的常用术语如图2-1所示。

1）工作循环　内燃机在热能与机械能的转换中，是通过气缸内的活塞工作，连续进行进气、压缩、燃烧、膨胀做功、排气5个过程来完成的，内燃机每进行这样一个过程称为一个工作循环。

2）上止点和下止点　活塞在气缸内做上下直线往复运动时，活塞顶部处于气缸中的最高位置称为上止点，活塞顶部处于气缸中的最低位置则称为下止点。

3）活塞冲程和曲柄旋转半径　活塞在气缸中的运动从上止点到下止点的直线距离，通常用S表示。曲柄的旋转半径：曲轴与

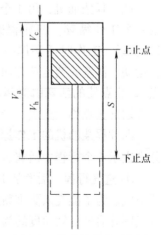

图2-1　柴油机的常用术语

连杆大端的连接中心到曲轴的旋转中心之间的最小直线距离,用 R 表示。活塞冲程 $S = 2R$。

4) 气缸直径就是气缸的内径,简称缸径,通常用 D 表示。

5) 气缸工作容积(或称活塞排量):活塞从上止点运动到下止点所经过的空间称为气缸工作容积,用 V_h 表示。多气缸柴油机各缸工作容积的总和称为柴油机工作容积(或称柴油机排量),用 V_L 表示。

$$V_L = \frac{\pi D^2}{4 \times 10^3} Si = V_h i \text{(单位为升)}$$

式中　　D——气缸直径(cm);
　　　　S——活塞冲程(cm);
　　　　i——气缸数。

6) 燃烧室容积　活塞在上止点时,活塞顶部上方整个空间的容积称为燃烧室容积,通常用 V_c 表示。

7) 气缸总容积　活塞位于下止点时,活塞顶以上的气缸全部容积,通常用 V_a 示。可见气缸总容积为:$V_a = V_h + V_c$

8) 压缩比　气缸总容积与燃烧室容积的比值,用 ε 表示,即

$$\varepsilon = \frac{V_a}{V_c} = \frac{V_h + V_c}{V_c}$$

压缩比体现了气缸内混合气体的被压缩程度,压缩比越大,表明柴油机运行时,气体被压缩的程度越大,压缩终了气体的温度和压力就越高,内燃机的效率也越高。

(4) 柴油机的基本工作原理

柴油机是以柴油作燃料的压燃式内燃机。工作时,气缸内的空气被压缩而温度升高,定时喷入气缸的柴油自行着火燃烧,产生高温、高压的燃气膨胀推动活塞做功,将热能转变为机械功。柴油机的工作循环由进气、压缩、喷油着火燃烧、膨胀做功和排气等过程组成。这些过程可以由四冲程或二冲程柴油机来实现。

1) 四冲程柴油机(非增压)的基本工作原理

四冲程柴油机:用 4 个行程,曲轴回转两周完成一个工作循环。四冲程柴油机的基本结构如图 2-2 所示。工作时活塞作往复直线运动,曲轴做旋转运动。活塞改变运动方向的瞬时位置称止点(死点),止点处的活塞瞬时运动速度为零。离曲轴中心最远的止点称上止点,最近的止点称下止点。

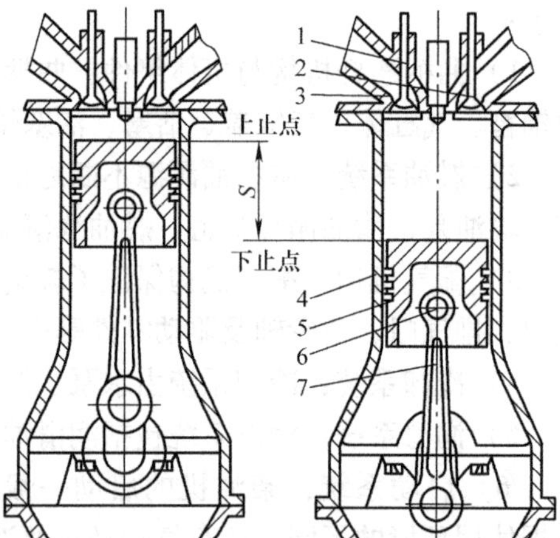

图 2-2　气缸运动示意图
1—排气门　2—进气门　3—气缸盖　4—气缸
5—活塞　6—活塞销　7—连杆

四冲程柴油机的工作原理如图 2-3 所示。图中分别表示 4 个行程中活塞、连杆、曲轴及气阀的相对位置。

① 进气行程　活塞从上止点下行,进气阀打开。因活塞下行的抽吸作用,气缸内充入新鲜空气。为了能充入更多新鲜空气,进气阀一般在上止点前提前开启,在下止点后延迟关闭,进气阀开启的延续角度约为 220°~250°,如图 2-3a 所示。

② 压缩行程　活塞从下止点上行,进、排气阀均关闭。活塞上行压缩缸内的空气,使其

压力和温度均不断升高。压缩终点的压力约为 3~6MPa；温度约为 500~700℃。在上止点（压缩终点）附近，雾化的燃油经喷油器喷入燃烧室，并在高温高压空气的作用下，开始自行着火燃烧，如图 2-3b 所示。

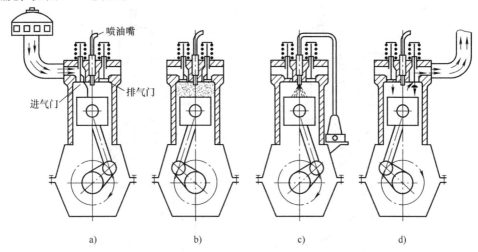

图 2-3 四冲程柴油机工作原理
a）进气行程 b）压缩行程 c）做功行程 d）排气行程

③ 做功行程 活塞由上止点向下运动，进、排气阀均关闭。在此行程的初期，大量的混合气燃烧，缸内的压力和温度都急剧升高，其最大值分别可达 6~9MPa 和 1500~2000℃ 左右。高温高压气体推动活塞下行做功，在上止点后某一时刻，燃烧结束，膨胀做功仍在进行。当活塞到达下止点前某一时刻，排气阀开启，做功过程结束。此时，气缸内的压力约为 0.2~0.5MPa，温度约为 600~700℃。活塞则继续向下止点下行，如图 2-3c 所示。

④ 排气行程 曲轴带动活塞由下止点向上运动，排气阀继续开启状态，气缸内的废气被上行的活塞强行推出缸外。为了实现充分排气和减少排气过程中所消耗的功，不但在下止点前提前开启排气阀，而且要在排气行程结束的上止点后才关闭。排气阀开启的延续角度约为 230°~260°如图 2-3d 所示。

四冲程柴油机完成一个工作循环要经历进气、压缩、做功、排气等 4 个行程；一个工作循环曲轴回转两转，即曲轴转角 720°。其中只有一个行程做功，其余 3 个行程都要消耗功。因此，在单缸柴油机必须有一个足够大的飞轮来供给这 3 个行程所需的能量；而对于多缸柴油机，则借助于其他气缸膨胀做功过程来供给。

柴油机必须借助外部能量的驱动使其启动运转，实现停车状态进入工作状态，直至喷入气缸的燃油自发火燃烧，实现柴油机自行运转。

2）二冲程柴油机的基本工作原理

二冲程柴油机：用两个行程，曲轴回转一周完成一个工作循环的柴油机。

二冲程柴油机与四冲程柴油机的不同是在于气缸上设有气口，如图 2-4 所示气缸右侧为排气口，左侧为进气口。进气口比排气口略低，由活塞控制气口的开与关。此外，二冲程柴油机设有扫气泵。压缩的空气被扫气泵预先送入扫气箱中，扫气箱中的空气压力（扫气压力）要比大气压力稍高。

① 换气—压缩行程 活塞由下止点向上运动。在活塞接近进气口之前，气缸中继续充入新鲜空气并通过排气口将气缸内的废气赶出。当进气口完全被活塞遮蔽时（点 1），新鲜空气

不再进入气缸内。当排气口被活塞遮蔽后（点2），活塞对气缸内的空气进行压缩，产生高压和高温气体。在活塞到达上止点前的某一时刻（点2′），柴油被喷油器喷入气缸，并与高温高压空气混合后着火燃烧。

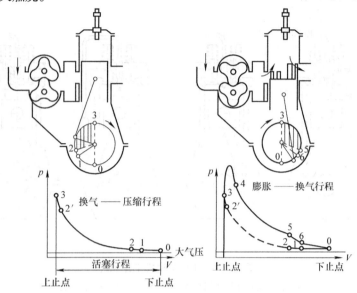

图2-4 二冲程柴油机工作原理

在这一行程中，完成了换气（曲线0-1-2）、压缩（曲线2-3）和喷油着火燃烧各过程。

② 膨胀—换气行程 活塞由上止点向下运动。混合气在此行程的初期仍在猛烈燃烧，到点4才基本结束。活塞因燃气膨胀的推动下行做功。排气口在活塞下行打开时（点5），由于此时缸内燃气的压力和温度仍较高，分别为0.25～0.6MPa和600～800℃，在气缸内外的压差作用下气缸内燃气从排气口高速排出，缸内压力随之降低。当缸内下降的压力接近扫气压力时，下行的活塞打开进气口，新鲜空气通过进气口进入气缸，并对气缸内进行扫气，将缸内的废气排出排气口。这个过程称为扫气过程，一直要延续到下一个循环活塞再次上行将进气口关闭时为止。

在这一行程中，完成了燃烧与膨胀（曲线3-4-5）、排气（曲线5-6）和部分扫气（曲线6-0）过程。

由此可见，相比四冲程柴油机，二冲程柴油机是将进气和排气过程合并到压缩与膨胀行程中进行，有两个行程被省略。因此，二冲程柴油机完成一个工作循环曲轴回转一周。在活塞行程、气缸直径与转速相同的条件下，二冲程柴油机的功率似乎应为四冲程柴油机的2倍；但实际上，由于二冲程柴油机的气口使其有效行程减少等原因，其功率约为四冲程柴油机的1.6～1.8倍。

3) 增压柴油机的基本工作原理

提高柴油机的进气压力，使气缸容积中充进更多的空气量，增加进气密度，以便喷入更多的燃油，提高有用功率。这种以提高进气压力来提高柴油机功率的方法称为"增压"。

压缩新鲜空气的压气机，其能量来源主要有直接由柴油机的曲轴通过齿轮等机械驱动的方式，此增压方式称机械增压；也有用柴油机气缸废气的排出能量在涡轮机中膨胀做功，由涡轮机来驱动的方式，称废气涡轮增压。

如图 2-5 所示是废气涡轮增压四冲程柴油机的工作简图。

废气涡轮增压器由废气涡轮机 8 和与其同轴的离心式压气机 2 等组成。柴油机气缸废气的排出经排气管 6 进入涡轮机 8，在其中膨胀做功推动涡轮机转动，并带动压气机 2 工作。新鲜压缩空气经进气管 3 送往柴油机的各个气缸。

二冲程废气涡轮增压柴油机的工作原理和四冲程基本相同，所不同在于二冲程柴油机中，增压空气是先供入扫气箱中，然后经扫气口进入气缸；此外，由于废气涡轮和压气机需能量平衡的原因，辅助压气机一般设在二冲程柴油机的废气涡轮增压系统中。

(5) 柴油机主要技术指标

利用柴油机的一些主要技术指标来判断和衡量柴油机的性能。包括：动力性、经济性、重量和外形尺寸、排气污染指标等。

1) 动力性指标 动力性指标是指柴油机对外做功能力，一般指功率、平均有效功率、平均有效压力、转速和活塞平均速度等。

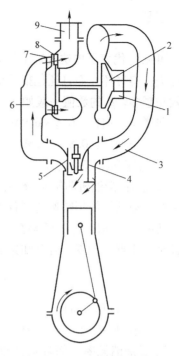

图 2-5 废气涡轮增压四冲程柴油机的工作简图
1、3—进气管 2—压气机 4—进气门
5—排气门 6、9—排气管 7、8—涡轮机

① 有效功率 柴油机在单位时间内所做的功，功率的单位为 kW，1kW = 1000N·m/s。

② 指示功率 柴油机在气缸中单位时间内所做的功。

③ 有效功率 P_e 指示功率减去消耗于内部零件的摩擦损失、泵气损失和驱动附件损失等机械损失功率之后，从发动机曲轴输出的功率。

如果柴油机曲轴每分钟的转速为 n，曲轴每秒输出的有效功为 W_e，由于

$$W_e = \frac{2\pi n}{60} M_e \quad (\text{N·m})$$

则柴油机的有效功率为

$$N_e = \frac{\pi n M_e}{30000} \quad (\text{kW})$$

式中 M_e——有效扭矩。

④ 平均有效压力 各种发动机的动力性能通常用平均有效压力 P_e 来比较和评定。它是一个作用在活塞顶上的假想的大小不变的压力，它是活塞移动一个行程所做的功，等于每循环所做的有效功。

有效功率也可用下式表示

$$N_e = i V_s p_e n / 30\tau \quad (\text{kW})$$

式中 i——气缸数；

V_s——气缸工作容积 (L)；

p_e——平均有效压力 (MPa)；

n——发动机转速 (r/min)；

τ——发动机的冲程数，对四冲程发动机 $\tau = 4$，对二冲程发动机 $\tau = 2$。

于是
$$p_e = 30\tau N_e / iV_s n$$

可见 p_e 代表了单位气缸工作容积所发出的有效功率。p_e 是一个重要指标,它不仅说明工作循环进行得好坏,而且还包括了机械损失的大小,在相同的条件下,p_e 值越高,发动机输出的有效功越多。p_e 的数值一般如下:

非增压柴油机:0.5~0.9MPa;

增压柴油机:0.8~3.2MPa。

⑤ 转速和活塞平均速度

转速 n:柴油机曲轴每分钟的转速,单位为 r/min。转速对柴油机性能和结构影响很大。各种类型柴油机使用转速范围各不相同。

活塞平均速度 C_m:活塞在气缸中运动的速度是不断变化的,在行程中间较大,在止点附近较小,止点处为零。若已知柴油机转速 n 时,则活塞平均速度可由下式计算

$$C_m = \frac{2 \cdot S \cdot n}{60} = \frac{S \cdot n}{30} \quad (m/s)$$

式中 S——行程(m)。

2) 经济性指标 一般指柴油机的燃油消耗率和润滑油消耗率。

① 燃油消耗率 简称耗油率:柴油机工作时,每千瓦小时所消耗油量的克数,单位为 g/(kW·h)以指示功率计的每千瓦小时的燃油消耗率称为指示燃油消耗率,表示柴油机经济性的指示指标;有效燃油消耗率:有效功率计的每千瓦小时的燃油消耗率。表示柴油机经济性的有效指标。在柴油机产品说明中所指的燃油消耗率都是指有效燃油消耗率。测出扭矩 M_e 和转速 n,以及每小时燃油消耗量 G_T(kg/h)和有效功率 P_e 后,用下式求出有效燃油消耗率 g_e

$$g_e = \frac{G_T}{P_e} \times 10^3 \, g/(kW \cdot h)$$

柴油机的 g_e 值 g/(kW·h)范围大致如下:

高速柴油机:g_e = 212~215;中速柴油机:g_e = 197~235;低速柴油机:g_e = 169~190。

② 润滑油消耗率 柴油机在标定工况时,每千瓦小时所消耗润滑油量的克数,单位为 g/(kW·h)。

柴油机的润滑油消耗率一般在 0.5~4g/(kW·h)左右。柴油机的润滑油是在机内不断循环使用的,其消耗的原因主要是:柴油机在运转时润滑油经活塞窜入燃烧室内或由气阀导管流入气缸内烧掉,未烧掉的则随废气排出;另外,有一部分润滑油在曲轴箱内雾化或蒸发,而由曲轴箱通风口排出。

3) 重量和外形尺寸指标 评价柴油机结构紧凑性和金属材料利用率的一项主要指标是柴油机的重量和外形尺寸。各种类型的柴油机对外形尺寸和重量的要求是不同的。

① 重量指标 柴油机的重量指标通常以比重量来衡量。比重量(g_w)又称单位功率重量,是柴油机净重 G_w 与标定功率 P_e 的比值,即

$$g_w = \frac{G_w}{P_e} \quad (kg/kW)$$

所谓净重是指不包括燃油、润滑油、冷却水以及其他未直接装在内燃机本体上的附属设备与辅助系统的重量。

比重量的大小,除了和柴油机类型、结构、附件的质量有关外,还和所用材料和制造技术

有关。

② 外形尺寸指标 又称紧凑性指标，是指柴油机总体布置紧凑程度的指标。通常以柴油机的单位体积功率来衡量。

单位体积功率 P_v 是柴油机的标定功率 P_e 与柴油机外廓体积 V 的比值，即

$$P_v = \frac{P_e}{V} \quad (kW/m^3)$$

式中 $V = L \cdot B \cdot H$，其中 L、B、H 为柴油机的最大长、宽、高尺寸。

4）排气污染指标 在柴油机的排气中含有数量不大，但非常有害的排放物。它们是一氧化碳 CO、碳氢化合物 HC、氧化氮 NO 和二氧化硫 SO_2。这些燃烧产物排入大气，污染环境而且有害于人体健康，从而造成社会公害。

随着环境保护意识的增强，对柴油机排气污染的限制也日益严格。我国已实施的国家标准（GB20891—2014）对非道路移动机械用柴油机排放的限制见表2-1。

表2-1 中国第三、四阶段非道路移动机械用柴油机排气污染物排放限制

阶段	额定净功率 (P_{max}) /kW	CO/ (g/kW·h)	HC/ (g/kW·h)	NO_x/ (g/kW·h)	HC + NO_x/ (g/kW·h)	PM/ (g/kW·h)
第三阶段	$P_{max} > 560$	3.5	—	—	6.4	0.20
	$130 \leq P_{max} \leq 560$	3.5	—	—	4.0	0.20
	$75 \leq P_{max} < 130$	5.0	—	—	4.0	0.30
	$37 \leq P_{max} < 75$	5.0	—	—	4.7	0.40
	$P_{max} < 37$	5.5	—	—	7.5	0.60
第四阶段	$P_{max} > 560$	3.5	0.40	3.5, 0.67①	—	0.10
	$130 \leq P_{max} \leq 560$	3.5	0.19	2.0	—	0.025
	$75 \leq P_{max} < 130$	5.0	0.19	3.3	—	0.025
	$56 \leq P_{max} < 75$	5.0	0.19	3.3	—	0.025
	$37 \leq P_{max} < 56$	5.0	—	—	4.7	0.025
	$P_{max} < 37$	5.5	—	—	7.5	0.60

① 适用于可移动式发电机组用 $P_{max} > 900kW$ 的柴油机。

(6) 柴油发动机与汽油发动机的比较

柴油发动机跟汽油发动机的工作过程是一样的，由进气、压缩、做功、排气 4 个行程组成每个工作循环。两者的最大区别是点火方式不同，汽油机通过火花塞直接点燃混合气体。但由于柴油机用的燃料是柴油，其黏度比汽油大，不易蒸发，而其自燃温度却较汽油低，其可燃混合气通过电压燃式实现燃烧。

柴油机在进气行程中吸入的是纯空气。在压缩行程接近终了时，柴油经喷油泵将油压提高到 10MPa 以上，通过喷油器喷入气缸，在很短时间内与压缩后的高温空气混合，形成可燃混合气。由于柴油机压缩比高（一般为 16～22），所以压缩终了时气缸内空气压力可达 3.5～4.5MPa，同时温度高达 750～1000K（而汽油机在此时的混合气压力会为 0.6～1.2MPa，温度达 600～700K），大大超过柴油的自燃温度。因此，柴油在喷入气缸后，在很短时间内与空气混合后便自行发火燃烧。气缸内的气压急速上升到 6～9MPa，温度也升到 2000～2500K。活塞

在高压气体推动向下运动并带动曲轴旋转做功，废气经排气管排入大气。

普通柴油机是由发动机的凸轮轴驱动，高压油泵将柴油输送到各缸喷油器。这种供油方式要随发动机转速的变化而变化，做不到各种转速下的最佳供油量。

共轨喷射式供油系统由高压油泵、公共供油管、喷油器、电子控制单元（Electronic Control Unit，ECU）和一些管道压力传感器组成，系统中的每一个喷油器通过各自的高压油管与公共供油管相连，公共供油管对喷油器起到液力蓄压作用。工作时，高压油泵以高压将燃油输送到公共供油管，高压油泵、压力传感器和 ECU 组成闭环工作，对公共供油管内的油压实现精确控制，彻底改变了供油压力随着发动机转速变化的现象。

其主要特点有以下三个方面：

1）喷油正时与燃油计量完全分开，喷油压力和喷油过程由 ECU 适时控制。

2）可依据发动机的工作状况去调整各缸喷油压力、喷油始点、持续时间，从而追求喷油的最佳控制点。

3）能实现很高的喷油压力，并能实现柴油的预喷射。

相比汽油机，柴油机具有燃油消耗率低（平均比汽油机低30%），而且柴油价格较低，所以燃油经济性较好；同时柴油机的转速一般比汽油机转速低，扭矩要比汽油机大，但其质量大、工作时噪声大、制造和维护费用高，排放污染比汽油机严重。随着现代技术的发展，柴油机的这些缺点正逐渐地被克服。

汽油机和柴油机的区别：

点火方式不同：汽油机吸入燃料与空气的混合物并将其压缩，然后通过火花塞将混合物点燃。柴油机只吸入空气并将其压缩，然后将燃油喷入压缩空气。压缩空气产生的热量就能使燃油自燃。

压缩比不同：汽油机的压缩比为 8∶1 至 12∶1，而柴油机的压缩比为 14∶1，甚至能达到 25∶1。由于柴油机压缩比更高，效率也更高。

汽油机具有汽化作用，即空气与燃油混合是在空气进入气缸或油口之前；或使用油口燃油喷射，即在开始进气冲程（气缸外）之前喷射燃油。柴油机采用直喷式，直接将柴油喷入气缸。

柴油机不安装火花塞，它吸入并压缩空气，然后将燃油直接喷入燃烧腔（直喷式）。以压缩空气产生的热量点燃了柴油机的燃油。

喷油器是柴油机的重要部件。不同类型发动机，其喷油器的位置都可能各不相同。喷油器需承受气缸内部的温度和压力，喷出雾状的燃油呈细密型。使气缸内部循环的油雾能够均匀分布，因此一些柴油机采用特殊的感应阀、预燃烧腔或其他装置，使燃烧腔内的气流呈旋涡状，改进点火和燃烧过程。

注入步骤不同是柴油机与汽油机之间一项很大的差异。大多数汽油机不采用直喷而采用油口喷射或化油器。因此，在发动机内部，在进气冲程期间全部燃油被注入气缸中进行压缩。燃油与空气的混合物的压缩限制了发动机的压缩比，因为若过度压缩燃油与空气的混合物会自行点燃并导致爆震。而柴油机仅压缩空气，因此压缩比高出汽油机许多。产生的功率随压缩比升高而增大。

预热塞在一些柴油机使用。当柴油机在冷机状态时，压缩过程无法将空气升至燃油的燃点。预热塞是一个电热线圈，在发动机低温时点燃燃油，加热进入气缸的空气，使发动机正常启动。

现代发动机功能的控制均通过电子控制模块（Electronic Control Module，ECM）与复杂传感器组的通信，传感器测量包括转速、发动机机油和冷却液的温度，以及发动机位置（即T.D.C.）等数据。大型发动机很少采用预热塞。ECM（Electrical Control Module，电控模块）检测环境温度并使发动机在寒冷天气下延迟计时，喷油器也会延时喷油。气缸内的空气受到的压缩程度越高，辅助启动的热量就会产生更多。

较小的发动机以及没有先进计算机控制的发动机采用预热及预热塞来解决冷启动问题。

柴油与汽油有许多不同点。气味不同。柴油比重大。汽油汽化比柴油快很多。

比起汽油来，柴油较重蒸发很慢，它的碳原子链更多更长（柴油一般是 $C_{14}H_{30}$，而汽油一般是 C_9H_{20}）。

柴油的能量密度比汽油更高。从平均计算，柴油 3.8 升约含有 155×10^6 焦耳能量，而汽油 3.8 升含有 132×10^6 焦耳。说明柴油机有更高的效率，是柴油机比汽油机里程费用低的原因。

汽油发动机的优点：转速高，质量轻，工作噪声小，启动容易，制造和维修费用低等特点，而不足的地方就是燃油消耗较高造成燃油经济性较差。

柴油发动机的优点：功率大，寿命长，动力性能好，排放低（比汽油低 45%）的特点，随着柴油发动机采用涡轮增压、中冷、直喷、尾气催化转换和颗粒捕集器等先进技术的应用，柴油发动机的排放已达到欧Ⅲ、欧Ⅳ排放标准。其优点已经赶上汽油机的水平，动力性及经济性等都优越汽油发动机。

2.2 柴油机技术的发展

自第一台四冲程柴油机在 1896 年研制。100 多年来，柴油机技术得以快速而全面的发展，在相关领域得到广泛应用。经过大量研究成果表明，柴油机是目前被产业化应用的各种动力机械中热效率最高、能量利用率最好、最节能的机型。装备了最先进技术的柴油机，升功率可达到 30~50kWh/L，扭矩储备系数可达到 0.35 以上，最低油耗可达到 198g/kW·h，标定功率油耗可达到 204g/kW·h；柴油机被广泛应用于船舶动力、发电、灌溉、车辆动力等广阔的领域，尤其在车用动力方面的优势最为明显。全球车用动力"柴油化"趋势业已形成。在美国、日本以及欧洲 100% 的重型汽车使用柴油机为动力。在欧洲，90% 的商用车及 33% 的轿车为柴油车。在美国，90% 的商用车为柴油车。在日本，38% 的商用车为柴油车，9.2% 的轿车为柴油车。据专家预测，在不久的时间内柴油机将成为世界车用动力的主流。

现代的高性能柴油机由于热效率比汽油机高、污染物排放比汽油机少，应用日益广泛。西欧国家不但载货汽车和客车使用柴油发动机，而且轿车采用柴油机的比例也相当大。美国联邦政府能源部及美国三大汽车公司为代表的美国汽车研究所理事会研发新一代经济型轿车同样将柴油机作为动力配置。经过多年的研究、大量新技术的应用，柴油机最大的问题——排放和噪声取得重大突破，达到汽油机的水平。

1. 柴油机发展方向的主要体现

（1）升功率和比质量

升功率和比质量是衡量柴油机性能的有效指标；现代发动机的技术发展体现在发动机的质量越来越轻，而功率越来越大，新材料和新结构的不断应用提高了发动机升功率，降低了比质量。

内燃机的发展水平取决于其零部件向高精尖的水平发展,而内燃机零部件的发展水平,是由生产材料及制造技术等因素来决定的。也就是说,内燃机零部件的制造技术水平对主机的性能、寿命及可靠性有决定性的影响。由于铸造技术水平的提高,气冲造型、静压造型、树脂自硬砂造型制芯、消失模铸造,使内燃机铸造的主要零件如机体、缸盖等可以制成形状复杂曲面及箱型结构的薄壁铸件。这不仅在很大程度上提高了机体刚度,降低了噪声辐射,提高了零部件之间的配合精度,而且使内燃机达到轻量化。

(2) 柴油机的高压缩比

压缩比的提高,使热效率得到了提高。柴油机由于其压缩比大,最大功率点、单位功率的油耗低。在现代技术性能更好的发动机中,柴油机的油耗约为汽油机的 70%,柴油机是目前热效率最高的内燃机。柴油机因为压缩比高,发动机结实,故经久耐用、寿命长。

(3) 柴油机的增压及电控燃油系统

优良的燃烧系统;采用 4 气门技术、超高压喷射、增压和增压中冷、可控废气再循环和氧化催化器、降低噪声的双弹簧喷油器、全电子发动机管理等,集中体现在以采用电控共轨式燃油喷射系统为特征的新一代柴油机上。

柴油机增压技术的应用早在 20 世纪 20 年代就有人提出压缩空气提高进气密度的设想,直到 1926 年瑞士人 A. J. 伯玉希才第一次设计了一台带废气涡轮增压器的增压发动机。由于当时的技术水平、工艺和材料的限制,还难以制造出性能良好的涡轮增压器,加上二次大战的影响,增压技术未能迅速发展,直到大战结束后,增压技术的研究和应用才受到重视。1950 年增压技术才开始在柴油机上使用并作为产品提供市场。50 年代,增压度约为 50%,四冲程机的平均有效压力约为 0.7~0.8MPa。

70 年代,增压度达 200% 以上,四冲程发动机已达 2.0MPa 以上,二冲程发动机已超过 1.3MPa,普遍采用中冷,使高增压(>2.0MPa)四冲程发动机实用化。单级增压比接近 5,并发展了两级增压和超高增压系统。

80 年代,仍保持这种发展势头。进排气系统的优化设计,提高了充气效率,充分利用废气能量,出现谐振进气系统和 MPC 增压系统。可变截面涡轮增压器,使得单级涡轮增压比可达到 5 甚至更高。采用超高增压系统,压力比可达 10 以上,而发动机的压缩比可降至 6 以下,发动机的功率输出可提高 2~3 倍。进一步发展到与动力涡轮复合式二级涡轮增压系统。提高平均有效压力可以大幅度地提高效率,减轻质量。一台增压中冷柴油机可以使功率成倍提高,而造价仅提高 15%~30%,即每马力造价可平均降低 40%。

在 20 世纪 60 年代后期内燃机电子控制技术产生,通过 70 年代的发展,80 年代趋于成熟。随着电子技术的进一步发展,燃机电子控制技术使其控制面会更宽,控制精度会更高,智能化水平也会更高。如燃烧室容积和形状变化的控制、压缩比变化控制、工作状态的机械磨损检测控制等较大难度的内燃机控制将成为现实并得到广泛应用。内燃机电子控制将由单独控制向综合、集中控制方向发展,是由控制的低效率及低精度向控制的高效率及高精度发展的。

(4) 内燃机材料技术

内燃机使用的传统材料是钢、铸铁和有色金属及其合金。在内燃机发展过程中,人们不断对其经济性、动力性、排放等提出了更高的要求,从而对内燃机材料的要求相应提高。对内燃机材料的要求主要集中在绝热性、耐热性、耐磨性、减摩性、耐腐蚀性及热膨胀小、质量轻等方面。现代的陶瓷材料具有无可比拟的绝热性和耐热性,陶瓷材料和工程塑料(如纤维增强塑料)具有比传统材料优越的减摩性、耐磨性和耐腐蚀性,其比重与铝合金不相上下而比钢和铸铁轻得多。因此，陶瓷材料（高性能陶瓷）凭借其优良的综合性能，可用在许多内燃机零件上，如喷油点火零件、燃烧室、活塞顶等。若能克服脆性、成本等方面的弱点，在新世纪里将会得到广泛应用。工程塑料也可用于许多内燃机零件，如内燃机上的各种罩盖、活塞裙部、正时齿轮、推杆等，随着工艺水平的提高及价格的降低，未来工程塑料在内燃机上的应用将会与日俱增。

（5）柴油机技术的发展体现在节能、环保、动力强、维修方便等方面

柴油机具有较好的经济效益。虽然柴油机的初置费用较高，但其燃油经济性比汽油机高30%左右，同时柴油价格相对较低，经过一定运行小时的使用后，柴油机总的成本费用明显低于汽油机。因柴油机不用点火系统和分电器，其故障率大大降低，柴油机可靠性更高。

随着高压共轨喷油等一系列新技术和新装备的应用，同时结合柴油颗粒捕集器、稀氮氧化物捕集器、选择性催化还原系统等后处理装置技术，柴油机排放变得更为清洁，克服噪声大且冒黑烟的不良形象，成为更清洁、更省油、功率更强劲的动力装置。

柴油机排气后处理技术的现状和发展方向，柴油机尾气处理在于NO_x（氮氧化物）和碳烟微粒，目前柴油机排气控制技术采取了一系列措施，而等离子体技术是未来柴油机排气后处理的发展趋势。

柴油机电子控制技术的发展状况，从20世纪70年代开始，进入20世纪80年代，英国卢卡斯公司、奔驰汽车公司、德国博世公司、美国康明斯公司、美国通用的底特律柴油机公司、卡特彼勒公司、日本五十铃汽车公司及小松制作所等都竞相开发新产品并投放市场，以满足日益严格的排放法规要求。

柴油机具备高扭矩、高寿命、低油耗、低排放等特点使其成为解决汽车及工程机械动力问题最现实和最可靠的手段。随着柴油机的数量及使用范围迅猛发展。对柴油机的经济性能、动力性能、废气排放及噪声污染控制的要求也越来越高。传统的机械控制喷油系统已无法满足喷油量、喷油压力和喷射正时完全按最佳工况运转的要求。近年来，随着信息技术、计算机技术及传感器技术的迅速发展，电子控制的电子产品在可靠性、体积、成本等各方面都能满足要求，使电子控制燃油喷射更加容易实现。

实际上，与汽油机相比柴油机排气中CO和HC少得多，NO_x排放量相近，主要是排气微粒较多，与柴油机燃烧机理有关。柴油机是一种非均质燃烧，很短时间形成可燃混合气，而且可燃混合气形成与燃烧过程互相交错。对柴油机喷油规律分析得出：喷入燃料的雾化质量、气缸内气体的流动以及燃烧室形状等均直接影响燃烧过程的进展以及有害排放物的生成。有效地改善排放需提高喷油压力和柴油雾化效果，使用预喷射、分段喷射等。

深入研究和新技术的应用使柴油机的发展有了巨大变化。现代先进的柴油机一般采用电控喷射、高压共轨、涡轮增压和中冷等技术，在体积、重量、噪声、烟度等方面已接近了汽油机的水平。随着国际排放控制标准（如欧洲Ⅳ、Ⅴ标准）的颁布与实施，汽油机和柴油机都面临着严峻的挑战，采用电子控制燃油喷射的技术是解决办法之一。柴油机电子控制技术在发达国家的应用率已达到90%以上。

2. 现代柴油机采用新型技术的主要特点

1）致密石墨铸铁的应用，使发动机轻便而小巧。而致密石墨铸铁天生的硬度同时也增加了发动机的耐用性并减少了噪声。

2）新一代高压共轨柴油直喷技术，有效实现低排，高效；部分柴油发动机的喷射燃油时的压力高达1,600Pa，产生压力极大。较高的喷射压力同时提高了发动机的效率并有助于降

低其排放。

3) 压电喷油器,控制喷油正时和喷油量。压电喷油器是燃油喷射的最前沿技术,它保证更大、更精确容量燃油能以比其他燃油喷射快两倍的速度进行喷射。大幅提升动力与扭矩。

4) 双喷射,压电喷油器的高速运转允许在正式进行燃油传输前,先行输送小量的燃油-试喷射。试射保证了更流畅的动力传输同时增加了燃油的纯度。压电喷油器降低了其他柴油发动机上明显的噪声及振动的缺陷,同时提高了燃烧效率、增加输出功率,而排放与燃油消耗降低,其中柴油微粒催化过滤用来减少尾气排放等。同时,发动机配有涡轮增压器,优化了高低速扭矩,提高了可靠性及性能。

2.3 电控燃油系统

2.3.1 电控燃油系统概述

柴油机电控喷射燃油系统的电控技术是一种用计算机来实现对柴油机工作过程优化控制的技术。它是发动机上一系列传感器检测到的柴油机各种信息传递到柴油机上的电子控制模块(ECU、ECM),对喷油器工作进行控制,对喷油正时和喷油量调节,以使柴油机工作处于最佳状态。使发动机的性能有效提高,更好地控制尾气排放,能满足欧Ⅲ排放限值法规的要求。电喷与共轨技术是满足发动机欧Ⅲ排放的保障。

1. 柴油机电控喷射燃油系统的特点

柴油机燃油系统电控技术与汽油机相似,都是由传感器、电控单元和执行器三部分组成整个系统。柴油机电控喷射方面与汽油机的主要差别:汽油机的电控喷射系统控制的是汽油与空气的比例,柴油机的电控喷射系统则通过控制喷油时间调节输出油量,且柴油机喷油控制是由发动机的转速、油门和供油拉杆位置来决定的。柴油机电控技术明显的特点有两个:一是电控喷射系统的多样化,二是喷射电控执行器复杂程度。

柴油机燃油喷射特点:高压、高频、脉动等。高达200MPa的喷射压力,百倍于汽油机喷射压力。对燃油高压喷射系统实施喷油量的电子控制难度较大。而且柴油喷射需要很高的喷射正时精度,柴油机活塞上止点的角度位置准确远比汽油机要求高,导致柴油喷射的电控执行器更加复杂。

柴油机的喷射系统形式多样,传统的柴油机喷射系统有:直列泵、分配泵、泵喷油器、单缸泵等。实施电控执行机构比较复杂,形成了柴油喷射系统多样化;同时柴油机需要综合控制油量、定时、喷油压力等参数,其软件的难度比汽油机高。

电控喷射技术其任务是电子控制喷油系统,在运行工况过程实时控制喷油量及喷油定时。实时检测转速、温度、压力等传感器的参数同步输入计算机,与ECU已储存的参数值进行比较及处理计算,按照最佳状态控制执行机构,驱动喷油系统,使柴油机达到最佳运作状态。

高压喷射和电控喷射技术的有效采用,可充分雾化燃油,使各气缸获得最佳的空燃混合气,达到降低排放,提高整机效率的目的。

自20世纪70年代以来全球环境状态日愈恶化,能源危机以及CO_2排放被认为是对温室效应有较大影响,对柴油机尾气排放和经济性能有更高的要求。世界各国推出的排放法规和能源法规更加严格。采用电脑控制、机电一体化的发动机喷油系统非常关键。

电喷技术即内燃机燃油系统的电控燃油喷射技术。通过电信号来控制喷油时刻、喷射压力,完全取代燃油系统机械控制结构。采用电喷技术使柴油机运行稳定、动态性能好,使柴油机的经济性、控制尾气排放达到新的高度。

2. 电喷式柴油机的优点

1)柴油机的调速控制改进　由电控调速器取代机械调速器的旋转飞锤等装置,使转速精确控制。

2)燃油经济性改善　选定柴油机工况后控制模块 ECM(Electronic Control Module,电子控制模块)按程序监测柴油机的运转工况,特别是影响喷油过程的定时、温度、转速和增压压力等。

3)柴油机冷启动性改善　在获得冷却液或机油温度数值后,确定柴油机是否处于低温状态,ECM 将根据传感器输入的信号优化控制喷油定时和喷油量,减少启动的黑烟。

4)柴油机排气烟度降低　ECM 根据机油温度和增压压力精确控制喷油定时和喷油量,使柴油机在稳态及瞬态工况下的烟度满足 EPA(Environmental Protection Agency,环境保护署)排放法规的要求。

5)柴油机的维护工作量减少　由于燃油喷射严格控制,改善了柴油机的燃烧。另外,由于取消了机械调速器拉杆或齿条,减少了项目调整和维修。

3. 电喷燃油系统的构成

电喷系统是一个一体化的柴油机管理和控制系统。主要有输入传感器,对输入信号进行分析的电子控制模块(ECM)和按照 ECM 输出信号动作的执行器(如电控单体式喷油器)。

(1)电子控制模块(ECM)

ECM 是电控系统的大脑,它不断地接收来自柴油机各个传感器发送的电压信号并进行处理,决定向 EUI(Electronic Unit Injector,电控单体式喷油器)或 HEUI(Hydraulic Electronic Unit Injector,液压驱动电控制单体式喷油器)输出可调脉宽的控制信号,喷油器电磁铁的激励时间越长,喷油器喷入越多的燃烧室内的燃油量。

ECM 由微处理器、存储器和按照要求控制执行器的驱动电路组成。它将各传感器及开关的数据和信息接收并处理,比较各传感器返回的电压与 ECM 程序数据库中所存储的各开关及传感器的特定数据(假设传感器产生的是模拟信号,这些信号必须先通过模-数转换器,将模拟信号转换成 ECM 能够识别的数字信号),继而发出指令,调整供油量及喷油时间处于最佳,使柴油机在最佳状态运行。

微处理器由数千个元件组成,它们包括许多逻辑门和一个对传感器及开关输入数据进行加、减、乘、除运算逻辑器。通过对存储在计算机中的各种数据进行查阅,确定因负载引起的柴油机转速变化、进气压力、机油压力及温度、冷却液温度等输入信号变化时的响应。根据喷油器的反馈信号决定下一个喷油器在何时开启喷油和喷油持续时间,判定喷油器电磁阀是否存在故障。

储存器的基本类型如图 2-6 所示。ROM(Read Only Memory,只读存储器)、RAM(Random Access Memory,随机存储器)、PROM 芯片都与 MP(microprocessor,微处理器)相连。RAM 和 PROM 可被 MP 读入或读出,而 ROM 只能被读出。制造厂商用 ROM 芯片储存柴油机的转速、功率设定、柴油机保护等工作数据和信息,一旦被存储这些数据就不能更改了。

PROM(Programmable Read Only Memory,可编程只读存储器)芯片也是硬线式结构,固定的工作数据在制造厂装配线上通过数据程序写入其中,除了更换芯片,数据一旦被写入,也不能被更改。

EPROM（Electrically Programmable Read - Only - Memory，电可擦只读存储器），能在制造厂的装配线上最后被编程。EEPROM 或 E^2PPROM 芯片是电可擦可编程只读储存器，可以利用便携式计算机及调制解调器在使用现场通过网络连接在制造厂的主计算机上，对其更改和重新编程。当对 ECM 重新编程时，该类储存器的存储内容被系统擦除，由程序将更新后的用户校准参数写入到 ECM 中。

随机存储器（RAM）的就像工作记录本，在传感器信号改变时能够不断地被擦除和被更新。

KAM（Keep random memory，保存随机存储器）用于更加持久的信息的保存，在电池电源断开后这种存储器的存储内容将会丢失，在 KAM 中诊断故障码或故障码被存储。

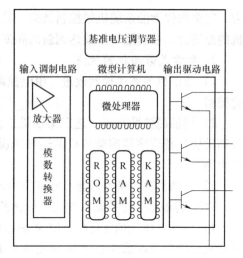

图 2-6 ECM 模块的基本组成

ECM 中的驱动电路一方面对喷油器电磁阀大电流开关或其他执行机构进行驱动，另一方面监测电磁阀的电压波形，对电磁阀是否关闭进行检测。

（2）传感器

由于电喷系统的控制需要高精度，在柴油机配备了多个传感器，主要包括凸轮轴角位移传感器、曲轴角位移传感器、进气压力温度传感器、大气压力温度传感器和喷油压力传感器等。喷油器的供油量和供油时间需要 ECM 控制模块根据这些传感器所测得的有关数据来调节。帕金斯柴油机使用其中几个传感器如图 2-7 和图 2-8 所示，各传感器的功能如下：

图 2-7 曲轴、凸轮轴位置传感器
a) 曲轴位置传感器 b) 凸轮轴位置传感器

1）曲轴、凸轮轴角位移传感器

在电控柴油机中，对曲轴和凸轮轴做角位移的测量是对运行进行控制的最基本手段，其测量的参数是对柴油机做各种控制的基本依据。ECM 根据传感器提供的脉冲信号解译出曲轴、凸轮轴位置，据此数据优化控制喷油器的喷油定时，使柴油在最佳状态工作，降低柴油机排放。

曲轴、凸轮轴角位移传感器一般采用霍尔元件的居多，如图 2-7 所示是曲轴、凸轮轴角位移传感器的图片。曲轴角位移传感器的信号轮就是柴油机的飞轮，而凸轮轴角位移传感器的信号轮一般设置在凸轮轴上，也有设置在燃油泵的凸轮轴上。

2）进气压力、温度传感器

进气温度传感器一般与进气压力传感器制成一体，装在柴油机的进气总管中间靠后的位

图 2-8 压力温度传感器
a) 进气压力温度传感器 b) 油压压力温度传感器 c) 大气压力温度传感器

置,对进气管内的空气压力和温度感应,使 ECM 控制供油量以防供油过多造成黑烟,其外型如图 2-8 所示。

进气压力传感器一般采用半导体应变片电桥技术制成,其输出电压与压力呈线性关系(下同);进气温度传感器一般使用由环氧树脂封装的热敏电阻(下同);其外型如图 2-8 所示。

3) 大气压力、温度传感器

大气压力温度传感器确定柴油机所处的海拔根据该传感器输入的信号对喷油量进行调节,对柴油机在高海拔地区使用时的功率下降进行补偿,改善在使用时出现的排黑烟现象。

4) 喷油压力传感器

在高压共轨的燃油系统中对燃油集合管内的油压感应,由 ECM 控制供油量。

5) 燃油温度传感器

某些电控燃油系统,燃油温度会对每次供油量造成影响。控制系统会根据温度的改变量,适时、适量地改变供油控制。如当燃油温度升高、燃油黏度下降时,电控系统控制增加供油时间,从而使柴油机每次供油量不会因燃油温度的变化而变化。

6) 润滑油压力、温度传感器

与传统的燃油供给系统的柴油机润滑油压力传感器同样起着相当重要的作用,通过 ECU 控制实现实时保护;润滑油温度的高低可以通过冷却液温度来反映,比较简单的电控柴油机系统只安装冷却液温度传感器,通过冷却液温度间接地判断润滑油的温度。

7) 冷却液温度传感器

传统的燃油供给系统的柴油机冷却液温度传感器只是显示其温度状态及高温报警停机功能,在电控燃油系统柴油机中冷却液温度对于控制的影响有:

① 供油提前角 冷却液温度与柴油机燃烧室温度相关联,而燃烧室的温度对于喷入燃烧室油滴的气化过程有影响,当温度较低时,油滴的气化过程所需时间较长,需要较多的燃烧准备时间,因此应将供油提前角适当提前;当温度较高时则相反。

② 暖机状态 当柴油机启动时,如果冷却液温度较低,则可认定是冷机启动,自行执行自动暖机过程。

③ 过载和故障保护 当冷却液温度达到上限值时,ECU 采取负载限制、停机或信号报警等。

(3) 执行器

ECM 接收传感器传来的信号，处理后发出指令给执行器，由执行器控制喷油器的喷油过程。执行器具有两个基本功能：接收 ECM 发出的控制信号和按指令精确地执行动作。

电喷式柴油机执行器的形式有两种：第一种是电控单体式喷油器 EUI（Electronic control Unit Injectors，电控喷油器），第二种是电控高压共轨燃油系统（DCR）。还有 HEVI（Hydraulie drive Electric control）液压驱动电控单体式喷油器和电控分配泵燃油系统。前二种方式在大中型柴油机中应用广泛，特别是在发电用柴油机中。

2.3.2 电控单体式喷油器（EUI）燃油系统

电控单体式喷油器（EUI）也俗称为泵喷嘴。

1. EUI 电喷系统的结构

在电控单体式喷油器（EUI）燃油系统中，将喷油泵、喷油器和电磁阀组合为一个整体。EUI 电喷系统由 ECM 控制模块（安装 ADEMⅢ电控发动机管理系统）和各传感器、喷油器共同组成。EUI 电喷系统使用了 EUI 电控单体式喷油器，没有机械式供油量调节齿条，根据各传感器输入的信号由 ECM 控制喷油器的喷油定时，凸轮轴驱动的摇臂机构提供喷油的高压动力，如图 2-9 所示。

2. EUI 燃油流程与工作原理

EUI 燃油流程如图 2-10 所示，燃油从燃油箱被输油泵（齿轮式泵）吸出，经初级和二级滤清器滤清后，由手动压油泵到达公共油轨，油轨将油量等量地分配给各个喷油器。释放阀设定压力为 8.27bar。喷油器的供油量远大于燃烧所需喷油量，多余的燃

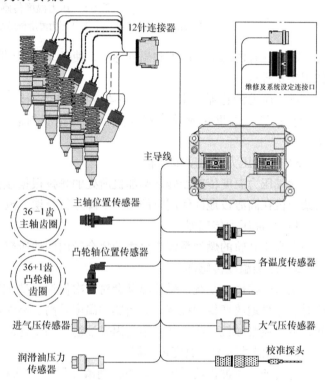

图 2-9 EUI 电喷系统组成图

油流过 EUI，冷却和润滑喷油器，并携出燃油系统中存在的空气，最后通过回油管流回燃油箱。

顶置式安装的柴油机的 EUI 如图 2-11 所示，EUI 为顶置式驱动，即安装在气缸盖上的凸轮轴驱动喷油器压油。EUI 喷油器的工作原理如图 2-12 所示。

（1）产生有效高压喷油

顶置凸轮轴由滚轮架推动摇臂转动，喷油器内的柱塞向下运动由机械机构推动，克服其外部复位弹簧的作用力使喷油器柱塞向下移动，使封闭的燃油产生高压作用于开阀座，并举升喷油器下部针阀。

（2）柴油机负载变化实现喷油量精确控制

喷油量由 ECM 根据柴油机各传感器连续输入的信号决定，ECM 向喷油器电磁铁发出脉冲宽度调制信号，并持续一定的曲轴转角，使喷油器内的提动阀关闭，使柱塞向下移动过程中能

够升高燃油压力，喷油器针阀抬高离开阀座而喷油。EUI 电磁阀接收 ECM 发送信号期间，一直延续喷油；当 ECM 不再激励电磁阀时，提动阀被弹簧推开，回油管流入高压燃油，喷油器针阀关闭，结束喷油过程。脉冲宽度的时间越长喷油量就越多。

ECM 对喷油定时和喷油量进行控制是通过控制发送给 EUI 的脉冲宽度信号，EUI 电磁阀的激励时间越长，关闭提动阀的时间就越长，燃油量喷入气缸就越多。脉冲宽度的时间长短，因凸轮轴的凸起升程是不变的，喷油器柱塞向下运动的距离总是相同的，关闭提动阀时间越长，喷油器柱塞向下的有效行程越长。

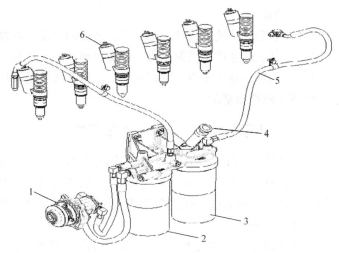

图 2-10　EUI 燃油流程
1—输油泵　2—初级滤清器　3—二级滤清器
4—手动泵　5—输油管　6—喷油器

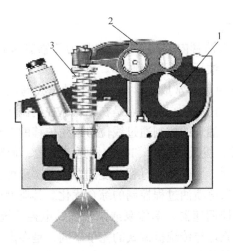

图 2-11　顶置式安装 EUI 喷油器
1—凸轮轴　2—摇臂机构　3—EUI 喷油器

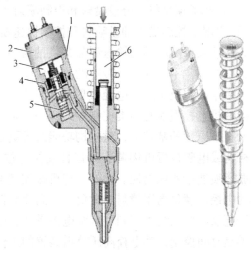

图 2-12　EUI 喷油器的工作原理
1—喷油器电磁开关　2—电磁阀　3—电枢
4—提动阀弹簧　5—提动阀　6—压杆

3. 电控单体泵（EUI）电喷系统的特征

（1）优点

1）高压燃油通过气缸盖顶端的顶置凸轮轴直接驱动形成，没有了额外的高压燃油管路，避免了管路泄漏并消除了管路压力损失的可能。

2）由于喷射装置与燃油增压的一体化，燃油喷射可以在短时间内高效高压完成，且灵活控制其喷油量、压力、正时，且其喷油压力达到 200MPa 以上，超过共轨系统所能够达到的水平。

3）对燃油的适应性比高压共轨强。

4）燃油系统能进行单缸维修。

(2) 缺点

1) 要求顶置凸轮轴设计,因而对缸盖的刚度设计有较高要求。

2) 发动机转速控制喷射压力,低速时油压低,不利于改善低速燃烧性能。

3) 多次喷射难于实现,更新换代产品缺乏技术延续性,即便对喷油器采用二级电磁阀控制,会使结构更加复杂。

2.3.3 电控高压共轨(DCR)燃油系统

高压共轨(DCR)电喷技术是一个闭环燃油控制系统,由低压油泵、高压油泵、共轨、燃油压力传感器、电子控制单元(ECU)、油路压力控制阀、喷油器电磁阀和喷油器组成。喷射压力的产生和喷射过程被完全分开。其控制内容由燃油压力控制、喷油正时控制、喷射率控制和喷油量控制组成。

高压共轨喷射压力的大小不受发动机的转速影响,这样避免柴油机供油压力随着发动机转速变化的不足。与其他燃油系统相比,其具有以下优势:

1) 独立控制喷射压力。

2) 独立控制燃油喷油正时。

3) 能实现很高的喷油压力有效消除压力波动。

4) 实现了预喷射、分段喷射和控制喷射率。

5) 实现了控制最小油量喷射和控制快速断油。

高压油泵将高压燃油输送到公共供油管道,供油管内的油压通过电压力传感器和ECU对实现精确控制,不因发动机转速的变化使柴油机供油压力大幅度减小。

经多年研究及实用,电控喷射技术在柴油机应用非常成熟,形成了各种电控高压喷射系统。柴油机电控喷射有两类控制方式:一类是位移控制。它的特点是在原机械控制循环喷油量和喷油正时原理的基础上,对机构功能改进更新,油量的控制通过线位移或角位移的电磁液压执行机构或电磁执行机构调节(齿杆或拉杆位移,拨叉位移)和提前器运动装置,使喷油正时和循环喷油量实现电控。此外,与机械控制不同,用柱塞预行程改变的办法,实现可变供油速率的电控,满足高压喷射中大负载、高速和低怠速喷油过程控制的综合优化。其典型产品有转子分配泵电控系统或直列柱塞泵电控系统,电控调速器,单体泵或泵喷嘴的电控系统等等。另一类是时间控制,其电控高压喷射装置的工作原理与传统机械式的完全不同,是在高压油路中利用一个或两个高速电磁阀控制喷油泵和喷油器的启闭的喷油过程。控制喷油量由喷油器的开启时间长短和喷油压力大小决定,由控制电磁阀的开启时刻确定喷油正时,可实现喷油量、喷油正时和喷油速率的柔性控制和一体控制。时间控制方法是柴油机喷射系统的发展方向,更加先进,共轨喷射系统是其典型产品。

1. 电控共轨喷油系统的工作原理

电控共轨喷油系统的工作原理如图2-13所示。是一种新型的时间控制方式,利用电磁式油泵控制阀进行调整喷油泵供油量,改变共轨油道中的油压,而不是改变循环喷油量的大小。因此,喷油泵中柱塞偶件不起油量调节作用,不需要每个发动机气缸配备一组泵油元件。如图2-13所示的系统是配六缸发动机仅用两副泵油元件的喷油泵。根据发动机工况要求调节共轨中的油压大小,电控装置由油压传感器得到压力值,比较发动机工况所设置的最佳压力值与所测压力,电磁式油泵控制阀启闭由电控装置输出信号控制,使油压达到最佳,该压力值就是喷油嘴的喷射压力。油嘴顶部液压活塞控制室中的油压决定喷油嘴的启闭。此油压大小取决于共轨中压力和三通电磁阀启闭的共同作用。当三通阀通电时，高压燃油从控制室流出，压力室内的高压作用使喷油嘴针阀上升，于是开始喷油。当三通阀断电时，液压活塞顶部控制室进入高压油，针阀下落，停止喷油。因此，接通三通阀的始点来控制喷油正时，由三通阀接通的持续时间来控制喷油量。图中控制针阀上升的速度通过精细调节节流孔的孔径大小，从而改变初期的供油速率，达到低氮氧化物排放、低噪声的目的。

由此可见，DCR系统是对一个油泵控制阀和每个气缸一个喷油三通阀的启闭时刻和持续期进行控制，控制喷油压力和针阀开启的时间，柔性控制循环喷油量、喷油正时、喷油速率。如图2-13

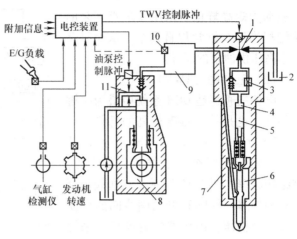

图2-13 电控共轨喷油系统
1—阀（TWV） 2—燃油箱 3—节流孔 4—控制室
5—液压活塞 6—喷嘴 7—喷油器 8—高压供油泵
9—共用管（共轨） 10—燃油压力传感器
11—油泵控制阀（PCV）

所示中的附加信息是传感器元件测出的各种量值：燃油温度、空气温度等。

从上面的分析可知，采用时间控制方式的共轨系统其特点是喷射压力、喷油正时和喷油量的变化用电磁阀控制，调节的自由度和控制精度大大提高。

共轨系统可以实现传统喷油系统上无法实现的功能，主要有：

1）共轨系统中的喷油压力柔性可调，最佳喷射压力由不同转速和负载确定，柴油机综合性能得到优化，如喷射压力可不随柴油机转速变化，有利于柴油机低速时的扭矩增大和低速烟度改善。

2）可独立地对喷油正时柔性控制，配合高的喷射压力（140~180MPa），可同时在较小的数值内控制Knox和微粒（PM），满足排放要求。

3）喷油速率变化柔性控制，实现理想的喷油规律形状（预喷型、台阶形喷油或三角形规律），既可降低柴油机氮氧化物排放和调节高压共轨压力，优良的动力性、经济性得到保证。

4）电磁阀控制喷油，控制精度高，高压油路中不会出现气泡和残压为零的现象，因此在柴油机运转范围内，喷油量循环变动小，改善了各缸不均匀程度，柴油机的振动得到改善，排放减少。

2．主要部件的工作原理

(1) 高压供油泵

高压油泵的功能是对供油速率的控制保证共轨管中要求的压力 p_c，如图2-14所示是高压油泵的工作原理。常规供油系统的设计思想不同，常规系统是直接控制高压燃油量，在实际应用中出现能量的损失和浪费，供油泵控制低压燃油量。当共轨中压力低于目标值时，ECU控制高压油泵PCV（Positive Crankcase Ventilation，曲轴箱强制通风装置）阀提早关闭，柱塞提前供油，由于供油终点为凸轮升程最高点是始终不变的，因此提早供油使高压供油泵供油量增加，如图2-14所示。当共轨中压力低于目标值时，PCV阀推迟关闭，供油量减少，共轨中压力降低。

高压供油泵的设计采用小柱塞直径、长冲程和低凸轮轴转速，能减少燃油泄漏、运动阻力及驱动力矩高峰值。采用2缸直列泵的功能相当于6缸常规直列泵,从而显著减小高压供油泵的尺寸。

(2) 三通阀(TWV)

电控三通阀是DCR系统中最为关键的部件,也是技术难度最高的部件,电控TWV(Three-Way Valve,三通调节阀)阀安装在每个喷油器总成的上方,其结构原理如图2-15所示。三通阀包括内阀和外阀,外阀和电磁阀线圈的衔铁做成一个整体,由线圈的通电指令来控制外阀的运动,外阀由阀体支撑。3个元件精密地装配在一起,分别形成密封锥面A,和外锥座B,随着外阀的运动,A、B锥座交替关闭,三个油道(共轨管、回油管和液压活塞上腔)两两交替接通,此外要注意到,阀锥座直径分别为ϕd_1和ϕd_2,内直径为ϕd,有

$$\phi d > \phi d_1 \quad \phi d > \phi d_2$$
$$\phi d \approx \phi d_1 \approx \phi d_2$$

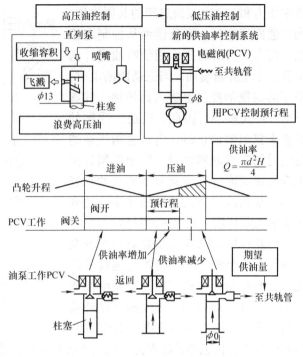

图2-14 高压油泵的工作原理

三通阀本身不控制喷油量仅起压力开关阀作用。

当线圈没有通电时:在弹簧作用下外阀下落,在油道①的油压的作用下内阀上升,此时开启密封内锥座A,油道①、②相通,高压油从①进入液压活塞上腔②中。

当线圈通电时:在电磁力的吸引下外阀向上运动,密封内锥座A关闭,此时内阀仍停留在上方,开启外锥座B,油道②、③相通,液压活塞上腔向回油室放油,这时喷油器喷油。

(3) 喷油定时的控制

在ECD(Electronic Control Dieselengine)系统中可以自由独立地控制喷油

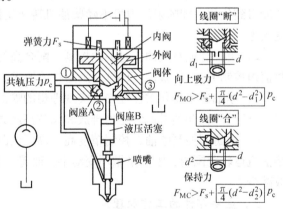

图2-15 三通阀的工作原理

定时,方法是控制定时脉冲送达TWV的时间,如图2-16所示其控制框图,在ECU中要进行运算两次,即"θ_{fin}计算"在各种传感器送来信号的基础上算出最终的喷油开始时间θ_{fin};"T_{CU}的计算",为实现θ_{fin}的目标决定激励脉冲送到TWV的时间T_{CU},如图2-16所示可知,由发动机转速和负载决定基础喷油定时,然后根据进气管水温、压力等对θ_{base}进行修正得θ_{fin},再根据发动机转速转换成时间T_{atto},DCR系统由发动机转速传感器每隔15°CA产生一个脉冲,在30°CA的范围内调节喷油提前角,$T_{CU} = T30 - T_t$向TWV输出脉冲时间。

(4) 喷油率的控制

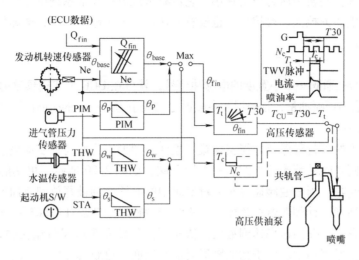

图 2-16 喷油定时的控制框图

DCR 系统可以实现三种喷油率：三角形，预喷射和靴形。

1) 三角形喷油率

如图 2-17 和图 2-18 所示，为了降低初始喷油量的目的，使喷油器针阀升起的速度不要太快，专门设计了一个单向阀和一个节流小孔在动力活塞上方。单向阀阻止动力活塞上方通过燃油，只有通过小孔泄出燃油，造成动力活塞上方燃油压力下降速度放慢，针阀缓慢上升。当喷油终止时，三通阀断电，外阀在弹簧力作用下向下运动，座 B 关闭，关闭泄油道，而座 A 打开，动力活塞的通道燃油进入。通过单向阀共轨高压燃油迅速加压到动力活塞上方使活塞下行。由于活塞的直径比针阀直径大得多，针阀在很大的油压力下迅速关闭，实现喷射快速停止，柴油机要求得到满足。喷油始点由三通阀通电时刻决定，喷油量大小由通电持续时间决定。根据柴油机工况要求进行调节喷油压力，低速负载工况时，可实现需要高压的某种程度，喷油压力的调节可完全独立于转速负载工况。三通阀开启响应时间为 0.35ms，关闭时间为 0.4ms，三通阀全负载耗能为 50W。

由于 DCR 是一个电子控制的精确压

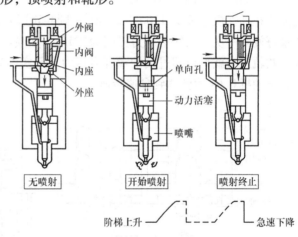

图 2-17 三角形喷油率

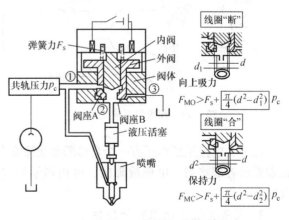

$F_{MO} > F_s + \frac{\pi}{4}(d^2 - d_1^2) p_c$

$F_{MC} > F_s + \frac{\pi}{4}(d^2 - d_2^2) p_c$

图 2-18 三通阀的工作原理

力-油量控制系统，共轨中压力波动很小，它没有常规电控喷油系统中存在的一些问题，如没有由压力波而产生的失控区、难控区，也没有调速器能力不够的问题，柴油机所需的理想油量控制特性得到实现。

2）预喷射

在主喷射前给三通阀一个小宽度的电脉冲信号，就可在 DCR 上实现预喷射。ECD-U2 系统为每循环 $1mm^3$ 最小预喷油量，预喷射和主喷射之间最小为 $0.1ms$ 的时间间隔（见图 2-19）。

3）靴形喷油率

针阀有一个小的预行程停留才能实现靴形喷油率图形。为此需要变动喷油器总成结构，在液压活塞与三通阀之间的节流孔处改为一个靴形阀，如图 2-20 所示。可调的预行程是靴形阀和液压活塞间的间隙。当三通阀通电时，靴形阀中的高压燃油被释放到泄油道，打开喷油嘴到相当于预行程的高度，针阀停留在该处，一直维持到靴形阀节流孔下降到一定程度后，针阀才继续升高到最大升程，喷油速率达到最大。依靠预行程量和靴形阀节流孔的直径的合理组合，得到各种形式的靴形喷油率。由于初期靴形喷油率较低，可获得较低的 NO_x。

DCR 系统速度启动较快，由于高压输油泵每个凸轮有三个凸起，共轨中油压在启动时升高很快。当高压输油泵供油量 U_p 为 $600mm^3$ 时，共轨以及其他高压油管路容积 V 为 $94000mm^3$，燃油容积弹性模量 E 为 $1100MPa/mm^2$，则共轨压力升高值为 $\Delta P = EQ_p/V = 7MPa/r$，即高压输油泵每旋转一次，共轨中压力提高为 $7MPa$。如喷油嘴开启压力为 $20MPa$，输油泵只要旋转 3 次，共轨压力就可以超过喷油嘴开启压力，经实验表明，只要启动 $0.5s$，可达 $20MPa$ 共轨压力，柴油机 $0.6s$ 后就达到怠速转速。

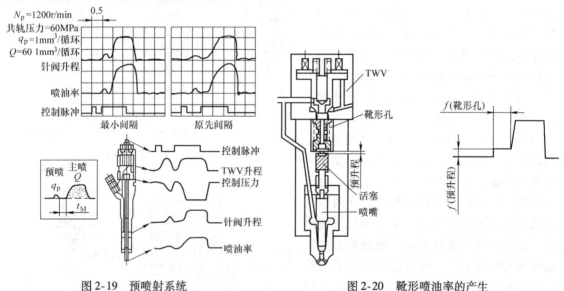

图 2-19 预喷射系统　　　　图 2-20 靴形喷油率的产生

此外，电控系统内还有一个自诊断和故障安全系统，电控单元都具有自检功能，用来监测控制系统各部状态。出现故障时，可用指示灯（在仪表板上）显示故障码，以便维护修理及时。

3. 高压共轨（DCR）的特征

(1) 优点

1）高喷射压力，目前最高可达 $180MPa$，比一般直列泵高出一倍。

2）喷油压力与发动机转速无关，把产生压力与实际燃油喷射过程分离，使发动机低速、大负载的性能得到改善。

3）特殊设计的电控喷油器可灵活实现多次喷射，调节喷油率形状，喷油规律实现理想化。

4）可以自由选定喷油正时和喷油量。

5）驱动扭矩振动小，噪声小、振动低。

6）适用性强、结构简单，容易在发动机上的安装。

(2) 缺点

1）油品的适应性较差，共轨系统对燃油中的硫含量比较敏感，会使维修频次增加。

2）故障后，用户的维修成本高。

4. 电控单体泵（EUI）与高压共轨（DCR）燃油喷射系统的综合比较

EUI 和 DCR 系统的优缺点比较见表 2-2。

表 2-2 单体泵和高压共轨燃油喷射系统各自的特点以及优缺点比较

序号	EUI	DCR	优缺点
1	通过气缸盖顶端的顶置凸轮轴直接驱动燃油形成高压，无额外的高压燃油管路	高压油轨和喷油器间利用管路连接	泵喷嘴消除了管路压力损失并避免了管路泄漏的可能
2	喷油压力达到 200MPa 以上	喷油压力最高可达 180MPa	泵喷嘴的喷油雾化更好，有利于充分燃烧，但对缸盖的刚度设计要求较高；高压共轨的驱动扭矩及其振动小，噪声小
3	对燃油中的硫含量敏感度低	对燃油中的硫含量敏感度高	泵喷嘴对燃油的适应性更好
4	喷射压力依赖于发动机转速	喷油压力独立于发动机转速	泵喷嘴在低速时油压低，对改善低速燃烧性能不利；高压共轨把压力产生与实际燃油喷射过程分离，可以改善发动机低速、大负载的性能
5	难于实现多次喷射，无法满足对燃油系统的要求	特殊设计的电控喷油器可实现灵活的多次喷射，调节喷油率形状，实现理想喷油规律	高压共轨灵活的喷射可以改善燃烧，降低发动机的振动、噪声
6	系统故障时，能进行单缸单油泵维修	涉及油轨和喷嘴的故障较多	泵喷嘴的维修比高压共轨的维修简单，并且费用会低一些

2.3.4 其他类型的电控燃油系统

除了目前广泛应用的电控单体泵（EUI）与高压共轨（DCR）燃油喷射系统外，电控燃油系统还有下列方式。

1. 液压驱动电控单体式喷油器（HEUI）

HEUI 是一种独特的电喷系统，一般的燃油系统是由凸轮轴驱动摇臂组成，使喷油器的喷油柱塞向下运动，升高封闭在喷油套筒内的燃油压力到足以打开喷油器喷头总成内的喷油针阀。而 HEUI 燃油系统中，增压活塞上的高压机油代替摇臂作用于各喷油器端部，即由高压机油提供动力的喷油压力，由机油压力决定压力的大小。如图 2-21 所示为 Perkins 柴油机 HEUI 燃油系统的组成。

HEUI 电喷系统工作原理简述：

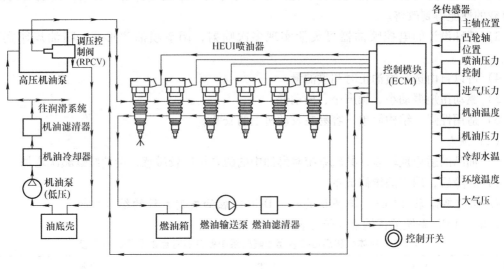

图 2-21 HEUI 燃油系统

HEUI 燃油系统的喷油速率采用液压方式控制，喷油速率随柴油机转速而变化，使柴油机的性能提高，燃油经济性改善并排放降低。在喷油电磁阀接到来自 ECM 的信号产生激励时，HEUI 喷油器柱塞动作，与其他机械驱动的燃油系统不同，柴油机凸轮转速和凸起持续时间控制喷油器的柱塞运动，所以喷油控制更加精确。

总的来说 HEUI 系统由三大部分组成：低压燃油系统、高压机油系统和由 ECM 控制的喷油系统。

（1）低压燃油系统

HEUI 属于低压燃油系统，如图 2-22 所示，燃油经燃油箱被吸出，经滤清器、低压油泵、燃油集合管至喷油器，向各个喷油器的供油量大于实际喷油量，以保证充分的润滑和冷却喷油器，没有喷出的燃油离开油道，最后经回油管的喷油压力阀（释放压力设定为 414kPa）回到燃油箱。

低压燃油系统中无高压燃油流动，取消了高压油管，目的是防止燃油的可压缩性和油管的弹性在油管内形成压力波动，防止打开已关闭的针阀，产生二次喷射燃烧的不正常，出现不完全燃烧。

（2）高压机油系统

柴油机的润滑系统可分为两部分：低压

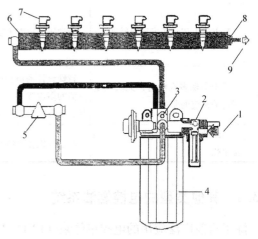

图 2-22 HEUI 低压燃油流程
1—入油口 2—止回阀 3—集放阀 4—燃油滤清器
5—低压油泵 6—燃油集合管 7—HEUI 喷油器
8—喷油压力阀 9—回油口

和高压。如图 2-21 和图 2-23 所示可以看出，在低压机油泵的作用下，油底壳机油被吸起，通过机油冷却器和过滤器，此时机油分为两路，一路对柴油机体进行润滑，另一路从高压油泵进入，进入高压油泵中的多余机油部分流回油底壳。此部分属于润滑系统的低压部分。在高压油泵的作用下，高压机油通往喷油器，此部分就是润滑系统的高压部分。

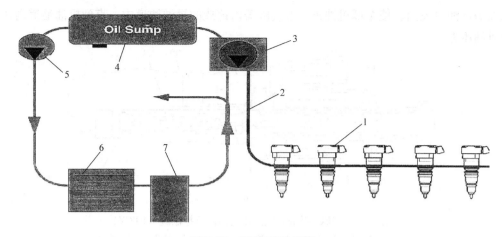

图 2-23　HEUI 机油系统

1—EUI 喷油器　2—高压机油管　3—高压机油泵　4—油底壳　5—低压机油泵　6—机油滤清器　7—机油冷却器

实际上,润滑系统的高压部分不仅仅起润滑的作用,更重要的是控制驱动喷油器的高压喷油。喷油压力控制系统如图 2-24 所示,系统内流动的都是高压机油,由高压机油泵、喷油压力稳压阀、喷油压力控制传感器等组成。

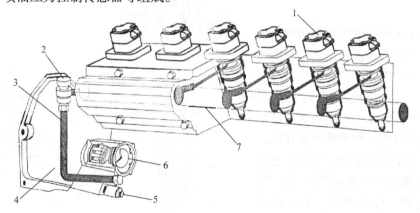

图 2-24　喷油压力控制系统

1—HEUI 喷油器　2—喷油压力控制传感器　3—油管　4—集油区　5—喷油压力稳压阀　6—高压油泵　7—高压基油区

它是由曲轴带动 7 个活塞的高压机油泵,在正常运行条件下,机油被加压至 3100kPa 到 20685kPa 之间,一个路轨式压力控制阀(Rail Pressure Control Valve,RPCV)控制油泵输出的压力,形状如图 2-25 所示,当开启调压控制阀时,溢流的机油回柴油机油底壳中。调压控制阀是一个电控溢流阀,起控制液压机油泵

图 2-25　机油调压控制阀

的泵油压力的作用,ECM 调节机油泵的输出供油压力,通过改变电控溢流阀的信号电流。调压控制阀的剖面图如图 2-26 所示,在柴油机停机时,调压控制阀内部的滑阀被复位弹簧推到右侧,机油溢流口关闭;在启动柴油机时,ECM 发出信号给调压控制阀,电磁线圈产生磁场将衔铁推动菌状阀和推杆,流入滑阀腔内的机油压力和弹簧力共同作用使滑阀处于右端,继续

使机油溢流油口关闭，使全部机油进入各气缸盖内铸造的机油油道中，直到机油油道内达到期望的机油压力。

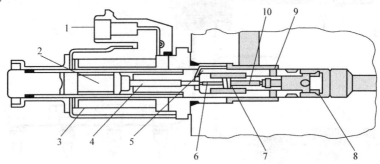

图2-26 HEUI燃油系统液压机油调压控制阀（RPCV）
1—ECM接口 2—衔铁 3—阀体 4—菌状阀 5—溢流口 6—推杆
7—滑阀弹簧 8—边缘滤清器 9—溢流口 10—滑阀

（3）喷油器

喷油器由电磁阀、提动阀、酸化增强活塞、喷油嘴总成等组成，如图2-27所示。

机油液压能量提供喷油器的喷射动力，喷油器内的活塞及柱塞的移动由液压压力及速度控制，由喷油器中电磁阀开关时间的长短达到控制喷油量ECM发出脉冲的时间控制，当电磁阀通电时提动阀打开其阀座，推动活塞及柱塞在高压机油推动下行至最低，喷油器进行喷油。ECM输出信号控制断开喷油器的电磁阀电源，停止喷油，关闭提动阀。当关上提动阀，高压机油关闭输送管道，对酸化增强活塞停止供油，转动空槽内排入酸化增强活塞内的高压机油。柱塞弹簧将酸化增强活塞及柱塞推回原位。当柱塞向上移动时，燃油阀打开，柱塞腔内开始注入低压燃油。ECM

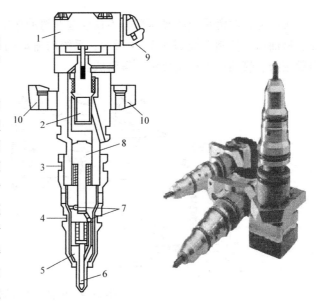

图2-27 HEUI喷油器
1—电磁阀 2—提动阀 3、4—O型密封圈位置
5—喷油嘴总成 6—喷油针阀 7—检查片 8—酸化增强活塞
9—ECM接头 10—喷油器固定架

通过喷油器有效控制发动机的喷射速度、喷油时间及高压喷射压力。

喷射速度的控制：喷油器的执行由液压系统控制，速度比传统的机械式要快，柴油机速度与喷射速度及压力无关。

在HEUI的喷油过程中，由于电磁阀的速度响应极快，为"先导喷射"即"二次喷射"创造条件。所谓"先导喷射"，即通过喷油嘴喷入少量燃油到燃烧室，缓慢地使燃烧室内形成软性火焰前锋，这样气缸内的峰值温度和压力都低于普通一次喷射系统，此时由ECM检测喷油延时，在形成火焰前锋后，根据ECM提供的数据，喷油嘴再次持续开启向气缸内喷入准确的油量，燃烧室内的燃油喷入活塞顶的碗形空间内，这有助于空气和燃油形成涡流。由于气缸内的压力升高率降低了，燃烧噪声降低了，油耗下降，同时大大降低排出的废气浓度。

如图2-28所示为电喷柴油机管理系统的组成（以VP为例）。

2. Bosch的电控喷油泵-高压油管-喷油嘴（PDE）系统

PDE电控多柱塞直列式喷油泵的燃油系统主要由高压油泵、高压油管、喷油器等组成。不同的是高压油泵控制系统不同，喷油泵如图2-29所示。燃油喷射所需要的高压仍然由在套筒内作往复运动的柱塞产生，但油量控制齿条的位置及一定油门位置和负载下的喷油量都由电子控制单元（ECU）进行控制。

3. 电控单体式喷油泵（EUP）系统

电控单体式喷油泵（EUP）是在以Bosch喷油泵-高压油管-喷油嘴（PLN）系统为基础发展起来的，它由凸轮轴驱动，并实现了电子控制。单体式喷油泵泵体内的滚轮随动机构由凸轮轴驱动，推动套筒内的柱塞向上运动，产生喷油所需的高压，单体式喷油泵的基本组成如图2-30所示。

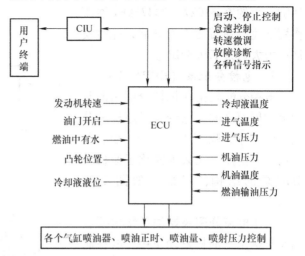

图2-28 电喷柴油机管理系统

注：ECU指电子控制模块，安装在柴油机上。CIU指控制接口装置，为需订购的可选单元。

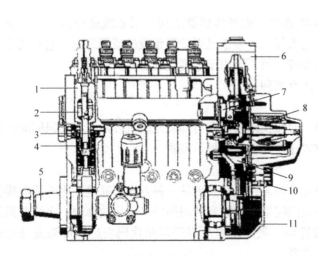

图2-29 电控直列式喷油泵（PDE）
1—泵油套筒 2—控制滑套 3—油量控制拉杆 4—泵油柱塞
5—凸轮轴 6—孔口关闭电磁执行器 7—控制滑套设定轴
8—油量控制拉杆行程电磁执行器 9—感应式油量控制拉杆行程传感器
10—电路连接器 11—感应式转速传感器

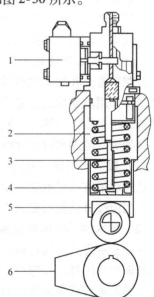

图2-30 电控单体式喷油泵
1—电磁阀 2—泵体 3—柱塞
4—柱塞回位弹簧 5—滚轮随动机构
6—凸轮轴

EUP的控制原理：在电磁阀关闭且凸轮轴推动EUP壳体内的柱塞向上移动时才会喷油，当电磁阀开启且在柱塞回位弹簧4作用下向下移动时，低压燃油将会发生溢流。高压燃油从

EUP通过小管径高压油管被输送到喷油嘴，大约在31027~34475kPa油压作用下克服弹簧压力而开启，此时喷油压力大约为179.3MPa。

4．电控分配泵（EDP）系统

电控分配泵是在机械分配泵的基础上发展而来的。它继承了原机械分配泵体积小、噪声小、运转平稳、受力均衡的优点，又大大简化了原机械分配泵的结构，其结构如图2-31所示。

由于电控分配泵燃油系统主要应用在车辆用柴油机发动机中，故在此不作详细介绍。

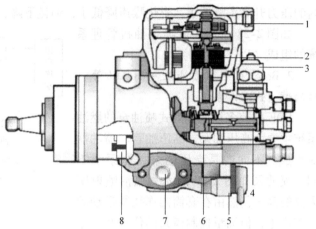

图2-31 用于电控柴油机的VE型分配泵
1—控制滑套位置传感器 2—喷油量控制执行器
3—电动断油执行器 4—泵油柱塞 5—定时控制电磁阀
6—控制滑套 7—定时装置 8—供油泵

2.3.5 电控燃油系统的故障诊断方法

所有柴油机电喷系统采用的是先进电控发动机管理系统（Automatic Data Equalizing Modulator Ⅲ，自动数据平衡调制器Ⅲ）ADEM Ⅲ，通过发动机厂提供的电子专用诊断仪器，对电喷系统的运行测试、故障诊断、系统参数设定等进行操作。

电控燃油系统的故障诊断除发动机厂提供的电子专用诊断仪器外，发动机本身也随机安装了一套故障诊断监测功能的显示系统。

1．电控柴油机的监测系统

监测功能是在发动机运转期间，ECM连续接收各传感器的信号对系统进行监测，监测功能的基本作用就是检查传感器的电压和电流等工作参数是否处于预设的范围之内，它有两个报警系统，一个用于监测电子控制的燃油系统，另一个用于监测发动机保护系统。

这种运行监测和故障诊断的显示方式有两种：

（1）数字代码显示方式

这种显示方式是直接显示故障代码，对照代码表后即可知晓发动机故障，该代码同时也反映出是当前故障还是历史故障，但该方式还需设置报警显示装置。

（2）诊断故障灯闪烁显示方式

这种显示方式是通过诊断故障灯闪烁故障码，是最简单的一种方式，通过人为地简易操作故障灯即产生闪烁。故障灯为一只的要根据闪烁的次数和时间间隔来确定故障码；多灯并列显示的要根据各灯顺序闪烁次数来确定故障码。最后根据故障码对照代码表后即可知发动机故障，同时如发生故障，故障灯闪亮直接报警。

上述两种显示方式因发动机厂家的不同而有所不同，下面根据不同品牌的发动机，将分别重点叙述。

2．电子诊断仪器

电子诊断仪器分为两种：基于计算机的通过数据转换器与ECM连接的诊断仪和手提式扫描仪。

(1) 基于计算机的诊断仪器

基于计算机的诊断仪器如图 2-32 所示,该计算机安装了电子诊断工具 EST 软件,配以 ECM 通信数据转换器,可对电喷系统操作。以下是几种操作的列举:

1) 柴油机运行时状态参数的监测及显示如图 2-33 所示。

2) 柴油机运行状态和状态记录的文字图表化如图 2-34 所示。

3) 系统设定参数的修改如图 2-35 所示。

4) 重新下载刷新 ECM 软件如图 2-36 所示。

图 2-32　计算机和 ECM 通信转换

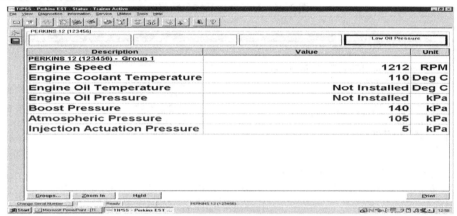

图 2-33　EST 软件运行状态参数显示

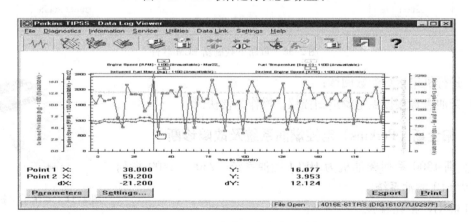

图 2-34　EST 软件运行状态图表化

(2) 手提扫描仪

柴油机电喷系统专用手提扫描仪如图 2-37 所示,它直接在 ECM 通信接口上使用,有四行的液晶卷页显示功能,并可对 ECM 实现操作有:

1) 从 ECM 上读取现存或过往的存在故障编码;

2) 供维修使用;

3) 对过往的故障编码清除;

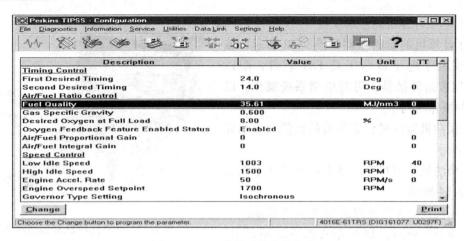

图 2-35　EST 软件系统参数修改

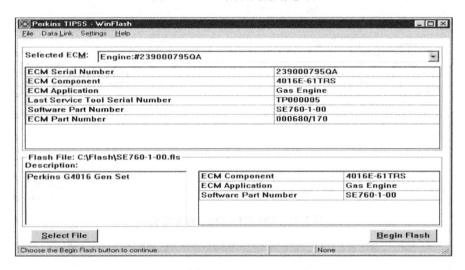

图 2-36　重新下载刷新 ECM 软件

4）进行机组运行参数阅读；

5）柴油机直接提供电源给扫描仪，操作方便快捷。

2.3.6　帕金斯（Perkins）电控燃油系统及故障诊断

帕金斯 1300 系列柴油机为 HEUI 燃油系统，2300、2800 系列柴油机为 EUI 燃油系统。

图 2-37　专用手提扫描仪

1. 1300HE 系统特性

1300 电子发动机具有自检验功能和指示灯（指示灯分为橙色和红色来确定发动机的故障）。橙色灯是表示发动机已存在故障，当故障排除后，便会自动熄灭。但 ECM 会对故障进行记录和存储，当需要检验 ECM 的记忆内的故障或有没有故障时，按下自检验功能按钮就可以执行自检验功能。

（1）指示灯及按键功能

如图 2-38 所示。

在进行检测时，如果有故障存在，红色指示灯会闪现一次，然后转到显示故障代码的橙色灯上，如果有多余的故障出现，便按代码上的数字来确定先后顺序；如果没有故障存在时，机器将会再经过一次测试，红色灯会闪动两次来检测过存故障；当红灯会闪动三次时，表示检查结束。当闪动代码为1，1，1时表示在ECM内没有故障记录或者发动机没有故障。

灯语闪动举例：如图2-39所示。

（2）1300HE故障代码

1300HE故障代码见表2-3。

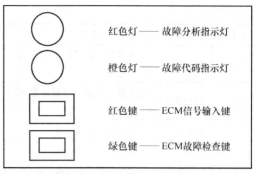

图2-38 指示灯及按键功能

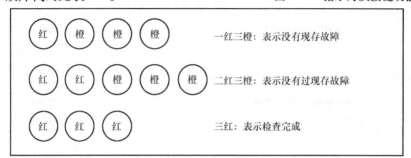

图2-39 灯语闪动举例

表2-3 1300HE故障代码

闪灯码	线路指示	现象	检查结果	可能原因
111	ECM	无故障，提示等正常闪动	ECM没有检查出故障	
112	ECM PWR	电力系统电压B+电压过高	ECM电压连续大于18V	充电系统故障
113	ECM PWR	电力系统电压B+电压过低	ECM电压低于5~6V，导致不能启动，不能点火	电池电压低，接触不良，线路内有阻值
114	ECT	冷却液温度信号超出范围过低	与180F/82C设定点比较信号电压，低于0.127V	ECT信号线路或者感应器接地
115	ECT	冷却液温度信号超出范围过高	与180F/82C设定点比较信号电压，大于4.959V	ECT线路或者感应器处于断开状态
121	MAP	进气管压力信号超出范围过高	MAP低动能，加速率低	MAP线路电量突然过高，检查传感器
122	MAP	进气管压力信号超出范围过低	MAP低动能，加速率低	MAP线路电量突然过低或者断开
123	MAP	进气管压力信号超出范围内故障	MAP低动能，加速率低	喉管或者MAP传感器堵塞
124	ICP	喷注控制压力信号超出范围过低	开环控制，在空机运行时小于0.039V	线路电压突然过低、断开或者传感器有问题
125	ICP	喷注控制压力信号超出范围过高	开环控制，在空机运行时大于40897V	线路电压突然过高或者传感器有问题
131	APS/IVS	加速器定位信号超出范围过低	空机运行时电压低于0.152V	线路短路、断开或者传感器有问题
132	APS/IVS	加速器定位信号超出范围过高	空机运行时电压高于4.55V	传感器有问题或者与12V接通

(续)

闪灯码	线路指示	现象	检查结果	可能原因
133	APS/IVS	加速器定位信号在正常范围内出现故障	APS/IVS 抵触极限致 APS 0%	APS 信号故障
134	APS/IVS	加速器定位及空机有效器不配合	APS/IVS 抵触极限 APS 致 0%	APS 及 IVS 信号错误
135	APS/IVS	空机有效器开关故障	APS/IVS 抵触极限 50% 致 APS	IVS 信号故障
142	VSS	发动机速度超出范围：高	速度感应信号高于 4.492V（OK-MH/MPH）控制线不良或者发动机速度限制器上没有加上电源	线路短路
143	CMP	不规则的脉冲公转信号（凸轮轴位置感应器的信号）	信号不完整	线路接触不良或者凸轮轴位置感应器损坏
144	CMP	凸轮轴位置感应器有干扰	ECM 有过量的外置信号输入	干扰喷油器的线路有可能对地短路
145	CMP	没有凸轮轴位置感应器信号，但有喷油压力增加	检查 ECM	对地短路、线路接触不良、感应器损坏
151	BARO	气压信号超出范围：高	电压信号在 1s 内高过 4.9V 预设值是 101kPa，（147 lbf/in² 1 lbf/in = 6894.76Pa）（1，0kgf/cm² 1kgf/cm² = 0.0980665MPa）	线路接触不良、感应器损坏
151	BARO	气压信号超出范围：低	电压信号在 1s 内低过 1.0V 预设值是 101kPa，（147 lbf/in²）（1，0kgf/cm²）	对地短路
154	AIT	进风温度范围：低	电压信号低于 0.127V 预设值是 77℃	线路接触不良
155	AIT	进风温度范围：高	电压信号高于 4.6V 预设值是 77℃	线路接触不良
211	EOP	油压信号超出范围：低	电压信号低于 0.039V	线路接触不良
212	EOP	油压信号超出范围：高	电压信号高于 4.9V	线路接触不良
213	SCCS	遥控速度调整信号超出范围：低	遥控速度调整信号低于 0.249V	线路接触不良
214	SCCS	遥控速度调整信号超出范围：高	遥控速度调整信号高于 4.5V	线路接触不良
221	SCCS	电源控制开关线路接触不良	电压信号不正确，不适用于开关位置	线路接触不良或者速度控制回路电阻太大
222	BRAKE	停车开关线路接触不良	电压在 ECM43 针和 44 针不相同	开关或继电器问题或者不正确的调整
225	EOP	机油压力感应器不良：指定范围内的规格	信号大于 276kPa（40lbf/in²）(2.8kgf/cm²) 当发动机启动开关在"ON"的位置时，发动机没有保护功能	线路接触不良、感应器损坏
236	ECL	水位开关接触不良		线路接触不良

(续)

闪灯码	线路指示	现象	检查结果	可能原因
241	IPR	在输出线路测试中（OCC），喷油器压力阀不良	输出线路测试是在发动机不启动情况下测试	线路不良
244	EDL	按发动机资料在输出线路测试中表现不良	输出线路测试是在发动机不启动情况下测试	线路不良
251	GPC	加热装置 OCC 自行测试失败	检查加热装置继电器输出电路，需停机测试	短路或者开路
252	GPL	加热装置指示灯 OCC 自行测试失败	检查加热装置指示灯电路，需停机测试	短路或者开路、指示灯失灵
253	ECM/IDM	燃油供应同步油路 OCC 自行测试失败	检查缸盖输出油路，需停机测试	检查 97AG—IDM 没有电源
254		OCC 高电压	检查输出电路超高	OCC 电压超高
255		OCC 低电压	检查输出电路超低	OCC 电压超低
256	RSE	水箱活门可导致 OCC 故障	检查活门继电器输出电路，需停机测试	短路或者开路
262	COL	换机油指示灯故障	检查机油指示灯输出电路，需停机测试	短路或者、指示灯失灵
263	OWL	冷却水及机油指示灯故障	检查冷却水及机油指示灯输出电路，需停机测试	短路或者、指示灯失灵
265	VRE	发动机减速继电器 OCC 故障	检查发动机减速继电器，需停机测试	短路或者开路
266	WEL	发动机警报指示灯 OCC 故障	检查发动机警报指示灯输出电路，需停机测试	短路或者、指示灯失灵
311	EOT	机油温度出现过低信号	设定点 212°F/100℃ ETO 高过 4.78V	ETO 信号电路或者感应器短路
312	EOT	机油温度出现过高信号	设定点 212°F/100℃ ETO 低过 0.2V	ETO 电路或者感应器开路
313	EOP	机油压力低于警告线	检查发动机低油压之指示灯亮着	没有或者低油量，油压调整器粘着油
314	EOP	机油压力低于警报临界线	检查发动机低油压，停机（如要求）	上油管淤塞或者有裂纹，机油泵或者瓦片损坏
315		发动机转速高于警告线	ECM 记录发动机出现之速度	传送可能有失误而导致转变
316		发动机的冷冻液温度不能达到指定设点	考虑周围环境温度有否影响	恒温器泄漏冷却系统存在问题
321	ECT	发动机的冷冻液温度高于警告线	冷冻液温度超过华氏 224.6°F（摄氏 107℃）	冷却系统存在问题
322	ECT	发动机的冷冻液温度高于警报临界线	冷冻液温度超过华氏 233.6°F（摄氏 112.5℃）	
323	ECL	发动机的冷冻液温度低于警告/警报临界线	ECM 感应冷冻液低水位	检查冷冻液低水位感应器，如过低检查水箱有否漏
324	ECT	设定停机时间使机组停止	只能够使机组停机时使用	
326		发电机组调速器故障		

(续)

闪灯码	线路指示	现象	检查结果	可能原因
333	IPR	喷注压力高于/低于要求值	ICP 要求并不等于 ICP 信号（长时期）	机油里有空气，使用错误机油，IRP 错误或者停止喷油，胶圈处有泄漏
334	IPR/SYS	ICP 不能及时到达设定点（表现差）	ICP 要求并不等于 ICP 信号（短时期）	铃声，ICP 感应器，高压泵（参考使用手册）
335	IPR/SYS	在机组转动时，机油压力不能到达指定压力	机组转动 10s 后，ICP 压力小于 725PSI	机油里有空气，喷注压力存在问题（参考手册）
336	HE	液压压力不能达到使用时的指定压力		
341	EBP	排烟反压信号显示过低	EBP 装置失效	短、高、低或者开
342	EBP	排烟反压信号显示过高	EBP 装置失效	高、低
343	EBP	排烟反压显示（表）	EBP 超过工作范围	EBP 开或者排烟受阻
344	EBP	排烟反压高于设定	EBP 的信号高于预期资料	检查积碳程度
351	EMP	排烟反压的转变在预期中并不存在	在 2300RPM 时 EBP 低于	检查积碳程度
352	EBP	排烟反压不能达到指定点	EBP 不能符合 KOER 测试	EPR 不能完全反座
421-426	INJ	高位旁通至低位（确定缸头编号）	ECM 感应喷油器油路出现开路	个别的喷油器控制线开路
431-438	INJ	高位短路至低位（确定缸头编号）	ECM 感应喷油器出现短路	喷油器控制线的低压短路至高压
451-458	INJ	高位短路至地或电池电压（确定缸头编号）	ECM 感应喷油器短路至地	喷油器控制线的低压电路短路至地
461-468	PERF/DIAG	喷油器测试失败（确定缸头编号）	ECM 感应喷油器工作不足够	取决于机组表现
511*	INJ	1-3 号缸头发生综合性故障（第一组）	右边有超过一个高位故障	右边有短路、开路或者接地
512*	INJ	4-6 号缸头发生综合性故障（第二组）	左边有超过一个高位故障	左边有短路、开路或者接地
513*	INJ	低位开路至 1-3 号缸头（第一组）	电压开路	开路
514*	INJ	低位开路至 4-6 号缸头（第二组）	电压开路	开路
515	INJ	1-3 号缸头电路接地（第一组）	电路接地	电路接地
521	INJ	4-6 号缸头电路接地（第二组）	电路接地	电路接地
522	IDM	IDM 故障	IDM 内部故障	IDM 故障
523		IDM 电压低	IDM 电压低	线路 97CP/97AG 低电压 IDM 继电器故障
524	INJ	第一组与第二组之间发生短路	第一组与第二组之间发生短路	电路短路
525	ECM	喷油器监察电路故障	ECM 不能提供给喷油器提供足够的电压	机组、喷油器电路故障，ECM 故障
531	ECM/IDM	喷油器同步信号低	感应 C1 信号低电压，发电机将停机	CL 信号短暂间歇低电压

(续)

闪灯码	线路指示	现象	检查结果	可能原因
532	ECM/IDM	喷油器同步信号高	感应 C1 信号高电压,发电机将停动	CL 信号短暂高或 ECM 开路
612	CMP	ECM 到凸轮轴定时及安装不当	ECM 和凸轮轴位置感应器不相容	ECM 安装不当
614	ECM	发动机型号代码输入 ECM 不相配	ECM 程式错误	配件不相容
621	ECM	发动机使用预设值	发动机运行 AL25HP 预设值	ECM 安装后,没有编程
622	ECM	发动机使用一定范围的预设值	发动机限制在 160HP,没有外加选择	ECM 安装后,没有编程
623	ECM	发动机使用不适合的		ECM 没有正确的编程
624	ECM	范围预设值工作	程式问题	ECM 错误
625	ECM	ECM 错误	ECM 软件错误	替换 EIM
626	ECM	ECM 不能重新恢复	暂时 ECM 电源错误	电池连接错误
631	ECM	ROM 自检查错误	ECM 失败	ECM 内部错误
632	ECM	RAM 自检查错误	ECM 失败	ECM 内部错误
655	ECM	程式参数清单不相容	程式问题,ECM 记忆问题	程式错误
661	ECM	RAM 程式参数清单不能进入	程式问题,ECM 记忆问题	程式错误
664	ECM	CALIBRATION 查刻度不相容	程式问题	程式错误
665	ECM	程式参数记忆目录不工作	ECM 失败	ECM 内部错误

2. 2300、2800 系统特性

2300、2800 系列电喷发电机具有自诊断功能。所有测试编码将储存在 ECM 的记忆体中,可用电子维修工具 Perkins electronic service tool,EST. 来更正。

当有故障出现时会有警告灯号或模拟装置（视随机配套）,当故障发生后,必须进行认真检查。故障编码显示的功能有间歇性故障、记录事故和运行历史。

有些故障即使消失了也会保留在记忆体中,这些记忆将帮助分析事故及作为日后的指导。当故障清除后,应把该代码也尽可能一起清除。

以下装置可以选警告或停机:

机油油压低（警告/停机）；

冷却液温度高/低（警告/停机）；

超速（警告/停机）；

进气温度高（警告）；

进气压力低（警告）；

燃油温度高（警告）；

大气压力低（功率下降）；

2800 电喷发动机的自检验功能和指示灯显示与 1300 基本相同。2800 故障代码:

(1) 诊断术语说明

MID (Module Identifier) ——模拟标志。

CID (Component Identifier) ——部件标志。

FMI (Failure Mode Identifier) ——失败码标志。

(2) ECM 诊断代码快速查询

查询见表2-4。

表2-4 ECM诊断代码快速查询

CID—FMI	诊断描述	检查及排除
1—11	1缸喷射器故障	
2—11	2缸喷射器故障	
3—11	3缸喷射器故障	
4—11	4缸喷射器故障	
5—11	5缸喷射器故障	
6—11	6缸喷射器故障	
41—03	ECM 8V DC 电源开路/短路至 B+	
41—04	ECM 8V DC 电源短路至地	
91—08	PWM 速度控制器不正常	
100—03	发动机油压传感器开路/短路至 B+	
100—04	发动机油压传感器短路至地	
110—03	发动机冷却温度传感器开路/短路至 B+	
110—04	发动机冷却温度传感器短路至地	
168—02	到 ECM 的电池电源间歇性中断	
172—03	进气温度传感器开路/短路至 B+	
172—04	进气温度传感器短路至地	
174—03	燃油温度传感器开路/短路至 B+	
174—04	燃油温度传感器短路至地	
190—02	发动机速度传感器间歇性中断	
190—09	发动机速度传感器不正常	
190—11	发动机速度传感器机械故障	
190—12		
252—11	发动机程序错误	
253—02	常规或者系统参数检查	
261—13	发动机刻度时间校准请求	
262—03	5V 传感器电源开路/短路至 B+	
262—04	5V 传感器电源短路至地	
268—02	检查编程器参数	
273—03	涡轮机通风口压力传感器开路/短路至 B+	
273—04	涡轮机通风口压力传感器短路至地	
281—03	动作报警灯开路/短路至 B+	
281—04	动作报警灯短路至地	
281—05	动作报警灯电路开路	
282—03	超速灯开路/短路至 B+	
282—04	超速灯短路至地	
285—03	冷却液温度灯开路/短路至 B+	
285—04	冷却液温度灯短路至地	
286—03	润滑油压力灯开路/短路至 B+	
286—04	润滑油压力灯短路至地	
286—05	润滑油压力灯电路开路	
323—03	停车灯开路/短路至 B+	
323—04	停车灯短路至地	
323—05	停车灯电路开路	
324—03	告警灯开路/短路至 B+	
324—04	告警灯短路至地	
324—05	告警灯电路开路	

CID—FMI	诊断描述	检查及排除
342—02	发动机第二(凸轮轴)速度传感器数据不正常	
342—11	发动机第二(凸轮轴)速度传感器机械故障	
342—12		
861—03	诊断灯开路/短路至 B+	
861—04	诊断灯短路至地	

2.3.7 沃尔沃(VOLVO)电控燃油系统及故障诊断

沃尔沃(VOLVO)柴油机电控燃油系统在12L、16L发动机中为电控单体式喷油器(EUI)类型,电气零部件分布如图2-40所示;7L发动机中为电控高压共轨(DCR)类型。故障诊断功能基本相同,下面就以VOLVO电控单体式喷油器(EUI)系统为例。

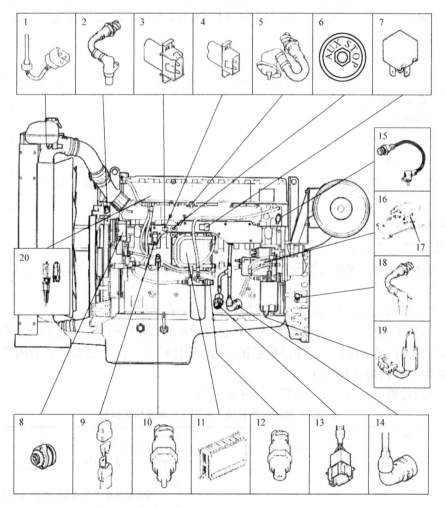

图2-40 电气零部件分布图

1—冷却液液位传感器 2—凸轮轴转速传感器 3—诊断输出口 4—编程接头 5—增压压力/进气温度传感器 6—紧急停机 7—主继电器 8—充电发电机 9—安全熔断器 10—润滑油压/油温传感器 11—控制单元 12—燃油压力报警传感器 13—8针插头 14—23针插头 15—冷却液温度传感器 16—启动电动机 17—启动电动机继电器 18—飞轮转速传感器 19—燃油含水传感器 20—泵喷嘴传感器

1. 诊断功能

诊断功能用来检查 EDCⅢ 系统工作是否正常。诊断系统具有如下功能：

1）探测并定位故障点。

2）告知已探测到的故障。

3）帮助确定故障的原因。

4）保护发动机。当探测到严重故障时保证对发动机的控制能力。

如果诊断功能探测到 EDCⅢ 系统中有故障，则采用控制柜控制面板上的诊断按钮以指示器的闪烁显示操作者。

故障辨认：如果按下诊断按钮，则闪烁出故障代码。在故障代码表中可以找到这一代码而给出有关该故障的原因、反应及应采取措施的信息。

出现以下情况时，诊断功能以下列方式影响发动机。

2. 读取故障代码

按下诊断按钮，则会闪出故障代码。故障代码由两组间隔 2s 的闪烁次数组成。通过每组的闪烁次数可以读取故障代码。

例如：◎◎短停◎◎◎◎ = 故障代码 2.4。

故障代码被自动存储，可以在出现故障的整个期间被读取。故障代码表包含有关原因、反应和应采取措施的信息。

读取故障代码：

1）按下诊断按钮。

2）松开诊断按钮并注意闪出的故障代码。

3）重复以上操作。如果已存贮了较多的故障代码，就会闪出新的故障代码。重复，直到重新出现第 1 个故障代码。

3. 删除故障代码

每次发动机电源被断开时，诊断功能的故障代码存贮就被清除。

当电源被接通时，诊断功能检查 EDCⅢ 系统中是否有任何故障。如果存在故障，则确定新的故障代码。

1）对已经矫正或已经消失的故障，则故障代码被自动删除。

2）每当电源被接通时，必须确认和读取已经矫正的故障代码。如果在故障已被矫正并且存贮的故障代码已被删除后，按下故障按钮，则故障代码 1.1（"无故障"）将闪烁。

4. 故障诊断代码（DTCs）

故障诊断代码、原因、反应及矫正措施见表 2-5。

表 2-5 故障诊断代码、原因、反应及矫正措施

代码	原因	反应	矫正措施
1.1	无故障		没有未被发现有矫正的故障
2.1	燃油中有水或燃油压力不足	报警灯点亮	·检查燃油滤上的油水分离器（如有水放出，同样也要放出燃油箱中的水） ·检查是否能用手动泵提高压力 ·检查燃油滤清器 ·检查粗滤器

(续)

代码	原因	反应	矫正措施
2.2	冷却液液位偏低	·关闭发动机（如用参数设置工具未能使该项保护功能解除时） ·报警灯点亮	·检查冷却液实际液位 ·检查冷却液液位传感器
2.3	冷却液液位传感器 ·与"+"电路短路 ·传感器故障	无	·检查液位传感器电缆是否完好 ·检查液位传感器的功能 ·检查发动机控制单元（EMS）上的电缆接头（A）中插座23和10的触点压力
2.4	飞轮转速传感器 ·无信号 ·频率异常 ·间歇信号 ·传感器故障	发动机难以启动，并且一旦启动，运行也不正常	·检查传感器接头的接点是否正确 ·检查传感器的线路 ·检查传感器在飞轮壳中的安装点是否正确 ·检查传感器是否起作用
2.5	凸轮轴转速传感器 ·无信号 ·频率异常 ·传感器故障	发动机启动时间比正常情况长。一旦运转后则可正常运行	·检查传感器接头的接点是否正确 ·检查传感器的线路 ·检查传感器在凸轮罩壳中的安装点是否恰当 ·检查传感器是否起作用
2.6	发动机转速太高	发动机被自动停机	·检查发动机转速太高的原因
2.7	接至EMS的油门电位计	发动机自动降至急速。如果先松开踏板，然后再压下去，则发动机可以靠急速开关在应急的基础上运行	·检查控制单元的接头的接点是否正确 ·检查电位计是否正确连接 ·检查到电位计的线路是否损坏 ·检查电位计 ·检查23针插头的组装是否正确
2.8	接至CIU的油门电位计 ·与正极"+"或接地"-"电路短路； ·传感器故障	·发动机自行降至急速 ·如果先松开踏板，然后再压下去，则发动机可以靠急速开关在应急的基础上运行	·检查电位计是否正确连接 ·检查至电位计的线路是否损坏 ·检查电位计
2.9	燃油进水指示器 ·电路开路 ·电路短路 ·传感器故障	无	·检查指示器的电缆有无开路或短路 ·检查指示器的功能
3.1	润滑油压力传感器 ·与正极"+"或接地"-"电路短路； ·电路开路	无	·检查至传感器的线路是否损坏 ·检查传感器的连接是否无误 ·检查发动机控制单元（EMS）上的电缆接头（B）中插座11的触点压力
3.2	进气温度传感器 ·与正极"+"或接地"-"电路短路； ·电路开路	无	·检查传感器接头的接点是否正确 ·检查至传感器的线路 ·检查传感器安装是否正确 ·检查传感器是否起作用 ·检查发动机控制单元（EMS）上的电缆接头（B）中插座47的触点压力

（续）

代码	原 因	反 应	矫正措施
3.3	冷却液温度传感器 ·与正极"+"或接地"-"电路短路 ·电路开路	即使发动机已被暖机时，预热仍在工作	·检查传感器接头的接点是否正确 ·检查至传感器的线路 ·检查传感器安装是否正确 ·检查传感器是否起作用
3.4	充量空气传感器 ·与正极"+"或接地"-"电路短路 ·电路开路	当加速/加载时，发动机冒烟超过正常	·检查至传感器的线路是否损坏 ·检查传感器是否起作用 ·检查传感器安装是否正确 ·检查发动机控制单元（EMS）上的电缆接头（A）中插座 22 的触点压力
3.5	增压压力过高	控制单元限制发动机的输出功率	·检查增压器的功能 ·检查增压压力传感器的功能 ·检查燃油量/泵喷嘴
3.6	燃油压力传感器 ·与正极"+"或接地"-"电路短路 ·电路开路	无	·检查传感器接头的插接是否正确 ·检查至传感器的线路 ·检查传感器安装是否正确 ·检查传感器是否起作用 ·检查发动机控制单元（EMS）上的电缆接头（B）中插座 16 的触点压力
3.7	润滑油温度传感器 ·与正极"+"或接地"-"电路短路 ·电路开路	无	·检查至传感器的线路是否损坏 ·检查传感器的连接是否无误 ·检查发动机控制单元（EMS）上的电缆接头（A）中插座 31 的触点压力
3.8	燃油压力低	报警灯亮	·检查用手动泵能否增加压力 ·检查燃油滤清器 ·检查燃油粗滤器
3.9	蓄电池电压低 ·充电发电机故障 ·蓄电池、蓄电池电缆故障	报警灯亮	·检查来自控制单元的供电电压
4.1	润滑油压力报警灯	报警灯不起作用。如果在启动过程中，找到线路中断，则诊断功能起作用	·检查报警灯 ·检查至报警灯的线路和连接情况
4.2	冷却液高温报警灯	无	·检查报警灯安装是否正确 ·检查运行—指示报警灯 ·检查至报警灯的线路和连接情况
4.3	运行指示	无	·检查报警灯 ·检查至运行—指示器报警灯的线路和连接情况
4.4	超速报警灯	无	·检查报警灯 ·检查至报警灯的线路和连接情况
4.5	冷却液液位偏低报警灯	无	·检查冷却液液位报警灯 ·检查至报警灯的线路和连接情况

(续)

代码	原因	反应	矫正措施
4.6	启动电动机继电器	反应1：发动机不启动 发动机待启动→按下仪表板电源开关，发动机立即转动 反应2：发动机在运行中→即使未有启动指令，启动电动机也会接合 发动机在运行中一旦发动机已经启动，启动电动机不脱开	• 检查至继电器的线路 • 检查继电器是否完好 • 检查至启动电动机的电缆（黄/黑电缆）是否连接正确 • 检查黄/黑电缆是否有损坏 • 检查启动电动机的继电器是否完好
4.7	用 EMS 的启动	• 发动机不启动 • 发动机只能用其上的紧急停机才能停机	检查至启动开关锁匙/按钮的线路
5.1	主继电器 与正极"+"电路短路	• 当锁匙转到启动位时，仪表板失去电源 • 发动机未启动	• 检查至继电器的线路 • 检查继电器是否完好
5.2	用 CIU 的启动 • 与负极"-"电路短路 • 作用时间太长	• 发动机不能启动 • 通电开关一接通即立刻启动	• 检查至启动开关锁匙的连接 • 检查至启动开关锁匙的线路
5.3	用 CIU 的停机启动 • 与负极"-"电路短路 • 电路开路 • 作用时间太长	• 发动机只能用其上的紧急停机才能停机 • 发动机停机。故障代码会显示40s，且在此期间发动机不能启动。当诊断故障灯显示故障代码时，发动机可被启动但不能停机	• 检查至启动开关锁匙的连接 • 检查至启动开关锁匙的线路
5.4	预热继电器 • 与正极"+"或接地"-"电路短路； • 电路开路	• 不能启动预热 • 预热器一直被接通	• 检查其电缆 • 检查继电器 • 检查发动机控制单元（EMS）上的电缆接头（B）中插座25的触点压力
5.5	空气滤清器压降 空气滤清器阻塞	报警灯点亮	检查空气滤清器
5.6	空气滤清器传感器 • 与正极"+"或接地"-"电路短路 • 损坏	无	• 检查安装和接线是否正确 • 检查其连接电缆是否完好 • 检查发动机控制单元（EMS）上的电缆接头（B）中插座31的触点压力
5.7	润滑油油位太低	报警灯点亮	检查润滑油油位
5.8	润滑油温度太高	报警灯点亮 • VE 机型限制功率 • GE 机型被停机	• 检查润滑油油位 • 检查润滑油温度 • 检查润滑油温度传感器

（续）

代码	原 因	反 应	矫正措施
5.9	润滑油油位传感器 • 与正极"+"或接地"-"电路短路 • 电路开路	无	• 检查其连接电缆是否完好 • 检查其传感器是否完好 • 检查发动机控制单元（EMS）上的电缆接头（B）中插座3和4的触点压力
6.1	冷却液温度太高	• 报警灯点亮 • VE机型限制功率 • GE机型被停机	• 检查冷却液液位 • 检查中冷器（清洁度） • 检查冷却系统中是否有空气 • 检查膨胀箱上的压力盖 • 检查节温器 • 检查冷却液温度传感器
6.2	增压空气温度太高	VE机型限制功率 GE机型被停机	• 检查中冷器（清洁度） • 检查增压空气温度传感器
6.3	启动继电器故障 • 与正极"+"或接地"-"电路短路 • 工作时间过长	• 启动机不能启动 • 通电开关一接通即立刻启动	• 检查通电开关是否完好 • 检查至通电开关电缆是否完好
6.4	数据链路（CAN）CIU故障	仪表和报警灯停止工作	• 检查8针接头是否完好 • 检查CIU与控制单元的电缆是否完好 • 检查CIU接头内的插座11和12是否完好 • 查发动机控制单元（EMS）上的电缆接头（B）中插座51和55的触点压力
6.5	数据链路（CAN）控制单元内部故障	发动机停机时不能启动 发动机运行时发动机怠速只能用紧急停机开关才能停机	• 检查8针接头是否完好 • 检查CIU与控制单元的电缆是否完好 • 检查CIU接头内的插座11和12是否完好 • 检查发动机控制单元（EMS）上的电缆接头（B）中插座51和55的触点压力
6.6	润滑油压力太低	• 报警灯点亮 • VE机型限制功率 GE机型被停机	• 检查润滑油油位 • 检查润滑油滤清器是否堵塞 • 检查润滑油系统中的压力阀和安全阀 • 检查润滑油传感器是否起作用 • 检查发动机控制单元（EMS）上的电缆接头（B）中插座51和55的触点压力
6.7	冷却活塞润滑油压力太低	发动机被停机	检查润滑油压力是否超过175kPa
6.8	冷却活塞润滑油压力传感器 与正极"+"或接地"-"电路短路	无	• 检查冷却活塞润滑油压力传感器接头的插接是否正确 • 检查冷却活塞润滑油压力传感器电缆是否完好 • 检查冷却活塞润滑油压力传感器安装是否正确 • 检查润滑油传感器是否起作用 • 检查发动机控制单元（EMS）上的电缆接头（B）中插座10和14的触点压力

第2章 柴油机新技术的应用

(续)

代码	原因	反应	矫正措施
6.9	蓄电池电压，CIU • 与负极电路短路 • 充电发电机故障 • 蓄电池、蓄电池电缆故障	• 报警灯亮 • 发动机不能启动	• 检查来自控制单元的供电电压 • 检查蓄电池 • 检查充电发电机
7.1	第1缸的压缩力或喷油器故障。电控错误	1. 气缸平衡受到有害影响→在低速和低载下运行不平稳 2. 发动机靠5个气缸运行，声音不均衡，并且性能下降	• 检查燃油供油压力 • 检查气门间隙 • 检查喷油器和连接线路 • 做压缩压力试验并检查第1缸 • 检查泵喷嘴的接口是否完好 • 检查发动机控制单元（EMS）上的电缆接头（A）中插座24的触点压力
7.2	第2缸的压缩力或喷油器故障。电控错误	1. 气缸平衡受到有害影响→在低速和低载下运行不平稳 2. 发动机靠5个气缸运行，声音不均衡，并且性能下降	• 检查燃油供油压力 • 检查气门间隙 • 检查喷油器和连接线路 • 做压缩压力试验并检查第2缸 • 检查泵喷嘴的接口是否完好 • 检查发动机控制单元（EMS）上的电缆接头（A）中插座16的触点压力
7.3	第3缸的压缩力或喷油器故障。电控错误	1. 气缸平衡受到有害影响→在低速和低载下运行不平稳 2. 发动机靠5个气缸运行，声音不均衡，并且性能下降	• 检查燃油供油压力 • 检查气门间隙 • 检查喷油器和连接线路 • 做压缩压力试验并检查第3缸 • 检查泵喷嘴的接口是否完好 • 检查发动机控制单元（EMS）上的电缆接头（A）中插座32的触点压力
7.4	第4缸的压缩力或喷油器故障。电控错误	1. 气缸平衡受到有害影响→在低速和低载下运行不平稳 2. 发动机靠5个气缸运行，声音不均衡，并且性能下降	• 检查燃油供油压力 • 检查气门间隙 • 检查喷油器和连接线路 • 做压缩压力试验并检查第4缸 • 检查泵喷嘴的接口是否完好 • 检查发动机控制单元（EMS）上的电缆接头（A）中插座56的触点压力
7.5	第5缸的压缩力或喷油器故障。电控错误	1. 气缸平衡受到有害影响→在低速和低载下运行不平稳 2. 发动机靠5个气缸运行，声音不均衡，并且性能下降	• 检查燃油供油压力 • 检查气门间隙 • 检查喷油器和连接线路 • 做压缩压力试验并检查第5缸 • 检查泵喷嘴的接口是否完好 • 检查发动机控制单元（EMS）上的电缆接头（A）中插座48的触点压力

(续)

代码	原　因	反　应	矫正措施
7.6	第6缸的压缩力或喷油器故障。电控错误	1. 气缸平衡受到有害影响→在低速和低载下运行不平稳 2. 发动机靠5个气缸运行，声音不均衡，并且性能下降	• 检查燃油供油压力 • 检查气门间隙 • 检查喷油器和连接线路 • 做压缩压力试验并检查第6缸 • 检查泵喷嘴的接口是否完好 • 检查发动机控制单元（EMS）上的电缆接头（A）中插座40的触点压力
7.7	曲轴箱通风压力过高	• 报警灯点亮 • 发动机被停机	• 检查曲轴箱通风是否被阻塞 • 检查气缸套、活塞及活塞环是否磨损或损坏
7.8	曲轴箱通风压力传感器 • 与正极"+"或接地"-"电路短路 • 电路开路	无	• 检查曲轴箱通风压力传感器接头的插接是否正确 • 检查曲轴箱通风压力传感器电缆是否完好 • 检查曲轴箱通风压力传感器安装是否正确 • 检查曲轴箱通风压力传感器是否起作用 • 检查发动机控制单元（EMS）上的电缆接头（B）中插座28的触点压力
7.9	进气空气温度传感器 • 与正极"+"或接地"-"电路短路 • 电路开路	无	• 检查进气空气温度传感器接头的插接是否正确 • 检查进气空气温度传感器电缆是否完好 • 检查进气空气温度传感器安装是否正确 • 检查进气空气温度传感器是否起作用 • 检查发动机控制单元（EMS）上的电缆接头（B）中插座29的触点压力
9.2	数据链路故障	报警灯亮	• 检查8针接头是否完好 • 检查CIU/DCU与控制单元的电缆是否完好 • 检查CIU接头内的插座22和37是否完好 • 检查发动机控制单元（EMS）上的电缆接头（A）中插座33和34的触点压力
9.3	传感器的电源 • 短路 • 润滑油压力和/或增压空气压力传感器故障	• 润滑油压力和增压空气压力传感器故障 • 润滑油压力和增压空气压力传感器故障码 • 低输出功率 • 润滑油压力和增压空气压力仪表显示值为0	• 检查润滑油压力传感器和增压空气压力传感器的电缆是否接好 • 检查发动机控制单元（EMS）上的电缆接头（A）中插座7的触点压力 • 检查润滑油压力传感器和增压空气压力传感器
9.8	EEPROM错误，CIU控制单元故障，CIU	发动机自动降至怠速。发动机不能启动，如果发动机正在运行→怠速	更换CIU单元
9.9	发动机控制单元中的存贮器错误	发动机不启动	更换控制单元

2.3.8 奔驰（MTU）电控燃油系统及故障诊断

MTU（含 DDC mtu）2000、4000 系列电控燃油系统结构是电控单体式喷油泵（EUP）系统，如图 2-41 所示。低压燃油系统与普通的燃油油路相同，而高压油路中单体泵为电控单体式喷油泵（EUP），高压油管也很短及管径较小，在柴油机机体的安装位置如图 2-42 所示。

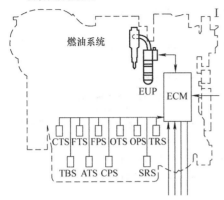

图 2-41 MTU 电控燃油系统

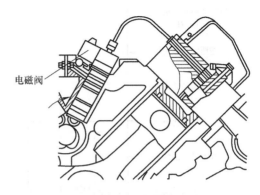

图 2-42 EUP 安装位置图

1. ECU（ECM）4/G 发动机控制装置功能

ECU 是 MDEC 的核心。MDEC 控制系统中输入及输出信号如图 2-43 所示，其控制功能有：

(1) 发动机的控制

1) 控制启动次序；
2) 控制转速（数字电子调速器）；
3) 通过电磁阀控制喷油系统的喷油开始时间、喷油连续时间、最大喷油量的限定；
4) 调节速降；
5) 设定额定速度；
6) 高压燃油油压调节（4000 系列）；
7) 两种设定额定速度（50Hz/60Hz）的转换。

(2) 发动机的保护

1) 运行参数超出限值时自动停机；
2) 冷却液温度过高时发出预警信号，经设定的时间后，如温度仍过高则发动机停机；若在此期间温度继续增高，发动机立即停机；在发动机启动前，状态不符合要求（如冷却液温度过低、电池电压过高）时将抑制发动机的启动；
3) 在紧急情况下可屏蔽限值或消除抑制因素，继续启动或运行发动机（超速现象除外）；
4) 传感器损坏时自动停机。

(3) 报警信号

根据发动机产生的故障性质，产生两种通用警报输出。

1) 黄色警报（灯）即预报警：当出现危险状态时，ECU 激活此信号发出警告，发动机运行受到一定的限制。

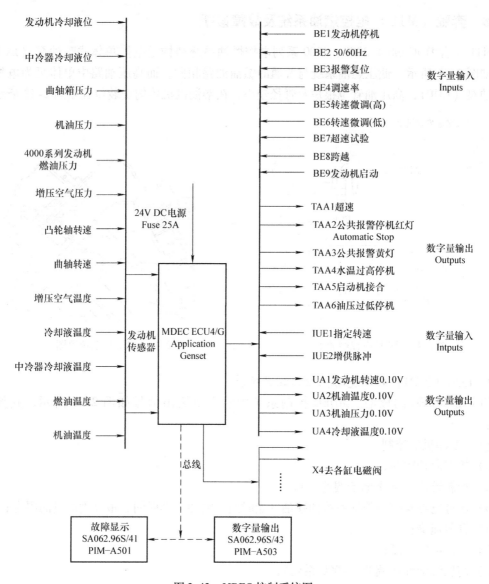

图 2-43 MDEC 控制系统图

2) 红色警报（灯）：当发动机由于故障即将严重损坏时，ECU 激活此信号发出红色（灯）警告，发动机自动停止运行以防发动机受到损坏。

2. 故障显示

故障全部储存在 ECU 中并在对话装置中自动翻滚显示，故障信息可按其发生/删除的时间顺序储存，最大可储存 80 条信息，亦可记录在统计储存中，最多可记录 10000 次。同时通过数据线接至外部的故障显示器，故障显示器如图 2-44 所示。

数据显示方式：

显示器显示四位数位，分别表示故障发生的时间段和故障代码。故障代码第 1 位数为 a、b、c、d，反映故障发生的时段。

1) 当前发生的故障；

2) 上 1h 内发生的故障；

3）过去 1～5h 内发生的故障；
4）过去 5～13h 内发生的故障。

第 2、3、4 位数字组成的百位数为故障代码。每个故障代码显示时间 3s。

3. 常用故障代码

常用故障代码见表 2-6。

2.3.9 康明斯（Cummins）电控燃油系统及故障诊断

Cummins 柴油机系列多，应用广泛，其各种电控燃油系统都有所采用。但对发电机组用柴油机主要是应用模块化共轨燃油系统（MCRS），该电控燃油系统实际上就是前面所讲的共轨燃油喷射系统（DCR）。

用于发电机组的 Cummins 电控燃油系统的柴油机有 QSL9、QSX15、QSK19、QSK23、QST30、QSK38、QSK50、QSK60 等系列。

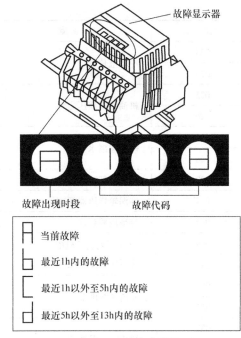

图 2-44 故障显示器

表 2-6 常用故障代码表

故障代码	故障	故障内容
003	燃油温度高	燃油温度达到高温限值 1
004		燃油温度达到高温限值 2
005	增压空气温度高	增压空气温度达到高温限值 1
006		增压空气温度达到高温限值 2
007	B 列增压空气温度高	增压空气温度达到高温限值 1
008		增压空气温度达到高温限值 2
009	中冷器温度高	增压空气中冷器温度达到高温限值 1
010		增压空气中冷器温度达到高温限值 2
011	增压空气压力低	增压空气压力达到低压限值 1
012		增压空气压力达到低压限值 2
013	B 排增压空气压力低	B 排增压空气压力达到低压限值 1
014		B 排增压空气压力达到低压限值 2
015	润滑油压力低	润滑油压力达到低油压限值 1
016		润滑油压力达到低油压限值 2
017	4000 系列高压油储压器中压力低	储压器中压力达到低油压限值 1
018		储压器中压力达到低油压限值 2
019	A 列排气温度高	排气温度达到限值 1
020		排气温度达到限值 2
021	B 列排气温度高	引擎侧面 B 排气高温限值 1
022		引擎侧面 B 排气高温限值 2

（续）

故障代码	故障	故障内容
023	冷却液位低	冷却液位达到限值1
024		冷却液位达到限值2
025	机油滤清器压力差	机油滤压力差达到限值1
026		机油滤压力差达到限值2
027	燃油渗漏水平	达到高渗漏水平1
028		达到高渗漏水平2
030	发动机超速	发动机转速达到超速设定值
031	1#涡轮增压器超速	涡轮增压器转速达到超速设定值
032	2#增压器超速	增压器转速达到超速设定值
044	4000系列发动机中冷器冷却液位低	冷却液位达到限值1
045		冷却液位达到限值2
051	润滑油温度低	润滑油温度达到低温限值1
052		润滑油温度达到低温限值2
053	增压空气温度高	增压空气温度达到高温限值1
054		增压空气温度达到高温限值2
057	冷却液压力低	冷却液压力达到低限值1
058		冷却液压力达到低限值2
059	中冷器内压力低	压力达到低限值1
060		压力达到低限值2
061	进气温度高	进气温度达到高限值1
062		进气温度达到高限值2
063	曲轴箱压力高	曲轴箱压力达到高限值1
064		曲轴箱压力达到高限值2
065	燃油压力低	燃油压力达到低限值1
066		燃油压力达到低限值2
067	冷却液温度高	冷却液温度达到高限值1
068		冷却液温度达到高限值2
081	4000系列发动机高压燃油系统储压器漏油	
118	MDEC电源电压低	电压降到低限值1
119		电压降到低限值2
120	MDEC工作电压高	工作电压达到高限值1
121		工作电压达到高限值2
122	ECU壳体内温度	壳体内温度达到限值1
123		壳体内温度达到限值2
133	15V电源	内部DC+15V电压达到限值1
134	ECU 15V电源故障	内部DC+15V电压失效
135		内部DC-15V电压达到限值1

(续)

故障代码	故障	故障内容
136	ECU 15V 电源故障	内部 DC-15V 电压失效
138	传感器电源故障	传感器电压失效
145	15V ECU 故障	电源失效
170	保养指示器模块故障	保养指示器模块故障
171	保养指示器不工作	保养显示器不再工作
202	燃油油温传感器	燃油温度传感器故障
203	增压空气温度传感器	增压空气温度传感器故障
204	B 列增压空气温度传感器	增压空气温度 B 感应器故障
205	4000 系列发动机中冷器冷却液温度传感器	增压空气中冷器冷却液温度传感器故障
206	A 列排气温度传感器	排气温度传感器故障
207	B 列排气温度传感器	
208	增压空气压力传感器	增压空气压力传感器故障
211	润滑油油压传感器	润滑油油压传感器故障
212	冷却液压力传感器	冷却液压力传感器故障
213		冷却液进口端压力传感器故障
214	曲轴箱压力传感器	曲轴箱压力传感器故障
215	4000 系列燃油协调储压器燃油压力传感器	燃油压力传感器故障
216	润滑油温度传感器	润滑油温度传感器故障
219	进气温度传感器	进气温度传感器故障
220	冷却液液位传感器	冷却液液位传感器故障
221	机油滤压力差传感器	压力差传感器故障
222	燃油漏油油位传感器	传感器故障
223	4000 系列发动机中冷器冷却液位传感器	传感器故障
230	曲轴转速传感器	传感器故障
231	凸轮轴转速传感器	
232	1#增压器转速传感器	
233	2#增压器转速传感器	
234	3#增压器转速传感器	
235	4#增压器转速传感器	
240	燃油压力传感器	
245	传感器电源	工作电压传感器故障
246	电子元件温度传感器	测量电子温度的传感器故障
260	传感器 15V 电源	DC+15V 传感器故障
261		DC-15V 传感器故障

（续）

故障代码	故障	故障内容
301 ⋮ ⋮	第一组喷油定时 阀门1 ⋮ ⋮	定时电磁阀　1 ⋮ ⋮
311 ⋮ ⋮ 320	第二组喷油定时 阀门1 ⋮ ⋮ 10	定时电磁阀　1 ⋮ ⋮ 10
321 ⋮ ⋮ 330		第一组电磁阀接线 电磁阀　1 ⋮ ⋮ 10
331 ⋮ ⋮ 340		第二组电磁阀接线 电磁阀接线　1 ⋮ ⋮ 10
341 ⋮ ⋮ 350		停供第一组电磁阀 电磁阀　1 ⋮ ⋮ 10
351 ⋮ ⋮ 360		停供第二组电磁阀 电磁阀　1 ⋮ ⋮ 10
361		电源级失效1
362		电源级失效2
363	停止电源级1	由于失去电源级设定，发动机自动停机
364	停止电源级2	
365	停止 MV – 接线	由于电磁阀接线故障，发动机自动停机

(续)

故障代码	故障	故障内容	
371		发动机二极管输出故障	1
⋮		⋮	
⋮		⋮	
374			4
381		设备二极管输出故障	1
⋮		⋮	
⋮		⋮	
386			6

1. 模块化共轨燃油系统（MCRS）的特点

模块化共轨燃油系统（MCRS）与共轨燃油喷射系统（DCR）相比，前者每个喷油器都包含有一个集成的蓄压装置，这有助于消除各喷油器之间的燃油压力波动和提高燃油系统的稳定性。由于这种喷油器可串行连接，不需要大型的燃油共轨并联，所以该系统称为模块化的共轨系统（MCRS）。

Cummins 电控燃油系统的柴油机在结构上包括曲轴、凸轮轴、气缸盖、摇臂总成等与原机型不同。同时高压油管采用双层结构，在内层管失效的情况下外层管能有效地防止燃油泄漏和飞溅。每根高压油管的末端都具有两个螺母接头，其中一个螺母将高压油管连接到喷油器，另一个螺母将外层管密封和紧固。可以从外层管里有无燃油渗漏来判断内层管是否密封失效和内层油管是否完好。

2. 诊断故障码

同前述的电控发动机一样，ECM 在发动机运行期间对系统进行监测。监测功能采用两个报警系统，一个用于监测电子控制的燃油系统，另一个用于监测发动机保护系统，如果 ECM 发现某一传感器的信号超出正常范围，仪表板上的黄色或红色报警灯将点亮，并将三位诊断故障码记录在 ECU 中，故障码的获取有 4 种方法：

通过诊断故障灯闪烁故障码：

当接通电路时黄色和红色报警灯持续点亮，则无当前故障码。如闪烁则分别的闪烁次数为故障码如图 2-45 所示，转换至另一故障码则需控制面板上怠速调整开关推至"＋"位置；查找历史存储的故障码，则将该开关推至"－"位置。

诊断故障灯闪烁故障码是最简单和常用的查找故障码的方法。

1）用专用手持式诊断器复现故障码并对参数进行调整。

2）用 Cummins Compulink 检测器检测故障码并对参数进行调整。

3）用 Cummins Insite 软件的台式或便携式计算机检测故障码并对参数进行调整。

3. 故障码信息表

ISX 及 Signature 系列 15L 发动机的部分故障码见表2-7。其中 PID（P）是发动机工况参数的数据列表，是长度变化的指示数据；SID（S）仅以一位字符识别能被检测或隔离的故障中可以修理或更换的子系统；FMI 指示检测到的子系统的故障类型，由 PID 和 SID 识别。PID（P）或 SID（S）与 FMI 组合形成一个符合 SAE J1587 技术标准的故障码。

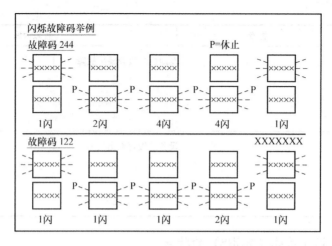

图 2-45 通报警灯和停机闪烁故障码举例

表 2-7 Signature 及 ISX 型发动机故障码

故障码 指示灯	PID SID FMI	SPN FMI	原　　因	后　　果
111 红	S254 12	629 12	ECM 存储器硬件故障或 ECM 电源电路故障等内部错误	发动机将不能启动
115 红	P190 2	190 2	没有检测到来自安装在凸轮轴上的发动机位置传感器的发动机转速信号	发动机可能启动费时
121 黄	P190 10	190 10	没有检测到来自安装在曲轴上的发动机位置传感器的发动机转速信号	启动困难，功率下降，急速不稳或者冒白烟
122 黄	P102 3	102 3	检测到进气管压力电路高电压	发动机输出功率降低
123 黄	P102 4	102 4	检测到进气管压力电路低电压	发动机输出功率降低
131 红	P091 3	91 3	检测到油门位置信号电路高电压	发动机的功率和转速严重降低，仅有跛行动力
132 红	P091 4	91 4	检测到油门位置信号电路低电压	发动机的功率和转速严重降低
133 红	P029 3	974 3	检测到远程油门位置信号电路高电压	如果没有使用远程油门则无表现
134 红	P029 4	974 4	检测到远程油门位置信号电路低电压	如果没有使用远程油门则无表现
135 黄	P100 3	100 3	检测到机油压力电路高电压	对机油压力无发动机保护
141 黄	P100 4	100 4	检测到机油压力电路低电压	对机油压力无发动机保护

（续）

故障码 指示灯	PID SID FMI	SPN FMI	原　因	后　果
143 黄	P100 1	100 1	机油压力信号表明机油压力低于发动机保护下限	报警后一定时间内按照程序设定使发动机功率和转速降低。如果具有发动机保护停机功能，在红灯闪亮30s后使发动机停机
144 黄	P110 3	110 3	检测到冷却液温度电路高电压	可能冒白烟，ECM使风扇一直运转，对冷却液温度无发动机保护
145 黄	P110 4	110 4	检测到冷却液温度电路低电压	可能冒白烟，ECM使风扇一直运转，对冷却液温度无发动机保护
151 红	P110 0	110 0	冷却液温度信号表明冷却液温度超过104℃	报警后在一定时间内按照程序设定使发动机功率降低。如果具有发动机保护停机功能，在红灯闪亮30s后使发动机停机
153 黄	P105 3	110 3	检测到进气管温度电路高电压	可能冒白烟，ECM使风扇一直运转，对进气管温度无发动机保护
154 黄	P105 4	110 4	检测到进气管温度电路低电压	可能冒白烟，ECM使风扇一直运转，对进气管温度无发动机保护
155 红	P105 0	105 0	进气管空气温度信号表明冷却液温度超过93.3℃	报警后在一定时间内按照程序设定使发动机功率降低。如果具有发动机保护停机功能，在红灯闪亮30s后使发动机停机
187 黄	S232 4	620 4	检测到ECM向一些传感器供电电路（VS-EN2供电）低电压	发动机以低输出运转，对机油压力和冷却液位无发动机保护
198 黄	S122 3	612 3	当电压低于ECM期望电压时检测到ICON-TM灯电路高电压	ICONTM怠速控制系统不可用，仅有规定停机可用
199 黄	S122 4	612 4	当电压高于ECM期望电压时检测到ICON-TM灯电路电压低于DC 6V	ICONTM怠速控制系统不可用，仅有规定停机可用
212 黄	P175 3	175 3	在机油温度电路检测到高电压	无针对机油温度的发动机保护
213 黄	P175 4	175 4	在机油温度电路检测到低电压	无针对机油温度的发动机保护
214 红	P175 0	175 0	机油温度信号表明机油温度高于123.9℃	在报警一定时间后，将按程度规定降低功率。如果发动机停机保护功能有效，在红灯闪烁30s后发动机会停机
216 黄	P046 3	46 3	在压缩空气罐压力信号电路检测到高电压	空气压缩机将连续运转
217 黄	P046 4	46 4	在压缩空气罐压力信号电路检测到低电压	空气压缩机将连续运转

(续)

故障码 指示灯	PID SID FMI	SPN FMI	原因	后果
218 黄	P046 2	46 2	压缩空气罐压力信号表明压缩空气罐内的压力过高或过低	空气压缩机将连续运转
219 维护	P017 1	1380 17	检测到CentinelTM补偿机油箱内机油或油面太低	无表现，CentinelTM不起作用
221 黄	P108 3	108 3	在环境压力传感器电路检测到高电压	降低发动机动力输出
222 黄	P108 4	108 4	在环境压力传感器电路检测到低电压	降低发动机动力输出
223 黄	S085 4	1265 4	ECM检测到CentinelTM执行器电路电压不正确	无表现，CentinelTM不起作用
227 黄	S232 3	620 3	检测到ECM向有些传感器供给高电压（VSEN2供电）	发动机将降低功率运转，发动机对机油压力和冷却液液位无保护
234 红	P190 0	190 0	发动机转速信号表明发动机转速高于2650r/min	断油阀关闭，直到发动机转速降低到2000r/min
235 红	P111 1	111 1	冷却液液位信号表明冷却液液位低于正常范围	报警一定时间后按程序降低发动机功率，如果发动机停机保护功能有效，在红灯闪烁30s后发动机将停机
241 黄	P084 2	84 2	ECM丢失车速信号	发动机转速限制在"无VSS下发动机最高转速"参数值，巡航控制、降挡保护和行驶车速调速器将不工作（仅自动变速器）
242 黄	P084 10	84 10	检测到车速信号无效或不合适，信号表明有断续连接或VSS损坏	发动机转速限制在"无VSS下发动机最高转速"参数值，巡航控制、降挡保护和行驶车速调速器将不工作（仅自动变速器）
245 黄	P033 44	647 4	当风扇离合器电路接通时检测到电压低于DC 6V，表明从ECM获得的电流过小或ECM输出电路故障	风扇将一直接通
249 黄	P171 3	171 3	在环境温度传感器电路检测到电压过高	无表现，急速停机环境温度过载特性将利用进气温度传感器值决定急速停机和过载范围（仅自动变速器）
245 红	S017 4	632 4	FSO电路接通时检测到电压低于DC 6V，表明从ECM获得的电流过小或ECM输出电路故障	ECM关断向FSO的电压供给，发动机将停机
255 黄	S017 3	632 3	检测到断油电磁阀供电电路的电压超限	无表现，断油电磁阀一直通电

(续)

故障码 指示灯	PID SID FMI	SPN FMI	原　　因	后　　果
256 黄	P171 4	171 4	检测到环境温度传感器电路电压太低	无表现，急速停机环境温度过载特性将利用进气温度传感器值决定急速停机和过载范围
259 黄	S017 7	632 7	断油电磁阀卡滞开启或泄漏	发动机以低输出运转
284 黄	S221 4	1043 4	检测到ECM向发动机曲轴位置传感器供电电压不正确	发动机将不运转或以低输出运转，可能出现启动困难、功率降低或冒白烟
285 黄	S231 9	639 9	ECM期待从多路传输装置获得信息，但没有接收到足够或根本没有接收到	至少一个多路传输装置不能正常工作
86 黄	S231 13	639 13	ECM期待从多路传输装置获得信息，但只接收到一部分必要信息	至少一个多路传输装置不能正常工作
287 红	S231 2	91 19	OEM汽车电子控制单元（VECU）检测到加速踏板有故障	发动机将只能急速运转
288 红	S029 2	974 19	OEM汽车电子控制单元（VECU）检测到远程油门有故障	发动机对远程油门无响应
295 黄	P108 22	100 2	ECM检测到环境压力传感器信号存在错误	发动机无空气调节以低输出运转
319 维护	P251 2	251 2	实时时钟推动电源	无表现，ECM中的数据将不能有准确的时间和日期信息
338 黄	S087 3	1267 3	在ECM未供电时检测到急速停机，汽车附件或点火继电器电路有电压，或者检测到断路	由急速停机、汽车附件继电器控制的汽车附件或点燃式公共汽车将不会有供电
339 黄	S087 4	1267 4	附件或点燃式公共汽车继电器电路电压低于DC 6V，或者ECM输出电路有故障	由急速停机、汽车附件继电器控制的汽车附件或点燃式公共汽车的供电将不会降低
341 黄	S253 2	630 2	ECM数据严重丢失	可能不会察觉到对性能的影响，或发动机熄火或启动困难，故障信息、旅程信息和维护监测数据不准确
343 黄	S254 12	629 12	ECM内部错误	可能无表现或发动机输出严重降低
352 黄	S232 4	1079 4	检测到ECM向部分传感器的供电电压过低（VSEN1供电）	发动机无空气调节以低输出运转
359 黄	S124 11	613 31	ICONTM自动启动发动机失败	ICONTM将无效，只有按规定停机有效，也许发动机能够正常启动

（续）

故障码 指示灯	PID SID FMI	SPN FMI	原　因	后　果
378 黄	S018 5	633 5	检测到前喷油执行器电路电流过低或断路	发动机仅靠后3个气缸运转
379 黄	S018 6	633 6	检测到前喷油执行器电路电流过高	发动机仅靠后3个气缸运转
386 黄	S232 3	1079 3	检测到ECM向部分传感器的供电电压过高（VSEN1供电）	发动机无空气调节以低输出运转
387 黄	P221 3	1043 3	检测到ECM向油门传感器供电电压过高（VTP供电）	发动机只能怠速运转
388 黄	S028 11	1072 11	检测到发动机制动电路1接通时电压低于DC 6V，表明ECM供电电流过度或ECM输出电路故障	发动机第一缸不能制动
392 黄	S029 11	1073 11	检测到发动机制动电路2接通时电压低于DC 6V，表明ECM供电电流过度或ECM输出电路故障	发动机第二缸和第三缸不能制动
393 黄	S082 11	1112 11	检测到发动机制动电路3接通时电压低于DC 6V，表明ECM供电电流过度或ECM输出电路故障	对于六水平发动机制动线束第四、五、六缸不能制动，对于三水平发动机制动线束第一、四、五、六缸不能制动
394 黄	S020 5	635 5	检测到前定时执行器电流过小或断路	发动机仅靠后3个气缸运转
395 黄	S020 6	635 6	检测到前定时执行器电流过大	发动机仅靠后3个气缸运转
396 黄	S083 5	1244 5	检测到后喷油执行器电流过小或断路	发动机仅靠后3个气缸运转
397 黄	S083 6	1244 6	检测到后喷油执行器电流过大	发动机仅靠后3个气缸运转
398 黄	S084 5	1245 5	检测到后定时执行器电流过小或断路	发动机仅靠前3个气缸运转
399 黄	S084 6	1245 6	检测到后定时执行器电流过大	发动机仅靠前3个气缸运转
415 红	P100 1	100 1	机油压力信号表明机油压力远低于发动机保护限值	在报警后一定时间内将按程序规定降低发动机输出，如果发动机保护停机功能有效，发动机将在红灯闪烁30s后停机
418 维护	P097 0	97 15	检测到燃油中有水	可能冒白烟、功率降低或启动困难

(续)

故障码 指示灯	PID SID FMI	SPN FMI	原　　因	后　　果
419 黄	P102 2	1319 2	ECM 检测到进气管压力传感器信号错误	发动机无空气调节以降低输出运转
422 黄	P111 2	111 2	在冷却液液位高和低信号电路同时检测到电压，或两个电路都无电压	对冷却液液位无发动机保护
426 无	S231 2	639 2	ECM 与 J1939 数据线通信丢失	无表现，J1939 装置可能不工作
428 黄	P097 3	97 3	检测到燃油中水分传感器电路电压过高	无表现
429 黄	P064 4	97 4	检测到燃油中水分传感器电路电压过低	无表现
431 黄	S230 2	558 2	在急速确认非急速和是急速两个电路同时检测到电压	无表现
432 红	S230 13	558 13	油门位置电路电压表明加速踏板不在急速位置而急速确认是急速电路检测到电压，或者油门位置电路电压表明加速踏板在急速位置而急速确认非急速电路检测到电压	发动机仅急速运转
433 黄	P102 2	102 2	进气管压力传感器电路的电压信号表明进气管压力高，而发动机其他特性表明进气管压力低	发动机无空气调节以低输出运转
434 黄	S251 2	627 2	在 1s 内有部分时间向 ECM 供电电压低于 DC 6.2V 或 ECM 不能将电压降低到正确值（钥匙关断后蓄电池电压仍保持 30s）	可能对性能无明显影响，或发动机熄火，或启动困难，故障信息、旅程信息和维护监测数据不准确
435 黄	P110 2	100 2	ECM 检测到机油压力传感器信号错误	无表现，对机油压力无发动机保护
441 黄	P168 1	168 18	蓄电池电压低于正常工作水平	可能对性能无明显影响，或者急速运转不稳定
442 黄	P168 0	168 16	蓄电池电压高于正常工作水平	无表现
443 黄	S221 4	1043 4	检测到 ECM 向油门传感器供给电压过低（VIP 供电）	发动机仅能急速运转
449 黄	P094 0	94 16	从燃油压力传感器检测到燃油供给压力过高	发动机可能冒黑烟，并以低输出运转
461 黄	P157 3	157 3	检测到前部油轨压力传感器电路电压过高	发动机将以低输出运转
462 黄	P157 4	157 4	检测到前部油轨压力传感器电路电压过低	发动机将以低输出运转

（续）

故障码 指示灯	PID SID FMI	SPN FMI	原　因	后　果
465 黄	S032 3	1188 3	当ECM未向#1废气门执行器供电时检测到电路电压过高	发动机将以低输出运转
466 黄	S032 4	1188 4	在#1废气门执行器电路接通时检测到电压低于DC 6V，表明从ECM来的电流过大或ECM输出电路有故障	发动机将以低输出运转
469 黄	S215 2	614 2	ICONTM驾驶室恒温器已记录故障（驾驶室恒温器E3）或驾驶室恒温器向ECM传输的信号丢失	E3将使发动机运转20min后再停机15min，或者不会使发动机自动启动到舒适模式，ICONTM将无效，发动机运行模式将保持现状
471 黄	P098 1	98 1	ECM检测到曲轴箱内机油油面太低	无表现，CentinelTM系统不可工作
472 维护	P017 2	1380 2	ECM检测到曲轴箱内机油油面传感器电路电压过高或过低	无表现，CentinelTM系统不可工作
474 黄	S237 2	1321 2	当加有DC 12V时，检测到启动机锁止继电器电路电压过低或未加上电压时检测到电压	发动机不能启动或发动机没有启动机锁上保护
475 黄	S089 4	1351 4	当预期电控空气压缩机调节器电路高电压时检测到的却是低电压	空气压缩机将不会停转
476 黄	S089 3	1351 3	在电控空气压缩机调节器驱动电路检测到高电压或断路	空气压缩机会连续运转或根本不转
482 黄	P094 1	94 18	从燃油压力传感器检测到燃油供给压力过低	发动机可能出现不能启动、功率降低、冒白烟或运转不平稳
483 黄	P129 3	1349 3	检测到后部油轨压力传感器电路电压过高	发动机以低输出运转
484 黄	P129 4	1349 4	检测到后部油轨压力传感器电路电压过低	发动机以低输出运转
485 黄	P129 0	1349 16	检测到后三个气缸油轨压力超过期望值	发动机将回到急速，或仅急速或停机
486 黄	P129 1	1349 18	检测到后三个气缸油轨压力低于期望值	发动机以低输出运转
491 黄	S088 3	1189 3	当ECM未向#2废气门执行器供电时检测到电路电压过高	发动机将以低输出运转
492 黄	S088 4	1189 4	在#2废气门执行器电路接通时检测到电压低于DC 6V，表明从ECM来的电流过大或ECM输出电路有故障	发动机将以低输出运转
496 黄	S221 11	1043 11	检测到ECM向凸轮轴发动机位置传感器供给电压不正确	发动机不能运转、启动困难或以低输出运转

(续)

故障码指示灯	PID SID FMI	SPN FMI	原　因	后　果
536 黄	S044 11	718 11	当加上 DC 12V 时，检测到自动变速器低档执行器电路电压过低或没有加上电压时却检测到电压	Top2 换挡电磁阀不能正常工作，变速器将不能正确换挡
537 黄	S043 11	717 11	当加上 DC 12V 时，检测到自动变速器高档执行器电路电压过低或没有加上电压时却检测到电压	Top2 换 0 挡电磁阀不能正常工作，变速器将不能正确换挡
538 黄	S045 11	719 11	当加上 DC 12V 时，检测到自动变速器空挡执行器电路电压过低或没有加上电压时却检测到电压	Top2 换挡电磁阀不能正常工作，变速器将不能正确换挡
541 黄	S123 11	615 31	ECM 检测到 ICONTM 启动机继电器电压不正确	ICONTM 怠速控制系统将不可用，只能按程序规定停机，发动机可以正常启动
544 黄	S151 7	611 7	自动变速器故障，至少三个挡无法挂上	Top2 变速器不能被正确控制，变速器仍然保留手动模式
546 黄	P094 3	94 3	在燃油压力传感器电路检测到电压过高	发动机以低输出运转
547 黄	P094 4	94 3	在燃油压力传感器电路检测到电压过低	发动机以低输出运转
551 黄	S230 4	58 4	在怠速确认非怠速和是怠速两个电路同时未检测到电压	发动机以怠速运转
553 无	P157 0	157 16	检测到前三个气缸油轨压力超过期望值	发动机将回到怠速，或仅怠速或停机
559 黄	P157 1	157 1	检测到前三个气缸油轨压力低于期望值	功率降低或怠速不稳定
581 黄	P015 3	1381 3	在燃油进口阻力传感器信号针脚检测到电压过高	燃油进口阻力检测器不能起作用
582 黄	P015 4	1381 4	在燃油进口阻力传感器信号针脚检测到电压过低	燃油进口阻力检测器不能起作用
583 黄	P015 1	1381 18	在燃油泵进口检测到存在阻力	燃油进口阻力检测器报警被设定
588 黄	S121 3	611 3	在 ECM 期望报警电路低电压时，检测到高电压	ICONTM 系统将无效，只能按规定程序停机，同时可以听到发动机启动报警
589 黄	S121 4	611 4	在 ECM 期望报警电路高电压时检测到电压低于 DC 6V	ICONTM 系统将无效，只能按规定程序停机，同时可以听到发动机启动报警

(续)

故障码 指示灯	PID SID FMI	SPN FMI	原　因	后　果
595 黄	P103 0	103 16	涡轮增压器超速保护故障	发动机以低输出运转
596 黄	P167 0	167 16	由蓄电池电压检测功能检测到蓄电池电压过高	黄色报警灯点亮直到蓄电池高电压状态消除
597 黄	P167 1	167 18	在蓄电池低电压下，ICONTM 在 3h 内已经重新启动了 3 次发动机（仅是自动的）或者由蓄电池电压检测功能检测到蓄电池电压过低	黄色报警灯点亮直到蓄电池低电压状态被改正，ECM 将提高发动机怠速转速，如果怠速提高能实现使怠速降低开关不动作。如果 ICON-TM 是起作用的发动机将持续运转（仅是自动的）
598 红	P167 0	167 1	由蓄电池电压检测功能检测到蓄电池电压太低	红色报警灯点亮直到蓄电池电压过低状态消防
753 黄	P064 2	723 2	来自凸轮轴和曲轴的发动机位置传感器的发动机位置信号不匹配	功率降低、怠速不稳，可能会冒白烟
755 黄	P157 1	157 7	检测到前三个气缸的喷油不正确	发动机将失火
758 黄	P129 7	1349 7	检测到后三个气缸的喷油不正确	发动机将失火
774 黄	P046 5	46 5	ECM 检测到电控空气压缩机调节器驱动电路断路	空气压缩机可能不工作
775 维护	P046 1	46 17	检测到压缩空气系统存在慢泄漏	无表现
776 黄	P046 1	46 18	检测到压缩空气系统存在快泄漏	无表现
951 无	P166 2	166 2	ECM 检测到气缸之间功率不平衡	发动机运转不稳或失火

2.4　增压中冷及多气门技术

2.4.1　增压中冷技术

在发动机中，增加平均有效压力是提高和强化发动机功率的最有效措施之一。而增加平均有效压力通过增压来提高进气压力，增加燃烧的过量空气因数，同时增加柴油机的空气进气量，可有效降低大负载工况下的排气烟度、PM 排放量以及燃油消耗。

增压方式取决于增压能量，增压方式有机械增压、废气涡轮增压、复合增压、气波增压，目前应用最广泛的是废气涡轮增压。废气涡轮增压因排气能量利用方式不同分为定压涡轮增压系统和脉冲涡轮增压系统，低增压的中小型发动机，高增压的车用柴油机采用脉冲涡轮增压系统，大型柴油机一般为定压涡轮增压系统。

涡轮增压系统分单级和多级，单级的压比从1.1~3.5，而二级的压比可达6.0以上。二级增压在增压器低转速的情况下获得较高的压比，而且不依赖于气体流量的大小，因此在提高进气压力的同时，扩展了增压器的工作范围，使得增压器适应发动机不同工况的需求，特别是改善了启动性能。

废气涡轮增压的特点：提高功率20%~50%；提高经济性能、机械效率和热效率（油耗降低5%~10%）；降低排气噪声和烟度；加速性能差；热负载（活塞温度、涡轮前废气温度高）问题严重；机械负载（最高燃烧压力）大；对气温与气压敏感；易发生增压器低压级漏油高压级漏气现象。

中冷器是增压系统的一部分。当空气被高比例压缩后会产生很高的热量，从而使空气膨胀密度降低，而同时也会使发动机温度过高造成损坏。为了得到更高的容积效率，需要在注入气缸之前对高温空气进行冷却。这就需要加装一个散热器，中冷器使发动机的进气温度降低。发动机排出的废气有非常高的温度，增压器的热传导使进气的温度提高。且被压缩的空气密度会升高，导致空气温度升高，发动机的充气效率受到影响，若想要充气效率进一步提高，就要使进气温度降低。数据表明，在空燃比相同条件下，增压空气每下降10℃温度，发动机就能提高3%~5%功率。通常中冷器可以将气体温度从150℃降到0℃左右；如果燃烧室进入未经冷却的增压空气，除了发动机的充气效率会影响外，发动机容易导致燃烧温度过高，造成爆震等故障，而且发动机废气中的NO_x的含量会增加，造成空气污染。

为了消除增压后的空气升温造成的不利影响，需要加装中冷器使进气温度降低。中冷器由铝合金材质制作。按照冷却介质区分，常见的中冷器有两种：风冷式和水冷式。

风冷式利用外界空气对通过中冷器的空气进行冷却。优点是整个冷却系统的组成部件少，结构比水冷式中冷器相对简单。缺点是冷却效率比水冷式中冷器低，一般需要较长的连接管路，空气通过阻力较大。风冷式中冷器因其结构简单和制造成本低而得到广泛应用，大部分涡轮增压发动机使用的都是风冷式中冷器。

水冷式利用循环冷却水对通过中冷器的空气进行冷却。优点是冷却效率较高，而且安装位置比较灵活，无需使用很长的连接管路，使得整个进气管路更加顺畅。缺点是需要一个与发动机冷却系统相对独立的循环水系统与之配合，因此整个系统的组成部件较多，制造成本较高，而且结构复杂。水冷式中冷器的应用比较少，一般在发动机中置或后置的车辆上，以及大排量发动机上使用。凡事有利就有弊，涡轮增压也不例外。发动机在采用废气涡轮增压技术后，工作中产生的最高爆发压力和平均温度将大幅度提高，从而使发动机的机械性能、润滑性能都会受到影响。为了保证增压发动机在较高的机械负载和热负载条件下，能可靠耐久地工作，必须在发动机主要热力参数的选取、结构设计、材料、工艺等方面作必要的改变，而不是简单地在发动机上装一个增压器就行了。由于这个改变过程在实行中难度颇大，而且还要考虑增压器与发动机的匹配问题，因此在一定程度上也限制了废气涡轮增压技术在发动机上的应用。

采用有效的空—空中冷系统使工作循环温度下降，增压空气温度到50℃以下，有助于NO_x的低排放和PM的下降，目前大中功率柴油机普遍采用增压中冷型，不仅燃油经济性良好且有助于低排放。此外，涡轮前排气旁通阀的应用，可以改善涡轮增压柴油机的瞬态性能和低速扭矩，降低PM和CO排放。

2.4.2 多气门技术

发电机组用现代柴油机一般采用四气门结构。四气门发动机是指每一个气缸的气门数目有两个进气门和两个排气门的四气门式。

发动机配气机构中气门装置是一个主要组成部分。燃油发动机由进气，压缩，作功和排气4个工作过程组成。4个工作过程周而复始，顺序定时地循环工作是发动机连续运转的保证。

进气和排气两个工作过程，需依靠发动机的配气机构按各气缸的工作顺序准确地输送可燃混合气（汽油发动机）或新鲜空气（柴油发动机），以及将燃烧后的废气排出气缸。另外的压缩和作功两个工作过程，须气缸燃烧室与外界进排气通道隔绝，不让气体外泄，保证发动机正常工作。配气机构中的气门是负责上述工作的机件。

随着科学技术的发展，发动机的转速越来越高，发动机的转速可达 5500r/min 以上，只需 0.005s 时间可完成 4 个工作过程，柴油机的转速可达 3000r/min 以上；传统的两气门无法胜任这么短促的时间内完成换气工作，发动机性能的提高受到限制。扩大气体出入的空间是解决这个问题的方法。即用空间换取时间。解决问题的最好方法是多气门技术，直至 80 年代多气门技术应用才使发动机有了一次质的飞跃。

目前，多气门发动机常用的是四气门式。4 缸发动机有 16 个气门，6 缸发动机有 24 个气门，8 缸发动机就有 32 个气门。气门数目增加就要增加相应的配气机构装置，构造复杂，排列在气缸燃烧室中心线两侧的气门由两支顶置式凸轮轴来控制。为了尽量扩大气门头的直径，加大气流通过面积，改善换气性能，气门布置在气缸燃烧室中心两侧倾斜的位置上，形成一个火花塞（或喷油器）位于中央的紧凑型燃烧室，有利于混合气的迅速燃烧。

四气门结构不仅使充气效率提高，由于喷油嘴可以布置在中间，使多孔油束分布均匀，为燃油和空气的良好混合创造条件；同时，在四气门缸盖上将进气道设计成两个独立的具有同形状的结构，以实现可变涡流。这些因素的互相配合，大大提高混合气的质量，有效降低碳烟颗粒、HC 和 NO_x 的排放，并有助于热效率的提高。

另外，在全电控柴油机中，电控可变气门技术即气门不需要凸轮轴驱动，而是根据其工况和电控气门的开启和关闭，由于这一全新技术还处于研究实验阶段，发电用柴油机还没有采用这种新技术。

2.5 智能变速风扇及其他

2.5.1 智能变速风扇

风扇是发动机功率的消耗者，最大时约为发动机功率的 10%。为了降低风扇功率消耗，减少噪声和磨损，防止发动机过冷，降低污染，节约燃料，欧洲许多运输车辆上采用离合器以实现风扇变速。

在柴油发电机组行业，柴油发电机组作为通信电源的终极保障，以其高可靠性和性价比等优势得到广泛应用。随着通信规模的爆发性增长，特别是大型枢纽、数据中心的集中建设，其备用发电机组功率需求达 50000kVA 以上，单机功率也高达 2000~3260kVA。

智能变速风扇采用电控硅油离合器技术，根据机组负载的不同，通过 ECU（Electronic Control Unit，微机控制器）监控不同散热器组件的温度值，依据温度值与转速百分比的对应关系，ECU 向离合器发出转速命令，通过 PWM（Pulse Width Modulation，脉冲宽度调制）形式实现风扇转速的无级、连续智能控制，从而达到优化冷却系统，改善柴油发电机组的节能环保运行等的核心技术及效果。

目前的柴油发电机组，大都采用水箱带风扇冷却，风扇靠柴油机上的动力直接驱动，机组运行时，冷却风扇转速一直与柴油机保持同步，从空载至满负载始终在额定转速 1500r/min 附近，即不论机组的负载大小，冷却风扇都送出最大的风量和最大功率的能耗。通信行业配套的大功率机组，柴油机冷却风扇的功率高达 80kW 以上，必须优化其冷却系统。

柴油机工况的特性是：柴油机机身（水温）温度，保持在较高（通常为 80~98℃）状态的带载能力及效率是最佳的。在柴油机启动至投入负载这阶段，应该使水温快速升高，然而，冷却风扇却始终全功率反方向降低温度，造成很多无功损耗，特别是极端低温的环境，能耗及环保的影响更为明显；另外，在机组整个带载过程，最佳的工况是使柴油机的发热与风扇的冷却效果保持相对平衡。为此，应用变速风扇，是优化冷却系统，实现柴油机始终处于最佳工况并大幅降低能耗、改善燃烧效果及减少排放的有效途径。

如图 2-46 所示为配置智能变速风扇的机组外形图，如图 2-47 为智能变速风扇节能效果图。可以直观看出，应用智能变速风扇的效果。

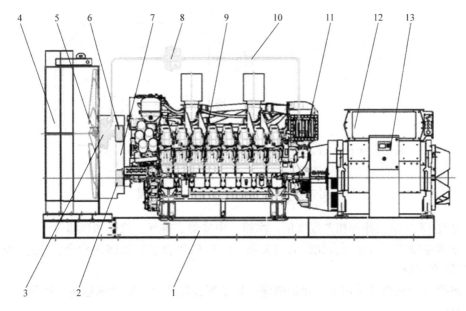

图 2-46 配置智能变速风扇的机组外形图

1—底座 2—柴油机驱动轮 3—电控硅油风扇离合器 4—散热水箱 5—风扇 6—从动轮 7—传动带
8—离合器智能控制模块 CPU 9—柴油机 10—集成控制电缆 11—柴油机 ECU 12—发电机 13—发电机组控制器

当柴油机启动后，风扇处于怠速，其风量及消耗功率最小，使机组暖机并快速进入带载最佳转态，减少无功损耗及降低噪声；在进入带载或满载前（柴油机上节温器打开后），通过智能调节风扇的风量，优化柴油机的冷却平衡，在满足柴油机最佳运行温度的同时，最大限度地提高设备的效率和降低风扇功率，达到节能减排的目的。

1. 电控硅油离合器系统及控制原理

电控硅油离合器系统主要由硅油离合器、控制器 Di、速度传感器和柴油机固有的散热器（水箱）组件、风扇、柴油机控制单元 ECU 等组成如图 2-48 所示。控制原理如下：

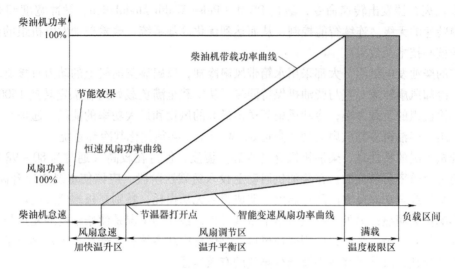

图 2-47　智能变速风扇节能效果图

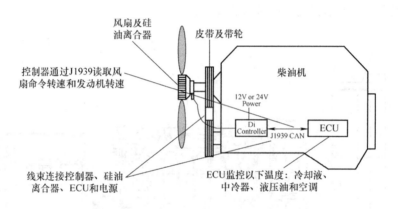

图 2-48　电控硅油离合器 Di 控制原理

1）通过 ECU 监控各种相关温度值：水箱、中冷器、排气、机油和燃油等。

2）根据温度值与转速百分比的对应关系，ECU 向离合器发出转速命令，通过 PWM 形式实现风扇转速控制。

3）电控硅油离合器采用失效保护措施：如果离合器断电，则全速运转，确保万无一失安全可靠运行。

由上可知，电控硅油离合器系统特别简单、可以很方便地在任何现有柴油机加装应用。冷却风扇转速（功率）的优化，反馈信号采集完整、控制可靠简捷。

2. 电控硅油离合器工作原理

电控硅油离合器工作原理如图 2-49 所示。

1）当控制阀打开时，硅油从硅油腔进入工作区域，硅油进入工作区域后通过硅油表

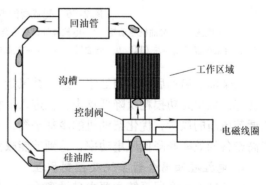

图 2-49　电控硅油离合器工作原理图

面张力传递动力,由主动盘带动风扇旋转。同时硅油在离心力的作用下,通过回流管流回储油腔。

2)控制阀的开关由电磁线圈控制。当电磁线圈通电时,控制阀门关闭;当电磁线圈断电时,控制阀门打开。通过 PWM 形式,可以方便地实现电磁线圈对应开关量,进而使控制阀处于闭环受控状态。

从上面可知,硅油离合器的核心工作原理:主动盘(柴油机驱动),透过硅油表面张力传递,使从动盘(安装风扇)实现可控差速旋转;转速差靠硅油工作区域充满程度改变其张力的大小来实现;而硅油工作区域充满程度则由电磁阀的开关量,通过 PWM 命令控制调节;PWM 的信号源取自相关温度值,从而实现智能、电控、闭环和精准的优化柴油机冷却系统,达到节能环保的目的。

3. 主要技术特点

智能变速风扇,采用独特的设计思路,巧妙地将大部分构件集合于最小体积内的硅油离合器之中,其主要特点:

1)应用范围广泛:可以满足任何柴油机的改装。

2)装配便捷:结构紧凑、安装简单,可以装配在曲轴或传送带轮上。

3)功率范围大:单个最大功率可达 45kW、扭矩为 250N·m、风量为 55776m^3/h、静压为 834Pa,可以单个或多个使用。

4)节能减排运行:能根据柴油机冷却需要响应不同的最佳转速,减少不必要的功率消耗,节省燃油,降低排放。

5)使用寿命长:相比电磁离合器,采用高稳定性的硅油柔性控制,零件几乎没有磨损、没有冲击力,可靠性极高、使用寿命长。

6)效率更高:相比液压驱动离合器,不需要其他额外零部件和电源,效率更高,特别是高电压柴油发电机组,液压的动力源很难满足。

7)较高的性价比:少投入、高收益,既节能、又环保,具有较高的经济和社会效益。

相比常规恒速风扇,智能变速风扇的节能效果特别显著,最高可达 50% 以上。同时也能进一步改善低温气候操作性能,降低柴油机排放,降低散热器堵塞,延长传送带的使用寿命,减少尘土的产生和降低风扇噪声等效果,切实能为用户创造额外的价值,这对于不断提高柴油发电机组的应用技术水平具有一定的意义。

2.5.2 废气再循环(EGR)技术的应用

废气再循环(Exhaust Gas Recirculation,EGR)的技术在发达国家的先进内燃机中普遍采用,其工作原理是气缸内引入少量废气,这种不可再燃烧的 CO_2 及水蒸汽废气有较大热容量,使燃烧过程的着火延迟期增加,燃烧速率减慢,缸内最高燃烧温度降低,使 NO_x 的生成被有效破坏。EGR 技术可明显降低发动机 NO_x 排放,但对大型柴油机,倾向于使用中冷 EGR 技术,该技术不仅能使 NO_x 明显降低,其他污染物也能保持低水平。

内燃机在燃烧后排出的气体含氧量极低,此排出气体与吸气混合后使吸气中氧气浓度降低,因此会产生下列现象:含氧量比大气更低会降低燃烧时(最高)的温度,对氮氧化合物(NO_x)产生抑制。燃烧温度降低时,会降低气缸与活塞表面、燃烧室壁面的热能发散,另外,会降低因热解离造成的损失。发动机部分负载为气缸内在非 EGR 时,为了提供等量的氧气量,因此需将油门开大,结果吸气时的吸油(油门)损失较低,燃料消费率提高。此即为在一次行程下活塞吸入的氧气降低时，如同使用小排气量引擎加速前进时有一样的效果。EGR 的返流量依燃油引擎在吸气量中最大为 15%，而怠速时与高负载时会停止。引擎负载较高，会使用到 EGR 技术达到排气量标准。

EGR 技术在 1970 年触媒转化器实用化以前，因燃油机无法使用氧化催化来净化 NO_x 的情况下而导入。但是在无法精密控制返流量与燃料喷射量的情况下，为了使燃料能够稳定，使吸气混合比必须设的很高造成燃油会过剩、使燃料消费率恶化。后来、随着控制技术的提高且触媒转化器的实用化，NO_x 的排出与燃料消费率提高的问题现在已经可以解决。原理上 EGR 在柴油机没有节流阀时，减低油门损失上是没有效果的，但在 1990 年前期在 EGR 研究中发现，以减低 NO_x 为目的的排气中存在大量二氧化碳与水蒸汽与大气来比有较高的热容量，对于燃料消耗率的提升有一些效果。

在吸气与排气的管道间接上插有控制阀门的管子来实现排出气体的返流，控制流量的变化是利用控制阀门的开闭时间。由于有返流的高温排气，所以可以忽略充填吸气低下的效率，因此大型柴油机几乎装有用热交换器制成的冷却机构（COOL EGR）。多数会将引擎的一部份冷却水分流，将吸收的热量用冷却机构来进行散热，但会使散热器负载额外增加 30%，所以增大冷却风扇等其他设备将导致重量增加。另外，大型的装有涡轮增压器的柴油机在高负载时进行 EGR，吸气会比排气压力大、会使单纯的阀门开关返流无法进行。因此须设置 EGR 控制阀门止回阀。理论上若能改变 EGR 量就有可能将柴油机的节流阀取消，但在点火时困难，大量的 EGR 会造成不稳定的燃烧，以及在怠速时无法达成稳定的状态，使其难以实用化。EGR 与稀薄燃烧技术有很大的关联性，还有气缸内直接喷射技术中稀薄混合气下燃烧如何能稳定等问题。

2.5.3 后处理技术

排放后处理技术是指为了降低发动机尾气的排放，而对发动机进行适当的处理而不使环境污染的技术。排放标准从国Ⅱ到国Ⅲ，燃油喷射系统是关键技术，而从国Ⅲ到国Ⅳ，排放后处理技术就必须结合使用。目前，国际内燃机行业从欧Ⅲ发展到欧Ⅳ，后处理技术主要有两种基本体系。在欧洲倾向于 SCR（选择性催化还原）体系，利用尿素溶液处理尾气中的氮氧化物；在美国和日本倾向于 EGR（废气再循环）体系，即通过微粒催化转换器（Diesel Particulate Fiiter，DPF）或微粒捕集器，EGR（废气再循环）技术对燃烧产生的微粒进行处理。因国情不同，各国企业选择的技术路线也不同。

在技术路线方面，国内生产柴油机主流企业基本达成共识，未来国内柴油机排放升级的主要技术方向将采用 SCR。目前，康明斯、玉柴、潍柴等都采用了 SCR 技术。

更适合中国市场的 SCR 系统有以下特点：1）SCR 系统能使燃油消耗更加节省。相对于 EGR + DPF 系统 SCR 系统的燃油消耗稍低一些，它的尿素水溶液消耗量的补偿可在燃油消耗上得到。2）如果采用此技术，在很长时间内可以满足排放法规的要求，直到引进欧Ⅴ乃至更高排放标准。3）在 EGR + DPF 系统中，冷却器的体积需要增加，而 SCR 系统只需一个附加的贮藏罐。4）降低发动机的复杂性。SCR 系统可以同时满足国Ⅲ、国Ⅳ的标准，可以提前在部分地区引进。

2.5.4 乳化柴油的应用

稳定的含水乳化柴油是柴油加水掺和而成的乳化剂，使用这类改进型燃料的目的是有效降低柴油机的排放，尤其是 PM 和 NO_x。在美国该应用较为普遍，我国在这方面研究较为深入，成果可喜。经过实验加水 20% 的乳化柴油 70 天不分层，大型柴油机在 100% 负载工况应用中，节油明显而且功率不减，比柴油动力输出上升 4.3%，而且 PM 和 NO_x 排放明显下降。这项技术对低排放尽管有好处，但水结冰、水对发动机的腐蚀等潜在的问题尚待解决。乳化柴油（微乳化柴油）：是水（或甲醇）和柴油通过乳化剂、助乳化剂在一定乳化设备经乳化而形成的油包水型透明乳液，微乳粒径小于 100nm；微乳的乳化剂用量远大于乳化的用量；微乳化剂较乳化剂的稳定性好。

应用特点：

机械搅拌操作简单，能耗低（油燃烧释放热的减少低于水量的比重，即燃烧率提高），乳化后其燃烧排放的颗粒物 PM10、氮氧化物 NO_x 污染明显减少，燃油效率提高等优点（二次雾化的结果等），柴油乳化可分为两种：在线乳化燃烧和预乳化，在线乳化对柴油机有较高要求，需要改造柴油机或添加装置，一般市场很难接受，所以预乳化工艺成为研究热点，我国柴油乳化技术研究起步较晚，目前尚未有掺水量高、稳定性好的乳化柴油投入市场，河南农业大学研制的 CZF-A 型乳化柴油和 TA-1 型乳化柴油，其节油性能高、稳定性好、着火点高，对乳化柴油的制备工艺研究得较为详细，所制备出的乳化柴油 14.0% 掺水量，与一般柴油外观一致，且有较高的稳定性。

乳化柴油是一种很有发展前途的替代燃料，不仅节能，而且使环境污染大大减少，必将替代传统柴油。面对日益严峻的环境污染和能源危机，加快研究乳化柴油的配制技术具有重要意义。

2.5.5 机油消耗控制技术

柴油机的机油消耗的高低是衡量柴油机功能是否良好的重要标准，控制柴油机的机油消耗量可以减少能源浪费，减少人类对能源的开采，保护环境，实现可持续发展。

柴油机正常运行机油的消耗量一般相当于柴油消耗量 0.4%~2.5%，若超过该数值，表明柴油机运行时消耗的机油过多。柴油机机油消耗过多主要有三个原因：一是机油由缸套活塞组窜入燃烧室；二是机油沿气门与导管的间隙落入燃烧室；三是机油从其他密封处渗漏。

为了控制机油消耗量，进而达到控制柴油机颗粒物排放，在机油消耗控制技术方面，柴油机作了以下改进：

1）结构上气缸体采用圆形水套；加大缸盖螺栓的沉头，采用 PT 网纹，采用先进的活塞环结构与材料，增大缸套上部的冷却强度等。

通过对曲轴箱负压、配缸间隙、气缸孔实际工作圆柱度及活塞环参数改进试验和分析，得出了小型单缸柴油机减少机油消耗量降低颗粒排放的技术措施和机理。

2）柴油发动机通过开发新的活塞环，换用新式节能活塞环，尤其是油环，提高刮油能力，防止燃烧室窜入机油。

气缸盖罩迷宫油气分离等技术降低发动机的机油消耗，将机油与燃油消耗比控制 0.05% 之内。

3）多缸柴油机可设置滤网式通气孔，单缸柴油机可以安装负压阀，曲轴箱内保持为负压或零压，防止出现正压。

4）及时更换磨损的气门导管，防止机油沿气门杆落入燃烧室。

5）采用密封胶粘剂，能起密封、防漏、紧固和堵塞缝隙的作用，达到防止机油渗漏的目的。

6）更换机油应做到定期。当机油变稀或老化导致润滑作用失去时，要及时更换新机油。

7）机油滤清系统一般包括全流式和旁通式滤清器。一个设计良好的滤清系统可降低发动机的磨损和机油的消耗量，并对发动机的排放起到控制作用。因而，能在经济和环境两方面获益。要致力于研究采用全流式细滤器的优点以及旁通式滤清器的使用。

在机油缸套活塞组柴油机排放的颗粒物中，有相当一部分来自馏分较重的机油的燃烧。烧机油是指机油通过一定的途径进入了发动机的燃烧室，（主要是由于活塞环损坏导致汽缸漏气，机油窜入燃烧室）。与混合气一起参与燃烧。进行定期保养非常重要，若这种现象长期出现，不但耗损机油较大，而且机油燃烧生成的杂质将会造成燃烧室积碳的增加，进而影响发动机的使用性能。

柴油机排放限值标准的要求日益严格，必须有效控制发动机烧机油的现象，在保证发动机正常运转的前提下，最大限度地降低机油的消耗。活塞环的优化设计和制造及缸套间的科学配置对降低柴油机的机油消耗非常重要。

社会的进步，科学技术的快速发展，人们对柴油机的要求越来越高，新技术的应用应围绕节能环保展开，在结构上要求轻便、紧凑；在噪声控制上，重视噪声源的控制，如机体部件精度提升降低机械噪声；在排气消声上，采用新的降噪材料及结构；在尾气排放上，从满足国Ⅲ向国Ⅳ及国Ⅴ的排放标准进行新的后处理技术应用；发动机的各部分传感器精度越来越高，电控技术日新月异，这些都是提升排放标准的保证；柴油及润滑油质量的提升确保了发动机的使用性能，柴油机将在社会发展中发挥更大的作用。

第3章　发电机及励磁系统的新技术

3.1　概述

作为柴油发电机组的核心部件之一，发电机的性能和可靠性直接关系到整套柴油发电机组的性能和可靠性，在柴油机的能量转换效率一定的条件下，发电机的效率决定了整套柴油发电机组的效率。

最原始的发电机功率较小，采用永磁体磁场，转子线圈由原动机带动旋转，切割永磁体磁力线感应出电动势，没有使用电压调节器。随着发电机容量增大，一方面永磁体的磁场大小满足不了需求，另一方面永磁体磁场强度不可调节，便把转子磁场由磁场不可调节的永磁体磁场改为磁场可调节的励磁线圈励磁磁场，可通过改变线圈励磁电流大小控制励磁磁场的强弱，进而可以在不改变原动机转速的情况下实现发电机电压的调节，从而能够根据设定和负载变化实时改变线圈励磁电流的大小，达到稳定输出电压的目的，电压调节器应运而生。早期的电压调节器比较简单，有时仅仅是一个电容器，然后从稍微复杂一些的相复励电压调节器，从仅仅具备单一电压调节功能的模拟电路电压调节器，一直发展到现代功能强大的集成了发电机组控制功能和电压调节功能的全数字智能化电压调节器。在此过程中，诞生了专业的电压调节器制造公司，全球不同发电机厂家都向其定制采购电压调节器，而一些控制器生产厂家也跨界进入电压调节器制造领域，在推出了一些通用功能的电压调节器产品基础上，进一步在控制器内部，除原来的机组控制功能之外，集成了一些电压调节器功能，因此将来电压调节器制造公司和控制器制造公司的界限会变得越来越不明显，两者之间的竞争以及合作沟通也会越来越多。

早期国内的发电机基本以兰州电机厂、无锡电机厂、柳州电机厂和汾西电机厂产品为主，后来国内的电机厂相继与国外知名品牌进行合资，引进国外先进的发电机制造技术。汾西电机厂和西门子合资生产汾西西门子品牌发电机。无锡的江苏海星电机集团有限公司与英国新时代 NEWAGE 公司合资，于1996年在无锡成立无锡新时代交流发电机有限公司，英国新时代国际有限公司控股75%，江苏海星电机集团有限公司控股25%，1997年工厂开业，2002年，海星电机退出，无锡新时代成为英国新时代 NEWAGE 公司独资公司，后来更名为康明斯发电机技术（中国）有限公司，属于美国康明斯集团公司（Cummins Inc，NYSE：CMI）全资子公司，生产斯坦福 STAMFORD 品牌发电机产品，是康明斯在亚太地区的唯一生产基地，产品面向全球供货。

利莱森玛电机科技（福州）有限公司是世界五百强，美国艾默生电气公司（EMERSON）于1999年在福州成立的全球60大全资子公司之一，为艾默生工业自动化业务下属子公司品牌，公司运营由艾默生电气下属的利莱森玛法国公司负责，生产利莱森玛 LEROY SOMER 品牌发电机产品。2016年 Emerson 向尼得科出售利莱森玛全部股份。

上海马拉松·革新电气有限公司是专业从事发电机制造的合资企业。公司成立于1996年4月28日，是由美国雷格勃洛伊特亚洲公司和上海机电股份有限公司共同投资的合资企业。美方占55%股份，中方占45%股份。生产马拉松 MARATHON 品牌发电机产品。

美奥迪电机（海门）有限公司位于江苏省海门市，由具有60多年发电机设计制造历史的意大利MECC ALTE SPA电机公司在中国投资兴建，生产美奥迪MECC ALTE品牌发电机产品。

近年来，国产品牌也快速崛起，涌现了英格（阳江）电气有限公司、福建福安闽东亚南电机有限公司、无锡星诺电气有限公司、安徽德科电气科技有限公司、无锡法拉第电机有限公司、无锡顶一电机有限公司、无锡明捷特发电机有限公司等一批有竞争力的发电机专业制造公司。

随着电子技术、信息技术和材料技术的飞速发展，现代发电机出现了越来越智能，越来越高效，功率体积比和功率重量比越来越大，输出电压越来越高，从以前大部分采用400V以下的低压发电机向15kV及以下的中压发电机发展。

3.2 发电机的基本参数

1. 发电机的标准

发电机的通用国际和国家陆用标准有 IEC34-1 国际电工技术协会标准、GB755 中国旋转电机通用技术条件、BS5000 英国标准、NEMA MG 1-22 北美标准、CSA C22-2 加拿大标准和 VDE 0530 德国标准等。英国劳氏船级社 LRS、挪威船级社 DNV、法国船级社 BV、德国劳氏船级社 GL、美国船级社 ABS 和 R.I.N.A. 意大利船级社等船用船级社标准。其他如军用和通信计算机等相关要求。

2. 标称功率

发电机的容量一般以视在功率（kVA）的形式给出，发电机出厂一般都按额定功率因数为 0.8（滞后）计算：因此额定有功功率 kW = 0.8 × 视在功率（kVA），电机厂对每一种型号的发电机，都会提供按照 IEC34 和 GB755 标准有关标称功率定义下的不同功率值。

3. 效率

发电机的损耗包括轴承摩擦损耗和冷却风扇风阻等机械损耗，铁心磁滞损耗和涡流损耗等铁损以及定子绕组输出电流经过导线电阻的发热损耗等铜耗，前两部分损耗属于空载损耗，与输出电流大小无关，而铜耗与输出电流二次方成正比，因此发电机效率（柴油机输入的功率减去以上损耗，剩下的作为有功功率输出，其与柴油机输入的功率百分比，称为发电机的效率，发电机制造厂会提供发电机的效率曲线）在轻载时较低，随着输出电流增大，发电机的效率也会相应增大，在 75%~80% 额定容量时，效率达到最高值，当输出电流继续增大到额定电流时，铜耗快速增大，发电机效率会从最高点略微下降。同一款发电机，效率在不同电压和负载百分比下不同，具体可参见厂家的效率曲线。另外，发电机的效率和机组的效率是两个概念，机组的效率还包括燃料化学能转换成机械能的效率以及柴油机附属设备如冷却风扇和柴油机机带充电发电机所消耗的功率。

4. 温升

温度：发电机的输出电流经过绕组线圈内阻产生铜耗发热，铁心中铁心磁滞和涡流现象产生铁耗发热以及其他机械摩擦发热，引起发电机绕组的温度升高，从而引起发电机绕组的绝缘老化或损坏。

发电机的绕组温度的升高值（相对值）为发电机的温升。基于环境温度为 40℃ 时，绝缘等级为 B 级的允许温升为 80K，绝缘等级为 F 级的允许温升为 105K，绝缘等级为 H 级的允许温升为 125K。一般低压柴油发电机组配套的发电机都采用 H 级的绝缘材料，高压柴油发电机组配套的发电机采用 F 级或 H 级的绝缘材料。同样级别的绕组绝缘等级，绕组的实际运行温升（绝对温度）越低，绕组寿命就越长，允许的标称功率会降低；反之，如果绕组的实际运行温升（绝对温度）越高，绕组寿命就越短，允许的标称功率会增大，而且温升和寿命之间不是线性关系，可能绕组温度在达到一定临界值之后，虽然温度升高不多，但绕组使用寿命将大大缩短，假设 H 级绝缘用 H 级温升，绕组寿命为 20000h，输出功率为 100kVA，H 级绝缘用 F 级温升，绕组寿命将延长 1 倍，输出功率降低到 90kVA，而 H 级绝缘用 B 级温升，绕组寿命更是提高到原来 6 倍之多，输出功率进一步降低到 80kVA。反之，如果 H 级温升基础上提高 15K 使用，绕组寿命会缩短到原来的 1/3，而输出功率上升到 110kVA。厂家技术数据表中会给出发电机在不同温升等级下的功率标称值，如果是备用或应急电源应用，设备生命周期使用的总运行小时数（使用寿命）要求不高，可以适当提高允许温升，换取比较高的功率标称值，从而降低设备体积和成本；反之，在连续运行的柴油电厂应用中，发电机是 7×24h 连续运行的，负载也是比较恒定的话，就需要按照比较低的温升，例如 B 级温升，以比较小的功率标称值换取比较长的使用寿命。

5. 使用环境

（1）相对湿度

湿度主要指空气中水分的含量，通常以相对湿度来表示，标准中一般以 60% 作为标准环境工况湿度。对于高湿度的地区，必须仔细选择发电机的绝缘和浸漆系统，以使发电机适应高湿度的环境。

（2）海拔（ASL）

海拔超过 1000m 后，空气会变得稀薄，而发电机是靠风扇进行空气冷却的，故发电机的冷却效果将会变差，所以对超过 1000m 的海拔要求发电机降功率使用，以避免发电机过热。但这并不表示海拔低于 1000m 时，发电机功率可以增加。

对海拔超过 1000m 时，发电机的实际输出功率修正系数：1000~4500m，每升高 500m 降低 3%，例如海拔为 4500m 时，实际输出功率降低 21%；海拔超过 4500m 时，需要咨询厂家。

（3）环境温度

按照国际通用的设计及功率标称技术要求，一般定义发电机的使用环境温度为 40℃，由于发电机是与柴油机一起工作，柴油机的发热可能会使机房温度升高，因此发电机的实际冷却进风温度会高于环境温度，那么此时应该以实际冷却进风温度为准，如果超过 40℃，那么发电机应该降功率运行，若低于 40℃，则发电机的允许输出功率可以比额定功率大。当实际冷却进风温度超过 40℃ 但不超过 60℃ 时，发电机的功率修正系数：温度超过 40℃ 部分每升高 5℃，输出功率下降 3%。当实际冷却进风温度超过 60℃ 时，需要咨询厂家。

（4）特殊气候及环境

前面我们讨论了湿度、海拔及温度等对发电机的影响，但这都是独立讨论的，在实际运用时情况要复杂得多，并且如下所列的另外一些因素也会影响发电机的正常工作：空气中含有其他气体为化学性质的腐蚀气体，（在海边）有盐水（雾），灰尘或风沙或雨水，对于前述比较复杂的特殊气候及环境，可以通过选用浸漆及发电机表面涂装标准提高的船用标准的发电机或者提高发电机的防护等级来应对。故必须全面考虑各种复杂的气候对发电机的影响，保证发电机的正常工作。防冷凝加热器用于空气中湿度较大且温差变化较大的易发生冷凝的环境中，当发电机待机时，接通加热器，使发电机的机身温度大于环境温度约 5K，发电机运行时切断加热器电源。

(5) 防护等级

IP22 为防垂直下滴的雨水进入发电机内部，IP23 在 IP22 基础上还能防止倾角为 60°的雨水进入发电机内部。

空气过滤器适用风沙比较大或空气中灰尘较多的使用环境，由于空气过滤器会对发电机的冷却空气流量造成影响，一般输出功率下降 5% 左右。

3.3 发电机的分类

1. 按转换的电能方式分类

按转换的电能方式可分为交流发电机和直流发电机两大类，直流发电机一般都带有换向器和电刷，将线圈产生的交流电转换成脉动直流电输出。现代有些直流发电机实际上是在发电机的交流输出之后通过晶闸管 SCR、IGBT 或者高频开关装置进行整流，在结构上，实际是将交流发电机捆绑了整流装置，严格意义仍属于交流发电机范畴，并不是真正意义上的直流发电机。

交流发电机又分为交流同步发电机和交流异步发电机两种。

交流同步发电机又分为交流隐极式同步发电机和交流凸极式同步发电机两种。

在现代发电站中最常用的是交流同步发电机，交流异步发电机很少用，但是在超级静音发电机组应用场景中，由于异步发电机的转子无需励磁，易于制造及冷却而被采用。

交流发电机组按照相数又可分为单相发电机（也有一些特殊接法能够产生两相的效果，按照分类实际上还是属于广义上的单相发电机）和三相发电机两种。低压三相发电机输出电压一般为 400V，单相发电机输出电压一般为 230V。

2. 按励磁方式分类

按励磁方式分类可分为有刷励磁发电机和无刷励磁发电机。

1）有刷发电机原理最简单、成本最低，结构上只有主定子和主转子，发电机旋转后，主转子的剩磁切割主定子线圈产生感应电动势发出微弱的电压，经过自动电压调节器（AVR）整流后形成直流励磁电压，再通过正极和负极两个电刷和集电环，直流励磁能量反馈到主转子充磁，形成更强的磁场切割主定子线圈，主定子线圈产生更强的感应电动势，如此循环正反馈并且在励磁调节器的调节下，主定子线圈产生的感应电动势最终达到额定电压并稳定输出。有刷发电机原理虽然简单，但是缺点显而易见，那就是由于存在正极和负极两个电刷和集电环，导电部分旋转接触，既需要导电性能好，又需要耐磨性能好，因此一般采用电刷，电刷太紧，虽然会使电刷与集电环之间的接触电阻相对较小，但是电刷与集电环摩擦生热，且电刷也极易磨损，电刷太松，又容易产生较大的接触电阻，从而发热，严重时可能烧坏电刷。高温对硅钢片也有消磁作用，因此有刷发电机需定期维护，清扫电刷，调节电刷的压紧力度或者更换电刷。因电刷和集电环是旋转接触，接触不良时极易产生火花，对无线电设备产生电磁干扰，增加了故障点，不适用于为电磁敏感设备以及易燃易爆等危险场所供电。因此，有刷励磁在中小功率的发电机中已基本上被更先进的无刷励磁替代了。

2）无刷发电机。无刷发电机相对有刷发电机比较，相当于多了一套励磁发电机和旋转二极管整流装置，供电可靠性和电气指标都提高了，除了轴承，基本上属于免维护，成本适中，因而得到了最广泛的应用。其特点：

① 无滑动接触等易损部分，可靠性高、维护简单、使用寿命长，可长期连续运行而很少

维护修养，特别适用于自动化电站和环境恶劣的场合。

② 导电部分没有旋转接触，故不产生火花。同时无集电环摩擦发热的特点也能适应高温度的环境。

③ 所发出的电压波形好，畸变率小，电磁干扰小。

④ 由于无刷发电机是由多级发电机组成，间接控制主发电机励磁功率，因而控制励磁功率很小，故励磁功率调节装置具有可控功率器件体积小、发热量低、故障率低、可靠性很高的优点。

无刷发电机又分为他励式无刷发电机和自励式无刷发电机。

他励式无刷发电机又分为 CGT 斯坦福等品牌发电机、PMG 永磁发电机和利莱森玛专利的 AREP 和 MECC ALTE 美奥迪专利的 Maux 辅助绕组等类型。

3. 按照机械连接方式分类

按照机械连接方式分类，有带式传动发电机、采用飞轮盘片连接的单支点发电机和采用弹性联轴器连接的双支点发电机。带式传动发电机一般用于对电能质量要求不高，对占地面积要求不高的小功率发电机，在中大功率发电机中很少采用；单支点发电机由于结构紧凑，成本低且安装方便得到最广泛的应用；双支点发电机成本相对较高，安装工艺也比较复杂，仅仅用于船用、港机、数据中心高压机组或者石油钻机发电机组等极少数振动大、运行环境恶劣，以及像高压发电机的高电压会对主轴产生感应电压、对主轴与轴瓦啮合面会造成破坏的场合。

4. 按照冷却方式分类

按照冷却方式分类，可分为水冷式发电机和风冷式发电机。在陆用工业应用中，绝大部分采用 IP22 或者 IP23 的自然风冷发电机。在船用发电机组中，如果还是采用自然风冷方式，海洋盐雾容易随冷却空气进入发电机，对发电机绕组等形成腐蚀，造成发电机绝缘性能下降甚至早损，因此必须采用封闭循环水冷发电机，即在原来的风冷发电机的上部增加一个水对空气冷却器，原来在外面开放式循环的冷却空气就在水对空气冷却器内封闭循环，热空气的热量依靠外部循环的冷却水带出，而且必须考虑在封闭循环水冷系统发生故障情况下（例如循环水泵故障或者缺水等）的应急冷却方式切换措施，例如在水对空气冷却器上设置发电机的应急冷却进风口和排风口，另外还必须设置漏水检测装置，防止水对空气冷却器漏水进入发电机，对发电机造成破坏。另外，由于船用设备都必须经过船级社认证，发电机也不例外，而且世界上的船级社认证种类较多，购买船用发电机时，一定要注意取得用户指定的船级社证书。在石油钻机或者港机发电机组中，由于采用自然风冷方式，野外的灰尘或海洋盐雾容易随冷却空气进入发电机，对发电机绕组形成腐蚀或者堵塞绕组冷却通道，因此采用带进风过滤滤网的风冷发电机。同时，为了防止进风过滤滤网堵塞没有及时处理，造成发电机绕组过热甚至烧毁，带进风过滤滤网的风冷发电机一般配套了进风过滤滤网两端压力差的差压报警装置，当滤网堵塞，造成进风过滤滤网两端压力差超过设定值时报警，提醒维护人员及时清理或者更换滤网。还有，对于防护等级高的发电机应用，同时需要配套 Pt100 绕组温度模拟量检测传感器和轴承温度模拟量检测传感器以及配套温度显示装置，或者配置 PTC 绕组温度开关量检测和轴承温度开关量检测探头以及配套的温度继电器，前者能够实时显示绕组或轴承温度，后者当发电机由于进风受限导致冷却能力不足，绕组或者轴承温度升高到设定值时，自动报警或停机。一般来说，高防护等级都会造成一定的功率折损，例如，CGT 带进风过滤网的风冷发电机功率折损在 5% 左右。

另外，还有一种冷却水管直接布置在定子绕组内的水冷发电机，依靠冷却水的循环，直接将定子绕组内部的热量通过一次交换带出，一般用于车用或超级静音发电机组。

5. 按照转子和定子的相对位置分类

按照转子和定子的相对位置分类，可分为传统的内转子工频发电机和近年来比较流行的小功率外转子中频发电机，传统的工频发电机由于功率跨度大，在中大功率时，需要占用更多空间安装定子绕组线圈，而磁极数量仅仅在2~6极之间，占用空间小，因此采用定子在外、转子在内旋转的内转子结构。而小功率外转子中频发电机正好相反，由于磁极数量至少在10以上，多的时候多达30多个极，所有磁极采用瓦片状稀土永磁体或者铁氧体，贴在转子铁心罩壳内圈，在高速旋转时不易掉落，而小功率发电机定子绕组需要的线圈匝数相对较少，占用空间少，因此采用定子在内，转子在外旋转的外转子结构。由于此种紧凑式结构功率重量比可以做到很大，6kVA的发电机，重量仅仅只有6kg，不到传统的内转子工频发电机重量的1/3，发电机长度甚至不到传统发电机长度的1/4，由于磁极数量多，中频输出频率可高达500Hz，整流后纹波小、滤波方便，经简单整流滤波后的电能质量就很高，因此非常适合于通信基站直流负载使用的小型便携式发电机组。

6. 按照输出电压高低分类

按照输出电压高低可分为低压发电机。中压发电机和高压发电机。低压、中压和高压的定义，各个厂家并不完全相同，具体划分需要参阅各个厂家的相关资料。在数据中心大量出现之前，几乎是低压发电机一统天下，现在随着大容量数据中心10MW级的备用发电机组的动力楼的需求爆发，传统的低压发电机无法满足需求，数据中心备用发电机组项目具有单层建筑面积相对较大，用电负载基本都需由自备发电机组来保证，自备发电机组需求容量非常大等特点。对于这种数据的机房楼，如自备发电机组设置在机房楼内，将会造成首层大量建筑面积的占用，影响高低压变配电设备的布置及空调制冷设备的布置，并且给解决发电机组运行时的振动、噪声问题和发电机房的进排风布置带来困难。如采用低压发电机组，设置在机房楼外独立设置的发电机房内，低电压、大电流、长距离输电，能量损耗极大，同时也会在运行维护、施工等方面带来极大困难。由于单台低压母线槽和低压断路器的6400A额定电流限制，也不可能做到满足数据中心负载需求的单组大容量系统。另外，数据中心的耗能大户如制冷压缩机也有越来越多采用效率更高的高压电动机等负载的趋势，综上所述，采用高压发电机的趋势越来越明显。

从供电系统节能的角度考虑，采用高压发电机的自备柴油发电机组假设功率不变，额定电压从400V提高到10kV，电压提高25倍，电流将减少到原来的1/25左右，线路损耗与电流的二次方成正比地大幅度减少，同时由于额定电流变小，可以采用更小截面积的导线，大大节省了有色金属用量。

7. 按照应用场合分类

按照应用场合，可以分为陆用发电机和船用发电机。船用发电机要求比较严格，在使用之前，必须经过CCS中国船级社或者是国际其他船级社检验认可之后才能上船使用，而陆用发电机没有此要求。

3.4 发电机的新技术和应用

发电机的新技术和应用包括新型的发电机、励磁系统、控制技术及应用技术。

3.4.1 现代发电机的智能化

发电机技术的升级换代，传统的有刷励磁技术已经被无刷励磁技术取代，AVR（Analogue Voltage Regulator，模拟式自动电压调节器）也有逐渐被 DVR（Digital Automatic Voltage Regulator，数字式自动电压调节器）取代的趋势，像有些厂家已经全系列采用数字式 DVR，甚至出现了发电机的数字式自动电压调节器（DVR）集成了基本的机组控制管理功能，形象地说，即发电机的数字式自动电压调节器（DVR）相当于一个简单的智能机组控制器功能（Controller）加上固有的电压调节器功能（Regulator）。发电机的核心控制技术向柴油机的 EMS（Electronic Management System，电子管理技术）合并，越来越智能，它带来的好处是显而易见的，就是机组成套厂家 GOEM 在发电机组成套时，就好像连接柴油机的 EMS 与智能机组控制器一样，只需要简单地连接少量的通信线，无需再安装繁杂的电流互感器 CT、电压互感器 PT 及温度检测 RTD 等信号，无需安装发电机故障等报警信号，也无需再安装电压微调和电压下垂等控制线，所有的发电机监测控制参数均可共享发电机本身的电压、电流和温度采集硬件设备，通过通信线与智能机组控制器进行数据交换，由智能机组控制器采集显示，实现人机交互 HMI 功能，甚至在控制要求不高的通用应用场合，完全可以起到智能机组控制器的功能，只需将柴油机的控制及信号线接入数字式自动电压调节器 CONTREG，即可实现机组参数监控的目的，为机组成套厂家 GOEM 节省大量成本，另外由于元器件更少，整个系统更加简洁，故障率也大幅下降，可靠性大大提高（详见第 4 章）。

3.4.2 云端大数据的分析和新产品开发中的客户交互

发电机的数字式自动电压调节器（DVR）已经普及采用，其本身已经具备 RS485 或者 J1939 智能通信接口，借助于现代化的 GPS 对时、云监控计算技术和大数据分析技术，既可实现发电机实时的云监控功能，也能够实现客户实际运行参数的精确采集，为售后服务提供有力工具。另外，通过后台进行云端数据的采集和分析，现代 IDC 数据中心急需的电源、UPS 和空调等设备的协同工作问题就解决了。同时，借助云端大数据分析，客户的使用和个性化需求都能够在设计阶段考虑到，真正做到为各个细分市场客户量身定制。

1. 效率越来越高

发电机作为能量转换装置，本身不产生任何能量，因此能量的转换效率显得至关重要。在年运行时间 200h 以下的备用电站应用场合，效率的提升可能不是考虑的首要条件，但在 7×24h 长行电站应用场合，效率提升即意味着相较于低效率发电机产生同样的电力时，高效率发电机可以节省大量燃油，即节省较多的发电运营成本，高效率发电机多出来的一次性采购成本很快能够回本，后期节省的燃油成本就变成了实实在在的利润。

设计也是从各种方面提高效率：

1）在 20kW 以下的小功率发电机应用中，一般采用无刷无轴承的外转子盘式中频永磁发电机，由于没有电刷和轴承的机械摩擦的损耗，也不存在非永磁发电机那样的励磁能量损耗，因此效率能够从传统的 80% 以下提高到 90% 以上，另外，由于磁极数从传统的不超过 6 个增加到了 16 个磁极以上，但是中频输出电源不能直接接入工频交流负载或直流负载，需要配合现代 PWM 高频开关整流等电能变换技术，将发电机中频输出电源转换为工频交流输出或直流输出，像最近比较流行的智能数码发电机、直流发电机所采用的中频发电机，在发电机和负载之间均采用了此技术。

2) 在大功率发电机应用中，由于机械极限限制，在小功率发电机上常见的外转子、无轴承和永磁励磁的设计均无法再采用，转而采用优化的电路设计、磁路设计和冷却通风设计等方面来提升效率，例如某品牌发电机通过精确计算定子绕组全工况下所需的散热量，利用现代先进的温度监控技术，采用随定子绕组温度变化，实时调节冷却风扇转速的新颖冷却通风设计，将大功率发电机的效率提升到98%以上，比传统发电机效率高2%左右，节能效果显著。

下面以 K 公司的超高效率（Laminar Cross Flow LCF）层流横流技术的高效率发电机为例说明：功率在1500kW 及以上时效率可高达98%以上，是该功率段发电机世界的最高水平。

创新之处包括取消发电机轴带的机械式冷却风扇，取而代之的是由一组电子风扇组成的冷却风扇模组，能够降低50%的发电机冷却风扇消耗功率。

K 公司的 LCF 高效率发电机在绕组中产生的热量其实和 KATO 公司的传统发电机产生的热量差不多，但是新型的流线型的转子设计，改善了绕组中的冷却空气流体学路径，避免了空气扰流产生的额外功率损耗，保证了发电机绕组中热量聚集区的热量及时散热，因此发电机绕组工作温较低，保证了绕组的运行寿命。

LCF 高效率发电机目前可提供 1000~4000kW，1500~1800r/min。另外，高达 15000kW，750r/min 的低转速高效率发电机也在开发过程中。

LCF 高效率发电机特别适合燃气发电机和分布式能源等长行或连续运行工况。

2. 功率体积比越来越大

随着非晶等新材料技术和多极永磁中频发电机技术的成熟应用，现代发电机在同等功率输出下，已经可以做到体积更小，重量更轻，更加适用于方舱电站、超级静音机组和便携等安装空间受限的应用场合。

3. 与风能、太阳能、储能等绿色新能源技术和柴油机的随输出功率变化的无级变速节能等新技术的配合

风能、太阳能等绿色新能源技术的快速发展，发电机和储能的工作需要配合风能、太阳能的输出，采用先进控制策略，以实现风能、太阳能的最大综合利用，降低能耗，实现 TCO（Total Cost of Operation，总运行成本）的降低。这些应用特别在偏远的无人值守基站更加具备优势，采用传统的发电机方式，一方面是巨额的燃油成本，另一方面由于劳动力成本不断上涨，运行维护成本也越来越高，通过多种能源综合利用的系统化的能量转换和控制逻辑，总体上减少发电机的运行时间，优化发电机的带载性能，能够大大降低油耗和运行维护成本。

(1) 康明斯发电技术有限公司（CGT）VSIG 稀土永磁发电机（后节中详述）

(2) L 公司的 LSAVS DC48V 可变转速发电机

L 公司的 LSAVS DC48V 可变转速发电机的外形如图 3-1 所示，主要技术参数见表 3-1。

图 3-1 可变转速发电机外形图

DC48V 可变转速发电机能够在一台机组上同时实现以下功能：

1) 作为备用电源，直接向基站直流设备供电。

2) 在混合能源供电基站，向 DC48V 通信用蓄电池充电，该技术比较传统的仅仅由柴油发电机组供电的应用场合，最高能够降低油耗达 36%。

表 3-1 可变速发电机主要技术参数

项目	参数
额定功率	5.3kW~15.8kW
额定电压	DC 48V
磁极极数	4
转速范围	900~2000r/min
轴中心高	160mm
最高效率	89%
励磁方式	自励
电压调节器型号	R220VSG

LSAVS DC48V 可变转速发电机集成了以下两个定制元件：

1) 定制的 R220 - VSG 型 AVR 和 AC - DC 整流电路，确保发电机在低速和高速两种运行转速工况下，均可输出稳定的直流电压。

2) 集成的 CCM 充电控制模块负责管理电池充电功能，借助于 EMERSON 网络能源在电池管理技术方面的丰富经验积累，CCM 支持市面上主流的蓄电池型号，如 OPzV、SBS EON、EXIDE、A600 和 Evolion 等。

其性能参数见表 3-2。

表 3-2 可变速发电机主要性能参数

项目	参数
绝缘等级	155（H）
绕组节距	2/3（6S 绕组）
出线端头数量	6
防护等级	IP23
海拔高度	≤1000m
超速能力	2250r/min
冷却空气流量	0.06m^3/s, 50Hz
励磁系统/AVR 型号	自励/R220VSG
稳态电压调整率	±1%（自励）
短路电流能力（3I_N/10s）	300%（3I_N）：10s
总谐波畸变率 THD	空载<3.5%，满载<5%
电话干扰因数：NEMA = TIF	<50

3.4.3 IDC 数据中心的单独功率标定和高压大容量多机并机、冗余控制等技术的使用

针对 IDC 数据中心动辄几万 kW 的功率要求，传统的低压发电机并机输出的额定电流之和已经突破了汇流铜排和断路器的额定电流极限（一般为 6400A），在 400~690V 的低压系统无法满足要求的情况下，现代 IDC 数据中心对柴油发电机组的要求往高压、大容量和多机并机的方向发展，为了实现更高可靠性，往往在传统控制技术基础上，发展出了发电机组的冗余控

制,甚至发电机的 AVR 自动电压调节器需要具备主备两套 AVR,自动互为备用或者采用多通道智能数字化 DVR 配置运行,当机组控制器、AVR 故障或 DVR 其中一个通道出现故障时,系统自动切换到备用机组控制器、AVR 或 DVR 另一个通道运行,不影响系统的正常运行。

另外,针对 IDC 数据中心大容量空调压缩主机电动机首次单步突加负载的要求以及美国 NFPA110 等消防法规对首次单步突加负载能力(负载接受能力)的要求,发电机厂家都有针对性地推出了解决方案,像 PMG 和辅助绕组等传统技术的基础上,结合快速发展的数字技术,发展出了利莱森玛的负载接收模块(Load Acceptance Module,LAM)技术、康明斯发电机技术、CGT 和巴斯勒 BASLER 的 DWELL 技术,以下以利莱森玛的 LAM 技术举例说明:

1. 发电机的负载接收模块(LAM)技术

由于现代柴油机均采用涡轮增压技术,升功率越来越大,气缸的平均有效压力(BMEP)也越来越大,突然加大负载时,发动机转速会瞬间大幅度降低,每分钟几万转高速旋转的涡轮增压器的转速会降低更多,依靠涡轮增压器进行压气的发动机进气量会降低较多,即使调速系统快速反应,加大喷油量,但由于进气量不能及时跟上,喷入气缸的燃油不能完全燃烧,大部分燃油变成黑烟排放浪费了,导致发动机的输出功率增加有限,因而需要固有的恢复时间。与自然吸气发动机相比,柴油机恢复到额定转速需要更长的时间,如果在发电机的调压系统不考虑柴油机的这一特性,不考虑柴油机和发电机的反应时间存在较大差异这一因素,不考虑从优化机组整体电气指标,只片面追求发电机自身的电气指标,那么应通过瞬时增加励磁电流将输出电压快速恢复到额定值。如前所述,由于现代大功率柴油机普遍采用涡轮增压技术而存在的固有滞后效应,此时发动机的转速是无法像发电机那样快速恢复到额定值的,而柴油机的输出功率与转速是成比例的,瞬间就增加了励磁的发电机,输出电压也瞬间达到甚至超过额定值,实时功率需求基本等于甚至大于额定功率了,被拖慢的柴油机的输出功率肯定远远低于额定功率,在存在比较大的瞬间功率缺口的情况下,柴油机的瞬间转速会进一步拖低,严重时其至会拖死、停机,发电机输出电压会再次跌落,形成几次反复,从而输出不稳定的电压,相对于快速稳定电压的初衷,可谓欲速则不达,LAM 正是解决了柴油机和发电机协同工作,应对突加负载的一项技术。

当 LAM 检测到频率下降超过额定电压值的 4% 左右时(可设置),LAM 会改变传统发电机的 AVR,试图瞬间大幅增大励磁电流,提高输出电压到额定电压甚至输出电压过冲(超过额定输出电压),令增压柴油机的负载不减反升,导致柴油机不堪重负,最终死火或者转速崩溃,对此应针对增压型柴油机因高速增压器的转速下降较多,增压器进气量短时间严重不足,即使油门开到最大,柴油机输出功率也无法快速增加,导致提速较慢的机械特点,采取先逐步提高励磁电流,使电压保持在一个既对柴油机起到减载缓冲的效果,同时又不会影响负载正常工作的较低输出电压值。由于发电机输出功率 $P = (U \times U)/R$,因此发动机的负载(即发电机的输出)相应成二次方地降低,从而帮助发动机能够在较低的负载水平下迅速恢复转速,增压器的转速恢复到正常额定转速之后,柴油机的进气量才能达到额定的设计水平,此时柴油机才有可能输出额定功率,等增压型柴油机的转速慢慢恢复到额定值之后,再次逐步增大励磁电流,从而恢复输出电压至额定值,从输出电压波形图中可以明显看到,有 LAM 功能的发电机的输出电压不会像没有 LAM 功能的发电机的输出电压那样,即电压有效值波形幅值在上下振荡多次之后慢慢收敛,而是在瞬间跌落之后,等转速接近或达到额定值之后,逐步恢复到额定电压值。

LAM 电位器一般有两档设置,即 8% 和 15%。当设置 8% 时,若瞬间突加大负载,柴油机承受的负载减少值大约是额定值的（100% - 8%）的二次方，即 84.64%，相当于实际加载到柴油机的负载减少值相当于负载铭牌容量的 15%；若设置 15%，若瞬间突加大负载，柴油机承受的负载减少值大约是额定值的（100% - 15%）的二次方，即 72.25%，相当于实际加载到柴油机的负载减少值为负载铭牌容量的 28%，通过发电机的 LAM 值的优化设定，找到发电机电压快速恢复和发动机转速快速恢复的最佳平衡点，柴油机的性能和发电机的性能才能完全匹配，达到机组的最佳输出性能。

L 公司的 LAM 的专利技术，能帮助发动机在突加负载时快速恢复转速，从而满足电压降和频率降幅值和恢复时间的要求，轻松应对 GB2820 标准中 G3 性能等级要求。

2. 发电机带超前负载能力

针对数据中心的容性负载，通过采用较大的定子绕组线圈的截面积，以成型绕组代替散嵌绕组等技术工艺，降低发电机的次暂态电抗，降低发电机的 PQ 运行特性曲线的粗实线拐点的功率因数，即提高发电机能够承担的最高容性负载比例，例如通过采用各种工艺，使发电机的次暂态电抗由 2.5P.U. 降低到 2.0P.U.，发电机的 PQ 运行特性曲线粗实线拐点的功率因数由超前 0.97 降低到超前 0.92。

柴油发电机的典型带载特性曲线（发电机的 PQ 运行特性曲线）如图 3-2 所示。

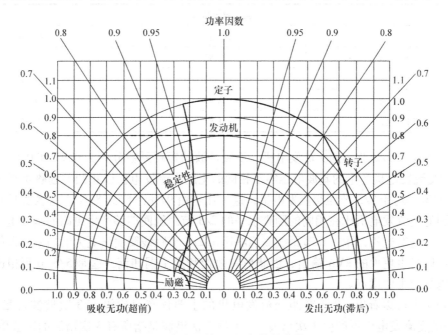

图 3-2 发电机的 PQ 运行特性曲线

通常柴油发电机组带容性负载能力较弱，而且呈快速衰减回缩。在轻载模式下，要尽量减少发电机组的带容性负载，当容性负载小于 20% 时，上升速率较为平稳，在发电机的处理能力之内。如果大于 30%，则面临较大的过电压的风险。

3. 交流发电机绕组节距和电力系统的设计

2/3 节距交流发电机能抑制 3 次谐波电流在中性线流过，现代发电机四线配电系统（即配置中性线或零线的配电系统）基本上都采用 2/3 节距。

5/6 节距交流发电机在无中性线的三线配电系统中采用，包括大多数中压/高压系统。

如果采取措施消除或减轻谐波电流在中性线中流动的风险，可以并联不同节距的交流发电机。

绕组节距和谐波，当交流发电机空载或带线性负载运行时，产生的电压波形形状根据其工频基波频率和电压幅度，以及谐波的电压幅度及其频率来描述。因为所有交流发电机都表现出一定程度的谐波电压失真，因此上述描述是必要的，即使这些失真相对于可能由非线性负载引起的失真非常小，但在并联应用中，它们可能仍然相当可观。谐波电压与工频基波波形叠加，导致纯正弦波的工频基波形状有些失真。在任何时间点所得到的电压都将是工频基波和所有的谐波之和。

绕组节距是影响发电机输出电压波形谐波含量的几个因素之一。称为短距系数（K_p）的参数定义了由于使用短节距（即小于全节距）绕组而导致谐波含量减少的比例。

$$K_p = \cos[N_x 180(1 \sim 节距)/2]$$

式中　N 为谐波次数；节距为分数（如 2/3，5/6 等）。

对于全距绕组（节距 = 1τ，τ 为极距），短距系数对所有谐波为 1，即没有减少工频基波或任何谐波的电压幅值。

2/3 和 5/6 节距交流发电机的主要优缺点见表 3-3。

表 3-3　2/3 和 5/6 节距交流发电机的绕组短距系数

	绕组短距系数/K_p	
	2/3 节距	5/6 节距
工频基波	0.87	0.97
3 次谐波	0	0.71
5 次谐波	0.87	0.26
7 次谐波	0.87	0.26

对于 5/6 和 2/3 节距的交流发电机，工频基波的短距系数分别为 0.97 和 0.87。这意味着 5/6 节距交流发电机产生的基波电压等于相同的全距交流发电机以相同的励磁水平产生的基波电压的 97%。对于 2/3 节距交流发电机，这一比例由 97% 下降到 87%。这表明具有 5/6 节距定子线圈的交流发电机比在相同的励磁水平的 2/3 节距线圈能够产生更高的基波电压。

同一交流发电机，用 5/6 节距线圈能够比用 2/3 节距线圈输出更大的功率，即使用相同量的材料可以产生更大的 kVA 输出，因此更有效地利用了铜和钢，这是 5/6 节距相比 2/3 节距交流发电机的主要优点。

从表 3-3 可以看出，2/3 节距交流发电机的主要优点是它没有 3 次谐波含量，事实上，2/3 节距的交流发电机不产生 3 次谐波。（术语 3 次谐波是指所有 3 次谐波的奇数倍，所以 3，9、15 和 21 次等属于 3 次谐波。）

重要的是尽量减少所有频率的谐波电压。总谐波失真（THD）为所有频率的谐波电压的总和与工频基波的百分比，是一个经常应用的交流发电机参数。好的交流发电机设计可以实现 2/3 或 5/6 节距交流发电机均具有类似的较小 THD 值。

降低所有频率的谐波电压均是同等重要，四线的低压电压配电系统需要特别考虑 3 次谐波。（注意，术语"低电压"在本文中是指其线电压低于 1000V。因为不同的地区有不同的中高压定义，我们将使用术语"中压或高电压"或简称"MV/HV"表示线路电压超过 1000V），其中原因是在四线系统中，三相的所有 3 次谐波电流（实际上所有 3 次谐波的 3 倍电流）直接流经中性线，这可以导致高水平的谐波失真和潜在中性线过热风险。单相负载特别是产生 3 次谐波的单相整流或开关电源负载的电流总是需要流经中性线。

低压三相整流（非线性）负载也产生 3 次谐波电流。正是由于这些原因，绝大部分低压发电机组采用 2/3 节距。虽然 5/6 节距绕组能够消除更多的 5 和 7 次谐波，但 2/3 节距交流发电机能够消除低压系统中的 3 次谐波更胜一筹。

在中压或高压下，由于通常不使用中性线，所以较少考虑 3 次谐波的影响。对于 MV/HV 发电机组，通常使用变压器进行降压。为了给单相负载提供中性线，变压器的低压绕组一般采用星形（Y）联结。与发电机绕组直接连接变压器的高压绕组一般采用三角形（DELTA）（△）联结。3 次谐波电流将在三角形联结的高压绕组中循环，并保持在变压器的高压侧。虽然这些 3 次谐波电流也会产生涡流从而产生热量（如所有谐波电流一样），但远远不如直接流经中性线中的 3 次谐波电流产生的发热量那么大。

对于大多数中压和高压系统，当负载性质决定不需要中性线时，产生的 3 次谐波电压基本可以忽略。在这些应用中，只要保持较低的总谐波失真，并且注意减少或消除并联发电机组的中性点和接地点之间的环流，则通常适合使用 5/6 节距交流发电机。

4. 并联不同节距的交流发电机

当发电机并联时，两个发电机的瞬时电压幅值和频率在它们连接到公共母排处被迫达到完全相同。由交流发电机产生的电动势（emf）的差异将导致电流从具有较高瞬时电动势的发电机流到具有较低瞬时电动势的发电机。

以纯正基波电压波形和具有 3 次谐波的失真电压波形彼此叠加为例说明，即使这两个波形可能具有完全相同的电压有效值幅值（RMS 均方根值），但在不同的时间点，一个电压波形的瞬时值会高于另一个电压波形的瞬时值，反之亦然。当发电机在公共母排上连接在一起时，瞬时电压的差异将导致发电机之间的瞬时电流流动即产生 3 次谐波电流环流。因此，在并联之前，在发电机之间存在瞬时电压差的任何时间点处，被称为中性线环流的电流将在发电机之间循环流动，当存在可作为电流流经路径的系统中性线时更为明显。

不同节距的交流发电机并联时的不兼容的影响可以通过包括常规的交流电流测量在内的适当的测量装置清楚地看出。在系统空载运行时，观察从每个发电机流出的电流显示，环流将是最明显的。存在几种用于并联 5/6 节距交流发电机或不同节距的交流发电机的方法，并且这些方法中的最常见的将在这里描述。

（1）中压/高电压示例

中压/高压发电机并联的最常见方法在全球各地有所不同。我们将介绍两种不同的方法，一种常用于北美，另一种常用于北美以外。

在北美使用的中压系统中，每个发电机的中性点通过中性接地电阻器接地。并联的中压发电机通过三角形（△）/星形（Y）接法的降压变压器所带实际负载，由发电机产生的任何谐波失真保持在电力变压器的高压侧，并且与实际负载隔离。可以看出，当在中压下，来自电源的谐波失真可以忽略，因为它不会增加由负载产生的谐波失真。此外，发电机产生的任何 3 次谐波电压将保持在变压器的中压侧，并且不通过低压配电系统中的中性点。

在该示例中，通常使用 2/3 节距或 5/6 节距的中压交流发电机。使用 5/6 节距的交流发电机是由于还有一个额外的考虑。如前所述，5/6 节距的交流发电机将产生一些 3 次谐波电压。如果发电机之间存在阻抗差异，则会有一定量的谐波电流通过电阻器和接地连接在它们之间循环。这些阻抗差异可能是由于轻微的交流发电机工艺差异，不同的电缆长度或不同的电阻值。在大多数情况下，阻抗差不足以大到对于该环流导致任何问题。交流发电机和电阻规格应考虑这一电流。很多时候，选择不受该电流影响的交流发电机和电阻器是最简单和最具成本效益的。

当需要减少环流时，可以使用可选的接地方法。这些方法包括使用电抗器代替电阻器或使用中性线切换方案。可以使用适配装置代替相同配置的电阻器。需要对适配装置进行适当选型和调整。另一种适配装置方法在以下关于"用于并联不同节距的发电机的策略"的部分中描述。下面描述中性线切换方法。

当发电机停止时，所有中性点接地开关均处于合闸状态。当发电机启动时，第一台成功合闸的机组，将保持其中性点接地开关的合闸状态，而所有其他机组的中性点接地开关则分闸。由于始终只有一台运行中的发电机的中性点连接到接地电阻器，发电机之间的所有环流无法形成通路。如果发电机系统需要与市电并联，则应断开已合闸的中性点接地开关。与所有接地方案一样，中性点接地电阻大小必须适当。该方法具有将由发电机产生的所有谐波电流保持在变压器的高压侧并且不增加负载的谐波含量的相同优点。

（2）低电压示例

在北美，大多数低压系统以 480V 线电压运行，一些系统以 416V 或 600V 线电压运行。在低压系统和 MV/HV 系统之间存在两个主要差异，其需要更仔细地选择交流发电机绕组节距。第一，许多低压系统包括连接在发电机和并联开关装置之间的中性线，该中性线也可以连接到各种低压负载。第二，许多低压负载是非线性的，并且在电力系统运行时在其上产生谐波。这些负载包括变频器（VFD），不间断电源（UPS）和开关电源（SMPS）。如前所述，选择使其产生的总谐波失真最小的交流发电机对于低电压系统是重要的。

2/3 节距的交流发电机不会向总系统增加任何 3 次谐波。因此，2/3 节距交流发电机是低压四线系统的最佳选择。

（3）具有不同节距的发电机的并联

当并联不同节距的交流发电机时，使用三线配电系统。通过减配发电机组母排和负载之间的中性线，去除最具破坏性的谐波电流赖以流经的路径，谐波问题的最常见原因被最小化。（谐波电流仍然会在发电机中产生热量，但消除了谐波电流流经中性线产生发热的破坏性影响。）

（4）四线系统中的并联不同节距的交流发电机

当需要并联发电机组直接为单相负载供电时（电路中没有三角形/星形接法的变压器为负载提供中性线），有 3 种方法可以降低流经中性线的谐波电流的破坏性风险：仅连接类似节距电机的中性点（不同节距发电机中性点不连接），在不同节距交流发电机之间安装电抗器，或考虑到中性线谐波电流占用了部分中性线额定载流量，对交流发电机进行降额使用。

（5）只连接类似节距的中性点

低压系统通常需要具有接地的中性线。在并联应用中，为了使系统只有一个中性线接地点，该接地点的理想位置在系统开关装置中。同时必须考虑需要中性线连接的单相负载的大小与不需要中性线连接的三相负载的大小。只要系统中有足够的线对中性容量，系统负载将自然平衡。在这种情况下必须小心，以确保没有中性线接地点的发电机不是第一个接入母排的，否则系统将没有中性线接地点。如果存在任何发电机必须被允许作为连接到母排的唯一发电机（例如在所有其他发电机组已经失效的故障情况下）的情况，则使用中性线接触器以确保仅类似节距的发电机的中性点之间进行连接，类似于北美以外中压/高压系统最常见的发电机并联配置。在该设计中，对于考虑中性点接触器的故障模式尤其关键。不管是在合闸还是在分闸模式下,中性线接触器的合闸故障,都应该发出警报。中性线接触器应使用具有位置反馈信号错误自诊断功能的双位置指示触点(来自不同开关的一个"a"合闸状态和一个"b"分闸状态),以更确定中性线接触器的合分闸状态。

(6) 在不同节距发电机之间的中性支路中安装电抗器

可以将适配装置安装在不同节距发电机之间的中性点之间,以降低中性线环流。适配装置可以调谐到产生最大问题的特定谐波频率,即 150/180Hz。

使用适配装置的主要问题是其成本和其设计的定制性质,使得它们难以快速到货和安装。此外,适配装置的故障可能长时间未被检测到,导致系统中性线有效连接的改变和潜在的意外危险。

(7) 环流导致的交流发电机降额使用

环流对交流发电机损坏程度取决于电流的大小、系统中发电机的额定值以及系统中的保护装置对中性线或谐波电流的灵敏度。因为发电机输出电压波形的谐波含量随负载变化,所以不同节距发电机并联工作的负面影响可能在随负载水平变化而变化,但通常主要关注的是在额定负载下的电流大小,因为此时交流发电机的内部温度通常将最高,并且最易于发生故障。

在使用不同节距发电机并联的四线系统中,应测量发电机中性线电流,以验证不同节距发电机的并联运行不会导致系统运行问题或发电机过早故障。如果系统中没有其他相关问题,则设计者可以允许系统中存在一定量的中性线电流,并且通过交流发电机降额使用来补偿。

降额因数计算如下:

$$交流发电机的最大允许负载(kVA) = \frac{I_R}{\sqrt{I_R^2 + I_N^2}}(kVAgen)$$

式中 I_R——发电机在满载和额定功率因数时的输出电流;

I_N——发电机并联且带三相对称平衡满负载运行时的中性点电流;

kVA gen——交流发电机在最大温升的额定 kVA。

3.4.4 成型绕组发电机与散嵌绕组发电机

1. 成型绕组发电机的设计

成型绕组发电机与散嵌绕组发电机的设计不同之处在于成型绕组发电机定子的铜绕组是由铜棒而不是漆包铜线束组成。如图3-3a所示,是一个成型绕组在定子槽中的局部图,定子绕组由精确成型装入槽中的铜棒集合组成,另外绕组与槽的大小比较显示,对于相似的绕组大小,为了使铜棒更容易插入槽中,成型绕组的定子槽开口必须较大,这样相对来说,散嵌绕组(图3-3b)的定子槽开口会较小,漏电抗较小,

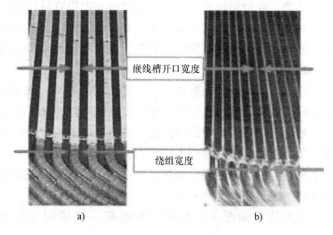

图3-3 成型绕组和散嵌绕组局部图
a) 成型绕组 b) 散嵌绕组

输出电压波形中的谐波失真也较低,这是散嵌绕组发电机与成型绕组发电机比较,最重要的性能优势。

2. 散嵌绕组的设计

发电机绕组通常是绕线机绕制的预制漆包铜线束，漆包铜线束再嵌入定子槽中。散嵌绕组设计的定子槽开口非常小，每个绕组由许多小截面积的漆包铜线组成。同时散嵌绕组间占用的绝缘空间比成型绕组更小。

3. 性能差异

1) 一般来说，铜棒比漆包铜线束更加坚硬，因此成型绕组发电机比散嵌绕组发电机更容易提供坚固耐用的机械结构，但散嵌绕组中新材料、新工艺的使用以及设计改良也一样可以提供耐用的机械结构，所以不能说散嵌绕组发电机耐用性一定比成型绕组发电机差。例如，CGT 所有大于 250kVA 的发电机均采用真空压力浸漆（VPI）工艺，这使得定子绕组绝缘漆填充充分，无气泡堆积，且比其他发电机生产商只采用普通浸漆设计具有更强的机械性能。因此，CGT 散嵌绕组发电机能够应用于除油田钻机等极端非线性冲击负载应用之外的绝大多数应用。

2) 成型绕组发电机线圈之间比散嵌绕组发电机具有更多的绝缘间隙，中压/高压发电机导体之间的电压差更大，需要更多的绝缘材料。

3) 成型绕组发电机采用了更多的绝缘材料，使得发电机的冷却难度加大，这就需要更多的铜棒材料（减少铜耗发热）来达到相同的温升等级。

4) 一般情况下，更大的空气间隙和定子槽开口会导致更大的固有电压波形谐波失真（特别是在较高频率下），所以在机械性能相差不多的情况下，成型绕组发电机比散嵌绕组发电机电压波形质量较差。

5) 由于散嵌绕组发电机的定子槽开口较小，定子与转子之间的磁路磁阻较低，而且成型绕组往往比散嵌绕组的端部长，上述两个因素导致在采用了相似材料情况下，散嵌绕组总体性能比成型绕组好。通常情况下，散嵌绕组的电抗比同容量的成型绕组发电机低，因此成型绕组需要较多的铜和钢，以达到与散嵌绕组相同的短路水平和电机启动能力。

6) 除了上述材料利用率的差异，成型绕组发电机比散嵌绕组发电机组装工艺复杂。这些因素导致成型绕组发电机单位容量的制造成本较高，零部件更换较困难。

总之，成型绕组发电机比散嵌绕组发电机容易达到更好的机械性能和介电强度指标，但新材料和新工艺的采用大大缩小了这些差距，现在上述两项指标基本相当，但是成型绕组发电机比散嵌绕组发电机在电压波形质量、电机启动性能和短路性能方面表现较差。

4. 应用

根据两种类型的电机物理特性和性能的不同，成型绕组在中压/高压和特别大容量的发电机中应用更加理想，这种结构使得发电机匝间绝缘更好，可靠性更高，并且成本相对较低。

通常情况下，成型绕组的设计适合于需要较强的机械性能的主用电站应用，特别是存在非线性负载持续、重复地冲击的应用。冲击负载引起定子绕组特别是端部的电磁反应，容易使绕组变形甚至损坏。用刚性和加强固定设计，这些机械应力可以大幅度减小，从而提高发电机的可靠性，延长发电机的寿命。

成型绕组如图 3-4 所示，发电机一般应用于存在持续的负载突加过程的油田钻井作业。

散嵌绕组如图 3-5 所示，设计能够提供最好的电压波形质量、抗非线性负载谐波导致的波形畸变、短路电流性能（以便配电系统断路器能够进行选择性保护，及时切断故障点）和电动机启动性能。因此，散嵌绕组是在紧急/备用情况下的最佳选择。

图 3-4　成型绕组的定子总成（局部）　　　图 3-5　散嵌绕组的定子总成（局部）

散嵌绕组发电机非常适合于数据中心的不间断电源、水处理和污水净化等应用。这些应用主要是整流负载，不论使用市电还是发电机组供电，负载的加载过程都是渐进的，以尽量减少对电源的冲击，相应减少瞬间电压的骤降和骤升，这与油田钻井应用是不同的。例如，当市电发生故障，发电机组启动后，不间断电源（UPS）在维持后端负载不断电的同时，将输入电源由市电切换到发电机组供电，然后逐渐加大发电机组的负载（UPS 后端负载电流和 UPS 配套蓄电池组充电电流），当 UPS 后端负载突然增大时，UPS 配套蓄电池组将分担这部分冲击，以减少 UPS 后端负载突加负载对发电机组的瞬间冲击。这些发电机组承受的负载冲击比钻井应用中的大功率变频器频繁启动产生的冲击要小得多，相应地，对发电机绕组的机械应力也要小得多。因此，上述应用并不需要成型绕组发电机，散嵌绕组发电机效率高的优点更实用。

两种绕组各具优缺点，很多情况下两者均可使用，可根据性价比进行选型。总的来说，对于相似的机型，成型绕组发电机更适合中压/高压，以及非线性、冲击负载迫使交流发电机受到较大机械应力的应用；散嵌绕组发电机适用于在电动机启动能力要求高和对波形失真要求高的应用。

3.5　永磁发电机

永磁同步发电机由于没有励磁绕组和励磁电源，采用了稀土永磁材料，功率质量比较显著，同时由于电力电子技术的发展和逆变技术可靠性的完善和发展，永磁发电机近年来得到广泛的应用。

3.5.1　永磁同步发电机的特点

稀土钴永磁和钕铁硼永磁等永磁材料于 20 世纪后期相继问世，它们具有高剩磁密度、高矫顽力、高磁能积和线性退磁曲线等优异性能，因此特别适合应用在永磁同步发电机上。从此，永磁同步发电机进入了飞速发展的时代。与传统的电励磁式同步发电机相比，永磁同步发电机有以下几个方面的优点：

1）结构简单。永磁同步发电机省去了励磁绕组和容易出问题的集电环和电刷，结构简单，加工和装配费用减少。

2）体积小。采用稀土永磁可以增大气隙磁密，并把发电机转速提高到最佳值，从而显著缩小电机体积，提高功率质量比。

3) 效率高。由于省去了励磁用电,没有励磁损耗和电刷集电环间的摩擦、接触损耗。另外,在设置紧圈的情况下,转子表面光滑,风阻小。与凸极式交流电励磁同步发电机相比,同等功率的永磁同步发电机的总损耗大约要小10%~15%。

4) 电压调整率小。处于直轴磁路中的永磁体的磁导率很小,直轴电枢反应电抗较电励磁式同步发电机小得多,因而固有电压调整率也比电励磁式同步发电机小。

5) 高可靠性。永磁同步发电机转子上没有励磁绕组,转子轴上也不需要安装集电环,因而没有电励磁式发电机上存在的励磁短路、断路、绝缘损坏、电刷集电环接触不良等一系列故障连带关系。另外,由于采用永磁体励磁,永磁同步发电机的零部件也少于一般发电机,结构简单,运行可靠。

虽然永磁同步发电机具有上述诸多优点和广泛的应用前景,但从目前的实际应用情况来看,其应用仍有一定局限,未能得到大面积的推广和使用。主要原因在于永磁同步发电机采用永磁体励磁,由于永磁体的高矫顽力使得从外部调节发电机的磁场变化极为困难;由于励磁不可调,转速的变化和负载电流的变化都将造成输出电压的波动。可以说,励磁不可调整引起的输出电压不稳已经成为限制永磁同步发电机推广应用的瓶颈。

3.5.2 永磁同步发电机的结构

1. 整体结构

永磁同步发电机本体由定子和转子两大部分组成,如图3-6所示,定子是指发电机在运行时的固定部分,主要由硅钢片、三相Y形联结的对称分布在定子槽中彼此相差120°电角度的电枢绕组、固定铁心的机壳及端盖等部分组成。转子是指发电机运行时的旋转部分,通常由转子铁心、永磁体磁钢、套环和转子转轴组成。永磁材料,尤其是钴永磁材料的抗拉强度低,质硬而脆。如果转子上无防护措施,当发电机转子直径较大或高速运行时,转子表面所承受的离心力已

图3-6 永磁发电机的结构

接近甚至超过永磁材料的抗拉强度,将使永磁体出现破坏,所以高速运行的永磁同步发电机多选用套环式转子结构。所谓套环式转子结构,就是通过一个高强度的金属材料制成的薄壁圆环紧紧地套在转子外圆或内圆处,通过套环把电机转子上的永磁体磁钢、软铁极靴都固定在相应的位置上。这样,永磁同步发电机的转子像一个完整的实心体,保证了高速运行时的可靠性。

2. 转子的磁路结构与嵌入式一体化结构

永磁同步发电机的结构特点主要表现在转子上,通常,按照永磁体磁化方向与转子旋转方向的相互关系,可分为切向式和径向式等。

(1) 切向式转子磁路的结构

在切向式转子磁路结构中,转子的磁化方向与气隙磁通轴线接近垂直且离气隙较远,其漏磁比较大。但永磁体产生并联作用,有两个永磁体截面对气隙提供每极磁通,可提高气隙磁密,尤其在极数较多的情况下更为突出。因此,切向式适合于极数多且要求气隙磁通密度高的永磁同步发电机。永磁体和极靴的固定方式采用套环式结构,如图3-7所示。

(2) 径向式转子磁路的结构

径向式转子磁路结构如图3-8所示,永磁体的磁化方向与气隙磁通轴线一致且离气隙较近,在一对磁极的磁路中,有两个永磁体提供磁动势,永磁体工作于串联状态,每块永磁体的

截面提供发电机每极气隙磁通，每块永磁体的磁势提供发电机一个极的磁势。

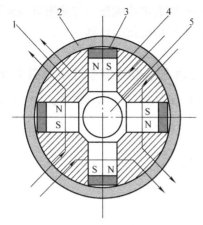
图3-7 切向式转子磁路结构示意图
1—极靴 2—套环 3—垫片 4—永磁体 5—转轴

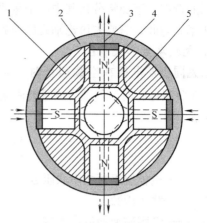
图3-8 径向式转子磁路结构示意图
1—极靴 2—套环 3—垫片 4—永磁体 5—转轴

与切向式转子结构相比，径向式转子磁路结构的漏磁系数较小。而且，在这种结构中，由于永磁体直接面对气隙，且永磁体具有磁场定向性，因此这种结构中气隙磁感应强度 $B_δ$ 接近于永磁体工作点的磁感应强度 B_M，提高了永磁材料的利用率；径向式转子结构的永磁体可以直接烧铸或黏结在发电机转轴上，结构和工艺较为简单；极间采用铝合金烧铸，保证了转子结构的整体性且起到阻尼作用，既可改善发电机的瞬态性能，又提高了永磁材料的抗去磁能力。

（3）转子嵌入式一体化结构

目前，传统发电机组的发动机、发电机是相对独立的。发动机曲轴有前后两端，位于发动机两端；前端装有飞轮，外装启动拉盘；后端是输出驱动，通常用作与发电机的连接。而在高速发电机组中，发电机既用来产生电能，又通过转动惯量计算使其转子转动惯量等于飞轮转动惯量，从而用其转子取代原动机的飞轮，使其成为原动机的一部分，实现了"高速发电机嵌入式一体化结构"。这样，既可大大减小机组轴向尺寸和重量，也从根本上实现了发电机组冷热区的分离，有利于机组散热问题的解决，又减少了机件个数，提高了系统的可靠性。

3.5.3 永磁同步发电机的参数、性能和运行特性

高速永磁同步发电机与电励磁同步发电机的主要区别在于高速永磁同步发电机磁路中有永磁体存在，导致磁路结构有所不同。从前面的分析可以看出，永磁体在高速永磁同步发电机中主要有以下两个作用：

1）作为发电机的励磁源。用永磁体励磁，使它对外磁路提供的磁势 F_M 和磁通 ϕ_M 可随外磁路的磁导和电枢反应磁通在小范围内变化，并可以由此引起漏磁通的变化，从而影响电枢反应磁势在小范围内变化，并可以由此引起漏磁通的变化，从而影响电枢绕组的感应电势。

2）构成较大磁阻的磁路段。由于永磁体的磁导率与空气磁导率接近，在电机磁路中对直轴电枢反应磁势来说是一个很大的磁阻。因此，电枢反应磁场被削弱，并且除通过永磁体外，还有相当一部分沿漏磁路径闭合，这就决定了高速永磁同步发电机直轴电枢反应电抗比电励磁式同步发电机的直轴电枢反应电抗小。在切向磁化结构中，还可以使直轴电枢反应电抗小于交轴电枢反应电抗。

由于永磁材料磁性能很高，而其磁导率又很小，这就使上述两个特点更加突出，从而使永

磁同步发电机在性能、参数、特性、电压调节及电磁设计方法等方面出现了与电励磁同步发电机不同的特点。下面将分析其中两个重要的性能指标——固有电压调整率和输出电压波形正弦性畸变率。为此，需要先讨论励磁磁动势和交、直轴电枢反应电抗的计算。

1. 电抗参数和矢量图

永磁同步发电机在空载运行时，空载气隙基波磁通在电枢绕组中产生励磁电动势 E_0（V）；在负载运行时，气隙合成基波磁通在电枢绕组中产生气隙合成电动势 E_δ（V），计算公式如下：

$$E_0 = 4.44fNK_{dp}\phi_{\delta 0}K_\phi$$
$$E_\delta = 4.44fNK_{dp}\phi_{\delta N}K_\phi$$

式中 N——电枢绕组每相串联匝数；

K_{dp}——绕组因数；

K_ϕ——气隙磁通的波形系数；

$\phi_{\delta 0}$——每极空载气隙磁通（Wb）；

$\phi_{\delta N}$——每极气隙合成磁通（Wb）。

电抗参数对同步发电机的性能和特性影响很大。电抗之间有如下关系：

$$X_d = X_{ad} + X_\delta$$
$$X_q = X_{aq} + X_\delta$$

式中 X_{ad}——直轴电枢反应电抗；

X_{aq}——交轴电枢反应电抗；

X_d——直轴同步电抗；

X_q——交轴同步电抗；

X_δ——漏抗。

直轴电枢反应电抗是指直轴磁路中单位直轴电流产生的交变磁链在电枢绕组中所感应电势的大小。其他电抗的物理意义与其类似。从电抗的物理意义出发，根据永磁同步发电机的磁路特点，其电抗参数与电励磁式同步发电机有两点重要区别。

1）由于永磁体的磁导率低，且它又是磁路的一部分，所以永磁同步发电机的电枢反应电抗 X_{ad}、X_{aq} 比电励磁同步发电机的小。

2）对电励磁凸极同步发电机，一般有 $X_{ad} > X_{aq}$，这是因为直轴磁路磁导总是大于交轴磁路磁导。从对永磁同步发电机的分析可知，如对于径向磁化结构的发电机，直轴磁路和交轴磁路磁导近似相等，故其电抗也近似相等，即 $X_{ad} \approx X_{aq}$。根据电抗参数可以画出永磁同步发电机不饱和矢量图，如图3-9所示。它的基本规律与电励磁同步发电机相同，但由于 X_{ad} 接近等于 X_{aq}，所以，$I_d X_{ad} / I_q X_{aq}$（I_d 为直轴电流，I_q 为交轴电流）将小于电励磁式同步发电机。

电势平衡方程式为

$$E_0 = U + jI_d X_{ad} + jI_q X_{aq} + I(R_1 + jX_1)$$

式中 E_0——相电动势；

U——相电压；

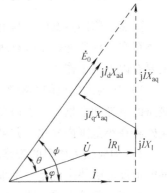

图3-9 永磁同步发电机不饱和矢量图

I——相电流；

R_1——电枢绕组直流相电阻；

X_1——漏电抗。

2. 外特性、固有电压调整率

同步发电机在负载变化时，由于漏阻抗压降和电枢反应的作用，使端电压发生变化。对高速永磁同步发电机，漏阻抗压降的作用与电励磁同步发电机是相同的，差别较大的是电枢反应的影响。同步发电机通常带感性负载，其电枢反应是去磁的，端电压将随负载增加而下降；漏阻抗压降随负载的增加而增加，它的作用也使端电压下降，因此外特性是下降的如图 3-10 所示。传统的电励磁发电机可以通过调节转子上的励磁控制输出电压，使其稳定。但是永磁同步发电机制成后，气隙磁场调节困难。因此，为使其能得到大量推广，需要对永磁同步发电机的固有电压调整率进行研究，还要深入研究降低固有电压调整率的措施。

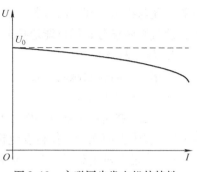

图 3-10　永磁同步发电机外特性

发电机的固有电压调整率是指在负载变化而转速保持不变时出现的电压变化，其数值完全取决于发电机本身的基本特征，用额定电压的百分数表示，即

$$\Delta U = (E_0 - U)/U_n \times 100\%$$

式中　U——输出电压。

为了降低电压调整率，必须在给定 E_0 值基本不变的情况下尽量增大输出电压 U；而要增大输出电压 U，则既要设法降低电枢反应引起的去磁磁通量，又要减小电枢绕组电阻 R_1 和漏抗 X_1 的压降。

1）为了降低电枢反应引起的去磁磁通量，首先要增大永磁体的抗去磁能力，即增大永磁体的抗去磁磁动势，为此应选用矫顽力 H_c 大、回复磁导率 R_r 小的永磁材料；同时，增大永磁体磁化方向长度，使工作点提高，削弱电枢反应的影响。其次，需要减少电枢绕组每相串联元件数，增加转子漏磁通以削弱电枢反应对永磁体的去磁作用。为此，应选用剩磁密度 B_r 大的永磁材料；并且应增加永磁体提供每极磁通的截面积，这时磁通明显增加，可以有效减小每相串联元件数。

2）为了减小定子漏抗 X_1，需要选择宽而浅的定子槽形；减少电枢绕组每相串联的元件数，但要注意小的电枢绕组每相串联匝数使短路电流增大；缩短绕组端部长度，适当加大气隙长度，加大长径比等。

3）为了减小电枢电阻，需要减少电枢绕组每相串联的元件数，增大导体截面积。

虽然上述各种措施在一定程度上可以减小固有电压调整率，但将耗用更多的永磁体材料，增大了发电机的体积和重量，且为满足规定的性能指标，对电机参数的要求也非常高，增加了设计工艺的复杂性。更为重要的是，这些措施都无法改变永磁同步发电机"励磁不可调导致输出电压不可调"这一根本的问题。因此，单靠发电机体设计上的改进，这一问题没有得到真正的解决。

3. 电动势波形和正弦性畸变率

工业上对同步发电机电动势波形的正弦性有严格的要求，实际电动势（通常指空载线电压）波形与正弦波形之间的偏差程度用电压波形正弦性畸变率来表示。电压波形正弦性畸变率是指该电压波形不包含基波在内的所有各次谐波有效值二次方和的二次方根值与该波形基波有效值的百分比。

为减小调整永磁同步发电机输出电压波形的正弦性畸变率，在设计发电机时，除了要采用分布绕组、短距绕组、正弦绕组和斜槽等措施外，还应改善气隙磁场波形，它不但和气隙形状有关，还与稳磁处理方法有关。在对电压波形要求严格的场合，需对发电机的极靴形状进行加工，使气隙磁场分布尽可能地接近正弦。

4. 损耗与效率

效率高是高速永磁同步发电机的一大优点，这是指在同等条件下与电励磁同步发电机比较而言的，其原因如下。

1）无励磁损耗和电刷集电环摩擦损耗。

2）转子表面光滑，使得发电机旋转时的风阻损耗大为降低。

3）当发电机负载增大时，永磁同步发电机铁损耗可以近似认为不变；而电励磁同步发电机外特性软，随负载的增大，必须同时增加其气隙磁通量，才能保持输出电压的不变，故铁耗也相应增加，效率降低。

3.5.4 永磁发电机的应用

由于永磁同步发电机"励磁不可调导致输出电压不可调"这一根本的问题不可避免，因而决定了永磁发电机的应用方式。

1. 工频永磁发电机

工频永磁发电机即发电机从定子绕组输出端即为工频电压。这种永磁发电机充分体现了结构简单、效率高、高可靠性的特点，转子结构上永磁磁极对数同电励磁发电机分别为 2 对（转速为 1500r/min）和 1 对（3000r/min）磁极，整个发电机单相两线、三相四线输出，虽然永磁发电机电压调整率小，但接近额定负载或过载状况将使发电机输出电压有所下降，同时转速下降对发电机输出电压影响也较为明显。

2. 中频永磁发电机

为了提高永磁发电机组的功率/重量比，转子的磁极可达 10 对左右，原动机转速最高可达 6000r/min，发电机输出电能的频率为（以磁极对数为 10，转速分别为 1500r/min、3000r/min、6000r/min 为例）250、500、1000Hz，所以称为中频。而工频为 50Hz 或 60Hz，因而中频永磁发电机发出的电能不能直接使用，需要将发电机发出的三相交流电通过整流技术变成直流电，然后通过逆变技术再将直流变为交流，且在标定的输出功率范围内和一定的转速（频率）变化范围内保持恒频恒压的电压输出。大功率永磁中频发电机结构如图 3-11 所示。

这种永磁发电机为中频永磁发电机与整流逆变控制单元的组合。图 3-11 为大功率永磁中频发电机结构图。

整流逆变控制单元的逆变电路采用 SPWM 正弦脉宽调制控制，如图 3-12 所示，为单级式脉宽调制波的产生原理。所谓 SPWM 波形就是与正弦波形等效的一系列幅值相等而宽度不等的矩形脉冲波形。这样第 n 个脉冲的宽度就与该处正弦波值近似成正比，因此半个周期正弦波的 SPWM 波是两侧窄、中间宽，脉宽按正弦规律逐渐变化的序列脉冲波形。

以 SPWM 三相逆变桥为例进行说明，如图 3-13 所示为双电平三相四桥臂拓扑结构图。SPWM三相逆变器的主电路由 8 个全控式功率开关器件（分别是 U、V、W、N 对应的上管 T_1、T_3、T_5、T_7 和下管 T_2、T_4、T_6、T_8）构成的三相四桥臂逆变桥，它们各有一个续流二极管反并联。图中 U_c 为等腰三角形的载波，U_r 为正弦调制波，调制波和载波的交点决定了

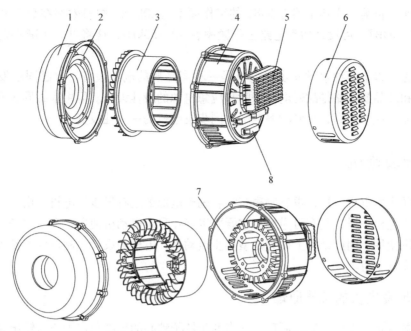

图 3-11 大功率永磁中频发电机结构图
1—端盖安装盘 2—转子安装盘 3—转子总成 4—端盖 5—前级整流稳压器
6—后罩 7—电机定子总成 8—储能稳压模块

SPWM 脉冲序列的宽度和脉冲间的间隔宽度,如图 3-12 所示,当某相的 $U_r > U_c$ 时,该相的上管导通,输出正弦脉冲电压 U_o,当 $U_r < U_c$ 时,该相的上管关断,输出正弦脉冲电压 $U_o = 0$,在 U_{ra} 负半周,用同样方法控制该相的下管,输出负的脉冲电压序列,改变调制波频率时,输出电压基波频率随之改变,降低调制波幅值 U_r 时,各段脉冲的宽度变窄,输出电压基波幅值减少。

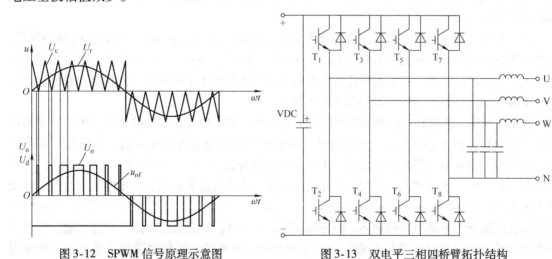

图 3-12 SPWM 信号原理示意图　　图 3-13 双电平三相四桥臂拓扑结构

在基本正弦脉宽调制控制的原理上,利用神经网络优化计算 PWM 开关角,使输出电压基波幅值最大,同时负载电流中的高次谐波含量最小。因而电路具有效率高,体积重量小的特点,其电气特性优良,电压精度不超过 ±1%、THD 小于 3%、频率波动小于 0.1Hz,且可并联、并网工作。目前，主功率器件 IGBT 的工作频率为 20kHz，整机效率在 95% 以上。若采用新一代的高速 IGBT，可设计功率电路工作频率在 40～50kHz，这将进一步减小输出滤波器的体积和重量。

由此可见，以上两种永磁同步发电机是一种高品质的电源设备，永磁同步发电机的轻便性、可靠性和高品质电路是战时电源保障和应急电源的最佳设备。但由永磁同步发电机引入了整流逆变环节，成本提高，比同功率电励磁同步发电机的一次性投资大。

3.6 异步发电机

与永磁同步发电机一样，没有励磁绕组和励磁电源的还有异步发电机。由于异步电机与直流电机和同步电机一样，具有可逆性，它既可以当作异步电动机使用，在一定条件下也可以当作异步发电机使用，因此结构上即为笼型异步电动机，电机的设计、制造成本及可靠性优于所有类型的同步发电机。

3.6.1 异步发电机的工作原理

异步发电机是根据电磁感应原理，并借助于转子铁心的剩磁和定子绕组输出端所并联的电容器而工作的。

如图 3-14 所示，在三相异步电机定子绕组的输出端并联一组电容器，当转子被原动机驱动而旋转时，转子中的剩磁磁场便切割定子绕组，结果在定子绕组中产生一定的感应电动势，该电动势称为剩磁电动势。剩磁电动势经电容器产生超前于电动势一定相位角的容性电流。

容性电流在定子绕组中产生电枢反应磁通，该磁通具有助磁作用，它增强转子中原来的剩磁通，使感应电动势升高，进而引起定子绕组中的容性电流增大。如此循环，直到电机的铁心达到或接近饱和状态为止。此时，感应电动势便稳定于某一数值而不再变化。异步发电机自激建压的详细情况如下。

若三相异步发电机的各相定子绕组彼此对称，在略去定子绕组内阻 r 和漏抗 $X_漏$ 的情况下，则电容器成为异步发电机的纯容性负载，结果各相电流 I_A、I_B、I_C 分别超前于对应相电动势 E_A、E_B、E_C 90°电角度。各相电动势和电流的矢量关系如图 3-15a 所示、各相电动势的波形如图 3-15b 所示、各相电流的波形如图 3-15c 所示。

在 ωt_1 瞬间，假设转子的剩磁磁场的方向处于图 3-15d 中 $\phi_剩$ 所示的位置，因为转子沿顺时针方向旋转，则 A 相电动势为正最大值，B 相和 C 相电动势为负最大值，B 相和 C 相电动势均为负值，各相电动势的方向如图 3-15d 中小圆圈外边的符号"×"和"•"所示，"×"表示去向，"•"表示来向。此时，A 相电流为零、B 相电流为正值、C 相电流为负值，各相电流的方向如图 3-15d 中小圆圈内的符号"×"和"•"所示。由右手定则可知，定子绕组中的容性电流所形成的电枢磁通 $\phi_枢$ 的方向相同，显然 $\phi_枢$ 具有助磁作用。不言而喻，定子绕组中的容性电流（无功电流）起着激励电流的作用。只要转子的剩磁磁场足够强，只要电容器的容量选择得当，使 $\phi_枢$ 足够大，异步发电机便可自激建立电压。

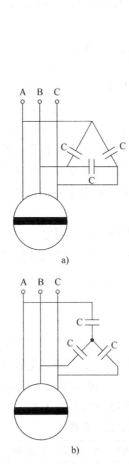
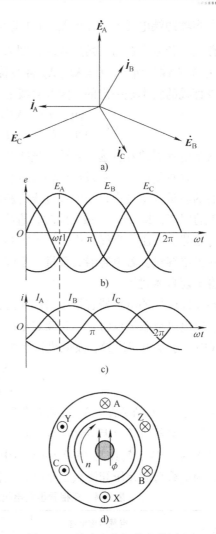

图 3-14 异步发电机原理图　　图 3-15 异步发电机的自激原理

3.6.2 异步发电机的自激建压条件

单独运行的异步发电机,自激建压的条件有 3 条:①转子铁心必须有足够强的剩磁磁场。②转子的转速必须足够高。③定子绕组输出端并联的电容器的容量必须足够大。对于前两个条件比较容易理解,这里不再叙述了。下面着重讨论一下电容器的容量大小对异步发电机自激建压的影响。

在略去定子绕组的内阻 r 和漏抗 $X_漏$ 的情况下,异步发电机的输出电压 U 的大小与电动势 E 的大小相等,并且电容器两端的电压就是发电机的输出电压 U。

在如图 3-16 所示中,U 为异步发电机的空载电压,$I_激$ 为通过电容器的电流,称为异步发电机的激磁电流。$U=f(I_激)$ 曲线为异步发电机的空载特性曲线,如图 3-16 中的曲线 1 所示,其形状与铁心的磁化曲线相似。U_0 为

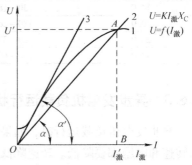

图 3-16 自激建压条件

剩磁电压。电容器的端电压 U、容抗 X_c 与电流 $I_{激}$ 三者的关系为 $U = KI_{激}X_c$（系数 K 与电容器的连接方式有关。若电容器为三角形联结，则 $K = 1/\sqrt{3}$；若电容器联结成星形，则 $K = \sqrt{3}$，如图 3-16 所示中的直线 2 所示。$U = KI_{激}X_c$ 直线称为异步发电机的定容直线，因为电容器的容量一定时，该直线的斜率是一定的。定容直线的斜率为

$$\mathrm{tg}\alpha = \frac{AB}{OB} = \frac{U'}{I'_{激}} = \frac{KI'_{激}X_c}{I'_{激}} = KX_c = \frac{K}{2\pi fC}$$

显然，只要电容器的容量选得合适，直线 2 与曲线 1 便有固定的交点，如图 3-16 所示中的 A 点所示。在这种情况，异步发电机便可以自激而建立起稳定的电压 U'。

若电容器的容量选得过小，则定容直线的斜率必然变大。如图 3-16 所示中的直线 3 的斜率大于直线 2 的斜率，即 $\mathrm{tg}\alpha' > \mathrm{tg}\alpha$。此时，直线 3 与曲线 1 相切，没有固定的交点，结果异步发电机不能自激建立电压，直线 3 称为临界定容直线，与此直线相对应的电容器的容量，叫异步发电机的临界电容量。若电容器的容量小于临界电容量，那么定容直线的斜率将继续变大，异步发电机将不能自激建压。

那么，异步发电机的电容器容量应当如何选择呢？下面举例说明之。

三相异步发电机空载运行时，设其额定输出电压为 U_H，所需要的激磁电流为 $I_{H激}$。将 U_H 和 $I_{H激}$ 代入式中，于是可得出异步发电机自激建压时每相所需要的电容器的容量为

$$C_{相} = \frac{KI_{H激}}{2\pi fU_H}$$

因为电容器按星形联结时 $K = \sqrt{3}$，而按三角形联结时 $K = 1/\sqrt{3}$。显然，在额定电压相同的情况下，前者所需的电容器的容量为后者的 3 倍。因此，在实际工作中，通常把电容器联结成三角形。

对于线电压为 380V、转速为 1500r/min 的中小功率的三相异步发电机来说，若电容器按三角形联结，则空载自激建压和满载工作时，电容器的容量选取见表 3-4。

表 3-4 三相异步发电机所需电容器的总容量

发电机功率/kW	空载激磁电容（μF、直流耐电压 600V）	满载调节电容（μF、直流耐电压 600V）	
		$\cos\varphi = 1$	$\cos\varphi = 0.8$
1.0	20~35	25~35	—
1.7	35~45	45~60	—
2.8	45~60	60~80	—
4.5	60~80	90~120	160~180
7.0	80~100	120~150	250~280
10.0	100~130	150~220	340~400
14.0	130~180	210~270	460~520
20.0	180~260	300~360	660~720
28.0	220~330	410~500	930~1000
40.0	300~400	560~710	1300~1500

3.6.3 异步发电机负载运行状态及应用

异步发电机负载运行时，如果不提高原动机的功率和不增加并联电容器的容量，则发电机的转速和电压都要降低。转速降低是由于电网吸收电功率所引起的，而电压降低的原因则比较多。负载电流通过定子绕组，使发电机的内阻压降和漏抗压降增大，降低发电机的端电压，从而使通过电容器的电流减小；由于负载的接入，特别是感性负载的接入，如荧光灯、变压器、

电动机等的接入，都会使定子绕组中的电流（负载电流和通过起励电容器的电流的矢量和）减小。这样一来，通过定子绕组的电流的无功（容性）分量就会减小，也就是减小发电机的激磁电流。结果，必然导致发电机的端电压降低。因此，异步发电机必须随着负载的增减调节电容器的容量和电机的转速。当负载增加时，要增加电容器的容量，否则输出电压降低很多，甚至造成失压；当负载减轻时，要减小电容器的容量，否则发电机输出电压将升高，严重时甚至出现过电压，使电容器击穿。从以上分析不难看出，异步发电机的输出特性不够好，输出电压不够稳定。

通常把空载建立电压时的电容器称为主电容器，而把随负载增减而增减的电容器称为副电容器。表3-4中列出了不同功率的异步发电机在不同负载时所需要的电容器容量的参考数据。为了调节方便，可以把副电容器分成若干组（△或Y联结），并让它们随负载一道投入或切除，这样就可以避免因同时大量切除或增加负载而来不及切除或增加电容器所带来的问题。如图3-17所示小型异步发电机的简易线路图，其中 K_1 为激磁开关，K_2 为总输出开关，$K_3 \sim K_8$ 为分组开关（可根据负载电流自动投入或分闸）。

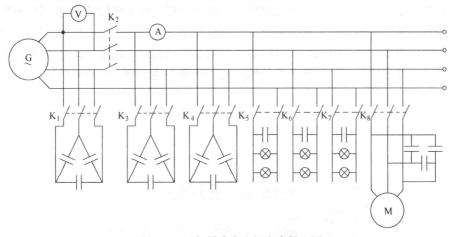

图3-17 三相异步发电机电容投入图

在应急通信电源中，常应用的为单相异步发电机。在定子绕组中，设置了独立的副绕组Hz如图3-18所示。建压及小于80%额定负载时由电容 C_E 励磁，当负载≥80%额定负载时，由控制单元RE9730控制继电器接通 C_B，保持发电机端电压基本恒定。

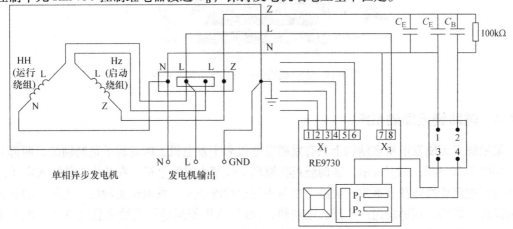

图3-18 单相异步发电机电容投入图

异步发电机在应用中要特别注意保持其剩磁,防止带载停机的去磁现象发生;同时在不能自激建压或电压不符时还应检查电容器的容量。

3.7 无刷发电机的励磁系统

无刷发电机的励磁系统随发电机的技术进步及新材料、电子技术的发展而不断改进,类型较多,各具特色,下面简要介绍各励磁系统的组成、励磁原理及特点。

3.7.1 PMG 永磁机励磁系统

PMG 永磁机无刷发电机的结构如图 3-19 所示,主要有永磁发电机、励磁发电机和主发电机 3 部分组成。永磁发电机、励磁发电机和主发电机的转子是同轴的。由永磁发电机(因为它的主转子是永磁体的,不需要励磁)直接发出电压,经过自动电压调节器(AVR)整流后形成稳定的直流电压,接到励磁发电机的定子,为其提供不受负载干扰的励磁能量。该电压接到励磁发电机的定子,在定子铁心形成磁场,励磁发电机的转子线圈切割定子铁心磁力线产生电压,再经过在主轴上的旋转二极管整流成励磁直流电压,接到主发电机的主转子线圈上,在主转子铁心形成磁场,主发电机转子铁心磁场切割主发电机定子线圈,并且在励磁调节器的实时调节励磁下,主发电机定子线圈产生的感应电动势最终达到额定电压并稳定输出。

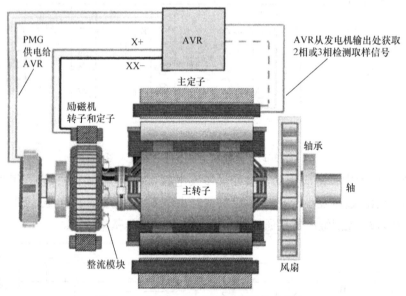

图 3-19 永磁机励磁控制系统结构及特点

3.7.2 辅助绕组励磁系统

辅助绕组无刷发电机在结构上只有励磁发电机和主发电机,两者转子是同轴的。两部分组成,如图 3-20 和图 3-21 所示。辅助绕组在原理上代替永磁发电机,在结构上是嵌入定子绕组槽并且与主定子线圈独立嵌放,电路上也与主定子线圈独立。发电机旋转后,主转子的剩磁切割辅助绕组线圈,辅助绕组产生感应电动势,经过 AVR 整流后形成励磁直流电压。该电压接到励磁发电机的定子,在定子铁心形成磁场,励磁发电机的转子线圈切割定子铁心磁力线产生电压,再经过在主轴上的旋转二极管整流成励磁直流电压,接到主发电机的主转子线圈上,在主转子铁心形成磁场,主发电机转子铁心磁场切割主发电机定子线圈,并且在励磁调节器的实时调节励磁下,主发电机定子线圈产生的感应电动势最终达到额定电压并稳定输出。

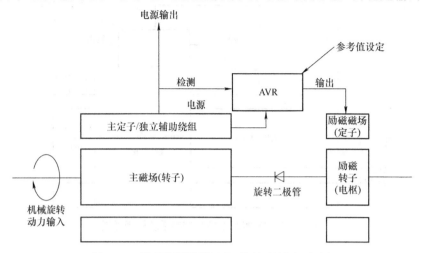

图 3-20　辅助绕组励磁 AVR 控制系统原理框图

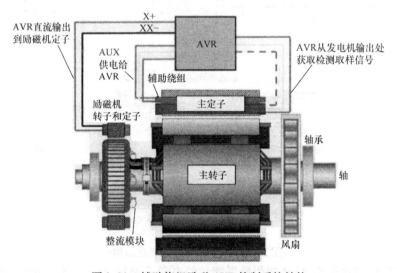

图 3-21　辅助绕组励磁 AVR 控制系统结构

3.7.3　自励式励磁系统

自励式无刷发电机如图 3-22 和图 3-23 所示,在他励无刷发电机的基础上,少了一个专门为自动电压调节器(AVR)提供独立的、不受负载干扰的励磁能量的永磁发电机或者辅助绕组部分。发电机旋转后,主转子的剩磁切割主发电机定子绕组线圈,定子绕组产生感应电动势发出一定的电压,经过自动电压调节器(AVR)整流后形成励磁直流电压。该电压接到励磁发电机的定子,在定子铁心形成磁场,励磁发电机的转子线圈切割定子铁心磁力线产生电压,再经过在主轴上的旋转二极管整流成励磁直流电压,接到主发电机的主转子线圈上,在主发电机转子铁心形成更强的磁场,加强了的主发电机转子铁心磁场切割主发电机定子线圈,主发电机定子线圈产生的感应电动势上升,如此循环正反馈并且在励磁调节器的实时调节励磁下最终达到额定电压并稳定输出。

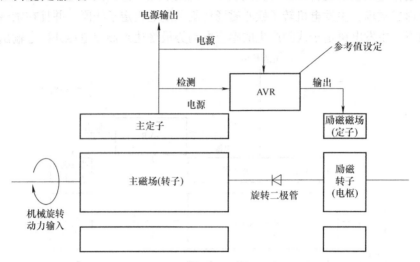

图 3-22 自励励磁 AVR 控制系统原理框图

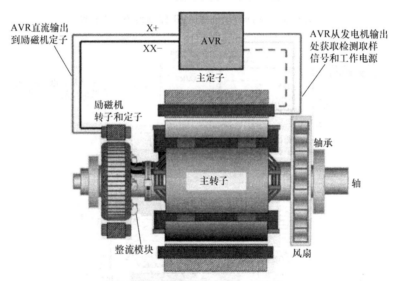

图 3-23 自励 AVR 控制系统结构

自励无刷发电机由于为 AVR 提供励磁能量的电源不是独立的，易受负载冲击干扰或者负载波形畸变产生的谐波干扰，因此在带电动机等冲击性负载以及谐波干扰大的非线性负载能力方面比 PMG 永磁励磁发电机和辅助绕组励磁发电机要差一些。

3.7.4 旋转晶闸管（SCR）励磁系统

无刷发电机最多是 3 台发电机的组合，即付励磁发电机、励磁发电机、主发电机，一般控制励磁发电机的励磁电流，间接达到控制主发电机转子主磁场来调整发电机输出电压的目的，由于不是直接控制主磁场的励磁电流，而是经过 2~3 级控制，带来了发电机输出电压动态稳定性较差的问题，这对一般性的负载影响甚微，但对于要求高质量供电的用电设备来说，就成为一个严重的问题，为了解决常用无刷发电机的动态稳定性，因而产生了一种新型的励磁方式——旋转晶闸管（SCR）励磁系统。

SCR 励磁系统如图 3-24 所示。该系统有两个特点：一是将旋转二极管改为可控的旋转晶闸管,起到了可控整流的作用;二是 AVR 控制调节信号通过发光二极管——光传递至转子上,经光电转换后控制 SCR 的工作。由于直接控制主励磁绕组的励磁电流,消除了发电机输出电压的振荡,提高了发电机的动态稳定性能,使发电机的供电质量得到进一步提升。

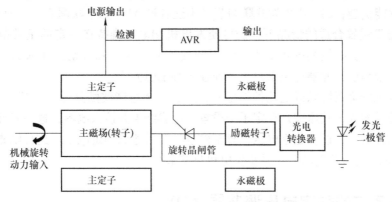

图 3-24 旋转晶闸管(SCR)励磁系统示意图

目前旋转晶闸管(SCR)励磁系统是较为先进的励磁系统,由于可控整流的 SCR 为大功率器件、光电转换模块等使成本较高,目前只在特殊要求的发电机中采用。

3.7.5 相复励励磁系统

相复励励磁系统如图 3-25 所示,当发电机转速接近额定值时,发电机的剩磁电压经线性电抗器 L 接至三相整流桥 V 的交流输入端,整流后给励磁机励磁绕组 F 进行励磁,使电压逐步提高,当电压超出整定的额定电压时,AVR 控制 SCR 旁路部分电流,使发电机电压稳定在电压标定值。

当发电机带有负载时,负载电流通过电流互感器 T(励磁系统中称补偿器)的一次绕组,其二次绕组输出电流与负载电流的相位相同,大小成比例,它与 L 提供的滞后于端电压 90°的电流相量叠加如图 3-26 所示(图中 U_f 为励磁电压,电阻性负载时可标记为 U_{fr},若为电感性负载则 $U_f > U_{fr}$,若为电容性负载则 $U_r < U_{fr}$)提供于三相整流桥 V,同时带载时发电机端电压

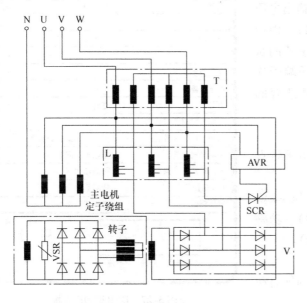

图 3-25 相复励励磁系统示意图

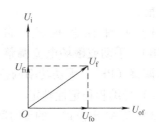

图 3-26 励磁电压调整向量图

下降，AVR 控制 SCR 减少分流，两部分共同作用，使 U_f 升高，励磁机磁场增强，发电机电压上升，最终保持发电机端电压恒定。

这种励磁方式的特点是：1) 励磁功率源随负载的性质和大小而变化，因而起到了强励的作用，励磁性能优越；2) AVR 为并联调节（上述各种 AVR 为串联调节），一旦损坏，在电抗器 L 和补偿器 T 设置合适的情况下，仍可使发电机端电压维持在一定的正常范围内，不影响正常发供电，因而具有较高的可靠性。由于增加了电抗器 L 和补偿器 T 及外置的 CR、SCR，使励磁系统复杂程度、元器件及重量不及前述各种励磁方式。

无刷发电机励磁系统除以上几种类型外，还有付绕组谐波励磁方式，其 AVR 为并联分流调节；电容励磁方式，其原理是在定子中设置一电容绕组并接入电容，这一容性电流在励磁机定子绕组中相互激励，逐步建立电压，直至磁场饱和后达到额定电压。这种励磁方式主要用于单相 3kW 以下的汽油发电机中（异步发电机见前节）。

3.8 励磁系统的数字电压调节器（DVR）

在交流同步无刷发电机励磁系统中，最重要的环节——电压自动调节由自动电压调节器来完成。自动电压调节器不但能自动调整电压，还能根据并机要求整定电压下降斜率即下垂、电压的静态和动态的稳定等，一般由电子技术的模拟电路组成。随着对供电质量的要求越来越高、发电机励磁调节的高可靠性、计算机远程监控及自动电压调节器设置操作的规范化要求，自动电压调节器已由原模拟自动电压调节（AVR）发展为数字电压调节即数字电压调节器（DVR）。DVR2000E 是典型的数字电压调节器之一。

3.8.1 DVR2000E 数字电压调节器综述

1. 概述

DVR2000E 自动电压调节器是由电子式固态微处理器为基础的控制器件。从调节进入励磁机励磁绕组的电压最终控制发电机输出电压的工作状态的自动电压调节器（AVR）。面板上的显示器如图 3-27 所示调压器及系统的状态，接线是通过背板上面的快速接插端子连接，DB-9 型 9 针接线座提供了 IBM 兼容的 PC 和调压器之间的通信。

2. 特性

DVR2000E 自动电压调节器具有以下特点及性能：

1) 4 种控制模式：自动电压调整（AVR）、手动或磁场电流调整（FCR）、功率因数调整（PF）、无功功率调整（Var）。

2) 可编程稳定性整定。

3) 在 AVR 模式下的带时间可调的软启动控制。

图 3-27 DVR2000E 面板

4）在 AVR 乏及功率因数控制模式下的过励磁限制（OEL）。

5）低频（电压/频率）调整。

6）急剧短路电路保护磁场。

7）过温度保护。

8）在 AVR 模式下的三相或单相电压检测/调整（有效值）。

9）单相发电机电流检测作为测量和调整之用。

10）磁场电流和电压检测。

11）系统界面的 4 个触点检测输入。

12）报警显示和断开功能合用的一个公共输出继电器。

13）6 个保护功能：过励磁关闭、发电机过电压关闭、DVR 过热关闭、发电机检测信号丢失关闭、过励磁限制及其急剧短路关闭。

14）发电机并联运行时的无功下垂补偿和无功差补偿。

15）前面板的人－机界面（HMI）显示系统及 DVR2000E 状态，并提供整定改变的功能。

16）后面板的 RS－232 的通信接口为使马拉松－DVR2000E－COMS Windows 基础软件作为 PC（机）通信能快速、友好的建立和控制。

3.8.2 DVR2000E 型数字电压调节器的功能及运行特性

DVR2000E 的功能如图 3-28 所示，它的运行包括 4 个运行模式、4 个保护功能，提供突然启动、无功下垂补偿、低频补偿和一个辅助模拟输入，每个运行特性将在下面叙述。

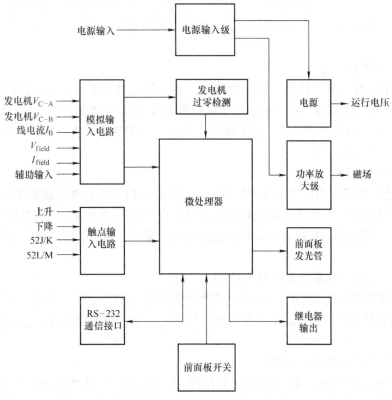

图 3-28　DVR2000E 功能框图

1. 功能

(1) 模拟输入

有 6 个模拟电压和电流输入可以检测并输入到 DVR2000E。发电机电压是在端子 E1（A 相）、E2（B 相）、E3（C 相），被监视，在这些端子被检测额定电压可高到 AC 600V。加到输入端的电压，在加入模 – 数转换器前是要定标的和限定的，从发电机 C 相和 A 相来的信号电压（V_{C-A}）是通过 ADC 来计算跨于 C 相和 A 相电压的有效值，同样从发电机 C 相和 B 相的信号电压（V_{C-B}）是通过 ADC 来计算跨于 C 相和 B 相的电压有效值，并且通过微处理器从 C 相到 A 相的信号（V_{C-A}）和 C 相到 B 相的信号（V_{C-B}）来计算发电机 B 相到 A 相电压（V_{B-A}）有效值。另外，发电机 C 相到 A 相的（V_{C-A}）信号是加到过零滤波检测电路，这个信号被加到微处理器，并被用来计算发电机频率。

(2) B 相线电流

B 相线电流（I_B）信号是从客户提供的电流互感器产生并通过 CT1 和 CT2 端子来监控的，这两个端子可监控的电流有效值为 5A，监控电流是通过内部电流互感器和 ADC 电路来定标和限定的，加到 ADC 的信号被用来计算 B 相线电流的有效值。另外，在 B 相电流与 C 相到 A 相电压之间的相位角通过计算被用在下垂补偿和无功（var）/功率因数的运行。

(3) 磁场电压（V_{field}）

跨过调压器磁场输出端 F + 和 F – 的电压在加到 ADC 之前是被监控、定标和限定的，这个结果被用来计算磁场电压的直流值，作为系统/保护使用。

(4) 磁场电流（I_{field}）

通过主要功率输出开关的电流方式被转换到成比例的电压水平。这个电压信号在加到 ADC 输入之前被标定/限定。其结果用来计算磁场电流直流值，它被用于手动运行模式和保护系统。

(5) 模拟（辅助）输入

如果直流电压在模拟（辅助）输入处移走，运行整定点将返回原来的数值，通过加正和负的直线电压到 A、B 两端，其直流输入可以使得 DVR 整定点得到调整，加到输入端的电压可以高到 DC + 3V，这个电路将在直流电源中作为一个 1000Ω 的负载，加了 DC + 3V 信号相当于整定点上有 + 30% 的改变。

(6) 触点输入电路

4 个触点输入电路是由内部一个 DC 13V 电源供电，由客户提供的接触来提供输入控制。①上升：6U 和 7 端子的一次闭合接触就引起实际运行整定点的增加，只要其闭合，功能就起作用。②6D 和 7 端子的一次闭合接触就引起实际运行整定点减少，只要闭合接触，功能就起作用。

(7) 无功（var）/功率因数控制（52J/K）选择

闭合接触端子 52J 和 52K 时，无功/功率因数控制不起作用，打开连接，能使 DVR2000E（C）在无功或者是功率因数模式下来控制发电机无功功率，当这个选择不存在时，这个接点没有作用。

(8) 发电机并联补偿（52L/M）

闭合接点 52L 和 52M，使并联运行不起作用，打开接点使得并联运行起作用，并且 DVR2000E 运行在无功下垂补偿形式。如果无功/功率因数控制选择存在，则 52L/M 输入具有奇偶性的。如果 52L/M 和 52J/K 都是打开的，则系统在无功/功率因数模式运行。

(9) 通信接口

通信接口为 DVR2000E 的编程提供了界面，连接是做成插座式的 RS232（DB-9）与用户标准 9 分电缆相配接，通信接口是光隔离的，从变压器隔离电源供电。

(10) 微处理器

它是 DVR2000E 的心脏，通过使用储存在储存器里的嵌入编程和不易改变的整定来做质量、计算、控制和通信功能。

(11) 电源输入级

从 PMG 来的电源被加到端子 3 和 4，在它被加到功率放大器和电源之前是被整流和滤波的。输入电源为单相交流电，电压为 180~240V，频率范围为 200~360Hz。

(12) 功率放大器

功率放大器是从电源输入级接收功率的，并通过端子 F+ 和 F- 提供一个被控功率给励磁机磁场，给励磁机提供的功率取决于从微处理器收到的门脉冲，功率放大器使用固定功率开关提供给励磁机磁场所需的功率，功率放大器到磁场的输出定额是连续 DC 75V，DC 3A 和强励 DC 150V，DC 7.5A 10s 时间。

(13) 前面板指示灯

在前面板上，用 12 个发光二极管发亮来表示各种运行模式、保护功能和调整等。

(14) 前面板开关

改变整定通过前面板上的 3 个按钮开关来实现，3 个按钮上分别标有"选择"、"上升"和"下降"字样。

(15) 继电器输出

通过端子 AL1 和 AL2 提供一个公共报警输出触头，它通常是打开的，在形成触点报警或复电机跳闸状态和保护关断或转换时触头闭合，这个继电器不是自锁。

2. 运行特性

(1) 运行模式

DVR2000E 通过 Windows 和手掌机操作系统通信软件提供多达 4 种可选的运行模式，即自动电压调整模式、手动模式（标准模式）、无功和功率模式，其中后两种是可选的。

(2) 自动电压调整模式

在自动电压调整模式（AVR），DVR2000E 调节发电机输出的电压有效值，通过检测发电机输出电压，调整直流输出励磁电流来维持电压在整定点调整率的范围内，这电压整定点是通过面板上升或下降接触输入来调整的，或通过 Windows 或手掌机操作通信软件来完成。在一定条件下，调整点也可以通过下垂功能或低频功能来修正。

(3) 手动模式

这个模式也称为磁场电流调整模式（FCR）。DVR2000E 维持直流励磁在一定的水平。这个电流整定点可以通过上升或下降接触输入，也可通过 Windows 或手掌机操作通信软件来达到 DC 0~3A 的调整。对于初始启动，若调节器在手动模式下并整定在 0.25A，发电机大约可达到额定电压的一半，在调节器调到 AVR 模式前检查一下接线和检测引线，增加磁场电流 0.5A，发电机电压将接近空载额定电压。

(4) 无功（var）控制模式（选择）/C 型

在无功（var）控制模式下，同步发电机与无穷大电网并联运行时，DVR2000E（C）维持发电机的乏（伏安-无功）在一整定的水平。DVR2000E（C）利用检测到的发电机输出电压和电流值来计算同步发电机的乏。然后调整直流励磁电流来维持乏的整定点。通过前面板开关，Windows 或手掌机操作系统软件使得无功控制时使能或使不能。当软件被合上，无功控制使能或使不能是通过无功/功率因数控制（52J/K）接触输入电路来实现的，无功整定点从 100% 吸收到 100% 发出是通过前面板的开关升和降触点输入，亦可通过 Windows 或手掌机操作软件来调节。

(5) 功率因数控制模式（选择）/C 型

在功率因数控制模式里，当发电机与无穷大电网并联运行时能维持发电机功率因数在整定水平上。DVR2000E（C）是利用检测到的发电机输出电压和电流值来计算功率因数，然后控制直流励磁电流来维持功率因数在整定点的，功率因数控制使能和使不能是通过前面板、Windows 或手掌机实现的。当使用软件时，使能或使不能是通过无功/功率因数控制（52J/K）接触输入电路来实现的。功率因数在 0.6 滞后和 0.6 超前之间是通过前面板开关上升和下降接触输入或通过 Windows 或手掌机操作软件实现的。

(6) 无功下垂补偿

在发电机并联运行期间，DVR2000E 提供了一个无功下垂补偿特性来帮助无功负载的分配。当这个特性使能时，DVR2000E 利用检测到的发电机输出电压和电流量来计算发电机负载的无功部分，然后按此修正电压调整率的整定点，功率因数 1.0 发电机负载差不多不改变发电机的输出电压，一个滞后功率因数负载会导致发电机输出电压减小，一个超前功率因数负载（容性）会导致发电机输出电压增加。下垂依 B 相线电流（5A 电流加到 CT1 和 CT2 端子上）和 0.8 功率因数可调至 10%，下垂特性使能与使不能是通过并联发电机补偿接触输入电路（端子 52L 和 52M）实现，若无功/功率因数选择存在，52J/K 的输入必须闭合才会使下垂特性使不能。

(7) 低频

1) 发电机低频　当发电机频率下降到选择的转折频率整定点之下时。电压整定点自动由 DVR2000E 调整，使发电机电压按照选择的 V/Hz 曲线变化。前面板上和在马拉松 - DVR2000E - 32 里的低频动作指示灯就会闪。转折频率从 40~55Hz 可调，V/Hz 曲线的斜率可以整定用 0.01 的增量来调，通过 Windows 或手掌机操作通信软件用 0.01 的增量调整，预置为 59Hz 和斜率 1。

2) 柴油机卸载　柴油发动机卸载特性修正低频曲线。当同步发电机频率减少到转折频率下的一个可编程的量（空载启动的频率）和当速度改变率大于空载启动频率时，这特性有效。当柴油发动机启动时下垂量是有卸载下垂的，即通过整定的百分值，柴油机卸载自动的时间是由卸载下垂时间（s）来整定的。

柴油机卸载调整是通过 Windows 和手掌机操作系统通信软件来实现。空载启动频率是在低频转折角以下的数值进入。转折角的地方柴油机空载特性可被启动。一个 0.9~9Hz 的频率值可以以 0.1Hz 的增量来进入，0.9Hz 是个预设点，空载启动 0~25.5Hz 的速度是以 25ms 的速率（1Hz/25ms）计算。可以用每 25ms 0.1Hz 的增量进入，当频率改变率超过这方面的整定，柴油机卸载特性被启动，0.1Hz 的速率是预设点。

卸载下垂（%）定义为柴油机运行在卸载模式时，发电机频率每减少 1.5%，发电机输出电压的下降百分比，此百分比可调范围为 1%~20%，步长为 1%，预设值为 10%。

卸载下垂时间（s）定义为柴油机卸载模式起作用到通过正常的低频运行模式的时间长度，下垂时间从 1~5s，用 1s 作为可调增量，1s 为预设值。

(8) 发电机软启动

DVR2000E 带有一个可调的软启动特性，以控制发电机从斜坡到整定点的时间，斜率是通过 Windows 或手掌机操作系统特性软件从 1~120s，以 1s 为增量可调的，低频特性在软启动期间也起作用，且优先于发电机的电压控制，预设整定值为 7s。

3. 保护

DVR2000E 有以下 6 种保护功能：过励磁关断、发电机过电压关断、DVR 过温度关断、发电机检测丢失关断、过励磁限定和急剧短路关断。

以上每一种功能除了急剧短路关断外，都有相应的前面板指示灯，当功能动作时前面板指示灯会亮，一个动作的保护功能也可以通过 Windows 或手掌机系统特性软件实现。

(1) 过励磁关断（磁场电压）

这个功能的使能和使不能是通过马拉松 - DVR2000E - 32 软件实现，当使能时，磁场电压超过整定点预设值为 DC 80V，在前面板上的和在 Windows 或手掌机操作系统特性软件里的过励磁关断指示灯就闪动，继电器输出在 15s 后就关闭，DVR2000E 关断。若过励磁关断后，在给 DVR2000E 通电时，过励磁指示灯就闪动 5s。

(2) 发电机过电压关断

DVR2000E 监视检测同步发电机输出电压，若它超过过电压整定点（额定值的某个百分比）0.75s，在前面板上的和在 Windows 或手掌机软件里的发电机过电压指示灯闪动。继电器输出闭合，DVR2000E 关断。在给 DVR2000E 通电时，发电机过电压指示灯闪动 5s，这里预设整定点是额定值的 120%。

(3) DVR 过温度关断

DVR2000E 的温度检测功能可以连续监视调压器的温度，若温度超过 70℃，DVR 过温度灯在前面板闪亮和在 Windows 或手掌机软件里显示，继电器输出闭合。DVR2000E 关断。

(4) 发电机检测丢失

DVR2000E 可以检测发电机的电压输出，若检测到电压丢失则会做出保护动作，对于单相检测，检测电压小于 50% 额定值时就作为检测到丢失；对于三相检测，一相全部丢失或相间不平衡大于额定值的 20% 就视为检测丢失。同前所述，当检测到丢失，则指示灯会自动由软件显示，则 DVR2000E 判断。若再接通 DVR2000E，则检测丢失指示灯闪动 5s。如果发电机短路或当检测频率降低到 12Hz 以下，这种功能就不起作用。

(5) 过励磁限定

DVR2000E 的磁场电流限定值在出厂时为 6.5A，该值在 0~7.5A 可调，并带有 0~10s 范围的时间延时。两个整定都是通过 Windows 或手掌机操作软件设定，其他与前同。

(6) 急剧短路关断

急剧短路关断电路是保护发电机转子避免过电流损坏和 DVR2000E 功率开关短路。在运行时，若磁场电压超过整定点并功率级 1.5s 没有收到门脉冲，急剧短路功能就动作，并把 DVR2000E 输入电源端之间置于短路。通过输入电源熔丝爆掉和移去调压器电源来保护发电机。

3.8.3 DVR2000E 典型应用的接线与调整

1. DVR2000E 典型应用的接线

DVR2000E 可用于三相电压检测、单相电压检测、单相发电机、两台或多台发电机恒流

（无功差）补偿的应用等。如图 3-29 所示是 DVR2000E 的典型应用。显示了 DVR2000E 是接成三相电压检测的应用。

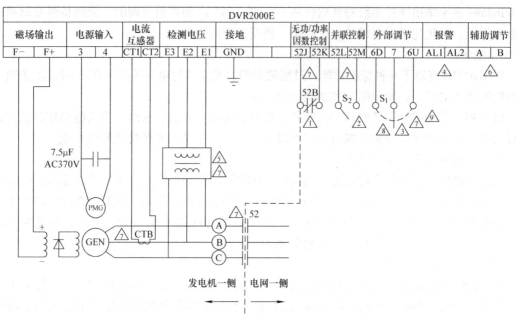

图 3-29 A、B、C 顺相序和三相检测的典型连接

注意：

1) 只有选择无功/功率因数控制时需要，52B 打开起作用，闭合不起作用。
2) S_2 打开，并联控制和下垂起作用，S_2 闭合不起作用。
3) S_1 调节 DVR2000E 的整定点。
4) 常开输出触点闭合作为客户报警或跳闸使用。
5) 假如电压超过 AC 660V 需要检测变压器。
6) 模拟输入电压在 ±3V 之间来调节整定点。
7) 不是马拉松公司提供的器件。
8) S_1 在 6U 位置整定值增加，S_1 在 6D 位置整定值减少。
9) 当电源从 DVR2000E 移去，整定点丢失。

2. DVR2000E 的初步启动与调整

第一次启动发电机和 DVR2000E 之前，应作如下处理：

1) 作标记并拆开有 DVR2000E 的接线，要确保导线端子绝缘，以避免短路。
2) 启动原动机并做所有柴油机调速器的调整。
3) 调整器调整后，关掉原动机。
4) 只连接 DVR2000E 的电源端子到指定电源输入范围的辅助电源上。
5) 使用前面板的人－机界面（HM1）或连接手掌机或 PC 到 DVR2000E 后面的通信接口上，用 DVR2000E 软件来操作所有初步的 DVR2000E 整定。
6) 使用标记以识别连接余下的 DVR2000E 的引线。
7) 启动原动机，在额定转速和负载下作最后的调整。
8) 在初次启动后，除非在系统里有改变 DVR2000E 设置的，一般无需进行任何的调整，调整时使用外部开关，前面板 HMI 或通过后面板通信接口用 DVR2000E 软件来做调整。

第4章 发电机组新控制技术

柴油发电机组的电气控制系统包括各种传感器、启动电路、柴油机控制及保护、发电机励磁控制及保护、并联运行控制、通信及监控、供配电控制及各组成电气元件。因此，柴油发电机组的电气控制系统是机组启动、运行、监控、调节、保护、输出电能和通信的控制中心，是不可缺少的重要组成部分，也是近年来发电机组发展最快的技术。

4.1 柴油发电机组控制系统的发展趋势

4.1.1 柴油发电机组控制系统概述

柴油发电机组控制系统从一开始手动控制、半自动、全自动、机组一体化控制直到现代的云服务的远程监控系统；控制屏从指针仪表发展为数码显示及液晶显示等。

1. 指针仪表显示屏

1) 主要用作发电机组控制、测量及简单保护配电使用。

2) 主要配置为面板装有指示灯（信号状态指示灯）、直流电压表、直流电流表、功率表、功率因数表、频率表、交流电压表、交流电流表、计时表、油压表、水温表、按钮等显示和控制元件。

控制屏内配置有电压继电器、电流继电器、时间继电器、中间继电器等继电保护元件。测量功能实现：由面板布置的仪表（电压表、电流表、频率表、功率表、功率因数表、小时表、油压表、水温表等）来实现发电机、发动机主要参数显示。

操作功能：通过按钮开关实现发动机的启动、停机，断路器的合闸、分闸控制。

保护功能：由自动开关进行过载及短路保护；电压继电器实现过电压、欠电压保护；发动机的保护通过油压开关、水温开关动作来实现。

2. 简单模块控制屏

1) 主要用作发电机组控制、测量及简单保护配电使用。

2) 主要配置：配置一个简单的启动、停止模块（比较有代表性的为DSE501K），面板装有指示灯（信号状态指示灯）、电压表、交流电流表、功率表、功率因数表、频率表、直流电压表、直流电流表、小时表、油压表、水温表和按钮等显示和控制元件。

控制屏内配置有电压继电器、电流继电器、时间继电器、中间继电器等继电保护元件。测量功能实现：由面板布置的仪表（电压表、电流表、频率表、功率表、功率因数表、小时表、油压表和水温表等）来实现发电机、发动机主要参数显示。

操作功能：通过钥匙/开关实现发动机的启动、停机，通过按钮控制断路器的合闸、分闸。

保护功能：由自动开关进行过载及短路保护；电压继电器实现过电压、欠电压保护；发动机的保护通过油压开关、水温开关可以进入DSE501K的输入口，可以在面板显示报警指示，该模块也可以用来实现超速保护功能。

3) 主要特点：采用DSE501K控制模块，集成了开关量报警，充电失败、超速保护功能、钥匙/开关启动停止功能，将控制系统功能已经相对简化。控制系统已经有向模块化发展的趋势。

3. 具有通信功能的控制屏

1）主要作为发电机组控制、测量、发动机保护、发电机保护使用。

2）主要配置集成 PLC 功能的控制模块，能够进行启动、停止、检测发动机主要参数、发电机主要参数。（具有代表性的为 DSE7320），控制面板仅仅配置一个紧急停机按钮，操作记录、报警历史记录都可以通过控制模块上的按键来进行操作翻看，交流电压表、交流电流表、功率表、功率因数表、频率表、直流电压表、直流电流表、小时表、油压表、水温表等仪表功能可以在模块上 LCD 显示屏中文字显示。

控制屏内主要配置有中间继电器，熔断器和转接端子等元件。

测量功能实现：面板布置的仪表（电压表、电流表、频率表、功率表、功率因数表、小时表、油压表和水温表等）都由控制模块上的 LCD 屏幕来显示，通过翻页键即可显示各种参数。

操作功能：通过模块上"启动"、"停止"、"自动"、"手动"按键来进行机组的操作控制，控制模块一般设置断路器的"合闸"、"分闸"按键功能，通过模块上面的组合按键可以实现查看实时参数、报警记录和历史记录，也可以通过模块上的按键根据现场情况进行参数设置。

3）主要特点是控制模块的功能越来越强大，随着发动机技术的发展，电控技术应用于发动机的控制，机组控制模块也需要能够与发动机进行通信，交换数据。机组控制系统这时也要求能够支持与发动机的通信功能，例如具有 CANBUS 通信功能，能够直接采集发动机的主要参数，不用再加装发动机的传感器，控制系统就可以读取到发动机的水温、油压、油耗及故障代码等主要的参数。另外，控制系统还需要具备远程监控功能来满足机房的集中监控功能。一般配置 Modbus 监控接口，远程上位机可以通过 RS485 监控机房内单台或者多台机组的工作状况，如果单台机组数据量不大的情况下采用 RS485 通信就能够满足监控要求，如果多台机组通过 RS485 通信采集，对通信速率要求比较高的项目，就需要采用 RJ45 端口，通过 Modbus TCP/IP 通信协议进行通信。

4. 智能型控制系统

柴油发电机组的智能型控制系统包括燃油管理系统或调速控制、发电机 DVR 或 AVR、机组的测量与保护、并机的测量与控制、遥控遥测与通信等，将机组所需的控制全部由一个界面完成。康明斯电力的"PCC3100"控制系统就是典型的代表。

（1）康明斯电力 PCC3100 控制系统

PCC3100 是康明斯电力系统发电机组上使用的以微处理器为基础的控制器，它提供燃油控制和发动机调速功能、主发电机输出电压调整和全套机组控制和监测。它同时还提供隔离母排或市电（主用电源）并联电力系统的自动和半自动同步以及自动负载分配控制功能。

操作软件控制发电机组及其性能特征，并通过数字式显示屏显示机组的运行状态，由前端面板上的按键进行控制或功能设定。

如图 4-1 所示 PCC3100 控制器的主要控制功能。柴油机转速控制经由磁电式转速传感器（MPU）获取频率信号，控制盘送出一低功率脉冲宽度调制（PWM）信号到调速器输出模块，然后向发动机燃油控制器（执行器）输出一个放大信号控制燃油量以控制柴油机的转速；发电机电压信号通过 PT/CT 模块向控制器主板提供信号至发电机调压器输出模块控制励磁机的励磁电流，以控制发电机的输出电压；机油、冷却液和排烟温度等由传感器传送信号至发动机传送器和传感器模块后再传送至控制器主板，通过燃油控制卡控制燃油的关断，以保护机组的运行安全；母排电压、频率信号通过母排 PT 模块及发电机电压、频率、电流信号通过 PT/CT 模块分别送至并联模块向控制器主板传送，由控制器主板分别调整机组的转速（频率）、电压，待并联条件满足时控制并联电路断电器合闸，随后控制机组的转速（频率）、电压以进行有功和无功功率分配；监控通信功能通过网卡连接 PC 对发电机组进行通信、监控；整个机组的参数设定包括转速（频率）、电压、增益、稳定、下垂（速降、压降）、传感器设定、功率分配等均在面板上操作设定。

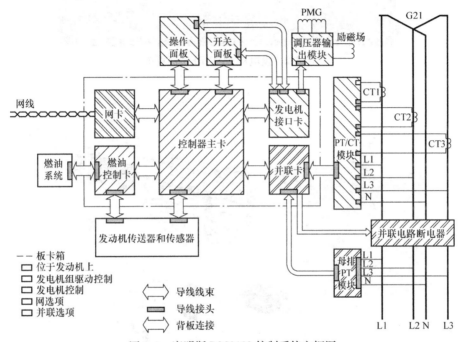

图 4-1 康明斯 PCC3100 控制系统方框图

控制系统由主控制模块、功能模块和数模转换模块组成，从主控关系上实现了完全一体化控制。

（2）CONTREG 控制器

CONTREG 控制器是 EMERSON 为利来森玛发电机设计的一种数字电压调节器（DVR）具有柴油机控制的新型控制器，控制器面板如图 4-2 所示，机组控制结构如图 4-3 所示。

1）发电机 CONTREG 主要功能：

① 发动机控制：

a. 启动准备（预润滑或进气预加热）；

b. 可设置启动时间、次数和间隔时间的启动时序；

c. 本地或远程起停；

d. 带冷却停机延时的停机时序；

e. 可选择 MPU 或者 J1939 运行反馈。

② 发电机的保护（ANSI）：

a. 欠电压/过电压保护（27/59）；

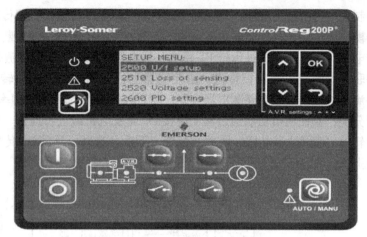

图 4-2 发电机 CONTREG 面板图

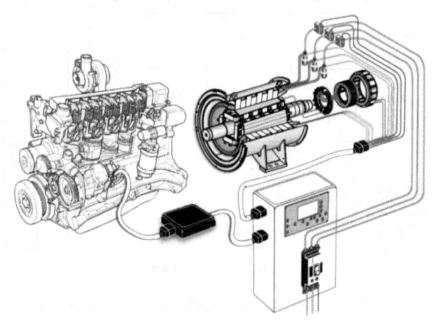

图 4-3 运用 CONTREG 的机组结构示意图

b. 欠频率/过频率保护（81）；

c. 过电流保护（51）。

③ 电压调节：

a. 可测量交流电的相电压或者线电压；

b. 最大励磁电流：4A（7A 强励，10s）；

c. U/F 功能；

d. 电压调节范围：AC 90~480V；

e. 可调节的电压稳态性参数。

④ 软启动功能。

2）性能特点

① 二合一节省成本；

② 具备机组控制器的基本控制和显示功能；
③ 发电机配置简单；
④ AVR 信息显示；
⑤ 数据记录；
⑥ 预防性维修；
⑦ 快速设置。

3）应用领域
① LSA40/42/43/44 以及 TAL40/42/44 自励励磁系统发电机；
② 50/60Hz；
③ 2/3/4 缸发动机；
④ 最高单相电压 277V；三相电压 480V。

4.1.2 柴油发电机组控制系统的发展趋势

柴油发电机组控制系统不仅要满足发电机组控制、测量、发动机保护、发电机保护等功能的需要，而且还要满足日益增长的安全性和可靠性的需求。那么，对于控制系统的功能就需要个性化、复杂化。如果将每个项目都做单独的设计，又将对设计工程师提出比较高的要求。这样就需要投入比较多的人力和精力去做这方面的工作，如果能够把不同的控制系统分为不同的模块，需要哪一部分就安装哪一部分，既能降低了成本，又能实现各种功能。

1. 个性化

（1）功能个性化

在常规项目中普通的控制系统可以满足客户需要，应对不同客户的不同需求，往往提出超出常用控制系统以外的功能要求。比如要输出继电器信号：运行、自动模式、手动模式、公共报警等信号，这些信号做起来并不复杂，但是如果每个控制屏都配置的话，对于成本和实际需要来说将是很大的浪费；然而，如果根据需要配置的话，又会产生比较大的麻烦，就是生产不能标准化，每台控制屏都可能不尽相同。所以一个简单的个性化需要，都是让控制屏的设计人员和生产人员比较棘手的一件事情。

（2）公司特色个性化

在柴油发电机组行业，发动机和发电机的核心技术控制在主机厂家手中，OEM 能够掌控的内容只有控制系统，市场上的竞争也越来越激烈，可能会出现相同的发动机、发电机拼装的机组，体现不同厂家机组性能的差异化的东西就只能是控制系统。此时的控制系统再体现公司的个性，例如：卡特彼勒的"奇才控制屏"，康明斯电力的"PCC"系列控制屏。

（3）不管是功能的个性化，还是公司特色个性化，都给控制系统的标准化，安全性，可靠性带来挑战。

在设计生产中要尽量避免功能的个性化，否则如果测试验证不足，则有可能带来不可靠的风险。在生产数量没有达到一定的量时，追求公司特色个性化则会引起成本的上升。

2. 复杂化

随着安全性意识的提高，往往要求控制屏要满足一定的安全功能。比以往增加保护功能。目前现有的控制模块可以满足大众需要的控制保护要求，对于功能要求较多的项目就显得明显不足。比如差动保护功能往往需要一个差动继电器和另外安装两组保护 CT；接地保护功能需要加装一组 CT 和漏电继电器。控制系统 LCD 显示屏能够以数字形式显示电压、电流、频率、水温、油压等参数，然而，对于一些比较传统的客户更喜欢指针仪表的简单直接，就再配置一组指针仪表，增加了越来越多的功能，也就添加了更多的元件；如果有一处接触不好，就可能产生故障，降低了控制系统的可靠性。对于发电机应用的项目越来越高端，一个发电机组在整个项目中的扮演的角色不仅仅是能发出电就可以的简单角色，它往往是在供电系统扮演着重要的角色。后台系统也越来越智能，与柴油发电机交换信息的界面也越来越复杂。系统后台要对柴油发电机组系统进行监视控制，就需要柴油发电机组对后台系统进行配合。系统后台对柴油发电机组的控制要求越多，柴油发电机组的控制系统的生产设计就越复杂。

3. 模块化

目前，柴油发电机组控制系统采用专用的 PLC 控制模块，集合了发电机保护、发动机保护、发动机主要参数、发电机参数，具备三遥功能，满足一般的功能要求。

随着个性化、复杂化的控制系统需求，控制模块自身也在不断地将新的功能集成进去，然而还是跟不上实际应用的需要，这时就需要外部逻辑来完成，不少发电机组厂家为了满足项目需要，基于现有的控制模块进行二次设计开发，增加保护模块，或者增加 PLC 在外面做逻辑。然而，复杂的逻辑，不但增加了设计人员的设计难度，也降低了系统的可靠性，同时也给后期维护增加了成本。这时候就需要在专用模块的基础上进行模块化，在专用控制模块内置 PLC 功能，可以满足机组厂家进行简单的编程，另外一些实在不能内置的功能作为辅助功能模块，需要该功能就安装，不需要就拆除。目前，具有复杂系统的需求的项目往往在数量上不足以引起国内模块厂家的重视，进口模块价格成本则高居不下，一定程度上也限制了模块化趋势的发展。随着控制模块竞争越来越激烈，利润的空间越来越小，厂家就会把目光投向满足不同应用的模块市场。

控制系统接线简单，增加功能简单，调试也简单。即要满足发电机组 OEM 工厂的技术要求、设计生产简单、调试维护方便；又要满足最终使用客户日益增加的功能需要，就需要牢牢把握模块化的趋势。

就发电机组控制系统的发展方向来看，应以模块化组合方式为主，即根据用户的不同要求，选用不同功能的控制模块组合成各种不同功能的柴油发电机组控制系统。模块功能的高度集成化和使用的高度灵活性，将会使柴油发电机组自动化控制系统的功能变得越来越完美、设计起来越来越简单、使用起来越来越可靠。

4. 集成化

另外，随着使用计算机作为信息来源的与日俱增，触摸屏以其易于操作、坚固耐用、反应速度快、节省空间等优点，使其在工业控制领域得到了广泛的应用。并且随着该领域技术的进步，国内该类型产品的兴起，触摸屏在技术上成熟可靠，在经济上性价比较高，对集中监控采用该元件的全面推广提供可能。在柴油发电机组主要项目中往往会使用 HMI 触摸控制技术编写相应的组态，将常用的一些参数、报警信息以动态直观的形式表现出来，不再是让人看起来比较枯燥的文字。另外，HMI 触摸屏是整合整个机房的专用模块，做到集中监视，测试控制，大屏幕快捷直观操作，满足运维人员的及时查看。不需要到机房的每个机组控制屏进行查看，读取参数，减少人员成本，降低运维人员技术水平门槛。HMI 越来越得到用户的接受。目前，制约 HMI 控制系统应用的主要原因还是 HMI 屏的本身工作环境不能适应所有的机组环境，作为应急电源一大部分柴油发电机组工作在高温、高湿等恶劣环境，国内不少 HMI 屏的使用环境不能适应极限环境。另外，对应的 HMI 的组态软件还是需要机组控制系统厂家进行编写，也要投入一定的成本。

4.2 发电机组的复杂应用

4.2.1 冗余应用

如图 4-4 所示为上海科泰电源股份有限公司机组并机冗余控制系统。

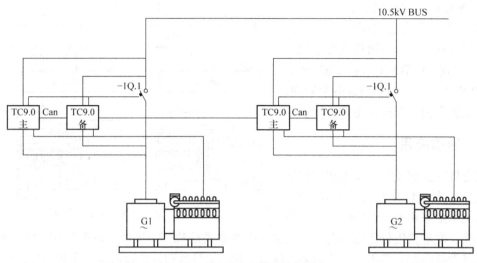

图 4-4 两台机组冗余控制系统

1. TC9.0 主、备控制器互为热备用冗余配置

TC9.0 主、备控制器互为热备用冗余配置，主控制器故障时，另外一台机组的控制器会自动无缝接管机组并机控制所有功能，接管过渡期间不会影响运行机组的控制、保护、带载响应等关键性能。

2. 控制总线冗余配置

TC9.0 主、备控制器均采用双 CANBUS 总线加模拟量负载分配总线三保险配置进行功率管理等功能，CANBUS 总线冗余，当一条 CANBUS 总线出现故障中断时，另外一条总线无缝接管机组并机控制所有功能，双总线故障，模拟量总线接管机组并机控制所有功能，接管过渡期间不会影响运行机组的控制、保护、带载响应等关键性能。

3. 控制器的信号冗余配置

主、备控制器的输入输出线路均采用开关量的形式进行隔离，调压信号采用开关量并联，调速信号采用双 CANBUS 线，两个控制器的信号是独立的，具备防火墙隔离功能，每台机组配套的两个并机控制器其中任何一个出现故障甚至出现短路，线路烧损等严重故障，完全不会影响另外一个控制器的功能实现。

两台机组冗余控制系统接线如图 4-5

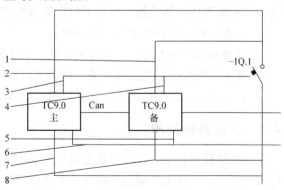

图 4-5 两台机组冗余控制系统接线图

4. 检测控制线路冗余

线路 1 和线路 2 分别独立为 TC9.0 主、备模块的电压检测线；
线路 3 和线路 4 分别独立为 TC9.0 主、备模块的断路器合、分控制线；
线路 5 和线路 6 分别独立为 TC9.0 主、备模块的发动机 ECU 数据检测线；
线路 7 和线路 8 分别独立为 TC9.0 主、备模块的发电机电压、电流信号检测线。

5. 负载分配线路冗余

机组之间优先通过 CANBUS 进行负载分配管理，一旦该通信线发生故障时，可以通过 TC9.0 内部配置的 IOM230 模块进行模拟量负载分配管理，负载分配冗余控制原理如图 4-6 所示。

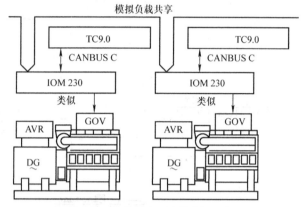

图 4-6　负载分配冗余控制原理图

4.2.2　通信应用

发电机组控制系统主要的通信在工业控制、电力通信、智能仪表等领域，通常情况下是采用串口通信的方式进行数据交换。发电机组行业也不例外，最初采用的方式是 RS232 接口，由于工业现场比较复杂，各种电气设备会在环境中产生比较多的电磁干扰，会导致信号传输错误。除此之外，RS232 接口只能实现点对点通信，不具备联网功能，最大传输距离只有十几米，不能满足远距离通信要求。而 RS485 数据信号采用差分传输方式，可以有效地解决共模干扰问题，最大传送距离可达 1200m，并且允许多个收发设备接到同一条总线上。

RS485 采用半双工通信方式，数据可以进行双向传送，同一时刻，只能发送数据或者接收数据。波特率一般设置 9600，对于单个机组设备的监控还是能够适用，如果应用于多台机组且有距离较远的项目，这种方式就远远不够。这时就需要采用工业以太网的形式进行。主流的发电机组控制模块一般都配置有 RJ45 端口，能够供远程上位机通过 MODBUS TCP/IP 协议进行监控。采用工业以太网监控方式最大的优点就传输速率快，满足多台机组构成的总线结构进行监控。

发电机组自动控制屏一般默认配置 RS485 通信端口，通信线需要在现场铺设，有时候上位机不能采集到机组的数据，可以采用以下方法进行逐一判断：

1) 检查控制模块设备地址，波特率；
2) 检查 RS485 通信线 A、B 是否接反，如果距离远，注意首尾两端加装 120Ω 电阻；
3) 确定通信线完好无断线现象。推荐采用屏蔽双绞线，屏蔽层接地；
4) 以上检查完好没有问题，用计算机的串口通信测试工具对端口进行测试。

4.2.3　快速并机应用

在一些特殊项目中，往往要求发电机组在 15s 内为负载提供电源。单组应用中这是很容易实现的。然而，一些大的项目中往往并不是仅仅满足于一台机组的在线运行，多台发电机并联为负载提供电源往往成为常态。多台机组并联且要求比较短的时间内为负载供电的快速并机应用采用 "dead bus" 的方案。

在发电机组开始之前,负载开关闭合。断路器的控制电源采用直流控制。交流发电机的励磁通过控制模块进行控制,机组启动前,发电机励磁开关断开,机组参数满足控制模块设置值时,励磁开关闭合,机组输出电压。

该类型机组特点:
1) 不需要发电机同步和等待所有的发电机组同步到一个母排上。
2) 从启动命令 8~10s 后系统应具有满负载的带负载能力。
3) 系统运行在 UPS 是比较理想的方案。
4) 不允许停电的项目(医院,数据中心)。
5) 软励磁减压系统。

4.2.4 复杂并机项目的应用

1. 单机并市电

(1) 长期与市电并网模式

市电故障 GCB 分闸(自动模式下),市电故障,GCB 不能合闸,不许岛运行;控制 GCB 开关同步/合闸,不控制市电开关 MCB;负载功率控制,或输入/输出功率控制。

(2) 长期与市电并网或岛运行

应用于不间断电源切换模式、调峰模式;控制 GCB 开关同步合闸/分闸和市电 MCB 反同期合闸/分闸;基数负载控制,输入/输出负载控制,通过外部模拟量信号控制负载输出。

2. 多机并联

(1) 最多 32 台机组并机

1) 控制系统控制 GCB 开关同步/合闸/分闸。
2) 控制系统能够进行负载分配——有功分配/无功分配。
3) 控制系统接收干接点远程启动。
4) 控制系统局用功率管理功能。

(2) 超过 32 台机组并机

1) 每组可达 31 台,分 32 组 = 992 台机组并联。
2) 组内控制系统控制 GCB 开关同步/合闸/分闸。
3) 组内控制系统能够进行负载分配——有功分配/无功分配。
4) 组间控制系统通过通信的方式,对所有在线进行功率管理和负载分配。

(3) 多机并联再与市电并联

3. 32 台机组并机再与市网并联

市电控制系统:控制 MCB 反向同步,市电控制系统控制 GCB 同步/合闸/分闸;不并市网时,机组负载分配,采用机组并机的功率管理模式;当与市网并联运行时,市电控制系统控制机组多种功率控制,基数负载、输入/输出,外部控制功率,模拟量信号控制功率;远程干接点远程启动或市电故障自启动。

4.3 基于移动云服务的柴油发电机组远程监控系统

云计算是继 PC、互联网之后信息技术发展的最新趋势。以云计算为重要支撑的云服务正为用户带来更加简单方便的信息应用方式。移动互联网终端和数量的加速增长,伴随而来的是移动互联网上的云服务需求日益凸现，而移动宽带覆盖和网络云服务的实现成为可能。

所谓云计算，是分布式处理、并行处理、网格计算、网格存储及大数据中心的进一步发展和商业实现，基本原理是将数据计算分布在互联网的大规模服务器上，而非本地计算机或远程服务器中，数据中心的运行与互联网相似，用户根据需求访问计算机和存储系统。它的最终目标是构建一个类似电力系统和供水系统建设与运营模式的全新 IT 系统，实现对信息服务进行统一建设和管理，用户按需使用，按量付费。

云服务是指采用云计算技术的大规模服务器集群（云端）为用户提供不必下载、不必安装、上网即用、操作方便、功能丰富、价格低廉的互联网服务。在云计算时代，在云端有专业人员对数据、平台、软件进行维护，而用户只需在浏览器中键入应用的网址，登录后即可在浏览器中做以前在个人电脑上所做的一切事情。

云服务有以下特点：可靠和安全的云端数据存储；开放的云端软件开发和大量软件服务；云端与终端设备的自动同步，不必下载软件，软件可以动态升级；无所不在、无限强大的云计算，基于云端的大规模服务器集群物理位置与用户无关，用户只需通过互联网登录即用，十分方便，服务器集群相互协作，计算能力将远超过任何个人计算机；终端硬件配置需求降低。只要终端通过浏览器软件打开云端网站，就可使用云端提供的服务。

4.3.1 移动云服务的特点

移动云服务的特点：移动云服务是通过移动互联网来将服务从云端推送到终端的一种云服务。而移动互联网是将移动通信设备和传统互联网两者结合起来的互联网络，因移动终端与传统互联网终端的差异性，使得移动云服务具备了一些新特点。

（1）永远在线的便捷服务

移动云服务终端设备一般较为轻便，具有高便携性，其以远高于传统互联网终端的使用时间与用户体感直接接触。这个特点决定了移动云服务可以实现 24h 的贴身服务，并且移动云服务的获取远比传统云服务方便。

（2）绑定移动终端的隐私性

移动云服务中终端用户的隐私性要求远高于传统云服务用户，其决定了移动互联网数据共享时既要保障认证客户的有效性，又要保证信息的安全性。这是不同于传统互联网公开透明的特点。

（3）能实现传统云服务在移动互联网的扩展应用

通过移动通信网络，移动终端可以访问传统互联网信息，这就决定了传统云服务可扩展到移动云服务中。

4.3.2 系统组成

移动云服务的柴油发电机组远程监控系统组成如图 4-7 所示。

系统由柴油发电机组、机组状态监测各类传感器、机组控制器、嵌入式系统为基础的数据采集终端、GPRS 无线数传模块、天线模块、服务器、监控系统平台等组成。一是实现远程后台与现场系统间的通信和数据交互，进而完成基本的远程测控功能；二是建立易于随时随地访问、便于数据处理、服务业务拓展的后台服务系统，以及建立或选择相适应的运行环境平台。

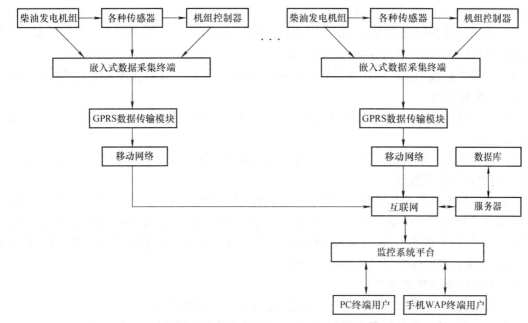

图 4-7 移动云服务的柴油发电机组远程监控系统原理示意图

采用无线传输方式接入互联网，可以远程实时监控发电机组：可以对发电机相（线）电压、电流、频率、转速、功率、温度、压力等情况进行实时监控。对过速、油压低、水温高、过电压、欠电压、过频、欠频、过电流、短路、启动等故障能实时报警。可通过对机组输出电压及频率与设定值的比较进行自动调节，能自动维持机组的准启动状态，能实现机组的急起、自起，能实现柴油发电机组与市电的自动切换、柴油发电机组运行状况、燃油状况、市电状况等，发送短信通知相关维护人员，实现了发电机组的全方位维护保养管理和发电量管理。特别是在日常维护管理中，监控人员根据手机收到的实时监控的故障或告警信息（机油压力、水箱温度、燃油量、发电电压）及时汇报并处理，保障机组始终处于良好的运行状态。

引入移动互联网的交互式访问模式利用移动终端接入的便捷性，可以让系统在任何时间、任何地点获取监控信息和系统服务。手机作为移动互联网的接入终端，在无线通信网络覆盖的区域，可以便捷地接入系统进行访问，采用 Web 访问形式，手机通过 Web 方式获取云端服务只需手机端有合适 EB 浏览器即可，云端的交互通过网页的形式被手机获取，利用浏览器的输入框、按钮等控件，用户完成与服务器的交互过程。另外，Web 访问形式对系统的扩展约束较小，当服务器端添加新的功能、增加新的业务逻辑时，整个系统只需要在服务器端增加相应的 Web 页面即可，而不需要手机端进行复杂的更新操作，当用户再次通过手机浏览器接入系统时即可访问更新后的系统服务。

4.3.3 通信与数据交互

1. 核心功能为数据的上传与下联，以及不同通信方式间的协议转换

核心功能为数据的上传与下联，以及不同通信方式间的协议转换。具体功能和任务包括：

1）下联功能。兼容多种现场总线或点对点的通信方式，实时获取现场被监控对象的运行数据及操作记录的功能，实时下发远程控制与操作命令的功能。

2）上传功能。采用适于远程后台系统连接的多种广域通信方式，实现现场数据的数据包转发、协议转换以及网络互连等功能。

3）适当的数据管理功能与控制逻辑功能。如控制操作的安全处理逻辑、普通数据与报警数据的分级转发管理、报警数据的过滤规则等。

4）友好性拓展功能。如任务提醒、告警提示的信道拓展，现场管理系统的网络互连等。

2. 系统的监控

系统的监控对象，一般包括发电机组及其智能管理模块、机房环境及配套设备。其主要的监控参数包括：

1）对于发电机组机房环境。机组运行环境温湿度及其报警设置与输出，机组运行环境的烟感、门禁和水淹等数据。

2）对于发电机组及其智能管理模块。（通过智能管理模块获得的）机组运行状态（开/关机）、机组运行模式（手动或自动）、以及各项运行数据（转速、油温、油压、电压、电流、功率因数、负载变化等）；运行参数及状态的设置及设置记录；报警数据与报警记录；故障数据与故障记录；维护保养记录与维护保养提醒等。

3. 模块的数据管理功能

模块的数据管理功能应能满足上述数据内容中的不同类型需求：

区分状态信息、设置信息、操作（包括运行操作和维护操作）信息，区分开关量、模拟量，建立适合的数据结构，同时具有相应的信息项增减接口或界面。

在满足可检索性前提下，满足部分数据的短期历史性需求，提供一定的短期跟踪性逻辑（如门限监控、有效平均等）。

具有相应的数据访问权限管理功能，突出强调其下传输出的控制信息的安全管理。

4. 模块应具有满足多种不同应用需求的标准化通信接口能力

上传通信及下传通信均通过 GPRS 无线数传模块，即内嵌 GSM/GPRS 核心单元的无线 Modem，具有完备的电源管理系统，标准的串行数据接口，具备针对不同数据实时性和安全性需求的上层通信管理能力和广域网互连能力。

考虑适应不同的工作现场，具备工业现场总线接口及点对点通信接口，同时应支持业内使用较广的 MODBUS 等上层协议，具备基于 TCP/IP 的局域网互连 RJ45 接口。

4.3.4 远程数据管理与服务

1. 基于数据管理的测控功能

主要面向汇集后的现场运行数据的存储、查询、呈现、访问以及现场数据的门限设置等传统的管理功能，配合售后服务业务，建立设备维修、维护的管理系统。

2. 基于数据挖掘的服务提升功能

在传统数据管理功能之上，通过数据的积累和挖掘，为服务内容的拓展提供数据基础和操作平台。

对于发电机等生产厂商，提供定期维护提醒，功能性失效及故障预测，故障原因分析与排障支持，配件产能预判等支持。

对于发电设备的运营客户，提供负载跟踪、运行参数优化支持、备件管理和维护指导等服务。

3. 数据管理与服务平台

应在满足功能性需求的基础上，突出强调通信性能（数据可靠性、实时性）、终端的广泛分布性、网络容量和功能模块的可扩充能力，不建议企业自建后台服务系统。软件升级及功能模块的扩展支持能力。

4.3.5 项目的技术框架及其关键技术

1. 系统的基本布局

系统的基本布局分为两个部分：

1）以嵌入式系统为基础的数据采集终端，配置在柴油发电机组的各个应用现场，通过无线数传模块实现现场与远程后台的网络连接和数据互连。

2）以数据库为基础的软件系统，通过服务器系统，可以遍布于任何地点数据访问与操作管理系统，实现汇总后数据的各种处理，形成处理后数据的访问和操纵界面。

2. 系统架构模式

依照对上述功能实现的支持程度差异，以及系统架构的技术实现方式上的不同，在广域网环境下，存在以下可选择的系统架构模式。基于 GPRS 的数据传输信道和后台数据处理结果发布方式，在以下架构中的工作模式基本相同；现场终端的下连架构相同；后台的处理内容具有相同的弹性。

(1) 现场终端下连

下连采用以 MODBUS 为默认协议的业内标准化通信（对应不同通信连接分别采用 MODBUS-RTU、MODBUS-TCP 等），通过 RS232 远传、诸如 RS485 等现场总线、工业以太网等通信连接方式，建立与具有数据通信功能的被监控对象间的数据信道。

针对不具备数据通信功能的被监控对象（如某些电源模块），通过扩充模块，实时获取对象参数数据、安全输出对象控制输入。

相对于被监控对象，现场终端既是 TCP-Server 或 TCP-Client（具体取决于被监控对象在现场以太网中的角色），又是总线网络的控制器和测控扩展模块的调度器。

针对系统整体架构下现场终端的功能定位，承担网络路由、协议转换、Web 访问服务、MA 运行等不同任务。

(2) 现场终端与远程服务的架构

基于云平台和移动代理的智能架构，在该架构中，现场模块主要完成对被监控对象数据的获取和控制输出，并具有一定的数据管理功能。现场模块作为 webserver，支持包括以 Web 文本挖掘为主要功能的后台数据前置机以及其他广域网上合法客户端在内的 webclient 的随时访问；前台数据前置机及应用服务器作为 DBclient 操纵数据库；后台应用服务器对数据进行加工处理，其结果提供给后台局域网客户进行访问，并经过 Web 服务器，为外部广域网客户提供浏览访问服务，同时支持 MA 的运行；MA 作为功能性智能体，主要面向设置性任务、控制性任务的完成，也可取代 Web 服务，进行常规数据的定期传递。

该方案具有技术上的先进性，更主要的是适于集监测控制于一体的网络化应用，云平台的架构，可有效应对分布范围更广的现场终端的服务响应，有效解决后台服务其系统的多机集成、任务优化分配、数据挖掘提升功能的扩充；智能体技术，不仅具有网络带宽小、配置灵活的技术优势，更为逐步开展的涉及现场终端、现场被监控对象的售后服务内容的拓展，奠定了技术基础。

4.3.6 科泰天辰云系统的主要功能

1. 手机功能

1）实时数据监控；

2）实时报警提醒；
3）日常维保提醒；
4）售后录入功能；
5）售后台账管理；
6）实时视频监控；
7）二维码管理；
8）关键词搜索；
9）远程控制功能；
10）移动办公室平台。

2. 计算机后台功能
1）网页版登陆平台；
2）企业信息管理；
3）地图监控平台；
4）实时 Web 视频监控；
5）维保参数管理；
6）iERP 分层组织管理；
7）批量机组绑定；
8）机组资料批量录入；
9）数据统计管理；
10）自定义角色权限。

4.3.7 科泰天辰云系统的优点

1. 集中监控用户机组使用情况，提升工作效率

用户可以随时随地通过 PC 端、手机 APP 或其他移动终端，手机短信等多渠道对油机进行监控，操作非常方便、快捷，工作效率至少提升 85%。

2. 节省维护和管理成本

当机组发生故障时，提供详细的故障发生瞬间的机组信息，再现故障场景，为发电机维修提供科学的依据。可针对性带好工具或物料，减少维护往返现场的次数，节省维护费用。对有些简单故障，可指导用户自己快速解决或给出临时解决方案。

专家级的健康诊断技术，提前发现机组的潜在故障，提醒用户做好检修工作，减少机组运行的故障几率，同时延长机组的使用寿命。

3. 数据自动统计，轻松管理

自动统计用户的运行使用数据，提醒用户做好维护保养。

自动记录每次的发电时长、油耗、油料增减，可以自动导出数据报表。

4. 实时监控用户使用情况，及时阻止不当操作

实时监控机组的负载情况，当机组过载时，记录过载信息并同时传送信息给监控者，以便提醒用户注意使用。当检测到机组出现高水温或低油压以及其他告警信息时，及时提醒用户做好相关工作。

5. 自动维护提醒及定时开机带载运行，延长机组使用寿命

根据机组运行时间、油耗，自动提醒维护人员维护，延长了使用寿命，保障机组处于良好

的备用状态。

6. 安全可靠

控制器对机组分不同权限管理，避免误操作。损坏机组或发生人身事故。

随时随地监控机组的机油压力、机箱温度、燃油、电参量等情况。当压力、机箱温度过高时就会自动告警，提前防止发电机过热，引发火灾等事故发生，降低了事故存在的风险。

7. 防止机组被盗

24h 实时监控，数据传输模块具有定位功能，可以实时追踪机组位置，防止机组被盗。在没有网络的地方，可设置为自动锁住不能启动。当需要使用时，可输入一次性密码启动。

8. 可以解决客户恶意拖欠租赁费用的发生

一旦与客户发生重大矛盾或恶意拖欠费用的情况，系统可以远程起、停发电机组，锁住机组启动，减少损失。

9. 其他优点

1) 通过云平台主动寻找客户，增加服务业绩，提高曝光和点击率，被更多产业链客户找到，增加新客户。

2) 维护老客户　通过云平台可以查看代维机组信息，对机组进行远程维护。

3) 节省人力　通过云平台方便外勤管理及派单，提高工作效率。

4) 节省时间　通过机组地图及导航，快速反应，直达目的地，提高服务效率。

5) 提高资金利用　根据机组信息优化零配件备货及库存，提高资金利用率。

4.4　科泰 TC 系列控制屏

4.4.1　简易控制屏

此类控制屏一般只能完成机组的启动、停止操作，可以查看常用的发动机、发电机参数及发动机、发电机保护。如科泰 TC1.0 系列控制屏。

1. TC1.0 功能描述

TC1.0 用于单机自动化，通过远端信号控制发电机组自动开机与停机，并且带有市电电量监测和市电/发电自动切换控制功能（AMF），适用于一路市电一路机组构成的单机自动化系统。

（1）主要特点

1) 液晶显示 LCD 为 132mm×64mm，带背光，4 种语言（简体中文、英文、西班牙文、俄文）显示，轻触按钮操作；

2) 适合于三相四线、单相二线、三相三线、两相三线（120V/240V）电源 50Hz/60Hz 系统；

3) 采集并显示市电/发电三相电压、三相电流、频率、功率参数；

4) 市电具有过电压、欠电压、缺相保护功能，发电具有过电压、欠电压、过频、欠频、过电流保护功能；

5) 精密采集发动机的各种参量：

① 温度 WT：℃/℉ 同时显示；

② 机油压力（OP）：kPa/Psi/Bar 同时显示；

③ 燃油位（FL）单位：%；
④ 转速（SPD）单位：r/min；
⑤ 电池电压（VB）单位：V；
⑥ 充电机电压（VD）单位：V；
⑦ 计时器（HC）可累计时长：999999h；
⑧ 累计开机次数：最多999999次。

6）控制保护功能。实现柴油发电机组自动开机/停机、合闸和分闸（ATS自动切换）及完善的故障显示保护功能；

7）参数设置功能。允许用户对其参数进行更改设定，在系统掉电时不会丢失，控制器所有参数可从控制器前面板调整，或使用PC通过编程接口调整（使用上海科泰公司SG72适配器）；

8）多种温度、压力、液位传感器可直接使用，并可自定义参数；

具有一个可编程传感器，可以选择温度、压力、液位传感器中的一种来使用，实现了双温度、双油压、双液位的检测。

9）多种启动成功条件（转速传感器、油压、发电）可选择；

10）供电电源范围宽DC（8~35）V，能适应不同的启动电池电压环境。

(2) TC1.0操作

1）按键功能描述

按键功能描述见表4-1。

表4-1 按键功能描述

图形	名称	功能
○	停机/复位键	在手动/自动模式下，均可以使运转中的发电机组停止 在发电机组报警状态下，可以使任何的停机报警复位 在停机模式下，按下此键3s钟以上，可以测试面板指示灯是否正常（试灯） 在停机过程中，再次按下此键，可快速停机
I	开机键	在手动模式或手动试机模式下，按此键可以使静止的发电机组开始启动
🖐	手动键	按下此键，可以将控制器置于手动模式。按下此键和上翻键（或下翻键）可以调节液晶对比度
A	自动键	按下此键，可以将控制器置于自动模式
🔧	设置/确认键	按下此键，进入设置菜单，并可在参数设置中移动光标及确认设置信息
△	上翻/增加	翻屏，在参数设置中向上移动光标或增加光标所在位的数字
▽	下翻/减少	翻屏，在参数设置中向下移动光标或减少光标所在位的数字

2）面板指示灯描述

面板指示灯功能如图 4-8 所示。

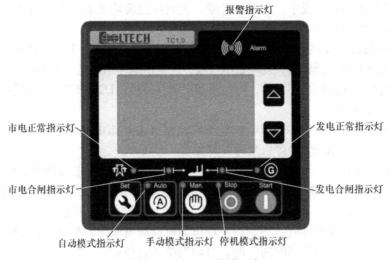

图 4-8　TC1.0 面板指示灯

2. 手动开机停机操作

1）按 键，控制器进入"手动模式"，手动模式指示灯亮。按 键，选择"控制器模式选择"，再选择"手动试机模式"，控制器进入"手动试机模式"。在这两种模式下，按 键，则启动发电机组，自动判断启动成功，自动升速至高速运行。当柴油发电机组运行过程中出现水温高、油压低、超速、电压异常等情况时，能够有效、快速地保护停机［过程见自动开机操作的顺序 3）~8)]。在"手动模式 "下，发电机组带载是以市电是否正常来判断。市电正常，负载开关不转换；市电异常，负载开关转换至发电带载。在"手动试机模式"下，发电机组高速运行正常后，不管市电是否正常，负载开关都转换至发电带载。

2）手动停机　按 键，可以使正在运行的发电机组停机［过程见自动停机过程的顺序 2）~6)］。

3. 自动开机停机操作

按 键，该键旁指示灯亮起，表示发电机组处于自动开机模式。

(1) 自动开机顺序

1）当市电异常（过电压、欠电压、缺相）时，进入"市电异常延时"，LCD 屏幕显示倒计时，市电异常延时结束后，进入"开机延时"。

2）LCD 屏幕显示"开机延时"倒计时。

3）开机延时结束后，预热继电器输出（如果被配置），LCD 屏幕显示"开机预热延时 XXs"。

4）预热延时结束后，燃油继电器输出 1s，然后启动继电器输出；如果在"启动时间"内发电机组没有启动成功，燃油继电器和启动继电器停止输出，进入"启动间隔时间"，等待下一次启动。

5）在设定的启动次数内，如果发电机组没有启动成功，LCD 显示窗第四行返黑，同时 LCD 显示窗第四行显示启动失败报警。

6）在任意一次启动时，若启动成功，则进入"安全运行延时"，在此时间内油压低、水温高、欠速、充电失败以及辅助输入（已配置）报警量等均无效，安全运行延时结束后则进入"开机怠速延时"(如果开机怠速延时被配置)。

7)在开机怠速延时过程中,欠速、欠频、欠电压报警均无效,开机怠速延时结束后,进入"高速暖机时间延时"(如果高速暖机延时被配置)。

8)当高速暖机延时结束时,若发电正常则发电状态指示灯亮,如发电机电压、频率达到带载要求,则发电合闸继电器输出,发电机组带载,发电供电指示灯亮,发电机组进入正常运行状态;如果发电机组电压或频率不正常,则控制器报警并停机(LCD屏幕显示发电报警量)。

(2) 自动停机顺序

1)发电机组正常运行中,若市电恢复正常,则进入"市电电压正常延时",确认市电正常后,市电状态指示灯亮起,"停机延时"开始。

2)停机延时结束后,开始"高速散热延时",且发电合闸继电器断开,经过"开关转换延时"后,市电合闸继电器输出,市电带载,发电供电指示灯熄灭,市电供电指示灯点亮。

3)当进入"停机怠速延时"(如果被配置)时,怠速继电器加电输出。

4)当进入"得电停机延时"时,得电停机继电器加电输出,燃油继电器输出断开。

5)当进入"发电机组停稳时间"时,自动判断是否停稳。

6)当机组停稳后,进入发电待机状态;若机组不能停机则控制器报警(LCD屏幕显示停机失败警告)。

4. 控制模块端口设置

TC1.0 控制器背面板如图 4-9 所示。

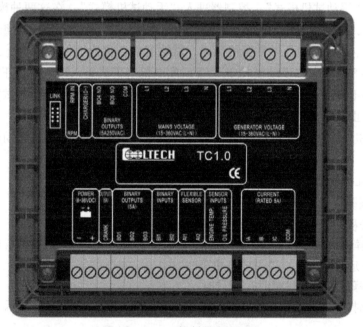

图 4-9 TC1.0 控制器背面板图

接线端子功能描述见表 4-2。

表 4-2 TC1.0 接线端子功能

端子号	功　　能	线截面积/mm²	备　　注
1	直流工作电源输入 B −	1.5	接启动电池负极
2	直流工作电源输入 B +	1.5	接启动电池正极,若长度大于 30m,用双根并联。推荐最大 4A 熔丝

(续)

端子号	功能	线截面积/mm²	备注
3	启动继电器输出	1.0	由2点供应B+，额定5A，接启动机启动线圈
4	可编程继电器输出口1	1.0	由2点供应B+，额定5A，默认定义燃油阀
5	可编程继电器输出口2	1.0	由2点供应B+，额定5A，默认定义GCB合/分
6	可编程继电器输出口3	1.0	由2点供应B+，额定5A，备用
7	可编程输入口1	1.0	接地有效（B-），默认定义紧急停机
8	可编程输入口2	1.0	接地有效（B-），默认定义远程起机
9	可编程输入口3	1.0	接地有效（B-），默认定义机油压力开关
10	可编程输入口4	1.0	接地有效（B-），默认定义水温或者水位开关
11	温度传感器输入	1.0	连接水温或缸温电阻型传感器
12	油压传感器输入	1.0	连接油压电阻型传感器
13	电流互感器A相监视输入	1.5	外接电流互感器二次线圈（额定5A）
14	电流互感器B相监视输入	1.5	
15	电流互感器C相监视输入	1.5	
16	电流互感器公共端	1.5	参见后面安装说明
17	转速传感器输入	0.5	连接转速传感器，建议用屏蔽线 转速传感器另一输入端应接B-
18	充电发电机D+端输入	1.0	接充电发电机D+端子，若充电机上没有此端子，则此端子悬空
19	可编程继电器输出口4	1.0	19、21端子组合为继电器常开无源接点，额定5A，无源接点输出
20	可编程继电器输出口5	1.0	
21	输出口公共端	1.5	可编程继电器输出口4和5公共端
22	市电L1相电压监视输入	1.0	连接至市电R相（推荐2A熔丝）
23	市电L2相电压监视输入	1.0	连接至市电S相（推荐2A熔丝）
24	市电L3相电压监视输入	1.0	连接至市电T相（推荐2A熔丝）
25	市电N线输入	1.0	连接至市电N线
26	发电机L1相电压监视输入	1.0	连接至发电机输出U相（推荐2A熔丝）
27	发电机L2相电压监视输入	1.0	连接至发电机输出V相（推荐2A熔丝）
28	发电机L3相电压监视输入	1.0	连接至发电机输出W相（推荐2A熔丝）
29	发电机N线输入	1.0	连接至发电机输出N线

4.4.2 单机自动控制屏

此类控制屏不仅要完成简易控制屏上实现的所有功能，还要至少满足 MODBUS 通信监控功能，CANBUS 通信功能，及其他复杂应用功能。如科泰 TC2.0 系列控制屏。

1. TC2.0 功能描述

TC2.0 发电机组控制器具有市电电量监测和市电/发电自动切换控制功能（ATS），特别适用于一路市电一路机组构成的单机自动化系统。

主要特点：

1）液晶显示 LCD 为 480×272，PPi（每英寸像素 Pixels per inch），带背光，中文、英文及其他多种语言可选界面操作，且可现场选择，方便工厂调试人员试机。

2）具有 RS485 通信接口，利用 MODBUS 协议可以实现"三遥"功能；具有 ETHERNET 通信接口，可以实现多种监控方式。

3）具有 Micro SD 接口，可以实现运行数据的实时记录。

4）具有 SMS 功能，当发电机组有报警时可以自动向所设置的 5 个电话号码发送报警信息，也可以通过短信来控制发电机组和查阅发电机组状态。

5）具有 CAN BUS 接口，可以连接具备 J1939 的电喷机，不但可以监测电喷机的常用数据（如水温、油压、转速、燃油消耗量等），也可以通过 CANBUS 接口控制开机、停机、升速和降速等。

6）适合于三相四线、三相三线、单相二线、两相三线（120/240V）电源 50/60Hz 系统；采集并显示市电/发电三相电压、三相电流、频率、功率参数。

市电	发电
线电压　U_{ab}、U_{bc}、U_{ca}	线电压　U_{ab}、U_{bc}、U_{ca}
相电压　U_a、U_b、U_c	相电压　U_a、U_b、U_c
相序	相序
频率　Hz	频率　Hz

负载
电流　　　I_A、I_B、I_C
分相和总的有功功率　　kW
分相和总的无功功率　　kvar
分相和总的视在功率　　kVA
分相和平均功率因数　　PF
发电累计电能　kwh、kvarh、kVA·h

7）市电具有过电压、欠电压、过频、欠频、缺相、逆相序检测功能；发电具有过电压、欠电压、过频、欠频、过电流、过功率、逆功率、缺相和逆相序检测功能。

8）3 个固定模拟量传感器（温度、油压、液位）；两个可编程模拟量传感器可设置成温度或压力或液位传感器。

精密采集发动机的各种参量：

① 温度 WT:℃/℉ 同时显示；

② 机油压力 OP: kPa/Psi/Bar 同时显示；

③ 燃油位 FL 单位:%；

④ 转速 SPD 单位：r/min；

⑤ 电池电压 VB 单位：V；

⑥ 充电机电压 VD 单位：V；

⑦ 计时器（HC）可累计时长：65535h；

⑧ 累计开机次数：最多 65535 次。

9）控制保护功能：实现柴油发电机组自动开机/停机、合分闸（ATS 切换）及完善的故障显示保护等功能；

10）参数设置功能：允许用户对其参数进行更改设定，同时记忆在内部 EEPROM 存储器内，在系统掉电时也不会丢失。绝大部分参数可从控制器前面板调整，所有参数可使用 PC 通过 USB/RS485/ETHERNET 接口调整。

供电电源范围宽 DC（8～35）V，能适应不同的启动电池电压环境。

11）具有历史记录，实时时钟，定时开关机（每月/每周/每天开机一次且可设置是否带载）功能。

2. 操作

（1）指示灯说明

TC2.0 面板如图 4-10 所示。TC2.0 警告指示灯与报警指示灯说明见表 4-3。

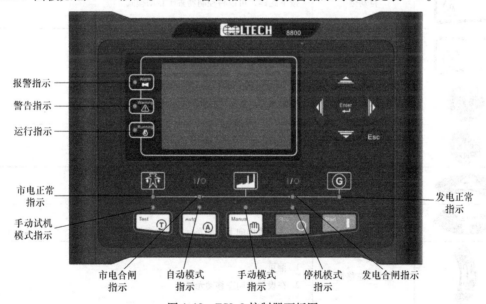

图 4-10　TC2.0 控制器面板图

表 4-3　警告指示灯与报警指示灯说明

报警类型	警告指示灯	报警指示灯
警告报警	慢速闪烁	慢速闪烁
跳闸不停机报警	慢速闪烁	慢速闪烁
停机报警	不亮	快速闪烁
跳闸停机报警	不亮	快速闪烁

运行指示灯：在启动成功后，得电停机前常亮，其他时段熄灭。

发电正常指示灯：发电正常时常亮，发电异常时闪烁，无发电时熄灭。
市电正常指示灯：市电正常时常亮，市电异常时闪烁，无市电时熄灭。

(2) 按键功能描述

按键功能描述见表4-4。

表4-4　TC2.0按键功能描述

图形	名称	功　　能
Stop	停机键	在手动/自动状态下，均可以使运转中的机组停止 在停机模式下，可以使报警复位 按下此键3s以上，可以测试面板指示灯是否正常（试灯） 在停机过程中，再次按下此键，可快速停机
Start	开机键	在手动模式下，按此键可以使静止的发电机组开始启动
Manual	手动键	按下此键，可以将控制器置于手动模式
Auto	自动键	按下此键，可以将控制器置于自动模式
Test	手动试机键	按下此键，可以将控制器置于手动试机模式
I/O	发电合分闸键	在手动模式下，可控制发电合分闸
I/O	市电合分闸键	在手动模式下，可控制市电合分闸
▲	上翻/增加键	1. 翻屏 2. 在设置中向上移动光标及增加光标所在位的数字
▼	下翻/减少键	1. 翻屏 2. 在设置中向下移动光标及减少光标所在位的数字
◀	左翻/左移键	1. 翻页 2. 在设置中向左移动光标
▶	右翻/右移键	1. 翻页 2. 在设置中向右移动光标
Enter	配置/确认键	1. 按下此键3s以上，进入参数配置菜单 2. 在设置中确认设置信息
Esc	退出键	1. 回到第一个界面 2. 在设置中返回到上一级菜单

⚠ 注意：在手动模式下，同时按下 [Manual] 键和 [Start] 键，可以强制启动机组。此时，控制器不根据启动成功条件来判断机组是否已经启动成功，启动机的脱离由操作员来控制，当操作员观察机组已经启动成功，放开按键后，启动停止输出，控制器进入安全运行延时。

⚠ 注意：同时按下 [Enter] 键和 [Esc] 键，可以消除报警音。

⚠ 小心：出厂初始密码为"00318"，操作员可更改密码，防止他人随意更改控制器高级配置。更改密码后请牢记，如忘记密码请与公司服务人员联系，将控制器中"关于"页的全部信息反馈给服务人员。

(3) 手动开机、停机操作

1) 手动开机　按 [Manual] 键，控制器进入"手动模式"，手动模式指示灯亮。按 [Start] 键，则启动发电机组，自动判断启动成功，自动升速至高速运行。柴油发电机组运行过程中出现水温高、油压低、超速、电压异常等情况时，能够有效快速地保护停机 [过程见自动开机操作步骤3)~8)]。

2) 手动停机　按 [Stop] 键，可以使正在运行的发电机组停机。[过程见自动停机过程2)~7)]。

⚠ 注意：在手动模式下，ATS 过程参见本文中的发电机组控制器 ATS 过程。

3) 自动开机、停机操作

按 [Auto] 键，该键旁指示灯亮起，表示发电机组处于自动开机模式。

(4) 自动开机、停机

1) 自动开机顺序

① 当市电异常（过电压、欠电压、过频、欠频、缺相和逆相）时，进入"市电异常延时"，LCD 的状态页显示倒计时，市电异常延时结束后，进入"开机延时"；或者当远程开机（带载）输入有效时，进入"开机延时"。

② LCD 的最下面一行显示"开机延时"倒计时。

③ 开机延时结束后，预热继电器输出（如果被配置），LCD 的最下面一行显示"开机预热延时 XX"。

④ 预热延时结束后，燃油继电器输出1s，然后启动继电器输出；如果在"启动时间"内发电机组没有启动成功，燃油继电器和启动继电器停止输出，进入"启动间隔时间"，等待下一次启动。

⑤ 在设定的启动次数内，如果发电机组没有启动成功，控制器发出启动失败停机，同时 LCD 的报警页显示启动失败报警。

⑥ 在任意一次启动时，若启动成功，则进入"安全运行延时"，在此时间内油压低、水温高、欠速、充电失败报警量等均无效，安全运行延时结束后则进入"开机怠速延时"（如果开机怠速延时被配置）。

⑦ 在开机怠速延时过程中，欠速、欠频、欠电压报警均无效，开机怠速延时过完，进入

"高速暖机时间延时"（如果高速暖机延时被配置）。

⑧ 当高速暖机延时结束时，若发电正常则发电状态指示灯亮，如发电机电压、频率达到带载要求，则发电合闸继电器输出，发电机组带载，发电供电指示灯亮，发电机组进入正常运行状态；如果发电机组电压或频率不正常，则控制器报警停机（LCD 的报警页将显示发电报警信息）。

注：当由远程开机（不带载）输入开机时，过程同上，只是在过程 8 时，发电合闸继电器不输出，发电机组不带载。

2）自动停机顺序

① 发电机组正常运行中，若市电恢复正常，则进入"市电电压正常延时"，确认市电正常后，市电状态指示灯亮起，"停机延时"开始；或者当远程开机输入失效时，开始"停机延时"。

② 停机延时结束后，开始"高速散热延时"，且发电合闸继电器断开，经过"开关转换延时"后，市电合闸继电器输出，市电带载，发电供电指示灯熄灭，市电供电指示灯点亮。

③ 进入"停机怠速延时"（如果被配置）时，怠速继电器加电输出。

④ 进入"得电停机延时"，得电停机继电器加电输出，燃油继电器输出断开，自动判断是否停稳。

⑤ 进入"发电机组停稳时间"，自动判断是否停稳。

⑥ 若当机组停稳后，进入"发电机组过停稳时间"；否则控制器进入停机失败同时发出停机失败警告（在停机失败报警后，若机组停稳，则进入"发电机组过停稳时间"同时自动消除停机失败警告）。

⑦ 过停稳时间结束后，进入发电机组待机状态。

（5）发电机组控制器开关控制过程

1）手动转换过程

控制器在手动模式时，开关控制过程执行手动转换过程。

操作人员通过合分闸按键控制 ATS 开关的负载转换。

① 如果分闸检测不使能，按下发电合分闸键 I/O，若发电带载，则分闸输出；若负载断开，则发电合闸；若市电带载，则市电分闸，当分闸延时结束后，发电合闸。按下市电合分闸键 I/O，若市电带载，则分闸输出；若负载断开，则市电合闸；若发电带载，则发电分闸，当分闸延时结束后，市电合闸。

② 如果分闸检测使能，由市电带载转为发电带载，需要先按市电分闸按键 I/O，经过分闸延时后，再按发电合闸按键 I/O，发电合闸（直接按发电合闸按键，无动作）。

由发电带载转为市电带载，过程同上。

2）自动转换过程

控制器在自动模式时，开关控制过程执行自动转换过程。

若输入口配置为合闸状态辅助输入，则按下述过程：

① 如果分闸检测使能，由市电带载转为发电带载，经过分闸延时，转换间隔延时，在分闸输出的同时转换失败开始检测，检测时间到，若分闸失败，则发电不合闸，否则发电合闸，发电合闸同时转换失败开始检测，检测时间到，若合闸失败，则等待发电合闸。如果转换失败警告使能，合分闸失败都会发出警告信号。

由发电带载转为市电带载，过程同上。

② 如果分闸检测不使能，由市电带载转为发电带载，经过分闸延时，转换间隔延时后，发电合闸，发电合闸同时转换失败开始检测，检测时间到，若合闸失败，则等待发电合闸。如果转换失败警告使能，发出警告信号。

③ 若输入口没有配置为合闸状态辅助输入，由市电带载转为发电带载，经过分闸延时，转换间隔延时后，发电合闸。

由发电带载转为市电带载，过程同上。

⚠️ 注意：

使用无中间位 ATS 时：分闸检测应不使能。

使用有中间位 ATS 时：分闸检测可使能也可不使能，如分闸检测使能，请配置分闸输出。

使用交流接触器时：推荐分闸检测使能。

3. 接线

1）TC2.0 发电机组控制器背面板如图 4-11 所示。

图 4-11　TC2.0 发电机组控制器背面板

2）接线端子功能描述见表 4-5。

表 4-5　TC2.0 控制器接线端子功能

序号	功　能	导线规格/mm²	备　注
1	直流工作电源输入 B -	2.5	接启动电池负极
2	直流工作电源输入 B +	2.5	接启动电池正极，若长度大于30m，用双根并联。推荐4A熔丝
3	紧急停机输入	2.5	通过急停按钮接 B +
4	启动继电器输出	1.5	由 3 点供应 B +，额定 16A，固化盘车继电器
5	燃油继电器输出	1.5	由 3 点供应 B +，额定 16A，固化燃油阀
6	可编程继电器输出口 1	1.5	由 2 点供应 B +，额定 7A，默认 GCB 合闸
7	可编程继电器输出口 2	1.5	由 2 点供应 B +，额定 7A
8	可编程继电器输出口 3	1.5	由 2 点供应 B +，额定 7A
9	充电发电机 D + 端输入	1.0	接充电发电机 D +（WL）端子，若充电机上没有此端子，则此端子悬空

（续）

序号	功能	导线规格/mm²	备注
10	可编程输入口1	1.0	接地有效（B-）
11	可编程输入口2		
12	可编程输入口3		
13	可编程输入口4		
14	可编程输入口5		
15	可编程输入口6		
16	转速传感器屏蔽地	0.5	连接转速传感器，建议用屏蔽线。转速传感器输入2控制器内部已接B-
17	转速传感器输入2		
18	转速传感器输入1		
19	可编程输入口7	1.0	接地有效（B-）
20	可编程继电器输出口4	1.5	常闭输出，额定7A
21			继电器公共点
22			常开输出，额定7A
23	ECU CAN 公共地	—	建议使用阻抗为120Ω的屏蔽线，屏蔽线单端接地
24	ECU CAN H	0.5	
25	ECU CAN L	0.5	
26	RESERVE	—	此端子为保留端子，请勿接线
33	RS485 公共地		建议使用阻抗为120Ω的屏蔽线，屏蔽线单端接地
34	RS485 +	0.5	
35	RS485 -	0.5	
36	可编程继电器输出口5	2.5	常闭输出，额定7A
37		2.5	常开输出，额定7A
38		2.5	继电器公共点
39	可编程继电器输出口6	2.5	常开输出，额定7A
40		2.5	继电器公共点
41	发电机组A相电压监视输入	1.0	连接至发电机组输出A相（推荐2A熔丝）
42	发电机组B相电压监视输入	1.0	连接至发电机组输出B相（推荐2A熔丝）
43	发电机组C相电压监视输入	1.0	连接至发电机组输出C相（推荐2A熔丝）
44	发电机组N线输入	1.0	连接至发电机组输出N线
45	市电A相电压监视输入	1.0	连接至市电A相（推荐2A熔丝）
46	市电B相电压监视输入	1.0	连接至市电B相（推荐2A熔丝）
47	市电C相电压监视输入	1.0	连接至市电C相（推荐2A熔丝）
48	市电N线输入	1.0	连接至市电N线
49	电流互感器A相监视输入	1.5	外接电流互感器二次线圈（额定5A）
50	电流互感器B相监视输入	1.5	外接电流互感器二次线圈（额定5A）
51	电流互感器C相监视输入	1.5	外接电流互感器二次线圈（额定5A）
52	电流互感器公共端	1.5	参见后面安装说明
53	零线电流输入	1.5	外接电流互感器二次线圈（额定5A）
54		1.5	
55	RESERVE	—	此端子为保留端子，请勿接线

(续)

序号	功　　能	导线规格/mm²	备　　注
56	可编程传感器 1	1.0	连接温度或压力或液位传感器
57	可编程传感器 2	1.0	
58	机油压力传感器输入	1.0	连接压力传感器
59	温度传感器输入	1.0	连接温度传感器
60	液位传感器输入	1.0	连接液位传感器
61	传感器公共端	—	传感器公共端，控制器内部已接电池负极
62	RS232 公共地	0.5	接 GSM 模块
63	RS232 RX	0.5	
64	RS232 TX	0.5	

4.4.3　TC 3.0 发电机组并联控制器

用于多台同容量或不同容量的发电机组的手动/自动并联系统以及适用于单台发电机组恒功率输出和市电并网，实现发电机组的自动开机停机/并联运行、数据测量、报警保护及"三遥"功能。控制器采用大屏幕液晶（LCD）图形显示器，可显示中文、英文及其他多种文字，操作简单，运行可靠。

1. 性能特点

1）液晶显示 LCD 为 480×272PPi，带背光，中文、英文及其他多种文字可选界面操作，且可现场选择，方便工厂调试人员试机。

2）具有 RS485 通信接口，利用 MODBUS 协议可以实现"三遥"功能。

3）具有 ECU CAN BUS 接口，可以连接具备 J1939 的电喷机，不但可以监测电喷机的常用数据（如水温、油压、转速、燃油消耗量等），也可以通过 CANBUS 接口控制开机、停机、升速和降速等，还可以连接扩展模块：开关量输入模块 DIN16、开关量输出模块 DOUT16，模拟量输入模块 AIN24。

4）适合于三相四线、三相三线、单相二线、两相三线（120/240V）电源 50/60Hz 系统；采集并显示母排/发电三相电压、三相电流、频率、功率参数；母排具有缺相、逆相序检测功能，发电具有过电压、欠电压、过频、欠频、过电流、过功率、逆功率、缺相、逆相序检测功能。

5）同步参数有：发电与母排电压差，发电与母排频率差，发电与母排相角差。在自动状态下具有多种工作模式：不带载运行，带载运行，按需求并联运行。

6）具有并联/解列时负载软转移功能。

7）多种温度、压力、油位传感器曲线可直接使用，并可自定义传感器曲线。

8）精密采集发动机的各种参量：

① 温度 WT：℃/℉同时显示；

② 机油压力 OP：kPa/Psi/Bar 同时显示；

③ 燃油位 FL 单位:%；

④ 转速 SPD 单位：r/min；

⑤ 电池电压 VB 单位：V；

⑥ 充电机电压 VD 单位：V；

⑦ 计时器 HC 可累计时长：65535h；

⑧ 累计开机次数：最大可累计 65535 次。

9）参数设置功能：允许用户对其参数进行更改设定，同时记忆在内部 EEPROM 存储器内，在系统掉电时也不会丢失。大部分参数可从控制器前面板调整，所有参数可使用 PC 通过 USB 接口调整，又可使用 PC 通过 RS485 接口调整。

多种启动成功条件（转速传感器、油压、发电）可选择。

供电电源范围宽 DC(8~35)V，能适应不同的启动电池电压环境。

10）具有历史记录，实时时钟，定时开关机（每月/每周/每天开机一次且可设置是否带载）功能。

2. 操作

（1）指示灯

TC3.0 控制器面板指示灯布置如图 4-12 所示，警告指示灯与报警指示灯指示说明同表 4-3。

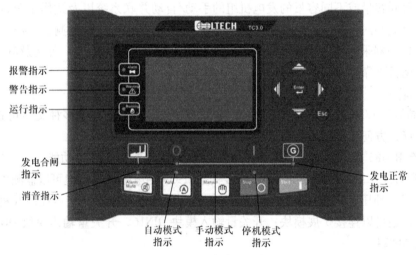

图 4-12　TC3.0 控制器面板图

⚠ 注意：部分指示灯说明

运行指示灯：在启动成功后，得电停机前常亮，其他时段熄灭。

发电正常指示灯：发电正常时常亮，发电异常时闪烁，不发电时熄灭。

（2）按键功能描述

按键功能描述见表 4-6。

表 4-6　TC3.0 按键功能描述

图形	名称	功能
Stop ○	停机键	在手动/自动状态下，均可以使运转中的机组停止 在停机模式下，可以使报警复位 按下此键 3s 以上，可以测试面板指示灯是否正常（试灯） 在停机过程中，再次按下此键，可快速停机

（续）

图形	名称	功能
Start	开机键	在手动模式下，按此键可以使静止的发电机组开始启动
Manual	手动键	按下此键，可以将控制器置于手动模式
Auto AUTO	自动键	按下此键，可以将控制器置于自动模式
Alarm Mute	消音/报警 复位键	可以消除报警音 按下此键3s以上，若此时控制器有跳闸不停机报警，则可以复位跳闸不停机报警
Ⅰ	合闸键	在手动模式下，可控制合闸
O	分闸键	在手动模式下，可控制分闸
△	上翻/增加键	1. 翻屏 2. 在设置中向上移动光标及增加光标所在位的数字
▽	下翻/减少键	1. 翻屏 2. 在设置中向下移动光标及减少光标所在位的数字
◁	左翻/左移键	1. 翻页 2. 在设置中向左移动光标
▷	右翻/右移键	1. 翻页 2. 在设置中向右移动光标
Enter	配置/确认键	选择左右显示区域
Esc	退出键	1. 回到第一个界面 2. 在设置中返回到上一级菜单

⚠ 注意：在手动模式下，同时按下 Manual 键和 Start 键，可以强制启动机组。此时，控制器不根据启动成功条件来判断机组是否已经启动成功，启动机的脱离由操作员来控制，当操作员观察机组已经启动成功，放开按键后，启动停止输出，控制器进入安全运行延时。

⚠ 小心：出厂初始密码为"00318"，操作员可更改密码，防止他人随意更改控制器高级配置。更改密码后请牢记，如忘记密码请与公司服务人员联系，将控制器中"关于"页的PD信息反馈给服务人员。

（3）手动开机、停机操作

1) 手动开机　按 [Manual] 键，控制器进入"手动模式"，手动模式指示灯亮。按 [Start] 键，则启动发电机组，自动判断启动成功，自动升速至高速运行。柴油发电机组运行过程中出现水温高、油压低、超速、电压异常等情况时，能够有效快速地保护停机〔过程见自动开机操作步骤3）～9）〕。

2) 手动停机　按 [Stop] 键，可以使正在运行的发电机组停机〔过程见自动停机过程2）～7）〕。

⚠ 注意：在手动模式下，开关控制过程参见本文中的发电机组控制器开关控制过程。

(4) 自动开机、停机操作

按 [Auto] 键，该键旁指示灯亮起，表示发电机组处于自动开机模式。

1) 自动开机顺序

① 当远程开机（带载）输入有效时，进入"开机延时"。

② 发电机组状态页显示"开机延时"倒计时。

③ 开机延时结束后，预热继电器输出（如果被配置），发电机组状态页显示"预热延时XX"。

④ 预热延时结束后，燃油继电器输出1s，然后启动继电器输出；如果在"启动时间"内发电机组没有启动成功，燃油继电器和启动继电器停止输出，进入"启动间隔时间"，等待下一次启动。

⑤ 在设定的启动次数内，如果发电机组没有启动成功，控制器发出启动失败停机，同时LCD的报警页显示启动失败报警。

⑥ 在任意一次启动时，若启动成功，则进入"安全运行延时"，在此时间内油压低、水温高、欠速、充电失败报警量等均无效，安全运行延时结束后则进入"开机怠速延时"（如果开机怠速延时被配置）。

⑦ 在开机怠速延时过程中，欠速、欠频、欠电压报警均无效，开机怠速延时结束后，进入"高速暖机时间延时"（如果高速暖机延时被配置）。

⑧ 在单机运行时，当高速暖机延时结束时，若发电正常则发电状态指示灯亮，当发电机电压、频率达到带载要求，则发电合闸继电器输出，发电机组带载，发电供电指示灯亮，发电机组进入正常运行状态；如果发电机组电压或频率不正常，则控制器报警停机（LCD屏幕显示发电相应报警量）。

2) 在并联运行时，当高速暖机延时结束时

① 若系统母排没有电压信号，则先发一个合闸状态标志给其余待并机组，然后发电合闸继电器输出，以避免其他机组同时合闸。

② 若系统母排有电压或其他机组已经合闸，则控制器将控制 GOV 调速和 AVR 调压，以达到机组与母排同步，当同步条件满足时，发出合闸信号，将机组并入母排。一旦机组并入母

排，则控制器将控制发动机逐步增大油门和其他已并联机组进行负载均分。

注：当由远程开机（不带载）输入开机时，过程同上，只是发电合闸继电器不输出，发电机组不带载。当远程开机输入开机时，发电机组按设定的优先级顺序开机、同步、并联，并自动将母排上机组进行负载均分。

3) 自动停机顺序

① 当远程开机输入失效时，开始"停机延时"。

② 停机延时结束后，控制器将控制发电机组逐步转移负载到其他机组上，然后发出分闸信号，启动停机散热延时。在停机散热延时过程中，若远端开机信号重新有效，则控制器将再次进入并联状态。当停机散热延时结束后，进入"停机怠速延时"。

③ 进入"停机怠速延时"（如果被配置）时，怠速继电器加电输出。

④ 进入"得电停机延时"，得电停机继电器加电输出，燃油继电器输出断开，自动判断是否停稳。

⑤ 进入"发电机组停稳时间"，自动判断是否停稳。

⑥ 若当机组停稳后，进入"发电机组过停稳时间"；否则控制器进入停机失败同时发出停机失败警告（在停机失败报警后，若机组停稳，则进入"发电机组过停稳时间"同时自动消除停机失败警告）。

⑦ 过停稳时间结束后，进入发电机组待机状态。

(5) 发电机组控制器开关控制过程

1) 手动控制过程　控制器在手动模式时，开关控制过程执行手动控制过程，通过合分闸按键控制开关合分闸。

① 合闸操作。当正常运行时，发电机电压、频率达到带载要求，按下发电合闸 Close 键在单机运行时，发电合闸继电器输出。

在并联运行时，若系统母排没有电压信号，则先发一个合闸状态标志给其余待并机组，然后发电合闸继电器输出，以避免其他机组同时合闸。

若系统母排有电压或其他机组已经合闸，则控制器将控制 GOV 调速和 AVR 调压，以达到机组与母排同步，当同步条件满足时，发出合闸信号，将机组并入母排。一旦机组并入母排，则控制器将控制发动机逐步增大油门和其他已并联机组进行负载均分。

② 分闸操作。按下发电分闸 Open 键。在单机运行时，直接发出分闸信号；在并联运行时，控制器首先将负载转移到其他机组，然后发出分闸信号。

2) 自动控制过程

控制器在自动模式时，开关控制过程执行自动控制过程。

注意：输入口中必须配置开关合闸辅助输入，且正确接线。

3. 接线

TC3.0 控制器背面板如图 4-13 所示，接线端子功能见表 4-7。

注意：背部 USB 接口为参数编程接口，可使用 PC 对控制器编程。

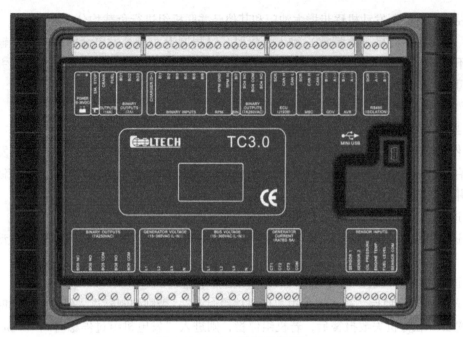

图 4-13 TC3.0 控制器背面板

表 4-7 TC3.0 接线端子功能

序号	功 能	导线规格/mm²	备 注	
1	直流工作电源输入 B -	2.5	接启动电池负极	
2	直流工作电源输入 B +	2.5	接启动电池正极,若长度大于 30m,用双根并联。推荐最大 20A 熔丝	
3	紧急停机输入	2.5	通过急停按钮接 B +	
4	启动继电器输出	1.5	由 3 点供应 B +,额定 16A	接启动机启动线圈
5	燃油继电器输出	1.5	由 3 点供应 B +,额定 16A	
6	可编程继电器输出口 1	1.5	由 2 点供应 B +,额定 7A	
7	可编程继电器输出口 2			
8	可编程继电器输出口 3			
9	充电发电机 D + 端输入	1.0	接充电发电机 D + (WL) 端子,若充电机上没有此端子,则此端子悬空	
10	可编程输入口 1	1.0	接地有效 (B -)	
11	可编程输入口 2			
12	可编程输入口 3			
13	可编程输入口 4			
14	可编程输入口 5			
15	可编程输入口 6			
16	转速传感器屏蔽地	0.5	连接转速传感器,建议用屏蔽线。转速传感器输入 2 控制器内部已接 B -	
17	转速传感器输入 2			
18	转速传感器输入 1			

(续)

序号	功能	导线规格/mm²	备注
19	可编程输入口7	1.0	接地有效（B-）
20	可编程继电器输出口4	1.5	常闭输出，额定7A
21			继电器公共点
22			常开输出，额定7A
23	ECU CAN 公共地	—	
24	ECU CAN H	0.5	建议使用阻抗为120Ω的屏蔽线，屏蔽线单端接地
25	ECU CAN L		
26	MSC CAN 公共地	—	
27	MSC CAN H	0.5	建议使用阻抗为120Ω的屏蔽线，屏蔽线单端接地
28	MSC CAN L		
29	GOV 调速线 B（+）	0.5	建议用屏蔽线，屏蔽层在GOV端接地
30	GOV 调速线 A（-）		
31	AVR 调压线 B（+）	0.5	建议用屏蔽线，屏蔽层在AVR端接地
32	AVR 调压线 A（-）		
33	RS485 公共地	—	
34	RS485 -	0.5	建议使用阻抗为120Ω的屏蔽线，屏蔽线单端接地
35	RS485 +		
36	可编程继电器输出口5	2.5	常闭输出，额定7A
37			常开输出，额定7A
38			继电器公共点
39	可编程继电器输出口6	2.5	常开输出，额定7A
40			继电器公共点
41	发电机组 A 相电压监视输入	1.0	连接至发电机组输出 A 相（推荐2A熔丝）
42	发电机组 B 相电压监视输入	1.0	连接至发电机组输出 B 相（推荐2A熔丝）
43	发电机组 C 相电压监视输入	1.0	连接至发电机组输出 C 相（推荐2A熔丝）
44	发电机组 N 线输入	1.0	连接至发电机组输出 N 线
45	母排 A 相电压监视输入	1.0	连接至母排 A 相（推荐2A熔丝）
46	母排 B 相电压监视输入	1.0	连接至母排 B 相（推荐2A熔丝）
47	母排 C 相电压监视输入	1.0	连接至母排 C 相（推荐2A熔丝）
48	母排 N 线输入	1.0	连接至母排 N 线
49	电流互感器 A 相监视输入	1.5	外接电流互感器二次线圈（额定5A）
50	电流互感器 B 相监视输入		
51	电流互感器 C 相监视输入		
52	电流互感器公共端	1.5	参见后面安装说明
56	可编程传感器1	1.0	连接温度或压力或液位传感器
57	可编程传感器2		
58	机油压力传感器输入	1.0	连接压力传感器
59	温度传感器输入	1.0	连接温度传感器
60	液位传感器输入	1.0	连接液位传感器
61	传感器公共端	—	传感器公共端，控制器内部已接电池负极

第5章 高电压柴油发电机组

高电压柴油发电机组的构成与低压柴油发电机组基本相同，其区别为高压发电机和高压配电系统。在工程应用中，安装要求及操作技术区别明显。

5.1 高电压柴油发电机组概述

高电压柴油发电机组的发展历程汇集了柴油机、发电机、发电机控制系统技术发展的历程，是应急电源或局域常用电源的一个分支。但因过去动力系统及控制系统技术发展的不成熟，几十年来一直没有得到推广应用。

近几年，随着社会的发展和人们物质水平生活的不断提高，在很多场所，包括大的数据中心（数据中心基地功能一般包含许多功能，一般定位为IDC业务承载中心、综合通信机房、呼叫中心、移动互联网、智慧城市、三网融合、物联网、游戏、大型救灾备用数据中心等），现代化的高层楼宇，多晶硅的生产工厂、矿山等，电力的需求量越来越大，常用的低压400V交流备用柴油发电机组输电线线径大、线损大、难于敷设和造价高等缺陷。在很多情况下难以满足实际需求。此时，高压交流备用发电机组就充分体现了它的价值。

伴随着机房的扩容，作为备用电源的柴油发电机组容量要求越来越大，需多台大功率柴油发电机组单机或并网才能满足负载的功率要求，由于机组数量的增加需要建设独立的机房且与实际使用负载间距离也越来越远，多台低压柴油发电机组并联运行存在着传输上的缺陷，为了能够更加安全、可靠地运行，采用高压机组无疑是一种最佳的选择。

大功率柴油机、大容量高压发电机以及发电机控制系统技术的发展和完善，使高电压柴油发电机组的优势逐步显现，市场需求旺盛，成为解决大容量、较远距离传输、高智能、高可靠性应急电源的主要技术方案。

高压机组应用于通信、冶金、机场、矿山、码头、海岛、大型数据中心、大型城市综合体、中大型电厂的黑启动等高端服务业和高端制造业的应急备用电源系统。

5.2 高电压发电机组的特点

5.2.1 高电压发电机组主要技术特征及指标

1. 主要技术特征

1）电压等级高，国内主要电压等级有 6.6kV、10.5kV 等。

2）单机容量大，一般在 1000kW 以上，可实现多台机组并联运行，最多可实现组与组之间并联至 256 台。

3）输出电流小，可长距离输电，在输配电中线路损耗较小。

4）负载分配模式灵活，可直接对高压负载供电或通过变压器降压后对低压负载的供电。

5）自动化程度等级高，集电气系统的保护、测量、遥控、遥信、遥测及信号为一体，实现了电气系统的综合自动化，具有保护及报警信号功能，并远传至主控室。

2．主要技术指标

同 1.5.3 技术指标。

5.2.2 高电压柴油发电机组的组成

高电压柴油发电机组与低电压柴油发电机组的组成基本相同，主要区别就在于相同容量的柴油发电机组，400V 机组发电机出口电流比 10kV 机组出口电流大 25 倍以上。从多方面的角度分析对比高低压机组见表 5-1。

表 5-1　高、低电压发电机组技术特性的比较

序	特点	低压机组	高压机组
1	安装场地选择	宜设置在接近负载中心的位置	可以设置在机房楼外，可解决多台发电机组同时运行时的震动、噪声和发电机房的进、排风等问题，可远离负载中心
2	容量	单机容量基本在 2000kW 及以下，可单机或多台机组并联运行，但并机容量过大时受输出电源的限制	单机容量基本在 2000kW 及以上，可单台或多台机组并联运行，机房可集中建设
3	输送距离	可短距离输电，长距离输送不经济，电压压降大	可长距离输电 （在 15～20km 时采用 10kV，有的则用 6.6kV，输电电压在 110kV 以上的线路，称为超高压输电线路）
4	损耗	在输配电中线路损耗较大	在输配电中线路损耗较小，不存在输送发热问题，高压输电电流相当于低压的 1/25
5	储油及供油管路	地下油罐分散设置在各机房的备用发电站附近，如集中设置地下油罐，机房内外管线交叉处较多	在备用发电站建筑物附近区域集中设置地下油罐，避免在区域内与其余管线（电缆、水管等）的交叉，外网相对简单
6	操作维护	操作使用较为简单，对操作使用人员要求较低	操作使用较为复杂，对操作使用人员要求较高，必须具有相应的高压操作证等资格，才能操作和维护
7	配置	配置较为简单，输配电基本为标准低压柜等	配置较为复杂，尤其在发电机及输出配电柜全部为高压设备
8	并机运行	受低压配电设备电流限制，并机容量小，受非线性负载影响大	方便实现大功率机组并联成大容量系统，受非线性负载影响小
9	安全	安全性能较高，技术较为成熟，技术门槛较低	安全性能较高，技术较为成熟，技术门槛较高
10	发展趋势	小功率段保持传统市场，大功率段有被高压系统替代的趋势	大功率段采用高压系统为应用趋势，需求逐渐增大
11	与市电切换	采用 ATS，电流大、ATS 数量多，占地面积大，成本高	可在 10kV 母线处通过综保控制开关集中切换，占地面积小，成本低

1. 节能性能强

从表 5-1 中可知,高电压柴油发电机组在技术性能上与低电压柴油发电机组差别并不大,但是由于前者机组出线电压等级提高,在电缆配置方面节省成本优势较为明显。同时从节能减排角度,高电压发电机组传输电流小,发热量小,能量损耗小,输配电效率高,所以高压机组比低压机组更节能。

2. 带载性能好

非线性负载对油机带载能力有较大影响。低压柴油发电机组通过 ATS 与市电切换直接带载,受非线性负载影响大,同时也受到功率因数影响;而高压发电机组可在 10kV 母线处通过综保控制开关集中切换,一般通过变压器带载,变压器可部分消除非线性负载对机组影响,同时方便功率因数调整,避免功率因数过低影响机组的功率输出,可见高压发电机组比低压发电机组带载性能更好。

3. 控制技术完善

高压发电机组输出为交流高压 10kV,配电系统的区别见表 5-2。

表 5-2 高压发电机组组成部分

序号	名称	备注
1	高电压柴油发电机组	6.3kV \ 10kV 等
2	控制系统	单机或多台并机系统
3	输出开关柜	630A、1250A、1600A……
4	馈线开关柜	630A、1250A、1600A……
5	PT 柜	并机系统母线 PT
6	DC 直流屏	开关柜的操作电源
7	接地电阻柜	可以单台配套一个接地电阻,也可以几台共用一个接地电阻
8	低压配电柜	提供设备及机房应急照明等
9	集控系统	多台机组并机集中控制系统
10	供油系统	消防规定基本室内的采用 1000L 日用油箱

1) 高压发电机组 发电机为高压发电机,输出电压可以根据负载或变配电一次市电端电压进行选型。

2) 控制系统 高低压控制系统选型基本一致,主要区别在于控制器无法直接检测中高压,只能接受低压检测,分为单机控制系统、并机控制系统。

3) 输出开关柜即发电机组配套的输出断路器 中高压机组配套的开关柜根据电压等级进行选型,主要分为 12kV、17.5kV、24kV 等,由于国家电网工频电源进线端基本为 10kV,故 12kV 的额定电压选型较多,需要配置综合保护(分自带差动保护和不带差动保护选型)及其余保护等,壳架电流最小为 630A,选型需要注意,根据发电机组的功率范围基本集中在 630A。

4) 馈线开关柜及假负载测试柜即发电机组并机输出配套的输出断路器 根据发电机组的功率区段基本集中在 630A、1250A、1600A、2000A,主要根据并机机组的台数、分支负载的容量进行选型区分。

5) PT 柜 PT 柜为母线 PT,主要是并机时用到,因上述控制系统无法直接检测高压信号,需要通过 PT 柜变送后,二次侧的信号作为检测信号,在每个发电机组进线柜进线端均有一个小母线 PT，作为发电机输出端的电压检测。

6）DC 直流屏　因中高压输出断路器的操作电源基本选择 DC 110V/DC 220V，选择 DC 直流电源，作为控制输出断路器的自动合分闸电操机构的电源，选择 DC 直流屏的容量需要根据开关柜、PT 柜的数量决定其容量大小。

7）接地电阻柜　中高压发电机组中性点需要通过电阻接地，选型根据发电机组的用途、柜子排放的空间位置进行选型，可以多台机组共用一台接地电阻，通过真空接触器进行切换；亦可以采用单台机组点对点选型接地电阻柜，主要是控制逻辑需要遵循同一并机系统只允许 1 台机组的接地电阻柜投入为原则进行设计。

8）低压配电柜　主要用于发电机组本地的低压负载种类及容量进行选择。

9）集控系统　主要用于多台机组集中监控，可以个性化地根据用户的要求进行设计，主要通过（Monitor and Control Generated System，MCGS）组态软件进行个性化的编程，方便用户实时监测每台机组的状态。

10）供油系统　因消防要求，基本选用 1000L 日用油箱进行设计，配置大容量的日用油罐满足每台机组长时间运行的要求，主要在供油系统需要针对项目进行设计，与低压油机的供油系统没有太大的区别。

5.3　高电压柴油发电机组的配电系统

5.3.1　高压配电系统的组成

高压配电系统一般由进线柜、PT 柜、馈线柜和接地电阻柜等组成，进线柜由真空断路器、CT、PT、避雷器、绝缘监视和电流、电压等仪表及后备保护和差动保护装置或继电器组成。PT 柜主要是 PT 和电压表等组成。馈线柜由真空断路器、避雷器、CT、PT、绝缘监视装置和电压、电流等仪表及后备保护装置等组成，接地电阻柜由接地电阻、CT 和真空接触器及电流继电器等组成。

5.3.2　配电系统各部分的特点

1. 进线柜

1）一般采用金属铠装抽出式开关柜。该开关柜采取中置式布置，是目前国内 12kV 成套配电设备市场中用量最大、技术性能较高的一种产品。

2）出口开关配置抽出式空气断路器。

3）机组保护装置配置差动保护装置及后备保护装置，实现对机组的差动、过电流、过电压及定子接地等故障保护。

4）智能操作显示装置（可选配）：具备温湿度控制器（配套负载）、带电显示器，远方/就地，分/和闸，储能等功能。

5）对于发电机组并机设计时，进线柜不需要配置接地刀开关。

2. PT

1）对母线电压进行采集，供机组同期测量使用。

2）作为机房低压用电设备电源，选型时需要根据后端负载的容量进行选型。每台发电机组进线开关柜均配置小母线 PT，用于发电机自身输出电的测量。

3. 馈线柜

作为后端负载分配使用。

4. 接地电阻柜

1) 当单机运行时，采取中性点经低电阻的接地方式。

2) 当并联运行时，采取中性点经开关或真空接触器装置后并联接入的接地电阻方式。

3) 当电力系统出现故障时（例如电网部分短路或开路等），配电系统中性点将产生偏移，此时中性点接地电阻将输出配电系统中性点强制接地，并限制其故障电流，使电力系统有时间进行检测、诊断、保护和切换，从而避免了线路或设备可能遭受的损坏。由于中性点电阻能吸附大量的谐振能量，在有电阻器的接地方式中，从根本上抑制了系统谐振过电压的产生。

5.4 高电压交流柴油发电机组系统的保护

高电压发电机组系统与低电压发电机组系统在保护上主要差别是高电压发电机组通常把差动保护和接地保护作为必须的保护，由于高压机组的电压高，对绕组的绝缘要求更高，当定子绕组发生三相或两相短路时，将引起很大的短路电流，造成绕组过热，故障点产生的电弧使绕组绝缘损坏，甚至会导致发电机起火，这是发电机内部最严重的故障。因此，对高电压发电机绕组相间短路进行保护是十分必要的。

高电压发电机组系统的接地保护还与其中性点接地方式有关，中性点接地方式主要有4种，接地方式的选择则与电网发生单相接地故障流经故障点的电容电流有关。

电力系统中常用系统接地分为以下5种：

1) 中性点直接接地　高压交流电力系统中性点直接接地，系统发生单相接地故障时会形成单相接地短路，短路电流非常大，对继电保护十分有利，非故障相对地的电压并不升高，不会造成间隙性弧光过电压。

2) 中性点经消弧圈接地　高压交流电力系统中性点消弧圈接地，中性点与接地点之间串入一个电抗器，来抵消电容电流，限制单相接地故障的短路电流。

3) 中性点经电阻器接地（又分高电阻、低电阻）　高压交流电力系统中性点高电阻接地，中性点与接地点之间串入一个阻抗较大的电阻，把单相接地故障的短路电流限制在 5～20A；高压交流电力系统中性点低电阻接地，中性点与接地点之间串入一个阻抗较小的电阻，把单相接地故障的短路电流限制在 100～1000A。

4) 中性点不接地　高压交流电力系统中性点不接地，系统发生单相接地故障时单相接地电流为电容电流，当单相接地电流较小（不大于10A）时，系统可带故障运行 1～2h，供电连续性较好，缺点是发生单相接地故障时易产生电弧，且接地电流较大时电弧不能自熄，导致产生间隙性弧光过电压，危害设备，破坏绝缘甚至造成多相短路。

5) 中性点经接地变压器接地　变压器通过三相平衡负载，流通的电流仅是励磁电流，因而它显示出高阻抗作用。而当出现相对中性点的电流时，该绕组会出现极小的阻抗，因为每一铁心柱上的两个绕组反极性串联，它们在每一铁心柱上产生的磁通相互抵消，所以系统发生单相接地故障时，变压器对地能产生故障电流。从而进行故障保护。

高压发电机组保护主要分为差动保护、中性点接地保护。

5.4.1 发电机组差动保护

发电机组差动保护的构成原理是根据比较被保护发电机定子绕组两端电流的相位和大小的原理而构成的。为此,在发电机中性点侧与靠近发电机出口断路器各处安装一组型号、变比相同的电流互感器,其二次侧按环流法连接如图 5-1 所示。如同线路的差动保护一样,在正常运行及外部故障时,流入继电器的电流 $I_k = I_{unb}$,若继电器的动作电流 $I_{act.k} > I_{unb.max}$,则保护不动作;而在内部(两侧电流互感器之间的定子绕组及其引出线)故障时,$I_k = I_{sc}/K_i$,若 $I_k > I_{act.k}$,则保护动作。可见,差动保护并不反应外部故障,不需要与相邻元件保护进行时限配合,可以瞬时跳闸。

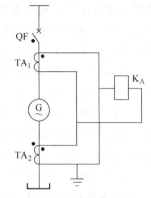

图 5-1 发电机组差动保护的构成原理

为了使发电机组差动保护在外部故障时不动作,其动作电流应大于发电机外部故障时的最大不平衡电流,这势必降低保护在内部故障时的灵敏性。因此,必须采取措施消除或减小不平衡电流的影响。目前,除采用 D 级铁心(差动保护专用)电流互感器构成纵差动保护外,对于容量不大的发电机,一般是采用具有中间速饱和变流器的 BCH (DCD) 型差动继电器。

1. 带断线监视的发电机组差动保护

带断线监视的发电机组差动保护采用三相式接线,为 BCH – 2 型差动继电器。

在正常情况下,电流互感器二次回路断线时保护不应误动作。为此,保护的动作电流应大于发电机的额定电流,即

$$I_{act} = K_{rel}I_{rat.g}$$

式中　K_{rel}——可靠系数,取 1.3;
　　　$I_{rat.g}$——发电机的额定电流。

2. 高灵敏性的发电机组差动保护

对于采用 BCH – 2 型差动继电器构成的发电机组差动保护,只要在接线上做一些改进,就可以既降低发电机纵差动保护的动作电流,使其小于发电机的额定电流,又保证二次回路断线时保护不致误动作。

其保护的动作电流:

$$I_{act.k} = 0.55 I_{rat.g.2}$$

式中　$I_{rat.g.2}$——发电机额定负载下电流互感器的二次电流。

高灵敏性差动保护的动作电流小于发电机额定电流,但在电流互感器二次回路断线时,保护又不会误动作。对照以上两式可知,动作电流大约减小了一半,故内部故障时保护的灵敏性大大提高,死区也减小了。

3. 比率制动式发电机组差动保护

目前,普遍采用性能更好的比率制动式差动保护。该保护的动作电流只需躲过发电机最大负载情况下的不平衡电流,可减小为 $0.2I_{rat.g.2}$,而在外部故障时利用穿越性短路电流进行制动,能够可靠地躲过外部故障时的不平衡电流的影响。

5.4.2 高电压发电机组系统的接地保护

影响选择接地方式的因素有:1)供电可靠性;2)人身设备安全;3)过电压因素;

4) 继电保护；5) 投资。

在机组系统发生接地故障时，由于电容电流超前电压90°，当故障点的电容电流在第一个半波过零熄弧时，加在故障点上的电压正好为峰值，若电容电流过大，空气游离严重，极易把故障点重新击穿。这种重燃有时不可避免。但多次重燃将会导致电网电压振荡，发生间歇性弧光过电压。这种过电压时间长、幅值高、能量大、缺乏有效手段加以防护。避雷器在这种过电压的长时间作用下，会加速老化，甚至损坏。因此，首先应采取措施避免这种过电压的发生。

电网中性点采用消弧线圈接地方式的目的，是给故障点注入感性电流，抵消部分电容电流（欠补偿）或大于电容电流（过补偿），把接地故障电流降低到危险数值以下，维持运行2h。

电网中性点采用电阻接地方式的目的是给故障点注入阻性电流，使接地故障电流呈阻容性质，减小与电压的相位差角，降低故障点电流过零熄弧后的重燃率。当阻性电流足够大时，重燃不再发生。并且，阻性电流大于容性电流尚可提高零序保护灵敏度，作用于跳闸。

不同接地方式下发生单相间歇性电弧接地故障时，最大过电压一般不超过下列数值：
1) 不接地 3.5P.U（P.U = 实际值/基准值）；
2) 消弧线圈接地 3.2~3.5P.U；
3) 电阻接地 2.5P.U。

由于发生单相间歇性电弧接地故障时，电阻接地的最大过电压最小，所以，在电气设备的绝缘水平较低或较弱的场合，如发电机、电动机等旋转电机，其耐压水平较弱，保护内过电压，避雷器不能可靠保护，宜采用单相接地故障瞬时跳闸的电阻接地方式。但对于单相接地故障点的电容电流不超过10A 的架空和电缆网络采用不接地方式。

电阻接地方式阻值范围划分如下：
1) 高阻：>500Ω，接地故障电流<10~15A；
2) 中阻：10~500Ω，15A<接地故障电流<600A；
3) 低阻：<10Ω，接地故障电流>600A。

1. 高电阻接地

高电阻接地一般用于单相接地故障要求瞬时停机为125MW及以上的发电机回路。高阻接地的目的主要是发电机定子绕组在单相接地故障时，避免产生间歇性弧光接地过电压，同时还要尽量降低接地故障电流对铁心的灼伤程度。

2. 中电阻接地

中电阻接地主要用于以电缆为主构成的电网，包括城网、发电厂用电、工矿企业和公共设施的配电网络。电缆外绝缘为固体，线芯部与大气直接接触，发生单相接地故障的几率大大降低，而且一旦故障，绝缘性能又不能自行恢复，应当快速切除故障。故障切除之前，要求不能发生间歇性弧光过电压。其条件是故障点的阻性电流不得小于电网容性电流，这一技术条件便是选择电阻阻值的主要根据。在此前提下，希望阻值不要太大，以保证继电保护的灵敏度；又希望阻值不要太小，避免接地故障电流过大，出现一些低值接地方式存在的问题。

3. 低阻接地

低阻接地仅用于接有大量高压电动机的电网，因为单相接地电流太大，会带来以下问题：
1) 易旁路及其他；
2) 危及人身设备安全；
3) 电阻器体积大、耗材多和价格高；
4) 可能会引起主变压器差动保护的误动作。

因此，低阻接地方式应限制使用。

接地电阻器的选用应根据电网的电容电流来考虑，电网的电容电流，应包括有电气连接的所有架空线路、电缆线路、发电机、变压器以及母线和电器的电容电流，并考虑电网 5~10 年的发展。

架空线路的电容电流可按下式估算：

$$I_c = (2.7 \sim 3.3) U_{eL} \times 10^{-3}$$

式中　L——线路的长度（km）；

　　　I_c——架空线路的电容电流（A）；

　　2.7——系数，适用于无架空地线的线路；

　　3.3——系数，适用于有架空地线的线路；

同杆双回线路的电容电流为单回路的 1.3~1.6 倍。

电缆线路的电容电流可按下式进行计算

$$I_c = 0.1 U_{eL}$$

架空线和电缆线路的电容电流也可通过直接查表获得。并可通过乘以 1.25 即可为全系统的近似值，或通过各部分分别进行计算累加。

综上所述，各柴油发电机公司对中压柴油发电机中性点接地电阻选型不一样，控制方式也不同，国家对此也没有统一规定，国内基本都是采用中阻接地。多台柴油发电机组并机 + 多台接触器 + 合用 1 个电阻接地方案，也有多台柴油发电机组并机 + 多台接触器 + 多个电阻接地方案，前者造价低、占地小，但控制逻辑复杂，后者反之。在选型时主要针对项目进行选型。

5.5　高电压柴油发电机组与市电的工作逻辑关系

5.5.1　自启动逻辑

当柴油发电机组控制系统接收到市电断电、缺相或外部紧急启动命令时，根据总负载基数设置启动方式。

1. 优先进入功率管理模式

所有柴油发电机组均接收到启动信号，启动柴油发电机组，当达到额定转速并建立电压后，发出合闸指令。同时跳开市电端进线开关，根据负载的情况进行功率识别，启动容量储备内机组进行并机带载，根据运行储备识别增加并联台数，根据停机储备识别减少并联机组台数。

2. 设置总负载基数最大

所有柴油发电机组均接收到启动信号，启动柴油发电机组，当达到额定转速并建立电压后，发出合闸指令。同时跳开市电端进线开关，所有的发电机组均并机带载，设定功率管理的时间，当时间到后进行功率管理，在根据停机储备设置值进行负载识别减少在线机组的总数量。

5.5.2　市电恢复切换逻辑

当市电恢复，ATS 切换开关接收到市电信号后，立即切换到市电供电，各台机组将按照程序进行软卸载后冷却停机。在市电恢复后，当发电机组群冷却过程中，如果市电故障则发电机组立即进入后备模式,保证供电的可靠性。

5.5.3 并机逻辑

当1#发电机组启动并带载成功后,若负载增加到1#柴油机组额定功率的设定值时,1#机组的控制系统就会向2#机组发出启动指令,2#机组启动成功后,在2#机组控制系统控制下,自动调整频率和相位被牵入同步,发出合闸指令,投入并列运行。2#机组投入并列运行后,同样向后续机组发出启动指令。直至投入满足所有负载需求的容量的机组。如果负载不断减少,当减少到最后并机的一台机组额定功率的设定值时,在最后一台机组控制系统控制下,将负载向前一台机组转移,当最后一台机组接近空载时,该机组主开关分闸,实现了软卸载和解列,以此类推。

5.6 高电压发电机组的选型与分布式并机

5.6.1 高电压发电机组的选型

高电压发电机组的选型通常根据后端负载的整体容量进行排列组合,功率段基本集中在1800~2400kW 主用(PRP)功率,进行排列组合。

高电压发电机组因其并机的数量可扩展性强,目前的并机技术可连续32台机组并机,通过BTB (BUSBAR TOBUSBAR,母线与母线)的型式可扩展至256台机组并机,给大容量的数据中心、Power Plant 等提供了满足容量的刚性需求。目前,并机均采用分布式并机,每台机组本身的控制系统除了具备各种参数显示、故障报警、自身的启动 – 停机及各种保护外,其本身自带负载分配、功率管理、CAN 通信、负载分级管理等,为分布式并机提供了优势的条件。

1. 发动机的选型

1)根据功率选型　根据不同的应用场合选择不同类型的发动机,主要考虑发动机的关键特性——带载能力。

2)根据环保要求选型　集中在该功率段区域调速方式分为两种,一种为电子调速,二种为电喷(高压共轨电喷),区别主要是排放等级的区别。

3)根据燃料需求选型　柴油、燃气和重油等,不同的地区其燃料的储备优势不一样。

2. 发电机的选型

1)根据电压、频率等级的选型,在应急备用柴油发电机组电压等级一般分为低压(108~690V)、中压(3.3~4.16kV)、高压(6~15kV),目前行业内发电机的最高电压等级为15kV,高出此电压等级的只能采用升压变压器升压后并机的方式进行选型。

2)选用斯坦福或利莱森玛等同步无刷发电机,维护简单,采用DVR 数字式自动电压调节器,电压稳定,抗干扰性能强,可选永磁励磁发电机,提高非线性负载的承载能力;按照F级绝缘F级温升进行选型;同时发电机带载能力的大小与发电机本身的性能有关外,还与其自身几个关键参数相关,其参数值的大小直接影响带不同负载的带载能力;主要包括直轴瞬态电抗值、直轴超瞬态电抗值、功率因数对外部的谐波(例如3次、5次、7次谐波等)。

① X_d 直轴同步电抗　X_d 是代表发电机磁饱和值,决定发电机运行曲线上的安全区域,当发电机运行在最高的磁通值时,X_d 电抗是最低的,其值的大小也反映了发电机性能的优劣。

② X'_d 直轴瞬态电抗　X'_d 是代表发电机运行中三相突然短路瞬变的过渡电抗。直轴瞬变电

抗是发电机额定转速运行时,定子绕组直轴总磁链产生电压中的交流基波分量在突变时的初始值与同时变化的直轴交流基波电流之比。它也是发电机和整个电力系统的重要参数,对发电机的动态稳定极限及突然加负载时的瞬态电压变化率有很大影响。X'_d 越小,动态稳定极限越大、瞬态电压变化率越小;但 X'_d 越小,定子铁心要增大,从而使发电机体积增大、成本增加。X'_d 的值主要由定子绕组和励磁绕组的漏抗值决定。

备注:直轴瞬态电抗的值主要体现发电机带突加大电流的负载能力,值越低其带类似电动机负载的能力越强,主要是带畸变负载。

③ X''_d 直轴超瞬态电抗 X''_d 是代表发电机运行中三相突然短路最初一瞬间的过渡电抗。发电机突然短路时,转子励磁绕组和阻尼绕组为保持磁链不变,感应出对电枢反应磁通起去磁作用的电流,将电枢反应磁通挤到励磁绕组和阻尼绕组的漏磁通的路径上,这个路径的磁阻很大即磁导很小,故其相对应的直轴电抗也很小,这个等效电抗称为直轴超瞬变电抗 X''_d,也即有阻尼绕组的发电机突然短路时,定子电流的周期分量由 X''_d 来限制。结构上,X''_d 主要由发电机定子绕组和阻尼绕组的漏抗值决定。对于无阻尼绕组的发电机,则 $X''_d = X'_d$。

由于 X''_d 的大小影响电力系统突然短路时短路电流的大小,故 X''_d 值的大小也影响到系统中高压输变电设备特别是高压断路器的选择,如动稳定电流等参数。从电气设备选择来说,希望 X''_d 大些,这样短路电流小一些。此值存在矛盾,其值越小,带非线性负载能力越强,但是值越小短路电流又比较大;此值主要反映是带非线性负载;其关系体现如图 5-2 所示。

发电机带时间常数的瞬态电抗(X'_d)和次瞬态电抗(X''_d)(共同值 X_g),反应其带载能力一个非常重要的体现。

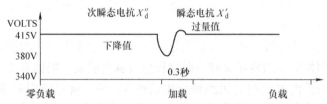

- 当启动一台电动机,电压下降的百分数将取决于电动机的启动容量(或同时启动的电动机的全部容量的总和)
- 最大允许下降值(一般情况):
  25%电压下降在发电机接线端,30%电压下降在电动机接线端
- 每台发电机的电压下降值,均可使用堵转曲线来计算(每台发电机均有相应的曲线)

图 5-2 发电机带非线性负载能力示意图

④ 根据负载特性选型,主要是选择合适的功率因数

负载功率因数对机组输出功率的影响,功率因数分为超前和滞后两种,功率因数越低,给负载供电时对发电机的容量要求越高。商用三相发电机标称为 PF 是 0.8(滞后)。任何时候用发电机给功率因数为超前的负载供电时应特别注意。

如图 5-3 所示中,发电机组的功率在蓝色和红色的区域中(面积大的一块),图 5-3 左边是功率因数超前,图 5-3 右边是功率因数滞后。

a. 当负载功率因数≥0.8(滞后)时,机组带载能力由发电机组额定有功功率确定;当负载功率因数<0.8(滞后)时,机组带载能力由发电机组额定视在功率确定。

b. 当负载功率因数≥0.9(超前)时,机组带载能力由发电机组额定有功功率确定;当负载功率因数<0.9(超前)时,发电机组效率下降很快。

备注:具体功率因数的选择,首先要考虑负载本身的功率因数后,再综合考虑发动机、发

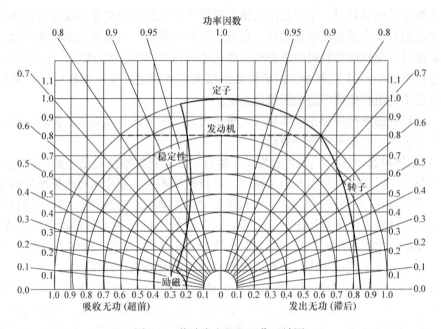

图 5-3　柴油发电机组工作区域图

电机的容量匹配,以保证发电机组选择的综合性价比。

⑤ 励磁方式及外部谐波对发电机及发电机组整机带载能力的影响　励磁方式对发电机带非线性负载的能力起着关键性的作用,具体参照励磁方式的对比;发电机的选型也需充分考虑外部谐波对其造成的影响。

非线性负载会向柴油发电机组反射大量的谐波,其中 5 次和 7 次谐波危害最严重,尤其是非线性负载较大而发电机组容量又较小时这种危害就更明显。根据有关资料研究表明,发电机组输出侧的负载总谐波电流超过机组额定电流的 5% 时,就可能引起油机振荡、稳定时间延长,并使发电机组输出实际容量降低 10%。除此之外,由于发电机组的内阻相对市电来说大很多,由谐波电流引起的电压畸变就大很多,再加上发电机组本身也会产生谐波,其后果将出现机组输出电压严重失真和负载设备误动作,严重时会损坏 AVR 和负载设备。为了消除发电机组自身产生的谐波,目前各厂家通行的做法是选用 2/3 节距的发电机,可消除 3 次谐波,但无法消除 5 次和 7 次谐波,见表 5-3。

表 5-3　不同节距的发电机对机组输出谐波的抑制效果

	3 次谐波	5 次谐波	7 次谐波
8/9 节距	12%	32%	60%
7/8 节距	50%	82%	30%
2/3 节距	100%	10%	12%

目前,高压发电机除了 2/3 节距,还有 5/6 不规则的节距,同样是处于对谐波抑制的设计考虑。要解决发电机组所面临的谐波问题,可从以下两方面着手:

一方面是从消除谐波对机组的影响着手,即提高机组抗谐波干扰的能力。此时需选用额定功率比正常需求大很多的机组,一般机组功率为 UPS 容量的若干倍再加上其他一般负载,这样可以有效提高机组对谐波时的瞬态特性。但这样将大幅度增加投资,可以通过采取一些特殊的措施，在改善机组的运行性能的时获得更好的经济效益。

① 选用永磁他励（PMG）发电机，因 PMG 系列发电机的电子自动调压系统 AVR 独立于发电机的机械系统，功率源从副励磁机电枢绕组取得。在发电机负载和转速突变时，该系统不受发电机机械过渡过程的影响，将输出电压调整到额定值。因此，PMG 系列发电机的动态电压调整率远小于其他励磁发电机，并有较好的动态稳定性，可提高发电机带非线性负载能力。由于 PMG 系统提供一个与定子输出电压波形畸变及大小无关的恒定的励磁电源，因而能提供较高的电动机启动承受能力，并对非线性负载产生的主机定子输出电压的波形畸变具有抗干扰性。

② 在不增加柴油机功率的条件下，配置一台较大容量的发电机，以提高机组带非线性负载的能力。通常柴油机和发电机的功率匹配关系是柴油机净输出机械功率略大于发电机功率，机组的输出有功功率大小取决于柴油机的功率，而视在功率则主要取决于发电机的容量，发电机组在带 UPS 负载时，只要加大发电机的容量，其瞬态特性就会大大的增强，而机组的输出有功功率其实并未增加，因而采用这种所谓"小马拉大车"的方式来解决非线性负载的问题。即柴油机的功率按照所有负载有功功率之和略大来选择，发电机功率则按照上面所说的方法来配置。该方案可以在满足使用要求的前提下，大幅度减少投资，同时也避免柴油机产生长时间低负载运行的几率，提高其使用可靠性。

另一方面是从消除负载谐波着手。通过谐波治理来达到消除系统谐波的目的，从而消除其对机组的影响。

现有的通信机房中除了 UPS 外，一般还有空调、开关电源等设备，根据实际使用状况和发电机组的相关参数，可采用如下方法来确定机组功率的大小：

a. 机房未做谐波治理时；

b. 机组功率 =（6 脉冲 UPS 的输入功率×1.6）+其他负载功率；

c. 机组功率 =（12 脉冲 UPS 的输入功率×1.4）+其他负载功率；

d. 机组功率 =（IGBT 型式 UPS 的输入功率×1.1）+其他负载功率；

e. 机房做了谐波治理且谐波含量达到预期效果（总谐波电流<5% 额定电流）；

f. 机组功率 = UPS 的输入功率+其他负载功率。

3. 发电机组中发动机与发电机容量的匹配

由前可知，目前典型通信机房的功率因数均大于 0.9，当机组的输出有功功率满载时，视在功率还存在富余量。因此，从功率因数的角度来看，目前发电机组中发电机的容量得不到全面利用。发电机组 0.8 的额定输出功率因数过低，应该提高。

另外，发动机由于老化会导致性能下降，即发动机可输出的有功功率会随之下降。而发电机的性能一般比较稳定，即机组可输出的视在功率比较稳定。随着时间的推移，发电机容量的富余量会越来越大。但从谐波的角度看，由于通信机房内谐波的存在，特别是 5 次、7 次谐波的存在，要求机组具有较强的瞬态响应特性，以避免谐波对发电机组的正常运行造成影响。如此一来，又要求发电机的配置相对发动机来说越大越好。另外，从发电机组经济性上分析，发电机组的主要成本在发动机部分，发电机是相对而言比较经济的部分，用较经济的成本换取机组更好的瞬态响应特性。

综合以上的几点因素，现有柴油发电机组采用 0.8 的额定功率因数是合理的。

5.6.2 高电压发电机组的分布式并机系统

1. 并机系统的构成

上海科泰公司智能并机系统,其主控制器均采用几大国际品牌主控制器。其在大部分大型IDC数据中心及海外电站群项目应用广泛,性能、外观、可靠性均有非常好的反馈,操作简便、人性化。

该智能并机系统主控制器为TC9.0系列,可实现最多16台机组并机(所有并机机组为一组),并可以实现组与组之间进行BTB(组与组)并机模式,扩展至256台机组并机,扩展性非常强。

TC9.0并机系统设置一只控制屏(置于机组侧),含机组的控制、保护等,与并机功能集成,能够实现机组之间并机。系统配置一套HMI(人机界面)(集中监控),显示系统并机状态、负载分配状态和各台机组的参数、报警等。

硬件构成、功能构成(机组控制并机控制、功率分配、负载分级控制、保护控制、集中显示控制)、其他配合设备如配电系统,机组的进线柜、馈线柜、接地电阻柜、PT柜、直流屏和低压配电系统组成一套完整的供电解决方案,实现最可靠的"最后一道保障电源",为终端用电用户提高用电的保障及可靠性。

如图5-4所示为TC9.0智能并机控制方案及并机系统连线图,每台机组配置一套TC9.0智能并机控制屏。主控制器收到起机命令时,延时可调,所有机组同时启动,最先满足电压和频率的机组率先合闸,其余机组将自动准同期合闸。机组控制器之间通过工业级CAN总线进行通信。CAN总线具有功率管理和负载分配功能。

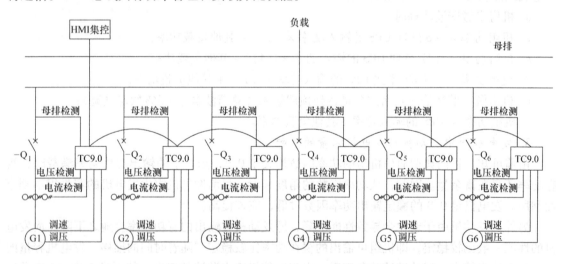

图5-4 TC9.0智能并机控制方案及并机系统连线图

高速的CAN总线通信,使得负载分配迅速均衡,CAN总线通信使得各模块之间的电气联锁更加安全和可靠。当多台并机机组内的任意一台机组离线,主控制器的组态技术可以使其他机组均能监测到,如图5-5所示。

所有机组并机成功或达到用户规定的台数时,TC9.0智能并机屏将发出总出口开关允许合闸信号,这不需要外部PLC来完成。

机组并机运行,合闸输出成功,在可设定的时间内,转为功率管理功能,根据负载大小,

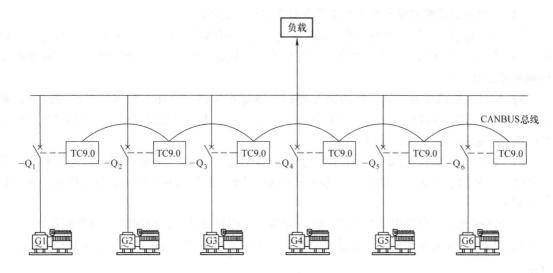

图 5-5 高速 CAN 总线通信系统

自动增、减机组。

停机操作：市电恢复后，停机操作有两种方式供用户选择。

(1) 不间断恢复（无人值守管理模式）

这种模式需要当地供电局认可，允许反同期并网。就是电站模块中设置一个与电网并联的模块，它将通过 CAN 总线命令所有机组控制模块，跟踪市电电压、频率，调整机组电压和频率，发出市电准同期合闸指令，市电开关合上后，机组负载将平滑转移到市电，机组各开关解列、分闸和冷却停机。

(2) 间断恢复

市电恢复时，人工干预逐级卸分路负载后，机组控制屏可自动控制（也可手动控制）如下过程：油机总输出开关分闸，再将市电开关合闸，再投入分路负载，再发出市电恢复信号，机组将自动解列并冷却停机，再次进入准备状态。

如市电恢复，直接手动分机组总输出开关，这属于突卸负载，会引起机组频率瞬间上冲；这种情况下，只要频率保护设定范围够宽，并机控制器将迅速自动调整控制，整个并机系统将保持稳定运行。

接地电阻柜的控制：高压并机所有运行机组中性点只有一点接地。这需要控制高压中心接地电阻的真空接触器的投入顺序。并机控制器集成了 PLC 控制功能，可直接控制并机投入机组中性点接地电阻投入的顺序和数量。

2. TC9.0 控制屏主要功能

TC9.0 系列控制屏除具有基本的发电机组控制和保护功能外，还具有智能远程"三遥"监控功能及良好的通用性，交流回路与直流回路分开，且分别采用标准航空接插件与柴油机及发电机连接。该屏采用世界先进技术，在结构上十分简单紧凑，功能十分强大，操作非常方便，性价比极高，是各行各业，尤其是通信机房无人值守后备电站的理想解决方案。同时，还提供标准的 RS232/485 计算机通信接口，具有友好人机界面的上位机软件，用户可以用 PC 就近连接或通过公用电话网远程拨号，上网监控多台机组。并可通过 RS232/485 接口和硬连接两种方式接至 BAS 系统。

发电机组控制保护功能有：

1）手动和自动控制单台机组的起停及自动转换控制功能。

2）参数显示：油压、水温、电池电压、运行时间等油机参数，三相相电压、相电流、频率、功率因数、有功功率、无功功率、发电量等发电机电参数，市电三相线电压、三相相电压和频率等市电参数。

3）发电机组润滑油压低、润滑油温度高、冷却水温高、冷却水断水、燃油量过低、超速、超频、低频、速度信号丢失、自启动失败、过电流、电压过高或过低、厂用电相序错误、发电机相序错误等保护停机功能。

4）发电机组润滑油压低、油压水温传感器故障、冷却水温过高或过低、冷却水断水、燃油量过低、超速、超频、过电流、电池电压过高或过低、厂用电相序错误、发电机相序错误等故障报警。

由于机组允许采用集中供电方式，集中控制。在控制室可设置控制屏（用户配备），引入机组控制信号，开关控制信号，测量信号等，以实现远方控制和监视。为了实现对全部机组进行监控。

3. 功率管理系统说明

功率管理系统说明见表5-4。

表5-4 功率管理功能表

通道	名称描述	地址代码	设定值
8001	PM起机储备有功值	1209	200kW
8002	PM起机储备视在值	1210	200kVA
8003	PM起机百分值	1211	80%
8004	PM起机倒计时	611	未使用
8005	市电最低带载	612	20kW
8011	PM停机储备有功值	1212	300kW
8012	PM停机储备视在值	1213	300kVA
8013	PM停机百分值	1214	60%
8014	PM停机倒计时	613	未使用
8021	起/停方式	618	0
8022	模式PM更新	1186	0
8881	起停kW/kVA选择	1216	0
8882	起停百分比/值选择	1217	1
8922	多机启动设定1	620	0
8923	最少运行台数1	621	1
8924	多台启动1/2选择	622	0
8925	多机启动设定2	849	16
8926	最少运行台数2	623	16

高速的CAN总线通信，可以根据机组有功功率、视在功率启动、停机，这里又可分为根据百分比起停机和储备功率启动、停机。

1）储备功率起机：8001：200kW。

如机组功率是1000kW，现在机组带载820kW，1000-820=180kW，也就是说机组储备功率为 180kW，小于设定值 200kW，机组将启动下一台机组。

储备功率停机：8011：300kW。

如两台机组并机，每台机组额定功率为 1000kW。现在外部负载在减载，当两台机组带的负载总功率为 650kW，每台机组分担 325kW。如果 2#机组停机，将把 325kW 转移给 1#机组，1#机组将带 650kW，1000－650＝350kW，大于 300kW 停机设定，2#机组将停机。

2）百分比起机：8003：80％。

如机组功率为 1000kW，现在机组带载 820kW，超过 80％，机组将起用下一台机组。

百分比停机：8013：60％，是指停掉一台机后，单机功率的 60％。

如两台机组并机，每台机组额定功率为 1000kW。现在外部负载在减载，当两台机组带的负载总功率为 650kW，每台机组分担 325kW。如果 2#机组停机，将把 325kW 转移给 1#机组，1#机组将带 650kW，大于 60％停机设定，2#机组将不停机。负载再减，当两台机组总负载为 590kW，如 2#机组停机，1#机组带载率为 59％，小于 60％，2#机组将停机。

3）在 8882 处选择储备功率或百分比。储备功率：Value　百分比：Percentage。

4）正确设定好参数，比如：8011 不可以比 8001 小，两者必须要有差距。

8012 不可以比 8002 小，两者必须要有差距；8013 不可以比 8003 大，两者必须要有差距。

5）8922、8923 为多机起/停控制 1。

8922：可以选"Auto calculation"、"Start 1 DG"、"Start 2 DG"、"Start 3 DG"、"Start 4 DG"、"Start 5 DG"、"Start 6 DG"、"Start 7 DG"、"Start 8 DG"、"Start 9 DG"、"Start 10 DG"、"Start 11 DG"、"Start 12 DG"、"Start 13 DG"、"Start 14 DG"、"Start 15 DG"、"Start 16 DG"，我们一般选"Auto calculation"——称为自动计算。

8923：为最小运行台数设定。就是除了 8922 选定以外，8923 可以突破 8922 的限制，设定按优先级确定最小运行台数。

6）8925，8926 为多机起/停控制 2。

8925：可以选"Auto calculation"、"Start 1 DG"、"Start 2 DG"、"Start 3 DG"、"Start 4 DG"、"Start 5 DG"、"Start 6 DG"、"Start 7 DG"、"Start 8 DG"、"Start 9 DG"、"Start 10 DG"、"Start 11 DG"、"Start 12 DG"、"Start 13 DG"、"Start 14 DG"、"Start 15 DG"、"Start 16 DG"，我们一般选"Start 16 DG"——为起 16 台机组。

Start 1 DG 是指起 1 台机组，以此类推。

8926：为最小运行台数设定。就是除了 8925 选定以外，8926 可以突破 8925 的限制，设定按优先级确定最小运行台数。

7）8924 为两组"8922，8923"/"8925，8926"之间的选择的设定：

Multi start set 1 是指"8922，8923"这一组。

Multi start set 2 是指"8925，8926"这一组。

两组如何切换如图 5-6 所示的编程。

4. 负载分级管理的功能

控制系统还具备负载分类功能，满足设定几级负载，根据负载的重要性按照顺序在机组设定的"剩余功率"满足的情况下优先带载，可以根据设定控制对负载分类的总开关合分闸，根据负载的重要性依次进行加载，控制系统具备 A、B、C 三级负载分类，三个输出点，可以通过控制器本身的 PLC 逻辑进行编程定义输出，所有的并机机组控制系统均具备三个输出点，将所有的 A 类负载并在一起，B 类负载并在一起、C 类负载并在一起，每级负载总输出开关具

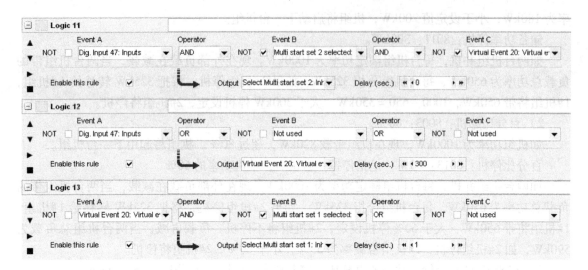

图 5-6 两组机组切换的编程图

有中间继电器,由输出点控制,从而对主开关进行合、分闸控制,满足负载分类,以 2 台机组为一个系统、2 级负载为例的负载管理功能如图 5-7 所示。

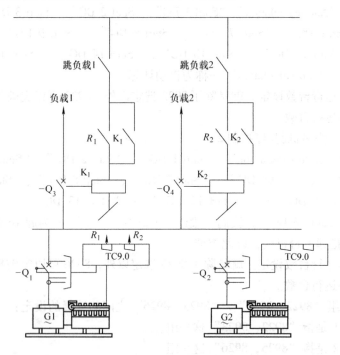

图 5-7 负载管理功能示意图

如图 5-7 所示,发电机 1#被启动,然后发电机 2#启动,表示两台机组和两个负载给出的一台 AGC200 上剩余功率负载电器 R_1 和 R_2 连接着。发电机 1#被启动,当 G1 合闸时,定时器 t_1 开始运行,当定时器 t_1 计时结束后,所选的 R_1 继电器激活,此时图中 200kW 负载被接入,此时剩余功率下降至 300kW,一段时间后,发电机 2#被启动,并同步其发电机开关,当 G2 合闸后,定时器 t_2 开始计时,当定时器 t_2 届满后,所选的 R_2 继电器激活,此时第二个负载

200kW 被接入，剩余功率下降至 600kW。

5. 并机显示系统描述

针对并机数量较多时，可设计集控系统对电站群内的每台机组实现集中监控，可以实现不限于以下功能：

1）系统单线图，并通过系统单线图显示各设备状态；
2）显示每台发电机组的运行状态；
3）显示每台发电机组的预告警、告警和故障状态；
4）显示每台发电机组的运行记录和故障记录；
5）系统保护功能。

可以通过配套工业交换机（HUB）、RS485/TCP-IP 通过网线与（HMI）人机界面（15 寸液晶屏）与主控制器进行连接后，通过专业的 MGCS 组态软件进行相应的编程，界面均可以个性化编辑，并机监控系统如图 5-8 所示。

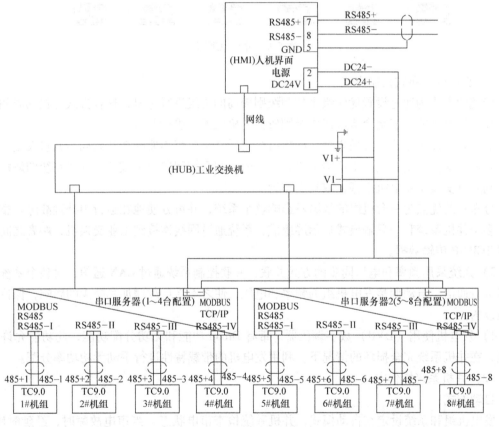

图 5-8 并机监控系统图

集控系统具备扩容能力只需要增加工业交换机及转换模块即可实现硬件上的扩容，可以在硬件完全满足的条件下进行编程，以便后期扩容。

6. 并机原理及运行模式

(1) 科泰 K 系列机组并机工作原理

1) 发电机组并机系统采用控制与并机一体进行设计，每套系统设置一只主控屏，系统还可配置一套（HMI）人机界面，完成人机界面，显示系统并机状态、负载分配状态和各台机组的参数等，如图 5-9 所示。

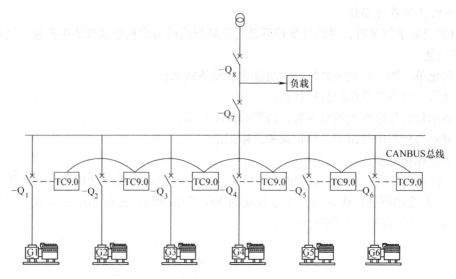

图 5-9 并机原理图

2）真正的分布式控制方式

传统的方式为通过设置优先级来控制级别较高的机组进行并机，这种方式并机的时间受优先级高的机组影响，甚至会造成优先级别较低的机组无法进行并机。

而分布式控制方式，为最先稳定的机组合闸后其余机组均能够在达到同步并机设定后完成合闸并机，这样速度更快，也不会因单台机组的控制系统问题而造成整个并机系统的瘫痪。并机控制屏可安装于发电机组旁，或集中布置。

分布式的优点为一台机组的故障不影响整个系统，并可方便地在运行中处理故障。整个系统由多个并机系统和一只触摸式显示屏组成，系统通过网线连接到工业交换机，两者之间通过网线 TCP/IP 传输数据。

3）系统采用频率和电压同步的方式并联，并联控制系统通过 CAN 通信，对整个系统的控制屏进行通信，自动调整发电机组的频率和电压，使之不受负载增加和减少的影响，保持在设定值以内。

4）发电机使用（DVR）数字调压器，带有 Droop 功能和无功分配功能，此功能允许手动并机，在并机系统完全损坏的情况下，利用发电机的带载特性进行手动无功功率分配。

（2）并机系统操作方式

自动方式：

发电机组和系统设定在自动模式，并机系统检查市电状态，当市电故障时，经延时确认，启动所有（或者设计启动贮备，可以根据负载的状况进行投入机组）自动状态的发电机组，发电机组启动后自动将电压和频率调整至设定值，系统中最先到达设定值的发电机组，最先投入到并联母线，其余的机组检测各自并机开关上下口电压、频率、相位，自动控制发电机组的频率和电压进行追踪，达到一定的窗口设定值和同步时间后，命令开关闭合，自动同步过程结束，系统将自动分配功率给所有在线机组。

自动功率控制功能，自动状态下可以开启功率控制功能，并机系统检测总的输出负载，自动增减机组台数，功率控制的百分比可在一定范围内设定（并机完成后送电，何时进行负载分配可以设定)。

自动停机过程,当控制系统接收到市电可用信号,经延时确认后,此时已将负载由发电机组转移到市电,整个发电机组将进行停机过程,控制系统确认机组功率低于设定值时,控制系统才自动断开断路器,发电机组解列。发电机组控制系统自动进行冷却停机程序,停机后进入待机状态。

手动解列过程,所有在线运行的发电机组允许手动解列,在并联系统中触发对应的发电机组停机按钮,控制系统将首先进行负载转移过程,被解列的发电机组功率逐步降低,达到设定值后,并联开关自动断开,发电机组解列。发电机组控制系统自动进行冷却停机程序,停机后进入待机状态。

紧急停机过程,当运行中的发电机组发生停机故障或按压紧急停机按钮,并联控制系统将立即断开对应的机组断路器,并控制机组停机,如故障或急停发生在并联系统侧,发电机组无故障,则发电机组进行冷却停机过程,停机后待机状态,在并机系统控制屏上将显示报警信息;如急停或故障发生在发电机组侧,则发电机组立即停机,并在机组控制屏和并机系统控制屏上同时显示报警。

① 手动并机操作　发电机控制屏设置在手动状态,并机系统设置在手动状态,并机系统不检测市电状态,由人工控制。当需要启动发电机组时,手动启动发电机组,在并联系统处触发合闸或投入按钮,并联系统将自动同步,自动合闸,并联后自动功率分配。

停机过程,系统工作在此方式下无法自动停机,首先进行机组解列,在并联系统处触发停机或解列按钮后,对应的机组将自动转移负载,当负载减小到设定值时,自动断开断路器,机组解列完成,此时机组继续运行,需手动停机。

紧急停机过程同自动状态。

② 并机环流控制　采用上海科泰电源股份有限公司高精度并机控制系统,可有效地减小并联机组之间的环流。

通过优化接地系统的连接方式,也可减小并联机组间的环流。高压发电机组中性线通过高压真空接触器和接地电阻相连,通过 PLC 编程(智能控制器自带 PLC 功能)让在线的机组只允许一台发电机组通过中线接地,其他机组悬空。在自动方式和手动方式时,并联控制系统自动控制首次投入的机组所对应的中性点断路器合闸。在紧急方式下,手动控制需并联的机组中任一台中线断路器合闸,然后再启动机组并联。

③ 高压并机系统的其他保护功能　除了发电机组控制屏提供的保护功能外,并机系统均具备以下保护功能:

并机失败、逆功率保护、过电流保护、发电机组故障分闸保护、超载保护、电压故障保护和急停功能等。

上海科泰电源股份有限公司高压机组还需要差动保护和接地故障保护。

④ 科泰机组并机控制系统　上海科泰电源股份有限公司机组提供 TCP/IP 或 RS485 数据/控制接口,通过使用 MODBUS 协议能够方便地与客户进行远程监控网络对接,实现远程数据的采集和监控。

监控内容包括发电机组运行参数、状态参数、并联系统的状态参数、运行参数和报警信息等。

并机控制系统硬件:并机系统使用上海科泰电源股份有限公司 TC9.0 智能并机控制系统,与发电机组的控制屏一体,此系统专为上海科泰电源股份有限公司发电机组设计生产制造。与其余的品牌机组可以实现兼容，保证以后扩容时兼容其余控制系统。

上海科泰电源股份有限公司机组并机控制屏（HMI）人机操作界面：上海科泰电源股份有限公司使用15寸（1in＝0.0254m）彩色触摸屏作为并联系统集控操作，可状态显示、参数显示、并机单线图显示，中文界面。可进行扩容至16台机组。

5.7 高电压发电机组的安全管理和操作规范

5.7.1 高电压柴油发电机组的安全管理

高压机组操作人员的资质要求和安全操作注意事项：操作人员必须具备高压电工资质，持有《高压上岗许可证》，有一定的柴油发电机组及电气专业基础，针对机组的操作进行过专业的培训。

高压发电机组的电压比一般机组电压要高很多，一旦出现事故，后果将十分严重，所以必须要先了解并熟悉高压电机组的一般安全注意事项。

1. 开机前的安全检查
1) 开机前，请检查蓄电池电解液是否足够，电池夹头是否松动。
2) 检查高压电缆外观是否正常，每相电缆之间的安全距离是否足够，一般为125mm。
3) 检查防冻液、润滑油及柴油是否有渗漏，直到满足开机条件。
4) 检查水箱风扇及皮带是否正常。
5) 如果是新机组调试，还需注意以下试验：
① 在开机前必须做高压电缆耐压试验，并在试验合格后，方可接入高压电缆。
② 在高压开关通电之前，必须先做高压开关耐压试验以及综保设定的保护试验；试验合格后方可通电。

2. 机组运行时的操作安全及注意事项
1) 油机正常运行后，需要检查润滑油、防冻液及柴油是否有渗漏。
2) 检查油机各项参数是否在合理范围内。
3) 注意各高压开关合、分闸是否正常，观察高压开关电气参数，与控制器参数对比。
4) 如果是并机运行，注意观察机组是否顺利并机运行，并机后，各项参数变化情况。
5) 机组运行时发动机机体温度较高，请勿靠近机体。
6) 高压开关合、分闸，要填写操作票，并进行告示。

3. 停机后的安全检查
1) 机组停机后，因为机体温度比较高，所以要注意人身安全，不要靠近机组，尤其是排气管。
2) 停机后，如发现需要补充防冻液，不能立即打开水箱盖加水，因为此时防冻液温度较高，会溅射在人身上，造成伤害。

4. 检修安全
如需对高压电缆或者高压开关进行检修时，要遵守以下原则：
1) 不能带电作业，高压电缆在作业前必须进行完全放电，安全确认以后方可进行，先用接地棒进行放电，然后再用验电棒测试是否带电。
2) 如果高压开关配备有接地刀开关，那么可以通过接地刀合闸放电，这样放电更方便。

3)在检修前,一定要填写检修作业票,按要求写明工作内容等。
4)检修时,必须断开线路上一切可能带电的开关,防止误送电。
5)检修完成后,如更换高压电缆,必须先做耐压试验,方可送电。

5.7.2 高电压发电机组的操作规范

1)严格按照柴油发电机组操作及维护保养规范进行操作维护保养,定期开机 10~15min 空载试验。
2)严格按照高压操作使用规范进行操作,操作人员应有相应的高压操作资质。
3)并机开关柜机房有相应的高压保护措施,必须严格按照操作程序进行操作。
4)为了保证开关柜和手车正确操作的程序性,开关柜设置有可靠的机械、电气联锁机构,符合"五防"功能的要求。

① 仪表室门上装有提示性的按钮或者 KK 型转换开关,以防止误合、误分断路器。
② 断路器手柄在试验或工作位置时才能进行分合操作,而且在断路器合闸后,手车无法移动,防止了带负载误推拉断路器。
③ 只有接地开关处于分闸位置时,断路器手车才能从试验/断开位置移至工作位置,只有断路器手车处于试验/断开位置时,接地开关才能进行合闸操作。这样可以防止带电误合接地开关及防止了接地开关处于闭合位置时闭合断路器。
④ 当接地开关处于分闸位置时,下门及后门都无法打开,防止误入带电间。
⑤ 当断路器手车在试验或工作位置没有控制电压时,只能手动分闸,不能合闸。

第6章　特殊用途的柴油发电机组

特殊用途的柴油发电机组特指低噪声机组、移动式机组和极端环境条件下应用的机组。

低噪声机组一般加装有防音外壳，机组的噪声经隔声、吸声和消声技术处理后达到满足环保法规要求，即低噪声排放的效果。防音型机组广泛应用于对环境保护有特殊要求的户外或室内需要防护降噪的场所。

移动式机组具有自行功能或被牵引移动功能，同时移动式机组一般还兼有防音功能。移动式机组包括能在城市范围内短距离应急供电或工程事故抢修供电的防音型拖车电站，挂车电站分两轮拖卡和四轮拖挂两种，70kW 以下机组用两轮拖卡，70kW 以上至 500kW 机组用四轮拖挂。挂车电站由标准挂车和防音型机组组成，具备防音型机组的全部性能和优点，适宜于野外作业及机动性供电。挂车电站设有转向机构、交通警示灯和刹车装置，配有机械支腿，减震以及缓冲装置等。牵引装置可调节高度，符合交通安全行驶要求。挂车电站可预装电缆架和动力电缆，以实现快速供电。在城市道路和二级以上公路，两轮拖卡的拖行速度可达 40km/h，四轮拖挂的拖行速度可达 60km/h。

自备动力，适合于城市范围远距离移动应急供电的低噪声车载电站，以其使用移动快捷和噪声低等特点被广泛应用于通信、电视转播、高速公路、抢险、供电和军队等对于快速、机动性和可靠性要求较高的电源应急场合。主要将机组安装在汽车的车厢内，并可以配备电动电缆绞盘、多路输出插座和机械（或液压）支腿，也可以很方便地实现多辆车载移动电站并联使用。车载移动电站的噪声一般在 70~80dB（A）。

低噪声方舱电站和集装箱电站适合配置大型机组，这一类电站用标准半挂车可实现快速移动和转场。低噪声方舱电站和集装箱电站一般应用于对环境保护有特殊要求的户外使用场所，可以直接放置在户外露天使用，同时具有机动性强和投入使用快捷等特点。

低噪声方舱电站和集装箱电站的噪声一般在 75~85dB（A），可以在方舱和机厢内进行操作、保养和检修。

当环境温度过高时（特指环境温度超过 40℃），空气密度降低，柴油机燃烧时氧气量减少，燃烧效率减低，因而会减低柴油机的机械输出功率；同时发电机工作时需要冷空气对绕组进行冷却，当环境温度过高时，冷却效果降低，发电机绕组内部温度升高，为保证发电机的绕组温度在允许范围内，必须采取必要的冷却措施或降低发电机的输出功率。

当环境温度过低时（特指环境温度低于 -10℃），燃料的黏度增大，燃料的蒸发和雾化性能较差，喷入气缸内未能及时蒸发的燃料附着在燃烧室表面，影响了后续燃油的蒸发，导致可燃混合气体质量恶化。柴油机吸入气缸内的空气温度较低，加上柴油机启动时转速较低，漏气严重，造成气缸内压缩气体压力降低，达不到混合气体的自燃点。另外，润滑油在低温时黏度增大，润滑效果降低，各运动部件摩擦阻力增大，造成启动时阻力矩增大，过于频繁地冷启动柴油机，会造成柴油机使用寿命降低。

在高原环境，对柴油发电机组影响最大的因素是低压和低温，特别是大气压力下降，对柴油机的影响最大。随着海拔的升高，大气压力下降，空气密度下降，空气中含氧量降低，造成燃油燃烧不充分，爆发压力下降，驱动功率下降。另外，高原环境的高紫外线强度、空气干燥及高风尘条件也对柴油发电机组的正常工作有一定的影响。

6.1 低噪声柴油发电机组

低噪声机组主要由标准机组、防音罩壳、进排风降噪装置和排气降噪装置等组成。利用防音罩壳设置隔音和吸音层,进排风通道进行了降噪处理、排气采用工业型和住宅型消声器的组合结构,分别降低其高频和低频段的噪声。

标准防音型机组的噪声一般在 76~85dB(A),超级防音型机组的噪声一般为 60~75dB(A)。超级防音型机组是在标准防音型机组的基础上对噪声排放采取更加严格的控制措施,如采用迷宫式进排风通道设计等来实现的。

6.1.1 低噪声柴油发电机组的噪声控制

柴油发电机组运行时,通常会产生 95~110dB(A) 的噪声,机组运行的噪声,对周围环境造成严重损害,因此必须对噪声进行控制。

1. 排气噪声的控制

(1) 排气噪声产生的主要原因

排气噪声是发动机噪声的主要部分。其噪声一般要比发动机高 10~15dB(A)。排气噪声是发动机噪声中能量最大,成分最多的部分。它的基频是发动机的发火频率,在整个的排气噪声频谱中应呈现出基频及其高次谐波的延伸。

排气噪声成分主要有以下几种:

1) 周期性的排气噪声,排气所引起的低频脉动噪声频率一般为 63~125Hz,噪声值高达 105~125dB(A)。

2) 排气管道内的气柱共振噪声。

3) 气缸的共振噪声。

4) 高速气流通过排气门环隙及曲折管道时产生的喷注噪声。

5) 涡流噪声以及排气系统在管内压力波激励下所产生的再生噪声形成了连续性高频噪声谱,频率均在 1000Hz 以上,随着气流速度的增加,频率显著提高。

(2) 排气噪声的控制方法

消声器是控制排气噪声的基本方法。正确选配消声器(或消声器组合)可使排气噪声减弱 30~40dB(A) 以上。根据消声原理,消声器结构可分为阻性消声器和抗性消声器两大类:

1) 阻性消声器 阻性消声器也称为工业型消声器,是利用多孔吸声材料,以一定方式布置在管道内,当气流通过阻性消声器时,声波便引起吸声材料孔隙中的空气和细小纤维的震动。由于摩擦和黏滞阻力,声能变为热能而吸收,从而起到消声作用。

2) 抗性消声器 抗性消声器称为住宅型消声器,是利用不同形状的管道和共振腔进行适当的组合,借助于管道截面和形状的变化而引起的声阻抗不匹配所产生的反射和干涉作用,达到衰减噪声的目的。其消声效果,与管道形状、尺寸和结构有关。一般选择性较强,适用于窄带噪声和低、中频噪声的消减。

通常利用一个波纹减振节、一个工业型消声器和一个住宅型消声器的组合,有效地隔断了排气振动和排气噪声的传播。

2. 机械噪声和燃烧噪声的控制

(1) 产生机械噪声和燃烧噪声的原因

1) 机械噪声　机械噪声主要是发动机各运动零部件在运转过程中受气体压力和运动惯性力的周期变化所引起的振动和相互冲击而产生的。主要包括活塞曲柄连杆机构的噪声（主要为高频噪声）；配气机构的噪声（主要为低、中频段噪声）；传动齿轮噪声（噪声谱是一种连续而宽广的频谱）；不平衡惯性力引起的机械振动及噪声。

2) 燃烧噪声　燃烧噪声是燃烧过程中产生的结构振动和噪声。在气缸内燃烧噪声（尤其是低频部分）声压级很高，但是发动机结构中大多数零件的刚性较高，其自振频率多处于中高频区域，由于对声波传播频率响应不匹配，因而在低频段很高的气缸压力级峰值不能顺利地传出，而中高频段的气缸压力级则相对容易传出。

(2) 机械噪声和燃烧噪声的控制办法

1) 隔振处理　机组的隔振一般采用高效减振胶垫，经过隔振处理，机组表面的振动被有效隔断。

2) 降噪处理　在噪声的传播通道上进行降噪处理，减少声源对外的辐射。对噪声指标控制严格的机房，还需要在房内粘贴高效吸音材料，使噪声得到有效的衰减，以提高机房的降噪效果。

3. 冷却风扇和排风通道噪声的控制

风扇噪声由旋转噪声和涡流噪声组成。旋转噪声由旋转风扇叶片切割空气流产生周期性扰动而产生。涡流噪声是气流在旋转的叶片截面上分离时，由于气体具有黏性，便滑脱或分裂成一系列的漩涡流，从而辐射出一种非稳定的流动噪声。排风通道直接与外界相通，空气流速很大，气流噪声、风扇噪声和机械噪声经此通道辐射出去。

控制风扇和排风通道噪声的手段，主要是设计好的排风吸音通道，吸音通道可由导风槽和排风降噪箱组成，也可由导风槽和一至几组的吸音挡板组成。排风降噪箱的工作原理，类似于阻性消声器。可通过更换吸音材料（改变材料的吸音系数），改变吸音材料的厚度、排风通道的长度、宽度等参数来提高吸音效果。在设计排风吸音通道时，要特别注意排风口的有效面积必须满足机组散热的需要，以免排风口风阻增大导致排风噪声增大和机组高水温停机。

4. 进气噪声的控制

机组工作在封闭的机房里面，从广义上讲，进气系统包括机组的进风通道和发动机的进气系统。进风通道和排风通道一样直接与外界相通，空气的流速很大，气流的噪声和机组运转的噪声都经进风通道辐射到外面。发动机进气系统的噪声是由进气门周期性开、闭而产生的压力波动所形成，其噪声频率一般处于500Hz以下的低频范围。

对于涡轮增压发动机，由于增压器的转速很高，因此其进气噪声明显高于非增压发动机。涡轮增压器的压气机噪声是由叶片周期性冲击空气而产生的旋转噪声和高速气流形成的涡流噪声所组成，且是一种连续性高频噪声，其主要能量一般分布在500Hz~10kHz范围。

柴油发电机组配置的空气滤清器，本身就具有一定的消声作用。考虑到进气噪声相对较低，因此，对发动机的进气系统一般不做处理。对机组的进气通道，则要从风道的设计，隔音材料的选用等方面进行综合控制。其基本思路是：

1) 进风净面积符合设计规范，以保证发动机的进气系统和机组的冷却系统有足够的新鲜空气吸入。

2) 进风通道需经吸声处理，一般采用进风百叶窗、导风槽、消声挡板的组合，如果有充足的空间，也可采用进风百叶窗和降噪箱的组合。

6.1.2 低噪声柴油发电机组的外观、结构和系统

低噪声柴油发电机组的外形结构如图6-1所示。主要由柴油机、发电机、控制系统、机座（包括机底油箱）、排气消声系统、减振装置、防音箱、进风降噪系统、排风降噪系统以及周边配套系统等组成。

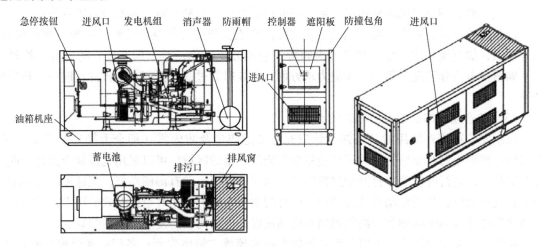

图6-1 低噪声柴油发电机组外形结构图

1. 低噪声柴油发电机组的防音箱结构

防音箱体结构的设计，主要考虑能够容纳所有配套件（包括柴油机、发电机、启动电池、断路器、控制系统和消声组件等）和降噪所需空间、足够的进排风通道面积，满足额定功率输出，并安全、可靠运行，同时便于操作、检修、装卸、运输、安装、防尘、防雨雪和组装等。力求用最小的体积，较低的制造和运输成本达到各项技术指标和功能。

2. 防音箱体外形的设计

防音箱体外形通常采用正长方体设计，该方案适用于室内外使用环境，具有适应性和机动性较强，制造工艺性也较好的特点。

为了节省空间和缩短长度，有时也采用在两下端切为斜角并作为进、排风口的方案，但其缺点是容易吸入或吹扬地面的尘土、安装于机房内时很难将热风引排至室外。

(1) 防音箱体外形尺寸的设计

长度≥柴油机 + 水箱 + 发电机组件总长度 + 降噪进风室长度 + 降噪排风室长度 + 吸音组件厚度

宽度≥柴油机 + 水箱 + 吸音组件厚度

高度≥柴油机 + 水箱 + 减震组件 + 排气管组件 + 水箱注水口空间 + 吸音组件厚度

基于低噪声柴油发电机组通常为细长形的结构特点，在满足使用条件的前提下，优先控制防音箱体的长度，控制系统、开关、电池和接线等组件尽量利用其他空间设置。

对于个别过于细长机型，箱体可以适当加宽，使其搬移和运行更为平稳，同时外观也较为协调美观。

在确定箱体的高度时，应注意水箱注水操作和观察水位的空间，必要时可以将注水口设置在机箱外顶部。

个别机型的增压器和排气管等高发热（最高温度可达600℃）组件可能比较靠近边缘，在确定箱体外形尺寸时，要充分考虑箱壁与其保持足够的距离，避免机组长时间运行时产生高温烤坏吸音材料或箱板。另外，机组在启动和停机过程中部分组件摆幅较大，箱壁也应与其保持足够的距离，避免产生撞伤和敲击异声。

（2）防音箱体操作门及检修门的设计

操作门通常置于发电机端（进风侧）的端部或两侧，处于运行环境温度相对较低的区域。操作门上一般装钢化玻璃观察窗口，便于随时察看机组的各种参数，同时兼有隔音作用。

检修门的设计，应充分考虑满足各种需要检修或操作的方便及可能性。一般日常的保养、检修项目，如更换三滤、频率和电压调整等，应能方便操作；对于周期较长的保养、检修项目，如更换电池和清理水箱等，也应力求方便，必要时通过简单拆卸个别板件就能进行相应的操作。

（3）防音箱体的防尘及防雨雪的设计

机组安装在户外使用时，箱体设计应充分考虑防尘及防雨雪（即全天候）的需要。进、排风口一般采用百叶窗结构；对于环境粉尘污染较严重的区域，可以采用气弹簧全密封窗或加百叶窗结构，运行时仅简单打开密封窗即可，这时密封窗也兼有雨棚功能，但这种结构很难适用全自动化机组；采用电动百叶窗结构，既可防雨雪，停机备用时也能有效的防尘，同时满足自动化启动并有利于防潮和提高低温加热启动速度，但结构较为复杂、成本偏高。

箱体上边缘加设雨檐，可以避免或使较少雨水掉落在箱体表面；各门边加设橡胶密封垫，可以避免雨水渗入箱体内和由于振动而产生噪声；在箱体底部开设排水孔，可以防止雨水积聚。

（4）防音箱体的制造工艺性设计

防音箱体的设计，应充分考虑加工和装配时具有良好的制造工艺性，以便提高生产效率和降低成本；箱体应有足够的刚性，以便在吊装和运输过程中安全、可靠和不容易变形。

3. 机座（包括机底油箱）结构的设计

低噪声柴油发电机组通常将油箱和机座设计为一个整体，使其只需简单地加油、加水，立即可以投入运行，同时由于该结构具有一定的弹性，对于降低机组运行时的振动，对基础的传递也有很大的作用。

机座的结构设计，首先应满足柴油机和发电机组件的安装及运行时所需的刚性、扭转强度和动态承载的要求，然后考虑其油箱的容积、加工的工艺性、总装和搬移或吊装的方便性等。可以根据不同机型按常规标准型机组设计方法，确定其满足刚性、扭转强度和动态承载的结构和数据。

通常低噪声柴油发电机组油箱的容积，按机组满负载运行8h左右的油耗设计，对于需要较长时间连续运行的一体化基站小功率机组，油箱的容积可以达到运行15h以上，大容积油箱同时抬高了小型机组的高度，使其操作更为方便。

同时，机座上应设计用于安装、搬移或吊装的装置。

4. 降噪系统的结构设计

降噪系统的结构设计，主要是解决通风条件和降低噪声之间的矛盾，在有限的空间条件下，最大限度地降低噪声，同时不影响机组标定功率的持续输出。低噪声柴油发电机组按噪声等级，通常分为标准防音型（76~85dB/m）和超级防音型（60~75dB/m）。

低噪声柴油发电机组的噪声主要来自柴油机高速运转产生的机械噪声、冷却机组所需空气进入和排出的风噪声,以及由气缸内燃烧爆炸所产生的排气噪声等。降低系统的噪声,主要是设计合理的结构和选择合适的材料,通过隔声、吸音和噪声干扰等措施来实现。

(1) 进、排风口及其通道的设计

进、排风口及其通道是低噪声柴油发电机组结构设计的重要环节,关系到噪声能否得到有效的控制,同时机组又能在合理的水温条件下安全正常运行。进风口通常置于发电机侧的端部,必要时可以在其两侧补充;排风口一般置于柴油机侧的前上部或两侧。

1) 进风口的有效通风面积应大于水箱的面积,确保不低于标准裸机运行所需的通风冷却条件,保证机组在额定输出功率和正常的水温下运行,同时应将风速控制在适当的范围内:标准防音型风速为8m/s;超级防音型风速为6m/s。风速增大,将会产生二次噪声。风速等于柴油机自带风扇标称的风量与进风口有效通风面积的比值。

2) 如果进、排风口采用百叶窗结构,应特别注意百叶的结构形状和摆角,最大限度地利用有限的窗口面积提高通风条件和降低风阻。

3) 通常进排风通道采用挡板或隔板结构,使空气的流动改变方向和延长与吸音材料的接触距离,从而提高降噪效果。对于超级防音型机组,必要时可设计成多级或细长的专用通道,以使噪声得到更有效的控制。挡板或机箱壁与水箱应有足够的距离,减少风阻和空气倒流,使排风更为顺畅。进排风通道的结构设计有较强的技巧性,在有限的空间选择合理的位置和形状可以得到最佳的效果。

(2) 隔声的设计

噪声主要是通过空气传递的,所以隔声结构的设计应力求最大限度地密闭,使各种噪声大部分控制在防音箱体内。尽量将吸音材料贴附在防音箱体面板上,减少噪声的穿透传播;在门窗的边缘缝隙加垫、橡胶封条,以减少噪声的泄漏传播。在进排风通道设置合适的挡风板,避免噪声直接传播到机箱外,同时加长吸音通道的路径,可以更有效地控制噪声。

(3) 吸声设计

在防音箱体内及进排风通道铺设吸音材料,能够吸收大量的噪声,减弱噪声的传播;进排风通道越长,降噪效果越好,但会增加风阻,减弱通风条件,设计时应取得其平衡,最好能再通过试验获取最佳组合结构和参数;吸音材料一般采用玻璃纤维棉表面加冲孔板,也可用发泡海绵等材料,前者吸音和耐高温效果较好,后者制造工艺性较强;超级防音型机组可以通过加厚吸音材料和延长进排风通道来实现,但机箱的体积也会随之增大。

(4) 排气系统降噪的设计

排气噪声由于其频段较宽,通常需要采用工业型和住宅型组合消声器分别对高、低频噪声进行控制。工业型消声器主要利用吸音材料减弱高频段的噪声;住宅型消声器主要是利用气体的干扰、压缩和扩张降低中低频段的噪声。

消声器及其排气管和弯头都会对柴油机的排气产生阻力,在结构设计时,必须将背压控制在许可的范围内,特别是排烟管道需要加长时,更要进行严格的校核,避免输出功率下降,甚至机组无法正常运行。

1) 消声器的设计 目前,用在柴油发电机组排气系统的主要是直管式消声器。其消声性能主要与通道的形式、长度及吸声材料的性能有关。

直管式消声器是阻性消声器中最简单的一种。直管式消声器消声量计算公式为

$$\Delta L = \Phi(a_0) L \times P/S$$

式中 ΔL——消声量;

$\Phi(a_0)$——与材料吸声系数 a_0 有关的消声系数（粗略计算时可取 $\Phi(a_0)$ 值为 1）；

L——消声器的有效长度；

P——消声器通道截面周长；

S——消声器通道截面积。

由上式可知，阻性直管式消声器的消声量除与吸声材料性能有关外，还与消声器的有效长度 L 及通道截面周长 P 成正比，而与消声器通道截面积 S 成反比。因此，增加有效长度 L 和通道周长与截面积之比 P/S 即可提高消声量。当通道截面积因流量、流速要求而确定时，选择合理的通道截面形状，也可提高消声效果。

抗性消声器的消声性能主要与抗性膨胀室的膨胀比 m 及膨胀室的长度 L 有关，膨胀比决定抗性消声器消声量的大小，长度决定抗性消声器的消声频率特性，抗性消声器最大消声量计算公式如下：

当 $m>5$ 时，最大消声量可近似由下式计算：

$$\Delta L_{max} = 20\lg m - 6$$

ΔL_{max} 与 m 值的关系见表 6-1。

表 6-1 ΔL_{max} 与 m 值的关系

m	ΔL_{max}	m	ΔL_{max}	m	ΔL_{max}
1	0	8	12.2	20	20
2	1.9	9	13.2	22	20.8
3	4.4	10	14.1	24	21.6
4	6.5	12	15.6	26	22.3
5	8.5	14	16.9	28	22.9
6	9.8	16	18.1	30	23.5
7	11.1	18	19.1		

由于单节阻性消声器在大排气流量下有高频失效的缺点，因此在工程应用上常采用将阻性结构和抗性结构复合在一个消声器里的设计，消声器进气口串联扩张室，为一级抗性消声器，中间段以多根小口径冲孔管替代一个大口径冲孔管以消除高频通过，冲孔管与外筒间填充耐热吸音材料形成阻性消声器，后段再串联一个扩张室再连一节抗性消声器。根据消声量的需要，扩张腔式消声器可多节串联，一般可取 2~4 节串联，消声量在 20~30dB（A）左右。阻抗复合型消声器结构及外形如图 6-2 所示。

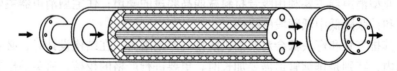

图 6-2 阻抗复合型消声器结构及外形图

2）排烟口的结构设计 排烟口通常置于顺排风的区域，有利于将排烟吹散。排烟口的结构设计原则是：避免雨雪进入、减少对操作区间的污染和烟尘的积聚。根据现场使用条件，排烟口可以有三种结构选择：

① 横向直接排放结构 横向直接排放结构简单，排烟安全可靠，但对操作区间会产生污

染，可将排烟口引至较高或远处地方。

②上排加活动盖结构　该结构使废气直接向上排放，对操作区间污染较小，同时又能防雨雪和杂物进入排烟口，但可靠性稍差，当盖板动作失效时，排烟口会进水或排气不畅。使用该结构时，除应精心设计和选用合理的材料提高其可靠性外，还应加强日常的保养和检查，才能安全可靠工作。

③上排加固定雨盖结构　该结构安全可靠，但废气可能会下沉，污染操作区间，而且容易造成烟尘的积聚。使用时一般应将排烟口引至较高位置。

5. 隔振系统的结构设计

柴油机、发电机组件在高速运转时会产生很大的振动，主要通过底座和排气管传递至基础和建筑物，通常可以在机组与机座间、机组与排气管中间设置减振装置，减少机组的振动并减轻振动的传播。

（1）减振器的结构设计

减振器通常置于柴油机、发电机组件与机座的中间。一般采用橡胶材料圆柱形结构，具有结构简单、减振性能好、成本也较低的优点，但抗横向剪切力和安全性较差；采用橡胶材料碗形结构，可以提高安全性；对于抗冲击和振动要求较高的机组，可以采用减振性能更好的弹簧减振器，但结构较复杂，成本也稍高。

（2）膨胀节隔振器的结构设计

排气口的振动很强、温度很高，其振动会通过排气管传递到其他结构件和建筑物，所以在排气口与排烟管之间设置不锈钢材料的膨胀节，隔离振动的传播，同时不会因热伸缩破坏其他结构件。

6. 其他的结构设计

1）启动电池尽量靠近启动机的位置，缩短电池连线，提高启动性能。

2）消声器组件应安装在通风良好的位置，通常置于排风扇前面，有利于散热。

3）控制屏及电子元器件，应采取防振措施，防止损坏或失效。

4）紧急停机按钮应设置在机箱外部，便于突发事件的应急处置。

5）应充分考虑加放柴油，加放机油和注放水的操作方便性。

6.1.3　静音型机组的防尘防雨设计

柴油发电机组正常的通风冷却是保证机组输出额定功率的必要条件。风冷式机组的冷却通道主要有两个渠道，一是通过轴带动带轮驱动冷却风扇，冷却机油散热片，带走发动机的内部热量；二是通过发动机的缸体向空气辐射散热。在开放式的空间，机组能很好地散热，可以保证正常的工作温度；但要在室外高防护等级的封闭机箱内正常工作，如果通风处理不好，很容易引起高温停机。并且，机箱内启动蓄电池会很快老化损坏。

本案例的静音型风冷柴油发电机组，采用迷宫式的进排风结构，在满足正常工作的通风条件下，有效降低了发电机组的噪声，同时也有效地抵抗了雨水及风沙的侵入，使发电机组能在全天候气象条件下正常工作。全天候使用的风冷柴油发电机组的结构如图6-3所示，主要由轴流风机2—塔形排风盖板。

其中：控制箱设在机箱内的前端，油箱位于机箱的底部，发电机和风冷式发动机位于机箱内并依次位于控制箱的后方。发动机有轴带动带轮驱动的冷却风机；进风室设在机箱内的后端，该进风室的后侧壁上开有进风窗口，并在进风窗口上安装进风过滤装置；软连接筒体的两

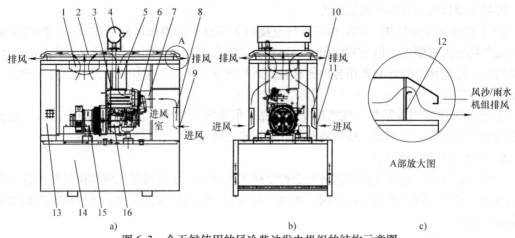

图 6-3 全天候使用的风冷柴油发电机组的结构示意图
a) 正视图 b) 侧视图 c) A 部位放大
1—轴流风机 2—塔形排风盖板 3—排烟管 4—排气消声器 5—排风筒 6—冷却风机
7—软连接筒体 8—后侧面进风斗 9—后侧面进风口 10—辅助进风斗 11—辅助进风口
12—迷宫挡板 13—机箱 14—底座油箱 15—交流发电机 16—风冷柴油机

端分别与进风室及冷却风机连通；排风筒连接在发动机机油散热器的排风口与机箱顶端之间；机箱两侧壁上的辅助进风窗口对应发动机的缸体位置，辅助进风窗口安装有进风过滤装置；轴流风机安装在机箱内的顶部，对应发动机的缸体位置；塔形排风盖板（包括一圈固定在机箱的敞开式顶端的挡板及通过撑架）固定在挡板上方的盖板，该盖板位于挡板外围的部分依次包括向外下斜弯折段、向下垂直弯折段及向内水平弯折段；挡板的高度小于撑架的高度但大于盖板的向内水平弯折段至机箱顶端面的距离；进风室的进风窗口、软连接筒体、冷却风机、机油散热器的排风口、排风筒和塔形排风盖板构成冷却发动机并由冷却风机驱动通风的第一通风冷却通道；一对辅助进风窗口、轴流风机和塔形排风盖板构成冷却发动机的缸体并由轴流风机驱动通风的第二通风冷却通道。

风冷柴油发电机组在工作时，第一通风冷却通道的通风过程是：由发动机轴带动带轮驱动的冷却风扇通过软连接筒体接入机箱内独立设置的进风室，进风室通过进风窗口和进风过滤装置直接从机箱外吸入干净的冷风，满足了发动机的通风量和冷却的要求，冷却发动机后的热量通过机油散热器的排风口和排风筒直接排出机箱外，整个冷却通道实现全封闭，冷却效率高。

全天候机箱实施的技术方案是在机组静音箱体的相应位置设置了进排风口，以最短的路径引入新风和排出热风：

1) 柴油机轴带动带轮驱动的冷却风扇通过一软连接筒体接入机箱独立设置的进风室，进风室通过进风窗口和进风过滤装置直接从机箱外吸入干净的新风，满足柴油机通风量和冷却的要求。柴油机经冷却后的热风带由通过机油散热器的排风口和连接筒体直接排出封闭机箱外，整个进排风通道实现全封闭，冷却效率高。

2) 对于发动机缸体的辐射散热，在机箱两侧设置辅助进风口，辅助进风口机箱内侧加装辅助进风过滤装置。同时在机箱顶部设置轴流风机，向机箱外强制排风，给机组散热并形成贯通机箱的通风通道，最终从塔形排风盖四周排出热风。

3) 第一通风冷却通道和第二通风冷却通道都把热风排至塔形排风盖板下排出机箱外，塔形排风盖板下设置迷宫式挡板，热风经迷宫式结构排出机箱外，既满足了机组通风散热的要求，又有效地减少了机组工作时噪声的泄漏。

4）进风窗口的进风过滤装置和塔形排风盖迷宫式结构有效地抵抗了风沙和雨水，并通过进排风通道进入机箱内，提高了机组的防护等级，机组在全天候条件下正常工作。

6.1.4 组合式低噪声方舱电站

1. 组合式低噪声方舱电站的概述

低噪声方舱电站是针对目前柴油发电机组的振动和噪声污染等问题，采用减振、隔声、吸声和消声等技术手段限制振动和噪声的传播，在保证机组额定功率输出的前提下，达到降低噪声的效果。组合式方舱是一种可拆卸结构，对结构尺寸较大的方舱，由于受道路运输条件的限制，可先拆卸成满足运输要求的小方舱，到达使用现场后再拼装成整体。

组合式低噪声方舱电站可用于无机房降噪条件的场所，机组不必建造机房，可以露天停放，主要用于通信枢纽站的应急备用电力系统。

2. 组合式低噪声方舱电站结构的特点

组合式低噪声方舱电站包括柴油机、发电机、安装底座、冷却水箱、启动蓄电池组、减振橡胶垫、组合式降噪方舱、排烟消声装置、日用油箱、系统集成的控制和开关柜等。

安装底座是发动机和发电机的公共底座，其结构为刚性框架。柴油机、发电机和散热水箱都安装在公共底座上。底座下面安装橡胶减振垫并固定在降噪方舱底板的骨架上，以减小机组工作时振动的传递和运输时车辆振动对机组的损害。

降噪方舱是机组的防护罩壳，由控制柜方舱、动力方舱、消声器方舱、进风扩展舱、动力扩展舱和排风扩展舱组成。降噪方舱内置进、排风消声器和排烟消声装置，在保证机组正常通风量的前提下降低噪声的传播。

启动蓄电池组为启动机提供电力，启动蓄电池组布置在靠近机组启动机的方舱内底板上，并给予固定。日用油箱为柴油机提供燃油。控制开关柜是机组的控制系统和电力输出系统总成，包括启动、保护、通信等各种功能和机组电力输出的总开关。

组合式低噪声方舱电站示意图如图 6-4 所示。组合式方舱根据运输条件设计成 6 个独立的小方舱，方便移动和运输，到达使用地点后再拼装成整体，6 个小方舱通过螺栓和密封条连接，分别为控制柜方舱、动力方舱、消声器方舱、进风扩展舱、动力扩展舱及排风扩展舱，其中控制柜方舱、动力方舱及消声器方舱分别为从左至右依次设置在组合式方舱的下部，进风扩展舱、动力扩展舱及排风扩展舱分别设置在控制柜方舱、动力方舱及消声器方舱的顶面。

同时，方舱电站还配日用油箱。排烟管自柴油发电机组上连接到排烟消声器并从排风扩展舱顶端伸出。排烟管、油管分别用法兰盘和密封垫片连接，电缆用母排连接。在结构设计上充分考虑了方舱拆装的工艺性和可靠性。

3. 低噪声原理

（1）减振功能

柴油机和发电机通过飞轮壳和连接套对中定位连成一体，柴油机的飞轮盘和发电机的连接盘用螺栓连接传递动力。由于柴油机的飞轮壳和发电机的连接套具有足够的刚性和强度，其定位凸台和止口与轴的同轴度精度很高，能保证柴油机和发电机连接的同轴度和整体刚度。最大限度地减少机组运转时主轴上的扭振。

橡胶减振垫安装在底座和动力方舱底板骨架之间，有效地隔断机组运转时的振动向方舱传递，同时能缓冲运输时车辆振动对机组的冲击。

橡胶减振垫结构为一种压剪复合型橡胶隔振垫，具有较高的承载能力，较低的刚度和较大

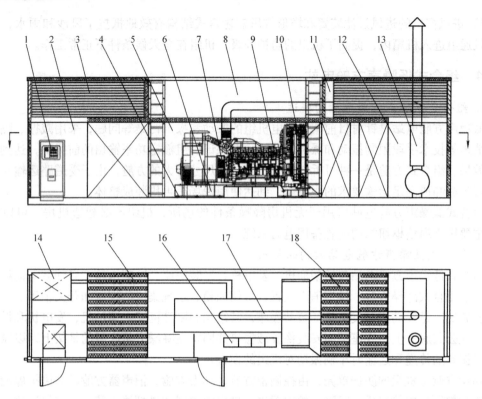

图 6-4 组合式低噪声方舱电站的示意图

1—控制开关柜 2—控制柜方舱 3—进风扩展舱 4—减振橡胶垫 5—动力方舱 6—安装底座 7—发电机 8—动力扩展舱 9—柴油机 10—散热水箱 11—排风扩展舱 12—消声器方舱 13—排烟消声器 14—日用油箱 15—进风消声器 16—蓄电池组 17—排烟管 18—排风消声器

的阻尼比,固有频率可做到5Hz。由于很低的固有频率,使减振垫在机组开动时或方舱电站移动时不容易引起共振,而较大的阻尼比使振动时的激振很快衰减。同时,上盖板特有的碗形设计能很好地保护橡胶材料,刚性十足的漏斗型底板和椭圆形平面结构使底板的安装强度大大增强。碗形上盖板和漏斗型底板凹凸相扣,在极端情况下,当橡胶垫遭到破坏时机组也不会因橡胶垫损坏而造成结构破坏,有效地减振和隔振衰减了振动噪声的传播。

(2) 吸声、消声功能

动力方舱四周墙壁和顶板均采用高效吸音材料铺设,里层材料为镀锌冲孔钢板,冲孔钢板和高效吸音材料的配合就像无数声音活塞,当噪声穿过冲孔钢板小孔冲击吸音材料时,就像推动活塞运动一样,声波引起吸声材料孔隙中的空气和细小纤维的振动。由于摩擦和黏滞阻力,把一部分噪声能量变成声音活塞的动能消耗掉,从而减少了部分噪声向外传播。

排烟噪声是柴油机空气动力噪声的主要部分,噪声一般要比柴油机整机高 10~15dB (A),消声器是控制排烟噪声的一种基本方法,正确选配消声器(或消声器组合)可使排气噪声减弱 30~40dB(A)以上。

机组排烟系统的降噪处理:在柴油机允许的排烟背压范围内,应用一个波纹减振节,一个阻性消声器和一个抗性消声器的组合,有效地隔断了排烟振动和排烟噪声的传播。同时,对排烟管道进行隔热、隔音包扎,也改善了机组的运行环境和由排烟管引起的噪声。

进、排风通道是机组燃气量供应、冷却和热风排出的通道,同时也是机组噪声泄出的出口。为了保证机组的正常通风量,使机组满功率输出和减少噪声排放,在机组的进、排风通道都设有阻性片式消声器,片式消声器通道的有效面积满足正常通风量的要求,同时在与进、排风扩张舱对接时分别形成 1～2 个扩张腔,新风路径为电动百叶窗——扩张腔——排风消声器——动力方舱。噪声通过进风通道泄出的路径沿新风路径逆向传播。热风沿排风通道排出的路径为散热水箱——消声器——扩张腔——消声器——扩张腔——电动百叶窗排出方舱外。噪声沿排风通道泄出与热风同向传播。由于布置了扩张腔,使噪声在经过片式消声器衰减后再经扩张腔扩张产生声阻抗不匹配的反射和干涉作用,达到噪声再衰减的目的。同时由于进、排风路径的拉长,使噪声在泄出过程中自然衰减,增加了降噪效果。

4. 设计的技术特点

(1) 易拆易装的整体结构

组合式结构能拆易合,方便道路运输,降噪方舱由控制柜方舱、动力方舱、消声器方舱、进风扩展舱、动力扩展舱和排风扩展舱 6 个小方舱组合而成。能拆易合,到达使用地点后再拼装成整体,方便移动和道路运输。

组合式方舱把日用油箱、控制开关柜和进风消声器固定在控制柜方舱,机组整体固定在动力方舱,排风消声器和排烟消声系统固定在消声器方舱,进风扩展舱和排风扩展舱分别安装电动百叶窗,可以控制进、排风的方向。动力扩展舱起连接作用。这 6 个小方舱分别在其接口处用螺栓和密封条连接。排烟管、油管分别用法兰和密封垫片连接,电缆用母排连接。在结构设计上充分考虑方舱拆装的工艺性和可靠性。

(2) 降噪装置的功率损失小

降噪装置的功率损失很小,满足额定功率低噪声工作。大功率柴油发电机组运行时,通常会产生 110dB(A)以上的噪声,必须对振动、噪声进行控制。本项目降噪方舱通过减振和隔振装置,以及机舱采用高效吸音材料,用降噪消声装置对进、排气系统进行降噪处理,满足了国家环保要求。

一般来说,方舱降噪处理改变了机组正常的工作环境,如果处理不好,将会影响机组的功率输出,严重时会停机保护。通过对机组进、排风量和排气背压的准确设计,把握了满功率输出和降噪的平衡点,确保机组在满足通风冷却及允许排气背压条件下实现低噪声工作的要求,达到了额定功率低噪声工作的目的。

6.2 移动式柴油发电机组

6.2.1 概述

移动式柴油发电机组一般被设计为电源车辆形式,广泛应用于油田、地质勘探、野外工程施工探险、野营野炊、流动指挥所、火车、轮船、货运集装箱的电源车厢(仓)、军队移动式武器装备电源等具有流动工作性质的单位。也可作为城市供电部门的应急供电车、供水、供气部门的工程抢险车、抢修车的应急电源。

1. 分类

移动式柴油发电机组根据其自身有无动力,分为挂车电站和车载电站两类。

1) 挂车电站 自身没有动力,需要汽车、拖车之类的机动车辆来进行牵引,但自身的尺寸和重量又相对车载电站要小而且成本低,具有一定的市场竞争力。

2) 车载电站 是将柴油发电机组及其控制系统,电源输出系统等辅助设备以方舱的形式集成于载重汽车底盘上的移动式电源设备,具有移动快捷、低噪声运行、操作简单和全天候应急工作的特点。

2. 用途

1) 自备电源　所谓自备电源，就是自发自用的电源，在发电功率不太大的情况下，移动式柴油发电机组往往成为自备电源的首选。在没有电网供应，远离大陆的海岛、偏远的牧区、农村、荒漠高原的军营、工作站和雷达站等，就需要配置自备电源。

2) 备用电源　主要用途是某些用电单位已有比较稳定可靠的网电供应，为了防止出现电路故障或发生临时停电，需要配置备用电源作为应急使用。用电单位一般对供电保障的要求比较高，不允许停电，必须在网电终止供电的瞬间就用自备电源来供电，这类单位包括医院、矿山、电厂保安电源，使用电加热设备的工厂等。近年来，网络电源已成为备用电源需求的新增长点，如电信运营商、银行、机场、指挥中心、数据库、高速公路、高级宾馆、写字楼和高级餐饮娱乐场所等，由于使用网络化管理，这些单位正日益成为备用电源使用的主体。

3) 替代电源　替代电源的作用是弥补网电供应之不足，是在网电供应不足的情况下，网电使用受到限制，供电部门拉闸限电，这时用电单位为了正常地生产和工作，就需要替代电源来供电。

4) 消防电源　消防用发电机组主要是为楼宇消防设备而配备的电源，一旦火灾等情况发生，市电被切断，移动发电机组成为消防设备的动力来源。

6.2.2　车载电站

1. 车载电站的定义及特点

车载电站又称移动电源车，是一种将柴油发电机组安装于厢式车辆内的应急备用电源，主要由柴油发电机组、控制系统、电源输出系统、汽车底盘、电站专用车厢及辅助配套和降噪装置等组成，其主要功能是为特定场所提供备用电源，车载电站的结构采用一体化设计，对通风、排烟、排气、供油、电缆等进行统一布局，最低噪声可达 65dB 的低噪声电站。具有移动快捷、低噪声运行、操作简便和全天候工作等特点，不仅适用于野外移动作业，也适用于人口稠密的都市供电之用。

移动电源车具有良好的越野性和对各种路况的适应型，并且具有灵活的可移动性（上海科泰电源股份有限公司专用车曾经在核电领域设计开发出一款具备直升机起吊功能的车载电站）。主要用于抢险救灾、野外勘探、工程作业、突发事件、军事、不可停电行业等领域。适应于全天后的野外露天作业，具有整体性能稳定可靠、操作简单、噪声低、排放性能好、维护性好等特点，能很好地满足户外作业和应急供电的需要。

2. 车载电站基本技术介绍

车载电站主要由汽车底盘、车载箱体、柴油发电机组、启动系统、供油系统、控制系统等部分组成。车载电站作为一种全天候不定点工作的备用电源需要具备防雨、防雪、防冻、防风沙、降噪性能好、移动快捷、安全和方便等特点。

（1）汽车底盘的选择

汽车底盘作为车载电站的动力装置，要求汽车底盘既能满足车载的经济性，又能保证车载行驶的安全性。汽车底盘的选择需要根据机组功率及用户的要求进行选择，首先根据要求计算出机组、厢体及所有配件的总重量，根据设备重量，在保证配重平衡的基础上进行布置设计，以载重量及所需厢体体积来匹配最合适的二类底盘，做到略有裕度，从而保证汽车行驶的安全性。同时，要满足车载电站长时间承受较大载荷的能力、重心低、通过性好的要求，车辆的载重量一般要有 5% 的裕度。

车载重量为二类底盘车、车厢、柴油发电机组（柴油及防冻液）、电缆绞盘、电缆、液压支腿系统、排烟系统、控制屏、开关柜、蓄电池等辅助设备之和，其重量之和不应超过车载总重量的95%。

（2）车载箱体的设计

车载箱体的设计需要从目录公告、配重平衡性、进排风通风量、降噪等方面进行考虑。典型的车载电站结构如图6-5所示。

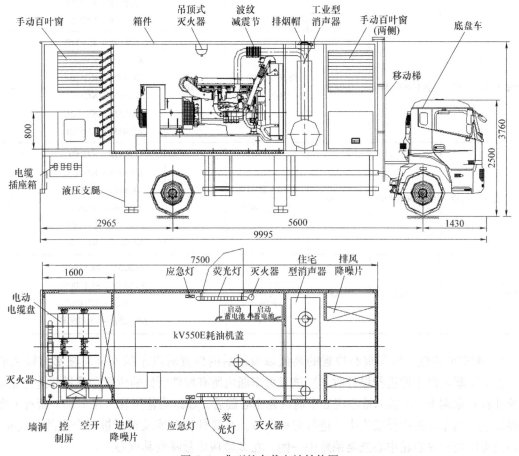

图6-5 典型的车载电站结构图

1）产品目录 车载电站的车厢外形尺寸及承载重量需要满足国家相关规定，上路前需要在国家车管所进行产品目录登记，并挂车牌，因此车载电站箱体设计时必须按照国家电源车产品目录的规定尺寸进行。

上海科泰电源股份有限公司国Ⅳ排放应急电源车的公告目录见表6-2。

表6-2 上海科泰电源股份有限公司国Ⅳ排放应急电源车的公告目录

庆铃国Ⅳ底盘车配置							
名 称	品牌	型号	总质量 /kg	电源车外形 尺寸/mm	整备质量 /kg	对应机组	噪声 dB(A)/m
二类底盘车	庆铃	QL10703KARY	7300	6790×1899×2785	7170	KJ90E – KJ200E KV90E – KV220E KC70E – KC220E KP88E – KP165E	80

(续)

庆铃国Ⅳ底盘车配置

名称	品牌	型号	总质量/kg	电源车外形尺寸/mm	整备质量/kg	对应机组	噪声 dB(A)/m
二类底盘车	庆铃	QL11009MARY	10000	8200×2460×3500	9805	KJ250E – KJ300E KV275E KC250E – KC275E KP220E – KP275E	80
二类底盘车	庆铃	QL11409QFR	14000	9650×2490×3500、3670	13805	KJ330E – KJ500E KV300E – KV625E KC300E – KC550E KC330E – KC565E KP400E – KP550E KU400E – KU550E	80
二类底盘车	庆铃	QL11609QFRY	16000	9650×2500×3500、3670	15805	KJ330E – KJ500E KV300E – KV625E KC300E – KC660E KC330E – KC565E KP400E – KP550E KU400E – KU725E	80
二类底盘车	庆铃	QL1250DTFZY	25000	11900×2500×3950	24805	KC825E – KC1100E KC880E – KC1100E KP660E – KP1100E KM825E – KM1160E	85

2) 配重平衡性 汽车重心位置的高低以及前后的位置对汽车的安全驾驶都有较大的影响,在对车载电站车厢进行设计时,应该考虑车厢内所有配件所处的位置和重量并进行综合重心的计算;原则上,X 轴的重心应处于前后轮中心偏后,靠近后轮位置,在 Y 轴上所有大型物件都以左右两车轮的中轴线为中心进行对称布置,小物件按功能及重量进行合理的分配布置,重心位置应处于左右轮中心或略偏路中一侧,在 Z 轴应尽量降低其重心。

下面以车载电站为例对 X 轴上的重心位置计算:车载电站各组成部件以车载前轮为原点做出重量及坐标如图 6-6 所示,计算方法是把各部件对应原点位置的力矩之和除以车载的总质量所得的距离就是车载电站 X 轴的实际重心位置,计算过程及图解如图 6-6 所示,此车载电站 X 轴上的重心位置大约在距离前轮 4.46m 的位置,靠近与后轮位置。

3) 进、排风通风量 电源车应充分考虑到机组正常运行时所需的最低进、排风量,否则将会严重影响机组的功率输出、使机组的温升较高、频繁发生故障、甚至会缩短柴油发电机组的使用寿命。通常机组排风口的面积应略大于水箱的有效面积,保证排风口处的风速能够在和风以内(≤8m/s),从降低风阻考虑,排风口离前面障碍物的距离应在 600mm 以上,如图 6-7 所示,车载电站厢体进风量应大于机组的排风量和燃气量的总和。

一般情况下,在车载电站厢体侧面、前部及后部上方各开有进、排风手动百叶窗,必要时也可在厢体前端面和后端面布置进、排风窗或辅助进、排风窗,以保证机组正常工作的进风量和排风量。在多雨、多风沙、潮湿、寒冷地区等特殊情况下,百叶窗也可选择加装电动机构。

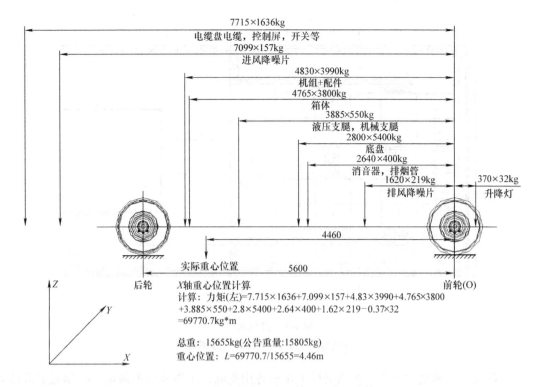

图 6-6 某型车载电站 X 轴重心位置计算

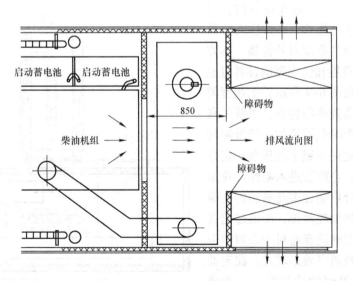

图 6-7 排风示意图

电站在不使用的情况下封闭所有进、排风窗口，从而有效地起到防雨、防风沙和防寒的效果。

在进行厢体进排风计算时，不仅需要考虑进排风百叶窗的面积是否满足机组进、排风量要求，还需要对整体通道进行考虑，一般以通道内最小位置作为计算对象，如图 6-8 所示，其中进风通道主要有进风百叶窗、进风挡板、进风降噪箱，三处进风通道都需要验证通道面积，并按照最小通道面积的位置通风来设计。

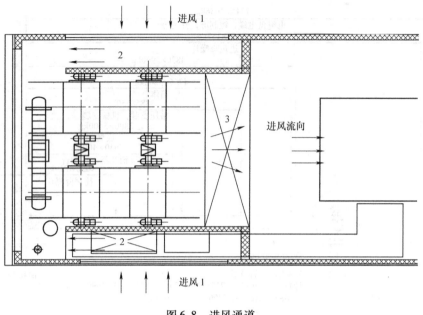

图 6-8 进风通道
1—百叶窗 2—进风挡板 3—进风降噪箱

4) 降噪 车载电站作为一种全天候工作的备用电源,工作地点不固定,必须做好降噪处理,车载电源的降噪可以从排烟降噪、进、排风口降噪以及墙面降噪这三个方面来考虑。

① 排烟降噪 柴油机在运行时,由于缸体内燃油的燃烧爆炸,会产生高分贝的宽频噪声经由排气系统对外传播。本方案采用工业型消音器和住宅型消音器组成的组合式消音器如图 6-9 所示,工业型消声器具有吸收中高频声等特点,主要是利用多孔吸声材料来降低噪声的。把吸声材料固定在气流通道的内壁上或按照一定方式在管道中排列,当声波进入阻性工业型消音器时,一部分声能在多孔材料的孔隙中摩擦而转化成热能耗散掉,使通过消音器的声波减弱。阻性消音器对中高频消声效果好,但对低频消声效果较差。住宅型消声器是由突变界面的管和室组合而成的,每一个带管的小室是滤波器的一个网

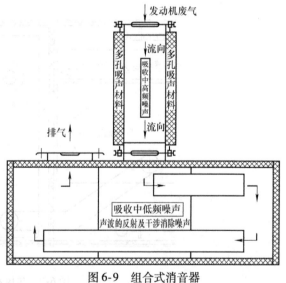

图 6-9 组合式消音器

孔,管中的空气质量称为声质量和声阻。小室中的空气体积称为声顺。与电学滤波器类似,每一个带管的小室都有自己的固有频率,当包含有各种频率成分的声波进入第一个短管时,只有在第一个网孔固有频率附近的某些频率的声波才能通过网孔到达第二个短管口,而另外一些频率的声波则不可能通过网孔,只能在小室中来回反射,从而达到滤掉某些频率噪声成分的效果,住宅型消音器消除了中、低频噪声。

通过以上两级消音器就可以分别降低高频和低频段的噪声,一般能降低 35~40dB（A）。排气系统的设计,必须同时满足柴油机的背压要求,使排气顺畅并正常运行。消声器在机组运行时的温度高达几百度,同时表面会散发较高的噪声,通常应将消声器安装在厢体中的专用排风舱内,排烟管需要进行隔热隔音包扎,此外消声器还应具有好的刚性结构、防止受激振而辐射再生噪声,其尺寸必须大小适宜,体积大消声效果会更好,但不便于安装,体积小便于安装但效果不会很好,同时消声器的材料要能耐高温和抗腐蚀。

② 进、排风口降噪 在进行厢体进、排风设计时,进排风室与机组需要隔开,进风室、排风室与发动机室之间采用降噪箱或者吸音挡板进行隔开,这样既能保证了进风、排风良好进行,又能实现良好的降噪效果。

车载电站进风端的噪声比排风端噪声低,因此排风端降噪箱要比进风端降噪箱厚,这样才能使车载电站的噪声整体下降,有效地利用厢体内部有限的空间。根据使用地点的要求,可以选择图 6-10 所示的静音型以及图 6-11 所示的超静音型车载电站。

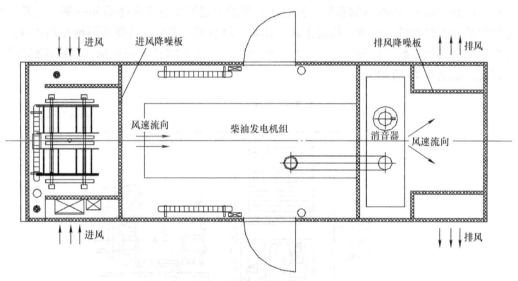

图 6-10 静音型车载电站（70~80dB（A））

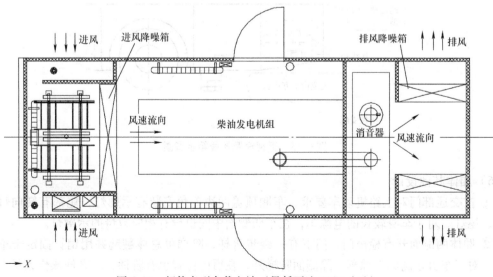

图 6-11 超静音型车载电站（最低可达 65dB（A））

③ 墙面降噪 噪声具有极强的辐射性和穿透性，一般结构的车厢墙面无法有效的阻碍噪声的传播，厢体墙壁采用夹层结构如图 6-12 所示，外壁采用车厢专用钢板，内壁采用镀锌冲孔钢板，中间填充高效吸音阻燃棉，使厢体壁起到隔离噪声的效果，同时又能最大限度地吸收和衰减部分噪声，提高降噪效果。根据机组功率的大小和降噪的要求，中间填充吸音棉的厚度一般为 60~100mm。可使噪声衰减 6~10dB（A）。机厢底部柴油机部分也需要进行填充隔音棉处理，以防噪声从底部泄露。

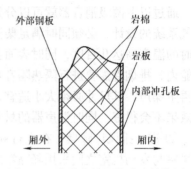

图 6-12 车载电站厢体墙壁结构图

另外，车厢门的接合位置，也是噪声渗漏传播的关键部位，所有车厢门位置都采用具有弹性的密封件进行处理，提高了厢体的降噪性能。

5）控制屏及输出断路器的布置 机组控制屏及断路器柜位于厢体后部一侧，打开透视门可对控制屏及断路器进行操作，机组正常工作时，将透视门关闭，将噪声隔绝在厢体内，可通过透视窗观察机组参数。这种布置方式在操作机组时，人不需进入高风速、高噪声的厢体内，操作方便，如图 6-13 所示。

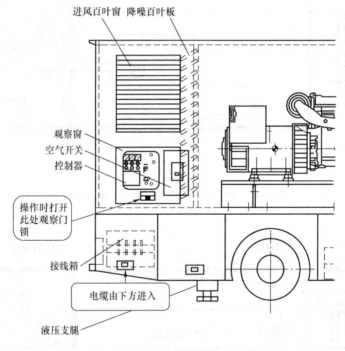

图 6-13 透视窗及接线箱示意图

6）厢体其他设计

① 按交通部门对上路机动车要求，车厢顶盖两边前角安装有示廓灯，尾部有转向灯、刹车灯、尾灯。对于车身较长的电源车，在车厢侧面中间也设有相应数量的示廓灯。

② 厢体两侧面开有检修门，门下有一踏步阶梯，阶梯可总体翻起并用销钉固定于车厢的下部。对于车身较高的电源车，除侧面阶梯外，在后门位置也有阶梯，以方便操作人员上下车

厢。另外，厢体门都设有防风钩。

③ 车厢所有门窗都设有防雨沿，所有门边都有密封包边，增大车厢的防雨性能。

④ 车厢内部表层采用花纹防滑钢板或花纹防滑铝板，美观防滑。车厢顶部中间略高，两边略低，能有效地防止车厢顶部积水。

⑤ 急停开关安装在侧门旁边，当机组出现异常情况时便于紧急停机。急停开关装有保护罩壳，以防误动作。紧急情况时，如果打开控制屏门或者进入厢体内操作，最少需要几十秒时间，门边的急停按钮能以最短的时间将机组停机以确保安全。

⑥ 在车厢后部侧面配有接线箱，接线箱里布置有电缆接线铜排（可选快速接插件）。车载电站上一般均配置有重型软橡套动力电缆，电缆通过设于厢体后下部的电缆接线箱对外连接。接线箱正面开门，下部为活动式电缆进入口，周边设有绝缘橡胶条。机组正常发电输出时，正面开门可锁闭，防止非操作人员误操作造成事故。不用时，下部电缆进入口密闭，可防止泥土、杂物进入箱内，保持清洁。

⑦ 电缆绞盘有手动、液压驱动和电动几种型式，对于外径在 $\phi 35\mathrm{mm}$ 以上的电缆，手动收放困难，液压驱动成本高，而且存在漏油污染，而传统的电动电缆绞盘传动机构复杂，且占用空间较大。上海科泰电源股份有限公司设计的内装式电动电缆绞盘克服了以上三种电缆绞盘的不足，将电动机和减速器装进电缆绞盘的滚筒里面，滚筒利用电动机的冷却风扇，自然通风冷却，没有漏油污染电缆橡套的问题。只要接通电源，就能使电动电缆绞盘转动，完成电缆的收放，现在广泛应用于汽车电站和挂车电站等。电动电缆绞盘结构见本章附录。

⑧ 机械（液压）支腿的作用是在车载电站停放时将车载电站支撑起来，防止汽车板簧及轮胎长时间受压而损坏。支腿有机械支腿和液压支腿两种。机械支腿操作方便，安全可靠，价格低廉，缺点是操作费力；液压支腿操作省力，可用遥控器遥控支腿的升降，安全和可靠性也高，缺点是保养和维护麻烦，配置成本较高。

⑨ 厢体内设有交、直流一体防爆荧光灯及直流灯、应急照明灯等照明设备，当机组停止时，由蓄电池供电采用直流照明，当机组工作时，使用防爆荧光灯进行照明，应急灯是在交流灯以及直流灯都没有电源时使用。车厢内所有电气布线均走 PVC 阻燃绝缘管，线路藏于吸音棉中，整体美观。

车载电站配置两个干粉灭火器安放在侧门内，车载比较大时可以配置三个，两侧门各一个，后门一个。客户也可以选配在车厢内安装烟感报警装置以及吊挂式干粉灭火器。

⑩ 工具安放在车厢内一个工具箱中，配有一套专用工具及 10m 长专用线排，方便用户对机组维修和使用。

3. 柴油发电机组的选择

车载电站常用的机组功率范围在 15~800kW，某些特殊的场合会用到 800kW 以上的柴油发动机组。输出电压通常为 400/230V。

随着近几年我国电力行业高压线路建设的加快，变电站的维护与维修需要直接用到高压电源，核电站应急移动电源也有高电压要求，发电行业对高压备用电源的需求越来越大，高压用户也越来越多，对备用电源的使用也越来越多样化，新型高压车载电站也应运而生。高压车载电站可直接输出 10.5kV 高电压交流电，也可利用变压器把机组输出的高压交流电转化成低压交流电为低压设备供电。需要注意的是，高压电路安全防护比较复杂，高低压电缆的敷设需要独立分开以免相互干扰，高压开关柜体积较大，为了满足方便操作以及后期的维护保养，这对空间较小的车载电站结构布置来说也是一个技术难点，需要从整体做好策划。高压车载电站厢体内部布局如图6-14所示。

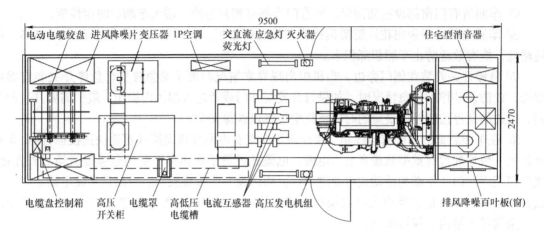

图6-14 高压车载电站厢体内部布局图（上海科泰电源股份有限公司）

4. 上海科泰电源股份有限公司的车载电站的应用

（1）应急电源照明车

如图6-15所示是一种低噪声实用应急电源照明车。上海科泰电源股份有限公司专利技术，专利号：ZL02227992.X。

在应急电源车上加装了大功率升降照明灯。是一种车载式全方位夜间应急照明系统。其光源部分采用金属卤化物灯，具有功率大、亮度高、照射范围广、射程远等特点。其操作使用方便、具有手动及远程控制、自动复位及全方位定位的优点。可广泛用于消防照明、工程抢修、抗灾抢险和警案等现场的夜间应急照明。

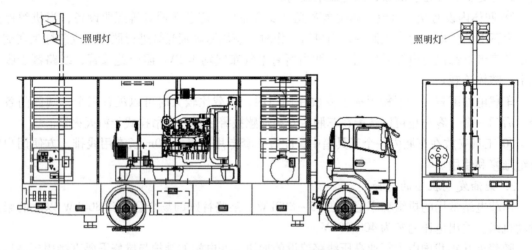

图6-15 应急电源照明车

1）照明系统 照明系统由4只主灯、控制箱、控制器、无线遥控以及弹簧电缆线组成，如图6-16所示。

2）气动升降云台 气动升降云台由云台、升降杆、气泵以及空压机组成，如图6-17所示。

（2）常用型车载电站

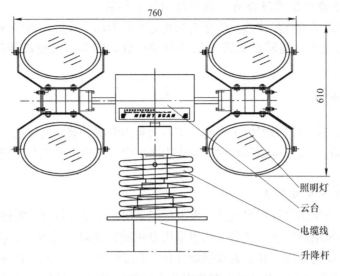

图 6-16 照明系统

多年以来，上海科泰电源股份有限公司为国家电网、南方电网提供数百台电源车，在 2008 年奥运会、2008 年南方冰雪灾害、2010 年世博会、2016 年"G20 峰会"等重大活动和自然灾害中起到重要作用。

（3）特殊型高压车载电站

高压车载电站主要用于变压器故障检修以及高压区域停电等需要直接输入 10.5kV 电源时使用。

（4）核电行业应用实例

当停堆、失去外电和固定备用电源设备瘫痪时，能在最短的时间内可靠提供足够的电源，确保核反应堆及其设备的安全；当出现核渗漏时，能够远离辐射源监控，提供抢险和恢复核电站所需要的电源。具有反应速度更快，路况适应性强的特点，如图 6-18 所示，可通过飞机起吊。

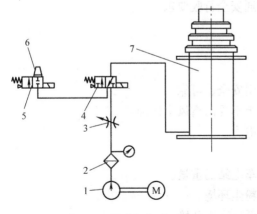

图 6-17 升降杆气动原理图
1—空压机 2—带调节过滤器 3—节流阀
4—进气阀（两位三通电磁阀） 5—排气阀（两位两通电磁阀） 6—消音器 7—气动升降杆

图 6-18 某核电站车载电源车

5. 上海科泰电源股份有限公司车载电站新技术拓展

随着电动汽车技术的逐步成熟，汽车将采用电池作为动力装置，当车载电站在给客户供电时，也为电池进行充电，能满足车载电站的日常行驶的需要，又提高柴油发电机组的使用效率。

6.2.3 挂车电站

移动式挂车电站是专门为野外工程施工供电的备用电源，被广泛应用于电力、移动、电信以及民用等行业领域，挂车电站移动时需要牵引车牵引，与应急电源车比较，机动性较差，但成本低。

1. 挂车电站的定义及特点

挂车式柴油发电机组又称挂车电站，发电机组采用新型吸音材料，箱体进出风口为回流式风道，确保进、排风散热顺畅。防音型机组采用专用的高效双重消音器。机组箱体为组合式，便于安装、维修、结构坚固，底架为双层设计并安装减振装置，箱体上开有控制屏观察窗。

挂车式/移动式柴油发电机组可根据功率分为两轮与四轮、单轴及双轴结构，内置8h工作油箱，配置弹簧减振、制动功能、交通警示标识、防雨外罩及可视化操作控制屏，方便用户保养维护和操作。

电站外罩密封防雨，并设有进、出风百叶窗，保证移动电站全天候工作。防雨罩两侧有门，便于保养。与移动车载电站的区别是没有自行装置，尺寸和重量较小而且成本低。

2. 挂车电站基本技术介绍

(1) 挂车电站的主要优点

1) 良好的全天候使用性能，适宜野外作业和机动性作业。
2) 良好的通风系统及防止热辐射的措施，确保机组始终运行在最佳工作状态。
3) 超大容量日用燃油箱，可连续满负载运行8h以上。
4) 轮式底盘预留牵引装置，可随时定位及调节平衡。
5) 专用降噪消声材料的采用，能极大地抑制机械噪声及排气噪声。
6) 可预装电缆架、方便客户使用。
7) 尾部自带警示灯、转向灯、雾灯和符合交通安全行驶要求。
8) 维护检修方便。

(2) 挂车式柴油发电机组性能介绍

1) 灵活方便的牵引杆，使牵引方便。
2) 独有的手动、气压、液压刹车装置保持牵引安全、可靠。
3) 铝制或钢制集装箱式罩壳，保证电站内机组不受雨雪风尘侵蚀。
4) 主电缆快捷插头，使用户方便快速地输出电力。
5) 日用油箱保证电站连续满负载运行达8h。
6) 手动或液压支撑腿，可长时间稳定支撑拖车电站的重量。
7) 重载型空滤、电机防尘装置，适应沙漠和粉尘环境。
8) 空气加热装置、水套预热装置适应潮湿和低温寒冷环境。

3. 挂车电站的主要配置

挂车电站布局如图6-19所示。

1) 静音型机组　机组带75%负载运行时，在1m处测得的平均噪声为80～85dB（A）。

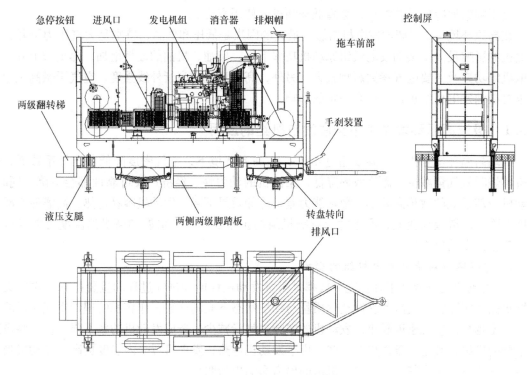

图 6-19 挂车电站布局图

2) 移动挂车 两轮或四轮。
3) 控制开关柜。
4) 启动系统 铅酸蓄电池、浮充装置、连接线和电池开关等。
5) 排气系统 波纹减振节、工业消声器、住宅消声器和防雨帽等。
6) 机械支腿。
7) 接地钢钎及接地线。
8) 燃油系统 8h日用油箱、供油管路和油管等。
9) 电力、控制电缆等。
10) 备品备件及其他 标牌、外观标识、随机工具及技术资料等。

4. 上海科泰电源股份有限公司挂车电站的应用

上海科泰电源股份有限公司挂车电站主要用于通信、电力、核电、港口、军用、银行以及民用等行业领域。

6.3 特殊环境条件下柴油发电机组的应用

特殊环境条件一般指高温环境、低温环境和高原环境。

当环境温度过低时（特指环境温度低于-10℃），燃料的黏度增大，当温度从+40℃到-10℃时，柴油的黏度将提高36%，相对密度将提高3%，燃料的蒸发和雾化能力较差，喷入气缸内未能及时蒸发的燃料附着在燃烧室表面，影响了后续燃油的蒸发，导致可燃混合气体品质恶化。燃烧不良导致柴油机输出功率下降，而废气浓度上升，尾气排放恶化。另外，润滑油在低温时黏度增大,润滑效果降低,各运动部件摩擦阻力变大,造成启动时阻力力矩增大。另外,过于频繁地冷启动柴油机,会降低柴油机的使用寿命。

在高原环境下,对柴油发电机组影响最大的因素是低压和低温,特别是大气压力下降,对柴油机的影响最大。柴油发电机组原动机功率下降,柴油、机油的油耗增加,热负载上升,对发电机组功率及主要电气参数影响较大。另外,高原环境的高紫外线强度、空气干燥高风尘条件也对柴油发电机组正常工作有一定的影响。

6.3.1 极端高温环境条件下柴油发电机组的应用

极端高温环境是指环境温度超过40℃,在高温环境下,空气密度降低,充气系数低,柴油机燃烧时氧气量减少,燃烧效率降低,柴油机的动力性、经济性及可靠性都会下降。同时,发动机冷却系统的散热温差小,散热能力差,冷却效果下降,发动机容易过热,高温使润滑油黏度下降,润滑效果变差,严重时会影响机组的正常运行,高水温和高机油温度可能导致拉缸,甚至使发动机损坏。

1. 高温环境对柴油发电机组的影响

1) 发动机充气效率下降。充气效率是衡量发动机性能和进气过程的重要指标。它定义为每缸每循环实际吸入气缸的新鲜空气质量与标准状态下充满气缸工作容积的理论空气质量的比值。气温越高,空气密度越小,发动机的实际进气量减少,造成发动机功率下降。在一些带防音罩壳的机组,其通风条件更差一些。由于发动机过热,发动机罩壳内温度更高,发动机吸入高温空气造成实际进气量的减少对机组的出力影响更为明显。

2) 发动机燃烧不正常。大气温度高,燃油的温度升高,进入气缸的混合气温度也高,发动机整个工作循环的温度升高,高温环境散热器的散热效率又低,使发动机处于过热状态。另外,过热的发动机易造成可燃混合气体的早燃,这种不正常的燃烧,更加剧了发动机的过热现象,同时燃油的高温回油使油箱燃油温度不断升高,吸入气缸的燃油温度再升高,更进一步加热进气温度,形成恶性循环。

3) 加快运动部件的磨损。发动机的润滑油在高温、高压下工作,使润滑油的抗氧化稳定性变差,引起润滑油变质。另外,由于润滑油温度高,黏度下降,使润滑油变稀,油性变差,滑油压力降低,影响润滑效果,加快了运动部件的磨损。同时,金属零件由于高温热膨胀较大,零件之间正常配合间隙变小,这些都会加速机件的磨损,严重影响发动机的使用寿命。

4) 启动蓄电池易损坏。温度高,蓄电池电化学反应加快,电解液蒸发快,极板易损坏,同时易产生过充电现象,严重影响蓄电池的使用寿命。

5) 发电机加快老化。高温环境使发电机绕组温度升高,冷却效果不良,绕组温升超过额定允许温升将对绕组绝缘造成破坏,加快发电机的老化。

2. 高温环境条件下柴油发电机组的应对措施

(1) 良好的机房通风

为使柴油发电机组在高温环境条件下能正常工作,必须保持机房良好的通风条件。良好的机房通风系统必须保证有足够的空气流入和流出,并可在机房内实现自由循环。因此,机房内应有足够大的空间,确保气温保持均衡空气顺畅的流通。在无特殊安装条件限制时,通风系统通常应采用直进直出型。并绝对避免机组排放的热空气通过进风口再次进入机房。

进风口应位于灰尘浓度小和周围无异物的合理位置,当条件许可时,应采用靠近机组控制屏侧的斜上部进风方式,并加设百叶窗和金属防护网帘,以避免异物进入,确保正常的空气对流。为防止热空气回流,机组进风口应尽可能远离排风口,空气在机房内直流,进风口应加以保护以防止雨水及其他异物进入。

对于闭式循环水冷却型柴油发电机组,进风口净面积应大于机组散热器芯有效面积的2倍,如进风口面积太小,实际进风量太少而导致机体温度过高,影响机组的正常使用、降低机组的功率输出、缩短维护周期及减少使用寿命。

当排风口安装有百叶窗及金属防护网帘时,应确保排风口净面积最小不低于散热器芯有效面积的1.4倍,排风口的中心位置应尽可能与机组散热器芯的中心位置一致,排风口的宽高比也尽可能与散热器芯的宽高比相同。为防止热空气回流及机械振动向外传递,应在散热器与排风口之间加装弹性减振喇叭形导风槽。

装有罩壳的低噪声机组,由于整体结构比较紧凑,进排风条件比机房安装的机组要差。在进行整体设计时要对机箱的进排风口有效面积、进排风量和风速进行计算,优先满足机组进排风量的需要,如果进排风口面积无法满足进排风量的要求,需采取增加轴流风机强制进排风的措施,然后再考虑降噪的要求。

(2) 增加发动机的有效散热

水冷发动机的散热水箱一般按环境温度40℃配置。在极端高温环境,必须增大散热水箱的散热量,可选配50℃或55℃散热水箱。由于散热量增大,水箱风扇消耗的功率也相应增大,使发动机的输出功率减少,这一点在进行发电机组温度折损时必须加以考虑。

装有涡轮增压器的发动机,一般都会考虑增加中冷器对增压后的空气进行冷却,以增加气缸进气量。

在高温环境,可采取增加燃油冷却器和润滑油冷却器的方法,来增加机组的散热效果。目前已有四合一冷却水箱产品,集成了缸体散热、涡轮增压器中冷、燃油冷却和润滑油冷却4个功能,提高了机组在高温环境的冷却效果。

同时,机房内要对排烟管、波纹减振节、消声器等发热部件进行隔热包扎。对装有罩壳的低噪声机组,除了机箱内对排烟管、波纹减振节进行隔热包扎以外,消声器装在水箱散热器前面或外置装在机箱外,以利于散热。启动蓄电池安装在进风通道温度较低的地方。

3. 高温环境机组的功率折损

当环境条件与标准规定不同时,发电机组功率应进行修正见第1章相关内容,同时由于设计的不同,各品牌柴油机和发电机的输出功率的修正参数也不一致;同一品牌,不同型号、不同调速系统,其修正的参数也有区别。一般要以原柴油机生产厂家的修正参数为准。通常可按照环境温度超过40℃时,每升高5℃,输出功率下降3%~4%来进行功率损失的计算,但要注意的是,有些厂家的机组标称功率是基于环境温度20℃时的输出功率。

6.3.2 极端低温环境条件下柴油发电机组的应用

1. 低温环境对柴油发电机组的影响

低温环境对柴油发电机组的影响主要是启动困难。柴油发电机组顺利启动的必备条件有:首先,燃油与空气在气缸内要形成一定数量的可燃混合气体,其次气缸内的混合气体要达到可燃点,最后着火温度要保持足够长的时间。这三个条件缺一不可,然而在低温条件下,受很多因素的影响,导致启动条件不满足,柴油机难以启动成功。低温条件对柴油机启动的影响主要表现在以下几个方面:

1) 柴油机着火困难,环境温度低,气缸套、活塞等零件温度降低,进入气缸的空气温度降低，使柴油机在冷启动时压缩终点，气缸内压力降低，温度达不到柴油着火温度，造成冷启动困难。

2) 启动阻力增大，冷机启动时，润滑油黏度大，流动性能变差，曲轴与轴瓦等摩擦机件之间的润滑不良，摩擦阻力增大，使启动阻力力矩增大。

3) 蓄电池容量下降，蓄电池容量会随着环境温度的降低而下降。研究表明，普通铅酸蓄电池在 -40℃时，电解液黏度比0℃增加了3~4倍，电阻率与常温相比增加7倍，容量只有原来的1/5。此外，蓄电池的充电能力也会随着气温的降低而下降。在正常情况下，剩余电量为50%的蓄电池经过6h的充电，可达到额定容量，而在 -10℃时，同样放电的蓄电池，只能充电到60%的额定容量。

另外，低温条件下，电器元件中的线圈电阻会降低，线圈吸合需要的安匝数增加较大，导致触头容易弹跳，降低了电器机械寿命，容易出现误报警和误操作，使整个系统的可靠性降低。控制模块的液晶显示屏在 -40℃出现黑屏，控制系统无法正常工作。

2. 改善柴油发电机组冷启动性能的主要措施

1) 辅助加热措施是柴油发电机组冷启动的最常用方法，分为进气预热、火焰预热、水套加热器、燃油加热器和润滑油加热器等。

在进气歧管内安装进气预热装置以提高进气温度，可采用 PTC 陶瓷加热器对进气进行预热。PTC 陶瓷加热器具有热效率高、电功耗低、结构紧凑、自动控温、发热低、不易氧化和使用寿命长等优点。机组在 -40℃的低温环境也能启动成功。

火焰预热启动装置一般由电子控制器、电磁阀、温度传感器、火焰预热塞及油管和导线等几部分组成。工作过程是：先将电热塞加热到850~950℃，然后接通启动电机，电磁阀自动打开油路，通过油管向电热塞供油，最后进行火焰预热启动。

在冷却系统中，安装水套加热器以提高冷却液温度，水套加热器能把加热到45~50℃的冷却液循环到发动机的缸体水套，使发动机处于暖机状态。

同样，也可在燃油系统和润滑油系统加装燃油加热器和润滑油加热器，以此加热发动机，提高机组的冷启动性能。

2) 在极寒地区，启动电池采用卷绕式蓄电池，这种蓄电池采用螺旋卷绕技术，板栅合金也由全新的铅合金取代了平板电瓶的铅钙合金，其极板之间的间隙极小，酸是固体酸，并能被玻璃纤维网所吸附，结构紧密，在低温下，没有液态酸可冰冻，因此电流输出下降较少。启动电流是普通电瓶的3倍；启动时间最快为0.6s，具有平稳的高输出电压、更高的能量密度。使用寿命通常为普通平板电瓶的1.5倍以上。

3) 使用与环境温度相适应的低温柴油、冷却液、低温润滑油。一般低温柴油、低温润滑油、冷却液的标号至少要比环境温度低5℃以上。

4) 在电控系统的电控箱加装防潮加热器，以改善电控系统的低温条件。

6.3.3 高原环境条件下柴油发电机组的应用

1. 高原环境的特点

青藏高原海拔在4000m以上，自然条件极为严酷。随着国家对西部地区的开发，青藏高原的开发也在加速进行。由于青藏高原人迹稀少，地域辽阔，电网不能覆盖全部地区，因此内燃发电设备在青藏高原的应用日益广泛，但是传统的内燃发电设备不能满足高原地区的使用要求。

按 GB/T 19607—2004《特殊环境条件防护类型及代号》规定，高原防护类型按海拔划分，分别用以下代号表示：

G2　表示适用于最高 2000m 的地区；
G3　表示适用于最高 3000m 的地区；
G4　表示适用于最高 4000m 的地区；
G5　表示适用于最高 5000m 的地区。

不同海拔环境条件，按 GB/T 14597—2010《电工产品不同海拔的气候环境条件》的规定，高原环境条件参数见表 6-3。

表 6-3　高原环境条件参数表

序号	环境参数		海拔					
			0	1000	2000	3000	4000	5000
1	气压 /kPa	年平均	101.3	90.0	79.5	70.1	61.7	54.0
		最低	97.0	87.0	77.5	68.0	60.0	52.5
2	空气温度 /℃	最高	45.40	45.40	35	30	25	20
		最高日平均	35.30	35.30	25	20	15	10
		年平均	20	20	15	10	5	0
		最低	+5，-5，-15，-25，-40，-45					
		最大日温差 K	15，25，30					
3	相对湿度 /%	最湿月月平均最大（平均最低气温℃）	95.90 (25)	95.90 (25)	90 (20)	90 (15)	90 (10)	90 (5)
		最干月月平均最大（平均最高气温℃）	20 (15)	20 (15)	15 (15)	15 (10)	15 (5)	15 (0)
4	绝对湿度 /%	年平均	11.0	7.6	5.3	3.7	2.7	1.7
		年平均最小值	3.7	3.2	2.7	2.2	1.7	1.3
5	最大太阳直接辐射强度/(W/m²)		1000	1000	1060	1020	1180	1250
6	最大风速/(m/s)		25，30，35，40					
7	最大 10min 降水量/mm		15，30					
8	1m 深土壤最高温度/℃		30	25	20	20	15	15

注：1. 为便于比较，将标准大气条件参数（0～100mm）列入表中。
　　2. 在最低空气温度、最大日温差、最大风速、10min 降水量等几项中，可取所列数值之一。

（1）气压下降

随着海拔的升高，大气压下降，其降低情况比较见表 6-4。

表 6-4　大气压力与海拔的关系

海拔/m	0	1000	2000	3000	4000	5000
年平均大气压/kPa	101.3	90.0	79.5	70.1	61.7	54
与 0m 大气压相比的百分比/%	100	88.845	78.48	69.2	60.91	53.3
与 0m 大气压相比的下降率/%	0	11.155	21.52	30.8	39.09	46.7

由上表可知随海拔的升高，大气压力下降明显，基本上在 0～4000m 范围内每上升

1000m，大气压力下降10%左右。

（2）太阳辐射强度增大

随着海拔的升高，太阳辐射强度逐步增强，其增强情况见表6-5。

表6-5 太阳辐射强度与海拔的关系

海拔/m	0	1000	2000	3000	4000
最大太阳直接辐射强度/(W/m^2)	1000	1000	1060	1120	1180
与海拔1000m比较，太阳辐射强度的百分比/%	100	100	106	112	118
与海拔1000m比较，太阳辐射强度的增强率/%	0	0	6	12	18

由表6-5可知，海拔超过1000m后，太阳辐射强度平均每升高1000m增强6%。

（3）绝对湿度下降

年平均绝对湿度从0海拔的$11g/m^3$到5000m时的$1.7g/m^3$，下降速率明显，这意味着随海拔的升高，空气越来越干燥。

（4）空气的最高温度和平均温度随海拔的升高而降低

从表6-3中可知，海拔在1000m以上，每上升1000m空气的最高温度和平均温度均下降5℃。

（5）高原地区日温差加大

一般平原地区日温差为10~15℃，高原地区日温差可达25~30℃。

2. 高原环境对电站的影响

内燃机电站主要由柴油机、发电机、配电系统和机械结构件等组成，对移动电站还有行走系统等，高原环境对这些设备都有一定的影响。

（1）对柴油机的影响

高原的环境特点，特别是大气压力下降，对柴油机的影响最大。

随海拔的升高，大气压力下降，空气密度下降，空气中含氧量降低，造成燃油燃烧不充分，爆发压力下降，驱动功率下降。

1）自然吸气式柴油机 一般自然吸气式柴油机随海拔的升高，输出功率的下降速度较快，与标准工况相比，平均海拔每升高100m，输出功率下降约1%左右。

2）增压型柴油机 增压型柴油机，一般在海拔1000m以下功率可不作修正，康明斯柴油机在1525m以下输出功率可不作修正。在环境温度不变情况下，康明斯柴油机规定海拔高于1525m时，每升高300m，功率下调4%；道依茨柴油机，如BF913系列，海拔1000m以上，每升高1000m，功率约下降7.5%。

3）低温低压缺氧环境对柴油机启动的影响 在高海拔的极寒地区，柴油机通常启动极为困难，除了温度极低外，空气的密度低，柴油机点火非常困难，海拔越高，启动越困难，特别是增压型柴油机，在启动瞬间，增压器使得启动更为困难。同时，高海拔、低气压、低温导致柴油机油泵的泵油能力下降，吸入柴油机的柴油压力下降，柴油的黏度增加等，所有这些方面都将导致柴油机的启动更加困难。

4）对燃油消耗率的影响 一般情况下，柴油机按标准大气状态整定供油量。柴油机在运行时，供油量是随负载变化自动调整供油量。在高原状态下，同样的负载变化，由于供氧量不足造成转速下降的幅度要比平原地区大，因此同样一个负载变化率，高原地区的供油量要比平原地区大，就造成燃油消耗率增加。

过多的燃油和较少的氧气，必然造成燃烧不完全，排放性能变差，排放温度升高，整机热效率下降。

(2) 对发电机的影响

高原环境对发电机的影响主要表现在温升上。一般情况下，海拔在1000m以上时，每升高100m，最高环境温度将下降0.5℃。同时，由于海拔升高、空气密度降低，散热效果变差，造成发电机的温升升高。一般规定海拔每升高100m，温升将升高0.5℃。这样允许温升限值可不作修正，输出功率也不需修正。

但对于某些用户规定高海拔地区最高环境温度为40℃或不按上述规定降低使用的环境温度，这样发电机输出功率就应该修正。

(3) 对低压电器的影响

高原环境对电工产品的综合影响主要表现在如下几个方面：

1) 对开关电器灭弧的影响 一般开关电器的灭弧是利用空气为灭弧介质，如接触器、断路器等。由于海拔升高空气密度降低，造成灭弧时间延长，触头易被烧损，使开关通断能力下降，使用寿命缩短。

2) 对温升影响 海拔升高，环境温度低，可部分或全部补偿因海拔升高引起的产品温升增加值，具体补偿数值要看产品的结构特点而定。

3) 对绝缘强度的影响 海拔升高，空气密度降低，介质绝缘强度降低，绝缘外表面及空气隙之间击穿电位降低。一般情况下，海拔每升高100m空气绝缘强度下降1%，在产品电气间隙和绝缘距离不变的条件下，产品的额定绝缘电压、介电强度、最大额定电压或最高使用电压均要降低。

4) 辐射的影响 高海拔的太阳辐射强度大，海拔在1000m以下的辐射强度为1000W/m^2，而在5000m是1250W/m^2，后者是前者的1.25倍。同时还造成产品温升增加，加速产品的热老化。

紫外线辐射随海拔升高上升幅度更快，海拔3000m时是平原地区的2倍，其加速有机绝缘材料的老化速度，空气易于电离而导致绝缘强度降低，使产品寿命降低，且使产品涂层劣化，表面易粉化、脱落。

5) 静电的影响 高原地区湿度低，空气较干燥，干燥空气有利于产生静电电荷，静电电荷增加对电子设备影响较大。

3. 高原环境条件下柴油发电机组的应对措施

(1) 柴油机的改进措施

1) 柴油机采用恢复性增压技术 柴油机要采用恢复性增压技术，这一技术的要点实际上是让增压器的额定工作点按高原环境整定，使柴油机在海拔升高的同时，让增压器增加转速，提高供气量，但又不能使增压器超速造成损坏，从而改善柴油机在高原地区的运行工况，使高原地区运行时燃油消耗率上升率，功率下降率，排气温度升高情况均较普通增压柴油机有较大程度的改善。

2) 充分利用中冷技术 尽可能改善中冷器的冷却效果，使进气通过增压器作用，进气压力提高造成温度升高的程度得到改善，从而在相同的压力情况下，提高了进气的空气密度，从而改善油机的运行工况。

3) 提高水冷系统的预压力 由于大气压力降低，这样会使水冷系统散热器的压力盖的开启压力相应降低，从而影响水冷系统正常工作，提高压力盖的开启压力，使之弥补，由于海拔升高引起的大气压力降低,使水冷系统开启压力与平原相当。

4)改善冷却液的散热效果　尽可能降低冷却液的温度,降低缸体、缸盖温度,从而达到降低进气温度的目的,使空气密度提高,增加进气的供氧量,改善运行工况。

5)改善空滤器结构,适应高原干燥多尘环境　柴油机增压时供气量将增加,尤其针对高原沙尘大的特点,要求空滤器应尽可能具有效率高、阻力小、流量大、寿命长、体积小、重量轻、成本低和易保养等特点。可选加一级空滤器,或用沙漠型空滤器,要保证柴油机正常运行,空滤器保养间隔时间为50~100h。

6)应对极寒地区柴油机低温启动困难　可以采用机油加热、缸套水加热、进气加热等辅助低温预加热系统使柴油机更容易启动。同时,使用与环境温度相适应的低温柴油、冷却液、低温润滑油和有充足电力的低温电瓶。一般低温柴油、低温润滑油、冷却液的标号至少要比环境温度低5℃以上。这一套综合措施将更好解决柴油机低温启动困难的问题。

(2)发电机的功率修正

发电机的选用主要考虑功率修正。对在高原环境条件下环境温度仍以40℃要求的产品则一般应按海拔1000m以上。每升高100m允许功率下降1%来计算。

(3)低压电器的选择

1)最大工作电压的选择　海拔升高,低压电器最大工作电压会随之降低。一般讲,低压电器的电气间隙和漏电距离的击穿强度随海拔增高而降低,其递减率一般为每100m下降0.5%~1%,最大值不超过1%。

对此我们可以考虑按提高工作电压等级的方法来选用低压电器,如额定电压400V的系统,在4000m使用时,应选用低压电器的工作电压值为

$$400V \times (100+30)\% = 400V \times 130\% = 520V$$

即选用额定使用环境在1000m及以下的工作电压(额定工作电压)大于520V的低压电器即可。

2)额定工作电流修正　低压电器在高原地区,由于散热困难,工作条件差,会造成温升增加,大多情况下,温升的增加会由于海拔升高环境温度下降得到补偿,但有些产品因为补偿不足,而造成允许工作温度过高,这种情况下,一般可按每超过1℃容量下降1%予以修正。特别在高海拔地区环境温度为40℃要求工作的产品,一定要修正功率,按海拔1000m以上,每升100m允许使用功率下降1%计算来选用合适的产品。

3)改善静电的影响　主要通过抗静电设计来改善静电的影响,使用抗静电材料,或采用屏蔽,改善屏蔽层接地的效果。

4)电气间隙的修正　在电气间隙不变情况下,其耐压水平随海拔高度每升100m,降低1%,因此一般可以按海拔每升高100m,电气间隙和爬电距离增大1%来修正。按GB/T 20626.1—2006《特殊环境条件 高原电工电子产品通用技术要求》提供的修正系数见表6-6。

表6-6　电气间隙修正系数

	使用地点海拔/m	0	1000	2000	3000	4000	5000
电气间隙修正系数	以零海拔为基准	1.00	1.13	1.27	1.45	1.64	1.88
	以1000m海拔为基准	0.89	1.00	1.13	1.28	1.46	1.67
	以2000m海拔为基准	0.78	0.88	1.00	1.14	1.29	1.48

5) 工频耐压试验修正 一般以考核内绝缘质量为主的例行试验,按有关产品标准的规定,试验电压取海拔1000m或2000m时产品的耐压值,不作修正。一般情况下产品的使用海拔与试验海拔不一致时应按GB/T 20626—2006《特殊环境条件高原电工电子产品通用技术要求》提供的修正系数修正,见表6-7。

表6-7 海拔修正系数 K_a

	使用地点海拔/m	1000	2000	3000	4000	5000
海拔修正系数 K_a	产品试验地点海拔/m 0	1.11	1.25	1.43	1.67	2
	1000	1	1.11	1.25	1.43	1.67
	2000	0.91	1	1.11	1.25	1.43
	3000	0.83	0.91	1	1.11	1.25
	4000	0.77	0.83	0.91	1	1.11
	5000	0.71	0.77	0.83	0.91	1

(4) 防紫外线辐射

1) 使用抗紫外线辐射的涂料,如采用耐紫外线的聚氨酯丙烯酸涂料等。
2) 电缆可选用耐紫外线和太阳辐射的产品。
3) 塑料和橡胶制品选用抗紫外线辐射的产品,以防止加速老化、变质。
4) 导线、电缆、塑料、橡胶件制品:主要要选用与环境温度相适应的产品,保证低温下不开裂、脆化等,如QxRF电力电缆、QxRFP控制电缆、FvN聚乙烯尼龙护套线等。
5) 仪表 仪表要选用c组,即适应低温组别的仪表。

4. 高原环境条件下柴油发电机组的应用

本工程案例为应中国南极科考队要求,在南极高原昆仑站应用的柴油发电机组。其应用环境是典型的高原极寒环境。

(1) 设备基本要求

1) 设备使用背景 目前,中国南极内陆考察的后勤保障基地(出发基地)为中山站,内陆考察目的地有三个,分别是昆仑站(距中山站1250km)、泰山站(距中山站520km)、格罗夫山区域(距中山站500km),内陆移动舱体(以下简称"内陆舱")用于内陆考察队从中山站出发,前往各考察目的地途中及到达考察目的地之后考察队员食宿、发电、食品贮藏等后勤保障需求,重点满足从中山站往返昆仑站的途中以及抵达昆仑站之后的各项后勤保障需求。内陆舱的运载方式为地面运输,运载工具为雪地车及内陆考察专用雪橇,内陆舱的电力供给为柴油发电机组。南极内陆自然条件十分恶劣,以昆仑站区域为例,该站海拔为4093m,夏天最低温度零下40℃以下,属于典型的高海拔、极寒区域,而且往返昆仑站路途较长(往返约2600km),途中路面十分颠簸,还会遭遇暴风雪、白化天等极端天气,因此对内陆舱的可靠性、保温性和密封性有较高要求。

2) 设备总体要求 发电舱室内的尺寸为6.3×2.8×2.2m,墙体保温厚度≤150mm。整体吊装重量(含包装)≤4.0t。设备由雪龙号运输至中山站,再转地面运输至内陆,应考虑运输沿途路面颠簸的因素,仓内所有设备必须牢固、固定可靠、防振动,采用野外型紧固件及连接件。仓内敷设的电缆采用耐低温硅橡胶电缆。仓内电气设备电源由移动柴油发电机提供,仓内设置总电源开关,二路进线。仓外顶部设置吊耳,并设置安全上顶梯。仓体安装在雪橇车上方,固定接连方式同20尺标准集装箱。仓体室外斜梯按雪橇车高度设置,为可收缩型,结实耐用。仓体所有制造材料应符合国家标准规定，选用安全、环保、节能型以及阻燃性产品。

发电舱2个。除满足设备总体要求外，还需满足以下要求：

舱内发电机组配备的柴油发动机、发电机、电器开关、继电器等重要设备均为国内（外）知名品牌产品。

发电机组额定功率不小于80kW。

发电机组可在零下40℃条件下正常启动、运行。

舱内所有电源线及电器元件均选用耐低温型号。

舱内配电及线路设计均符合相关国家安全规定。

容积不小于1000L的油箱及相应的加油设施，油箱配备有可靠耐用的油位观察装置并在顶部留有直径不小于15cm的通气孔（也可用于加油）。

舱体两侧各留有8~10个220V输出的航空插座及2~3个380V输出的航空插座。舱体留有1~2个通风口及1个窗户。舱内所有设备必须可靠固定，可保证能在颠簸路面运输。舱内配有1个大小适中的工具箱。

(2) 中国南极科学考察队内陆考察移动电站项目的方案

基于使用环境及运输等多方面考虑，总体技术方案是一台400/230V，常用功率为80kW（极地研究中心已考虑功率折损与实际负载匹配）风冷柴油发电机组，并配以集装箱式箱体等。

1) 设计规范和标准　上海科泰电源股份有限公司柴油发电机组的设计、选型、生产、质量控制过程严格按照国标（GB）和国际电工委员会（IEC）以及国际单位制（SI）现行相关标准执行，机组符合：

GB/T 2819《移动电站通用技术条件》；

GB/T 2820《往复式内燃机驱动的交流发电机组》；

GB 755《旋转电机 定额和性能》；

ISO 8528《往复式内燃机驱动的交流发电机组》；

ISO 3046《往复式内燃机》；

DIN 6271《活塞式内燃机》；

BS 5514《往复式内燃机规范、性能》；

BS 5000《特种或专用旋转电机》；

IEC 60034-1《旋转电机 定额和性能》；

JB/T 10303《工频柴油发电机组技术条件》。

这些法则和标准提出了对发电设备的最基本要求。

整机性能符合《中国南极科学考察队内陆考察移动舱体技术需求》中各项要求。

2) 机组的选型　选用上海科泰电源股份有限公司 KD100 机组，400/230V，常用功率为80kW 柴油发电机组（海拔折损计算后），整个机组由发动机、发电机、控制系统以及必要的附件组成，其中柴油发动机采用 DUETZ 品牌 BF6L913C；发电机采用 Stamford 品牌 UCI274D，并配套自动调压系统；控制系统采用上海科泰电源股份有限公司天辰系列控制屏。

3) 集装箱式电站技术规格：

外形尺寸：（长×宽×高）：13192(长)×3000(宽)×3000(高)/mm；

重量：≤4.2t；

发电机组常用功率：80kW；

额定电压：三相交流 400/230V；
额定频率：50Hz；
额定转速：1500r/min；
功率因数：0.8（滞后）；
绝缘等级：H 级绝缘；
防护等级：IP23。

4）发电机组技术性能：

日用油箱容量：1000L，满足机组连续工作时间≥24h；

发动机由 24V 直流电动机启动，配备适应极寒地域环境免维护蓄电池；

匹配弹簧避震装置。

配备消音功能大于 15dB 的消音器和膨胀节。

发电机过载能力能承受 3 倍额定电流的过载 10s 和在一定的三相对称负载下在其中任意相上再加 25% 额定相功率的阻性负载，该相总负载电流不超过额定值时能正常工作。

有短路保护、超负载保护等功能。

5）设计方案简介　基于极地严寒气候环境及运输方式等特点要求，技术方案采用整体式箱体设计，箱体内布局为箱体内部设有油箱间、机组工作间和工具间等。

柴油发电机组所用发动机选用风冷方式，风冷方式发动机具有暖机快，启动性能好，只需 5~6min 就可达到工作温度，可快速进入带负载工作状态，同时由于风冷发动机需要的空气量比水冷发动机约少 1/3，具有因而进排风开口小容易实现封闭等优点。

发电机组配置可实现无人值守的智能化控制系统。

现场最低温度可到 -40℃，箱内需要加热和保温，采用两层铝板焊接中心填充 100mm 厚保温材料，整体用螺栓固定在经特殊设计的柴油发电机组安装的底架上。铝质外壳和共用底架方案大幅降低了总重量，箱体门框所用密封条耐低温，密封可靠。底架四角按标准集装箱尺寸焊接集装箱角件，位置尺寸严格按 GB/T 1413—2008《集装箱分类、尺寸和额定质量》规定尺寸，满足雪地车及内陆考察专用雪橇需要的集装箱式运输方式的尺寸要求。为防止起吊时钢丝绳挤压铝质保温壳体，底架四角增设起吊立柱，并在立柱上安装脚踏以方便人员穿持吊绳为增强强度在立柱顶部设有矩形框架连接，该框架尺寸超出铝质保温壳体，可以在雪橇车雪地翻覆时框架触地受力防止铝质保温壳体挤压损坏。安装底架上空间填充保温材料（聚氨酯板）并上下面铺设承重强度足够的薄钢板，保证人员可进入内部工作。以上方案大幅度减轻了设备总重量，同时满足标准集装箱车载运输方式和直升机空中吊运方式。

油箱隔间采用防火隔墙隔开；并在隔墙上预先铺设进、回油油管沟和进、出线镀锌管。油箱间采用波纹管合理布置内部走线。油箱间墙壁开设透气窗。油箱间油箱漏油盘侧墙壁上安装二氧化碳灭火器。

机组工作间内部设置有燃油加热器加热保温。机组工作间门后固定放置二氧化碳灭火器。根据机组重量合理安装集装箱底部槽钢，并保证机组地脚螺栓孔下方有横梁加强，机组固定螺母焊接于横梁下方。机组工作间走线采用走线槽、波纹套管等合理布线，并将交、直流走线分开，信号线和电源线分开。机组工作间总体隔热保温。根据空间位置设置有合理尺寸的工具间。

箱体外部的两侧开有维修门、观察窗和通风口。所有门框四边加固，防止门框变形。门锁结构合理、强度高、不易损坏、开关方便。密封条密封可靠（防风雪和隔音），耐低温。箱体每扇门后安装风钩,门打开后可挂于其上固定,避免因风误关夹伤工作人员。设有维修门,门上安装密封条,保证密封以使维修门关上时能完全防风雪,维修门打开角度为180°。

设有观察门以便机组工作时能随时观察到机组的控制仪表,了解机组内部运行情况;观察门上设有双层中空钢化玻璃观察窗,观察窗对应于机组控制面板。观察门旁设置有急停开关。箱体两侧合理位置设置进排风口开口。保温材料采用聚氨酯板,厚度为100mm,钢材选用高耐寒结构钢Q345GNHL,铝材选用6063,可满足极地条件对保温、对材料低温环境的强度、焊接性能等的要求。

为了提高机组可靠性及减少维护工作量,设置有燃油过滤系统,机组配套了保证燃油清洁的油水分离器,可以减少机组在工作时燃油油管堵塞的几率。安装机油过滤器,保证润滑油路燃油质量。设置温度低于−40℃到−5℃的启动辅助设备,配备自动控温系统的燃油加热器可对箱体内部整体预热。

排烟系统为防止风雪从排烟口进入及逆风影响,排烟口采用水平短管中部贯穿焊接垂直管的形式,排烟口分置箱体两侧并下陷安装,保证排烟口安装后尺寸不超出箱体尺寸。

此方案整体重量不超过4000kg,满足直升机吊装质量要求。

6.3.4 上海科泰电源股份有限公司内装式电动电缆绞盘

上海科泰电源股份有限公司设计了一种内装式电动电缆绞盘,该装置把电动机和减速器装进电缆绞盘的滚筒里面,滚筒利用电动机的冷却风扇自然通风冷却,没有漏油污染电缆橡套的问题,只要接通电源,就能使电动电缆绞盘转动,并可外接变频器和工业遥控器实现变频无级调速和100m无线遥控操作,完成电缆的收放工作,广泛应用于汽车电站和挂车电站等移动电源的电缆收放作业。

1. 结构方案

如图6-20所示为电动电缆绞盘纵剖面构造图。

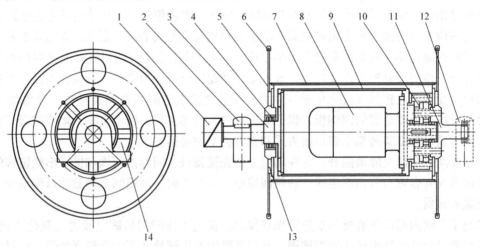

图6-20 电动电缆绞盘纵剖面构造图

1—接线盒 2—固定支座 3—固定支承轴 4—滚动轴承 5—电缆端盘 6—夹铁橡胶套圈 7—绕线滚筒 8—电动机 9—固定内筒 10—减速器 11—动力输出轴 12—滚动支座 13—左通风窗 14—右通风窗

电动机8装在固定内筒9里面,减速器10的外壳固定在固定内筒右端面,电机轴插入减速器的偏心轴套驱动减速器运转,由减速器的输出机构通过动力输出轴11带动绕线滚筒7转动完成收、放电缆工作。夹铁橡胶套圈 6 夹紧在电缆端盘 5 上,使手动盘车变得顺手。电缆端盘 5 用螺栓紧固在绕线滚筒 7 上。固定支承轴为中空结构,电动机的连接电缆通过此孔连接至接线盒 1。接线盒 1、固定支座 2、固定支承轴 3、固定内筒 9、电动机 8 和减速器 10 外壳为电动电缆绞盘固定不动的部分,减速器的输出机构与动力输出轴刚性连接,带动绕线滚筒在滚动支座 12 和滚动轴承 4 组成的支承机构中转动。减速器用油脂润滑,绕线滚筒两端盖和固定内筒的两端盖都开有通风窗,电动机的冷却风扇对电动机和减速器进行自然通风冷却,避免了电动机和减速器外传动可能引起的油液污染现象。

2. 技术方案

电动机装在绕线滚筒里面的固定内筒里,固定内筒通过固定支承轴、固定支座使其在电缆绞盘绕线滚筒里面保持固定不转,电动机的连接电缆也通过固定支承轴中空的孔接到接线盒。减速器采用先进的传动结构,具有结构简单,减速比大,传递扭矩大的优点,减速器的外壳固定在固定内筒右端面,电机轴插入减速器的偏心轴套驱动减速器运转,由输出机构通过动力输出轴带动电缆绞盘转动完成收放电缆工作。

内装式电动电缆绞盘的最大优点是把电动机和减速器装进电缆绞盘绕线滚筒里面,使整体结构简单、紧凑,同时使几个电缆绞盘并列工作变得容易布置。电缆绞盘可根据不同规格电缆收放的要求选用不用的变速比,可以达到最佳的工作效果。电动机和减速器在滚筒里面的冷却方式采用了自然风冷。避免了漏油污染电缆橡套的危险,电缆绞盘通过转换开关控制电机正、反转,操作十分简便。由于选用的减速机构没有自锁功能,当没电时也能手动进行电缆的收放作业。

第7章 数据中心和通信用发电机组

7.1 通信行业的发展对应急电源的要求

通信电源是为通信设备提供直流电能或交流电能的电源装置,是任何通信系统赖以正常运行的重要组成部分。通信质量的高低,不仅取决于通信设备的性能和质量,而且与通信电源系统供电的质量密切相关,通信电源是通信系统的重要基础设施,一旦通信电源系统发生故障而中断,就会使通信中断,甚至使整个通信基站陷于瘫痪,从而造成严重损失,因此通信电源在通信网络中处于极为重要的位置。为保障在市电较长时间停电时通话通信设备能够正常工作,通信基站必须配置油机(汽油机和柴油机)发电机组,因柴油发电机组压缩比高,热效率高、经济性和排放性能都优于汽油发电机组,所以在通信基站中主要采用柴油发电机组。

1. 对交流应急电源的要求

近10年的通信大发展及产品技术的更新,使得当前通信设备呈现网络规模大、智能化程度高、品牌系列繁杂、无人值守和集中监控化程度高的新特点,同时随着IT技术的发展,金融、通信、互联网等行业数据量迅猛增加,虚拟化和云计算技术的兴起,各行业的业务都离不开数据中心的建设,其中通信、金融、中大型企业和政府部门的IDC中心建设规模和数量在迅速增加,促使国内外数据中心建设如雨后春笋。数据中心供配电系统,必须保证为数据中心用电设备提供稳定、可靠和安全的电源,因供电中断,而造成数据中心瘫痪,将造成巨大经济损失。大型数据中心的定义已经从以前的几千平方米以上规模,发展到了目前的几万平方米,甚至几十万平方米的规模。然而大型数据中心的耗电量惊人,甚至超过一个城市的用电规模。2013年1月工业和信息化部联合国家发展改革委、国土资源部、电监会、能源局发布了《关于数据中心建设布局的指导意见》,绿色、环保、节能越来越成为大型数据中心的主题,为保障数据中心的供电可靠性,同时兼顾绿色、环保、节能的主题通信行业的发展,对以柴油发电机组为主设备的应急电源系统提出新的要求。

根据电监会和中电联发布数据显示,近年来全国10kV城市用户平均供电可靠性为99.92%,可见,市电可靠性远不能满足重要数据中心供配电系统99.995%或更高可靠性的要求。数据中心用户必须配置自备应急电源系统,才能满足高级别数据中心供配电系统高可靠性的要求。

柴油发电机组系统作为自备应急电源的一种形式被广泛地应用于数据中心,保证IDC中心的设备安全运行时,往往要采用大功率UPS和柴油发电机组组成安全的供电系统。一般实现方法是发电机组作为市电的备用电源,在断电的情况下,由自动转换开关(ATS)将UPS、机房专用空调、应急照明等设备的输入由市电切换到发电机组,防止UPS后备电池耗尽引起系统供电中断。

根据TLA-942标准,大型数据中心基地分为4个等级:
1) 等级Tier1是基本数据中心,对供电系统要求较低。
2) 等级Tier2是基础设施冗余,对供电系统要求略高。

3)等级Tier3要求基础设施同时可维修,对供电系统要求较高。

4)等级Tier4需满足基础设施故障容错要求,对供电系统要求最高。

国内通信运营商对大型数据中心基地的要求等级大多数至少要满足Tier4的标准,即要求需引入两路二级以上市电和2N方式机组配置。目前,通信行业使用的油机基本为400V低压柴油发电机组,但随着数据中心的容量越来越大,低压柴油发电机组的并机汇流成为大功率段低压柴油发电机组应用的瓶颈,高压柴油发电机具有大容量,供电距离远,损耗小,机房集中建设、可靠性强等优点,是数据中心的大容量机组选型应用的必然趋势,单台功率一般在1000kW以上,多台机组并联使用高压发电,越来越得到广泛的应用,可为通信行业及数据中心提供后备电源,避免中心完全断电,保护数据传输不会中断。因此,越来越多10kV高压柴油发电机组得到了广泛应用。

2. 对直流应急电源的要求

用于通信行业应急供电的直流柴油发电机组,是一种新型的发电机组产品,主要用于通信基站正常维护、应急抢险等应急供电。机组由内燃机(柴油机)、稀土永磁发电机、智能电源模块、操作面板和自启动切换模块组成,发电机组发电时输出直流电源,可直接并联在蓄电池组输出端子或开关电源母排上给负载设备提供电源,代替基站开关电源的供电和充电功能,可以实现基站发电无人值守,当市电停电后油机自动启动后给设备供电,同时给蓄电池组充电;当市电来电后,油机自动停机。直流机组的应用避免了交流柴油发电机组需经ATS接入交流回路,需要中断供电进行线路改造的不便,目前在通信基站得到大范围推广应用。

安装直流柴油发电机组的基站供电系统如图7-1所示,电源系统由交流配电箱(含SPD)、直流风冷固定柴油发电机组、开关电源、蓄电池组、空调、直流风机(选配)、动力环境监控设备等组成。供电系统运行方式如下:

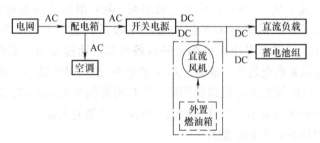

图7-1 直流柴油发电机组应急供电示意图

1)市电正常时,由市电电源供电。

2)市电停电后,直流发电机组对直流母线电压进行检测,当直流电压降低到一定阀值(可设置),直流发电机组自动启动,直接对通信设备、直流风机、动力环境监控系统供电,不对蓄电池组进行均充(可选)。

3)市电恢复后,直流发电机组对直流母线电压进行检测,当直流电压升高到一定阀值(可设置),直流发电机组自动停机。

7.2 高压交流柴油发电机组在通信行业的应用

1. 高压柴油发电机组的在通信行业的应用优势

高压柴油发电机组的结构如图7-2所示,机组输出电压的等级有6kV、6.3kV、6.6kV、

10kV、10.5kV、11kV等，国内常用电压等级为10kV，单台机组功率一般在1000kW以上，多台机组并联使用。

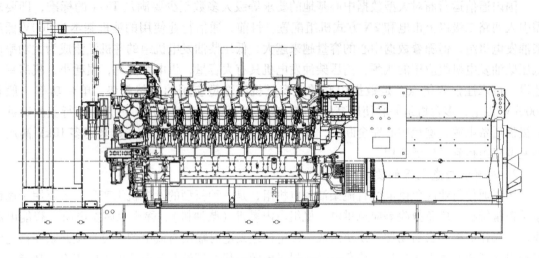

图7-2 高压柴油发电机组外形示意图

高压柴油发电机组的在通信行业应用具有以下优势：

(1) 发电机组利用率的提高

传统方式的每幢数据机楼配置相应400V低压发电机组，平时市电正常时发电机组都闲置着，使用率极低，对机楼空间占用、投资都是浪费。而大型数据中心园区内一般单体数据机楼较多，总体用电量大，采用10kV高压发电机组后可以统一设置动力中心（内含10kV高压发电机组、发电机组并机系统、10kV高压发电机组与10kV市电切换及输出配电系统）。采用$1:N$（$N \geqslant 2$）的比例（即只需配置$1/N$的发电机组数量）进行复用，将1个后备供电单元（10kV高压发电机组群）作为N个用电单元的后备电源。通过复用，实现供电保障范围最大化，当任意1个用电单元市电发生中断时，后备供电单元（10kV高压发电机组群）对此用电单元进行保障供电。以此提高发电机组利用率，实现资源的动态调配和共享，提高效益的同时大大降低土建及设备的建设成本，也符合绿色、环保及节能的主题。

(2) 用电容量与机房密度的匹配性

受限于传统400V低压发电机组一定的装机容量（发电机组机房在机楼建设初期的规划容量一定，加上安装场地、机房进排风等因素的制约），由于数据中心IT设备负载的不确定性，负载密度跨度大（单机架功耗从低密设备4.5kW/架以内、中密设备4.5~7.5kW/架、高密设备7.5kW/架以上），数据中心供电设备安装区域与IT机房区域很难匹配，对于低密设备很容易出现IT机房区域已装满而供电机房空间及供电容量有剩余，对于高密设备很容易出现供电机房空间及供电容量已满而IT机房空间空余较多的情况。随着10kV高压发电机组在大型数据中心的应用，发电机组容量将不再受限（集中设置动力中心），可以在机楼内划定一块区域设置成机动区域，根据IT设备功耗来决定是否为配电区域或者IT设备区域，从而提高灵活性及机房利用率。

(3) 适合远距离供电

传统400V低压发电机组由于电压低，相同发电机组容量情况下供电线路上的电流就比较大，所以一般不可能把发电机组设置到离供电负载较远的距离，这样损耗就比较大，使得发电机组布局必须分散，增加土建和降噪成本，发电机组也难以实现共用共享。采用10kV高压发电机组后，由于供电电压提高25倍，相同发电机组容量情况下供电线路上的电流就是400V发电机组的1/25，就是说相同供电距离时损耗就减少到1/25。同时由于供电电流大大减小，可以采用较小发电机组输出电缆给负载供电，此部分投资也大大减小。因此，建议把10kV发电机组集中设置，形成一个动力中心，统一向各个数据机楼应急保障供电。

（4）大容量并机系统

传统400V低压发电机组受公共母排和断路器容量的限制（一般最大电流只能达到6000A左右），发电机组并机数量不会很多，比如2000kW油机并机数量不能超过3台。采用10kV发电机组后，2000kW油机并机数量可以大大增加，十几台甚至20多台都不成问题。

（5）机房等级多样化

紧跟市场前端需求量身定制"低成本、差异化"机房，电源保障等级及保障比例可与客户灵活协商。对于低端用户，不用发电机组进行后备保障供电，而只需市电保障；对于高端用户在市电断电后采用后备发电机组进行保障供电，这样也间接为10kV高压发电机组复用创造了条件。

（6）负载切换灵活

传统400V低压发电机组并机容量小，抗负载冲击能力弱，采用10kV高压发电机组集中设置动力中心后并机容量大大提高，发电机组与市电的切换在10kV端完成，对400V负载影响较小，负载挂接更具灵活性。这样也有利于大型数据中心10kV设备的选用，比如10kV空调冷水机组的应用，其相对于400V低压机组启动电流小，对电网冲击小，可以降低电缆规格，减少线路压降和损耗，减少线缆投资，既节能又环保。

2. 10kV高压柴油发电机组在通信行业应用的并机方案

首先，动力中心发电机主要为机房IT负载、空调、建筑电气等提供应急电源保障容量。发电机组的并机容量首先应满足以下三个条件：

1）发电机组的连续运行额定功率大于或等于稳定负载的计算功率；
2）发电机组的备用运行功率大于或等于负载的尖峰功率；
3）在最大的电动机启动时，发电机组的瞬时电压降不大于15%~20%。

其次，数据中心配置有大量的不间断电源，它的特性是非线性负载，在供电线路上会产生谐波，使发电机输出电压波形产生失真。对高阻抗的发电机组，谐波对发电机组影响更大。由于发电机组相对电网是有限容量系统，多台发电机并机系统除了满足稳定负载需求外，还需考虑负载特性（电能质量）、启动性能、冲击负载（冷冻机组和水泵的启动电流、变压器投入时的激磁电流）对发电机使用的影响。

因此，针对上述模型，建议对10kV高压发电机组以12台作为1个并机组合。当市电中断/故障后，自动启动发电机组并机输出供电，发电机组供电与市电不并网。动力中心建设2个并机模块，分别由2套并机控制系统控制。

为保证响应速度，并机系统同步控制采用准同期方式，系统采用随机并联方式，即系统中任一台首先达到额定输出的机组，都可以先合闸到母线供电，其他机组与该机组同步后再依次合闸供电。高压柴油发电机组外形如图7-2所示。

3. 10kV高压柴油发电机组在通信行业应用的负载管理

当数据中心市电中断/故障时，全部10kV发电机组自动并联运行，系统自动分配负载，按下述逻辑实现负载管理。

系统负载管理按 $N+1$ 模式来控制，全部 12 台机组（一个并机组合）并联运行 $1\sim10\text{min}$（可调）后，如系统全部负载小于单台发电机组额定容量的 900%（可调）且持续时间超过 1min，则系统自动切除第 12 台机组，此时全部负载由 11 台机组供电，通过 $N+1$ 的冗余负载管理设计，来保证供电的可靠性。

如负载继续下降至小于单机容量的 810% 且持续时间超过 1min，则系统自动切除第 11 台机组；如负载继续下降至小于单机容量的 720% 且持续时间超过 1min，则系统自动切除第 10 台机组；如此类推，直到负载继续下降至小于单机容量的 90% 且持续时间超过 1min，则系统自动切除第 3 台机组。系统最少保证两台机组在线运行。

反之，如系统负载增加到大于单台发电机组额定容量的 120% 时，则系统自动启动第 3 台机组，并自动同步后合闸，向负载供电；如系统负载继续增加，至大于单机额定容量的 240%，则系统自动启动第 4 台机组，并自动同步后合闸，向负载供电。其他机组的运行以此类推。

系统带载运行中，如果任一台机组故障时，系统都将自动报警，同时启动一台冗余机组投入使用。

市电恢复，则全部在线发电机组通过主控柜断开发电机组进线断路器，发电机组自动冷却延时后停机。

上述逻辑控制功能可在现场设定，无需硬件改动，即可灵活扩容。

4. 10kV 高压柴油发电机组在通信行业应用的供电方案

(1) 市电与发电机组切换的运行模式

当市电正常时，各数据机楼 10kV 配电系统采用单母线分段方式运行，中间设有母线并联开关，两段母线互为备用。10kV 市电电源和 10kV 发电机组电源之间设置自动切换装置，市电电源失电后，切换装置自动切换，10kV 母线由动力中心的 10kV 发电机组并机系统供电。10kV 配电系统二段母线有两路 10kV 市电进线和两路 10kV 发电机组进线、母联开关之间设有电气联锁装置，不容许任何两路电源并网运行。

1) 当一路市电中断/故障时，通过自动/手动操作，转换到另一路市电供电，两路市电进线与母联开关之间有电气联锁装置，任何情况下只能有两个开关处在闭合状态。

2) 当两路市电中断/故障时，发电机组快速自启动，并机成功后，向各机楼 10kV 配电系统两段母线供电。

(2) 动力中心供电预案

首先，应该对机楼及机房内由发电机组应急保障供电的负载进行分级，做好动力中心的应急保障供电预案，一旦一个数据机楼或者多个数据机楼的市电中断或故障时，对动力中心的 10kV 发电机组进行复用供电，或者在复用基础上对部分机楼或部分机房进行限制供电。

1) 当机楼的市电中断/故障容量小于动力中心发电机组配置容量时，通过动力中心复用，为所有用电单元保障供电。

2) 当机楼的市电中断/故障容量大于动力中心配置的发电机组容量时，在复用基础上，需对机楼或机房进行分级，限制一部分机楼或部分机房用电，保障重要机楼或重要机房的供电。

5. 上海科泰电源股份有限公司高压柴油发电机组在某通信系统数据中心的应用案例

(1) 某信息港项目的概况

某信息港是 2015 年前中国移动已建规模最大的基础设施建设项目。以"立足创新，服务全网"为核心定位,围绕创新与服务两大主题,培育高科技、信息化、绿色环保三大理念,打造集国际化运营支撑、研发创新、信息服务、交流展示等功能于一体的国际一流信息园区。选址于北京昌平中关村国家工程技术创新基地,位于北六环和八达岭高速公路交叉口,总占地面积 1300 亩(1 亩 = 666.6666667 m^2),总规划建筑规模约为 130 万 m^2。分 9 个地块进行建设。其中北侧 1#地块设置两栋 30000m^2 数据中心机房楼,建筑层数为四层。工程总用地面积为 53431m^2;建筑面积为 65245m^2。

信息港一期工程数据中心机房负载密度高,每栋机房楼的单体建筑的用电负载达 20000kVA,用电负载基本都需有自备发电机组来保证,自备发电机组需求容量大。单层建筑的面积相对较大。对于这种数据机房楼,若采用传统的低压发电机组,将会造成首层大量建筑面积的占用,影响高低压变配电设备及空调制冷设备的布置,并且给解决发电机组运行时的振动、噪声问题和发电机房的进、排风带来困难。若低压发电机组设置在楼外独立设置的发电机房内,低电压、大电流、长距离也会在运行维护、能量损耗、施工等方面带来不利。

从供电系统节能角度考虑,将自备发电机组电压从 400V 提高到 10kV,电压可提高 25 倍,线路损耗减少近 690 倍。10kV 备用发电机供电系统比较 400V 备用发电机供电系统在方案评估上具有一定优势,中国移动信息港一期工程决定采用高压发电机组。

(2) 高压柴油发电机组的应用

自备发电机组的发动机机型有两种:往复式柴油发电机组、燃气轮机发电机组两种机型。燃气轮发电机组具有运行可靠性高、电力输出稳定、带非线性负载能力强、体积小、重量轻、噪声低等特点,但其单位 kW·h 的耗油量要比往复式柴油发电机组高,大约是往复式柴油发电机组的 1.7 倍,而且造价高。在国内通信行业尚无高压燃气轮机发电机组实际应用案例,从建设成本及运行维护安全角度考虑。信息港一期工程采用了往复式柴油发电机组。

一期地块建设的发电机房共有 34 个发电机组机位。考虑信息港的今后发展,在机位数量不能改变的前提下,尽可能提高现有发电机房的供电保证能力。目前,大容量的备用高压发电机组单机容量分别为 1800kW、2000kW、2200kW、2400kW、2600kW。一期工程对不同容量的并机系统方案保障能力及价格进行分析对比,最终选择了单机容量为 2000kW 自备发电机组。其理由是:提高单位机位的供电能力;减少系统高压发电机组的并机台数,使得多机并机系统的并机控制简单;减少单系统的维护工作量;设备性价比高。

10kV 发电机组供电系统为多台并联运行方式,将每台发电机组提供的电源连接汇合成单一电源给负载供电,并机运行方式的市电与发电机的转换是在市电进线断路器和发电机供电系统输出断路器之间的转换。

发电机组并机供电系统硬件运行条件需具备的条件是可靠的并机系统。

同时还具有运行保护装置,能自动地、合理地分配和调整有功功率和无功功率,使机组间的调频特性和调压特性曲线趋向接近。

高压发电机组采用多台并机供电系统,能承受较大负载变化的冲击。发电机并机供电系统的容量需根据业务需求分期实施。

高压发电机组并机系统通常会出现以下两种运行方式:

1) 发电机组同型号、同厂家、同容量机组多台并机系统;
2) 发电机组不同型号、不同厂家、同容量机组多台并机系统。

上述两种运行方式在信息港一期工程初期和终期均有应用。

本信息港项目中出现不同型号、不同厂家、同容量机组多台发电机组在移动及通信行业首次应用。结合项目实际应用情况，对发电机组不同型号、不同厂家、同容量机组进行分析：

不同品牌机组并机时应考虑的主要因素包括：

① 并机控制系统的兼容性。解决的办法：统一为其中一个控制系统品牌（一般后并入机组的并机系统品牌为首选），或者全部更换为第三种控制系统品牌（多适用于两种不同品牌机组均为原有，原有控制器不具备并机功能，或并机控制方式、功能落后）。

② 不同品牌机组的发动机和发电机品牌、型号均有差异，带来调速系统和调压系统上的差别。

解决的办法如下：

原有机组的发动机为电子调速，而新并入机组为高压共轨喷油系统（其核心一般是电脑控制板），不管是发动机为何种调速控制方式，主流分散式并机控制器均能够通过跳线、外部接线或者参数设置，输出与发动机调速信号接口匹配的或 CANBUS 调速信号，再通过 PID 闭环微调调节，实现新、旧发动机调速性能的一致。

同理，不同品牌机组的发电机所采用电压调节器（DVR）也不尽相同（如，模拟式电压调节器（AVR）和数字式电压调节器 AVR），但不管是发电机为何种电压调节器 AVR，主流分散式并机控制器也均能够通过跳线、外部接线或者参数设置，输出与发电机调压信号接口匹配的或 CANBUS 调压信号，再通过 PID 闭环微调调节，实现新、旧发电机调压性能的一致。

③ 不同品牌机组的发电机的绕组节距不同造成的中性点环流问题。发电机的绕组节距不同时，由于不同节距发电机输出电压的波形并不完全一样，同时不同节距对高次谐波的抑制效果也不同，2/3 节距的绕组对 3 次谐波及其倍数的奇次谐波有很强的抑制作用，而 5/6 节距的绕组对 5 次和 7 次谐波有很强的抑制作用，2/3 节距的绕组和 5/6 节距的绕组并机运行，综合作用的结果是表面看起来完全重叠的并机机组波形还是与正弦波形存在细微差异，在中性线存在的情况下，即使机组间电压有效值完全一样，但瞬时电压幅值并不一样，存在电压差，相应就会产生电流，并机时不可避免地会产生由于波形不完全重叠产生的高次谐波环流，一方面浪费柴油机的有功功率，损失效率；另外一方面由于环流的存在，发电机无法输出铭牌标定的输出电流或者容量。

解决的办法如下：

首先尽量采用绕组节距一样的发电机型号，不同厂家、不同型号的节距可能都不一样，因此需要仔细查阅厂家的技术参数。

其次利用高压发电机的负载基本对称和三角形联结的变压器，不需要中性线这一特点，取消中性线，保护采用中性点通过高阻接地方式，通过设置 PLC，控制实现采用中性点接地电阻控制用的接触器切换控制逻辑，保证在机组运行时有或只有一台运行并合闸机组的中性点接地电阻是通过接触器投入的，切断环流通过中性点接地电阻形成回路（由于功率管理或者故障造成的机组调换，在切换过程中出现的中性点接地电阻存在的短时间重叠运行不影响），3 次谐波由于缺乏回路就只能在三角形联结的变压器绕组里面循环，在发电机和负载侧不造成影响，大大减少了 3 次谐波的危害。

④ 不同厂家机组与开关柜保护配合的问题。由于后期扩容项目往往都是在第一期的时候就已经采购了开关柜，柜子中可能没有安装差动电流互感器或者安装的差动电流互感器由于尺寸问题，在发电机中性点一侧无法安装，因此在项目实施过程中需要特别关注差动电流互感器的配合问题，原则是尽量采用同一厂家、同一型号的差动电流互感器，如果无法实现，也需要尽量选择特性曲线和参数接近的 CT。

除此之外，可能还存在开关柜提供的位置信号及保护反馈信号不全，开关柜提供的保护不全面等问题，需要完善保护配置，增加开关柜信号继电器的触点，提供给机组并机控制系统。在信息港项目中，发现机组输出高压开关的接地刀开关位置信号没有反馈给并机控制系统进行闭锁，如果发生接地刀开关处于合闸接地状态时，机组突然启动，将发生高压输出直接通过接地刀开关短路的重大隐患。

(3) 并机系统的改造

发电机组不同型号、不同厂家、同容量机组多台并机，一般由新供货设备厂商完成相关的并机改造工作，常规情况下并机系统改造又分为以下几种方式：

1) 旧机组控制系统的全部换新 如果原来的机组已经超过厂家保修期，原来控制系统陈旧且无备品、备件或者功能缺失，找不到相关的资料，拆除原厂的控制系统也不会带来比较大的机组控制失效风险，且柴油机的 ECM 模块和发电机的 AVR 模块完全独立于原厂的控制系统，建议除保留机组本体的接线之外，拆除原来机组的控制模块或者控制系统，全部统一换成与新增机组一样的控制模块或者控制系统，这样做的好处是由于扩容前后的机组统一控制品牌型号，可以达到同厂家机组并机的无缝效果，另外系统最简洁，总接线最少，可以最大限度提高系统的可靠性，缺点是成本较高，现场改造接线工作量较大。

2) 旧机组控制系统的不换新 如果由于原来的机组在厂家保修期内，拆除原厂的控制系统，可能导致保修失效或者带来比较大的机组控制失效风险，另外还有一种情况是原来机组的控制系统内高度集成了柴油机的 ECM 模块甚至发电机的 AVR 模块，并且没有办法将 ECM 模块和 AVR 模块从原厂控制系统独立出来，也就是无法甩掉原厂控制系统，可以考虑以下两种方案：

① 保留原来机组除并机和功率管理之外的所有测量，起停控制和保护功能，通过参数设置和改线，将原厂控制系统内置的并机和功率管理功能关闭，并机和功率管理功能由新增机组同一品牌同一型号控制模块接管，这样不管新机还是旧机，并机和功率管理功能都有同一品牌同一型号控制模块完成，也可以达到最佳的并机效果。

② 保留原来的并机控制系统，组成一组，组内沿用原来的并机控制系统，新增加的机组统一安排到另一组，另外组成一个并机控制系统，两组互相独立，在组内通过数字量实现通信，完成组内机组的同步控制和有功功率、无功功率负载分配。机组的优先级别和公共母排的无压合闸权由 PLC 根据优先级别设置统一控制，组与组之间的有功功率和无功功率负载分配信号，可通过增加界面卡模块作为桥梁，将两个组的有功功率和无功功率两个负载分配的数字量信号均转化为组与组之间能够识别的标准接口信号（目前统一为 0~5V 或者 0~10V 模拟量信号），组内数字量负载分配，在组外通过模拟量进行负载分配。自动投入及退出的功率管理功能则通过外置的功率检测模块汇总机组总的功率输出，通过 PLC 实时精确计算出需要运行的机组台数，对控制系统进行启动停机控制，一般情况下，先在组内进行机组的投入退出控制，当超出组内调节能力之后再在组外进行调节，从而简化控制逻辑，提高系统稳定性。这种方案的优点是成本最低，现场改线工作量最少，其缺点是由于存在新旧两套不同的控制系统，控制系统比较复杂，也没有办法完全进行完全通信，因此无法达到无缝并机效果，有些复杂功能无法实现，只能应用在要求较低等级数据中心。当然如果各个品牌控制器通过加强协作，统一相关控制器通信和控制功能标准，实现互联互通，接口模块和 PLC 等模块完全可以省掉，系统可以更简单可靠。

而在信息港一期项目中，上海科泰电源股份有限公司采用了上述方法之外的另一种方法，即由新供科泰机组并机系统追踪与原有某厂家 W 机组原有并机系统保持主控模块统一的基础上，再进行并机系统改造、升级和优化，用以实现不同品牌机组并机的目的。

如：科泰并机系统主控模块追踪与厂家 W 机组并机主控模块品牌一致并版本优于，保留原有集中监控控制屏并通过扩容来实现新增机组信息的集中显示及机组控制，完成基本并机改造和调试后，再根据各项调试反馈对原有软件进行再编程优化等。从验收后各项指标来看，全面实现了项目之初的各项设计要求并有优化，而且因相关版本的升级和优化，还提升了原有系统的各项指标。

7.3 通信基站应急供电用高压直流柴油发电机组

1. 通信电源高压直流供电系统

近年来高压直流（HVDC）供电系统（区别于常规直流 -48V 系统）经过实验工程及实验结果已验证了其优越性和发展前景，是未来信息和电信技术设备供电系统的首选方案。由于其众多优点，如系统效率高、可靠性高、成本低和维护费用低，该系统目前已在国内外通信基站的供电系统中逐步推广应用。

高压直流供电系统由多个并联冗余整流器和蓄电池组成，正常情况下整流器将市电交流电源转换为 240V、336V 等直流电源，供给电信设备和给蓄电池充电。电信设备所需的其他等级的直流电源，由 DC - DC 变换器变化而来。当市电交流电源停电时，由蓄电池放电为电信设备供电；当市电交流电源长期停电时，由备用发电机组来为电信设备供电和给蓄电池充电。

2. 上海科泰电源股份有限公司高压直流柴油发电机组的方案

上海科泰电源股份有限公司高压直流柴油发电机组箱体中分为三大部分，即控制系统安装位置、机组安装位置和消音器间。柴油发电机组位于机组间中部，控制系统安装位置和消音器间分置其两端。箱体底部设置有底座油箱，油箱容量可满足 20h 以上发电所需柴油量。消音器间分隔墙上开有与发电机组散热器尺寸相配合的窗口，散热器紧贴于分隔墙面上，机组工作时其热风由窗口进入消音器间后由顶部排气格栅处排去。消音器间留有排水开口，雨水从顶部排气格栅进入后可排掉，不会进入机组间。高压直流柴油发电机组结构如图 7-3 所示。

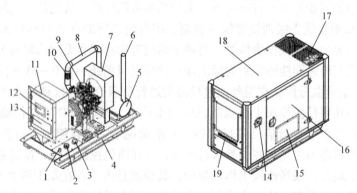

图 7-3 高压直流柴油发电机组结构示意图

1—进油口 2—油位计 3—加油口 4—底座油箱 5—消音器 6—排烟管 1 7—发电机组散热器 8—排烟管 2 9—发电机组 10—波纹管 11—控制系统及电源转换箱体 12—发电机控制系统 13—整流器及监控器 14—急停开关 15—侧面进风格栅 16—检修门 17—排气格栅 18—箱体 19—端面进风格栅及空气过滤网

在机箱端面设置有控制系统箱，控制系统箱上部为柴油发电机组控制系统，下部安装有整流器及整流器监控器。箱体外部安装有急停开关，用于出现紧急情况时在箱体外即可实现停机。

因整流器中主要发热元件是大功率半导体及其散热器，功率变换变压器和大功率电阻，发热元件的布局是按发热程度的大小，由小到大排列，整流器采用强制风冷，即利用风扇强制空气对流，在风道的设计上使散热片的叶片轴向与风扇的抽气方向一致，发热量越小的器件要排在整流器风道风向的上风处，发热量越大的器件要靠近排气风扇。

冷却气流经箱体端面通过风格栅及空气过滤网进入箱体内整流器安装部位后，经整流器自带风扇驱动进入发电机组的安装位置，由风力强劲的发电机组散热器风扇驱动排出箱体外，因端面进风格栅主要为冷却整流器引进新风，发电机组冷却空气主要由箱体两侧进风格栅处进风。该空气流动通道使进风量充足，空气流动途径充分通过各散热面，冷却效果满足整个系统的散热要求，同时风力强劲的发电机组散热器风扇可作为相对较弱的整流器冷却风扇的冗余，可保障整流器冷却风扇故障时也可实现对整流器冷却。

柴油发电机组控制系统可实现对柴油发电机组控制以及与整流器监控器通信，其通过RS485接口可实现与有人监控中心的远程控制，既可实现系统的自动测试、自动诊断、自动控制，又可实现电源系统的遥信、遥测和遥控。

柴油发电机组控制系统具有自动、手动、实验三种运行模式。可以对发电机相（线）电压、电流、频率、转速、功率、温度、压力等情况进行实时监控。对过速、油压低、水温高、过电压、欠电压、过频、欠频、过电流、短路、启动等故障能实时报警。可通过对机组输出电压及频率与设定值的比较进行自动调节，能自动维持机组处于准启动状态，能实现机组的急起、自起，能实现柴油发电机组与市电的自动切换。

整流器采用最新的高频开关整流技术，数字化双DSP控制，以及有源PFC、软开关技术，分立式柜体设计，系统具有高可靠性、维护便利、休眠节能等优点，全面满足中、小通信基站、无人值守站的供电需求，为通信机房设备提供智能、绿色、环保、安全、高效的高压直流电源。整流器采用了良好的散热设计、EMC设计和可靠性设计，使交流输入电压适应范围、功率因数、功率密度、电磁兼容性、可靠性、转换效率等主要技术指标均非常良好。

整流器采用了热插拔技术，可以在线安装或更换整流模块。整流器具有交流输入过电压、交流输入欠电压、直流输出过电压、直流输出限流与短路保护和散热器过热保护等功能。

发电机组发出的三相电（如可选电压为690V）交流电，由整流器交流输入断路器控制为系统内整流器供电。整流器把交流电整流稳压为稳定的高压直流电（240V/336V），所有整流器并联输出，整流器数量配置应考虑三相负载平衡要求。高压直流柴油发电机组电气原理如图7-4所示。

机组对外输出时，交流配电状态、整流器状态、直流分路状态都由控制器检测或控制。控制器具有8组干节点告警输出接口，可以组合输出15种不同的系统故障告警。

该高压直流柴油发电机组在发电机的选择上可采用固定转速和变速（习惯称为变频）两种选择，其中变频柴油发电机组在小功率段具有非常明显的优势。变频柴油发电机组包括变速发动机、永磁同步电机和控制模块，能根据负载功率的变化自动调整发动机的转速改变发电机的输出频率和功率，使发电机组始终工作在最节能的状态；变速发动机的机械动力转换为可变频率和可变电压的电源，经过开关电源整流环节输出稳定的恒压直流电，即使在非线性负载和不平衡负载的情况下，也能输出持续、稳定、不间断的电源。稀土永磁中频发电机有很多优

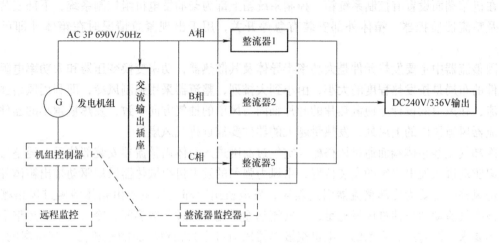

图 7-4 高压直流柴油发电机组电气原理示意图

势,采用无轴承外转子结构,简单的机械结构使电机具有长寿命,高效率和高可靠性,因无摩擦功率损失,综合效率可达 96% 以上,远高于小功率的传统定速发电机。配用转速可调发动机后输出功率可调,工作转速范围常处于 1200~3000r/min,与负载可实现最佳匹配,功率输出与转速相关而不是主要由喷油量决定,避免发动机因工作在低负载区而造成的积炭等损害,同时没有励磁绕组、轴承等可靠性也大幅提高。

本高压直流供电系统用柴油发电机组,可直接输出稳定的高压直流电(240V/336V),当市电交流电源停电时,可由该方案的高压直流柴油发电机组向通信基站的高压直流供电系统提供电力,实现给通信设备供电和蓄电池充电,同时具有一体化设计移动运输方便,接线简单便捷,转换效率高和可靠性高等优点。避免了常规采用输出电压为单相 220V/50Hz 或三相 400V/50Hz 交流发电机组,其输出需要外加 AC-DC 电源转换器才能转换升压变为高压直流供电系统所需的 DC 240V、DC 336V 等直流电源,接线复杂,无法一体化,且因交流电压相电压为 AC 220V 存在转换效率低等缺点,在匹配目前已在国内外通信基站供电系统中逐步推广应用的高压直流供电系统应急供电方面具有良好性能。

7.4 通信基站户外型耐低温风冷柴油发电机组

1. 柴油发电机组低温启动困难的原因分析

柴油发电机组在低温环境下启动困难一直是个难题,其主要原因如下:

(1) 低温环境蓄电池容量衰减启动电动机扭矩减小

一般柴油发电机组多采用电启动,特别是通信基站备用较小功率机组,蓄电池工作的最佳环境温度常在 10~40℃ 之间。当环境温度降低时,蓄电池的容量随之衰减,有时会仅有 25℃ 时容量的 50%,启动电动机的启动扭矩的大小与蓄电池的容量有关,启动扭矩大幅度减小造成启动困难。

(2) 运动部件间启动阻力力矩增大

在低温条件下,不同材质冷缩变形可致使配合间隙减小,柴油机曲轴与轴瓦、活塞与缸套等零件材质不同,热膨胀系数也不同,不同冷缩变形率造成配合间隙异常导致启动阻力矩增大。同时在低温条件下,柴油机润滑油黏度增大、流动性变差甚至失去流动能力,也增大了柴油机启动的阻力矩。由于综合原因导致的启动阻力力矩增大,使柴油机难以达到启动所需转速,便会出现启动困难。

(3) 进气温度过低和压缩终了压力过低

低温环境中的空气温度很低,进入柴油机气缸内的燃烧空气温度很低,且柴油机缸筒、活塞等相关部件以及润滑油温度也很低,空气在压缩过程中的热损失较大,被缸筒、活塞等部件的吸收,压缩终了时空气的温度有可能达不到柴油的自燃点。气缸内压缩油气混合物温度过低,缸筒、活塞等部件运动接触表面润滑不良,还会造成压缩油气混合物的压力低于启动时所需压力。

(4) 低温环境中柴油物理特性发生变化

有关数据表明,当气温从 40℃ 降到 -10℃ 时,柴油的黏度增大 83%,密度增大 8%。低温条件下柴油的黏度和密度均增大,表面张力加大,流动性变差,雾化不良,从而延长了柴油机的点火滞后期。

水冷柴油发电机组因有冷却水回路,可通过电加热水套预热器循环流动加热缸套水,使机体升温,机油流动性增强等提高启动成功率,但因为水冷发电机组缺少风冷发电机组所具有的优点,如风冷柴油发电机组的特点是无需设置水冷却系统,省去了冷却水自动补给循环系统等设施,也不会发生漏水、腐蚀、气蚀及防冻等方面的问题。风冷柴油发电机组具有经济性好、可靠性高、寿命长和维护使用方便等特点,适用于高山、荒野、沙漠地带、无水高寒地区的无人值守通信基站、卫星接收站等场合,而水冷柴油发电机组难以在一些场所使用。风冷柴油发电机组因其结构原因无法采用类似水套加热器类装置,且因为风冷机体散热片多,冷却快,那么如何保证在 -40℃ 以下使用时能够顺利启动是需要解决的问题,本设计提出了一种解决方案,结合通信基站备用电源供电的特点,该方案可以实现在极低温度(-40℃)环境中发电机组能可靠启动,并能提高机组的运行性能,如减少低温环境下的磨损,提高机组的寿命。

2. 上海科泰电源股份有限公司户外型耐低温风冷柴油发电机组

上海科泰电源股份有限公司通信基站户外型耐低温风冷柴油发电机组由三部分组成,底部为油箱、中部为机组箱体,顶部为防雨帽,如图 7-5 所示。

机组箱体内中部安装发电机组及其辅助设备,箱体具有防雨、防火、防盗和通风功能。箱体一端装有消音器和排烟口,另一端安装有柴油发电机组和加热系统控制箱,控制箱下部为启动柴油发电机组和加热系统工作的蓄电池,控制箱内装有用于给蓄电池充电的浮充电源。

箱体上部为防雨顶罩,可防止风雨进入机组及冬季积雪,影响正常使用。

进风和排风处均安装有电动百叶窗,其动作电源与柴油发电机组启动电源共用 12V 蓄电池。箱体安装有两个空间加热器,加热器电源采用通信基站市电电源,该市电亦作为柴油发电机组市电状态检测信号,在市电正常时,柴油发电机组不工作,在寒冷季节由市电提供加热电源,市电失电后柴油发电机组按设定间隔时间启动,柴油发电机组启动时不再需要加热器工作。机组箱体内设有温度传感器,温度过高时即便环境温度高于 15℃ 时应可启动空间加热器除湿,用于防潮。

在室外温度低于 15℃ 时,温度控制系统使加热回路通电控制,使箱内温度始终保持在 15℃ 左右,使机组始终处于适宜随时应急启动的状态。

百叶窗控制系统与柴油发电机组控制系统还存在联动控制,柴油发电机组启动成功后,百叶窗才打开,柴油发电机组停机后,如果室外温度高于 25℃ 时,则等待机箱通风散热到 25℃

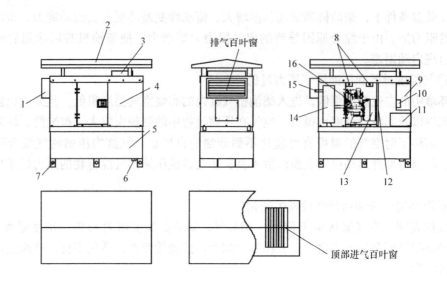

图 7-5 通信基站户外型耐低温风冷柴油发电机组结构示意图

1—排气电动百叶窗 2—防雨顶罩 3—进气电动百叶窗 4—静音保温箱 5—加热保温油箱
6—排污口 7—安装支脚 8—空间加热器 9—控制箱 10—浮充电源 11—蓄电池
12—箱内开进气小孔隔板 13—发电机 14—消音器 15—排烟口 16—柴油发电机组

时百叶窗关闭,防止内部温度过高影响下次起机运行,如柴油发电机组停机后,如果室外温度低于25℃时,则百叶窗在停机后约10s内关闭,以使内部温度保持便于下次起机运行。百叶窗打开时为保证进、排风量充足,设计为叶片可90°开起保证最大开起通风面积。

冷却空气流动路径如图7-6所示,柴油发电机组工作时,进、排气百叶窗均打开,空气由进气百叶窗处进入,经机组风扇,经过箱内对应柴油发电机组发电机部分开有气流通孔的隔板进入机组舱,经过机组表面带走机组散发热量后经排气百叶窗排出箱体。

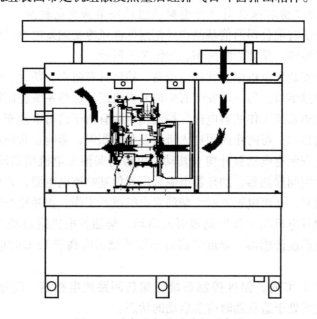

图 7-6 冷却空气流动路径示意图

在箱体内壁和底部贴装有降噪保温棉，用于吸音降噪和保温，阻止内部热量通过箱体壁向外传导、辐射流失内部加热热量。

温度检测单元可将箱外、箱内温度参数通过 RS485 通信接口上传基站动力环境控制系统，便于监控中心人员及时了解机组状况，如加热系统是否正常工作、柴油发电机组是否处于合适的启动温度等。

油箱加热保温层结构如图 7-7 所示，油箱表面采用电加热的伴热带包缠，该电加热伴热带加热电源与空间加热器共用通信基站市电电源。

在油箱内部贴壁多点安装有温度传感器，控制加热温度始终保持在 10℃ 以上，伴热带外面均匀涂敷 20mm 厚保温涂层，外部用 0.5mm 厚铝箔整体包护处理，防止保温涂层脱落及增强美观度。

为进一步提高极低温度（-40℃）下的启动成功率，在柴油发电机组的燃烧空气进气通道处安装有进气预热器，对进入发动机气缸内的空气通过电热元件加热，提高进气温度。进气道预热器加热电源由机组启动蓄电池提供，在启动时预热加热器供电。

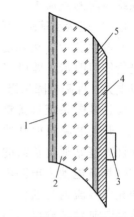

图 7-7 油箱加热保温层结构示意图
1—铝箔层 2—保温层 3—温度传感器
4—油箱壁 5—伴热带层

本技术方案综合利用加热保温技术，并结合通信基站备用电源供电特点，当柴油发电机组处于极寒环境时，油料和箱体内发动机等均可保持在 10~15℃ 的适宜温度，始终保持良好起机备用状态。该方案可以实现在极低温度（-40℃）环境中发电机组的可靠启动，在环境温度为 -40℃ 时，机组可在 10min 内顺利启动，并具有在启动成功后 3min 内可带额定负载工作的能力，并能提高机组综合运行的性能，减少寒冷环境金属件冷缩特点引起的过度磨损，延长机组的使用寿命。

7.5 电动汽车应用于通信基站的应急供电

1. 电动汽车应用于通信基站的应急供电概述

通信基站的应急供电保障是通信基站日常维护内容的重要组成部分。其主要可以分为市电中断基站应急发电保障和基站交流、直流配套设备故障的应急抢修。市电中断基站应急发电保障主要是指通信基站的市电中断，基站的通信设备依靠站内蓄电池供电，为了防止基站蓄电池放电结束而导致通信中断，维护人员使用应急发电设备对通信基站进行供电，主要目的是恢复通信基站的交流电源供应。现有常规应急供电保障设备主要是指固定式应急柴油发电机组（或汽油发电机组）、移动电源车和备品备件。

当前，由于全世界范围内对气候变化、能源和环境问题，新能源汽车的重视而迅速发展起来，其中电动汽车是指以车载电源为动力，用电机驱动车轮行驶，其前景被广泛看好。电动汽车工作过程为：蓄电池——电流——电力调节器——电动机——动力传动系统——驱动汽车行驶。

2. 电动汽车应用于通信基站的应急供电方案

上海科泰电源股份有限公司开发出一种电动汽车通信基站应急供电系统，是以通信基站人员日常巡视驾乘的电动汽车蓄电池为基础开发出的一种电动汽车通信基站应急供电系统，用于通信基站市电故障失电后提供电力维持基站在抢修期间的应急供电。

电动汽车应用于通信基站的应急供电系统如图7-8所示。电动汽车基站通信应急供电时，由电动汽车蓄电池输出到车载可固定也可移动式的电源转换系统，输出可与基站直流系统匹配的直流电，通过快速连接装置（如接线夹）连接于基站直流系统的正排（也即零排）和负排上，实际使用中无须对基站系统进行任何改造，即可实现对基站负载应急提供电力，保障故障抢修期间的应急供电。

该应急供电系统具备整流模块顺序启动的功能，开关电源根据基站负载设置的输出容量保证对基站通信负载的供电和对电池充电，同时具备电池充电限流功能。系统控制使电池充电限流值与通信负载电流之和不超过车载蓄电池允许输出的容量。同时该系统具有电能计量功能。输入输出均采用快接插头或接线夹连接，可方便与基站系统连接。另外，系统还配置有直流输出侧和直流输入侧收线盘，方便根据现场距离布置电缆。应急供电电源转换系统（已设计成独立箱体，

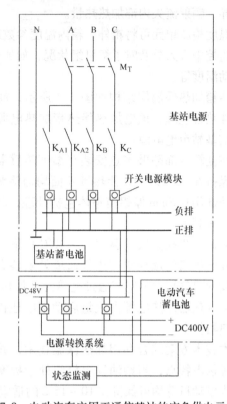

图7-8 电动汽车应用于通信基站的应急供电示意图

输入输出均采用接插件连接）可固定安装于车上也可便携移动，根据车辆停驻点到通信基站的距离远近灵活使用，适应基站所处的不同环境。

纯电池驱动电动汽车的应用受到电池的能量密度、充电速度以及成本的限制，很大程度上限制了电动汽车的发展。为了解决由电池技术造成的续驶里程问题，增程式电动汽车作为一种既能兼顾日常行驶的电动化、零排放要求与远程出行的长续驶里程，并且成本较低的车型，正逐步成为一种能有效解决续驶里程问题的需求热点。

配置增程器的通信基站巡检驾乘车辆车载应急供电管理系统主要由应急供电管理系统、增程器、动力蓄电池和电驱动系统、高压交直流电源转换控制系统、直流转换控制系统、交流转换控制系统、直流配电单元、交流配电单元等构成。所配动力蓄电池的容量，能够满足常规的日常巡检里程需求；通信基站巡检驾乘电动汽车电驱动系统包括主驱动电机、主驱动电机控制器，主驱动电机构成了车辆行驶的直接动力来源；当电池容量下降到一定值时，增程器启动，为车辆提供电力来源。增程器包括发动机、发电机、发动机电子控制单元和增程器控制单元。发动机是增程器的动力来源，采用适当功率的柴油发动机；发电机采用三相多极永磁同步发电机，用于增程器的发电；增程器控制单元主要负责对发动机、发电机的控制，高压交直流电源转换控制系统用于将增程器所发交流电压转换为高压直流电压，用于对电池充电及驱动电机，增程器控制单元主要用于接收整车控制器指令或应急供电管理系统指令，实现对增程器的运行管理。增程器工作时，由电动汽车整车控制器或应急供电管理系统发送增程器启动信号给增程器控制单元，控制机组启动运行，发动机启动后，发动机拖动发电机，发电机发出的三相中频交流电压经高压交直流电源转换为高压直流电压，与整车的高压直流母线相连，为整车提供驱

动的电能，并对蓄电池充电，对外应急供电时高压直流母线电压一路经交流电源转换控制系统转换为工频三相交流电压可对外输出，另一路经直流电源转换系统转换为直流电压可对外输出。配置增程器的电动汽车的车载应急供电管理系统如图7-9所示。

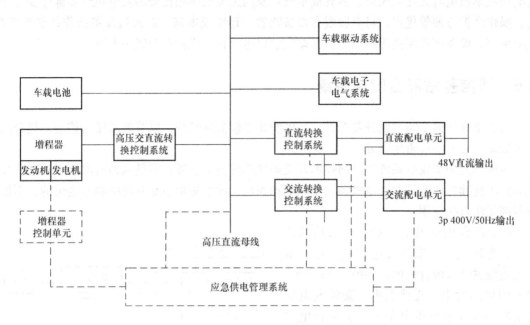

图7-9　配置增程器的电动汽车的车载应急供电管理系统应急供电示意图

配置增程器的通信基站巡检驾乘车辆最大优点是避免了纯电动汽车应急供电时受制于电池所存储电量限制难以长时间持续供电、纯电动汽车单次充电后行驶里程受限等不足，由于增程器就是一台柴油发电机组，燃料源源不断供应时就可持续性发电输出，使通信基站应急供电和日常巡检驾乘不受纯电动汽车电池所存储电量限制，车载应急供电管理系统可同时输出交流三相400V/50Hz电压和直流48V电压，极大地满足了基站运行维护工作及应急供电的需要。

管理系统具有以下状态显示与查询功能：可检测车载蓄电池输入电压、电流、开关电源输出电压、电流、系统告警及故障内容等，检测查询系统状态、历史故障记录等。

可进行以下参数设置：输出电压、直流电压上限、直流电压下限、输入电压上限及下限报警值，保护值等，时钟计时等，同时具有设置参数的掉电保护功能等，具有RS485等通信接口。同时该系统具有电能计量功能，运维公司可以据此向通信公司收费。

因电动汽车蓄电池电压较高（本型电动汽车蓄电池电压充满时约为400V），需考虑保护接地，随车配有接地线和接地钢钎，方便供电时就近打入土壤临时接地。

另外，如用户需三相交流电源（AC 400V/50Hz）和单相交流电源（AC 220V/50Hz,）输出时，也可由车载蓄电池电压（DC 400V）经过车载逆变器（DC/AC）转换为相应电压，经快接插座和接线柱对外输出。

该电源转换系统有三种标准配置，即可输出100A/5kW、150A/7.5kW、200A/10kW，输出电流及功率由整流模块（单个50A/2.5 kW）不同数量组合来实现，整流模块安装方式为插接形式，组合方便快捷，可满足现有基站应急供电功率输出需要。电动汽车如专为基站巡视和应急供电时，亦可通过定制扩大其车载蓄电池容量获得更长的应急供电时间，另外还可增加电动汽车增程器。

电动汽车用于通信基站日常巡视驾乘和应急供电,具有现有常规应急供电保障设备难以比拟的优点,环保性好,特别是当通信基站位于居民区时,柴油发电机组因噪声大常引起投诉,而电动汽车供电时无任何噪声;具有成本低以及因无发动机相比柴油发电机组零部件少可靠性高、操作维护方便等优点,可克服现有设备购置、运维成本高、对人员设备操作技能要求高、故障率高、设备闲置率高等缺点,使基站应急供电及日常维护更为经济方便。

7.6 通信基站混合能源系统

由于全球气候变暖问题日益严重,各国纷纷提倡低碳经济,以节能减排为核心,提升能源使用效率,并发展可再生资源。

风能和太阳能发电系统是目前技术开发最成熟的再生能源,但是风力资源的不确定性和太阳能的不连续性导致风力发电机和太阳能电池板输出的电能功率是脉动的和非连续的,不加以控制则无法直接应用。

混合能源供电系统一般是指采用风力发电、光伏发电、柴油发电机组发电、蓄电池储能供电等混合供电,如图 7-10 所示。即采用风能发电、光伏发电、柴油发电机组发电和蓄电池组供电于一体的复合电力能源技术,能够充分利用太阳能和风能资源,替代或者补充蓄电池组和柴油发电机组发电所提供的电力,既可以直接给用电设备提供电力,又可以对蓄电池组进行充

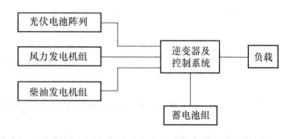

图 7-10 典型混合能源供电系统的结构图

电,将不同的能源进行统一的控制器和调节调度,相互弥补其发电缺失,与单一能源发电相比,混合能源供电系统可以向客户端提供高质量的稳定电能。系统具有节省燃油消耗、减少物资供给、减轻运输压力、保障安全供电、延长供电时间和节约成本等优点,系统可以根据当地环境自然条件和用电设备的电力消耗情况适当配置,安装快捷、移动方便,是非常理想的能源供电设备,适用于无市电或市电不稳定,而当地太阳能或风能资源丰富的固定或者移动的用电场所。

混合能源供电系统的特点在于将新能源发电技术与传统能源发电技术相结合,根据风、光、柴、蓄混合发电系统的技术指标和经济指标与系统调度策略的关系,确定系统能量的智能最优调度策略。系统模块化的结构设计和集成设计,具备良好的兼容性和冗余设计,多种结构可以自由组合,有风光柴蓄、风柴蓄、光柴蓄和柴蓄混合等方式。

使用混合能源供电系统的目的就是为了综合利用几种发电技术的优点,避免各自的缺点。其优点如下:

1) 使用混合发电系统可以达到对可再生能源的更好利用。因为可再生能源是变化的、不稳定的,所以系统必须按照最差的工况进行设计。在太阳辐射最高峰时期产生的多余电量因无法使用而浪费掉,使得整个系统的经济性能降低,配备蓄电池储能系统后,可以使可再生能源最大化利用。

2) 具有较高的系统实用性。因为可再生能源的变化在独立系统中具有不稳定性,一旦出

现较长时间的连续阴雨天气，系统供电就不能满足负载的需求，从而导致停电或者蓄电池过放电现象，影响整个供电系统的实用性。而混合系统中的各能源可无缝切换，大大降低了负载断电率。

3）利用太阳能、风能的互补特性，再加上柴油发电机组作为备用发电设备，大大提高了系统的稳定性和可靠性，在保证同样供电的情况下，可以减小储能蓄电池的容量，大幅度降低了系统的成本。

4）与单用柴油发电机的系统相比，具有较低的维护和运行费用。同时在混合能源供电系统中可以进行综合控制，使柴油发电机组在额定功率附近工作，提高了燃油效率。

5）对系统进行合理的设计和匹配，基本上可以由风、光发电系统供电，很少起用备用电源（柴油发电机组），可以获得较好的经济效益。

6）负载匹配更佳。使用混合能源供电系统后，柴油发电机组可以即时提供较大的功率，所以混合能源供电系统可适用于范围更加广泛的负载系统，例如可以使用较大的交流负载、冲击负载等。还可以更好地匹配负载和系统的发电，只要在负载的高峰期开起备用电源就可以办到。有时候，负载的大小决定了需要使用混合能源供电系统，大的负载需要很大的电流和很高的电压，如果只是使用太阳能或者风能，成本就会很高。

混合能源供电系统在可再生能源有效利用的同时，还可以减少大气污染，增强环境保护，促进绿色能源发展，具有良好的社会效益和环境效益，尤其对无电、缺电和电力供应无法安全保障的区域或者设施作用更加明显。

7.6.1 变频节能混合能源系统

混合能源系统中的柴油发电机组，主要作为备用电源，用于在可再生能源利用条件受限时才启动发电，可选用传统定速柴油发电机组，也可采用变频柴油发电机组。

传统的普通柴油发电机组因其自身的局限性，如通信行业的应用正被采用变频柴油发电机组的新型混合能源供电产品所替代，其主要原因基于以下几点：

1）电信基站多地处于偏远、交通不便利，市电电网覆盖不到的地方，只能采用独立电源供电系统来保障基站用电设备的不间断供电需求。传统供电方式为普通柴油发电机组长期运行和后备铅酸蓄电池组来提供基站设备的用电，这就要求柴油发电机组具备运行的高可靠性和长寿命及大容量的电池系统。由于柴油发电机的长期连续运行必然导致发电机组的老化，故障率上升，大修周期变短，从而大幅度降低了机组的使用寿命及供电的可靠性，增加了用户的运行维护成本。同时，由于普通铅酸蓄电池组的老化，更换不及时，导致基站供电的不可靠性。给用户带来了巨大的经济损失。

2）电信移动基站负载设备的特性决定了普通柴油发电机组将处于长期低载运行工况。电信移动基站的主要用电设备均为48V直流用电设备，而交流用电设备仅为空调，且为交流单相负载，在启动的瞬间具有较大的冲击电流，属于单相冲击性负载。这就要求普通柴油发电机组具备更大的功率以满足空调设备的启动需求，当空调正常运转后，机组所带负载急剧下降，使得发电机组处于长期低载运行状况，同时造成发电机组三相负载的极度不均衡。从而降低了柴油发电机组的使用寿命，缩短了柴油机的大修周期。

3）石油能源价格的上涨提高了用户的使用成本。而柴油发电机组又处于长期低负载连续运行状态，燃油消耗率高。此外机油的价格也不断攀升，也增加了用户的使用成本。而发电机组处于长行工况，维护周期短（基本上每250h进行一次正常的保养），这也直接增加了用户的使用成本。

变频直流发电机组,采用现代变频技术,永磁发电机技术和智能控制技术,从根本上改变传统柴油发电机组运行模式,在发电效率得到很大提高的同时,有效地降低油耗,减少污染物的排放。

新型混合能源供电系统由变频直流发电机组、风能或太阳能、混合能源控制器、锂电池和DC-DC转换器等组成,如图7-11所示。永磁发电和新型能源通过混合能源控制器管理控制,DC-DC转换器控制完成发电系统和锂电池的充放电。由于变频直流发电机组输出直流,所以混合能源控制器设计简单、成本低,而且可以同时设置几个模式;柴油发机组、太阳能与蓄电池;柴油发电机组、风能与蓄电池等。

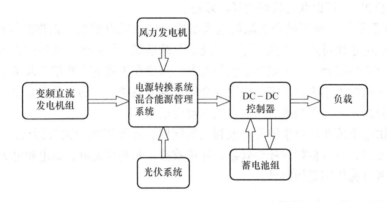

图7-11 变频混合能源供电系统框图

1. 变频直流发电机组

变频柴油发电机组包括发动机、多极永磁发电机、电源转换系统和控制模块。能根据负载功率的变化自动调整发动机的转速,从而调节发电机的输出频率和功率,使发电机组始终工作在最节能的状态。变频发动机将机械动力转换为可变频率和可变电压的电源,经过电源转换系统(开关电源整流环节)输出稳定的恒压直流电,即使在非线性负载和不平衡负载的情况下,也能输出持续、稳定、不间断的电源。配用转速可调发动机后输出功率可调,工作转速为1200~3000r/min,与负载可实现最佳匹配,功率输出与转速相关,避免发动机因工作在低负载区而造成的积炭等损害,同时没有励磁绕组、轴承等可靠性也大幅提高。采用变频直流柴油发电机组具有以下优点:

1)降低燃油消耗率

通过闭环控制,使满负载时柴油机处于额定最高转速;负载减少时,柴油机自动降低转速,确保柴油机的转速始终与负载的大小维持同步从而达到降低燃油耗的目的。理论上,柴油机的转速区间越大,节油越明显。其节油量的模型为

[满载(额定高速)×运行时间+低载(额定低速)×运行时间]-[满载(额定恒速)×运行时间+低载(额定恒速)×运行时间]

2)提高柴油机的输出功率

采用高速柴油机,使油耗比中速柴油机明显的降低,同时柴油机的功率大幅度提高,相应的也降低机组的成本和重量。

3)改善柴油机长时间低负载高恒速运行对柴油机维护和磨损的问题

4) 可以直流输出，方便接入，提高效率。

变频直流发电机组能跟踪负载将输出功率自动调节为最佳状态。传统的 50/60Hz，据测试 30kW 柴油发电机组的能源利用效率只有 78% 到 82%，而变频直流发电机组能达到 93% 以上。因此在同样的工况下，新型的变频柴油发电机组可以节省 15% 左右的燃料。传统的柴油发电机组在通信基站运用时，长期处于低负载状态，其平均负载可以低至 30%，相对能耗较大，效率较低。变频直流发电机组能有效地解决这种矛盾，其发动机功率跟踪负载的变化而变化，从而使得其总是工作在最佳的燃油状态下，具有很高的经济效率、可靠性和稳定性。普通基站的主设备功率在 0.5~2kW，为了满足基站在给电池充电的同时可以启动大电流负载，通常配备 10~30kW 的柴油发电机组，而永磁发电机的带载能力强于传统的发电机，用 10kW 以下的小型变速永磁发电机组就可以满足多数基站的供电要求。

2. 变频直流发电机组的系统组成

变频直流发电机组由发动机，永磁同步电机和控制模块组成。变频发动机将机械动力转换为频率和电压可变的电源，经过 PWM 升压整流环节输出稳定的恒压直流电，即使在非线性负载和不平衡负载的情况下，也能输出持续、稳定、不间断的电源。永磁同步电动机采用无轴承结构，简单的机械结构使电动机具有长寿命、高效率和高可靠性。控制器灵活适配 RS485、RS232 和 USB 通信口，实现远程监控，或与 PC 通信，完全实现遥信、遥测和遥控功能，可读、写机组的运行参数，保证机组的稳定运行。机组的体积小、重量轻，满足通信运营商抢修和维护时便于搬运的要求。系统整体方案如图 7-12 所示。

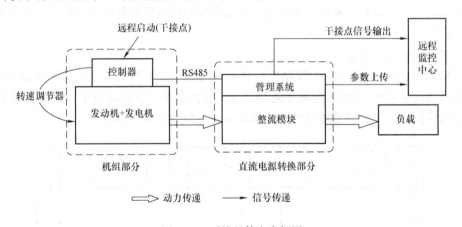

图 7-12 系统整体方案框图

(1) 发动机

发动机可根据负载大小自动调节转速，转速不超过 3000r/min，调速区间不小于 1200r/min，发动机输出功率和转速呈线性关系。

发动机功率选择需充分考虑发电机效率及直流电源整流效率。推荐 Perkins400 系列工业机或 3000r/min 高转速机。在发动机正常运行转速范围内，需考虑发动机转速与整机结构的共振问题，避免或降低振动强度。

在正常运行情况下，发动机运行维护间隔不小于 200h，即发动机用机油、各类滤清器更换间隔不小于 200h。

(2) 发电机

发电机采用多极稀土永磁发电机。转子采用无刷、无轴承、自然通风、与发动机一体化设计的结构（直接固定在曲轴的一端）。定子采用多极、多电压绕组结构。发电机的转子随发动机曲轴转动后，在定子侧输出单相或三相中频交流电，输出交流电压范围为90~290V，频率范围通常为200~1000Hz。永磁发电机应避免电磁啸叫声，保证在机组运行转速范围内，无尖锐啸叫声。其特性见第3章永磁发电机。

（3）控制系统

控制器采用DC12V直流供电，供电范围为DC 9~36V。发电机组在待机状态时，应处于自动状态，等待远程控制中心干接点启动信号。发电机组处于自动状态，接收到启动命令后，发电机组经延时后，自动启动。

发电机组自动启动后，会维持在设定好的开机转速和100%带载下运行1min，控制系统实时检测中频输出电压、电流、功率等信息，获取发电机输出负载信息。控制系统将输出负载的变换转换为可变的电压信号，输出至电子调速板，对发电机组转速进行调节。

为确保机组工作在最佳转速下，每档转速对应可带的负载需匹配，需要充分考虑永磁电机的效率。不允许出现转速值对应功率低于实际负载的情况。电子调速系统的输入信号应相匹配，控制系统对发动机的调速区间范围：1200~3000r/min，发动机可以采取限油门位置的方式，限制发动机最大转速。调速的实现方式：设置10组功率/转速的对应值，用户自定义控制调速曲线，可以将整个曲率区间分成10组区间，每一个区间其功率和转速有线性的对应关系，控制器可以根据这种线性的对应关系调整电子调节器的输出电压，从而实现对转速的线性调整，当发电机组达到最大转速时，控制器不再调高发电机组转速。根据这种自定义的对应关系，控制器最终实现对发动机的无级调速。调速设置时应尽量避免机组共振点，以防机组振幅过大和电机发出尖锐的啸叫声。

（4）高频开关电源系统

1）高频开关电源的结构和工作原理 开关整流器主要由输入滤波电路、整流电路、PFC有源功率因数校正电路、PWM高频开关DC-DC变换电路、软启动电路、检测控制和状态检测、智能通信接口、输出整流滤波电路等部分组成。如图7-13所示。

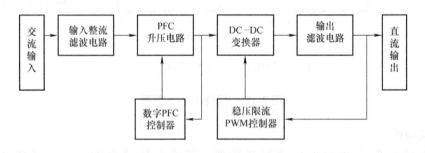

图7-13 开关整流器基本工作原理框图

交流输入电压经过输入滤波电路，滤除电网中的高次谐波，同时也防止开关电源产生的高次谐波进入电网。经过滤波后的交流电压经工频整流电路转换为直流电压，整流后的直流电压经过功率因数校正电路后，使输入交流电流与输入交流电压同相，从而使功率因数接近于1减少了谐波电流对电网的污染和无功损耗，该电压在由DC-DC直流变换器转换为所需要的直流电压，经输出滤波电路滤波后输出稳定的直流电压。

控制电路从主电路输出进行取样，并与设定的基准电压进行比较，再经由误差放大器放大，然后，用放大的误差信号去控制 PWM 控制器输出脉冲的宽度，来稳定和调节输出电压。

智能开关电源整流器具有交流输入过电压、交流输入欠电压、直流输出过电压、直流输出限流与短路保护和散热器过温关机等保护功能。

2）监控器技术要求

① 控制器面板布局　系统主菜单液晶屏显示当前日历时间、系统状态。液晶屏的周围配有红、绿指示灯。绿灯亮，表示系统工作正常；红灯亮，表示系统（告警）故障。在面板上同时配置有操作键。操作键在不同的菜单中的功能不同。

② 控制器的主要功能

a. 运行信息：检测系统电池状态、故障状态、交流供电状态和模块状态。

b. 参数设置：交流参数、电池参数、系统参数和节能参数。

c. 控制输出：系统控制、分路控制、模块控制和干节点控制。

d. 告警记录：控制运行状态中发生的故障告警记录。

e. 系统配置：按订单技术要求出厂前进行系统配置操作（有权限操作）。

③ 控制器的其他功能

a. 通过通信接口 RS484（或 RS232）与监控中心连接，实施遥测、遥信、遥控。

b. 通过干节点告警输出接口，将系统故障输出。

c. 当前告警显示系统当前故障状态。

3）整流器

① 通用技术指标

a. 稳压精度：不超过直流输出电压整定值的 ±0.6%。

b. 电压调整率：不超过直流输出电压整定值的 ±0.1%。

c. 电流调整率：不超过直流输出电流整定值的 ±0.5%。

d. 均流误差：当整流器的输出电流在 50%~100% 的额定电流范围内时，其均分负载电流不平衡度 ≤ ±5% 额定电流值。

e. 可闻噪声：≤55dB。

f. 杂音电压：电话衡重杂音电压：300Hz~3400Hz ≤2.0mV。

g. 峰—峰值杂音电压：0MHz~20MHz ≤200mV。

h. 宽频杂音电压：3.4kHz~150kHz ≤50mV。

② 绝缘电阻　在正常大气压条件下，相对湿度为 90%，试验电压为直流 500V 时，整流器主回路的交流部分和直流部分对地，以及交流部分对直流部分的绝缘电阻均不低于 5MΩ。

③ 抗电强度　交流电路对地、交流电路对直流电路能承受 50Hz、1500V 的交流电压 1min，无击穿、无飞弧现象，漏电流 ≤30mA。

直流电路对地能承受 50Hz、750V 的直流电压 1min，无击穿、无飞弧现象，漏电流 ≤30mA。

交流电路对直流电路能承受 50Hz、3000V 的交流电压 1min，无击穿、无飞弧现象，漏电流 ≤30mA。

4）其他保护功能

① 短路保护功能：当整流器直流输出电流大于额定输出电流的 110% 时实施短路保护，降低输出电压，限流输出；故障消除，自动恢复正常工作。

② 散热器过温保护：当散热器温度在 110℃±10℃ 范围时，整流器实施过温关机保护；故

障消除，自动恢复正常工作。

5) 主要技术指标　整流器主要技术指标见表7-1。

表7-1　主要技术指标

	DUM-48/50H	备注
交流供电	220V 单相	—
开机浪涌电流	≤28A	—
启动电压	≤95V	—
交流输入电压范围（额定负载）	176V~264V	—
AC 欠电压保护值	<(170±10)V（黄灯），关机<(80±10)V	—
AC 过电压保护值	关机(红灯)>(305±10)V；恢复关机<(290±10)V (59±1)V	—
直流输出标称	48V	—
直流输出电压	43.0V~58.0V	—
直流额定输出电流	50A	（交流输入电压工作范围在176V~264V）
直流最大输出电流	52.5A~55A	（交流输入电压工作范围在176V~264V）
效率	≥91%	—
重量	2.5kg	—
（宽×深×高）	132.5mm×85mm×311.5mm	—

7.6.2　混合能源管理系统

1. 功能简介

1) 混合能源管理系统如图 7-14 所示，该控制单元是一个智能控制系统，采用 Linux 的操作系统，具有强大的通信及控制功能。控制单元具有与系统内设备的通信接口，实时读取设备的数据并对系统内的设备进行控制；实时采集直流母线电压及电池组的充放电电流，根据控制策略完成系统的控制；具备远程通信接口，可实现混合能源系统的集中化管理。

2) 强大的本地数据显示功能，实时采集太阳能变换器、整流器、电池组、逆变器的数据，检测设备和系统的工作状态，本地显示这些数据并传送至集中监控系统。

3) 检测系统的工作状态，可实时监测，出现异常情况时进行报警操作，并进行报警记录，记录的条数大于 1000 条。可本地或远程查询报警记录。

4) 可以根据系统的配置对系统的参数进行设置，例如：电池的安时数，报警的阈值和其他的参数。

5) 可对系统中设备进行控制，例如：柴油发电机组的起停，电池开关的通断。

6) 具有远程监控功能，丰富的通信接口，可通过 TCP/IP、RS232/485 及干接点等进行远程监控。

2. 系统控制模式

混合能源系统原理如图 7-15 所示，系统的控制模式分为以下几种情况：

1) 当阳光充足时，由太阳能供电系统为电池和负载提供电力，混合能源管理系统通过电

 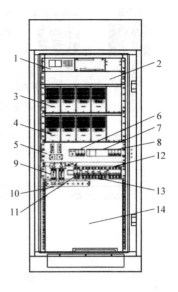

图 7-14 混合能源管理系统

1—监控模块 2—逆变器（DC-AC） 3—光伏变换器（DC-DC） 4—整流器（AC-DC） 5—专用 I/O 口
6—逆变器及油机电源配电开关 7—直流系统浪涌保护器 8—交流系统浪涌保护器 9—电池熔断器
10—公共正极 11—负载开关 12—油机输入开关 13—光伏输入开关 14—预留扩展空间

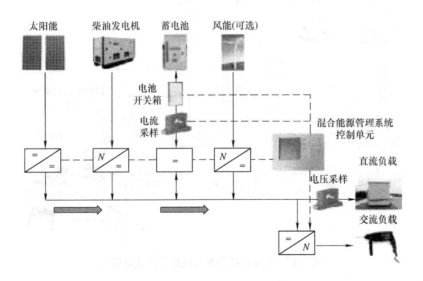

图 7-15 混合能源管理系统示意图

池电流的检测，控制太阳能变换器完成电池的充电过程，如图 7-16 所示。

蓄电池组充电采用三段式充电模式，具体过程如下：

① 第一阶段 恒流充电阶段。通过调节充电电压，使充电电流保持恒定（胶体电池充电电流为 0.15C 左右），此时电池充入电量快速增加，电池电压上升。

② 第二阶段 恒压充电阶段。充电电压保持恒定，充入电量继续增加，充电电流下降。

③ 第三阶段 浮充充电阶段。充电电流降至低于浮充转换电流时，电池转入浮充阶段。

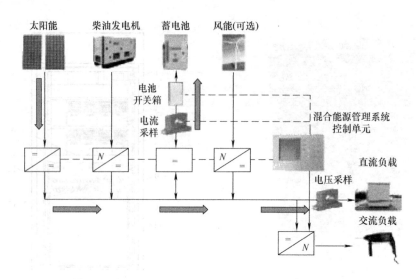

图 7-16　光伏系统供电模式

监测到电池转入浮充阶段约 3h 后，蓄电池组充电结束。

2）当太阳能供电系统不能单独满足系统的供电时，这时系统由太阳能变换器和电池共同为系统供电，如图 7-17 所示。

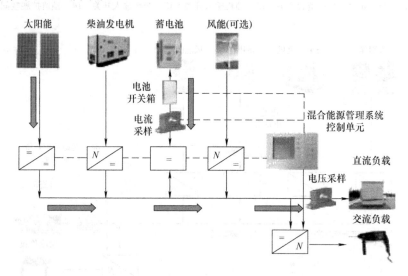

图 7-17　光伏系统和蓄电池组共同供电模式

3）随着电池的放电，系统的直流电压会逐渐地降低。当太阳能不能完全满足系统的供电，电池的直流电压会持续地降低，当电压低于系统设置的电压下限时，由混合能源管理系统控制启动柴油发电机组工作，通过整流器为系统供电，同时混合能源管理系统控制整流器为蓄电池组充电，如图 7-18 所示。

4）在柴油发电机组工作时，混合能源管理系统检测太阳能供电系统，当太阳能充足时，由柴油发电机组切换至太阳能供电，柴油发电机组停止工作，如图 7-19 所示。

5）当太阳能供电不足，由电池组为系统供电，当蓄电池电压低至电压下限时，启动柴油

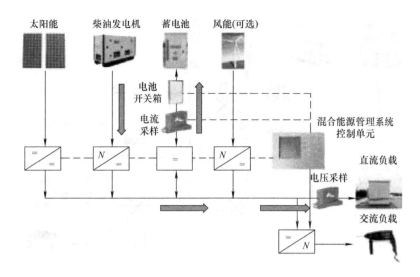

图 7-18 柴油发电机组供电模式

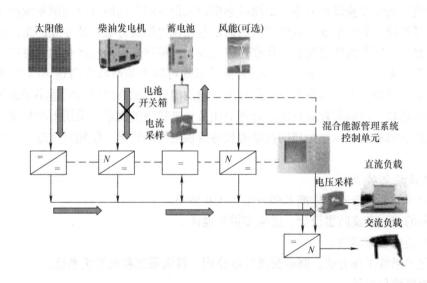

图 7-19 柴油发电机组供电模式切换至光伏系统供电模式

发电系统又失败时，电池电压将会继续降低，当电池电压低至电池电压保护值时，由混合能源管理系统控制电池控制单元开关脱扣，以保护电池，如图 7-20 所示。

7.6.3 上海科泰电源股份有限公司混合能源系统

全球目前有 60 万以上通信站点处于无市电或者市电不稳定的状态，很多国家和地区没有电网覆盖，随着通信行业的不断发展，尤其是在发展中国家以及众多远郊地区，如何为通信站点提供稳定的电力供应已经成为困扰运营商的主要问题。上海科泰电源股份有限公司的混合能源系统是集风、光、柴、蓄为一体的基站供电解决方案，可帮助客户大幅提高供电效率、提高供电可靠性、降低运营成本、提高投资回报率。

上海科泰电源股份有限公司一直致力于降低通信基站供电成本、能源消耗、运维成本，提

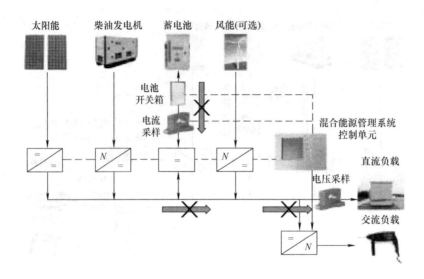

图 7-20 因保护切断蓄电池组无法供电模式

高无故障在线时间和改善综合成本，上海科泰电源股份有限公司的混合能源系统提供了一种可靠、环保、可扩展、高度集成、灵活便捷的通信基站供电解决方案。从专业的角度提供最紧密的集成系统部件，所有组件之间的工作都可以实现无缝衔接。以最经济化的投资提供最大的工作效率，上海科泰电源股份有限公司的混合能源系统可以为基站减少高达 70% 费用，使得投资回报实现最佳效益。上海科泰电源股份有限公司的混合能源系统可同时适用于新建和扩建的通信基站建设地域，以满足现有状况的合理应用及未来扩建的需求。采用上海科泰电源股份有限公司的混合能源系统可以避免离网区域漫长等待供电网络建设，使随时随地建设通信基站成为可能。

1. 系统设计的特点

1）安全可靠，符合安全标准 EN60950 和 GB 4943。
2）完善的交、直流防雷设计，适应多雷暴地区。
3）良好的电磁兼容性。
4）优化的系统工作方式，降低交流配电使用，最大限度利用光伏系统。
5）系统模块化设计。
6）加装润滑油系统长维护组件，由常规 250h 的维保周期延长至 1000h 以上。
7）优先使用可再生能源，减少柴油发电机组的开机时间，提升运行效率。
8）优良的混合能源系统控制及能源管理系统，基于网络的远程监控系统为主动维护提供信息以及系统分析。有利于干通信基站的远程管理。

2. 优先的循环工作顺序

供电优先级顺序为光伏系统、蓄电池组和柴油发电机组。
1）在光照条件充足时，由光伏系统给负载供电，并为蓄电池组充电。
2）当光照条件不足时，由光伏系统和蓄电池组同时为负载供电。
3）当无光照时，由蓄电池组给负载供电。
4）当无光照时且蓄电池组放电达到设定的放电深度时，启动柴油发电机组给负载供电，并给蓄电池组充电。若柴油发电机组未能成功启动，为保护电池不过度放电，通过控制电池开关箱关断电池输出。

5) 当蓄电池组充满或光照条件充足时，柴油发电机组停止工作，由蓄电池组给负载供电，或由光伏系统给负载及给蓄电池组充电。

风力发电系统与以上光伏发电系统工作模式类似。

以上功能由混合能源管理系统中的控制单元自动检测工作状态及控制切换。

3. 变频柴油发电机组的特点

1) 选用高品质发动机，动力性好、可靠性高、集成化设计，适用环境温度高达52℃以上；配备燃油启动辅助装置，在 $-20℃$ 的低温时也可启动，具有良好的冷启动性能。

2) 选用高品质发电机，按国际最高质量标准设计生产，能适应恶劣环境的全 H 级绝缘和最佳效率设计的绕组，尤其适合于特殊场合的应用。

3) 防音机箱用工程塑料镶边包角，防撞美观。

4) 控制屏外加装遮阳保护，防止控制器免受阳光直射，提高防护能力。

5) 两端有拖曳口，增加机箱移动功能。

6) 采用全新开发的重型钢制铰链，全新定制的双保险门锁，采用螺栓隐藏设计。

7) 机箱开门中间采用无立柱设计，便于操作人员进行机组维护。

8) 油箱设置检修口盖板，便于清洗油箱内部。

4. 蓄电池组的特点

1) 深循环性能良好，可满足使用寿命长的要求。

2) 性能稳定可靠，减少维护更换费用。

3) 采用铅碳技术，更适用于风光发电储能。

4) 多元板栅合金及特殊的网格结构，延长电池使用寿命。

5) 自放电率低，充电接受能力强，密封反应效率高。

6) 正极铅膏中添加专用添加剂，提高充电接受能力。

7) 独特的抗板栅伸长结构，解决板栅蠕变伸长难题。

8) 室外空调柜防护等级为 IP55。

5. 光伏板特点

1) 优化的制绒技术。

2) 浅结高方阻技术。

3) 多层镀膜技术匹配精细的金属化技术。

4) 多晶硅电池平均效率达 18.4% 以上，且通过 TUV 双倍 PID 测试。

6. 混合能源管理系统特点

1) 光伏输出电压的范围为 DC 70V ~ DC 150V，光伏控制器效率高达97%。

2) 交流输入电压正常工作范围为 AC 90V ~ AC 290V，整流模块采用软开关技术，效率最高可达95%以上。

3) 系统具有最大功率点跟踪（MPPT）功能，跟踪效率大于99%。

4) 采用灵活的模块化方式设计，所有光伏控制器和和整流器均采用无损热插拔技术，即插即用，方便维护。

5) 完善的保护、报警功能。

6) 完善的电池管理，可实现自动均浮充转换、具有电池过放电保护功能。

7) 具有温度补偿、自动调压、电池容量计算、可设定的限流充放电、在线电池测试等功能。

8) 网络化设计，系统还可以配备 GPRS DTU 模块，可实现本地和远程监控，无人值守。
9) 完善的交直流防雷设计，适应多雷暴地区。
10) 超低辐射。采用先进的电磁兼容设计。

7. 系统配置应考虑的因素

上海科泰电源股份有限公司混合能源系统配置参数见表 7-2。

表 7-2 上海科泰电源股份有限公司混合能源系统配置参数表

系统型号	匹配负载功率/kW	48V 蓄电池组容量/Ah	光伏系统功率/kW	柴油机发电组功率/kW
KHPS-6	2~6	500~2000	3/6/9/12/15/18/21/30/36	6/8/10/12/15/18/22/26/30/36
KHPS-12	6~12	500~2500		
KHPS-15	12~15	1000~3000		
KHPS-18	15~18	1000~3000		
KHPS-24	18~24	1500~4000		
KHPS-30	24~30	2000~5000		

（1）配置考虑基站负载大小、机组计划每天允许运行时间，蓄电池组充电功率和放电深度（日常使用放电深度不应大于 30%）等选取机组功率、蓄电池组种类和容量。柴油发电机组功率选择以工作时供给负载用电且以 0.1C 电流对蓄电池组充电所需功率，并尽可能使柴油发电机组工作在 75%~80% 效率最优的功率段。

（2）光伏系统功率是考虑额定光照条件下工作时供给负载用电并以不大于 0.15C 电流对蓄电池组充电所需功率。

（3）投资额或场地所限时可将光伏发电仅作为补充，配置功率可任意选择，能补多少发电量就补多少。

（4）表中柴油发电机组功率、蓄电池组种类容量、光伏系统电压功率均可选配。

上海科泰电源股份有限公司混合能源系统主要功能技术参数见表 7-3。

表 7-3 混合能源系统主要功能技术参数表

输出特性	直流输出电压	DC 48V（DC 43.2~57.6V）
	直流输出电流	90A~900A
	逆变器	AC 220V 50Hz 500/1000W
效率	光伏模块	≥97%
	整流模块	≥93%
	逆变器	≥92%
电池管理功能	电池过放保护	一次下电及二次下电保护
	电池均浮充管理	电池均充、浮充自动转换、定期均充
	温度补偿	控制模块监控电池温度，系统的充电电压可按 1~7mV/℃ 自动调节，电池温度越高，充电电压越低，电池温度越低，充电电压越高
	电池容量在线测试	系统通过监控模块的自动控制，可实现在保障负载正常的情况下，对电池容量进行在线测试。及时了解电池的参考容量

自动控制功能	保护功能	过电压、过电流、欠电压、短路、过温自动保护功能，蓄电池组接反保护，防反充电保护
	电池自动充电功能	浮充 + 均充，参数可设定
	监控内容	太阳能发电情况，电网发电情况，蓄电池组充放电情况，母线电压情况
		负载用电情况，室内外环境参数测量，蓄电池组温度测量，系统故障告警记录
		系统当前数据显示，系统历史数据记录查询
	设置功能	系统参数设置、系统状态设置、系统操作设置
	扩展控制功能	备用油机控制，告警干接点信号输出，TCP/IP、RS232/485 多种通信接口，多级负载上电/切断控制
其他参数	系统防雷	每路输入端：防雷器模块，最大放电电流为40kA，直流输出端：浪涌保护器，最大放电电流为15kA
	使用环境温度	−20℃ ~ +55℃
	使用海拔	≤3000m

7.6.4 混合能源系统的方案设计实例

1. 已知用户方信息

负载7.5kW，柴油发电机组每天计划工作时间为6h。当地日照峰值时间（Peak Sunshine Hours）为4.5h。方案应满足以下几个条件：

1）柴油发电机组每天计划工作时间为6h，其余时间由蓄电池组放电和光伏系统供电。

2）为保持蓄电池组工作寿命，使用时应浅充浅放，蓄电池组每天单次放电深度不应大于30%额定容量，放电电流不应大于$0.1C_{10}$，充电电流不应大于$0.15C_{10}$。

3）当地日照峰值时间（Peak Sunshine Hours）为4.5h。

4）柴油发电机组工作时，功率必须满足带载并对蓄电池组以$0.15C_{10}$电流充电的要求。

5）光伏系统的额定功率需满足带载并对蓄电池组以不大于充电电流$0.15C_{10}$充电的需要，工作方式为光伏系统带载优先，在以额定功率输出日照峰值时间内充满30%蓄电池组额定容量。

6）初步计算时各系统效率暂以1即100%计算，容量选取时适当修正。

2. 各系统容量计算

设柴油发电机组计划工作时间为T_1，蓄电池组累计放电时间为T_2，光伏发电系统供电每天以额定功率输出日照峰值时间为T_3。柴油发电机组功率为P_G，负载功率为P_L，光伏发电系统的额定功率为P_s，蓄电池组容量为C_{10}。设24h中初始状态时蓄电池组是充满电状态，由蓄电池组先放电供电，放电到30%额定容量。

则24h内负载所消耗电量（kW·h）如下：

$$P_L \times 24 = [50 \times 30\% C_{10} \times 0.001 + (P_L \times T_1 + 50 \times 0.15 C_{10} \times T_1 \times 0.001) + (P_L \times T_3 + 50 \times 30\% C_{10} \times 0.001)]$$

上式说明：

$P_L \times 24$ 为负载24h内所消耗电量（kW·h）；

$50 \times 30\% C_{10} \times 0.001$ 为蓄电池组放电到30%额定容量所产生的电量（kW·h）；

$P_L \times T_1 + 50 \times 0.15 C_{10} \times T_1 \times 0.001$ 为柴油发电机组在工作时间 T_1 内供给负载功率 P_L 用电及同时以 $0.15 C_{10}$ 电流对蓄电池组循环充电产生电量（kW·h），此循环充电产生电量在循环工作过程中放出对负载供电；

$P_L \times T_3 + 50 \times 30\% C_{10} \times 0.001$ 为光伏系统在工作时间 T_3 内供给负载功率 P_L 用电及同时在整个 T_3 时间段内对蓄电池组补充充电 30% 额定容量产生电量（kW·h），此电量使蓄电池组最终达到充满电状态。

以 $P_L = 7.5\text{kW}$，$T_1 = 6\text{h}$，$T_3 = 6\text{h}$ 代入上式可得：

蓄电池组容量 $C_{10} = 1200\text{Ah}$。

由上可得 $0.1 C_{10} = 120\text{A}$，因负载电流为 7.5kW/50V = 150A，负载电流为 150A 已大于 $0.1 C_{10}$ 即 120A，为保持蓄电池组的工作寿命，放电电流不应大于 $0.1 C_{10}$，所以蓄电池组容量至少应为 1500Ah。

柴油发电机组功率为：

$P_G = P_L + 50 \times 0.15 C_{10} \times 0.001 = 7.5 + 50 \times 0.15 \times 1500 \times 0.001 = 7.5 + 11.25 = 18.75\text{kW}$

光伏系统的额定功率 $P_s = P_L + (50 \times 30\% C_{10} \times 0.001)/T_3 = 7.5 + 3.75 = 11.25\text{kW}$

3. 各系统容量配置

考虑效率等因素，可选取以下配置：

柴油发电机组额定功率约为 20kW；蓄电池组额定容量：约 48V 1500Ah；光伏发电系统额定功率约为 12kW。

4. 运行时间

1）实际运行时间分配为蓄电池组放电 3h，柴油发电机组第 1 次启动工作 2h 后停机，蓄电池组放电 3h，柴油发电机组第 2 次启动工作 2h 后停机，蓄电池组放电 3h，柴油发电机组第 3 次启动工作 2h 后停机，蓄电池组放电 3h，光伏发电系统累计工作 6h 并对蓄电池组充电保持在最终充满电状态。

2）如当地日照条件良好时，各系统容量配置、工作时间等可进一步优化调整。

注：C_{10}：指环境温度为 25℃，电池（单只额定电压 2V）以 10h 放电率的恒定电流放电到终止电压 1.8V 所能放出的能量。

第8章 柴油发电机组在发电厂保安电源的应用

8.1 发电厂保安电源柴油发电机组概述

发电厂按使用能源划分有下述基本类型：火力发电厂（火电厂）、水力发电厂以（水电站）及核能发电厂（核电站）等等。火力发电厂的发电机组按照原动机的形式，又可分成燃煤的汽轮发电机组、燃气轮机发电机组，两者优点的高效率的燃气轮机－汽轮机联合循环发电机组。由于600MW级及1000MW级的超临界燃煤汽轮发电机组的国产化技术成熟，效率明显高于300MW级及以下的小功率机组，相应排放也优于小功率机组，国家出台了燃煤火力发电厂"上大压小"的政策，按照该政策，除非是分布式能源配套项目、热电联产机组或者钢铁厂等用电大户的自备电厂等项目，新建的燃煤火力发电厂只核建600MW级及以上汽轮发电机组。

另外，随着环境压力的日益严峻，新建的燃煤火力发电厂需要同步配套建设脱硫、脱硝以及除尘等环保设施，国家电厂上网电价政策中，也考虑到了电厂的环保成本并进行相应补贴。我国煤炭资源丰富，因此火力发电厂占有发电市场绝大部分份额，近年来随着太阳能板价格的下降带来发电成本的下降，新能源发电竞争力的提高，以及国家对节能减排和环保问题的重视，将大力发展清洁能源和可再生能源，燃煤火力发电厂的份额持续下降，而燃气火力发电厂，水力发电厂，核能发电厂以及其他可再生能源类型的发电厂，包括地热发电厂、潮汐发电厂和太阳能发电厂等占有的发电市场份额在不断提高。其中，火力发电厂，水力发电厂，核能发电厂由于事关人身安全和设备安全的设备众多，相关规范和标准一直都有配套后备保安柴油发电机组的要求，特别是2011年日本大地震引发海啸导致的福岛第一核电站事故，对电厂保安柴油发电机组的重要性敲响了警钟，各国对保安柴油发电机组的重视程度空前提高，在国内核电站的安全应对措施中有一个PF项目（Post Fukushima nuclear power plant accident），其中很重要的一项就包括对核电站配套的后备柴油发电机组的结构形式、冗余备份程度、机动能力和容量进行重新评估，在原来已经配置的机房安装的固定式后备柴油发电机组和大容量储能蓄电池的基础上，增加移动式后备柴油发电机组以及集中存放，具备直升机投放、快速机动能力的移动式后备柴油发电机组。

现阶段火力发电厂、水力发电厂、核能发电厂针对保安柴油发电机组分别出台了相关规范及标准，包括适用于火力发电厂的《GB 50660—2011 大中型火力发电厂设计规范》、《DL/T 5153—2014 火力发电厂厂用电设计技术规程》，适用于水力发电厂的《NB/T 35044—2014 水力发电厂厂用电设计规程》和适用于核能发电厂的《EJ/T625—2004 核电厂备用电源用柴油发电机组准则》、《GB/T 12788—2000 核电厂安全级电力系统准则》以及《EJ/T639—1992 核电厂安全级电力系统及设备保护准则》，对不同类型发电厂的保安柴油发电机组的技术指标、控制功能、容量和选型都提出了具体的要求。

8.2 黑启动柴油发电机组概述

除配置前述的保安柴油发电机组外,在一些电网调度指定的个别需要具备黑启动功能的发电厂,还需要配置黑启动柴油发电机组,当然也可以通过优化电气主接线,将上述保安柴油发电机组和黑启动柴油发电机组合二为一,统一考虑容量及选型,合并设置一台具备黑启动能力的保安柴油发电机组。

所谓黑启动,是指大面积停电后的系统自恢复,整个系统因故障停运后,系统全部停电(不排除孤立小电网仍维持运行),处于全"黑"状态,不依赖别的网络帮助,通过系统中具有自启动能力的发电机组启动,带动无自启动能力的发电机组,逐渐扩大系统恢复范围,最终实现整个系统的恢复。由于燃煤发电厂启动工艺流程复杂,辅助设备功率较大,需要的厂用电量较大,对具有自启动能力的发电机组要求非常高,因此常采用柴油发电机组作为燃煤发电厂的黑启动电源。机组具有黑启动功能不仅是电站在全厂失电情况下安全生产自救的必要措施,也是电网发展的需要。

在电网大面积停电后,采取电网黑启动措施,将大大减少电网停电时间,尽快恢复电网的正常运行。2005年9月26日,受第18号台风"达维"的影响,海南省发生了罕见的全省范围大面积停电,当时负责运营处于孤岛运行的海南电网的广东电网公司子公司海南电网公司立即实施了黑启动方案,这是国内当时第一次实战的"黑启动"。在正式下达"黑启动"命令后仅1h 25min,就有电厂宣告"黑启动"成功,系统开始逐步恢复供电。

8.3 火力发电厂保安电源柴油发电机组

1. 火力发电厂保安电源柴油发电机组的选型和配置

为了避免因停电而导致人身安全和设备安全事故的发生,按照现行国家标准《大中型火力发电厂设计规范》(GB 50660—2011)第16.3.17条款的规定,200MW级及以上的火电机组必须严格执行设置交流保安电源的强制性条文规定要求。第16.3.18条款规定了设置交流保安电源的条件:考虑到某些地区的实际电厂工程中,除厂用电之外,另有一路来自老厂或本期保留下的施工电源,存在2台300MW级机组合并设置1套交流保安电源的情况,因此标准要求200MW级~300MW级的机组应按机组设置交流保安电源,没有硬性要求按照机组单元数量一对一设置交流保安电源。对于机组容量在600MW级及以上时,考虑到机组的重要性,以及对交流保安电源的可靠性及交流保安电源容量的要求,应按机组单元数量一对一设置交流保安电源。由于柴油发电机组现阶段仍是火力发电厂最独立、最直接、最可靠、最快速的电源,现阶段应采用快速启动的柴油发电机组。包括保安柴油发电机组在内的交流保安电源的电压和中性点接地方式,宜与主厂房低压厂用电系统一致。

在保安电源柴油发电机组型式的选择中,推荐采用废气涡轮增压型四冲程柴油发动机,《GB/T 2820.5—2009往复式内燃机驱动的交流发电机组 第5部分:发电机组》标准中,负载接受能力定义为鉴于不可能量化发电机组响应动态负载的所有影响因素,应以允许的频率降为基础,给出施加负载的推荐指导值。涡轮增压型平均有效压力 P_{me} 较高,通常需要分级加载,作为标定功率下平均有效压力 P_{me} 函数的最大可能突加功率的指导值,因此用户应规定由发电机组制造商考虑的任何特性负载类型或任何负载接受特性,一般以3个功率级来表示,该

3个功率级与发电厂的实际使用情况是相吻合的，一般都能满足发电厂加载要求。保安柴油发电机组的加载能力分为三批，发电厂中保安负载的投入也可以通过加载顺序程序优化，分批投入，所以没有必要在柴油发电机容量选择过程中选用允许一次投入100%负载的昂贵的低速非增压型柴油机。类似电厂保安电源备用的柴油发电机组普遍采用高速增压型柴油机，具有体积小、输出功率大（单位体积或排量的输出功率大）、效率高及价格低等优点。在柴油机输出功率的复核环节中，应该进行首次加载能力校验，即校验第一批投入的有功负载不应超过柴油机制造厂提供的 P_{me} 平均有效压力对应 GB/T 2820.5—2009 往复式内燃机驱动的交流发电机组第5部分：发电机组中图6，查曲线得到的额定功率的百分比（1—第1功率级）。在容量选择中，发电机带负载启动一台最大容量的电动机时，其短时过载能力（150% S_e，15s）可按等值热量 I_{2t} 换算到小于15s的实际启动时间下的过载倍数进行校验。最大电动机启动时母线上的电压水平校验。根据理论分析和试验中实测，空载启动时的母线电压要低于带负载启动时的母线电压。这是由于预加的旋转负载具有电源特性，在启动时也供给了启动电流的缘故。因此，最大电动机启动时的严重条件是空载启动，所以校验的计算式以空载启动条件表达。启动前，假定发电机的空载电压为额定电压，发电机的内电抗采用暂态电抗 X'_d，即略去短暂的次暂态过程，按此条件计算出来的母线电压是最严重的，是启动过程中的最低值。由于发电机快速自动电压调整装置的作用，启动过程中母线电压在上升，所以在规定母线电压最低允许值时，可以比厂用母线上的启动电压水平低一些（有别于标准规定最大电动机启动时，厂用母线上的启动电压为不低于80%，这是由于厂用母线上的启动电压在电动机启动过程中基本不变的，没有发电机快速自动电压调整装置的快速调整作用带来的快速恢复额定电压功能），取额定电压的75%。

2. 保安电源柴油发电机组的保护配置

柴油发电机真正作为保安电源投入时，一般是单独运行的，只有当作带负载试验时与厂用电系统并列运行，将负载转移给柴油机，柴油发电机定子绕组及引出线相间短路故障的保护配置，应能同时适应发电机单独运行和与厂用电系统并列运行的两种运行方式。

柴油发电机应装设下列保护：

1）相间短路故障的电流速断保护

用于保护1000kW及以下发电机绕组内部及引出线上的相间短路故障的电流速断保护，作为主保护。另外，还需装设反时限过电流保护，作为电流速断保护或纵联差动保护的后备保护。对于单独运行的发电机，为了能使过电流保护能反应发电机的内部故障，过电流保护装置宜装设在发电机中性点的分相引出线上，若发电机中性点无分相引出线，则过电流保护装置只好装于发电机出口处，但宜在发电机出口处加装低电压保护，因为发电机内部故障可以反映出口电压降低或三相电压不平衡；对于与厂用电系统并列运行的发电机，宜在发电机出口处加装低电压闭锁过电流保护。

当发电机供电给2个分段时，每个分支回路应分别装设反时限过电流保护，带时限动作于分支断路器跳闸。对1000kW以上或1000kW及以下电流速断保护灵敏度不够的发电机，应装设纵联差动保护作为主保护。速断、过电流和差动保护均动作于发电机出口断路器跳闸并灭磁。

2）单相接地保护

当发电机中性点为直接接地系统时，为保护单相接地短路故障，可将相间短路保护改为取三相电流的形式，保护动作于跳闸；当发电机中性点为不接地或经高电阻接地时，应装设接地故障检测装置。

3. 保安电源柴油发电机的控制、信号、测量及自动装置

柴油发电机应装设自动启动和手动启动装置，并满足以下要求：

标准一开始是将柴油发电机自动启动命令的触发信号定义为备用电源自投失败后，即备用电源自投装置（简称备自投装置，BZT）应在厂用电"失压"1s内向柴油发电机发出自启动命令。失压意味着工作电源跳闸、备用电源自投失败（投入后也跳闸），厂用电失压1s系指备用电源自投跳闸后的1s。根据近年来工程实践以及部分地区电网运行规程的相关要求，最新标准将柴油机的启动时间提前了，由原来标准规定的BZT自投失败后这一时间点提前到了触发BZT自投动作的这一时间点，修改柴油发电机组的启动控制条件为："保安段工作电源消失后，BZT装置在自动投入备用电源的同时，发出柴油发电机自动启动命令"，相当于以增加柴油发电机的启动次数的代价，换来了在备用电源自投失败后，柴油发电机的可带载延时的缩短，减少了故障后保安负载的停电时间。若自启动连续3次失败（柴油机连续3次启动失败，意味着启动回路或柴油机本体有故障，再次启动会耗费启动能源，所以按3次考虑），应发出停机信号，并闭锁自启动回路，由于标准要求启动电源或气源的容量应能满足6次启动的要求，因此在启动失败后，值班人员及时到机房检查机组并排除启动失败故障原因，还有3次启动机会。如果备用电源投入不成功，应自动投入柴油发电机电源即柴油发电机合闸带载运行，备用电源自投成功，则柴油发电机将停机，重新进入备用待机状态。

柴油发电机的手动启动装置通常是在例行试验时应用，此时值班人员需要检查有关设备，所以在柴油发电机附近的就地控制屏上进行手动启动操作比较合理，一些国外引进的工程也大多设计在就地手动启动操作，柴油机旁应设置紧急停机按钮。

柴油发电机的测量应满足以下要求：

1) 就地控制屏上应装设可显示电流、电压、功率因数、有功功率和频率及启动电源直流电压的仪表或装置。

2) 机组投运后在远方除了需要知道柴油发电机组的运行状态外，还需要知道详细运行参数，如果只采集电流这一个参数，在负载量很小时，电流几乎没有，依靠电流大小来判断断路器是否合闸成功会发生误判，因此单元控制室计算机监控系统应采集柴油发电机电流、电压、频率、有功功率，显示的方式除了可以是传统的指针表计外，也可以是现代的综合数显表计或者通过通信协议智能化采集。为了在全厂停电时，使单元控制室的运行人员能及时了解柴油发电机自动启动后带负载情况，单元控制室内应设置柴油发电机及其分支断路器的位置状态及事故信号。

4. 柴油发电机组的电气联锁要求

如果保安柴油发电机组与近似无穷大容量的厂用电进行并列运行，一旦发生短路故障，厂用电源和保安柴油发电机组在短路点产生的短路电流会叠加，断路器需要承受的短路分断能力相当大，以前国产高分断能力低压电器的技术指标无法满足要求，批量供应十分不成熟，因此以前是柴油发电机禁止在就地装设同期并列装置与厂用电源并列的。随着科技进步，国产高分断能力断路器技术指标与进口品牌相差无几甚至还有超过，同时考虑到柴油发电机带负载试验的需要，柴油发电机宜在就地装设同期并列装置，正常工况下，包括柴油发电机的带载试验时，保安段的厂用工作电源与柴油发电机之间可采用并联切换（同期并列装置工作，调整柴油发电机的电压、频率以及相位等同期参数达到与厂用电同期要求之后，控制柴油发电机断路器先合闸，与厂用电源短时或长时并列并转换负载后，厂用工作电源可以选择分闸或者不分闸的不断电切换方式），事故状态下，保安段的厂用工作电源与柴油发电机之间应采用串联断电切换。

5. 火电厂保安电源柴油发电机组的选择

（1）柴油发电机组的型式选择应满足以下要求：

1）柴油发电机组应采用快速自启动的应急型，失电后第一次自启动恢复供电的时间可取 15s~20s；机组应具有时刻准备自启动投入工作并能最多连续自启动 3 次成功投入的性能；

2）柴油机宜采用高速（考虑到经济性，电厂保安电源选用高速柴油发电机组能够大大节省采购、运输成本和安装空间）及废气涡轮增压型；

3）柴油机的启动方式宜采用电启动；

4）柴油机的冷却方式应采用闭式循环水冷却；

5）发电机宜采用快速反应的励磁系统（满足快速带载的要求）；

6）发电机的接线采用星形连接，中性点应能引出。

（2）柴油发电机组的容量选择应满足以下要求：

1）柴油发电机组的负载计算方法，采用换算系数法，即每个单元机组事故停机时，可能同时运行的保安负载（包括旋转和静止的负载）的额定功率之和（kW）乘以换算系数，得到计算负载（kVA），再根据计算负载（kVA）与计算负载的功率因数（可取 0.86）的乘积，得到计算负载的有功功率（kW）。负载的计算原则与厂用变压器的负载计算相同，但应考虑保安负载的投运规律。对于在时间上能错开运行的保安负载不应全部计算，可以分阶段统计同时运行的保安负载，取其大者作为计算功率。

2）发电机的容量选择应满足以下要求：

① 发电机连续输出容量应大于最大计算负载，当每个单元机组配置 1 台柴油发电机组时，最大计算负载为该单元机组的保安负载，当两个单元机组配置 1 台柴油发电机组时，最大计算负载为该二台单元机组的保安负载之和，由技术经济比较确定。

② 发电机带负载启动一台最大容量的电动机时，应校验短时过负载能力。一般情况下，发电机在热状态下，能承受 150% Se，时间为 15s，则可取 1.5，当制造商有明确数据时（常常可达 1.8~2 倍），可按实际情况选用。当初步校验不能满足时，首先应将发电机的运行负载与启动负载按相量和的方法进行复校，或采用"软启动"，以降低 Kq 值；若还不能满足，则应向产品制造厂索取电动机实际启动时间内发电机允许的过负载能力。

3）柴油机输出功率的复核应满足以下要求：

① 实际使用地点的环境条件不同于标准使用条件时，对柴油机输出功率应按制造厂给出的修正系数进行修正。

② 持续 1h 运行状态下输出功率应按以下要求校验：设计考虑在全厂停电 1h 内，柴油发电机组要具有承担最大保安负载的能力。柴油机 1h 允许承受的负载能力为 1.1 倍额定功率。

③ 柴油机的首次加载能力应按以下要求校验：制造厂保证的柴油发电机组首次加载能力，不低于额定功率的 50%。为此，要求柴油机的实际输出功率，不小于 2 倍初始投入的启动有功功率。

（3）最大电动机启动时母线的电压水平校验应满足以下要求：

最大电动机启动时，为使保安母线段上的运行电动机少受影响，以保持不低于额定电压的 75% 为宜。由于发电机空载启动电动机所引起的母线电压降低比有载启动更为严重，因此取发电机空载启动作为校验工况。

8.4 水力发电厂保安电源柴油发电机组

1. 水力发电厂保安电源柴油发电机组的特点和黑启动要求

水力发电厂可分为并入国家电网的大型水力发电厂和不并入国家电网的偏僻地区的小型水力发电厂（小水电），前者按照规范要求："除了工作电源间互为备用和系统倒送电外，大、中型水电厂还应设置厂用电备用电源"，一般已经设置了保安柴油发电机组在内的厂用电备用电源，而后者由于独立组网以及成本限制，以前都很少配置保安柴油发电机组，较为常用的做法是从保留的施工变压器或地区电网引接保安电源，考虑到地区电网十分不稳定，容量也有限制，近年来有些地区小水电厂已经开始取消从地区电网引接备用，而开始配套保安柴油发电机组作备用电源。

水电厂设置厂用电保安电源主要是确保大坝安全度汛和水淹厂房等事故发生时人身及设备的安全。厂用电保安电源通常选用柴油发电机组，但由于配套附属设备相对较多，维护工作量相对较大，所以有的水电厂开始专设水轮发电机组代替柴油发电机组等保安电源，例如惠州抽水蓄能电厂就在下库装设 2 台 1000kW 水轮发电机组作为保安电源。

水轮发电机组与火电、核电机组相比，具有辅助设备简单、厂用电少，启动速度快等优点，因此电网调度部门通常指定水电厂作为黑启动电源，水电厂黑启动电源的设置应符合下列规定：

1）当电力系统调度部门确定水电厂应具备电力系统黑启动功能时，该水电厂应设置黑启动电源。

2）黑启动电源通常选用能远方控制快速启动的柴油发电机组，也可专设水轮发电机组。

3）黑启动电源容量需满足启动一台机组必需的负载，包括机组供水泵、主变压器冷却装置、机组调速系统油压装置的主油泵、发电机高压油顶起油泵、机组轴承润滑油冷却系统、发电机断路器操作电源等开机所需负载。机组黑启动时所需考虑的负载可按规程附录规定选取。

当水电厂需要厂用电保安电源和黑启动电源时，则宜兼用。此时电源的容量应按保安负载与黑启动负载二者的最大值选取，但不考虑黑启动的负载与保安负载同时出现。当大型电厂枢纽布置比较分散、供电范围广且距离较远时，可将供大坝安全度汛或重要泄洪设施的保安电源（柴油发电机组）单独布置在坝区附近。

2. 水力发电厂保安柴油发电机组的选择

（1）水力发电厂保安柴油发电机组型式选择

按照使用条件分类，柴油发电机组可分为陆用、船用、挂车式和汽车式。其中在《往复式内燃机驱动的交流发电机组第 1 部分用途、定额和性能》GB/T 2820.1—2009 的第 6.2 条中规定"陆用是指用于陆地上的固定式、可运输式或移动式发电机组"。目前，国内大多数水电厂柴油发电机组采用固定式机房安装形式。

柴油发电机组性能等级按照《GB/T 2820.1—2009 往复式内燃机驱动的交流发电机组第 1 部分用途、定额和性能》的规定和水电厂保安负载以及黑启动负载的实际需求，选用适用负载范围为照明系统、泵、风机和卷扬机等的 G2 级性能等级，该等级柴油发电机组性能特点：机组的电压特性与公用电力系统非常相似，当负载变化时，可有暂时允许的电压和频率的偏差。

目前，国产柴油发电机组从启动到安全供电为止的启动时间可以小于 15s，有的制造厂产品启动时间可在 4s~7s，保证值为 15s。柴油发电机组作为水电厂的保安或黑启动、备用电源的重要设备，要求在应急情况下能够可靠启动并投入正常运行，所以柴油发电机组应采用快速启动应急型，要求机组应保持随时准备启动的热备用状态。当柴油发电机组连续 3 次自启动失败，意味着启动回路或机组本身有故障，再次启动也无用，因此按 3 次考虑。根据需要一般可规定总时间不大于 30s。若连续 3 次自启动失败，应能发出报警信号，并闭锁自启动回路。

近年来机组控制功能已比较完善，可以做到机组无人值守。智能型机组能自启动、自动调压、自动调频、自动调载、自动并车、功率管理（按负载大小自动增减机组）、故障自动处理、辅机自动控制等。根据 GB/T 4712—2008《自动化柴油发电机组分级要求》，其自动化程度分为三级，可依具体水电厂选定。柴油发电机组除配置上述的快速自启动装置外，还需要配置手动启动装置，以便在安装调试及例行试验时使用。

根据 GB/T 2820.1—2009《往复式内燃机驱动的交流发电机组第 1 部分用途、定额和性能》的规定，选型时还需要对柴油机的型式、冷却方式、启动电源等提出要求。柴油发电机组按转速分高、中、低三类。高转速不低于 1000r/min，低转速不高于 500r/min，除此之外为中转速。高速及废气涡轮增压型柴油机组具有体积小、质量小、功率大（输出功率与体积或排量的比率大）、效率高和启动运行可靠等优点，因此推荐采用，但考虑到增压型柴油机的气缸平均有效压力较高的特点，允许首次加载的负载大小比传统的非增压型柴油机要低一些，需要按照允许加负载的程序分批投入负载。

柴油机一般可采用压缩空气启动和电启动两种启动方式。由于压缩空气启动需要气动装置，占用空间较大，不易布置，运行维护比电启动复杂，因此推荐采用电启动方式。柴油发电机组电启动蓄电池组的电压为 12V 或 24V。由于机组不经常工作，应设置整流充电设备，其输出电压可根据蓄电池组浮充或均充电压大小设置，输出电流不小于蓄电池 10h 放电率电流。蓄电池容量必须满足柴油机连续启动不少于 6 次的要求。冷却方式宜采用封闭式循环水冷却。

由于目前国内柴油发电机组供货市场上采用 10kV 或 6.3kV 柴油发电机组比同容量 400V 的机组价格性价比差，柴油发电机组额定电压宜采用 0.4kV，接线应采用星形联结，中性点应能引出，其接地方式应满足下列要求：

1）当厂用电系统中仅装设一台柴油发电机组时，发电机中性点应直接接地（降低了系统的内部过电压倍数，当某相接地时，相间电压为中性点所固定，基本不会升高。同时动力和照明可以由同一发电机母线供电），发电机的接地形式宜与低压厂用电系统的接地形式一致。

2）当两台及以上柴油发电机组并列运行时，机组的中性点应经接地刀开关（隔离开关）接地，以便防止发电机中性导体产生三次谐波导致发电机发热；当两台机组的中性导体存在环流时，应只将其中一台运行并合闸带载中的发电机的中性点接地，其余所有机组的接地刀开关均需要断开，当带载运行中的机组发生故障停机、人为换机或者因为优先运行原因需要换机时，接地刀开关需要同时进行切换，保证系统中有且只有一台带载运行中的机组的接地刀开关处于合闸状态。其接地刀开关可根据发电机允许的不对称负载电流和中性导体上可能出现的零序电流选择。

当厂用电系统中装设两台及以上柴油发电机组并列运行时，发电机中性点经隔离开关接地，当发电机的中性导体存在环流时，应只将其中一台发电机的中性点接地。

3）当厂用电系统中装设两台及以上柴油发电机组并列运行时，每台机组的中性点可分别经限流电抗器接地，以便保持中性母线电位偏移不大的条件下，有效地限制中性点引出导体中的谐波电流。其电抗器的额定电流可按发电机额定电流的 25% 选择，阻抗值大小按通过额定电流时其端电压小于10V选择。

当受到电站负载分布、电气接线和水电厂枢纽布置等条件限制时，宜采用10kV高压柴油发电机组。

无刷励磁交流同步发电机配置有自动电压调整装置时，其稳态电压调整率最优可达到±0.25%，一般要求为±0.5%~±1.0%，这类机型能适应各种运行要求，易于实现机组自动化和发电机组的遥控，因此发电机宜采用快速反应的无刷自动励磁装置；应装设过电流和单相接地保护。容量1000kW以上时应装设纵联差动保护等。柴油发电机组的日用油箱宜按8h耗油量配置。

（2）水力发电厂柴油发电机组容量的选择

柴油发电机组容量应根据其用途，按以下方法进行选择：

1）如作为厂用电保安电源，其容量需大于最大保安负载。

2）如作为黑启动电源，其容量需大于启动一台机组所必需的用电负载。

3）如既作为厂用电保安电源，也兼作黑启动电源，其容量应按保安负载与黑启动负载二者的最大值选取。柴油发电机组负载计算应考虑水电厂负载的投运规律。对于在时间上能错开运行的负载不应全部计入，可以分阶段统计同时运行的负载，取其大者作为计算负载。

4）如作为备用电源，其容量应满足备用电源容量要求。

柴油发电机组容量除应按上述要求进行容量计算并选型外，还应按下列条件进行校验：确定柴油发电机组容量时，除考虑用电总负载外，应着重考虑启动电动机容量。单台电动机最大启动容量与确定机组容量有直接关系。机组启动电动机容量应考虑发电机的技术性能、柴油机的调速性能、负载电动机的磁极对数、启动时发电机所带负载大小、功率因数的高低、发电机的励磁和调节方式及负载对电压指标的要求等。为此，设计中确定机组容量时，应具体分析计算。

由于电动机的启动转矩与电源电压的平方成正比，为了保证电动机有足够的启动转矩，采用降压启动方式时，启动时电源电压下降不能太低，否则电动机的启动转矩不足以带动电动机带载量。考虑其他负载的正常运行的电压要求，保证开关设备的接触器可靠地工作，希望电动机的启动电源电压下降尽可能低一些，这样与启动电压成正比的启动电流也会相应降低，降低了的启动容量对其余负载的冲击会降至最低，启动瞬间最低电压值就不会过低，这样的话，就存在一个电动机希望的高启动电压值与其余负载希望的低瞬间电压跌落值之间的矛盾，需要达到一个平衡点，带负载启动最大容量电动机条件下计算发电机容量时需要规定柴油发电机组供电负载母线电压值，一般为额定电压400V。

① 按带负载后启动最大的单台电动机或成组电动机的启动条件校验计算发电机容量，校验宜按规程附录F的方法计算。

② 最大电动机启动时母线上的电压水平校验中，考虑空载启动时的母线电压要低于带负载启动时的母线电压。因此，最大电动机启动时的严重条件是空载启动，所以空载启动作为校验的计算条件，按空载启动最大的单台电动机时母线允许电压降校验发电机容量。此时厂用母线上的电压水平不宜低于额定电压的75%，有电梯时不宜低于80%。

③ 柴油机输出功率复核。

（3）水力发电厂柴油发电机组的布置

柴油发电机组及其附属设备应布置在单独房间内。机房位置应根据枢纽布置特点以及电气接线和用途，并充分考虑通风、排烟、噪声、减振、抗振、环境保护等条件进行选择。

根据《民用建筑电气设计规范》JDJ16—2008 第6.1.7 条规定，单机容量在500kW 及以下一般机电一体，可不设控制室，单机容量在500kW 以上的多台机组，考虑运行维护和管理方便，可把机房和控制室分开布置，可单独设置控制室，便于集中控制，也有利于改善工作条件。柴油发电机房内主要设备有柴油发电机组、控制屏、配电箱、启动蓄电池、燃油供给和冷却、进排风系统等，宜设有机组间、储油间、控制及配电室等，根据JDJ16 规范、机组容量大小、机组台数以及辅助设备配置情况可对上述房间进行合并、增减及布置。

柴油发电机组机房设备布置方式及各部位有关最小尺寸，是根据机组安全运行要求，便于设备运输、维护和检修、辅助设备布置、进排风以及施工安装等需要，并结合封闭式自循环水冷却方式的应急型机组外廓尺寸提出，并符合下列要求：

机房布置主要以横向布置为主，这种布置机组中性线与机房的轴线相垂直，操作管理方便，管线短，布置紧凑，方便操作。当受布置场地限制时，也可纵向布置。机房与控制及配电室毗邻布置时，发电机出线端及电缆沟宜布置在靠近控制及配电室一侧以减少电缆长度，降低电压降及节省线缆成本。机组之间、机组外廓到墙的距离应满足设备搬运、就地操作、维护检修或辅助设备布置的需要。当机组按照水冷却方式设计时，机组端部距离可适当缩小；当机组需要做消声工程时，尺寸应另外考虑；机组布置在地下，其净距可适当加大。当控制屏和配电屏布置在发电机端或发电机侧时，其操作通道应分别不小于2m 和1.5m。机房内可不设置电动起重设备，但宜考虑设置设备吊装、搬运和检修的措施。

水电厂保安柴油发电机组的具体容量计算、校验和选型可参考火电厂保安柴油发电机组的容量计算、校验和选型。

8.5 核电站保安电源柴油发电机组

核电站的保安柴油发电机组种类和数量众多，分为安全级和非安全级，主要有LHH 6.6kV 应急配电系统中的LHA 和LHB 两台大功率安全级柴油发电机组，LLS 水压试验泵柴油发电机组，EC 厂房的LHZ 380V 交流发电机组，BOP 厂房的380V 交流发电机组、PF 项目移动式应急柴油发电机组和EM 楼的380V 交流发电机组等组成。

适用于核能发电厂的《EJ/T 625—2004 核电厂备用电源用柴油发电机组准则》、《GB/T 12788—2000 核电厂安全级电力系统准则》以及《EJ/T639—1992 核电厂安全级电力系统及设备保护准则》，对保安柴油发电机组的技术指标、控制功能、容量和选型提出了具体的要求。核电站保安柴油发电机组的详细应用将在本书相关章节中介绍。

8.6 保安电源控制系统分类

由于电厂采购的保安柴油发电机组一般要求控制系统完成自身的控制和保护功能之外，还需要承担厂用电系统中数目众多的正常电源开关、备用电源开关以及联络开关的分合闸控制逻辑，因此对其控制系统的可靠性和可编程逻辑处理能力要求相当高，常规的柴油发电机组控制系统一般无法满足其使用功能要求，只有采用可编程序控制器。柴油发电机组的控制系统主要分三种：

1) 不与发电厂保安电源进行同期并网的应用（由于DL/T 5153—2014 新版标准明确要求保安柴油发电机组需要配置同期并列装置，这一种不带同期并网功能的应用已经越来越少，只在一些老电厂或者小型的热电联产电厂采用)。

2)与发电厂保安电源进行同期并网的应用(满足 DL/T 5153—2014 新标准的主流应用,细分为带脱硫保安段的锅炉、汽机和脱硫的三段保安段,不带脱硫保安段的锅炉、汽机二段保安段和不带脱硫保安段的锅炉、汽机二段保安段之间带联络开关)。

3)黑启动应用,黑启动柴油发电机除了厂家配套可编程序控制器和调速板以外,还需要黑启动控制屏对厂变开关、母联开关以及柴油发电机进行控制。

8.6.1 不与发电厂保安电源进行同期并网的控制逻辑

如图 8-1 所示为洛阳某电厂保安电源一次系统图和工作逻辑,其工作过程如下:

1)在自动工作状态下,当保安电源 A 段、B 段中的任一段失电压或 AB 段同时失电压时,柴油发电机组启动,当频率、电压等各参数运行正常后,柴油发电机组发出闭合 DL1 开关及 DL2 开关,经过延时后,再合 DL3 开关(哪一段失压合哪段),当厂用电源 AB 段同时恢复正常后,通过现场或 DCS 进行手动操作使厂用电源恢复,恢复方式采用先分后合的断电切换方式。

2)机组试运行状态工作时,柴油发电机启动,不进行与厂用电源同期。

3)厂用电源 A 段、B 段分别装设一个三相电压检测继电器用于电压检测。

如图 8-2 所示为扬州某电厂一次系统图和工作逻辑图,其工作过程如下:

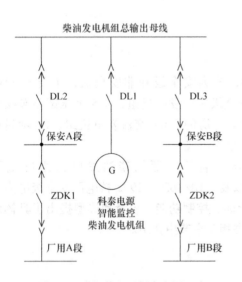

图 8-1 洛阳某电厂保安电源一次系统图和工作逻辑图

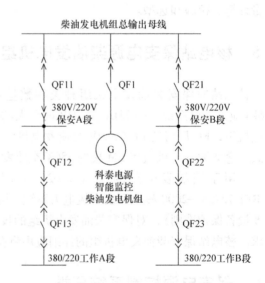

图 8-2 扬州某电厂一次系统图和工作逻辑图

1)正常情况下,QF1 及分支开关 QF11、QF21 均处于断开状态。

2)当保安段只有一段失压且对应段工作电源进线开关 QF12 或 QF22 开关跳闸时,柴油机房控制柜发出 QF11、QF21 合闸指令,且装置输出备自投后加速信号,若故障没有切除,则快速跳闸,同时闭锁合 - QF11(或 - QF21)。

3)开关(- QF12、- QF22)同时跳闸及保安 A、B 两段母线同时失电时,柴油发电机组自动启动，启动成功后，同时联锁开关（-QF12 及 -QF22）及（-QF11 及 -QF21）跳闸，机组建压建频率后，合开关 QF1，延时合开关 QF11，后延时合开关 QF21。

4）工作电源恢复时，DCS 发出解除自启动命令，控制系统解除 QF11，QF21 自动合闸功能，值班运行人员通过 DCS 断开保安 A 段备用进线开关（-QF11），闭合工作电源开关 -QF13，合保安 A 段工作进线开关（-QF12），然后，断开保安 B 段备用进线开关（-QF21），闭合工作电源开关 -QF23，同时，闭合保安 B 段工作进线开关（-QF22）可手动启机，进行开关切换。

8.6.2 与发电厂保安电源进行同期并网的控制逻辑

1. 常州某电厂一次系统图和工作逻辑

如图 8-3 所示为常州某电厂一次系统图和工作逻辑。

1）正常自动状态工作时 QF1 处于合闸状态，柴油发电机组主要控制操作 QF2、QF3，当保安段失电压时（由用户保安段 PT 信号来）柴油发电机的启动取决于就地（操作盘）/远方（DCS）自投是否允许，若允许，则柴油发电机组启动，当启动成功时，柴油发电机组先发出脉冲信号断开 QF3 开关，再闭合 QF2 开关，当厂用母线电源恢复时必须由就地（操作盘）/远方（DCS）确定是否恢复厂用电源，若允许恢复厂用电源，则柴油机与厂用电源进行同期，同期成功后，闭合 QF3 开关跳 QF2 开关。

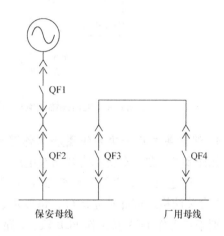

图 8-3 常州某电厂一次系统图和工作逻辑图

2）当机组试运行状态工作时，柴油发电机组启动，启动成功后是否与市电同期取决柴油机操作盘面板上"空载/带载"旋转开关。

3）DCS 根据根据情况发出紧急启机命令。

2. 杭州某燃气电厂一次系统图和工作逻辑

如图 8-4 所示为杭州某燃气电厂一次系统图和工作逻辑（带脱硫保安段）。

1）柴油发电机组启动 A 段工作电源失电，跳开 1ZK，闭合 3ZK，备用电源失电，跳开 3ZK 及 5ZK，DCS 发出启动柴油发电机组指令，柴油发电机组启动后，闭合上 03ZK 及 01ZK，再闭合上 A 段分段开关 5ZK，工作电源来电，DCS 发 1ZK 同期命令，机组进行同期，合 1ZK 开关，断开 01ZK 开关，机组冷却停机，B 段一样。

2）紧急启动 DCS 发出紧急启机命令后，断开保安 A 段工作备用开关、分段开关及 B 段工作备用开关、分段开关，柴油发电机组紧急启动，闭合 03ZK 开关及 01ZK、02ZK 开关，柴油发电机组带保安 A、B 两段负载，柴油发电机组运行一段时间，DCS 发出 1ZK 同期命令，机组进行同期，闭合 1ZK，断开 01ZK 开关，DCS 发出 3ZK 同期命令，机组进行同期，机组各参数到达同期条件，闭合 2ZK 开关，断开 02ZK 开关，柴油发电机组空载冷却停机，保安 A、B 段恢复运行。

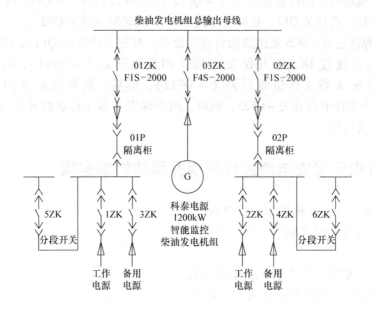

图 8-4 杭州某燃气电厂一次系统图和工作逻辑（带脱硫保安段）

3. 滨州某电厂一次系统图和工作逻辑

如图 8-5、图 8-6 所示为滨州某电厂一次系统图和工作逻辑（不带脱硫保安段）。

本工程建设 4×330MW 汽轮发电机组，保安电源系统的每段保安 PC 配 1 台柴油发电机组，4 台柴油机组彼此独立运行，每段机、炉保安 PC 段设有 3 路电源进线，2 路工作电源进线分别来自工作 PCA 及工作 PCB 段，1 路备用电源进线来自保安 PC，备用电源进线开关与工作电源进线就地操作时通过硬接线闭锁采用三选一的工作逻辑，只有当两路工作电源进线全断开时，备用进线开关才能投入使用。

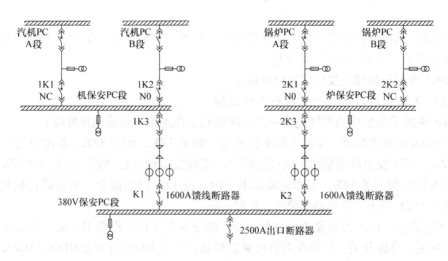

图 8-5 滨州某电厂一次系统图

以机保安 PC 段为例，正常运行时，开关 1K1 保持合闸状态，汽机 PC A 段为主用，汽机 PC B 段为备用。当主用电源故障，即机保安 PC 段母线失压时，判断备用电压（即汽机 PC B

段）是否正常，同时柴油发电机组启机，自动跳开 1K1、闭合 1K2 开关。如果合闸成功，且机保安 PC 段恢复正常，则柴油发电机组退出运行，冷却停机；如果 1K2 合闸不成功，或汽机 PC B 段故障，则跳开 1K2、闭合 1K3 开关，待柴油发电机组具备带载条件后，闭合 K1 和 K0 开关，由柴油发电机组带机保安 PC 段运行。若汽机 PC A 段或汽机 PC B 段恢复，由 DCS 发该段恢复指令给柴油发电机组控制屏，控制系统自动检测恢复段的电压频率等参数，与恢复段进行反同期，同期完成后闭合 1K1（或 1K2），由恢复的工作段和柴油发电机组并联运行，一起带保安 PC 段运行，待恢复段运行稳定后，再跳开 1K3、K1 和 K0，柴油发电机组退出运行，冷却停机。其中，保安段启动柴油发电机组后，各个开关的合分闸控制逻辑，均由 DCS 配合机组控制器和可编程序控制器实现。

机组保安 PC 段的控制逻辑如图 8-6 所示。

4. 张家港某电厂一次系统图和工作逻辑

如图 8-7 所示为张家港某电厂一次系统图（不带脱硫保安段且二段保安段之间有联络开关）。

本工程扩建 2×1000MW 国产超临界燃煤发电机组，每台机组设置一台快速启动的集装箱型柴油发电机组作为本单元机组的应急保安电源。

该电厂电源的故障切换是利用柴油发电机组的进线断路器和保安段上的工

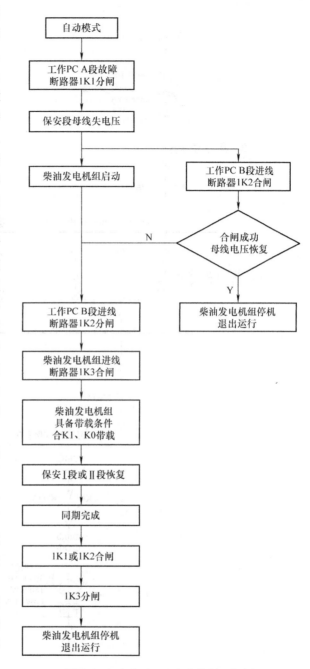

图 8-6 机组保安 PC 段的控制逻辑图

作进线/联络断路器相互联锁或低电压判断实现。保安段每段共有 2 路进线电源：1 路工作电源，1 路柴油发电机组电源。两段保安段间设有联络断路器。当保安段每段 MCC 失电跳闸时，经过 3~5s 的延时（躲开继电保护和备用电源投入时间），同时发出联络断路器合闸失败信号及启动柴油发电机信号；当联络断路器合闸成功后，柴油发电机组则退出运行；当联络断路器合闸失败，且工作电源跳开时，柴油发电机组满足带载条件后，自动闭合柴油发电机组出口断路器。柴油发电机组投入运行后应按要求时间带满负载。当保安段工作电源恢复时，由集控室

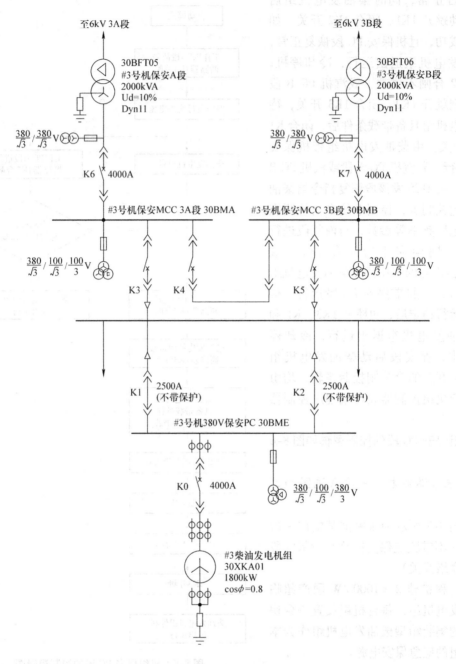

图 8-7 张家港某电厂一次系统图

DCS 向柴油发电机组的 PLC 发出"恢复供电命令",经柴油发电机 PLC 自动进行保安段的同期切换,切换至由工作电源进线供电。柴油发电机组可手动或自动减负载,或在接到由集控室 DCS 发出的停机指令后自动停机并解列、退出运行。当保安 MCC 段正常运行时,柴油发电机组 PLC 接到集控室 DCS 发出的"并联切换联络"命令,应先对待并电源即另一段保安 MCC 进行检测,若电源满足合闸条件则经过同期判别后,闭合上母联断路器,经短延时后跳开原运行电源。当所引接的电压量可能因回路断线造成误启动时,可在 PLC 中提供电压回路断线闭锁,并提供相应的报警信号输出。故障切换中，柴油发电机组控制器进线逻辑判断，母线故障会禁止电源的切换。当且仅当柴油发电机 PLC 检测到保安段母线 PT 三相电压失电（非 PT 断线）时才启动事故切换逻辑。

在检修或试验时。柴油发电机组应能闭锁控制屏上的自动和手动启动功能，可安全进行维护和检修。

8.6.3 黑启动应用的控制逻辑和一次系统图

在黑启动应用中，考虑到柴油发电机组承担的负载主要为电厂的循环水泵、风机或者润滑油泵等电机类负载，其启动冲击较大，同时启动的概率大，即同时使用系数高，一般要求采用单台机组进行供电或者采用足够容量的一主一备的冗余方式配置，在优化启动顺序和做好负载匹配前提下，也可以采用并机方式进行，以节省应急机组配置成本。下面以采用兼具一主一备冗余功能的两台机组并机方式为例进行介绍，如果是采用单台机组，则取消并机或双冗余功能即可。

宁夏某集团供热站项目工程为黑启动成套系统，该工程包括两台黑启动容量为 2000kW 的交流 10kV 柴油发电机组、以及配套发电机组高压配电系统。

黑启动一次系统如图 8-8 所示。当机组停运，控制方式选择开关处于远方位置并接到启动信号，该启动信号可为干接点信号或保安段母线电压信号，根据母线电压进行市电故障确认后，机组能自动启动，并加速到额定转速。当电压上升至空载额定电压值时，发出准备带载信号，控制器根据保安母线电压自动选择同期合闸或无压合闸，并向配电段柴油发电机组断路器发出合闸命令。因为柴油发电机组是多台并列运行，机组间需要通过 CAN 通信线进行连接，可确保多台机组同时接收到市电故障信号。机组控制系统具备多台机组并列运行负载分配功能，协调多台机组的运行，且不会因为其中一台机组故障影响到其他多台机组的协调运行。

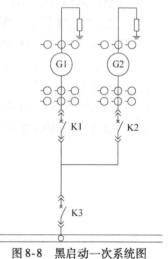

图 8-8 黑启动一次系统图

机组具有应急供电能力，对机组控制系统中故障报警信号和运行故障信号进行设置，如机组冷却水温度、机油压力、频率、电压等参数进行设置，屏蔽一般故障停机和轻故障停机功能，确保机组接收到市电故障信号后控制系统能立即自动启动机组。

在试验模式下，机组可就地启动，多台机组并列运行完成后，通过检测保安母线电压与保安段进行同期并网，达到同期要求后合闸汇流断路器，负载部分转移至机组侧，油机与市电共同带载。试验完成后，断路器分闸，机组冷却停机。

8.6.4 柴油发电机组的控制系统

应用于保安电源系统的柴油发电机组不但要求柴油发电机组具有自动化的功能，还要求与主电系统并列运行，故上海科泰电源股份有限公司的（简称上海科泰）柴油发电机组的控制系统采用 8808 智能并机控制屏。

1. 上海科泰电源 8808 智能并机控制屏的主要功能

8808 智能并机控制屏的详细功能请参阅本书第 4 章的发电机组最新控制技术部分。

2. 保安电源供电主回路的 PLC 控制系统

主回路控制系统的配置，根据控制系统的要求，该系统采用西门子公司的 S7-200 的 PLC 主模块和扩展模块。S7 系列的 PLC 为单片式结构。其功能强大，组合灵活，可与模块式 PLC 媲美。S7 系列 PLC 的基本单元有 CPU、I/O 接口电路、存储器及标准电源；PLC 内部有一个 16 位的 CPU 和一个专用逻辑处理器，执行响应速度快。

其主要性能指标：继电器输出类型，输入点数 32，输出点数 32，最大扩展块 I/O 点数 32。输入继电器：DC 输入，DC 24V、7mA、光隔离。输出继电器：AC 250V、DC 30V、2A。存储容量：可以存储程序 8K。配以相应的输出继电器，即可完成保安供电系统主回路的控制。

S7-200 内部由程序、中断程序及若干子程序组成，完成系统的初始化，对有关电量进行采集和数据处理，实现自动合闸、自动分闸、数据通信和保护功能。

3. 配置实例

（1）非冗余项目 PLC 配置

1）PLC 模块 CPU 24I/16O、DC 24V。

2）PLC 扩展模块 16I/16O、DC 24V（根据项目需要进行配置）。

3）注意扩展模块最多可扩展 7 个。

（2）冗余热备项目 PLC 配置

1）PLC 模块 6ES7 313CPU 模块 2 块。

2）PLC 附件 6ES7 153 模块 1 块。

3）冗余组合（包括 2 块冗余模块和 1 块底座）一套。

4）PLC 附件 6ES7 953 存储卡 64K 一块。

输入扩展模块和输出扩展模块根据项目需要配置。

第9章 柴油发电机组在核电站的应用

9.1 核电站柴油发电机组概述

在2004年4月18日国家核安全局新修订的《核动力厂设计安全规定》（HAF102）中明确提到，"核动力厂必须设计成能够在规定的各种参数（例如压力、温度和功率参数）范围内安全运行，并且最低限度必须有一套特定的安全系统辅助设施（例如辅助给水能力和应急电源）是可用的"。应急核电厂的安全电源中级别最高（1E级）为停堆、安全壳隔离、堆芯冷却、安全壳和反应堆热量导出以及防止放射性物质泄漏的系统设备提供所需的电力。在电网事故或其他事故中，其他安全电源有可能失去，在此时应急电源是反应堆停堆后能继续得到冷却的最后保证，所以应急电源必须保证非常高的可靠性。应急电源还必须具有足够的独立性，同一机组的冗余安全系列之间，或者两个机组的任何两个系列之间不存在任何相互连接。由此可见，核电站在正常运行状态时应急柴油发电机组基本用不到，但是一旦发生全厂断电的紧急事故，应急柴油发电机组便需要迅速自动启动确保电厂关键设备在断电数秒钟内恢复供电，它是核电站出现重大事故时的最后一道防线。

9.1.1 核电站的发展史

1954年前苏联首次利用核能发电以来，全球核电发展已历时约70年时间，基本可分为4个阶段。1954～1965年为起步发展阶段，期间全球共有38台机组投入运行，属于"第一代"核电站；1966～1980年为迅速发展阶段，在此期间全球共有242台核电机组投入运行，属于"第二代"核电站；1981～2000年为缓慢发展阶段，由于经济发展减缓导致电力需求下降，尤其受1979年美国三里岛核电站事故以及1986年前苏联切尔诺贝利核泄漏事故的影响，全球核电发展速度明显放缓，据国际能源机构统计，在1990～2004年间，全球核电总装机容量年增长率由此前的17%降至2%；进入21世纪以来，核电发展逐步复苏，随着核电技术的逐渐进步、世界能源紧张和温室气体减排压力增加，核电重新受到青睐，核电重新进入较快发展阶段，多国重新积极制定新的核电发展规划。

2011年3月，日本发生福岛核泄漏事故，各国重新评估核电事故影响，对运营的核电站开展全面的安全监察和防范措施，部分国家调整了核电发展规划。但是，核电作为一种经济、稳定、可持续的能源，核电技术日益完善，多个国家很快又重新启动了核电建设。

其中，2012年2～3月，美国相继批准建设4台AP1000机组；2013年3月，英国、法国、西班牙等12个国家联合签署部长级联合宣言，将继续维持核能发电；俄罗斯筹备建设7座浮动式核电站，目前共有在建核电机组10台；印度计划到2020年将核电发电份额增至10%，2010～2020年间将投资770亿美元用于发展核电。日本福岛核泄漏事故并未从根本上改变核电大国发展核电的态势，只是对核电机组的设计和运行安全提出了更加严格的要求。

中国能源面临满足经济发展对能源增长的需要和改善能源结构，降低CO_2的排放和雾霾的产生。2015年11月30日，气候变化巴黎大会开幕，习近平主席发表重要讲话：强调中国在

"国家自主贡献"中提出将于2030年左右使二氧化碳排放达到峰值并争取尽早实现，2030年单位国内生产总值二氧化碳排放比2005年下降60%~65%，非化石能源占一次能源消费比重达到20%左右。

根据"十三五"规划，到2020年，核电运行装机容量达到$580×10^5$kW，在建达到$300×10^5$kW以上。若要按时完成在运、在建总装机$880×10^5$kW的目标，"十三五"期间每年至少开工6台机组。此前环保部部长陈吉宁曾称，到2020年，中国核电机组数量将达到90余台，从装机容量上讲，将超过法国，成为世界第二的核电大国，仅次于美国。届时中国将迈入世界核电大国行列，充分体现了中国的综合国力。

9.1.2 核电站应急柴油发电机组的重要性

核电站核故障的风险始终存在。1986年4月26日前苏联的切尔诺贝利核电站发生了世纪大悲剧，造成世界上最大的核泄漏污染，至今已有20多年了，其中最主要的原因就是其应急柴油发电机组没有启动起来，核反应堆没有及时关闭，造成核堆烧损泄漏。切尔诺贝利核电站至今还是一个活的核棺材，仅用大量的水泥盖在下面，真是后患无穷，它给生态造成了极大的破坏。

为了使核电站厂区在大电网意外断电时能安全停堆和保证在发生地震、飓风、空难及其他意外事故使核堆一回路失水情况下，应急柴油发电机组必须在规定的时间内立即启动发电，以驱动救援水泵打水，从而做到及时冷却堆芯，达到安全停堆的目的。以防前苏联切尔诺贝利核电站灾难的重演，所以核电站都必须配置应急柴油发电机组。核电站通常备有两台机组，随时准备自动启动进入发电状态，而且核电站还另外备用一个机组，以便进行日常检修和维护，与前两台机组定期进行更换使用。这两台机组，其柴油机要分属于不同的系列，以避免使用时出现同样的故障，不能启机。应急柴油发电机组平时只是处于待命状态，每周或每月启机一次以验证其处于正常状态，每次起机只运转60min就停机待命，平日只有机油和冷却水靠地面泵在循环保温，随时准备进入自动启动发电状态。尽管应急柴油发电机组使用寿命是40年，很有可能用不上，也确实希望用不上它。而真正用上时，也用一台机，只要在1min之内进入发电状态，把水泵入到核堆中，保证堆芯的冷却和余热的排出，也就起到了相当大的作用。

核电站应急柴油发电机组要求具有极高的可靠性和快速启动性能。是确保核电站安全运行所必需的15项重大关键设备之一，也是安全保障的最后一道防线。因此，对柴油发电机组的各种相关性能参数有着相当高的技术要求。

9.1.3 核电站柴油发电机组的分类

柴油发电机组的种类很多，按核电站应用形式，可分为核安全级柴油发电机组、水压试验泵柴油发电机组、应急指挥中心柴油发电机组、移动式柴油发电机组；若按功率可分为大、中、小型机组；若按控制方法可分为手动、自动、遥控、并车等几种；若按外观构造可分为基本型机组、防噪声型机组、挂车电站、车载电站等几种。此外的分类方法还有很多，下面介绍常用的发电机组分类方法。

1. 按核电站应用形式分类

按核电站应用形式，可分为核安全级、水压试验泵、辅助、应急指挥中心、保卫控制中心、移动式柴油发电机组等。

（1）核安全级柴油发电机组

核安全级柴油发电机组为1E级（安全级）设备，在外部断电时，EDG立即启动发电，向核反应堆的安全保护和冷却、散热、通风等系统提供应急供电，执行相关的核安全功能。

(2) 水压试验泵柴油发电机组

水压试验泵柴油发电机组为非1E级（非安全级）设备，在超设计基准事故工况时，LLS可以自动启动，并通过水压试验泵内的控制柜向水压试验泵提供应急电源，以确保给主泵1号轴封供水，从而保证反应堆冷却剂系统的完整性。还负责为机组运行所需的仪表和水压试验泵房的应急通风机供电。

(3) 辅助柴油发电机组

辅助柴油发电机组为非1E级（非安全级）设备，当发生紧急情况时（核电厂全厂失电），且两台核级机组也不能投入运行时，此时AAC级机组就必须迅速投入运行，向安全停堆有关负载提供充足、可靠的电力，保证堆芯的冷却和余热的排出，确保安全壳适当的完整性。

(4) 应急指挥中心柴油发电机组

应急指挥中心柴油发电机组为非1E级（非安全级）设备，是平时或发生核电站事故时为EM楼内重要系统提供稳定可靠的备用电源，是工艺设备正常运行，保证该建筑物可居留性的重要设备之一。

(5) 保卫控制中心柴油发电机组

保卫控制中心柴油发电机组为非1E级（非安全级）设备，正常情况下，柴油发电机组处于备用状态，失去正常电源时，柴油发电机组快速自启动，大约在10s达到额定频率和额定电压，主开关合上，为保卫控制中心相关负载提供电源。

(6) 移动式柴油发电机组

移动式柴油发电机组是自福岛核事故后，国家核安全局提出的改进方案，各核电站至少配置一台中压6.6kV移动式柴油发电机组和一低压0.4kV移动式柴油发电机组。在超设计基准事故工况时，前面各种固定式应急柴油发电机组失效时，这两台式柴油发电机组可以向安全停堆所需的有关负载提供充足、可靠的电力，保证堆芯的冷却和余热的排出，确保安全壳的完整性。

2. 按外观构造分类

按外观构造，可分标准型、静音型、挂车型、车载型机组等几种。

(1) 标准型机组

标准型机组是配备发电机组基本运行部件的机组。

(2) 静音型机组

静音型机组与标准型机组的主要区别是机组外部加装了防噪声箱体，并内置了消声器，从而降低了机组噪声，适用于对噪声有特殊要求的场合，如办公场所、学校、医院等。

(3) 挂车型机组

挂车型机组是在静音型机组的基础上加装底盘挂车装置，实现了机组的便捷式移动，为城市范围内的短距离应急供电提供了方便。

(4) 车载型机组

车载型机组是将整台基本机组安装于汽车车厢内，厢体做防音降噪处理，是专门为远距离应急供电而设计制造的。

9.1.4 核电站应急柴油发电机组简述

核电站应急电源系统主要包括应急柴油发电机组和附加后备柴油发电机组两个部分。

应急柴油发电机组是核电站内独立的应急电源。当站用工作电源和站外备用电源失去时，柴油发电机组为应急站用设备提供电能，以确保核电站的安全停堆和人员、环境的安全，以及防止主要设备损坏。

其设置原则分别为每台核电机组配置2台容量约为6000kW的应急柴油发电机组；而附加后备柴油发电机组则为每个核电厂址设置1台。当应急柴油发电机组不能使用时，后备柴油发电机组连接到应急电源盘，替代不能使用的柴油发电机组。所以在设备选型中，应保持应急柴油发电机组与附加后备柴油发电机组容量的一致。

除应急电源外，核电机组还配设有1台全厂失电（Station Black Out，SBO）柴油发电机组，在正常或设计基准事故工况下，SBO柴油发电机组系统处于备用状态，不执行安全功能。在1台机组的两列应急供电母线不能供电的超设计基准工况下，该机组提供电能以确保必要安全功能的实现，达到事故缓解的作用。

随着AP1000的引进，我国目前核电站厂用电系统在设计上存在着较大的差异，柴油发电机组的作用也是大不相同。以下对国内目前两种主流的核电技术的柴油发电机组配置进行介绍。

1. 在CPR1000项目柴油发电机组的应用

二代加核电站每台核电机组配置两台应急柴油发电机组，两台水压试验泵柴油发电机组，一台辅助柴油发电机组。另核电站还有一台应急指挥中心柴油发电机组，一台全厂保卫控制中心柴油发电机组及另配置一台中压6.6kV移动式柴油发电机组和一台低压0.4kV移动式柴油发电机组。两台应急柴油发电机组为安全级。其他的柴油发电机组均为非安全级。

在厂外主电源和厂外辅助电源均失去的情况下，两台应急柴油发电机组和两台水压试验泵柴油发电机组在接到信号后15s之内自动启动，按预定加载程序为相关应急厂用设备供电。若两台应急柴油发电机组均出现故障，即一个核电机组失去全部厂内外电源时，可采取不同措施。

短时间内，水压试验泵柴油发电机组自动启动，向水压试验泵供电，然后等待外电网恢复供电。在规定的时间内若无法恢复供电，则手动启动厂区附加柴油发电机组恢复供电。

在这些措施均失效的情况下，如果另一个核电机组的应急柴油发电机组仍可用，可以由它向故障核电机组的配电装置供电。

进一步可通过车载式移动柴油发电机组提供临时动力，以缓解供电，并为恢复厂内外交流电源提供时间。

电站储备的柴油能保证连续运行48h的柴油。由于安全系统在设计上采用的是$4 \times 100\%$的设计，因此，只要有1个通道（应急柴油发电机组）执行其安全功能，核安全就能得到保证，放射性物质的释放就不会超标。

2. 在AP1000项目柴油发电机组的应用

由于AP1000核电站采用了非能动的安全系统，传统意义上的安全级应急柴油发电机组降级为非安全级备用柴油发电机组，已不执行安全功能。在失去外部电源时，为具有纵深防御功能的非安全相关负载提供交流电源。在AP1000核电站中，一台核电机组配置两台备用柴油发电机组和两台辅助柴油发电机组。另外，核电站还有一台应急指挥中心柴油发电机组，一台全厂保卫控制中心柴油发电机组及另配置两台低压0.4kV移动式柴油发电机组。

在丧失全部厂内外电源时，两台厂内备用柴油发电机组在接到信号后120s之内自动启动，按预定加载程序为非安全相关设备供电。若两台厂内备用柴油发电机组均出现故障时，可采取不同措施。72h 内由蓄电池为 UPS 供电。72h 后如还不能恢复供电,则由操纵员手动启动辅助交流柴油发电机组。通过移动柴油发电机组为辅助柴油发电机组的负载供电。核电站储备能保证备用柴油发电机组连续运行 7 天的柴油和辅助柴油发电机组连续运行 4 天的柴油。

9.2 核电站柴油发电机组的主要应用形式

9.2.1 核安全级柴油发电机组

1. 设备概述

在厂外主电源厂外辅助电源均失去的情况下,每台应急柴油发电机组有能力满足应急厂用设备用电要求,以确保反应堆的安全停堆;并且防止由于正常的外部电源系统失电而导致重要设备的损坏。每个核电机组的设备为两台独立的、互为备用的应急柴油发电机组。作为保证核电站安全的关键设备之一,核电柴油发电机组必须具有非常高的可靠性,对机组功率、起停机、调速、抗震、可靠度以及使用寿命等相关指标有极高要求。

CPR1000 核电站的每台核电机组应配置 2 台 100% 容量的 EDG,均处于热备用状态,随时准备启动发电。按照国际核安全运行的最新规定,CPR1000 核电站在厂内增设一台独立运行的同容量辅助柴油发电机组,当其他 EDG 进行定期检修维护时,则可切换备用。

在核电站中,电气设备分为 1E 级(安全级)与非 1E 级(非安全级)。应急电源系统(传统的设计包括 EDG、蓄电池组、充电器和有关配电装置等)属于 1E 级设备,在外部断电时,EDG 立即启动发电,向核反应堆的安全保护和冷却/散热/通风等系统提供应急供电,执行相关的核安全功能。

应急柴油机组设备抗震要求为抗震 I 类,其中柴油机、发电机、燃油输送泵及电机、风扇冷却器及电机设备为 1A 类,即这些设备在所有地震条件下不仅能保证结构完整,还要能持续可靠运行。须满足以下两种地震条件:安全停堆地震 SSE 与运行基准地震 OBE。SSE 时的地震加速度值是 OBE 时的 2 倍。OBE 的地震水平与垂直加速度,在地面上的峰值设定为 0.2g 和 0.133g。

2. 设计依据

核安全级柴油发电机组遵循的主要法规、规范、标准包括:

1) HAF003 核电厂质量保证安全规定;
2) HAD003 系列核电厂质量保证中与设计及物项制造等有关的安全导则;
3) HAD102 系列核电厂设计中与应急动力系统及抗震设计、鉴定有关的安全导则;
4) RCC – M 法国压水堆核电站核岛机械设备设计制造规范;
5) RCC – E 法国压水堆核电站核岛电气设备设计制造规范;
6) IEEE387 核电站备用电源用柴油发电机组设计准则;
7) IEEE649 备用电源用柴油发电机组定期检测标准;
8) IAEA 50 – SG – D1 沸水堆、压水堆核电站安全功能和部件的分级规范;
9) ISO 8528 往复式内燃发电机组;
10) ISO 3046 往复式内燃机性能;
11) IEC60034 国际电工协会旋转电机标准;
12) KTA 3702 德国民用核电站应急柴油发电机组设备。

3. 核级应急柴油机组总体设计

根据核电站应急电源设计要求，应急柴油发电机组的设计至少必须考虑以下条件：

1) 机组运行寿命；
2) 该设备安装的环境（最高、最低温度/湿度及其持续时间和年平均温度）；
3) 设备安装楼层的地震响应谱；
4) 反应堆安全停堆负载特性；
5) 柴油机进口的空气质量（盐、砂等含量）；
6) 当地大气压力（需考虑天气原因，如龙卷风的降压、持续时间和风力大小）；
7) 燃油的型号和质量；
8) 电厂用水的质量；
9) 火灾的影响等。

（1）机组瞬态加载特性

为了满足在突发事件发生后反应堆能够安全停堆，要求应急柴油机组在接到启动信号 10s 内达到额定转速，在 45s 内加载反应堆停堆所需的全部载荷。在机组最初设计时，必须根据反应堆安全停堆负载特性对机组的启动及瞬态加载能力进行计算模拟。

（2）机组抗地震计算/试验

核电厂的抗震具有特殊的重要性。由于核电厂中许多设备和部件中聚集着大量的放射性物质，一旦遭到地震破坏可能使放射性物质外逸，从而对公众的生命和健康造成危害。如果反应堆系统遭受破坏，可能造成核事故，影响的范围更大。因此，在核电厂的设计和建造中必须重视抗震鉴定工作。世界上主要核国家先后建立了一整套有关抗震鉴定的法规、导则和规范，从而为核电厂的抗震安全性提供了保证。

为了保障在突发事件发生后应急柴油机组能够正常为反应堆提供电源，应急柴油机组必须能够承受当地可能发生的最大的地震波冲击。在机组最初设计时，必须对柴油机、发电机以及与柴油机正常运行相关的辅助设备，根据各设备安装楼层的楼面响应谱进行抗地震计算（或试验），该设备在机组设计时可以不予考虑。

为了防止有害振动的传递，所有设备之间的连接需采用挠性管连接，核级设备之间的管段及其附件同样也必须进行抗地震计算，保证在地震波冲击后能够正常工作。

为验证核安全级柴油发电机组的抗震 I 类功能，必须进行柴油发电机组的抗震鉴定。抗震鉴定可采用分析方法、试验方法或分析与试验相结合的方法，另外还可采用经验反馈方法进行推理论证。如果分析法不足以证实抗震 I 类设备的完整性和运行性时，必须通过试验法进行鉴定。

在通过试验法鉴定时，必须综合考虑抗震试验台的台面尺寸和承载能力与被试验设备的体积、重量是否匹配，试验台的技术参数是否满足抗震试验所有测试项目的要求。

安全级柴油发电机组的抗震试验会受到振动台设备能力的限制，目前只能做 2000kW 以下功率段机组的试验，2000kW 以上功率段机组的抗震鉴定只能通过分析计算来进行，但分析计算的软件必须是可靠的，有足够的精确度的，且得到有关核安全监管部门的认可。

地震模拟振动台上的抗震试验为破坏性试验，经过抗震试验的设备一般不应作为产品安装于核电站，除非能证明由于抗震鉴定试验所带来的累计的应力循环所引起的疲劳不会使设备降级，影响其履行安全功能的能力。

某核电工程核安全级柴油发电机组在地震模拟振动台上的抗震试验为例简要介绍核安全级

柴油发电机组的抗震试验方法详见本章附录。

(3) 机组振动及机组扭振

机组振动：由于柴油机属于往复式机械，为了降低柴油机振动及对周围设备的机械振动影响，在机组设计时，必须对柴油机组进行振动计算并安装弹簧阻尼减振器。

机组扭振：为了保证柴油发电机组运行时机组轴系的安全，需要对机组轴系扭转振动进行计算，保障在运行区域内柴油机轴系应力不超过其许用应力。

4. 燃油系统的设计

由于核级应急柴油发电机组属于应急状态下使用，所以不考虑经济性问题，一般都是采用轻柴油作为燃料，在燃油系统上也不必像负载电站那样需要安装流量计。

核电厂主储油罐容量一般要求能满足机组在满负载下连接运行7天的需求。日用油箱容量要能保证机组满负载运行4h。为了增加系统的可靠性，从主储油罐到日用油箱之间利用两个并联的燃油齿轮泵输送。日用油箱要设计快速燃油泄放口，当柴油机厂房内发生火灾时，在厂房外能迅速将燃油放回储油罐。

从日用燃油箱到柴油机之间需要增加燃油备用泵（与机带燃油泵并联），以避免在应急时由于机带泵损坏而导致机组不能工作，如图9-1所示。

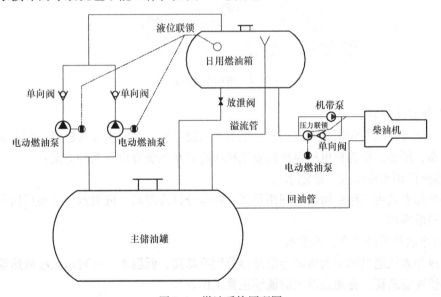

图9-1 燃油系统原理图

5. 滑油系统的设计

为了保证柴油机组能在45s内迅速加载至满负载，要求柴油机组时刻处于热备用状态，核级应急柴油发电机组需要增加滑油预热系统，一般是通过预热高温水来加热滑油。

在核应急柴油机厂房内需要放置滑油补给油箱，补给油箱容量要保证柴油机组满功率连续运行7天。滑油通过补给油泵向柴油机公共底座补油，补给油泵的工作通过柴油机公共底座液位传感器控制。控制逻辑如下：

1) 液位过高：报警、停泵。
2) 液位高：停泵。
3) 液位低：起泵。
4) 液位过低：报警、起泵。

5）滑油预供泵与柴油机的转速信号联锁，当柴油机接到启动信号时，预供泵停止运行；当柴油机接到停机信号时，预供泵开始运转如图9-2所示。

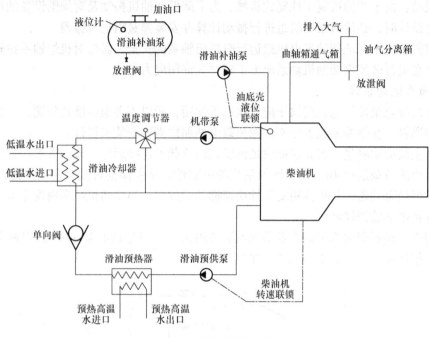

图9-2 滑油系统原理图

6. 冷却水系统的设计

一般电站冷却水系统通常有高温水、低温水两路系统，高温水冷却缸套、缸盖等，低温水冷却空冷器、滑油。作为核电应急柴油发电机组冷却水系统有以下两种方案：

1）重要厂用水冷却高、低温水

这种冷却方式由三路水组成，利用重要厂用水分别冷却高、低温水。重要厂用水通过电站的中央冷却塔冷却。

2）风冷散热器冷却高、低温水

这种冷却方式通过两个大型风冷散热器分别冷却高、低温水，这要求风冷散热器、风机必须能够承受地震载荷，在地震发生时能够正常工作。

为了保证柴油机随时处于热备用状态，在柴油机不运行时要对柴油进行预热。预热水泵和柴油机转速联锁，当接到柴油机启动信号时，预热水泵停止运转；当接到柴油机停机信号时，预热水泵开始运转。预热水温度根据柴油机性能不同而有所差异。

高、低温水系统各设一个膨胀水箱给系统补充水，高、低温水系统高点设置放气口如图9-3所示。

7. 进、排气系统的设计

核级应急柴油发电机组进气一般采取室内进气，厂房内温度要保持在发电机组允许工作范围内，过低的温度会影响发电机组的启动性能，过高的温度会降低发电机组的输出功率。

核级应急柴油发电机组排气系统尽量短平，避免使用过多的弯头，尽可能降低柴油机排气背压，否则会降低发电机组输出功率。涡轮增压器出口要安装排气膨胀节，以补偿由温度变化引起的管道膨胀，管道必须有牢固的支撑点，保障在任何情况下不能将管道重量施加给涡轮增

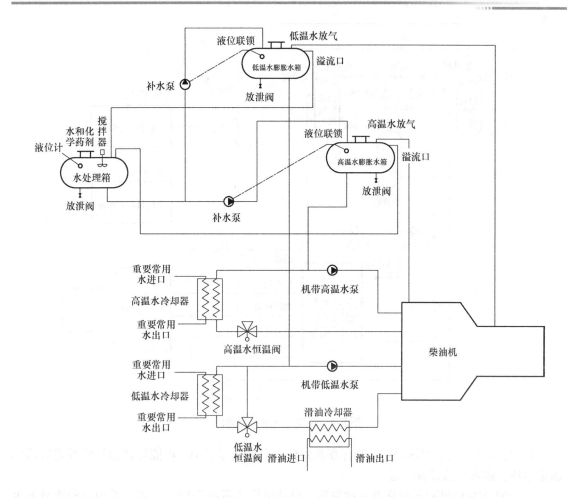

图 9-3 冷却水系统原理图

压器,以免损坏增压器导致机组不能工作。排气管道上应安装排气消声器,排气出口应有防雨设计。

8. 压缩空气系统

目前,大功率柴油机启动方式一般分为空气分配器启动和空气电动机启动。作为核应急柴油发电机组要采用两套相互独立的启动系统,以保障在任何一套启动系统失灵时,另一套系统仍能够启动柴油机。每套启动系统由各自独立的空气瓶供气,两套空气压缩机的原动力一般情况下也不同,一套是电动机,另一套是小功率柴油机。空气压缩机的启、停由空气瓶内压力控制,当瓶内压力低于下限设定值空压机启动,当瓶内压力大于上限设定值时空压机停止。

空气瓶的容量随柴油机耗气量不同而各有变化,一般必须满足在空压机不工作情况下,空气瓶内空气能够满足柴油机 6 次启动。

当柴油机瞬态响应速度较慢时,可以对涡轮增压器进行吹气,以加速涡轮的响应速度从而提高柴油机瞬态响应特性。另外,柴油机的控制系统,如柴油机超速保护,柴油机启动、停车,调速器促动器供气等都需要由压缩空气系统提供气源,如图 9-4 所示。

9. 设备性能参数

主要性能指标包括:

1) 机组使用寿命是 40 年,等效 10000 可用小时(不含起停时间)。

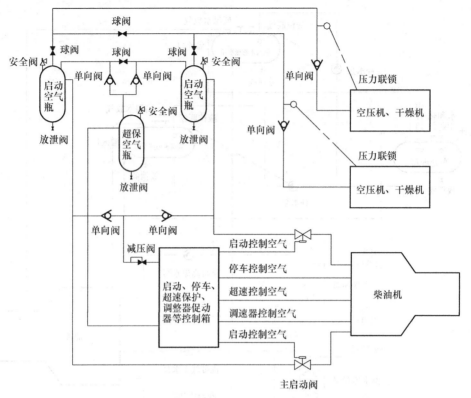

图 9-4 压缩空气系统原理图

2）机组始终处于预热状态，确保在收到应急启动信号后 10s 内能够快速达到额定转速和额定电压，进入应急带载状态。

3）100 次启停试验不允许有一次失败，启动可靠性不小于 99%。寿命期内启动次数不少于 4000 次。按照应急负载加载次序，40s 内带满应急负载。

4）机组在负载加载 2s 内，出线电压恢复至额定值（6kV）的 90%（5.94kV），频率恢复至额定值（50Hz）的 98%（49Hz）。在带负载的全过程中，出线电压不低于额定值（6kV）的 75%（4.95kV），频率不低于额定值（50Hz）的 95%（47.5Hz）。

5）在甩负载时，机组超速率不超过最大超速设定值的 75%。

6）机组在 1.2 倍额定转速下超速运行时间不少于 5s。

7）机组每 24h 连续运行中，允许 2h 处于 110% 额定负载超载荷运行。

9.2.2 水压试验泵柴油发电机组

1. 设备概述

我国已经建成的二代核电站基本上全部采用的是水压试验泵汽轮发电机组。但近年来小容量汽轮发电机组市场供货不乐观，并且其工艺系统及维修操作较为复杂；而柴油发电机组的优点是热效率高、设备紧凑、冷却水耗量少、维修操作简单，尤其是其迅速、可靠，并且可以频繁启动的特点，很适合作为应急发电机组或备用发电机组使用。另外，其单机容量等级范围广，具有适用于多种容量用电负载的优越条件。在经过功能、设计、安全性及进度等多方面认证，并参考国外核电站提出柴油发电机组替代汽轮发电机组的设计思路后，最终确定将原来由汽轮发电机组供电的水压试验泵的电能改为由柴油发电机组供给。

2. 系统功能

当一个机组失去全部厂内外电源时，水压试验泵柴油发电机组给水压试验泵提供应急电源，从而确保反应堆冷却剂系统的完整性。水压试验泵柴油发电机组还负责为机组运行所需的仪表和水压试验泵房的应急通风供电。

每台核电机组都有一套 LLS 水压试验泵柴油发电机组。在正常或设计基准事故工况下，LLS 系统不执行安全功能；但在一台机组的两列配电盘 LHA 和 LHB 都不能供电的情况（即超设计基准工况）下，该系统为水压试验泵提供 380V 应急电源，以确保给主泵 1 号轴封供水，从而保证反应堆冷却剂系统的完整性；另外该系统在此工况下还负责为机组运行所需的仪表供电，并可通过两个机组的共用机柜，为水压试验泵房的应急通风设备供电。

两套柴油发电机组互为主、备用，在任何一台停机进行维护和检修时，都不能影响到另一台柴油发电机组的运行。

水压试验泵柴油发电机组为非 1E 级（非安全级）设备，抗震 I 类，质保等级：Q3。

应急柴油机组设备抗震要求为抗震 I 类，其中柴油机、发电机、燃油输送泵及电机、风扇冷却器及电机设备为 1A 类，即这些设备在所有地震条件下不仅能保证结构完整，还要能持续可靠运行。柴油发电机组及其辅助设备必须能承受两种强度地震，一种是安全停堆地震（Safe Shutdown Earthquake，SSE）与另一种是运行基准地震（Operating Basis Earthquake，OBE）。SSE 时的地震加速度值是 OBE 时的 2 倍。应按这两种地震动载荷来进行设计和计算。在 SSE 地震下使用的阻尼系数应不大于 4%，在 1/2SSE 地震下选择阻尼系数应不大于 2%。

3. 设备的设计

柴油发电机组在 LHA 和 LHB 两列配电盘同时失电的时候，不需要借助任何外部条件，能够自动启动达到额定状况。能够在接到启动信号 10s 内，达到额定的转速和电压。为了保证 LLS 柴油发电机组启动和运行的可靠性，每个气缸都由单独的喷油泵供油，并有两套蓄电池系统（每台柴油机都有两套可同时使用的独立的启动装置）。

设计柴油发电机组时，必须考虑其能承受如下的故障：

1）外部故障引发的，在发电机输出端子发生 3 相或 2 相短路时，持续时间不超过 5s。
2）持续 5s，1.15 倍额定转速的超速运行。
3）以下的过电压（频率稳定在 50Hz）。
4）1.4 倍额定电压，持续 4s。
5）1.2 倍额定电压，持续 3s。

柴油发电机组能够在不需要外部干预下，连续 24h 以额定工况运行。9RIS011PO 水压试验泵和 9LLS001AR 控制柜靠近水压试验泵。确保所有的电力供应到不同用户。LLS 柴油发电机组控制柜 LLS002AR 安装在发电机房。

柴油发电机组容量额定输出功率为 200kW 左右。

机组设备分级和抗震要求：本系统的设计属超基准设计工况。在正常或设计基准事故工况下，本系统不执行安全功能，故本系统为非安全级，但其体系是安全重要的，设备及厂房均为抗震 1 类，质保等级为 Q3。

柴油发电机组组成：柴油机一台、柴油辅助系统、发电机一台、发电机用励磁调节系统和保护系统、控制系统。

柴油辅助系统分为燃油系统、润滑油系统、冷却系统、启动系统、进气系统和排烟系统。

由于机组功率小，润滑油系统、冷却系统和进气系统的设备直接安装在柴油机上，连接管路全部为柴油机自带，自成体系。

燃油系统设置了设计容量为1500L的日用油箱，在不需要额外补充燃油的情况下可保证柴油发电机组连续运行24h。

每台柴油机都有两套可同时使用的独立启动蓄电池。每套启动蓄电池能够连续独立启动柴油发电机组3次。

柴油机排烟管道上设置有法兰波纹管。排烟管有保温，以降低其辐射热，并使柴油机和工作人员有良好的工作条件。柴油机排烟口消音器应选取合适的类型以满足规定的噪声级要求（声功率级）。

辅助系统的设计可保证柴油发电机组在收到启动信号后10s内建立额定频率和额定电压。

4. 设备说明

（1）水压试验泵柴油发电机厂房的位置确定

新增的水压试验泵柴油发电机组厂房与外部接口主要考虑消防水源和电缆通道的可实施性问题。新厂房位置考虑布置在靠近核岛厂房左上角的A系列应急柴油发电机房厂房处，可连接其内的消防系统水和电缆进出线。进一步分析方案的实施，是与应急柴油发电机厂房处相邻，或者是与应急柴油发电机厂房拉开间距以作为应急柴油发电机组安装及检修通道。A系列应急柴油发电机组是通过+0.8m标高层处墙上的安装洞进入厂房内的。由于应急柴油发电机组性能可靠，在40年寿命其间不考虑大修时的整体拖出厂外，只需进行零部件的拆装更换，机组安装完毕后便将安装洞二次浇灌，因此无需在两个厂房之间留有设备检修通道。并且如果新厂房和应急柴油发电机组厂房之间拉开间距，它们之间的管沟处必须有抗震等级的要求，设计上会较烦琐，成本也会较高。由此确定新厂房紧邻应急柴油发电机房布置，中间设置伸缩缝，但需注意的是新厂房必须在应急柴油发电机组安装后方能施工，新厂房内的设备不多，稍后施工不会对核岛厂房的总体施工进度产生影响。

（2）水压试验泵柴油发电机厂房的布置

两个核电机组的两个水压试验泵柴油发电机厂房布置在一起，中间用隔墙连接，整个厂房外形尺寸为长10.1m、宽8.2m。由于机组容量小，所用机型的尺寸不大，辅助系统设备也不多，因此只需设置地上一层，在其内部布置有柴油发电机组、日用油箱、排气消音器、排烟波纹管及控制屏等设备和管道。

5. 运行参数

（1）正常运行

正常时，柴油发电机组处于自动备用中的预热状态，接到启动信号后，在自动启动或手动启动两种模式下，机组能够在10s内启动并到达额定工况（空载或带载），此时柴油发电机组电压、频率、润滑油压、冷却水温等参数正常，机组运转时无异常声响、控制柜无异常报警。

（2）特殊稳态运行

假设工厂的LHA和LHB开关柜在反应堆处于发电运行状态时同时掉电，发生此事故时LLS柴油发电机组接到启动信号后能自动启动，并同时启动水压试验泵及机房有关照明和风机通风负载。

（3）特殊瞬态操作

在LLS柴油发电机组无法启动或在运行过程中发生停机故障的情况下，另一台柴油发电机可以立即自动启动，以供电到上游配电柜9LLS001AR。

只有当试验泵停机小于2min时，才可以完成这些卸载和重加载步骤。超过这个时间点，冷水注入主冷却泵，其密封性能可能降低，那将是非常危险的（产生热冲击）。

(4) 启动和正常停机

LLS 柴油发电机组和 RIS 试验泵的启动操作：

1) 试验泵的正常启动信号是从控制室发出的；

2) 自动启动是开关柜 LHA 和 LHB 同时失电开始的；

3) 自动模式总的启动时间，可以估算如下：T = T1 + T2 + T3 + T4 + T5；

4) T1 为故障判断时间，从 LHA 和 LHB 开关柜同时失电开始。T1 = 15s（通过时间延迟设定）；

在 15s 延时过后，柴油发电机组自动启动。

T2 为柴油发电机启动时间，当发电机达到额定电压和额定频率的时候，配电柜 001AR 的电压达到 380V。T2 = 10s。当本机组的柴油发电机组启动失败时，另一台柴油发电机组自动投入的相关启动时间。

T3 为延时闭合由柴油发电机配套的配电柜 001AR 接触器，发电机端电压一旦出现电压，断开正常供电接触器（LKI）。T3 = 3s。

T4 为配电柜 LLS001AR 控制电压得电吸合时间和母排电压侦测时间 T4 = 1s（物理现象）。

T5 为自耦变压器启动试验泵时间。一旦配电柜 001AR 电压恢复正常，首先增压泵启动。当机油压力达到 5bar（建立时间大约 3s）试验泵主泵启动，开始密封注入。T5 = 20s。

总时间：T = 49s

操作员可以通过主控制室工作站或副控制屏，或柴油发电机组就地控制柜启动 LLS 柴油发电机组执行其功能。

LLS 柴油发电机组和试验泵停机操作：

1) 操作员可以通过主控制室工作站（KIC）断开到试验泵的正常送电。

2) 操作员可以通过主控制室工作站（KIC）或副控制屏，或柴油发电机组就地控制柜停止 LLS 功能（正常停机或紧急停机）。

3) 操作员在没有失电释放 LLS 配电柜的情况下，可以采用就地按钮关停试验泵。也可以采用就地按钮重新启动试验泵。

(5) 控制原理

柴油发电机组有自己的励磁 – 调节和速度控制系统。在 H3 状态下，LLS 柴油发电机组只有超速保护是投入的。在运行过程中，当柴油机转速达到设定的超速动作门槛值时，柴油发电机组跳闸停机，在就地控制柜复位后，柴油发电机组可以立即重新启动。在 H3 状态下，如果试验泵停机时间大于 2min，不得重新启动。

6. 设备的定期试验

在正常情况下，预润滑和预热系统连续运行，使得柴油发电机组保持在预备用状态，做好随时启动的准备。柴油发电机组的同期并网试验就是指在就地控制室启动已经处于热备用状态的柴油发电机组，利用同期装置，当电压相等、频率相等、相位相同和相序一致后合上柴油发电机组的出口开关，实现并网运行，并逐级加载到额定功率，在不同的功率平台下检查柴油发电机组的工艺和电气参数是否达到设计要求。此时，为确保柴油发电机组本体及辅助系统自身的完整性和有效性，必须投入所有的保护。根据定期试验大纲的规定，在一定的机组状态下，进行分级启动（程序带载）试验。

要求柴油发电机组必须在规定的时间内，将电压和频率保持在不会使任何负载的性能降低到低于其最低要求的限值以内，即使在带最大负载过程中发生瞬态，如突然加载或卸载引起的电压和频率波动。可通过真正的断电或来电验证柴油发电机组能在规定的时间（比如10s、15s等）内成功启动来保证供电，并满足其他相关要求。此时，柴油发电机组主要是为了完成其安全功能，有些原本会导致柴油发电机组停运的保护信号将被自动闭锁。

7. 设备性能参数

主要性能指标包括：

1）供货设备寿命40年，等效8000可用小时（可更换磨损件）。

2）每套启动系统的设计应保证可以连续成功启动3次。

3）柴油发电机组在收到启动信号10s内应能达到稳定的额定频率和额定电压，并尽快与LLS系统连接。

4）100次启停试验不允许有一次失败，启动可靠性不小于99%。

5）机组在1.2倍额定转速下超速运行时间不少于5s。

6）柴油发电机组主开关设置在柴油机房的就地配电柜上，开关的额定电流应不低于发电机额定电流的1.5倍。

7）在任意负载（空载和额定负载之间）下，电压调节器的整定值可设定在额定电压的90%和110%之间。

9.2.3 附加柴油发电机组

1. 设备概述

在全厂断电的超设计基准事故状态下，附加电源系统柴油发电机组可以替代应急停机柴油发电机组投入使用，给所需的核辅助设备供电。

附加电源系统的设置更多的是从电站经济性考虑。根据规定，当两台应急柴油发电机组中任何一台发生故障需要停机检修时，若在三天内不能修复或预计无法修复时，相关核电机组必须停机。若装备有辅助电源，可确保核电站正常运行14天。

附加电源柴油发电机组为非安全级设备，无抗震要求。

2. 设备功能

设置附加柴油发电机组主要是为了使其具有以下功能：

1）替换功能　当核电站中任何一台正常应急柴油发电机组故障时，附加柴油发电机组即可代替该故障柴油发电机组，并执行其所有功能。

2）抵抗全厂失电功能　所谓全厂是指核电站在失去厂内、厂外电源的同时，正常应急柴油发电机组也能使用。此时可单独启动附加柴油发电机组，并提供使核反应堆安全停堆所必需的电源。

3. 设备的接线方式

从核安全的角度来说，核电站每台机组都设置有电气上完全独立的A、B两个系列，每个系统的1E级中压母线配置一台应急柴油发电机组作为该1E级中压母线的应急电源。一般来说附加柴油发电机组同时可以作为2台机组、4台机组和6台机组的后备紧急备用电源，这主要取决于每个国家及地区核电站的电气配置。下面以2台机组为例简述附加柴油发电机组的主接线方式。

1）方式一　如图9-5所示，这种接线方式是附加柴油发电机组出口经过一个断路器与中压盘（CBSWG）相连，该中压盘有5个出线，其中一个出线接触器经过6.6kV/380V变压器与厂内 AC 380V 电源通过电气或机械联锁后为柴油机附属设备供电；另外 4 个出线经钥匙联锁后（即同时只能有一路接通）分别与 4 条 1E 级中压母线连接（1LHA、1LHB、2LHA 和 2LHB）。由于接线简单、操作方便，所以在国外的一些核电站，如南非、韩国，这种方法被广泛采用。

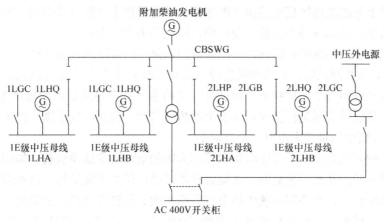

图 9-5　附加柴油发电机组主接线图一

2）方式二　如图 9-6 所示，这种接线方式在 900MW 的压水堆核电站（如法国）被广泛采用。其主要原理是附加柴油发电机组出口经过一个中压转换盘（9 LHT 003 AR）中的连接片分别与 4 条 1E 级中压母线连接，我国大亚湾核电站目前也采用了这种接线方式。它的主要特点是为避免由于电气联锁而产生共模故障，对 1E 级系统提出了更高的要求，比如中压转换盘的连接片应确保了 A、B 系列上的设备在实体上的分离，断路器在 002 JA 与 003 JA 仓位之间的钥匙联锁（即二取一）确保了在应急柴油机与附加柴油机之间不能同时供电（核安全上的要求）。

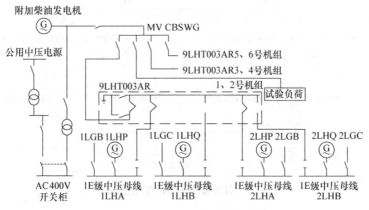

图 9-6　附加柴油发电机组主接线图二

4. 设备的供电模式

一般来说当机组正常运行时，附加柴油发电机组处于热备用状态，与 1E 级中压母线在电气上是完全隔离的。如果发生任何一台应急柴油机故障，而且预计在 72h 内（当地核安全局规定的，这个时间包括机组的停机时间）难以修复，则与该故障应急柴油机所连接的 1E 级中压母线即被切换到附加柴油机上，同时执行故障应急柴油机的所有功能，比如在 LOP、LOP + SI、LOP + SI + HHCP 情况下的自启动及带载能力。另外，如果发生全厂失电（SBO），为确保核反应堆安全停堆,附加柴油发电机组承担非常重要的后备供电任务。

5. 设备的试验方法

由于附加柴油发电机组在核电站中起着重要的作用,为了确保其在紧急情况下(如应急柴油发电机组故障、SBO)可用,需定期进行试验以验证其可用性。

目前,世界上各国或地区核电站由于附加柴油发电机组主接线方式不同,但基本上都要做启动试验、低功率试验和满功率试验。现以韩国核电站为例作介绍。

如图 7-5 所示,韩国核电站附加柴油机的试验回路与供电回路完全一样,每个月进行一次 100% Pr 与厂内电源并网试验,大修期间进行启动及 50% Pr 与厂外电源并网试验。在试验期间正常应急柴油发电机组处于备用状态。该试验方法的主要特点是从运行的角度来说便于操作,能真实地模拟柴油机的实际运行情况;从安全的角度来看,通过电气联锁,使正常应急柴油机只有在探测到 1E 级中压母线失电时才会自启动。

另外一种试验方法是用一个纯电阻负载箱作为附加柴油机的试验负载,如图 7-6 所示。由于试验回路与供电回路是相互独立的,试验时并不影响机组的正常运行,也不需设置专门的并网设置,因此风险较小,在法国的核电站中被广泛采用。但该方案只能试验柴油发电机组的带载能力,不能真实模拟柴油发电机组接入系统后的实际运行情况及验证其励磁系统的调节能力。只有通过在试验负载装置中增加电抗等设备才能使该试验方法更加完善。

6. 设备电动机控制中心

附加柴油机电动机控制中心主要供电负载是柴油机附属设备、消防系统、起吊设备、48V/125V 直流电源和通风空调等。在正常备用情况下,其上端电源一般取自一路来自厂内公用中压配电盘(如南非核电站,图 9-5 所示)或两路来自两个机组 A 列应急低压配电盘(如中国台湾地区核电站,图 9-7 所示)。

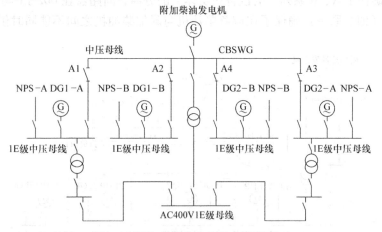

图 9-7 附加柴油发电机组主接线图三

以上这两种供电接线方式,当柴油机启动后,电动机控制中心(MCC)即由柴油发电机自动供电,既可保证在备用情况下,柴油机某些附属设备(如预热系统、预润滑系统)的用电需要,又可满足直流电源系统、通风系统和消防系统对供电电源连接性的要求。

9.2.4 移动式应急柴油发电机组

1. 设备概述

目前,国内核电厂的供电电源较为丰富,具有一定的为核安全提供纵深防御的能力,但在严重事故下，如发生多电源共模失效，缺少终极手段缓解事故的能力。

核电厂应急柴油发电机组布置于+0.8m 标高（未作特殊说明均为相对标高），附加柴油发电机组及 SBO 柴油发电机组布置于+0.3m 标高，主要中低压电气柜布置于电气厂房（标高+7.00m）。考虑到目前在建电站厂址标高均在 8.5m 之上，可见其中低压电气柜等主要配电设备绝对标高均在 15.0m 以上，对海啸、洪水等重大水淹外部事件有一定的抵御能力；但柴油发电机组绝对标高在 9.0m 左右位置，存在发生重大自然灾害（海啸、洪水等）时应急电源系统出现"共模故障"的风险。

针对日本福岛第一核电站的经验总结，比照国内某核电厂应急供电系统的基本情况，对应急供电应从加强电源配置，提高机组纵深防御能力，在核电厂内设置专用电源设备，避免在严重事故的情况下从外部调动移动电源可达性具有不确定性的问题，降低"共模故障"风险。

(1) 增设 380V 移动应急柴油发电机组

从现有供电策略和法国《900MW 压水堆核电站设计建造规则》（RCC-P）规程来看，在全厂失电工况下，首先是需启动 SBO 柴油发电机组；随后需尽快恢复供电，解除故障。从加强全厂失电后的电源保障的角度，应考虑在厂内增设 1 台长期备用电源，为水压试验泵、厂内部分测量、监视及控制负载进行供电，以起到缓解事故的能力。核电厂需供电负载总容量约为 220kW，选用移动电源发电机组容量约为 400kW，电压等级为 380V。

移动式发电机组入厂区后，为便于尽快接入系统，发挥功能，设立了快速接线箱，与原 SBO 应急供电进行联络。在全厂失电及原有固定式 SBO 柴油发电机组不能使用的情况下，移动式发电机组通过手动方式接入原有的 SBO 应急母线段，为下游提供电源。

(2) 增设 6.6kV 移动应急柴油发电机组

根据 RCC-P 规程，在保证原有 SBO 电源供电的同时，还应通过恢复电网本身，或启动其中 1 台已修复的原故障应急柴油发电机组，或修复原故障的应急配电盘来恢复供电，上述手段在规定期限内无效的情况下，则启动附加柴油发电机组为机组恢复供电。但根据福岛事故的经验，水浸后固定式的附加机组在严重事故下的可用性无法保障，有必要增配 1 台 6kV（核电厂中压电压等级）移动式应急柴油发电机组，在全厂失电的情况下接入系统，加强核电站应急供电系统中 SBO 电源的可靠性和多样性，保证对事故的进一步的缓解能力。

6kV 移动式柴油发电机组其电压等级较高，可启动部分核岛中压设备，但由于受移动设备的容量限制，可分别为一次侧或二次侧部分设备进行供电，保证排热能力，经事故分析，主要考虑为 1 台辅助给水泵进行供电或考虑为 1 台低安注泵和 1 台安全壳喷淋泵进行供电，必要时也可以为 1 台消防水泵进行供电。根据移动式柴油发电机组的调研情况和上述供电需求，并经大容量电机启动能力校验，应选择柴油发电机组容量不小于 2000kW，详见表 9-1。

表 9-1 6kV 移动式应急电源系统供电负载表

名称	额定功率/kW	备注
消防水泵	250	需要时运行
辅助水泵	560	
暖通系统	150	
控制系统	150	
应急照明	150	
其他		小负载设备
总计	1260	

在全厂失电且应急柴油发电机组 LHP/Q 无法短时恢复可用的工况下，6kV 移动式柴油机组通过手动方式接入 6kV 应急中压母线 LHA/B（简称"LHA/B 母线"），为其提供电源。6kV 移动式柴油发电机组通过其配电设备的中压软电缆接入 LHA/B 母线 LHP/Q 进线开关柜中。接入前，需闭锁对应原应急柴油发电机组，以防误启动，并将对应 LHA/B 母线正常电源进线开关锁定在隔离位。6kV 移动式柴油发电机组通过就地手动启动，在其启动投入前，除机械自保持接触器回路的接触器保持在闭合状态外，LHA/B 母线下游其他所有中压接触器都应位于断开位置。在 6kV 移动式柴油发电机组为 LHA/B 母线恢复供电后，可根据具体工况需求和柴油机容量分步投入负载。当厂用电系统恢复供电后，可根据运行工况逐步退出 LHA/B 母线的负载，然后就地手动停运 6kV 移动式柴油发电机，并恢复原有接线和供电。

（3）移动式柴油发电机组的储存

对于厂内配设的中低压移动电源设备，必须充分考虑在极端自然灾害情况下的设备安全和到达现场接入点的可达性。应根据各厂址实际情况，在核电厂内选择距核岛距离较远，标高高于核岛 5m 以上的地点建设独立抗震厂房用于移动电源设备的储存。

（4）安全分析

在全厂失电工况下，新增 380V 移动式应急柴油发电机组的接入盘柜，正常运行情况时，其接入回路与系统断开，对原有盘柜结构不构成影响，可使水压试验泵、重要暖通负载及重要仪表等供电可靠性加强，进一步提升纵深防御能力。

6kV 接口设置采取临时接入方式进行，同样不改变原有盘柜结构，并可增强机组恢复供电的可靠性。

2. 移动式柴油发电机组（6kV）

（1）系统概述

以某现役核电厂为例，介绍增设 6kV 中压移动电源改造设计方案。该核电厂共有两台压水堆机组（1、2 号机组），每台机组的应急供电系统都按照设备的组成和执行的功能分为 4 个相互独立的冗余通道，每个通道都能满足 100% 安全停堆功能的供电需要，即冗余度为 4×100%。其中，4 段 6kV 应急母线分别为 BEA、BEB、BEC、BED。

该核电厂两台反应堆机组之间的距离小于 5km，因此设计时可考虑两台压水堆机组共用一台 6kV 中压移动电源。

6kV 中压移动电源系统包括 6kV 中压移动电源车、6kV 中压移动电源接口箱（以下简称接口箱）、中压移动电源试验装置、中压开关柜、6kV 中压电力电缆、电缆穿墙及防火封堵材料等。其中，中压开关柜利用 6kV 应急母线备用开关柜进行改造，其他设备均为改造时新增设备。

6kV 中压移动电源车主要设备为非 1E 级车载厢式柴油发电机组，在丧失全部交流电源事故工况下，通过接口箱接入 4 段中压应急母线中任意一段向电厂应急母线提供临时动力，以缓解事故后果。

（2）电气接入方式

以 1 号机组为例，6kV 中压移动电源电气接入如图 9-8 所示。

应急母线 1BEA/1BEB/1BEC/1BED 位于应急柴油发电机厂房内，在厂房外墙上设置 4 套接口箱，6kV 中压移动电源通过 1~4 接口箱可分别接 4 段应急母线。接口箱至应急母线的电缆采用固定敷设方式沿厂房内桥架敷设，6kV 中压移动电源至接口箱的电缆平时存放在中压移动电源车上，在使用时由操作人员快速接入。

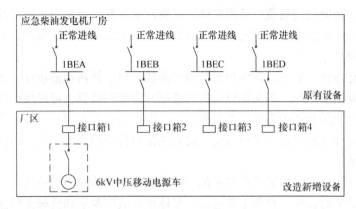

图 9-8　6kV 中压移动电源电气接入示意图

接口箱采用挂墙式安装方式，下侧进线，上侧出线，如图 9-9 所示。

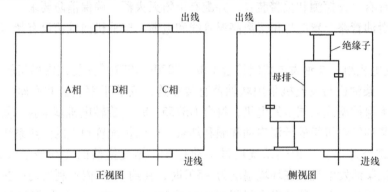

图 9-9　6kV 中压移动电源接口箱接线示意图

进、出线电缆均采用单芯中压电力电缆。进线电缆通过线耳与接口箱内的母排实现快速连接；出线电缆为固定敷设电缆。箱体上下侧有供电电缆进出的长孔，出厂时长孔加密封环。电缆接入时取下密封环，将进线电缆从箱体下部接入。电缆拆除后，重新将密封环套住长孔，防止雨水等进入箱体。接口箱内部设置有进出线电缆固定装置。

接口箱内设置三相母排，从左到右依次为 A、B、C 相。母排采用支撑绝缘子固定，母排之间的距离应满足屋内配电装置安全净距要求，支撑绝缘子爬电距离满足相关规范要求，母排非连接处采用绝缘热缩套管包封。接口箱面板上设置高压带电显示装置，确保操作人员安全。

接口箱抗震类别为抗震 I 类，能承受 5 次 OBE 运行基准地震和 1 次 SSE 安全停堆地震的地震应力而保持结构和功能完整性。

(3) 电源车结构和性能要求

6.6kV 中压移动电源车由牵引车、箱式半挂车、6kV 柴油发电机组（包括启动系统、燃油系统、润滑油系统、冷却系统、进气系统和降噪系统等）、柴油发电机组控制保护监测系统、中压配电系统、低压配电系统、控制电源系统、电缆及收放装置以及配套辅助设施等部分组成。所有辅助系统完整自持，独立运行，满足 GB/T 2819—1995《移动电站通用条件》要求。

1) 箱式半挂车　半挂车的设计满足 GJB79A—1994 厢式车通用规范和 GB/T 23336—2009《半挂车通用技术条件》的相关要求。半挂车有相应支承装置。支腿固定在挂车大梁，使用时支腿向下伸出触地，将车身顶起，使车辆的大部分（或全部）重量由支腿支撑，保持车体的平稳，减轻车辆弹簧钢板的负载。使用完毕，支腿向上收起，离地有足够的高度，保证有充分的离地高度，确保行车安全、保护轮胎及设备的安全。支腿带有锁定保护，在不平的路面使用时按高度差进行调平。

车厢设计具有防锈、防雨、防尘功能及油水排放出口、排污地漏设计。车厢内配备有照明设施和临时用电电源插座等。车头部位设置有液压升降照明灯具，可提供车体外部照明。

车厢根据机组使用和维护需要设置有检修门、操作门、观察窗和工作梯等。

柴油发电机组在车厢内布置时留有便于设备维修和检查的必要空间，结构和布置保证了机组大修时的必要操作。

电气设备和电缆选型时保证其具有耐热、耐燃油和润滑油腐蚀的特性。

为了移动电源车的长期贮存和正常运行，车体配有液压及手动机械支撑固定装置。

箱体内部设备采用等电位连接，电源车箱体四角均设有接地螺栓，通过核电厂接地检查井与接地网连接。

箱体内配置有火灾探测和报警装置，并配有干粉灭火器，确保消防要求。

燃油和润滑油管路布置应尽量远离高温管线和电缆。柴油机曲轴箱设有超压保护装置，并设置曲轴箱通风。

2) 柴油发电机组　柴油发电机组符合 GB/T 2820—1997《往复式内燃机驱动的交流发电机组》的要求。柴油机与发电机采用联轴器直接相连，安装于钢制公共底座。发电机应采用自通风、防滴水保护型式的同步发电机，符合 GB755—87《旋转电机基本技术要求》要求。

为了保证柴油发电机组的低温启动和顺利加载，柴油机配置独立的预热系统，预热系统采用燃油式不依靠外部电源。预热系统通过手动打开。热交换器的冷却余量设计保证不少于10%余量。保证柴油发电机组在环境温度为-5℃时，在约5min内顺利启动；在电厂极端低温环境下20min内顺利启动。柴油发电机组启动成功后，3min内，应具备带额定持续功率负载工作的能力。冷却介质防冻液确保低温天气下不影响柴油机启动和运行。

监测冷却水液位、温度和压力，超过允许值时发出报警和停机保护，在应急运行工况下仅发出报警。

柴油发电机组具有手动启动、手动投入、手动撤出、手动停机等功能。柴油发电机组在试验工况和应急工况时具有不同的保护功能。

移动式应急电源自带润滑油底壳，润滑油底壳容量满足250h的满功率连续运行。

润滑油系统的设计允许机组运行时在线补油。监测润滑油温度和压力，如超出允许值应发出报警和停机保护，在应急运行工况下仅发出报警。

移动式应急电源车配有具有消声结构的通风进气和排气装置。

进气管道装有过滤器，过滤器上装有压差测量装置。

排气系统包括管道、膨胀节和消音器。机箱内的排气管道安装有保温层，保温层表面温度不超过50℃，机箱外的排烟管道出口处安装有防雨罩。

柴油发电机组支脚与底架安装处均安装有减振器，在额定转速下确保柴油发电机组振动符合标准要求。

发电机采用无刷励磁方式，F级绝缘，轴承上装有温度传感器用于测量巴氏合金的热点温度，发电机中性点不接地。

柴油发电机组具有发电机差动保护、定子接地故障、过负载、失磁、逆功率、低电压、过电压、频率高、频率低、超速、励磁系统故障、发电机绕组温度高、发电机轴承温度高、冷却水温度高、燃油箱液位低、燃油箱液位高、冷却水压力低、润滑油压力低、润滑油温度低、冷却水液位低和排气温度高等多种保护，并可在应急运行时只投入超速和失电压两种保护，关闭其他保护（仅发出报警信号不执行停机等动作），完全满足核电厂常规供电要求和应急供电要求。

3）低压配电系统　电源车箱体内设置小容量6.3kV/0.4kV配电变压器，当柴油发电机组启动后，为柴油发电机组及箱体冷却系统、照明系统、控制系统等负载供电。

4）控制电源系统　控制电源系统标称电压为DC 110V，采用阀控式密封铅酸蓄电池，为中压柜、柴油发电机组控制柜、仪表柜等提供DC 110V控制电源，其容量满足用电设备1h供电需求。柴油发电机组启动成功后，控制蓄电池由车载6.3kV/0.4kV变压器供电。

5）启动系统　柴油发电机组采用电启动方式启动，启动蓄电池额定电压DC 24V，采用阀控式密封铅酸蓄电池，在蓄电池充满电后断开充电电源其容量能保证机组连接启动6次。柴油发电机组备用时，蓄电池由移动电源存储厂房低压电源进行浮充电；柴油发电机组启动成功后由6.3kV/0.4kV变压器供电。蓄电池组自配充电装置，蓄电池使用寿命不低于5年。

6）燃油系统　车辆箱体内设置油箱，油箱容量满足柴油发电机组满功率运行4h以上并符合相关消防要求。油箱预留日常加油管接口，允许运行时在线补充燃油，通过燃料补充功能实现不少于连续72h运行的需要。移动电源车内设置电动补油装置及补油接管，当需要补油时可通过该接管向车内油箱在线补油。为避免过补油，车内设置油箱液位指示及高、低液位报警。

7）电缆及收放装置　箱体内部设置电动电缆绞盘（带手动操作功能），柴油发电机组出线电缆采用阻燃软电缆，具有耐磨、耐油污特性，长度为100m，电缆两端均配置线耳，便于快速连接。

(4) 移动电源容量计算

1）负载分析　6kV中压移动电源供电负载采用手动方式分步带载。按照应对事件的不同，该电厂6kV中压移动电源的运行工况分为三种，见表9-2。

表9-2　6kV中压移动电源运行工况

工况	主要带负载	计算负载/kW
I	应急注硼泵+应急给水泵	1866
II	高压安注泵	1528
III	1台低压安注泵+1台安全壳喷淋泵	2060

2）容量计算　三种工况下6kV中压移动电源计算负载见表9-2。由表可知，柴油发电机组容量应不低于2060kW。

① 按照稳定负载计算发电机容量

$$S_{G1} = \frac{P_\Sigma}{\eta_\Sigma \cos\varphi}$$

式中　S_{G1}——按稳定负载计算的发电机视在功率（kVA）；

P_Σ——发电机总负载计算功率（kW为2060kW）；

η_Σ——所带负载的综合效率（一般取0.82~0.88，本文取0.82）；

$\cos\varphi$——发电机额定功率因数（取0.8）。

将上述数据代入上式可得S_{G1} = 3140.2kVA。

② 按柴油机加载能力计算柴油发电机组容量

在三种工况下，柴油发电机组平均有效压力为 2.0MPa。根据 GB/T 2820《往复式内燃机驱动的交流发电机组》，得到机组前三步突加负载指导值 P% 分别是 40%、68% 和 90%。通过加载前三步可分析出柴油机输出功率需求分别为 1136kW、1168kW 和 1892kW，见表 9-3，可见第 3 步对柴油发电机组输出功率的要求最高，按柴油机加载能力选择柴油发电机组容量至少为 1892kW。

表 9-3 三种工况单步加载最大负载

加载步骤	单步最大负载/kW	工况
第 1 步	454.1	Ⅰ、Ⅱ、Ⅲ
第 2 步	371.4 + 422.6 = 794	Ⅰ、Ⅱ、Ⅲ
第 3 步	371.4 + 266 + 1064.9 = 1702.3	Ⅱ、Ⅲ

③ 按加载时允许电压降计算柴油发电机组容量

6kV 中压移动电源最大单个负载为一台 800kW 电动机，其额定电压为 6kV，额定电流 88.9A，启动电流倍数为 5.5，启动电压降要求小于 25%。按发电机母线允许电压降计算发电机容量：

$$S_{G3} = \frac{1-\Delta U}{\Delta U} X_\mathrm{d} S_{\mathrm{st}\Delta}$$

式中 S_{G3}——按母线允许电压降计算的发电机视在功率（kVA）；

ΔU——发电机母线允许电压降，取 $\Delta U = 0.25$；

X_d——发电机直轴暂态电抗，一般取 $X_\mathrm{d} = 0.2$；

$S_{\mathrm{st}\Delta}$——导致发电机最大电压降的电动机的最大启动容量（kVA）。为 $\sqrt{3} \times 6 \times 5.5 \times 88.9 = 5081.2$ kVA

将上述数据代入上式可得 $S_{G3} = 3048.7$ kVA。为发电机直轴暂态电抗（标幺值）为 0.2 时，其容量应大于 3048.7kVA，以满足加载时电压降要求。

综合上述计算结果，考虑移动电源自身负载并预留适当裕量，实际采用的柴油发电机组备用功率为 2400kW，发电机额定容量为 4000kVA，额定功率因数为 0.8（滞后）。

(5) 接口箱安装及电缆穿墙设计

接口箱安装于应急柴油发电机厂房外墙上。接口箱安装高度满足电厂防水淹的高度要求，同时考虑操作便利性。

接口箱出线电缆需穿墙才能进入厂房内部。电缆敷设完成后，墙体上开洞采用防火密封材料进行封堵。该型防火密封材料最大防火时效可达 4h，具有良好的烟密性、气密性、水密性和隔音功能，并具有良好的绝缘性，施工方便，可进行后续新电缆补充。

(6) 定期试验方法

6kV 中压移动电源在核电厂应对严重事故时具有很重要的作用，为了确保其在应急工况下的可用性，需定期进行试验以验证可用性。

定期试验可采用以下两种方法：一是与厂用电并网试验；二是采用试验负载进行试验。

其中后者与应急母线相互独立，试验时不影响机组的正常运行，也不需要设置专门的同期装置，因此风险小，被广泛采用。

试验负载为非 1E 级干式交流阻性负载，采用强制风冷冷却方式，侧面进风，上方出风。

试验负载采用集装箱式结构，主要由干式负载模块（电阻）、与发电机组连接的铜排、设备运行供电电缆连接所需的端子、接地端子、散热模块（风机）、故障保护模块、控制模块、参数测量模块等部分组成。

试验负载额定容量为2400kW，可以实现下列两种加载方式：

25%-50%-75%-100%波段加载；

0%-50%-100%-50%-0%突加突卸。

试验负载箱体固定于平板式半挂车上，平时停放于移动电源储存厂房；试验时由牵引车拖出，在室外进行中压移动电源定期试验，便于散热。

两台核电机组共设一套低压0.4kV移动式柴油发电机组。移动式柴油发电机组作为LLS柴油发电机组丧失情况下的备用电源，为水压实验泵进行供电，并为厂内部分测量、监视及控制等重要负载进行供电。

移动式应急柴油发电机组无抗SSE地震要求，但应满足GB50260—2013《电力设施抗震设计规范》相关要求（抗8级烈度）。为非1E级（非安全级）设备。

3. 设计依据

移动式应急柴油发电机组遵循的主要法规、规范、标准包括：

GB/T 2819—1995　　　《移动电站通用技术条件》；
GB/T 2820.5—2009　　《往复式内燃机驱动的交流发电机组第5部分：发电机组》；
GB/T 4712—2008　　　《自动化柴油发电机组分级要求》；
GB 755—2008　　　　《旋转电机　定额和性能》；
GB 1589—2016　　　　《汽车、挂车及汽车外廓尺寸、轴荷及质量限值》；
JB/T 8194　　　　　　《内燃机电站名词术语》；
GB/T 13306—2011　　《标牌》；
GJB 79A—1994　　　　《厢式车通用规范》；
GB/T 23336—2009　　《半挂车通用技术条件》；
GJB 1488—1992　　　《军用内燃机电站通用试验方法》；
GB/T 3181—2008　　　《漆膜颜色标准》；
GB 8108—2014　　　　《车用电子警报器》；
GB 13954—2009　　　《警车、消防车、救护车、工程救险车标志灯具》；
GB/T 12786—2006　　《自动化内燃机电站通用技术条件》；
GB 50260—2013　　　《电力设施抗震设计规范》；
JB/T 9759—2011　　　《内燃机发电机组轴系扭转振动的限值及测量方法》；
JB/T 10303—2001　　《工频柴油发电机组技术条件》；
JB/T 7605—1994　　　《移动电站额定功率、电压及转速》；
JB/T 8182—1999　　　《交流移动电站用控制屏通用技术条件》。

4. 设备性能参数

主要性能指标包括：

1）供货设备寿命40年，等效8000h可用（可更换磨损件）。

2）每套启动系统的设计应保证可以连续成功启动3次。

3）应具有在当地环境条件下低温启动的能力，且在10min内能够顺利启动。

4）机组在1.2倍额定转速下超速运行时间不少于5s。

5）在任意负载（空载和额定负载之间）下，电压调节器的整定值可设定在额定电压的 90% 和 110% 之间。

6）机组连续 100 次启动试验无失败。

9.3 核电站柴油发电机组的典型案例分析

9.3.1 核安全级柴油发电机组（KMS1000E）

1. 项目概述

上海科泰电源股份有限公司从 2003 年与中国原子能科学研究院合作研发中国实验快堆配套的核安全级柴油发电机组，历经 3 年，样机通过国家核安全局、中国核工业第二设计院、中国实验快堆指挥部的鉴定审查，产品性能满足核安全法规要求，批准投入正式生产。

2010 年，供货的 4 套 800kW 机组已正式投入运行，为中国第 4 代核电实验堆运行保驾护航。

核安全级柴油发电机组主要应用于核电站应急备用电力系统，在核电站应急电力系统失去厂外电源后向安全系统设备以及其他指定的非安全系统设备提供电源，保证核安全级或安全相关级的设备执行其功能。

核安全级柴油发电机组基本的技术要求：机械设备安全级；电气 1E 级；抗震 I 类；质保 QA1 级。

机械设备安全级是在核电站应急电力系统失去厂外电源后在任何设计基准事件发生时和发生后都必须具有运行能力，向安全系统设备以及其他指定的非安全系统设备提供电源，这些设备和系统是完成反应堆紧急停堆、安全壳隔离、堆芯冷却以及从安全壳和反应堆排出热量所必须的，或者是防止放射性物质向环境大量排放所必须的。

电气 1E 级是指核安全级柴油发电机组为 1E 级电力系统设备，主要作用是为反应堆停堆系统、专设安全设施和辅助支持设施供电。

抗震 I 类是设备应能承受在厂区内可能遭受的一次最大地面运动（OBE）和在厂区内可能发生的最大地震（SSE）并保证在地震发生时或（和）地震后均能履行其安全功能。

质保 QA1 级是核安全级设备必须满足的，包括管理性和技术性质保。

核安全级柴油发电机组除了必须满足其使用性能要求外，其关键技术就是从结构设计上必须保证在地震发生时或（和）地震后机组均能启动并满足对它的基本性能要求。

2. 技术方案

核安全级柴油发电机组包括柴油机、发电机、抗震底座、冷却水箱、启动蓄电池组、减震橡胶垫、安装底板和系统集成的控制柜和开关柜等。

核安全级柴油发电机组的最大特点是结构上强大的抗地震功能。在地震发生时或（和）地震后机组均能启动并满足对它的基本性能要求。

其特点是：柴油机和发电机通过飞轮壳和连接套对中定位方连接，柴油机的飞轮盘和发电机的连接盘用螺栓连接传递动力。散热水箱是机组的散热器，由柴油机驱动风扇把冷风吹进散热水箱的散热片间隙，将冷却水的热量传递给大气，降低冷却水的温度。抗震底座是发动机和发电机的公共底座，其结构是一个刚性的钢结构框架。柴油机、发电机和散热水箱直接安装在公共底座上。安装底板是安装橡胶减震垫用的，其通过二次灌浆用锚定螺钉固定在基础上，机组的抗震底座下面安装橡胶减震垫并固定在安装底板上。启动蓄电池组为柴油机的直流启动电动机提供电力，直流启动电动机带动曲轴旋转，使柴油机启动。启动蓄电池组布置在靠近机组启动电动机的基础上并给予固定。控制柜是机组的控制系统总成，包括启动，保护，通信等各种功能。开关柜是机组电力输出的总开关，用于连接机组和负载。控制柜和开关柜两个柜拼在一起并固定在机房内适当的位置。

如图9-10所示是核安全级柴油发电机组结构示意图，结合该图对核安全级柴油发电机组的特点做进一步说明。

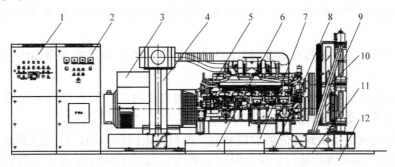

图9-10 核安全级柴油发电机组结构示意图
1—控制柜 2—开关柜 3—发电机 4—空滤支架 5—柴油机 6—启动蓄电池组 7—抗震底座
8—橡胶减震垫 9—散热水箱 10—水箱支架 11—安装底板 12—基础

1）整体结构柴油机和发电机通过飞轮壳和连接套对中定位连成一体，柴油机的飞轮盘和发电机的连接盘用螺栓连接传递动力。由于柴油机的飞轮壳和发电机的连接套具有足够的刚性和强度，其定位凸台和止口与轴的同轴度精度很高，能保证柴油机和发电机连接的同轴度和整体刚度。最大限度地减少机组运转时主轴上的扭振。

柴油机、发电机和散热水箱直接安装在公共底座上，其相互位置定位准确，连接强度高。

2）抗震底座其结构是一个刚性的钢结构箱型框架。在柴油机和发电机支脚安装部位都有相应的横梁补强，以确保底座的强度和刚度。

3）橡胶减震垫布置在抗震底座和基础安装底板之间，有效地隔断机组运转时的震动向基础传递和缓冲地震时地震波对机组的冲击。

4）抗震底座上安装的部件采用特别的加固措施，安装重心较高的散热水箱两侧面加装水箱支架（见图9-10中序号10），以形成三角形支撑结构，增加水箱的稳定性。安装位置较高的空滤器，其支架采用双柱龙门架结构（见图9-10中序号4），增加了抗震功能。

5）系统集成的控制柜和开关柜采用整体框架式结构，梁与柱的结点都用三角支撑件紧固加强，所有侧板、顶板、底板折边嵌入框架并用螺钉紧固，门板折边成型并适当布置加强梁予以加强，这两个柜上面安装的电气元器件也用夹板，卡夹和扎带等予以限位，固定和扎紧。两面柜子侧面拼接在一起增加了系统的刚性，底架和底板通过预埋螺栓有效地锁紧在基础上，能有效抵抗振动的冲击。

核安全级柴油发电机组相对普通机组来说有更加严格的要求，如100次的启动加载不允许有一次失败；在机组使用所在地最大烈度地震灾害中机组应能顺利启动并在规定时间内能分批带载。所以必须经过一系列检查、试验和专家鉴定以证明机组达到了安全级的要求。同时机组必须通过电气性能的常规试验、启动和加载试验、负载能力试验、裕度试验、抗震试验和震后功能试验。所有试验合格并经专家委员会鉴定通过之后,这个柴油发电机组才能认定为核安全级柴油发电机组。

3. 设备性能参数

此案例主要性能指标包括:

1) 柴油发电机组额定输出功率为 840kW。
2) 供货设备寿命为 30 年,等效 3000h 可用(可更换磨损件)。
3) 每套启动系统的设计应保证可以连续成功启动 5 次。
4) 柴油发电机组在收到启动信号 10s 内应能达到稳定的额定频率和额定电压,并按规定程序带载。
5) 机组及其辅助系统具有高度的启动和运行的可靠性,机组在寿命期内自启动的失效率不大于 1%。
6) 机组应能保证其 30% 额定功率的电动机的直接启动,其中包括单台最大功率电动机(90kW),并能够承受 50% 额定功率的突加负载。
7) 柴油发电机组在接到应急启动信号后,两台机组同时启动,首先达到额定电压、频率的机组开始带载,如果该机运行正常,另一台机组空载半小时后停机(空载后机组的运行按有关标准执行);如果带载的机组出现故障报警,另一台机组自动启动,启动成功后自动切换带载。
8) 机组连续 100 次启动试验无失败。

9.3.2 水压试验泵柴油发电机组(KV275E)

1. 项目概述

在大亚湾核电站和岭澳一期核电站建设中,水压试验泵电力系统采用的是国外企业生产的小汽轮发电机组,岭澳二期核电站开工后,具备该设备生产能力的企业基于本国核技术出口限制等原因已停止该设备对我国核电新项目的供货。面对外国人在关键技术上的卡脖子,中广核工程技术人员突破外方技术封锁,论证并采用先进技术的柴油发电机组替代小汽轮发电机组。有核电项目安全级应急柴油发电机组设计和生产经验的上海科泰电源股份有限公司中标该项目,成为国内制造业首个对该系统进行独立设计和制造的企业。

2. 技术方案

每个核电机组都有一套 LLS 水压试验泵柴油发电机组。在正常或设计基准事故工况下,LLS 系统不执行安全功能;但在一个机组的两列配电盘 LHA 和 LHB 都不能供电的情况下(H3 工况),该系统为水压试验泵 9RIS011PO 提供 380V 应急电源,以确保给主泵 1 号轴封供水,从而保证反应堆冷却剂系统的完整性;另外,该系统在此工况下还负责为机组运行所需的仪表供电,并可通过两个机组的共用机柜,为水压试验泵房的应急通风机供电。

柴油机及能动部件的抗震等级为 1A,附件及其他配套设备的抗震等级为 1F,电气设备的抗震等级为 1 类。

注:抗震等级 1 类:此类别的电气设备应经 RCC - E K3 规定条件下抗震的鉴定试验;

抗震等级 1A:此类别的机械设备在所有规定条件下都应保持其功能完整性及持续运行能力;

抗震等级 1F:此抗震类别的机械设备在所有规定条件下都应保持其功能完整性。

3. 设备性能参数

此案例主要性能指标包括:

1）柴油发电机组额定输出功率为 200kW。

2）供货设备寿命为 40 年，等效 8000h 可用（可更换磨损件）。

3）每套启动系统的设计应保证可以连续成功启动 3 次。

4）柴油发电机组在收到启动信号 10s 内应能达到稳定的额定频率和额定电压，并尽快与 LLS 系统连接。

5）机组在 1.2 倍额定转速下超速运行时间不少于 5s。

6）柴油发电机组主开关设置在柴油机房的就地配电柜上，开关的额定电流应不低于发电机额定电流的 1.5 倍。

7）在任意负载（空载和额定负载之间）下，电压调节器的整定值可设定在额定电压的 90% 和 110% 之间。

8）机组连续 100 次启动试验无失败。

9.3.3 移动式应急柴油发电机组（KV570CV）

1. 项目概述

上海科泰电源股份有限公司核电应急移动电站可有效地解决固定式柴油发电机组易受洪水、海啸等灾难袭击失效的问题，具备有不受地域限制远程监控、机动灵活快速响应、多机并联无限扩容等多个特点。

远程监控远离辐射源，核电应急车载电站能提供多种通信方式实现远程操作、监测、控制、现场可视图像传输等功能，可全天候不受地域限制，远离核辐射源。

由于应急车载电站模块化的特点，可分散存放于安全区域，减少地震、台风、海啸的危害，且由于汽车自身的机动性特点，可以机动快速地到达现场。

移动式应急柴油发电机组无抗 SSE 地震要求，但应满足 GB50260《电力设施抗震设计规范》相关要求（抗 8 级烈度）。为非 1E 级（非安全级）设备。

2. 技术方案

核电应急电源解决方案的宗旨是，在停堆、失去外电和固定备用电源设备瘫痪时，能在最短的时间内可靠提供足够的电源，确保核反应堆及其设备的安全；当出现核渗漏时，能够远离辐射源监控，在更加安全的条件下，提供抢险和恢复核电站所需要的电源。

核电应急车载电站，是将柴油发电机组、柴油油箱、动力电缆及电动电缆绞盘、智能远程控制系统、机组并联系统和输出开关等设备系统集成，装置于一体化舱体及车辆底盘上。实现可机动快速、独立运行、多机并联扩容、就地或远程操控。满足核电站应对各种极端条件下提供电源的终极保障。

单台模块化机组功率范围从 30~2000kW，电压范围从 0.4kV~10.5kV 按核电站的现状进行选择。

（1）不受地域限制远程监控，远离核辐射源监控

核电应急车载柴油发电机组系统可以提供多种通信方式实现远程操作、监测、控制、现场可视图像传输等功能，可全天候不受地域限制，远离核辐射源操控，最大限度地避免或减少人身的伤害。当发生核泄漏事故时，具备远程监控功能更显必要。可以根据现场条件，采用不同的监控模式如图 9-11 所示。不同监控模式的比较见表 9-4。

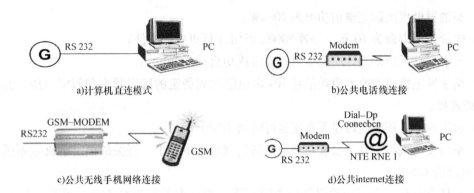

图9-11 监控模式

表9-4 不同监控模式的比较

	实现描述	监控距离	使用环境条件	特点
计算机直连模式	RS232 连线直接连接	200m（具体距离另确认）	核辐射强度小近距离室内监控	连接简单快速，没有依赖条件
电话 Modem 模式	公共电话线连接	无限	核辐射强度大无地域限制监控有公用电话线路	数据传输速度稍慢
无线手机模式	公共无线手机网络连接	无限	核辐射强度大无地域限制监控有手机网络	只能实现主要功能操控
互联网 internet 模式	公共 internet 连接	无限	核辐射强度大无地域限制监控有 internet	可以实现全功能监控，数据传输速度最快
就地控制模式	机组自备	就地	核辐射强度很小	现场操控

（2）机动性及安全性

由于应急车载电站模块化的特点，可分散存放于安全区域，减少地震、台风、海啸的危害，由于汽车自身的机动性特点，可以机动快速地到达现场。

（3）多机并联无限扩容

核电站目前所用的 6000kW 柴油发电机组，可使用应急电源车载电站多机并联扩容的特点，满足使用要求，柴油发电机组多机并联系统，如图9-12 所示。

机组、并机控制系统、并机输出开关为系统中的一个模块，模块间通过可直接接插的 CANBUS 总线进行快速连接，车舱内可配套电动电缆绞盘及动力电缆，电缆绞盘可正转、反转、无级调速，可以最快速度将每台机组的输出电缆按 A/B/C/N 汇接至负载处，即可开机并联向负载供电。

（4）数字式智能并机系统

采用液晶智能主控模块，集发电机组的操作、控制、保护、参数显示、并机、负载分配于一体，最多可实现 32 台机组的并联。

并机系统采用全数字式控制，并机精度极高，并机环流小于1%，无触点设计，故障率极低。并机投入及解列仅需一键操作，不存在误操作可能。并具备带载并联、平滑负载转移功能。

其主要特点和功能有：

1）模块化无触点结构，微处理器快速管理，精确设置和可靠性高。

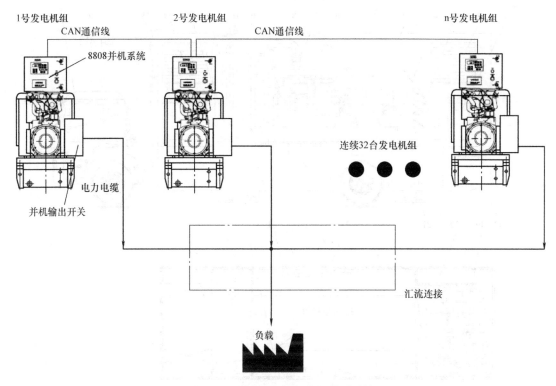

图 9-12 柴油发电机组多机并联系统

2）最多可达 32 台机组全自动并车，满足不同功率段应急抢险需要，最大单机功率可达 2000kW，并机后最大功率可达 64000kW。

3）电站之间仅需通过通信线并用快速接插件连接，简单快捷，现场无需调整即能投入使用。

4）不同功率和不同品牌电站均可以并机运行。

5）通过启动负载储备及运行负载储备的设定，可保证在负载变动时提供稳定的电源。

6）机组之间通过 CAN 工业控制器高速总线进行通信，抗干扰能力强。

7）方便地实现多台电站不停电负载平稳转移，确保长时间连续供电。

（5）抗震性能

柴油发电机组自身采用核级抗震结构，与舱体采用核级减震系统，舱体与底盘进行二级防震处理，车载电站自身可抗超强地震。

（6）可选个性化照明装置

根据抢修的需要，可以增加必要的特殊个性化功能，包括大功率照明灯、可转向探射灯等。

3. 核电应急电源车载电站结构

核电应急电源车载电站结构如图 9-13 所示。

4. 设备性能参数

主要性能指标包括：

1）柴油发电机组额定输出功率为 456kW。

2）供货设备寿命为 40 年，等效 8000h 可用（可更换磨损件）。

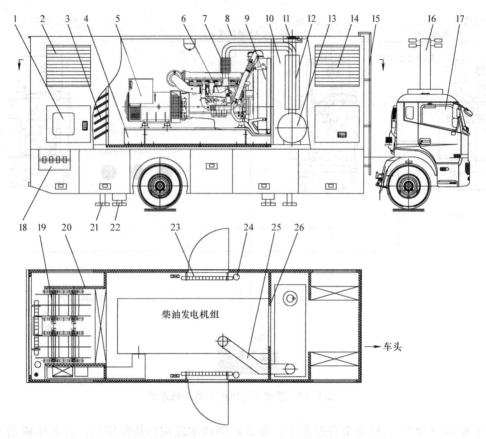

图 9-13 核电应急电源车载电站结构图

1—控制和操作系统 2—百叶窗 3—机箱隔音挡板 4—底座油箱 5—发电机 6—柴油机 7—波纹减震节 8—防音机箱 9—散热水箱 10—消声器室 11—防雨帽 12—工业型消声器 13—住宅型消声器 14—百叶窗 15—移动梯 16—升降照明灯 17—汽车底盘 18—出线电缆系统 19—电动电缆绞盘 20—进风隔音挡板 21—机械支脚 22—液压支脚 23—交直流防爆照明灯 24—消防灭火器 25—排气管 26—排风隔音挡板

3）每套启动系统的设计应保证可以连续成功启动 3 次。

4）应具有在当地环境条件下低温启动的能力，且在 10min 内能够顺利启动。

5）机组在 1.2 倍额定转速下超速运行时间不少于 5s。

6）在任意负载（空载和额定负载之间）下，电压调节器的整定值可设定在额定电压的 90% 和 110% 之间。

7）机组连续 100 次启动试验无失败。

9.3.4 柴油发电机组的抗震试验

以某核电工程核安全级柴油发电机组在地震模拟振动台上的抗震试验为例，简要介绍核安全级柴油发电机组的抗震试验方法。

1. 试验依据

本试验按照经国家核安全局批准的《安全级应急柴油发电机组样机抗震试验程序》所规定的内容进行。试验程序所引用文件有：

GB/T 12727—2002《核电厂安全系统电气设备质量鉴定》；

GB13625—92《核电厂安全系统电气设备抗震鉴定》；
EJ625—2004《核电厂备用电源用柴油发电机组准则》；
EJ628—1999《核电厂安全级连续工作制电动机的质量鉴定》；
HAFJ0053—1995《核设备抗震鉴定测试指南》；
IEEE344《推荐的核电厂1E物项抗震鉴定标准》；
IEEE387—1995《IEEE Standard Criteria for Diesel – Generator Units Applied as Standby Power Supplies for Nuclear Power Generating Stations》。

2. 试验内容

试验内容分为两个部分。一是发电机组结构的动力特性试验，用自噪声随机波沿 X（南北向）、Y（东西向）、Z 三个方向分别进行连续激振，测定发电机组结构三个方向的自振频率以及阻尼比。二是发电机组抗震性能考核试验，抗震性能考核试验由 5 次 OBE（运行基准地震）和一次 SSE（安全停堆地震）地震波激振组成。地震考核试验采用的反应谱为柴油发电机组机房标高为 0.0m 楼层的加速度反应谱对 X、Y 和 Z 三方向输入的波形适当放大 10%，以保证台面实际波形包络试验要求的反应谱。OBE 人工地震波采用的是阻尼比 $\xi=2\%$ 的反应谱，加速度幅值为生成地震波的 0.65 倍的人工地震波。SSE 人工地震波则直接采用阻尼比 $\xi=4\%$ 的反应谱所生成的人工地震波。试验时向三根优选轴同时输入激励波，人工地震波应有 6 个强周期波。人造地震加速度时程应在包括楼板反应谱的整个频段为 0.5~34Hz，持续时间为 30s。如果 5Hz 以下没有共振点，则要求响应谱在 3.5Hz 以上被包络。

3. 试验步骤

（1）设备的安装

安全级应急发电机组样机的底座和配套集成的控制柜和开关柜分别通过连接钢板，用螺栓固定在模拟地震振动台上。安全级应急发电机组样机及控制柜和开关柜安装（参见图9-14）。

（2）传感器测点布置

安全级应急发电机组样机上布置有 10 个三方向的加速度测点，共 30 个加速度计和 3 个单向应变测点，共 3 个应变计。其中，对于加速度测点，水箱顶部的 A1 测点 X、Y、Z 向分别是 1、2、3 通道；柴油机飞轮上方的 A2 测点 X、Y、Z

图 9-14 安全级应急发电机组样机及控制柜和开关柜在抗震台上的安装

向分别是 4、5、6 通道；柴油机机体上部的 A3 测点 X、Y、Z 向分别是 7、8、9 通道；控制屏内主控器上部的 A4 测点 X、Y、Z 向分别是 10、11、12 通道；控制屏顶部的 A5 测点 X、Y、Z 向分别是 13、14、15 通道；发电机后端中部的 A6 测点 X、Y、Z 向分别是 16、17、18 通道；机组根部的 A7 测点 X、Y、Z 向分别是 19、20、21 通道；开关柜顶部的 A8 测点 X、Y、Z 向分别是 22、23、24 通道；开关安装板上面的 A9 测点 X、Y、Z 向分别是 25、26、27 通道；振动台台面上的 A10 测点 X、Y、Z 向分别是 28、29、30 通道。对于应变测点，控制屏根部的 S1 测点是 1 通道；机组根部的 S2 测点是 2 通道；开关安装板上面的 S3 测点是 3 通道。测点布置图（参见图 9-15）。

（3）台面输入波形

用自噪声随机波激振测自振频率。自噪声激振输入分别以 X、Y、Z 3 个方向输入，频率

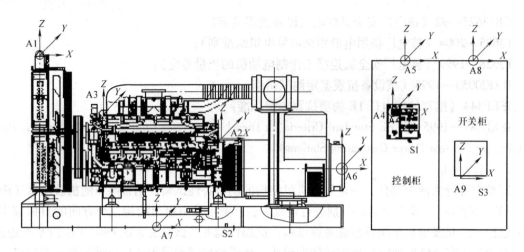

图 9-15 安全级应急发电机组样机测点布置

A1—水箱顶部 A2—柴油机飞轮上方 A3—柴油机机体上部 A4、A5—控制 A10—振动台台面上
A6—发电机后端中部 A7、A8—开关柜顶部 A9—开关安装板上面
S1、S2、S3—开关安装板上面

范围为 0.5～50Hz，激振幅值为 0.2g。为得到较高精度的测量值，激振持续时间为 180s。自噪声信号经处理得到试件结构的自振特性。

对振动台台面输入的地震波是按照业主提供的抗震试验程序中的反应谱生成的。按要求 OBE 和 SSE 的反应谱应取所给不同阻尼比值的反应谱并乘以适当的系数。其中，OBE 为所给谱幅值 ×0.65，取阻尼比为 2% 的反应谱来生成；SSE 为所给谱幅值 ×1，取阻尼比 4% 的反应谱来生成。人造地震加速度时程应包括楼板反应谱的整个频段 0.5～34Hz，持续时间为 30s。

(4) 试验顺序

X、Y、Z 三个方向分别以 0.1～50Hz 自噪声随机波输入，振动持续时间为 180s，幅值为 0.2g，测量被测设备的自振频率及阻尼比。

1) 第一次 OBE 地震考核试验；
2) 第二次 OBE 地震考核试验；
3) 第三次 OBE 地震考核试验；
4) 第四次 OBE 地震考核试验；
5) 第五次 OBE 地震考核试验，空载启动发电机组；
6) 第一次 SSE 地震考核试验，空载启动发电机组；

被测发电机组在空载启动时须检测其电气性能。

4. 试验结果

(1) 被测设备的自振频率及阻尼比

分别沿 X、Y、Z 三个方向用自噪声输入进行激振，各响应测点的加速度信号经处理后得到一组频响函数幅值曲线。试件的自振频率及阻尼比见表 9-5。

表 9-5 安全级应急发电机组样机自振频率及阻尼比

设备	X 向		Y 向		Z 向	
	基频/Hz	阻尼比/%	基频/Hz	阻尼比/%	基频/Hz	阻尼比/%
发电机组	5.882	6.69	8.053	6.486	14.453	5.04
控制开关柜	14.633	6.36	16.201	7.55	44.0486	3.4492

安全级应急发电机组样机本身刚度较大，但由于底座下加装减震器后导致整体刚度有所下降。从自噪声激振并通过数据处理得到的传递函数幅值曲线可知，发电机组样机 X 向的基频 5.882Hz，Y 向的基频 8.053Hz，Z 向的基频 14.453Hz。

（2）X、Y 和 Z 向 OBE 反应谱及生成的地震波曲线

X 向（通道1）、Y 向（通道2）、Z 向（通道3）OBE 反应谱及生成的地震波曲线如图 9-16 所示。

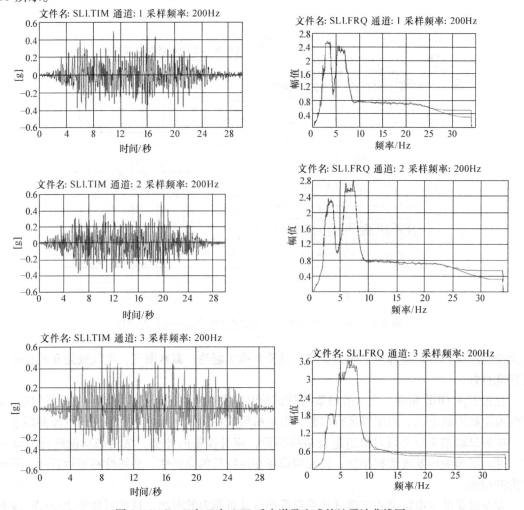

图 9-16　X、Y 和 Z 向 OBE 反应谱及生成的地震波曲线图

从振动台台面实际采集记录的三个方向加速度时程计算出反应谱曲线可看到，OBE 地震波的实际反应谱已包络期望反应谱。

（3）X、Y 和 Z 向 SSE 反应谱及生成的地震波曲线

X 向（通道1）、Y 向（通道2）、Z 向（通道3）SSE 反应谱及生成的地震波曲线如图 9-17 所示。

从振动台台面实际采集记录的三个方向加速度时程计算出反应谱曲线可看到，SSE 地震波的实际反应谱已包络期望反应谱。

5. 试验合格判断

所进行试验的发电机组设备在人工地震振动过程中应处于良好的可运行状态，其结构连接

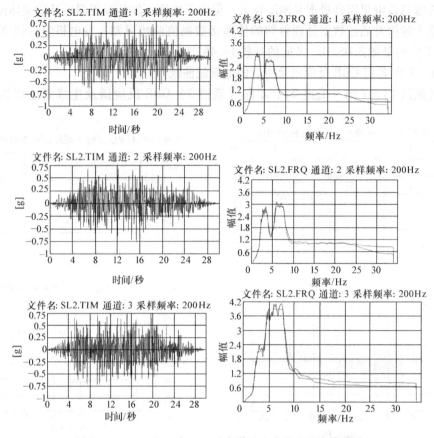

图 9-17 X、Y 和 Z 向 SSE 反应谱及生成的地震波曲线图

件无松动脱落，各焊接部位牢固无裂纹。试验样机无漏油、漏水漏气，电气线路布线整齐，连接性能良好。

在第五次 OBE 和第一次 SSE 地震考核试验时对发电机组进行空载启动。发电机组启动时，监测发电机组的电压、频率等运行参数，发电机组应在规定时间内建立稳定的电压和频率。

抗震试验结束后必须对机组进行最终检验，应对设备的外型、结构和功能进行测试和检查，并与试验前的基准数据相比，以证明设备在地震后的完整性、功能性和可运行性，必要时可拆卸检查。

安全级柴油发电机组的抗震试验受到振动台设备能力的限制，目前只能做 2000kW 以下功率段机组的试验，2000kW 以上功率段机组的抗震鉴定只能通过分析计算来进行，但分析计算的软件必须是可靠的，有足够的精确度的，且得到有关核安全监管部门的认可。

地震模拟振动台上的抗震试验为破坏性试验，经过抗震试验的设备一般不应作为产品安装于核电站，除非能证明由于抗震鉴定试验所带来的累计的应力循环所引起的疲劳不会使设备降级，影响其履行安全功能的能力。

第10章 柴油发电机组在石油和天然气行业的应用

10.1 概述

柴油发电机组石油和天然气行业应用包括以下应用场景：
1）钻井平台用辅助发电机组（陆地钻机和海上石油平台钻机）。
2）钻井辅助动力，功率段为 300~500kW。
3）修井、试油等部门，功率段为 20~300kW。
4）LNG（Liquefied Natural Gas，液化天然气）接收站的应急备用电源。
5）炼化工厂。
6）管道公司（西气东输）。
7）其他（加油站用应急电源）。

以上应用场景除了钻机用柴油发电机组（动力模块），由于负载特性和环境条件相比较常规产品有较大区别，造成产品参数及配置有较大差别之外，其余的应用场景基本上均可采用标准陆用柴油发电机组产品，而在钻机应用场景当中，篇幅所限，本书仅以陆地钻机用柴油发电机组（动力模块）为例加以说明，海上石油平台钻机用柴油发电机组（动力模块）性能要求与前者类似，不过由于使用环境为海上石油平台，严格说来属于船用（MARINE）产品范畴，因此很多配套件均需要选用船用产品，并且对整机增加了喷涂、防盐雾腐蚀以及船级社的船检证书等船用认证要求，成本较高，另外往往要求做成集装箱或者方舱等成套结构，方便快速组装及方便拆卸转运。

以陆地 ZJ30DB 钻机常用的额定输出功率为 1200kW，额定电压为 600V，功率因数为 0.7（滞后）的需求为例，解决方案通常有两种，一种是上海科泰电源股份有限公司采用的单机容量为 400kW，3 台机组智能并机的解决方案；另外一种是采用的单台 1200kW 陆地钻机专用发电机组（动力模块）解决方案，两种解决方案各有优劣，参见表 10-1。

表 10-1 两种油田钻机动力解决方案对比

序号	上海科泰电源股份有限公司方舱（内置 3 台 400kW 机组并机）	单台 1200kW（动力模块）	上海科泰电源股份有限公司多机并机方舱与原装进口品牌单台在功率配置比较
1	标配有量身定制的防护方舱，方便撬装及快速转场	国外裸机交付，需要国内配套防护方舱	优
2	标配调速板、调压板以及数字化智能并机系统	标配无调速板、调压板、并机系统及负载分配系统，柴油机需要通过外部 0~200mA 信号进行调速，调压板、调压板和并机控制器均需要钻机配电板厂家集成	优
3	成本低，交货快	成本高，交货慢	优

(续)

序号	上海科泰电源股份有限公司方舱（内置 3 台 400kW 机组并机）	单台 1200kW（动力模块）	上海科泰电源股份有限公司多机并机方舱与原装进口品牌单台在功率配置比较
4	对于 ZJ30DB 钻机而言，运行台数可根据钻井深度自动加减机，不作业时由一台满足生活用电，作业时，2 台到 3 台机组并机运行，可不停机保养，燃油经济性和可靠性好，任何 1 台运行机组故障不影响生产及生活用电	对于 ZJ30DB 钻机而言，采用 1 台 1200kW 的发电机，供电可靠性不高，保养时必须停机，全厂失电，如果采用 2 台 1200kW 并机，虽然可靠性提高了，也能不停机保养，但配置浪费，燃油经济性也差	优
5	功率因数为 0.8（滞后），散绕组	功率因数为 0.7（滞后），型绕组	加大发电机容量满足非线性及频繁启动负载需求
6	对于 ZJ70DB 甚至更深的钻机而言，并机台数稍多	对于 ZJ70DB 甚至更深的钻机而言，并机台数适中	稍劣

结论：
1. 对于 ZJ30DB 钻机，建议采用上海科泰电源股份有限公司 3 台 400kW 机组并机方舱方案。
2. 对于 ZJ70DB 甚至更深的钻机，建议采用动力模块多台 1200kW 并机方案。

由于陆地油田钻机经常移动作业，需要采用成套结构，方便转场，且油田相对偏僻，一般情况下根本无市电电源可引入，即使可接入市电，由于钻机及辅助生活设施长行功率达到 1200kW 以上，钻机电动机额定电压为三相 600V，因此 400V 市电无论电压还是容量都无法满足供电需求，其电源通常由钻井队自备的柴油发电机组（以下简称机组）提供，传统上均采用一台 1200kW 大功率机组，在实际使用中，存在运行维护成本高和供电不可靠等问题。近年也有一些采用 2 台或 3 台机组手动并机方法，但操作十分复杂，无法实现自动方式，对操作人员的专业水平要求比较高，容易发生非同期并机的重大故障，针对这一问题，上海科泰电源股份有限公司和油田进行广泛的合作，利用上海科泰股份有限公司在机组智能监控系统开发方面的成功经验，引进吸收国外先进技术，成功地开发出具有国际先进水平并具有自主知识产权的油田专用全数字化智能并机方舱机组，其独特的电动百叶窗进排风结构，机组运行时自动打开，而在停机或转场时，百叶窗自动关闭，具备良好的耐寒保温、抗风沙能力，两侧大面积的舱门结构方便检修。带可收缩隐藏的起吊吊耳的刚性主梁，一方面能够给方舱机组提供足够刚性，保证方舱起吊时不变形；另一方面主梁端部及侧面均有方便拖拽移位的结构。方舱的门槛结构下沿离地高度较高，可有效避免在野外泥泞及振动环境中可能导致的方舱整体下陷时，泥水不会进入方舱。

上海科泰电源股份有限公司陆地钻机专用方舱机组（内置 3 台 400kW 机组）以其为油田恶劣环境量身定制开发的结构、友好的操作界面、高度智能、自动化操作及高可靠性的供电性能受到油田的好评，产品广泛应用于吉林油田、江汉油田、辽河油田和胜利油田等大油田，产品配套于中国某大型石油装备制造集团公司制造的钻机，出口美国等欧美发达国家，并被中国石油系统后勤物资装备公司作为节能降耗的先进技术在全系统内广泛推广应用。

10.2 传统油田钻机负载特性及配套机组的现状

油田钻机负载的主要特点是需要频繁启动及正反转的切换，额定电压为 600V 的交流三相异步电动机,启动、正反转及调速等控制均通过变频装置(非线性负载)进行控制;钻井时会随着钻井的深浅和进钻、提钻而大幅度的突加或突卸负载。

油田钻机电源传统上都是根据其最大容量采用单台机组的模式,其存在的主要问题:

1)供电可靠性差　作为唯一电源,机组须连续运行,无法及时停机进行维护保养,并且绝大部分时间都处于低负载运行状态,从而使机组故障率提高,降低供电可靠性,缩短机组使用寿命。

2)运行成本高　钻机在钻井时,其负载会随着钻井的深浅及岩层的硬度不断变化,在浅钻的过程中,其负载远小于机组的额定容量,机组长时间处于低负载运行,柴油机的气缸温度无法达到设计的额定温度,一方面会导致燃油不完全燃烧而使气缸内严重积炭,加快燃油、机油消耗及零部件的磨损;另一方面缸套与活塞的间隙比较大,会使活塞环间隙过大,少量机油进入气缸随废气排出,而出现排烟管漏机油,加快机油消耗,从而使其运行成本也提高,而在深钻时,本身由于岩层硬度变化导致的负载波动就比较大,特别是在提钻时,瞬间的负载冲击更大,传统的模拟式或者手动式并机系统反应慢,因此容易造成负载分配不均衡而使机组过载停机或者电压频率崩溃而损坏昂贵的钻头。

3)运行方式不灵活　由于是单台机组供电,当机组需要检修、保养或出现故障时,整个钻井队的钻机电源及生活电源供应将完全中断。

4)需另配辅助机组　因生活和辅助设备用电量较小,在停产期间,一般都需另配一套容量较小的机组。

5)投资成本高　单台大容量的机组相对由多台并机的机组一次性投资高,如再加上辅助机组,则投资成本更高。

10.3　上海科泰电源股份有限公司采用的单机容量为500kVA,3台机组智能并机的解决方案

1. 上海科泰电源股份有限公司智能并机机组的主要特点

传统的并机方式由于采用的分立元件多,所有的参数调节均采用电位器,参数显示采用分立的指针式电表,存在接线复杂,故障率高,并机精度差和抗干扰能力弱等问题,无法满足油田钻机的极端恶劣工况的要求。

全数字化智能并机系统,采用了模块式的微处理智能技术,大幅度提高了并机的同步处理速度,确保了并机的可靠性。

以下是专为油田 ZJ30DB 系列 SIEMENS 矢量控制全数字变频调速钻机开发的上海科泰电源股份有限公司1200kW智能并机防护型电站的主要技术性能指标:

电站主要技术数据:

型号:KVP1500P(瑞典 VOLVO®柴油机配套无锡 CGT STAMFORD®发电机)

规格:3×500kVA 并机　　　　　额定电流:1443A

额定电压:600V/346V　　　　　额定功率:1500kVA/1200kW

额定转速/频率:1500r/min/50Hz

功率因数:0.8(滞后),加大发电机容量满足非线性及频繁启动负载需求。

线制:三相三线,生活供电采用 600/400V 三相变压器供电

电站/机厢外形尺寸:10500L×2800W×2700H/10000L×2800W×2600H;

净重：16000kg　　　　　　毛重：17500kg

上海科泰电源股份有限公司油田电站主要部件见表10-2。

上海科泰电源股份有限公司 KVP1500P 油田电站结构如图10-1所示。

表10-2　上海科泰电源股份有限公司油田电站主要部件表

序号	名称	型号	单位	数量	备注
1	发电机组	KV500（400kW）	台	3	
2	控制屏	8808 智能并机控制系统	台	3	
3	输出开关箱	电动塑壳开关 MCCB	台	3	侧挂式安装
4	汇流开关柜	框架式断路器 ACB	台	1	落地式安装
5	日用油箱	1000L	台	1	
6	箱体	10500L×2800W×2600H	台	1	

2. 结构特点

1) 机箱外部为整体框架结构，能防尘、防雨、防雪，适合于恶劣环境下工作。

2) 机箱内部考虑到机组安装的减振、电力电缆连接、日用油箱供油和外部储油罐补油等各种设施。

根据野外使用和频繁搬运的特点，对电站的吊装、运输、野外拖拽和安装就位等在结构设计上进行了充分考虑。

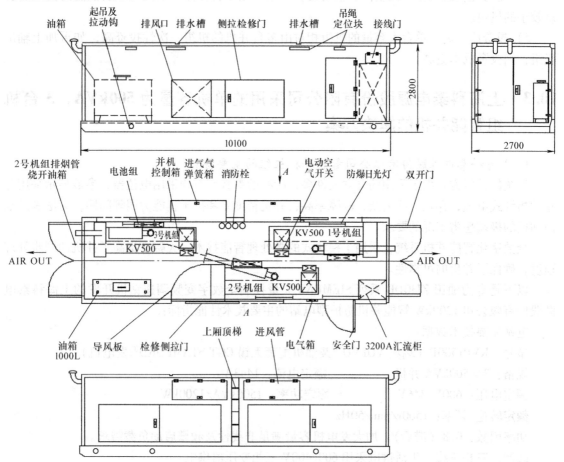

图10-1　上海科泰电源股份有限公司 KVP1500P 油田电站结构简图

10.4 1200kW 陆地钻机发电机组（动力模块）

1. 性能特点

专为陆地钻机设计制造的动力模块，同时适用于晶闸管整流器和变频驱动器负载，拥有良好的性能、可靠性和燃油效率，大修间隔长。

2. 检测和认证

1）原型机通过对计算机辅助设计的验证检测。
2）每个电源模块都经过严格的检测。
3）用户验证检测。
4）设计和生产单位均通过了 ISO9001 认证。
5）通过 CE 认证。

3. 机械结构设计

1）可承受相当于 25% 安全系数下满载扭矩 8 倍的瞬态短路。
2）铸件满足常规满载下超长疲劳寿命标准。
3）进气空气（紧急）切断阀。
4）三点式减振系统设计。
5）重载空气滤清器。
6）空气启动电动机。
7）55℃沙漠环境温度散热器（可选）。
8）排烟温度传感器。
9）燃油滤清器压差传感器。

4. 主要技术参数

主要技术参数见表 10-3。

表 10-3 油气田 KTA50DPM（钻井动力模块）主要参数

额定频率	50Hz
额定输出功率	1900kVA（1330kWe）
额定功率因数	0.70
额定电压	600V
额定电流	1828A
极数	4
额定转速	1500r/min
超速能力（60s）	125%
防护等级	IP23 进气过滤器

5. 油气田 KTA50DPM 发动机

(1) 发动机主要参数

1）发动机型号为 KTA50 - DR1750，额定转速为 1500r/min，无排放许可证，输出功率（Prime BHP）1750 马力（1 马力 =735.499W）。

2）排量为 50.3L，缸径为 159mm，冲程为 159mm。
3）重量（散热器冷却）5361kg［干重估计值］。
4）气缸配置：V 型 16 缸。

(2) 主要部件与子系统

油气田柴油发电机组由于安装及运行的环境较为恶劣，环境温度高，沙尘大，经常进行转场，运输振动大，所带的负载主要为大功率变频电动机等非线性负载，作业时，由于钻井深度或者岩层变化，需频繁启动及加减载，电气冲击较大，对发电机的电气性能有着很高的要求，因此与常规的柴油发电机组存在相当大的差异，以下以油气田 KTA50DPM 各系统的特点进行说明：

1）主要结构件

润滑系统：配有曲轴驱动的润滑油泵。带控制器的冷却液加热器。润滑油加热器安装在发动机油底壳上。装有盘车预润滑系统，可减少发动机启动磨损。所有发电机组供货时均标准配置了一个组合全流式旁通机油滤清器。

采用右侧单边曲轴箱通气口的布局。

润滑系统必须在某个受控温度下为发动机提供持续干净的润滑油。

KTA50DPM 提供润滑油滤清器选项：该选项为五滤芯润滑油滤清器，配有可拆卸的旋装滤芯，安装在发动机左侧。

旁通润滑油滤清器：KTA50DPM 提供旁通润滑油滤清器选项 LF86002，该选项装在装置右侧。

油底壳：KTA50DPM 提供一个单式全长浅型油底壳选项，高位油底壳容量为 246 升，低位油底壳容量为 170 升。

润滑油加热器：KTA50DPM 提供润滑油底壳浸没式加热器选项，包括安装在油底壳上的 4 个润滑油加热器，每侧两个。4 个加热器额定单相电压为 240V，功率为 600W，安装在高容量油底壳中。加热器连接电缆保持断开状态，便于用户连接。

2）进气系统 配有 4 个空气滤清器（带空滤阻塞警报指示器）和两个单级涡轮增压器，每两个滤清器为一个涡轮增压器供气。增压器后配有低温中冷系统，标配空气切断阀（ASOV）。

KTA50DPM 配有重型空气滤清器作为强制选项（AC85008），带有原厂安装的空气限制器。该空气限制器有两个功能，一个是作为机械指示器，另一个是将指示转给电气控制系统。

空气切断系统：发动机可能在可燃环境下运行时，比如由于燃料溢出或气体泄漏，为了尽量减少发动机超速风险，应使用进气切断系统（ASOS），系统包括一个空气切断控制器和一个进气切断阀（ASOV），安装在发动机进气口的前端。如果检测到发动机超速，则空气切断系统会控制进气切断阀切断柴油机进气来停机。空气切断阀向内旋转只是为了收起手柄，方便运输。在正式开机调试前，应旋转空气切断阀，直到手柄向外突出。

空气切断阀处于关闭状态时，由于空气无法进入发动机气缸，因此发动机会被停下来或无法启动。空气切断阀处于打开状态时，发动机将正常启动运行。要将空气切断阀从关闭状态变为打开状态，按空气切断阀手柄上所示的说明推/拉手柄即可。

正常的停机（非超速状态下的停机）不需要空气切断阀去切断柴油机进气，这样做的目的是避免空气切断阀突然关断对柴油机的潜在破坏性损害及延长空气切断阀的寿命。

左侧和右侧的增压器入口前面都安装有一个空气滤清器进气背压超限开关，如果由于空气滤清器太脏、堵塞或发动机超速时，导致进气背压超限，该开关会被吸入并通过电气接点发出警报。

3）排气系统　配有分段式耐蚀镍钢铸进气歧管，歧管各段之间采用柔性连接，还配置干式屏蔽涡轮增压器和确保柔性连接的排气波纹管。排气系统使用由钢管或铁管制成的排气管道，不锈钢挠性段，钢制消声器。由于排气温度高，金属组件导热，因此，如果不采取特定预防措施，排气系统是很危险的。排气系统安装要求：

① 终端应尽可能高，确保能被盛行风吹散。将排气管终端尽可能设置在较高的地方，这样盛行风可以将排气吹散，不至于造成损害。

② 系统设计必须可以防止水分进入发动机或涡轮增压器，无论水分来自喷雾、雨水、冲洗或其他来源。凝结水分离器和疏水管可防止湿气和水分进入发动机。

③ 增压器和排气歧管法兰的弯曲限值不得超过发动机通用数据表上所示的弯曲限值。

④ 背压不得超过 6.7kPa。根据排气系统设计的不同，排气背压限制也会不同。最大排气背压不得超过 6.7kPa。排气系统中的任何弯头均应尽量光滑流畅。为了将排气背压保持在规定范围内，要尽量减少弯头的数量并使用推荐的管道尺寸。

⑤ 将挠性接头直接安装到发动机排气出口连接处。在排气系统中，推荐在发电机组排气出口位置或在涡轮增压器排气出口位置使用一个或多个挠性段，以防止发动机或涡轮增压器压力过大而导致排气管道的热聚集和振动。挠性段应安装在适当的位置，让其可以随着发电机组的运动和排气管道的热生长而产生"挠性"和"压缩"效果。涡轮增压器和/或排气连接只可以在无过大应力和偏转的情况下吸收有限的负载和弯矩。附加在发动机上的排气组件是设计用于支持小段管道，而不是支持主要的排气系统组件或管道。

⑥ 安装不得靠近易燃材料。由于排气系统温度高，因此排气管道绝对不能安装在易燃材料附近。本集团推荐包裹的排气管道距离任何易燃材料至少 15cm。排气组件的热负载可能超过周围材料的规定，引起火灾、人身伤害或财产损害。必须在排气系统上安装热绝缘或隔热保护材料。

排气歧管简单介绍，KTA50DPM 提供一个排气歧管选项。这个选项就是干式脉冲排气歧管，只和 STC 及舷外中冷器一起使用。安装歧管的目的是给要安装的涡轮增压器提供通往发动机前方的排气出口。

排气出口连接是一个干式的 90°接头，是直接向上对准发动机排气装置而固定的。排气出口内径为 152mm。用户排气管道的设计应能够让排气前测得的总背压在发动机数据表中规定的限制范围内。使用相同直径的排气管道会很快导致排气背压超过数据表中规定值。要确保使用"发动机排气系统安装 AEB"来计算系统背压。

涡轮增压器和排气歧管法兰的弯曲限值不得超过发动机通用数据表上所示的弯曲限值。

挠性排气波纹管，原厂提供有挠性波纹管选项（选项编号 XS86002）。没有顶部余隙的安装设施可以在挠性波纹管连接的上游使用标准的 90°152mm 短弯头。使用 90°弯头时，请参考 AEB，查看弯曲力矩计算。在安装和设计之前，限值需要由用户来查对。

ES 系列的发动机火花熄灭器排气消声器是单独供应的，包括 ES2 和 ES3 产品系列，是一种抗性腔体设计，适合需要减少火花和降低插入损耗的大多数往复式发动机排气应用。这个系列的标准装置是设计用于温度不超过 482℃，压力不超过 1.034bar 的场合。在消声器装置的运行中没有活动部件。

安装和校准期间，要确保在开始之前提供必要的设备，以安装该装置，包括锚定螺栓和/

或支撑螺栓、法兰螺栓和膨胀节。该装置不包括用锚定螺栓和/或支撑螺栓及灌浆形式的支护。将该装置置于平坦的，结构适当的表面上。

消声器背压：消声器（单独）背压为 2.07kPa。计算是针对最大排气直径、管道长度和可能用于系统中的弯头。随着以上部件的变化，实际的计算也会改变。在任何给定条件下，发动机的背压都不得超过 6.7kPa。用户需要在实际现场条件中变化背压，并修改安装情况，以符合发动机/成套装置的最大容许背压。

禁止将封闭式曲轴箱通风系统（其中曲轴箱通风口连接到发动机进气口）用于 KAT50DPM。禁止使用售后市场的或非原厂安装的封闭曲轴箱系统，因为这类系统会污染涡轮增压器和中冷器。

发动机曲轴箱通风口：正常运行期间，少量燃烧气体经过活塞压缩环逸入曲轴箱中，这些窜漏气体通过发动机通气口排出，大部分的油雾和蒸汽都是通过通气口和排水口排出，返回到发动机中。但是，有些油蒸汽是通过通气口被窜漏气体带走，在露天区域运行的发动机可能会让气体和油蒸汽在通气口处逸出，带有干式排气系统的发动机可以将窜漏的气体排入消声器后面的排气流中。窜漏气体不能太靠近涡轮增压器出口，因为较高的压力会妨碍窜漏气体排出曲轴箱。同样，窜漏气体不得排放到发动机进气口附近的大气中，也不得直接排放到空气滤清器中或涡轮增压器入口。积聚的油可能会堵塞空气滤清器滤芯，导致涡轮增压器故障、功率损耗，并降低中冷器的有效性。

4) 燃油系统　发电机组必须安装配有双滤芯的 $10\mu m$ 级燃油滤清器（精滤），保护燃油泵和喷油器中的精密组件不因为灰尘和水分而受到损坏或磨损。更换滤芯时，不要用燃油预先充满燃油滤清器。

在燃油滤清器（精滤）之前，即发电机组和燃油箱之间需要安装油水分离器。KTA50DPM 提供套装式双工优质滤清器选项，以提供额外的控水和控碎屑能力，并保护燃油系统不受损害。如果不使用厂家提供的燃油/水分离器，则安装者必须针对适用的发动机性能数据表中规定的发电机组供应燃油流量，安装一套足够流量的 $30\mu m$ 级油水分离器。

燃油进口温度不得超过 71℃。

5) 冷却系统　配有双泵、双回路（2P2L）系统，提供缸套水（JW）及低温中冷（LTA）水路，刚性连接的散热器，适用于 50℃ 的环境温度，安装在发动机上的带式驱动风扇，双核并联式散热器布置。

KTA50DPM 发动机应使用 LTA 回路的旁通冷却液滤清器。应以正常的维修间隔更换带有补充冷却液添加剂（SCA）的维修滤清器。

水滤清器选项包括单个腐蚀堵头和两个可拆卸旋装滤芯，安装在发动机右侧的油槽导轨上。该选项包括两个 23 单元 DCA 滤芯。

水滤清器长 190mm。该选项不含任何额外的 DCA 腐蚀抑制剂。

缸套水散热器和 LTA 水散热器是平行安装的。

散热器：KTA50DPM 发电机组中使用套装散热器冷却系统。为 KTA50DPM 提供有一个散热器选项 RA86001。该散热器是套装的，风扇安装在发动机上，由皮式传动。合适的吊装设备应连接到散热器任一边的指定吊装点。

6) 启动系统　KTA50DPM 发动机标配有压缩空气启动电动机，另外在发动机右侧有 1 个启动器安装位置。

气动马达处的动态压力必须适中，以达到最低 150r/min 的发动机启动速度（在没有燃油流到发动机的情况下测得）。

根据英格索兰公司（Ingersoll - Rand）技术要求，合理安装压缩空气启动电动机和阀门，可以让启动性能在没有燃油流的情况下达到至少 150r/min 的持续发动机速度。在安装检查期间，安装人员必须验证发动机的启动速度。

压缩空气启动电动机供应管路尺寸必须满足压缩空气启动电动机制造商的要求。

Ingersoll - Rand 建议使用内径最少为 38mm 的软管或管道，管路总长度不超过 4.57m，对于长度超过 4.57m 的供气管路，建议使用内径最少为 50mm 的软管或管道。而且，对于涡轮型，要求在空气供应管路上有一个 300 目滤清器（50μm 滤清），以延长启动机寿命。

Ingersoll - Rand 建议，启动器处的动态压力必须介于 6.2bar（$1bar = 10^5 Pa$）和 10.3bar 之间，以便获得令人满意的性能（说明对涡轮型和叶片型均适用）。动态压力是指启动器正在运行并让空气流动时，在启动器处测得的压力。如果动态压力不到 6.2bar，则叶片型或涡轮型启动器均处于无启动状态。启动器处动态压力为 8.7bar 时，将达到最佳性能。

压缩空气启动电动机安装注意事项：叶片型启动器要求安装"一次性"润滑器。这种装置直接安装到启动器上，要求用 1/8NPT 接头开起一条管路到润滑器（通常是从发动机燃油排放管路）。可以通过柴油或 10W 机油进行润滑。

所有叶片型和涡轮型压缩空气启动电动机的最大工作压力为 10.34bar，因此必须安装压力调节器，防止启动器压力超标。所有涡轮型启动器均需在空气供应管路上安装滤清器。

KTA50DPM 提供时配有一个叶片型空气启动选配件 ST86514。工厂提供的启动器包括一个压缩空气启动电动机在内的各种选配件，使用一个单式 Ingersoll - Rand 叶片型压缩空气启动电动机（ST86514）。空气启动器安装在发动机右侧。所有叶片型和涡轮型压缩空气启动电动机均为"预先咬合"型。也就是说，在施加扭力打开发动机之前，小齿轮会充分咬合飞轮齿圈。这样可以让齿圈和小齿轮的寿命更长。

针对 Ingersoll - Rand SS800 系列空气启动器的阀门选配件包括 24V 启动阀、继动阀和润滑器。继动阀提供响应，确保压缩空气启动电动机分离，并防止对小齿轮或飞轮齿圈造成损害。压缩空气启动电动机每次咬合时，安装在启动器处的润滑器会自动从发动机中吸入适量柴油，并喷入启动电动机齿轮处作为润滑剂。

各发动机可以选配消声器，配合 Ingersoll - Rand SS800 系列压缩空气启动电动机一起使用。提供消声器是为了降低启动噪声水平。在继动阀之前，安装一个滤清器，用于确保洁净的空气供应到空气启动器电动机。

Ingersoll - Rand 压缩空气启动电动机的最大工作压力为 10.34bar。空气系统提供超过此压力时，必须安装一个压力调节器，以防止启动器损坏。

储气罐的容量按照可以提供足够成功完成启动程序的空气给启动器来设计。

7) 启动预润滑系统　KTA50DPM 包括一套盘车预润滑系统，用来减少发动机启动磨损。盘车预润滑系统使用同样的启动器，用来驱动主润滑油泵，以对发动机进行预润滑。操作员按下启动按钮时，预润滑操作会首先被启动，方式是在发火的情况下启动发动机，持续时间为 10s，或持续到油压达到 0.55bar。预润滑完成后，燃油线圈将结合，给发动机发火。这是位于控制面板处的发动机控制器内部预先设定好的程序。一个设定点为 0.55bar 的油压开关被用作该预润滑操作的反馈。在寒冷环境条件下，机油黏度会变高，启动电动机需要克服的启动阻力更大，可能需要采用除启动预润滑系统之外的辅助启动措施。

8) 电气系统　用户接口盒（CIB）专用的无开关控制 24V 直流电源必须直接连接到电池。

没有额外负载会被连接到 CIB 电源线。电池充电器连接必须独立于 CIB 电源线，不得安装在电池和 CIB 之间。必须合理布线，确保线束不会遭受物理损坏或高温，这样才不会干扰正常的发动机室活动。

用户接口盒（CIB）是连接发动机和用户的中央连接点。CIB 包含发动机直流电气系统的电源管理电路，CIB 接收用户供应的 24V 直流电源，并将其分配到相应的电气装置/执行器。CIB 也可以检测 24V 直流供电的欠电压或过电压。

CIB 不给任何外部负载供电。如不遵守，可能导致意外的功率损耗和潜在的系统关机。

Woodward 2301 电动调速器系统用于发动机速度控制，它包括两部分：电控单元（用户提供）和 EG1P 电控液压执行器（由机组厂家提供）。

EG1P 执行器转换来自电控单元的电信号 0～200mA，以通过其转动输出轴来按比例改变节气门位置。当没有电气信号时或接收到的电气信号低于 20mA 时，此输出轴将在最小节气门位置处静止下来。

当接收到的电气信号为 160mA 或更高时，输出轴将处于最大节气门位置。

为了防止在钻井现场环境的空气中出现可燃油气，并随发动机进气进入气缸，此时即使断开燃油电磁阀，柴油机转速不受控地越来越高，濒临十分危险的超速状态，严重时可能导致柴油机解体或爆炸，因此在燃油切断阀（FSOV）之外配置两个电驱动空气切断阀（ASOV），同时断油断气进行停机，彻底避免前述柴油机无法停机的危险工况。这些空气切断阀是带脉冲控制的直流 24V 运行的。每个阀门在运行期间吸取的电流大约为 25A，持续时间为 0.1s。

空气切断阀配置"打开/切断"位置开关，用于向操作人员指示阀门通断位置状态，防止在空气切断阀在"切断"位置时开机。

用户应确保足够的直流电源连接到空气切断阀直流电源连接处。

燃油切断阀（FSOV），随发动机一起提供了一个带 24V 直流工作电压的重型燃油切断阀（FSOV）。该阀门具有单一的线圈端子并内部接地。该阀门安装在燃油泵出口处。

该燃油切断阀提供时带有常闭（NC）机制。需要时打开该阀门，让发动机燃油流动并运行。做到这一点的方法是，给线圈端子提供 24V 直流电。

压缩空气启动电动机磁开关，随发动机一起提供了一个带 24V 直流工作电压的重型磁开关，用于管理到压缩空气启动电动机线圈的直流电源，该开关安装在压缩空气启动电动机上方。

磁开关是由来自 CIB 的启动信号控制的。当磁开关接收到启动信号时，让直流电流到压缩空气启动电动机线圈，反之亦然。

9）传动系统　扭振分析（TVA），装配好的传动系统对循环发动机燃烧作出响应最终会导致扭振。要正确预测传动系统的响应，必须进行扭振分析，而且分析过程必须使用基于所测得气缸压力的强制函数。必须在正常燃烧和熄火条件下进行分析。该分析同样用于选择并验证扭转联轴器，该联轴器将扭矩从发动机传递到交流发电机。

高度灵活的联轴器可有效限制扭振。联轴器用来调整运行速度范围以外系统的谐振模式。

（3）发动机的安装

KTA50DPM 通过油底壳安装到主机座上，安装是通过 4 个衬垫，每侧两个。KTA50DPM 使用一种结构式油底壳，作为底座结构的一个不可分割的部分。在运行过程中，油底壳运行温度高于底座侧轨的温度。设计该系统的目的是可以在前部接头处滑动，这样油底壳可以超过底座。如果此接头不滑动，不同温度产生的材料热膨胀会在油底壳和底座上产生很高的应力。日常加热和冷却循环会导致油底壳或底座疲劳开裂。

这些特征构件一起发挥作用，减少接头滑动产生的剪切方向负载，同时维持足够的法线方向负载，以提供结构良好的连接。对所施加扭矩的控制以及对垫片和安装面的表面状况的控制对于此接头的正常运行是至关重要的。

油气田 KTA50DPM 动力模块通过套装基底上的三块安装板安装到主机座。其中两块安装板在发动机侧，一块在交流发电机侧。

在安装板和主机之间安装减振器。

（4）发动机在寒冷天气环境中的启动和运行的要求和建议

假设 KTA50DPM 发动机都安装在发动机室内，不会直接受到环境的影响。大多数情况下，只要让发动机保持正常的工作温度，就可以满足发动机的启动要求。但是，如果钻机需要在寒冷天气情况下运行，则需要满足寒冷天气启动的要求。

最低启动温度和寒冷天气下发动机的启动时间取决于发动机的预加热、启动速度以及发动机燃油、润滑油和冷却液类型。

1）寒冷进气要求和建议。温度低于 -4℃ 时，应采用缸套水冷却液加热器和机油加热器。温度低于 -20℃ 时，除了应采用以上两种措施外，还需要将发电机出气口软管安装到靠近油底壳，以避免冰的形成。温度低于 -30℃（用户提供），除了采用以上所有措施外，还需要控制风扇离合器温度，在成套装置外部的外部组件上的加热带以及带有再循环泵的 LTA 冷却液加热器乙醚启动辅助系统。温度低于 -40℃（用户提供），则必须采用针对整个成套装置的控温外壳。

在此假设，发动机均安装于气候受控的发动机室内，处于正常的工作温度，这是从发动机室外进来的寒冷进气通入发动机的空气滤清器。注意，要求和建议是随着温度降低而渐增的。

白烟：燃油发动机中的白烟是由于燃油中未燃烧的碳氢化合物而产生的。通常这是在发动机启动期间的一个常见现象，特别是当冷机时，一旦发动机变暖，这个现象就消失了。如果发动机运行期间，进气歧管温度降到 0℃ 以下，则会出现过量的未燃烧燃油和白烟。

2）寒冷天气下 KTA50DPM 可选配在发动机底座两侧安装两个额定交流电压为 220V 的缸套水（JW）加热器，每个加热器的额定功率为 6420W。

3）对润滑油进行加热，可以提高柴油机在寒冷天气下的启动能力。必须在不"焦化"润滑油的情况下及时提供足够的加热能量。每侧两个，共 4 个安装于油底壳中的浸入式润滑油加热器可对润滑油进行预加热。每个加热器额定电压为 240V，功率为 600W。

6. 发电机主要技术参数

发电机主要参数见表 10-4。

表 10-4 发电机主要参数

设计	无刷、4 极、旋转磁场
转子	双轴承
绝缘等级	Class H
温升	80℃（在 50℃ 环境温度下）
冷却方式	直驱离心式风扇
效率	95.45%@0.7PF
不饱和次暂态电抗（$X''d$）	0.105P.u.
饱和次暂态电抗（$X''d$）	0.104P.u.

为了适应油田非线性负载以及恶劣环境的要求，油田发电机通常选用更适合油田应用环境的型绕绕组（FORM WINDING）。

第 11 章 柴油发电机组在港机的应用

11.1 港口起重设备概述

港口的货物搬运、集装箱吊装等操作都会广泛应用到各类的港口起重机械,常见的港口起重机包括:门座式起重机、固定式起重机、船用起重机/浮式起重机等,具有传动平稳,效率高,操作方便和故障率低的特点。

目前,应用港口柴油发电机的码头起重设备有两种:分别为集装箱龙门起重机(简称轮胎吊)和岸边集装箱起重机(简称岸桥)。

1. 岸边集装箱起重机

岸边集装箱起重机是集装箱船与码头前沿之间装卸集装箱的主要设备。岸边集装箱起重机的侧面,形状像一个悬臂梁,如图 11-1 所示,因为它服务的对象是运输集装箱的船舶。个别码头还利用岸桥的大跨距和大后伸距直接进行堆场作业。

岸边集装箱起重机由小车行走机构 + 起升机构 + 大车行走机构 + 俯仰机构组成,进行装卸船作业。

图 11-1 岸边集装箱起重机

结构特点:桥架伸出码头外面的部分可以俯仰,以便船舶靠离码头。对高速型岸边起重机吊具还需要装配减速装置。

驱动和供电方式:一般多采用直流电动机调速系统,各机构采用直流电动机驱动。供电方式有三种,交流电动机-直流发电机方式,晶闸管整流方式,柴油机-直流发电机供电方式。

岸桥的装卸能力和速度直接决定码头作业的生产率,因此岸桥是港口集装箱装卸的主力设备。岸桥伴随着集装箱运输船舶大型化的蓬勃发展和技术进步而在不断更新换代,科技含量越来越高,正朝着大型化、高速化、自动化和智能化,以及高可靠性、长寿命、低能耗、环保型方向发展。

2. 轮胎式集装箱龙门起重机

集装箱龙门起重机指专门用于集装箱堆场进行堆码和装卸作业的吊装设备,有轮胎式和轨道式两种。由于具有机动灵活、可转场作业、便于分期分批购置、初始投资少等优点,成为众多集装箱码头选择的对象,我国大陆的绝大多数集装箱码头都是以轮胎式龙门起重机 RTG 作业为主,如图 11-2 所示。

RTG 是目前世界上应用最广泛的集装箱码头堆场装卸设备,在用及订单上的数量均占场桥总量的85%左右。

轮胎式门式起重机是70年代以来逐渐发展起来的一种堆场装卸设备，它既有通常的轨道式门式起重机的大堆场、高作业效率的性能，又具备一般轮胎式流动机械的机动性，可以大范围灵活调动，有空间利用率高、生产效率高和全堆场机动的特点。

可采用柴油发电机组或电缆卷筒供电方式，电气系统采用交流变频驱动，具有调速性能良好，保护功能完善等优点。控制系统目前较多采用的是PLC加控制器的组合控制方式。

图 11-2　轮胎式集装箱龙门起重机

11.2　轮胎式集装箱龙门起重机动力房柴油发电机组

11.2.1　轮胎吊简介

轮胎式集装箱龙门起重机组成是由前后两个门框和横梁组成门架，橡胶充气轮胎组成行走机构，小车沿门框上横梁来回行走，进行堆码作业或装卸底盘车集装箱货物。多采用柴油发电机或者市电直接驱动；柴油发电机组安装在鞍梁上，可方便地为起吊设备提供动力驱动保障。市电一般采取两侧安装固定的电缆架，如图11-3所示。

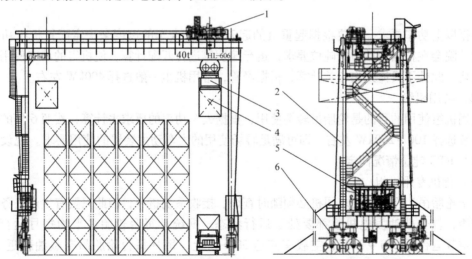

图 11-3　轮胎式集装箱龙门起重机结构简图
1—小车机构　2—大梁　3—吊具　4—集装箱　5—动力房　6—行走机构

轮胎吊主要由4部分组成：起升机构、小车机构、大车机构和动力装置，另外还有吊具系统。

岸边集装箱起重机将集装箱从船上卸至码头前沿挂车上，拖至堆场后，由轨道式集装箱龙门起重机进行装卸堆码作业，或者相反。

为适应岸边集装箱起重机生产率的要求，一般采用一个泊位两台岸边机+三台轨道机，其中两台供前方船舶装卸作业，一台供后方进箱和提箱用。

起重机安放在码头后沿的集装箱堆场，可纵、横和自回转行走，并用于作业 20′GP、40′HQ 等国际标准集装箱，额定起重量为 40.5t（吊具下）。该集装箱龙门起重机支承在 8 只充气橡胶轮胎上，以柴油发动机驱动的发电机为动力。起重机装有一个横向运行于龙门架上部轨道的起重小车，能在起重机支腿间灵活地进行集装箱货物的装卸作业。

11.2.2 柴油发电机组动力房的选型及设计

1. 功率的选择

（1）主用机组

在机组功率的选择上，作为主用动力，可同时满足大车、小车和起升装置的使用要求。集装箱轮胎吊通常采用 200~500kW 柴油发电机组供电。

轮胎吊电控系统主要由以下几个部分组成：

起升驱动器为起升电动机提供连续变化的电压和频率。根据负载的不同，起升最大速度在 20m/s 和 45m/s 之间连续变化。起升电动机额定功率为连续工作制，440V、170kW、4 极电动机。此驱动器为起升电动机和一个大车共用。

小车驱动器分别驱动一个小车电动机。小车电动机为连续工作制，440V、15kW、4 极电动机。小车速度不管负载多少，速度最大到 70m/min。

大车根据负载的不同，速度在 25m/min 和 120m/min 间变化。大车由两个连续工作制，440V、45kW 电动机驱动。柴油机侧大车电动机由独立的一个驱动器提供连续变化的电压频率来驱动。电气房侧大车电动机和起升电动机共用一个驱动器。通过两个接触器选择大车或起升输出。

依据以上功率要求，需要根据起重机的起升重量，大车的速度来决定配置机组功率的大小。设计院会在根据轮胎吊的吨位要求，运行速度等进行匹配计算，使机组的功率使用尽可能的最大化。此处不具体列出相关计算，根据经验，常用机组一般选择 400kW 左右。

（2）备用机组

备用机组使用的目的是轮胎吊转场使用，根据大车功率的要求去计算，按照 6 倍的感性负载，一般选择 100~250kW 左右。即可满足转场使用的大车动力装置的使用要求。视设备的应用不同及 RTG 吨位情况而定。

（3）待机专用机组

由于轮胎吊生产系统要求司机必须随时查询、接收系统指令，因此只要有生产任务，无论作业与否，整个柴油发电机组都要处于运行状态。据统计每台轮胎吊平均每月运行 400~600h，空载运行近 200~300h，空载率高达 50% 以上，每月每台轮胎吊空载油耗近 3000~4500L，既造成了大量能源消耗，又污染了环境。为使轮胎吊节油，可采取加装轮胎吊待机专用小型柴油发电机组的方法。

2. 机组的选择

（1）柴油机的选型

作为在港口使用的机械设备，机组的柴油机无特殊要求，一般而言，现在采用市场主流的进口主柴油发动机，工业型、水冷式、带式驱动闭路散热（散热器要求经过耐盐雾处理）、四冲程、电子控制直喷式、涡轮增压的柴油发动机为主，并具有数字调速装置。一般情况下，港口倾向于选用康明斯、卡特及沃尔沃等品牌为主。作为常用机组运作，这些品牌的机组可以可靠的长期运行，减少了港口因为检修维护带来的时间损失。

主柴油机要求带有电子调速器，其调速性能保证在工作负载突加到额定值使柴油机的转速保持在运行速度的±0.3%以内。而在稳态时柴油机的运转速度保持在±0.5%以内。

（2）发电机的选型

在发电机的选择方面，港口一般的要求发电机具备以下参数：

1）励磁方式：永磁同步；
2）空载电压调整范围：95%~100%额定电压；
3）电压稳态调整率：≤0.5%；
4）电压瞬态调整率：≤±10%；
5）电压恢复时间：≤1s；
6）电压波动率：≤1%；
7）绝缘等级：H级。

发电机在空载额定电压时，线电压的波形畸变率应不大于2%。

另外，发电机在额定工况条件下，能正常连续工作，发电机的防护等级为IP23，带空气滤网，不带网罩。以防止加装网罩带来的通风量不足。

由于是在海岸环境下使用，发电机同样需要考虑防潮湿及盐雾环境带来的损害，所以发电机也需要装有防冷凝加热器，工作电压为220V。同时，还要考虑为机组加装绕组温度继电器及温控盒，该装置为防止绕组过热报警装置，能够有效地防止滤网堵塞时造成通风不畅引起的过温。

当客户需要绕组温度显示时，还可以选配绕组RTD，绕组RTD默认为PT100传感器，还可以选择一款多功能仪表，方便参数读取，同时还可以装配轴承RTD。

发电机外壳同时需要防盐雾，一般要求漆膜厚度达到240μm。

机组的使用要求：主发电机机组的功率能在满载情况下，同时启动起升机构和小车机构，并在作业循环时间图表规定的时间内加速至全速运行；主发电机机组保证整机在全负载下突然加速或减速时电压、频率的波动不超出变频装置、可编程序控制器（PLC）装置及照明系统等电器设备对电源波动的技术要求。

3. 动力房设备的应用形式

轮胎吊是在室外使用，柴油发电机组需要放置在合适的防护箱（动力房）中，因码头环境情况对噪声的敏感度不高，但对动力房的防雨，海边防盐雾，耐腐蚀的要求较高，防音箱的制造要求及喷涂要求相对较高，见下节详细介绍。

防音箱式柴油发电机组（港口一般称呼为动力房，以下简称动力房），安装在轮胎吊两个门框之间的横梁上，机组的排烟系统引至起重机龙门架的顶端排放，动力房安装横梁的下部布置日用油箱，实现机组的供油如图11-4所示。

依据机组的功率大小及用途的不同，按房体的结构形式具体可分为：

作为轮胎吊主要动力来源使用时，发电机组的房体体积大，需要安装到两个门架之间的鞍梁上，如图11-4所示。机房进风在顶部，消声器也布置在顶部。

当机组作为备用电源时，通常是安装在两个轮胎之间的横梁上，如图11-5所示，方便操作，不占用空间。

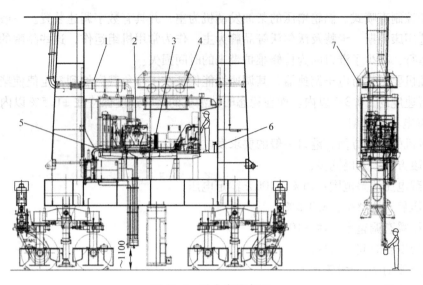

图 11-4　动力房的布置

1—消声器　2—柴油机　3—发电机　4—进风箱　5—油箱　6—检修平台　7—排烟管

作为辅助电源的情况下，主要考虑满足集装箱轮胎吊的转场所需功率即可。

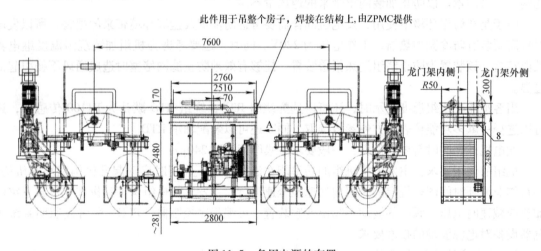

图 11-5　备用电源的布置

另外一种情况是作为主用设备的应急备用机组，其功率等同主用机组。实际应用中一般较少使用这种选择，因为会造成设备的浪费，并增加成本。

柴油发电机组动力房的典型布置如图 11-6 所示。

4. 控制系统的设计

在动力房内设置开关和控制柜如图 11-7 所示，布置在房体端部（发电机端），控制柜和开关可以采用左右布置或者上下布置。控制柜包括发动机"启动"、"停车"开关、动力房/司机室启动转换开关；控制屏至少包括转速表、发动机运转小时表、水温表、机油温度表、机油压力表、燃油量表以及相应的报警装置和必要的电气控制仪表等。设有一套 AC-DC 充电器，在发动机小发电机发生故障时能自动转换对电瓶进行充电。电缆出线口设置在房体下部，方便用户接入控制电缆和电力电缆。主电源回路按 IEC 标准用标志色标注相序。

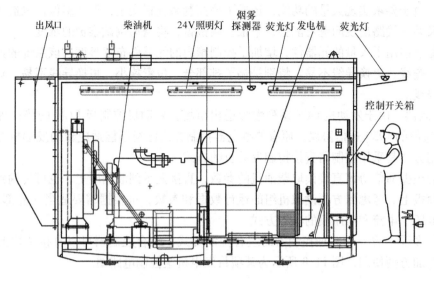

图 11-6 动力房典型布置

(1) 启动方式

RTG 发电机组的启动都需要有两种方式：就地启动和远程启动。远程控制是由于 RTG 的使用的特殊性要求，在作业时，操作人员位于门梁下的司机室内，远离动力房，需要在司机室内方便的启动机组并读取机组相关数据。

为了适应控制元器件在海岸环境的使用，在控制开关箱内配置了防潮加热器，保证电气元件长期处于干燥的工作环境，延长了使用寿命。如有必要，还需在控制箱内加装排风装置，增加箱内的空气循环。

在控制上，配置高性能的液晶显示控制器，可以方便读取柴油机的水温、油位、油温、油压、转速等各种参数，同时在控制面板上，还配置了主要报警参数的报警灯和蜂鸣器。同时这些参数也同步到司机室。操作人员可以在使用过程中调阅参数，接收报警信号。还可以针对不同的用户需

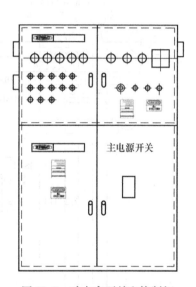

图 11-7 动力房开关和控制柜

求，选用不同型号的控制器单元。方便地拓展控制系统的应用。如码头有市电和发电机组切换的需要时，该控制器系统还可以实现市电和发电机组的无缝切换。

(2) 控制方式

目前常用的有 PLC 控制和控制器两种方式。

1) PLC 控制 早期的部分轮胎吊采用 PLC 的控制方式，实现方式是采用 S7-200PLC 完成控制系统的实现。通过电压继电器，电流、电压、转速模块完成检测保护信号的输入。通过中间继电器完成外接信号的实现。

优点：由于采用 PLC 模块，逻辑实现的功能大部分在 PLC 中实现，功能调试时，通过计算机监控比较容易查看运行控制系统运行状态，增删功能简单，不用考虑实际接线，如果需要增加功能只需在程序内增加逻辑功能即可，通过 PLC 现场通信，运行机组，可以方便地查找故障点。

缺点：由于要求实现大量的功能，造成了该控制系统很安全，但很多保护也造成潜在的故障点。如果某一线路出现问题可能会带来很多误报警，将增加调试维护的难度。

同时由于使用了大量的元器件，增加了控制箱内的元器件布置难度，该系统的控制箱体积过于庞大，查线、更换导线不易。特别是端子排部分，位置狭小，更换导线不易，对出现的故障也不易查线。

2）控制器　由于发动机 GCS 系列慢慢退出市场，发动机控制板 ECM 的接口界面变为用 CAN BUS 通信的 1939 通信协议，原有的继电器控制方式已经不能适应新的发动机控制，目前主流的控制方式是采用控制器直接控制发动机的方式。

控制器根据通信协议直接读取柴油机的参数，直接显示到液晶屏上，也可传输到用户司机室的控制面板上，考虑到方便读取机组的运行数据和参数，可根据需要适当在外部增加旋钮、指示灯、电压、电流和油压表的布置方式。

目前较多采用的是 PLC 加控制器的组合控制方式，结合控制器可以直接读取柴油机的关键参数，更加方便使用，图 11-8 所示为某项目发电机组控制电路图。

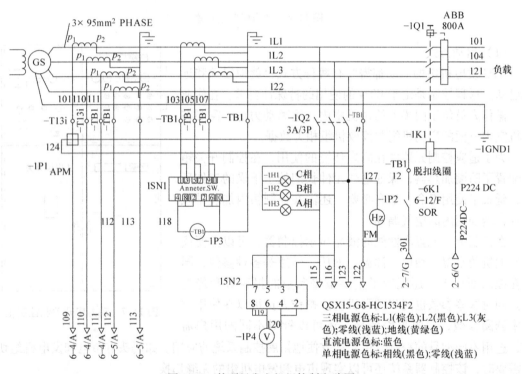

图 11-8　某项目发电机组控制电路图

5. 柴油发电机组动力房的设计

（1）底架的设计

因为动力房安装在 RTG 的鞍梁上，鞍梁距离地面有一定的高度，在设计机座时，发电机组安装的机座必须具有足够的刚度。

机座一般分为带油箱底座和框架底座两种。带油箱底座的一般作为辅助油箱使用，要求满足 4-8h 使用的油量。框架底座满足安装机组及其附件的安装刚度要求，还需增加底板集油槽，电缆过线孔等，个别常用框架底架还需在适当位置增开进风口，以满足箱体上的进风不足的问题；机架除了具有较高的刚度外，还需要配置集油槽，油槽下部预留接口，通过管路和其他排污管路集中排放到距离地面的排污槽内，以方便机油集中排放。

房体布置在悬空的横梁上，必须防止油水和废液漏出，机组下装一个能容纳机油和冷却水的油水盘，油水盘的最低点装有排放阀，管路或电缆不通过油水盘，动力装置下面有4根排放管引至离地1.4m处，这4根管分别为柴油机油底壳废油排放管、柴油机水箱废水排放管、主油箱排放管、机架底部油水盘的废油水排放管，所有排放阀采用耐油阀。

（2）房体的设计

底架和房体是可以分拆的，房体一般要求起到防雨，降低噪声及耐盐雾的作用。箱体上具有进风口、排风口，满足发电机组的进风量及排风量的要求。

按照进风方式的不同，动力房的结构通常有两种方式：

1）顶部进风方式　顶部加装防雨进风箱如图11-9所示，是目前动力房上常采用的一种进风方式，机组工作时，空气从进风罩的下方侧面进入，对使用在环境特别恶劣的场合时有很好的防护作用。在罩体进风口的内部敷设了防尘网，起到过滤风沙和防虫的作用。

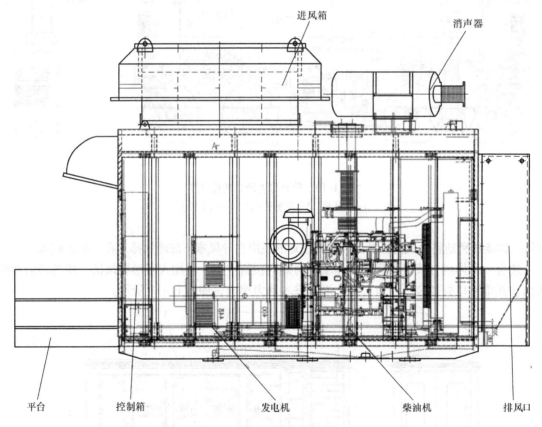

图11-9　动力房结构图

进风口采用在侧门上开进风口的进风方式：在侧门上设计进风口，如图11-10所示，内部敷设了不锈防虫网，加装了防水罩，由于机房的宽度设计一般要求较为紧凑，因此房体侧门进风方式会限制机组的进风量；作为主要机组设备，一般较少采用此类进风方式，目前，动力房常用第一种进风方式，即顶部进风，可以不受动力房尺寸的限制。

2）出风口　动力房出风口因靠近轮胎吊的主梁，在直排风的情况下，会造成部分空气回流，影响柴油发电机组的性能，通常采用的方式是增加导风罩，使热风向上排出，这样既不影响

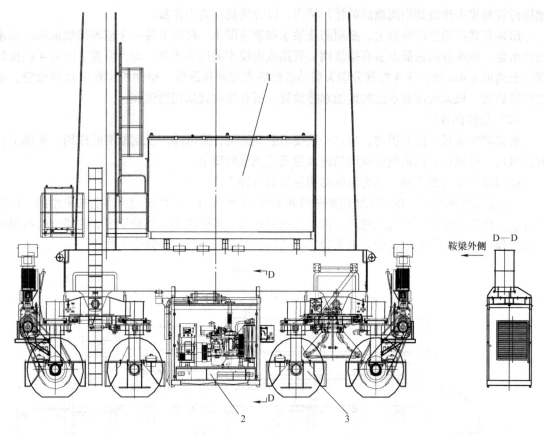

图 11-10 动力房进风口的设计图
1—高压房 2—柴油发电机 3—行走机构

排风,也能顺利地将热风向上导出,需要注意的是应在导风罩下部增加排水孔,防止积水。

还有一种排风方式是在机组房体端部两侧内预留空间,增加人字形导风槽,使热风向两侧排出。在排风口处加装百叶窗,防止雨水进入动力房内,如图 11-11 所示。

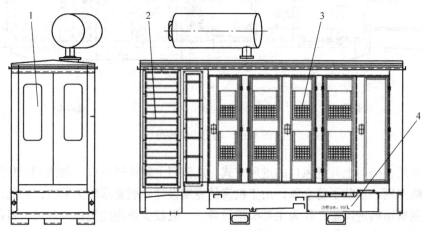

图 11-11 动力房排风口的设计图
1—控制屏观察窗 2—排风口 3—门上进风口 4—底座油箱

3）检修平台　平台、走道和梯子的布置便于维修人员携带工具和其他设备安全抵达需要进行检查、维修和更换零部件的地方，其布置应有足够的操作空间。

柴油发电机组的控制屏及主开关一般设计在机组的尾部（发电机后端），操作人员站立处设置固定平台，下敷设格栅板，此平台和爬梯相连通，机箱端部设置有透视窗，可以观察控制仪表，方便操作人员观察及操作。

机房安装在距离地面几米的鞍梁上，轮胎吊需每天工作时使用，维护频率较高，平时要从机房的周围对机组进行检查，所以需要在房体两侧增加平台，方便观察、操作和维护机组，机房两侧的平台需要增加栅格防护装置，并增加防护栏杆，两侧平台也称检修平台。内部靠近吊车一侧的平台，因内部工作空间（吊具工作区域内）限制，需要在轮胎吊工作时收起，为了确保操作安全，一般会在内侧平台加装限位开关，确保平台收起后才能启动发电机组发电。

轮胎吊外侧平台和两端的过道一般可以采用固定式，固定过道和平台多采用格栅板铺地，保证安全的同时，还可以方便观察机房下部情况，格栅板采用可拆方式固定。平台宽度一般保证以一人通过为宜，保证>550mm 的净空间。也有部分码头，要求外侧的平台也同时收起，做成活动式平台。平台栏杆一般采用三档式，依据栏杆标准的要求制作如图 11-12 所示。

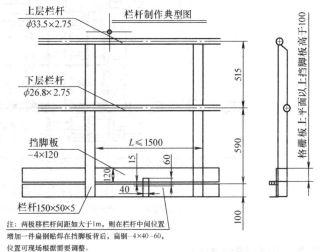

图 11-12　检修平台

4）检修门　因机组固定在鞍梁上，动力房门的设计原则应遵循：如遇机组损坏，在不将动力房吊下的前提下可将发电机、发动机、散热器等分别从侧向取出进行各部件的修理。实际应用中，将门的立柱做成可拆卸式，门的铰链做成可拆式铰链，以方便机组大修和维护。还有部分项目采用消防用卷帘门的设计，方便开关的同时，也满足了方便检修的需求。

动力房顶的设计应满足排水的坡度；房顶及动力房的四壁均不能漏水。

在降噪处理方面，因为轮胎吊的使用是在户外，用户对噪声的要求不高，满足85dB（A）即可，通常采用的降噪方式是在动力房的内壁敷设阻燃的吸音材料，排气系统增加一些工业型消声器，可以达到有效的消音处理，使发动机噪声不超过国家标准的有关规定。

11.3　移动式动力房

目前，港口码头使用的移动式柴油发电机组主要有以下几种。

11.3.1　挂车电站

港口用挂车电站是专为RTG转场作业及其他设备应急供电的电源设备。也可在常规动力房不能使用的情况下安装到轮胎吊上。是港口码头上RTG的有效补充动力来源。

采用市电作业的 RTG 转场时，不能再使用固定轨道上的电缆，只能使用柴油发电机组提供的外接电源，为了节约成本，往往几台 RTG 共用一个机组作为转场动力源，转场前把挂车拖至 RTG 下方，连接电缆后，RTG 把挂车吊起，或者采用叉车拖动的方式与轮胎吊同步完成转场。

港口用挂车电站的设计和常用挂车电站基本相同，因工作环境要求，港口环境恶劣，部分码头要求轮胎装配实心轮胎，机组外箱体和柴油发电机组的涂装需要增加防盐雾处理，挂车式移动电站需要自带辅助油箱，油箱容量需要满足机组工作 8h 的需求；电缆的连接处设置快速插头插座，即插即用，方便操作。某码头用挂车式动力房如图 11-13 所示。

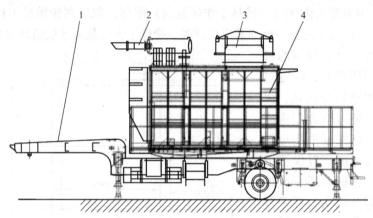

图 11-13　某码头挂车式动力房
1—低平板挂车　2—消声器　3—进风箱　4—柴油发电机动力房

11.3.2　集装箱式电站

集装箱电站是码头上常用的一种备用电站，如图 11-14 所示，用轮胎吊可以方便地起吊，也可用拖车转移运输，箱内配置独立油箱，可在外部加油，同时安装有透明玻璃观察窗，箱侧面配置有电缆盘，可以方便地收纳电缆。电缆上安装快速接插头，保证轮胎吊在紧急用电时即插即用。

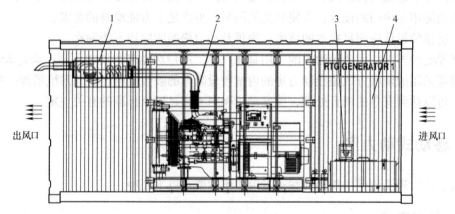

图 11-14　集装箱电站
1—消声器　2—柴油发电机组　3—用油箱　4—20 尺集装箱

11.4 港口设备用结构件的加工特殊要求

港口机械因为其工作位置的特殊性,这些机械设备多在露天环境中作业,受到空气、恶劣气候的影响,空气湿度大、温差大、多盐雾天气,长期受到酸、碱、盐以及紫外线的侵蚀。海边盐雾环境的特殊工况对动力房体的制作和机组本身都提出了较高要求。基于以上特点,做好防腐涂装对保证港口机械设备的金属结构长期安全有效具有十分重要的意义。

11.4.1 焊接工艺的要求

出于防腐蚀性能的要求,机组底架槽钢等型钢件的焊接需要满足港口机械的焊接要求,所有焊接需要严格按照港口机械的焊接工艺处理焊缝和焊接部位。焊接完成后,需要进行喷丸冲砂处理,焊缝、火工校正及损伤修正,喷砂处理到 Sa2.5 级(ISO8501 - 1),如图 11-15 所示,以保证油漆的厚度及附着力要求。

(1) 原材料

用于制造焊接结构件的原材料(钢板、型钢、钢管等)和焊接材料(焊条、焊丝、焊剂等)进厂时必须经检验部门验收制造厂的合格证和质保书,经外部检查和测量,不存在影响结构强度的裂缝、分层、锈蚀麻点、剥落等缺陷后,才能验收后入库。

(2) 焊接方法

焊工应经专门的培训合格后,方能从事焊接工作。

焊前对焊缝应预先清理其表面污物,如成块的铁锈

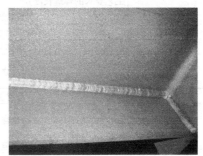

图 11-15 焊接要求

氧化皮、油渍等。在露天作业时,凡遇到下雨、下雪大风、大雾等天气或气温低于零下 18°时不能焊接。

1) 埋弧焊 对焊接的单面埋弧焊可采用以下任意方法:

① 在垫板上自动焊接;

② 在焊剂层上自动焊接;

③ 手工封底的自动焊接。

埋弧焊的接缝起始端和终止端应设置引、熄弧板,其材质、坡口形式与焊接结构件完全相同,引、熄弧板尺寸一般是 80mm × 100mm,厚度与原构件相当,焊接完成后切除引、熄弧板,并磨平切割除。

2) 气体保护焊 焊前工件表面应清除水、锈、油等杂物,并应该在避风处焊接施工,以免破坏气体保护层,造成气孔。

保护气体应该进行硅胶干燥处理,以减小焊接过程中形成的飞溅。

选择正确的焊接工艺规范,保证焊接质量,焊接的尺寸和焊缝质量,必须符合图样和技术文件的规定。

3) 网眼板的焊接 网眼板的焊接是对接头采用对接点单面焊接,反面衬垫扁钢单面填角焊的形式。网眼板与框架焊接时,沿框架纵向每焊接一个节点,空两个节点,采用单面填角焊,在框架端部,则每个节点全部单面填角焊。

4) 房体焊接 房体上薄板,≤3mm 的板材,焊缝同样要求尽量满焊,段焊处也需修补平

整接缝，保证房体外表面无积水、渗水点。

（3）焊缝质量检验

焊缝检查分为外观质量和内部质量检查：

1）外观检查　钢结构件的焊缝主要是检验焊缝的外观成型质量，检验内容一般有焊脚高度、咬边、焊接变形、焊瘤、弧、焊缝直度等，当然还有焊缝的内在质量，如夹渣、气孔、未焊透、裂纹、未熔合等。焊接尺寸、有无焊接缺陷等；外观检验的器具有直尺、焊接检验尺、放大镜等，可以用眼观察，看是否有气孔、残留的焊渣。

表面质量评价主要是对焊缝外观的评价，看是否焊缝均匀，是否有假焊、飞溅、焊渣、裂纹、烧穿、缩孔、咬边等缺陷，以及焊缝的数量、长度以及位置是否符合工艺要求，具体评价标准详见表 11-1。

表 11-1　焊接质量评价标准

缺陷类型	说明	评价标准
假焊	系指未熔合、未连接焊缝中断等焊接缺陷（不能保证工艺要求的焊缝长度）	不允许
气孔	焊点表面有穿孔	焊缝表面不允许有气孔
裂纹	焊缝中出现开裂现象	不允许
夹渣	固体封入物	不允许
咬边	焊缝与母材之间过渡太剧烈	H≤0.5mm 允许 H>0.5mm 不允许
烧穿	母材被烧透	不允许
飞溅	金属液滴飞出	在具有功能和外观要求的区域，不允许有焊接飞溅的存在
过高的焊缝凸起	焊缝太大	H 值不允许超过 3mm
位置偏离	焊缝位置不准	不允许
配合不良	板材间隙太大	H 值不允许超过 2mm

2）内部质量　内在质量检验主要是着色探伤和磁粉探伤。主要采用无损检测的方法。做焊缝探伤不仅可以检验焊缝的质量还可以测出焊缝的高度，是最有效的检验方法。针对动力房及底座，一般情况下不要求做探伤。

11.4.2　表面处理

港口机械的钢结构应有很好的保护，除了使用的涂料达到高要求之外，最关键的是钢结构的表面处理。如果涂料系统没有很好的基础（表面处理），那么就会比预计的使用寿命要短，港口机械的一般油漆设计为 10 年的使用寿命。可能会因表面处理不到位而降低涂装的使用寿命。

实际经验表明，表面处理质量对涂层本身性能有着比其他因素更大的影响。一旦选定了合适的涂料系统，如果表面处理很差，涂层质量也会很差。只有良好的表面处理，涂覆的涂料才能发挥其效用。

1. 钢结构表面除锈的常用方法

金属表面除锈方法：手工处理、机械处理、喷砂、喷丸处理、化学处理和火焰处理 5 种。

（1）手工处理

手工处理主要用铲刀、钢丝刷、砂布和断钢锯条等工具，靠手工敲、铲、刮、刷、砂的方法来达到清除铁锈，这是漆工传统的除锈方法，也是最简便的方法，没有任何环境及施工条件限制，但由于效率及效果太差，只能适用小范围的除锈处理。

(2) 机械除锈法

机械除锈法主要是利用一些电动、风动工具来达到清除铁锈的目的。常用电动工具如电动刷、电动砂轮；风动工具如风动刷。电动刷和风动刷是利用特制圆形钢丝刷的转动，靠冲击和摩擦把铁锈或氧化皮清除干净，特别对表面铁锈，效果较好，但对较深锈斑很难除去。电动砂轮实际是手提砂轮机，可以在手中随意移动，利用砂轮的高速旋转除去铁锈，效果较好，特别对较深的锈斑，其工作效率高，施工质量也较好，使用方便，是一种较理想的除锈工具。但在操作中须注意，不要把金属表皮打穿。

(3) 喷砂、喷丸处理法

金属表面喷砂除锈工艺是利用对空气的压力影响作用，把所需金属粒度的喷砂工艺磨料通过喷枪，对金属零件锈蚀的表面进行喷砂除锈处理。这种喷砂除锈工艺不仅去锈块，还能对金属表面起到涂装、喷涂的效果，经过喷砂除锈工艺处理过的金属表面可达到干净、有一定粗糙度的表面要求，从而提高覆盖层与零件的结合力。

(4) 化学处理法

化学处理法实际是酸洗除锈法，利用酸性溶液与金属氧化物（铁锈）发生化学反应，生成盐类，而脱离金属表面。常用的酸性溶液有：硫酸、盐酸、硝酸、磷酸。操作中将酸性溶液涂于金属铁锈部位让其慢慢与铁锈发生化学反应而去掉。铁锈去除后应用清水冲洗，并用弱碱溶液进行中和反应，再用清水冲洗后揩干、烘干，以防很快生锈。对酸洗过的金属表面需要经粗糙处理或磷化处理，主要是增加金属表面与底漆的附着力。

(5) 火焰处理方法在港口设备中很少使用。

动力房制作通常采用喷砂处理和化学处理的方法，底座等钢结构件和厚板可以采用喷砂处理，房体上的薄板件则需要采用酸性磷化处理的工艺。

2. 表面处理程度的判断

在判断表面处理的程度时，我们要引用到很多的标准。在实际工作中经常会遇到的表面处理标准主要有：

1）GB 8923—88；

2）ISO 8501—1：1988；

3）SIS 055900：1967；

4）SSPC/NACE。

常用的是 GB 8923—88 和 SSPC。

GB 8923—88 是我国的国家标准，ISO 8501 则是现在普遍采用的国际标准，SIS 055900 是世界上最早的影响也最大的标准。SSPC/NACE 是美国使用的主要标准。中国的国家标准 GB 8923 等效采用于 ISO 8501—1：1988。

ISO 8501—1：1988 将未涂装过的钢材表面原始程度按氧化皮覆盖程度和锈蚀程度分为 4 个等级，分别以 A、B、C、D 表示，并有相应的照片对照。

A 大面积复盖黏着的氧化皮，而几乎没有铁锈的钢材表面；

B 已开始锈蚀，且氧化皮已开始剥落的钢材表面；

C 氧化皮已因锈蚀而剥落或者可以刮除，但在正常视力观察下仅见到少量点蚀的钢材表面；

D 氧化皮已因锈蚀而剥离，在正常视力观察下，已可见普遍发生点蚀的钢材表面。

钢材表面除锈后的质量等级分 St2，St3，Sa1，Sa2，Sa2.5 等 5 个除锈等级：

St2：彻底的手工和动力工具除锈；

St3：非常彻底的手工和动力工具除锈；

Sa1：轻度的喷射或抛射除锈；

Sa2：彻底的喷射或抛射除锈；

Sa2.5：非常彻底的喷射或抛射除锈。

港口机械设备要求的钢结构冲砂等级一定要达到Sa2.5。

3. 粗糙度的测量

粗糙度的测量工具主要是指针式测量仪和压膜式测量仪。指针式测量仪对于现场检测非常方便，使用也很简单。压膜式测量仪检测的速度较慢，不适合打砂现场的随时测量，但是测得的结果可以保留存档。除此之外，还可以直接对照标准样板进行目视检测。当用测量仪器对打砂粗糙度进行测量时，应在板面上均匀地选取测量位置，对不同部位的粗糙度进行检测，并针对不同的结果将打砂设备作出适当的调整。

要达到Sa 2.5级打砂标准，打砂密度一般要达到95%以上。打砂密度的一般检测方法为目视法，可通过带有刻度的放大镜进行观察。

11.4.3 油漆工艺的要求

为了保证结构件在5年乃至10年内不能锈蚀，提高设备的使用寿命，港口使用设备的涂层厚度以及工艺要求较其他工业设备有更高的要求，如图11-16所示，一般港机机械金属结构的涂漆分为三层，即底漆、中漆和面漆。

在原材料处理上，首先对进场后的型钢和板材进行预处理，去除油污和水分。表面预处理的钢材，应该按照矫形、除锈、预处理的顺序进行，经过预处理的钢材，不得有氧化皮和污物，处理后的钢材质量应该达到Sa2.5的要求。处理后，应在钢板冲砂清洁后4h内喷涂防锈底漆，以防止钢板氧化影响涂料的防腐效果。

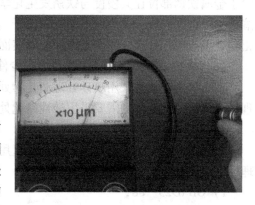

图 11-16 涂层厚度的检查

涂装预处理的目的有两点：一是去除金属表面的附着物或者生成的异物，使金属表面有一定的耐蚀性；二是提高金属与涂膜的附着力。其预处理的方式主要是机械预处理，常见的除锈方法、特点的比较见表11-2。

表 11-2 各种除锈方法特点的比较

方法	优点	缺点	处理程度
干式喷砂	能把氧化皮，锈完全除去，形状复杂的也可处理	砂尘飞散显著，污染严重，耗能大	优
湿式喷砂	（1）同上 （2）砂尘的飞散少于干式	由于用水，处理后易生锈，耗能大	优
喷铁砂或喷钢丸、钢丝段	能把氧化皮，锈蚀完全除去，形状复杂的也可处理	耗能大	优
抛丸	能把氧化皮，锈蚀完全除去，效率高	薄板件或形状复杂的产品不能采用，受场地限制	优

(续)

方法	优点	缺点	处理程度
采用圆盘打磨器、电动刷等电动或气动工具	能把锈除去，操作方便	氧化皮难以除去，效率比上述各方法低，形状复杂的产品不适用	良
采用钢丝刷等手工除锈	使用方便	不能彻底除锈，氧化皮更难除去，效率低	差
酸洗	可以完全除氧化皮和锈蚀	处理后必须干燥，对工件形状大小有限制	优－良

1. 车间底漆

通常使用的无机硅酸锌材料，以中等或者低含锌量的车间底漆应用最多，无机硅酸锌耐热性能好，力学性能优异，干燥快、耐溶剂性能强、热加工损伤面积小，因此被普遍用作车间底漆，低含锌量的车间底漆符合钢板临时保护的要求，操作容易，同时也降低了氧化锌对身体健康的危害。

2. 防锈底漆

底漆的主要功能是防止钢结构腐蚀。现代的港口机械主要采用含有锌粉的油漆作为底漆。由于金属锌的电极电位比钢铁更低，水分首先与锌发生电化反应，从而保护了钢铁不受腐蚀。

3. 中间漆

中间漆具有两个功能：一是连接底漆和面漆，作为底漆和面漆之间的过渡油漆，改善涂层之间的覆涂性和附着力；二是防止水分和其他物质对底漆及金属材料的渗透，中间漆一般使用隔绝的环氧厚浆型油漆，能有效地延缓水分和电解质的渗透，因而在油漆中，环氧漆的膜厚是关键因素。

4. 面漆

面漆具有优异的耐候性能和良好的表面装饰作用，现代的港口设备大多使用色泽鲜明的脂肪族聚氨酯油漆作为面漆。由于面漆的耐候性能好，能有效地防止紫外线、工业大气等对中层漆的侵害，脂肪族聚氨酯也具有结构稳定的特点，能较长久地保持油漆颜色及光泽。

港口机械金属防腐面积大，采用涂装防腐比较切实可行，只要选择适宜的工作环境和优质的油漆，防腐效果会比较理想。一般防腐时间为 5~8 年，而且涂装防腐实施的工作时间比较短，并且方法简单、方便，比较适合露天工作的设备。在使用期间如果发生局部油漆脱落，修补也比较方便。港机动力房表面油漆厚度的一般要求见表 11-3。

表 11-3 港机动力房表面油漆厚度的一般要求

部位	涂层	产品名称		漆膜厚度/μm
外部	底漆	Interzinc 52/388	环氧富锌	50~75
	中间漆	Intergard 475HS	厚浆型环氧涂料	100~150
	面漆	Interthane 990	丙烯酸聚氨酯面漆	50~100
内部	底漆	Interzinc 52/388	环氧富锌	75
	面漆	Intergard 475HS	厚浆型环氧涂料	100~150
镀锌件	打底	Intergard 269	环氧底漆	50
	面漆	Interthane 990	丙烯酸聚氨酯面漆	50

5. 热镀锌工艺

因为油漆不耐磨损，一般在扶手栏杆和过道踏板等部位需要采用热镀锌工艺处理。热镀锌工艺的特点如下：

1）镀层完整、均匀 整个钢材表面均受到保护，无论在凹陷处、管件内部，或任何其他涂层很难进入的地方，都应该均匀的覆盖。

2）镀层坚硬 镀锌层的硬度值比钢材要大，最上层的 Eta layer 只有 70 DPN 硬度，容易浸入凹陷处，而下层 Zeta layer 及 delta layer 分别有 179 及 211 DPN 硬度值比铁材的 159 DPN 硬度值还高，故其抗冲击及抗磨损性均相当良好。

港口机械普遍采用低碳钢，低碳钢在热浸锌时，容易获得良好的外观质量，且用锌量较少。

3）热镀锌产品质量 热镀锌产品质量主要包括外观、锌层厚度、锌层附着力和镀层均匀性等 4 个部分。其中镀层均匀性按照 GB/T 2694—2003《输电线路铁塔制造技术条件》标准要求。

镀件表面、内构面、连接部位等应光滑整洁，色泽一致。不允许有磕碰、锌刺、锌瘤、积锌、锌灰、挂具痕迹、流痕和叠痕等异物及异形突起的外观缺陷存在。构件焊接部位、角棱、死角和结构内部等部位应无锌灰、积锌、返锈水等现象。如有，必须修复。

镀件表面不能有打磨痕迹。连接部位、丝孔及连接面应无积锌、无锌瘤和锌刺等。

镀件不允许变形，镀锌厚度一般在 25~45mm 之间。

11.5 应用实例

港机挂车项目除了一般挂车标准要求外，其外表面涂装有特殊要求，港口地带处于水汽盐雾较大区域，所以对涂装要求较高如图 11-17 所示。

挂车电站型号：KC900ECT – G

输入功率	：900kVA
输出功率	：736kW
额定频率	：50Hz
功率因数	：0.8
输出电压	：208V
最大（长行/备用）输出电流	：693A
机组尺寸	：4200mm × 1950mm × 3100mm
挂车尺寸	：10700mm × 2450mm × 4320mm
降噪效果	：85dB（A）/1m 处

图 11-17 港口行业挂车电站案例

第 12 章 船用柴油发电机组的应用

12.1 船用柴油发电机组概述

在船舶应用的动力设备中，有用于驱动船舶航行的主用发动机，有用于船上作业用的辅助柴油发电机组，有靠岸无市电时的应急发电机组及监控系统等设备。应用范围从游艇到商业运输和远洋船舶。基于柴油机较高的热效率、功率范围大、良好的机动性、结构紧凑、重量轻及可直接反转等优点，在大部分船舶上都将其作为推进主机和发电机组的原动机。

为使船舶在各种不同工况下（航行、作业、停泊、应急等）都能连续、可靠、经济、合理地进行供电，船上常配置多种电站，如主电站，正常情况下向全船供电的电站；停泊电站，在停泊状态下又无岸电供应时，向停泊船舶的用电负载供电的电站；应急电站，在紧急情况下，向保证船舶安全所必需的负载供电的电站。

在应用中船用柴油发电机组主要采用瑞典 VOLVO、康明斯、卡特、斯太尔、潍柴等国内外知名品牌的柴油机与斯坦福、马拉松、西门子等知名品牌的发电机作配套。

1. 船级分类

一般船用柴油机要经过船级社检验认可才可以允许使用，世界主要船级社有：

American Bureau of Shipping 美国船级社。缩写为 A. B. S.

Bureau Veritas 法国船级社。缩写为 B. V.

Det Norske Veritas 挪威船级社。缩写为 D. N. V.

Germanischer Lloyd 德国船级社。缩写为 G. L.

Lloyd's Register of Shipping 劳埃德船级社。英国船级社。英国劳氏协会的缩写：LR.

Nippon Kaiji Kyokai 日本船级社。缩写为 N. K. K.

Registro Italiano Navale 意大利船级社。缩写为 R. I. N. A.

Korean Register of Shipping 韩国船级社。缩写为：KR.

China Classification Society 中国船级社。缩写为 C. C. S.

Hellenic Register of Shipping 希腊船级社。缩写为：HRS.

India Register of Shipping 印度船级社。缩写为：IRS.

Polish Register of Shipping 波兰船舶登记局。缩写为：PRS.

International Association of Classification Societies 国际船级社联合会。缩写为：I. A. C. S.

2. 船用与陆用柴油发电机的比较

船用柴油发电机与陆用柴油发电机的原理完全相同。但因为两者使用场合不同，而且船用发电机的环境要相对恶劣许多，所以船用发电机一般要考虑以下几个环境因素：

1）潮湿对发电机绕组绝缘的破坏，潮湿对发电机其他部件的损坏（生锈等）。

2）振动对发电机组整体性能的影响。

3）盐碱（海水是碱性的）对绕组绝缘、其他密封件等的影响。

由于船在水中行驶，船用润滑油尤其是船用中速机油和船用系统油难免会有水混入，所以要求中速机油和系统油要有良好的抗乳化性能、分水性能和防锈性能,而陆用柴油机的机油则没有这些要求。

一般来讲,柴油发电机组和主机都是用淡水冷却机体、缸套、缸盖,淡水是一个封闭的循环系统,然后用海水来冷却淡水。如果用海水直接冷却,因海水腐蚀性太强,会对发动机造成腐蚀。海水冷却淡水的热交换器一般都是采用耐腐蚀的铜质材料。

现在一般大型的船用柴油机都有一个中央冷却器。用海水冷却里面的淡水,再用淡水冷却发电机组或其他设备。这样可以有效地减少对部件的腐蚀。

陆用柴油发电机组和柴油发动机上的热交换器内部的循环水,是依靠水池里的水冷却,因此陆用的发电机组和发动机的热交换器相同。

船用柴油发电机组和船用柴油发动机一般都带海水热交换器,都是靠海水对机器内部的水进行冷却,因此,船用柴油发电机组和船用柴油发动机的热交换器一样。

陆用和船用的热交换器不同,前者是用水池的淡水冷却机器内部的水,后者是用海水冷却机器内部的水。因此,船用机组的辅助系统比较复杂,在船舶上有整套的辅机系统的;船舶上的发电机转速为 1000r/min 和 750r/min(50Hz 系统);启动基本都是采用 3MPa 的压缩空气启动;在燃料的选择上,较好的船舶发电机可以使用 180°度的重油,作为长期电源成本可以低很多,其缺点是维护和管理比较复杂。

除考虑以上几个环境因素之外,船用柴油发电机的门槛较高;船用柴油发电机须通过了《船用柴油发电机组通用技术条件》GB/T 3020 检验,须通过有中国船舶总公司、船级社 CCS 船检并出具证书。

CCS 认证时需提供的清单有船用产品图样/技术文件审批申请书、营业执照复印件、企业概况、技术实施能力说明、检测设备清单、项目说明、控制屏认可试验大纲、机组认可试验大纲、电气设计图样、总图、公共底座图样、船机底座强度计算书、各系统图和各系统图功能描述等。

3. 中国船用柴油发电机组行业发展现状

与国外先进机组相比,国产机组在机械性能、电气性能、操作性能、可靠性、日常维护和使用寿命上还存在一定的差距,为满足国内船舶工业发展的需要,自 20 世纪 80 年代起我国先后引进国外多种型号的船用柴油机(如康明斯、MWM 等)、发电机(如斯坦福、西门子等)、空气断路器及电器元件等先进技术。

(1)我国船用柴油发电机组存在的主要问题

1)柴油发电机组设备的科研、设计、试制和生产水平滞后,各科研和生产单位之间各自为战,技术自我保护;甚至有些单位为了眼前利益,重复投资,重复引进成套柴油发电机组设备,造成国家资产流失等不良后果。

2)标准化、系列化程度低。柴油发电机组型号杂乱,产品之间的通用性差,基础件、零配件集成性差,质量差,安装和维修难度大。相比国外先进机组,柴油机的经济性、动力性、结构紧凑性、可靠性、耐久性、振动噪声等指标差距较大;而发电机的结构紧凑性、零部件的通用性、动态和稳态调压性能、可靠性、使用寿命和电磁兼容能力等方面差距也较明显。

3)新技术、新工艺发展较慢,要提高柴油机的动力性、经济性,降低振动噪声和废气的含量,以及产品的质量和寿命就必须依靠新的技术,如多气门进气系统、稀薄燃烧、电控喷射、增压中冷技术等。

4)船用发电机配套用的柴油机和发电机自 20 世纪 80 年代引进以后,虽经企业消化和吸收,并提高了国产化程度、自制件的比例增加,但忽视了在消化吸收基础上的改进和创新,使产品性能和质量进步不大,但随着国外新产品和新机型的不断发展,原有的引进产品已失去了市场竞争力。

5）在船用柴油发电机组的电气设备中,最薄弱环节是电子技术与电器元件的质量,影响了发电、配电和控制装置的性能和可靠性,这是目前我国应重点解决的问题。

（2）船用发电机的发展趋势

1）电子调速 现代柴油机技术已达到较高程度,但对电控技术方面的研究与应用仍需要不断的深入和发展,目的是进一步提高强化度、降低燃油消耗、增加可靠性、延长使用寿命以及降低有害排放和噪声；特别是在现代柴油发电机组中,对供电质量提高、实现自动化、智能化尤为重要。柴油机的机械调速改为电子调速,柴油发电机组的稳态和瞬态指标得到有效的改善,使柴油发电机组得以实现并联自动运行,康明斯柴油发电机组上采用的 EFC 电子调速器和伍德沃德电子调速器系统具有代表性。

2）电子喷射 从 20 世纪中期开始,发达国家电控技术在汽油机基础上飞速发展,并对柴油机电控技术——电子喷射进行了开发和研究并投入使用。电子喷射技术与电子调速技术既有控制柴油机的喷油量的共同点,又有根本的区别,即电子喷射还具有用电信号控制喷油时刻、喷射压力,完全取消传统燃油系统上的机械结构。

3）电子喷射控制（电喷）柴油发电机组 电子喷射控制能控制柴油机最佳的供油量和喷油时间,对所有影响燃烧的燃油喷射参数（如燃油喷射正时、喷射过程、喷射时间和喷射压力等）进行单独调控,改善混合气的形成过程,使之很好地适应运行工况的各种设定。

（3）行业技术发展趋势

船用柴油机在机型发展方面总体相对稳定,几年前,主要集中机型可靠性提高方面,因为增压技术的发展,柴油机强化度发展很快,尤其是石油危机后,反映在燃油消耗率降低和燃用劣质燃料油为目标的经济性的强烈追求上。然而近年来,各国环境政策严格了柴油机的排放,而船用柴油机比汽车柴油机的 NO_x、SO_2 等有害排放物更严重,为了降低这几种有害排放气体成分的含量,各柴油机厂商正在研制新型柴油机,其关注点主要有：

1）连续运行中的可靠性。

2）高度强化。使最高燃烧压力和燃油喷射压力大幅度提高。

3）废气排放符合日趋严厉的排放法规要求。1997 年船舶开始执行国际海事组织（IMO）制定的排放限值,各柴油机厂商采取工况控制或采取尾气后处理,甚至重新设计新型柴油机以符合法规要求。

4）经济性好。不单追求燃油消耗率与劣质燃料的使用,更重要在价格、运行成本、省力、少维修、推进效率等方面进行优化。

5）总体结构趋于相同。气缸排列以直列和 V 形两种为主,同时追求技术目标及经济目标。

6）规范化的接口。满足用户的要求,适合不同配套辅助装置以及监控系统的应用。大功率低速柴油机广泛应用于散货船、油轮、集装箱船等大型远洋船舶上。由于船舶日趋大型化、巨型化与自动化以及日益提高对船舶主机的经济性、可靠性的要求,大功率二冲程低速柴油机的技术发展呈现出整体优化的趋势,具体表现在以下几个方面：

① 单机、单缸功率越来越大,单机最大可达到 $11 \times 10^5 PS$。

② 进一步使燃油消耗率降低,二冲程低速柴油机的燃油消耗率已降低到 $164.6 g/kW \cdot h$。

③ 平均有效压力已达 1.90~1.95MPa，爆发压力在 15.10~15.5MPa 之间。

④ 采用高效、高增压比的新型增压器，如 ABB 公司研制的 4P 型增压器，增压比高达 5:1。

⑤ 采用电子调速器系统、电控燃油喷射系统、高压共轨燃油喷射系统、智能化电子控制系统，进一步提高低速柴油机的可靠性，低负载性能改善，油耗降低，NO_x 排放控制，以及安全保护控制等。

12.2 船用柴油发电机组的选型

柴油发电机组作为船舶主要动力装置之一，主要为船舶电气设备供电，其性能的好坏影响着船舶的整体性能。而柴油发电机组的性能是由柴油机、发电机以及两者之间的匹配这三方面的因素共同决定，因此在对船舶柴油发电机组进行选型分析时，要从这三个方面重点考虑。只有正确选择柴油发电机组才能达到提高船舶整体性能的目的。柴油发电机组主要由柴油机、发电机和其他附属设备组成，其中柴油机和发电机两者共同制约着机组的整体性能。船舶动力装置中有很多电气设备，用于发电的燃油数量仅次于推进主机。随着船舶自动化程度和人员生活水平的提高，船上用电设备越来越多，发电机组的质量直接影响到船舶营运的经济性和安全性。所以，必须重视船用柴油发电机组的选型。目前，用于船舶的柴油发电机组种类多而杂、没有规范的选型依据和评价指标，使某些机组整体性能很差，不能保证船舶的安全及其正常运行。因此，有必要建立严格、规范、科学、合理的选型依据，使选择、评价船舶柴油发电机组时有据可依。

1．船用柴油发电机组的选型原则

动力装置是船舶的"心脏"，如果机电设备发生故障，船舶将会失去作业能力，严重影响船员（旅客）的工作、生活以及船舶的安全，并将造成严重的经济损失，所以动力装置安全可靠是极为重要的。而柴油发电机组是船舶的重要电源装置，故要求其可靠性高、易于管理维护；再加上船内单机最大负载容量接近于船内电源容量，则要求负载启动和停止时发电机瞬时电压波动应尽可能地小。因此船舶对柴油发电机组提出了以下要求：

1) 机组在额定值，而且在额定值附近运行时效率最高。在通常运行状态下，应以航行工况所必需的功率为基准，对于负载的变动及增加，也不得使机组过载，而且机组的额定容量要有适当的储备量。

2) 机组的容量和台数，应能在任一机组停止工作时，仍然能继续正常推进运行、并为船舶安全以及具有冷藏级船舶的冷藏货物所必需的设备供电。

3) 机组应能在任一发电机或其原动机不工作时，其余机组仍能提供启动主推进装置所必需的电力。

4) 当 1 台机组停止工作时，其余的机组应有足够的储备容量，以保证当最大电动机启动时所产生的瞬态电压降不会使任何电动机失速或其他电气设备失效。

5) 在连续运行条件下，希望柴油机额定输出功率有 10% 左右的余量；但不应使柴油机明显地运行在低负载状态。

6) 主机组至少应为 2 台，为了便于维护和管理，最好选用同类型发电机组。

7) 机组在选型时应优先使用国产设备，其优点：在质量和主要经济技术指标上，国产设备与引进设备相差不是很大，而总投入比引进设备少很多；另外，保证交货期，售后服务条件较好，现场验收和零部件供应方便等。

2．柴油发电机组的主要性能指标

机组的指标有技术指标、经济指标和性能指标。这些指标是对柴油发电机组进行选型和判断性能优劣的重要依据。

（1）技术指标

技术指标是标志柴油发电机组的技术性能和结构特征的参数，主要由功率指标、重量指标和尺寸指标三部分组成。功率指标表示机组作功的能力，即向船舶电气设备提供电力的能力；重量指标和尺寸指标是评价机组结构紧凑性和金属利用率的重要指标。重量指标用单位功率重量（比质量）来衡量，它是机组净重和额定功率的比值；尺寸指标又称为紧凑性指标，是表征机组总体布置紧凑程度的指标，用单位体积功率来衡量，它是机组额定功率与外廓体积的比值。

（2）经济指标

经济指标主要由机组的燃油和滑油消耗率来衡量，同时参考机组的价格（通常用性价比来衡量）和维修保养费用。

（3）性能指标

性能指标主要包括机组的可靠性、机动性、使用寿命、振动、噪声、排放以及自动化程度等。可靠性由大修前使用时间、机组故障率和售后服务质量来综合考核；机动性是指机组在改变工况时的工作性能；振动、噪声和排放是指机组对周围环境的影响；自动化程度是改善工作人员劳动条件和提高机组乃至整个船舶性能的重要指标。因此，对柴油发电机组的性能进行分析时，既要分析柴油机的各项指标，又要分析发电机的各项指标，以及两者之间的匹配对机组整体性能的影响，而其匹配主要考虑两者之间的功率匹配和转速匹配、发电机的旋转不均匀度、柴油机的冲击振动和发电机的固有振动间的关系、柴油机旋转不均所引起的发电机的功率脉动情况、柴油机和发电机的性能是否互补等因素。

12.3　船用主发电机

1．主船用柴油机

船舶主柴油机，简称为船舶主机，是用来带动螺旋桨的，中间有齿轮箱减速，一般为大型中低速柴油机，少数军用船舶除外。

主机是船上的主推进动力装置，提供船舶前进的动力，同机型的柴油机在不同的船上可以做主机带螺旋桨，也可以带动发电机。它们的主要区别在调速器上，主机上用的一般是极限调速器，防止飞车。也有部分柴油机安装全制式调速器。辅机上用的是定速调速器，因为发电机转速要基本恒定；如果转速波动过大，发出的电压和频率就要波动，尤其是频率。

船用主机要求柴油机的热效率高、经济性好、容易启动、对各类船舶适应性强。至20世纪50年代，船用柴油机已是民用船舶、中小型舰艇和常规潜艇的主要动力。主机用作船舶的推进动力，主柴油机通过齿轮箱可以带动发电机进行发电。

在大部分时间里，船用主机是在满负载情况下工作，有时在变负载情况下运转。船舶经常在颠簸中航行，所以在纵倾15°～25°和横倾15°～35°的条件下船用柴油机应能可靠工作。大多数船舶采用增压柴油机（见内燃机增压），在小艇上用小功率非增压柴油机。低速柴油机多数为二冲程机，中速柴油机多数为四冲程机，而高速柴油机则两者皆有。船用二冲程柴油机的扫气形式有回流扫气、气口－气门式直流扫气和对置活塞式气口扫气。大功率中、低速柴油机广泛采用重油作为燃料,高速柴油机则多用轻柴油。

2. 主船用柴油发电机组主要节能措施

近10多年来在提高经济性方面,现代船用大型低速柴油机的经济性能有了很大的提高,各种节能措施不断涌现并日趋完善,主要表现在以下几个方面。

(1) 采用定压涡轮增压系统和高效率废气涡轮增压器

现代柴油机的一个显著特点是在高增压柴油机上采用定压涡轮增压系统代替脉冲涡轮增压系统,有利于提高增压器的工作效率。新型涡轮增压器的发展和使用,使增压器效率由60年代的50%~60%提高到60%~76%,使柴油机的燃油消耗率明显降低。

(2) 增大行程缸径比 S/D

在保持活塞平均速度 V_m 不变的情况下,大幅度降低柴油机转速是增大行程缸径比 S/D 的主要途径,达到提高螺旋桨效率,从而使动力装置的总效率提高。这是自石油危机以来提高柴油机动力装置经济性的重要措施。因此,自70年代末期开始,S/D 的增大速度很快,并逐步开发了低速柴油机的长行程和超长行程柴油机系列。S/D 的增加,也使柴油机本身的经济性有所提高。目前,MAN B&W 公司的 SMC－C 系列柴油机的 S/D 值已达4.0,而 Wärtsilä 瑞士公司的 SULZERRTA－T 系列柴油机的 S/D 值已达到了4.17。另一方面,增大 S/D 使柴油机结构复杂,增加造价,因而 S/D 的增加受到限制。

(3) 提高最高爆发压力 P_z 与平均有效压力 P_e 之比 P_z/P_e

柴油机的理论循环研究与实践证实,提高 P_z/P_e 可显著降低燃油消耗率。研究指出,当 P_z/P_e 从7.8提高到12时,油耗率约下降 $12g/kW \cdot h$。因而,现代船用柴油机均采用这种措施降低油耗率。但是,受到了柴油机负载的限制,大幅度提高 P_z 是十分困难的,保证柴油机的可靠性必须同时采取相应措施。因而从60年代到70年代中期,船用柴油机的 P_z 虽然逐步增加,但幅度增加不大(在近20年内 P_z 仅提高约2.5MPa)。从70年代中期到80年代中期,柴油机的 P_z 值有了大幅度增长,增加约5MPa。目前,有些柴油机的 P_z 已达15 MPa(如Sulzer RTA 机),甚至18MPa。在保持 P_z 不变时降低 P_e 值同样使油耗率降低,这也是目前广泛采用的节能措施。降低 P_e 就是柴油机降功率使用,如保持标定转速而选用较低(如80%)的 P_e,或在使用较低转速(如80%)时选用较低的 P_e 等。

(4) 增大压缩比 ε

在增压柴油机上尤其是高增压柴油机上,为了限制 P_z,柴油机需保证有足够的机械强度,降低柴油机的压缩比是过去常用的措施,但由此使经济性降低。显然,这种措施已不符合现代柴油机的发展需求。现代船用低速柴油机为了经济性的提高,根据理论循环的结论仍然采用了适当增大压缩比的措施,把压缩比由10左右提高到16~19之间。

(5) 采用可变喷油定时(VIT)机构

把提高 P_z 作为节能措施时,更要重视提高柴油机部分负载下的 P_z 值。其一,现代船用柴油机的实际使用功率通常均小于标定功率;其二,柴油机在部分负载运转时 P_z 随负载的减小而降低。如果在部分负载时能使 P_z 值保持其标定值,结果是 P_z 与 P_e 的比值变大,则减少燃油消耗率。VIT 机构可在柴油机负载变化时自动调整喷油提前角,保证在部分负载(通常为80%~100%负载)时柴油机的 P_z 基本不变,而在50%~80%负载范围内也有较高的 P_z 值(与无 VIT 机构比较)。

(6) 降低摩擦损失且提高机械效率 η_m

柴油机的机械损失有40%是摩擦损失，因而降低摩擦损失是提高η_m的主要途径。现代船用低速柴油机采用短裙和超短裙活塞、减少活塞环数量（如由5道减为4道）及改善活塞环的工作条件等措施使摩擦损失降低，达到提高机械效率的目的。

(7) 轴带发电机（PTO）

在主柴油机正常运转期间（通常要求主机转速>70%标定转速），经专设恒速传动装置驱动发电机，可发出满足船舶航行所需要电力。在主机转速变动或波动时通过恒速传动装置可保证发电机转速恒定，或可通过变频装置保证发出的电压与频率不变。采用轴带发电机在航行期间可停止柴油发电机运转。此装置并不直接降低柴油机耗油率，但可使船舶动力装置的经济性提高。这种装置的优点主要有：可使用油耗率较低的主柴油机供应电力，使柴油发电机组运转时节省滑油消耗，降低柴油发电机组的使用与维修费用。

(8) 柴油机废热再利用

柴油机燃料总发热量中有50%左右的热量被废气和冷却介质带走。对这一部分废热能量的充分利用，可以提高整个动力装置的经济性。如利用废气涡轮发电机组、废气锅炉发电机等。目前，这方面的问题在深入的研究与探索之中。

(9) 喷射与燃烧技术的改进

缩短高增压柴油机的喷射持续期，改善雾化质量，提高燃烧效率可以提高发动机的燃烧效率。为此，研制出了高喷油率、高喷油压力（达100MPa~140MPa）以缩短喷射持续期的喷射系统，并采取优化喷射系统结构措施改善雾化质量，提高燃烧效率。目前，电子控制喷射柴油机的智能化技术已开始应用于船舶上。具体机型为 SULZER Rtflex 58T—B。

在船舶上的柴油机中，最核心是主机，冠有"船舶心脏"之称。船舶主机工作的连续性、可靠性及稳定性将直接影响船舶的经济指标、技术指标乃至船舶的安全性和生命力。随着船舶向着大型化、快速化和专业化及高度自动化方向的发展，要求船舶主机能耗低、功率大、长寿命、可靠性高等特点，同时具有智能和自动化水平。据统计目前占90%以上的柴油机作为主机。

计算机技术和传感技术的发展使船舶主机监控和船舶自动化技术有了很大的发展，船舶主机监控系统的发展也经历了由就地分散控制系统（在设备本机控制）、集中监控系统（运用集成电子模块和一台中小型计算机在集控室对机舱中的主动力装置和推进系统实行集中监视和控制，系统主要通过硬件来实现获取信号）向集散监控系统（将可编程序控制器及多台计算机进行递阶组合，将系统分几个独立系统进行监控，在通过通信实现整体管理）的过渡。目前主要监控方式为集散监控系统。实现了"无人值班"机舱的工作方式。

12.4 船用辅助发电机

船用辅助发电机主要是提供船舶用电。

1. 启动系统

发电机组的启动系统一般有气启动系统、电启动系统及手动启动系统，或按要求所需的双启动系统。其中，手动启动可用于比较小功率的发动机，用手摇柄或绳索直接转动曲轴，使发动机启动。电启动系统广泛用于中小功率的柴油机，使用铅酸电池作电源，由直流启动电动机拖动发动机曲轴旋转，将发动机启动。气启动系统多于功率较大的柴油机。具体分两种方式：一种是用空气分配器将达到一定压力的高压空气，按气缸的工作次序送入各个气缸直接推动活塞使柴油机启动；另一种方式是以压缩空气驱动气启动电动机，带动柴油机启动。

启动系统压缩空气的气压是 3MPa，通过减压后，送到机组的压缩空气压力为 1MPa。辅助发电机组启动系统如图 12-1、图 12-2 所示。

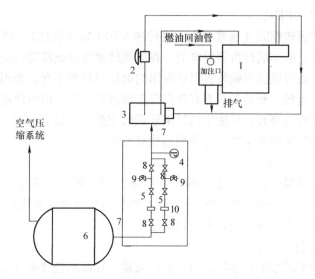

图 12-1　辅助发电机组启动系统图
1—气启动马达　2—启动电磁阀　3—转接阀　4—压力表　5—减压阀
6—储气罐　7—连接软管　8—手动阀门　9—安全阀　10—空气滤清器

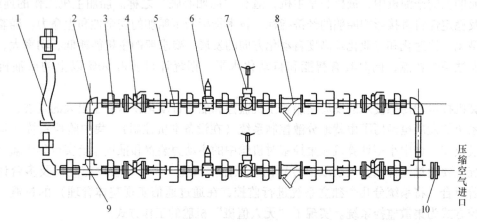

图 12-2　启动系统管路图
1—软管　2—弯接头　3—内接头　4—截止阀　5—活接头　6—安全阀
7—减压阀（附压力表）　8—空气滤器　9—三通　10—法兰

2. 冷却系统

发电机组的冷却方式主要分为风冷和水冷两种方式。风冷却方式又称为空气冷却式，是以空气为冷却介质，将柴油机受热零部件热量传送出去。多适用于小型内燃机及高原沙漠和缺水地区。水冷却方式是用水为冷却介质，将柴油机零件的热量散发出去。

船用柴油发电机的冷却系统都是用淡水冷却机体、缸套、缸盖；淡水是一个封闭的循环系统。其散热通过热交换器进行，然后用海水经过热交换器来冷却淡水，使船用柴油发电机的机温控制在一定的范围内，如图 12-3 所示。

现在一般大型的船用柴油机都有一个中央冷却器。用海水冷却里面的淡水，再用淡水冷却机器的其他部位。

船用柴油发电机组的冷却系统机体内一般采用淡水冷却，淡水可通过海水进行冷却，也可通过淡水进行冷却，如采用海水冷却，一般需配备海水泵，采用淡水冷却可采用密闭及开放式淡水冷却系统。

船用应急发电机组采用远置水箱散热。由于远置水箱距发动机距离较远（高度约14m），发动机水泵不能将水送至散热水箱，故需增加水泵。为使机带泵与加力泵运行良好，又增加减压水柜。计算管道阻力损失获得扬程参数，由发动机缸套水循环及中冷水循环流量参数选型加力水泵。辅发电机组采用使用热交换器的开式循环，由外部水源冷却热交换器，由热交换器冷却缸套、中冷器、发电机等。这就要求热交换器具有良好的耐腐蚀性。

3. 润滑系统

船用润滑油系统是一个公用系统，船用柴油发电机组只是其润滑系统中的一个润滑部分。

为提高机组的冷启动能力，在柴油机的油底壳可加装润滑油加热器。在机组启动前，需进行柴油机预润滑。

柴油机预润滑系统原理：每次在机组启动前，通过ECM模块控制柴油机润滑油泵启动运行一段时间，将柴油机油底壳的润滑油在柴油机内部加压循环一次以建立柴油机润滑部位的油膜，在启动前预润滑压力达到设定值之前不会启动，如图12-4所示。

该系统是在发动机工作时把足够的润滑油连续传送到传动件的摩擦表面，在摩擦表面间建立油膜，减小摩擦阻力，并对零件表面进行

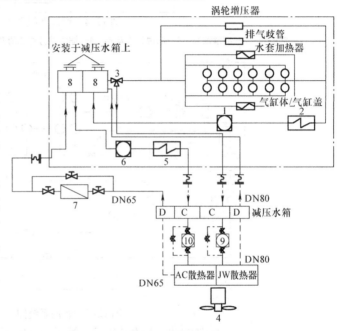

图12-3 冷却系统图
1—气缸套冷却水泵 2—机油冷却器 3—节温器 4—电动机风扇
5—中冷器 6—辅助水泵 7—燃油冷却器 8—膨胀水箱
9—高温水加力水泵 10—低温水加力水泵

清洗和冷却。船用发电机组的机油滤清器都采用双联模式，方便运行时进行保养更换，机油管道直接接入到加油口处，如需添加，直接打开阀门加油即可。

4. 燃油系统

船用燃油系统是一个公用系统，根据柴油发电机的功率及进回油口的管径大小，从公用系统分出一路对柴油发电机提供燃油，在油路上安装油水分离器。一般情况下柴油滤清器都采用双联模式或可自清洗滤清器，方便运行时进行保养更换，如图12-5所示。

5. 排气系统

对于双排气的柴油机，其气缸内燃烧的废气通过烟口排出，机器排烟口分别外接波纹减振节，波纹减振节上面再接一个Y型接头，Y型接头外接排烟管，排烟口后接一个弯头，弯头后接一个工业型消声器，最后将废气排入空气，如图12-6所示。

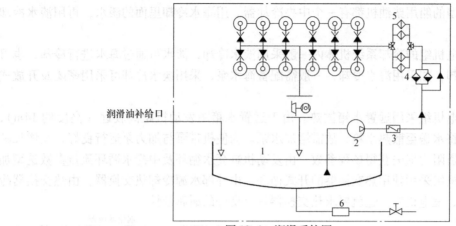

图 12-4 润滑系统图

1—油底壳 2—润滑油泵 3—润滑油冷却器 4—润滑油旁通滤清器 5—润滑油滤清器 6—手动排污泵

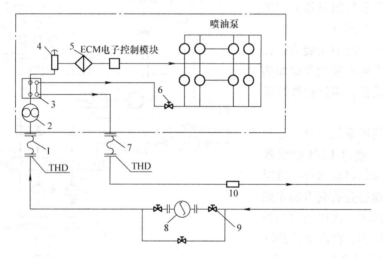

图 12-5 燃油系统图

1—进油软管 2—输油泵 3—分配箱 4—吸油泵 5—燃油滤清器
6—压力调节阀 7—出油软管 8—油水分离器 9—截止阀 10—燃油冷却器

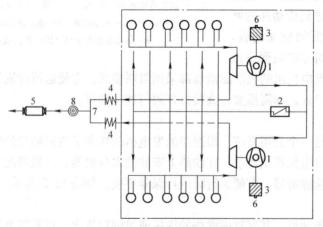

图 12-6 排气系统图

1—涡轮增压器 2—中冷器 3—空气滤芯器 4—波纹减振节 5—消声器
6—进气阻力指示器 7—Y形管接头 8—温度探头

12.5 船用应急发电机

应急发电机保证在紧急情况下,向保证船舶安全所必需的负载供电,以及船靠岸时内部的照明及生活设备供电。其中启动系统、润滑系统、燃油系统与船用辅助发电机完全一致,结构有区别的如下:

1. 冷却系统

船用应急发电机组采用远置水箱散热,散热器安装船舶甲板上如图 12-7 所示,根据散热器与船舱里应急发电机组的高度距离,确定是否加装水泵进行水循环,完成热交换。由于远置水箱距发动机距离较远(高度约 14m),发动机水泵不能将水送至散热水箱,故需增加水泵。为使机带泵与加力泵运行良好,又增加减压水柜。

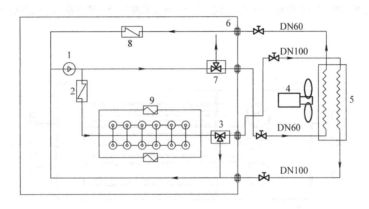

图 12-7 应急发电机冷却系统图

1—水泵 2—机油冷却器 3—节温器 4—电动机风扇 5—远置水箱 6—软性连接软管
7—LTA 回路温度调节器 8—低温冷却器 9—水套加热器

2. 进排气系统

应急发电机组进气方式与其他机组一致,主要区别是要求排气消声器采用火星熄灭消声器形式,发动机在运行时废气从排气管排出,高温高速的气流冲出排气管迅速膨胀,拍击外界空气发出较大的响声,同时还伴随有火星。应急发电机组采用火星熄灭消声器,当废气进入引导管中,引导管管壁开有很多小孔,废气穿过小孔进入膨胀室。由于此消声器的膨胀室是直径很大的圆筒,废气进入后体积增加,压力和温度降低,噪声消弱,火星消失,最后废气从排气管排出,如图 12-8、图 12-9 所示。

应急发电机组其安装方式有以下特点:

1)因散热水箱安装在距机组有十几米高的房间里,考虑到机组的扬程,需与设计院确定应急机水箱管道布局,先行完成加装水泵方案。

2)散热水箱的两端需设计有进排风降噪装置,需结合船的行驶状况,进排风降噪装置结构应牢固,需设计成框架形式,并考虑运输及吊装的方便性。

3)排烟系统需配置火星熄灭式消音器,降噪效果为 25dB。

4)启动系统采用气启动方式。

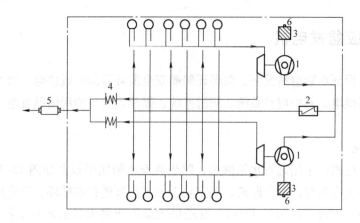

图 12-8　应急发电机进排气系统

1—涡轮增压器　2—中冷器　3—空气滤芯器　4—波纹减振节　5—消声器　6—进气阻力指示器

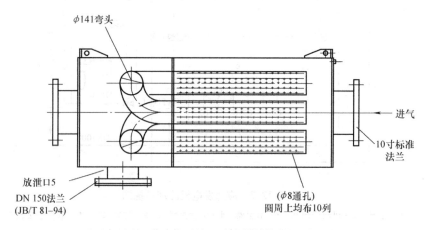

图 12-9　火星熄灭消声器结构图

12.6　船用柴油发电机组的装配

1. 联轴器装配

船用柴油发电机组的发电机为双轴承形式，需用联轴器与柴油机进行连接。联轴器能改善轴隙振动、减少对中反作用力、保护发动机及发电机。

联轴器装配时，按工艺规范加热发电机轴套并套进发电机轴规定位置，装配轴套时不能直接用金属锤敲打轴套，可用胶锤或垫木块敲打推进。发动机连接盘和发电机连接盘的安装螺栓需按规定的扭矩用扭力扳手进行装配。

2. 机组的连线及油管布置规范

机组本身上所有油管和电缆悬空长度超过 30cm 时需要妥善固定，并避开发电机组热源。船用柴油发电机组与船上各个管路采用法兰连接，并各提供一个配对法兰给船厂，提高了船用机组供货的完整性。

船用柴油发电机控制箱出线，采用一根电缆一个填料函的型式，更优化的是增加一个过度的中间接线盒，防护等级达到IP44。

船用机组控制箱面板上的急停按钮增加了一个保护盖，可方便地打开，可避免误停机的情况发生。

船用机组出线端应标明相序，在发电机试验时须进行确认，在发货前对所有电线的线标进行检查、完善，确保后期工作可以顺利进行。

滑油加热器电源采用船上提供的低精度AC220V电源，充电器采用船上提供的高精度AC220V电源，两部分电路分开供电。

发电机上的电缆敷设应符合要求，电缆敷设应该远离热源，否则电缆容易老化，对发电机上的传感器电缆，及电源电缆的位置进行检查和调整，对发热部位的电缆应增加电缆支架或更改电缆敷设路径以避开热源。

12.7 船舶电力系统

船舶电力系统由船舶电站和船舶电力网两大部分组成，作用是将电能输送分配给各用电设备。船舶电能系统包括：

1）发动机和发电机组成的发电机组。
2）配电设备（总配电板）有各种控制、监视和保护电器。
3）电网中的导线和电缆等。船舶电力系统有一些主要参数，决定着船上主要电气设备的品种和规格。参数为电流（交流或直流）、电压、频率。

为使船舶在航行、作业、停泊、应急等各种工况下，都能够连续、可靠、经济、合理地进行供电，船舶上有多种电站的配置：

1）主电站：正常情况下向全船供电的电站。
2）停泊电站：在停泊状态又无岸电供应时，向停泊船舶的用电负载供电的电站。
3）应急电站：在紧急情况下，向保证船舶安全所必需的负载供电的电站。
4）特殊电站：向全船无线电通信设备（如收发报机等），各种助航设备（雷达、侧向仪、测深仪等），船内通信设备（如电话、广播等）以及信号报警系统供电的电源。这类用电设备的特点是耗电量不大但对供电电源的电压、频率、稳压和稳频性能有特殊要求。因此，船上有时需要专用的发电机组或逆变装置向全船弱电设备和专用设备供电。

船舶电力网电能从主配电板（及应急、停泊配电板）通过电缆的传输，经过中间的分配电装置（区配电板、分配电箱等），送往各电气设备，组成电力网络即船舶电力网。对船舶电力网的基本要求，即要求电网在发生故障或局部破损的情况下，仍能对负载的连续供电提供保证，使故障的发展受限制和控制故障的影响在最小范围之内。

船舶电力网按船舶上用电设备性质可分为以下几种：

1）船舶电力网，由总配电板直接供电给各种船舶辅机的电力拖动。
2）照明电网，提供船舶的内外照明。
3）弱电装置电网，包括电传令钟、舵角指示器、电话设备、火警信号及警铃等设备的供电。
4）应急电网，包括应急照明、应急动力（如舵机电源）、助航设备电源等。
5）其他装置电网，如充电设备、手提行灯等。

主配电板（MSB）与应急配电板（ESB）关系，在主配电板（MSB）向应急配电板

（ESB）供电状态下，应急发电机组置于"自动备用"位置。当主配电板（MSB）汇流排失电后，经过设定时间延时后，自动启动应急发电机组、自动合闸，供电给应急配电板（ESB）；当主配电板（MSB）供电恢复时，立即分闸应急发电机组主开关，经过设定的冷却延时后，自动应急发电机组停车，同时将应急配电板（ESB）上的联络开关合上，恢复由主配电板向应急配电板供电。应急配电板（ESB）主要用于停泊和应急发电机上。

1. 船舶监视报警系统的组成

在监控报警系统中，一般用专门的机箱安装所用的计算机板及各种输入输出接口板等，机箱和电路板是规格化尺寸，通常分为两种：基本板（必须有的）和选用板（根据采集数据的类型和数量来决定）。每个机箱限制可插入板的数量（箱尺寸一定），如果不够则增加机箱。

控制台（或箱、柜）设置在机旁、集控室、驾驶室等操作部位，控制台的显示面板上，或在箱柜的上部一般都安装监视报警系统的显示设备。运行参数用仪表显示，设备状态由光报警灯显示，参数检测较多时，需要用的仪表较多。实际中，操作人员最关心的是转速、负载等几个最主要的参数。对于其他不需要经常看的参数，可采用共用仪表，配置选择开关，根据需要选点显示或巡回显示，从而使面板布置简化。电源、熔丝、继电器等装在控制箱内部。

机箱可单独安装，或安装在控制台内，机箱较多时采用组合机柜安装。自动化检测报警系统在早期用单一机柜集中进行监测报警，电缆传送距离大，信号容易失真。后来改用多机箱甚至是多微机系统，在机舱设置的机箱采集信号，缩短了信号传送距离；用开关量传送机舱到集控室及驾驶台等信号，从而保证信号的准确性和系统的可靠性。

所有监视点都装有传感器，使用人员要掌握其工作原理、主要性能及安装位置，发生故障时才能正确地进行原因分析、故障点查找及元件更换。接线盒通常设在传感器相对集中的部位，用多芯电缆传送有关汇总信号，因此还要知道各信号转接的接线盒编号、位置、及接线柱号等，有利于测量和检查。

监测报警系统各部件间连接在早期采用多芯电缆直接连接，用电缆传送各种信号。此种连接方式存在不足。一是微小电信号传送时信号失真大，易受干扰，若采用放大后再传送或变换成电流传送则会增加装置的复杂程度；二是需大量电缆，不仅系统的造价提高，而且也降低系统的可靠性，造成系统维护困难。

针对上述不足，监控系统广泛采用分布式系统。各控制箱（柜）、组件内部设有 CPU，用于就近采集、处理各自的数据。各控制箱（柜）间数据交换采用数字通信，现广泛采用标准的 RS232 或 RS422 串行接口，把原先用于各部件间传送各种信息的几十甚至几百根电缆，减少至几根数字通信电缆。由于数字通信有很高的抗干扰能力和自检、自校能力，使系统的工作可靠性极大提高。这种结构方式，各部件都配置 CPU，各功能相互独立，并具有一定的自检能力，易于系统的开发研制及维护。一旦系统出现异常即能迅速确定故障单元，又因相互功能独立而不影响整个系统的工作。

用数字通信连接的分布式系统也有不足之处，一是系统一旦定型，其扩充、改变就很困难；二是各大系统间数据交换困难，容易出现信息"孤岛"情况。老式的仪表采用 4~20mA、0~10mA 的模拟信号，经过 A-D 转换将传感器信号传给控制站。

现场总线被誉为"自动化领域的计算机局域网"，已在船舶动力自动化设备中成功应用。现场总线技术在各系统部件中置入专用微机，使它具备数字通信能力，采用简单连接组成总线网络，采用公开的、规范的通信协议，实现各部件间的数据传送与信息交换，构成适应各种实际需要的监控报警系统。（网络上挂接所有的仪表；仪表都是智能仪表，控制站与传感器或者执行器融合在一起，而且输入、输出的信号都是数字信号，经过网络传输。通过组态，将某个传感器和执行器建立一个连接关系，构成了一个单回路控制系统，因为控制站已经在传感器或者执行器里集成。）

2. 监视报警系统的故障形式

(1) 短时故障及报警

在机舱众多运行设备中，有些重要设备具有自动切换功能，如主机润滑油泵在运行中发生故障时，能自动启用备用油泵。这类设备一旦参数越限时，都有可能通过自动切换作用，使参数重新恢复正常，这类故障即为短时故障。此时参数虽然恢复正常，但故障并没真正排除。因此，对于这类短时故障，报警系统应具有相应的报警记忆功能，直到值班的轮机人员应答后，方能撤销。

在系统发出故障报警后，值班轮机员尚未做出应答操作，参数已自行恢复正常。这时报警声应继续保持，同时报警指示灯转为慢闪（对无快、慢闪之分的系统，报警指示灯保持闪光状态），以记忆报警状态。值班轮机员在获悉后，首先应在集控室进行消声。使声响报警停止，同时恢复 3min 计时，以免系统发出误报警。然后根据闪光灯确认报警设备在进行消闪，于是报警指示灯就从慢闪切换成熄灭。

(2) 长时故障及报警（通常故障）

机舱中大多数设备一旦参数越限，将无法自行恢复正常，只有在轮机人员修复后，才能使参数恢复正常。这种不具有参数自行恢复正常能力的设备故障，称为通常（长时）故障。此类故障在值班轮机人员做出报警应答后，报警系统还应该具有记忆故障的功能，直到故障排除。

在被监视设备运行正常时，监视系统无声响报警，相应报警指示灯处于熄灭（或微亮）状态，当设备发生故障时，系统立即给出声光报警，通知值班轮机员。同时相应的报警指示灯快速闪烁，指示故障的部位及内容。值班轮机员获悉后，首先做出应答操作，这时报警声消除，相应的报警指示灯转换成常亮状态，以记忆故障。直到轮机人员排除故障，使参数重新恢复正常时，报警指示灯才从常亮切换至熄灭。

(3) 排气温度偏差报警

主机气缸排气温度是判断主机故障的一个敏感参数，所以系统常对主机的平均排气温度和偏差温度进行监视。首先算出各缸的平均排气温度，并与设定的报警值进行比较。若平均温度越限，在发出报警的同时，控制主机的转速或停车。然后计算单缸温度与平均温度间偏差温度，若偏差温度大于报警值，同样发出报警，并自动控制主机减速或停车。

参数显示主要用来显示被监视参数的实时值和报警值。整个报警监视系统通常有一个或几个显示仪表，它通过选测或自动巡回显示的方式显示。参数显示表常见的有三种：指针式、数码显示式、CRT 等。

报警指示主要用来指示部位、内容和状态，它常用红色灯泡或发光二极管来指示。

参数记录有定时制表记录和召唤记录，定时制表记录是打印机以设定的间隔时间，将船舱中需要记录的全部参数打印制表。轮机人员只要将打印纸整理成册，即可作为轮机日志。召唤记录是一种即时打印方式，轮机人员可以根据需要，随时打印即时工况参数值。

(4) 延时、闭锁报警

延时报警：延时报警分为长延时报警（2~30s）和短延时报警（0.5s）。前者用于液位监视报警，即液位越限后不马上报警，如果假越限，监视点液位在 2~30s 内回到正常范围，则不发出报警；如果真越限，2~30s 后，液位仍不能回到正常范围，则系统将发出报警。短延时用于开关量报警，利用 0.5s 延时，避免开关量触点瞬时断开而出现的误报警。

闭锁报警：闭锁报警即根据船舶的不同运行状态，封锁一些不必要的报警监视点，禁止其报警。如船舶在泊港时或主机停车时，主机的冷却水系统、燃油系统和滑油系统均处于停止工作状态，与其相关参数（冷却水温度、燃油及润滑油压力等）都会出现异常，但这不是故障，不需要报警。

此报警是专为无人值班机舱设置的。在机舱无人值班的情况下，必须将机舱的故障报警分组后延伸到驾驶室、公共场所、轮机长和轮机值班员住处。延伸报警通常按故障的严重性，将故障分为四组：主机故障自动停车、主机故障自动减速、重要故障和一般故障。

在无人值班机舱，报警监视系统将故障传至值班员住处，同时启动 3min 计时，若 3min 内未能赶到集控室消声应答，即使已在延伸报警箱做出应答操作，仍被认为是一种失职行为，报警系统将向各延伸报警箱发出失职报警，以确保船舶运行安全。报警系统发出失职报警后，只能在集控室消声应答，复位 3min 失职报警的计时后方能撤销。

用于轮机员交接班时联络信号，如大管轮向三管轮交接时，大管轮只要在集控室的控制台上将值班选择开关拨向三管轮位置，大管轮值班信号撤销，同时系统向驾驶室、公共场所及三管轮发出三管轮值班报警，以通知三管轮立即进入值班状态。三管轮在获悉后立即给出应答操作，这时各延伸响声消除，三管轮处值班指示灯从闪光转为常亮，从而完成交接班的信号联络。以后，报警信号不再发向大管轮，只延伸至三管轮住处。

3. 船机设备接地

船上的电气设备采用螺栓固定，螺栓连接因为有油漆、锈蚀、油污等，不能保证电气设备与船体有良好的电气连接，所以要采用专门的接地保护措施，如果破坏电气设备的绝缘，漏电流将通过船体流入水中。

船舶电气系统的接地可分为保护接地、屏蔽接地、工作接地和避雷接地，保护接零等。

船是在水中的"生命载体"。水不可进入舱内。陆地上的两根电源线的一"零"一"相"制，"零"线可接地－船舱壳包括舱外水。当船漏水进船舱时这种接线制式无法兼作漏水报警器，因水淹到"零线"无效。除非水淹到"相线"才能构成回路（通过水）导电。

所以船上的供电系统是 24V 中点（12V）接地制－实为接水制。这时 24V 中点线上串联一个 12V 报警器，只要水淹 24V 两端的任一根连线时，与它的连带设备就可报警。漏水报警灵敏概率提高一倍，可把它想像成两组 12V 的电池串联在一起组成一个 24V 电源，再把 12V 中点当零线接地。中点线上串联一个 12V 报警器，也可以是其他保护或"敏感"器件。

第13章 柴油发电机组在机场地面电源系统的应用

13.1 概述

当飞机在地面进行通电检查、维修保养、航前航后、清洁或加油、装卸货物等作业时，需要地面的外接电源为机上部分（或全部）用电设备供电。

机场地面电源装备是为飞机提供地面通电检查或地面启动所需交、直流电源装备的统称。地面电源可以是移动式车载内燃发电机组，也可以是市电转换的固定式电站。由内燃机驱动发电机向飞机提供400Hz、115/200V的交流电源和28V的直流电源。

车载式移动电站是一种集发电、供电于一体的航空地面电源装备，航空电源车通常分为拖带式航空电源车和自行式航空电源车两种。目前，机场广泛使用的是自行式航空电源车，它是将固定式电站列装在汽车底盘上，具备自行驶功能。从动力匹配方面来看，自行式航空电源车又分为两类：一类是单动力型，该型是内燃机既做行驶动力，又做发电机的动力；另一类为双动力型，该型是行驶和发电机采用不同的动力。单动力型由于只采用一个发动机，可使电源车实现小型化，但由于汽车动力一般较小，要通过汽车发动机驱动发电机，传动环节多，功率损失过大，不适合大型飞机使用；双动力型的发电机动力可实现最优选配，容易实现标准化和系列化，是目前市场上的主流产品。挂车式电站是将移动电源装置做成挂车形式，不单独占用一台汽车，需用时可任意调用牵引车牵引至现场供电，经济性好、实用性强。

固定电站是一种全新的飞机地面保障装备，其主要设备是静止式中频电源和大功率直流稳压电源，该电源设备将工频电源转换成400Hz、120/208V的交流电源和28V的直流电源，再经过集中配电，然后送至各个飞机的机位，保障飞机的通电检查、启动以及压力加（抽）油等作业。

另外，固定电站全部属于电子设备，因而反应速度快，而且噪声小、无废气污染等，具有保障效率高、节能、有利于改善地面保障人员的工作环境，降低操作人员劳动强度，提高保障质量等优点，其缺点是不具备移动性，使用地域受到限制。该类设备在我国民航系统目前属于尝试性应用阶段。

13.2 飞机地面移动式电源机组的基本要求

13.2.1 技术标准

1）GJB1213—1991《中频、双频发电机通用技术规范》；
2）GJB181—1986《飞机供电特性及对用电设备的要求》；
3）GJB549—88《机场用400Hz汽车电站通用技术条件》；
4）ISO6858《Aircraft ground support electrical supplies – General requirements （飞机地面支持电源的一般要求）》；

5) AHM910《航空地面支持设备的基本要求》;
6) AHM913《航空地面支持设备的基本安全要求》;
7) ISO 461-1—1985《飞机地面电源的接线器》;
8) MH/T 6019—2014《飞机地面电源机组》;
9) BS 2G 219《General requirements for ground support electrical supplies for aircraft（用于飞机地面支持电源的一般要求）》;
10) SAE ARP 5015《Ground equipment -400Hz ground power performance requirement（地面设备-400Hz 地面电源性能规范）》。

13.2.2 基本技术要求

1. 环境条件

(1) 电源机组在下列条件下应能输出额定功率

1) 环境温度不大于 40℃;
2) 相对湿度不大于 60%;
3) 海拔不高于 1000m。

(2) 电源机组在下列条件下应能输出规定功率并可靠工作（允许修正功率）

1) 环境温度为 -30℃ ~ +55℃;
2) 相对湿度为 10% ~ 100%（无凝露）;
3) 海拔不超过 4000m。

(3) 功率和环境温度修正

当电源机组的实际工作条件不符合上述规定时，其输出的额定功率应按 GB/T 20404 规定换算出实际运行条件下的柴油机功率后再折算成的电功率，但此电功率最大不应超过发电机的额定功率。

当运行海拔超过 1000m（但不超过 4000m）时，环境温度的上限值按海拔每增加 100m 降低 0.5℃ 修正。

2. 电气特性

(1) 交流电源

交流电源为额定电压 115/200V、额定频率 400Hz、额定功率因数为 0.8（滞后）、相序为 A-B-C 的三相四线制的星形联结供电系统或单相交流供电系统。

1) 交流电路接线图 三相交流电源输出线的电路连接如图 13-1 中所示。

2) 交流负载能力 交流电源负载能力为持续容量（kVA），负载能力应满足表 13-1 的要求。

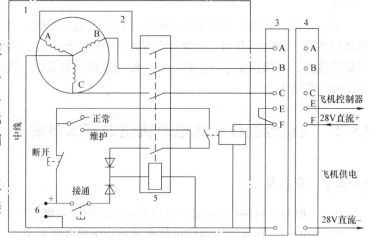

图 13-1 交流电源接线图
1—标准地面电源 2—交流发电机 3—地面电源插头 4—飞机外部电源插座
5—交流电源输出接触器 6—28V 直流控制电源

表 13-1 交流负载能力

功率因数（滞后）范围	持续，相对于额定功率（额定值百分比）	过载，相对于额定容量（额定容量百分比）		
		5min	10s	2s
0.8~1	80%	100%	—	—
0.7~0.8	100%	—	120%	150%

注：功率因数是三相功率因数的平均值，每相功率因数可以不同。

3）交流稳态输出特性

① 交流电源负载特性　交流电源负载特性见表 13-2。

表 13-2 交流电源负载特性

参数	最小值	最大值	备注
电流	0	100% 额定电流/A	持续工作
功率因数	0.7（滞后）	1	每一相功率因数可能有不同
负载不平衡	0	1/3	60kVA 以及 60kVA 以下电源
	0	1/6	超过 60kVA 以上电源
单相整流负载	0	1/4 单相额定负载	整流负载可能是相线对中线或相线间
三相整流负载（6 脉波）	0	1/6	—
三相整流负载（12 脉波）	0	1/3	60kVA 以及 60kVA 以下电源
	0	1/4	60kVA 以上电源

注：1. 在所有条件下，附加的负载可以是阻性的。

2. 在电源的容量限制条件下，以上的情况可能同时出现。

② 交流电源稳态特性　交流电源稳态特性见表 13-3。

表 13-3 115/200V 交流电源稳态特性表

项目		飞机连接器处特性	
		0~额定负载	额定负载~0
相电压	三相平均电压/V	112.0~120.5	110.0~120.5
	单相电压/V	109.5~122.0	106.0~122.0
	相电压不平衡/V	4.0	—
	相移（°）	117.5~122.5	—
电压调制	电压调制幅度/V	3.5	—
	电压调制频谱	符合图 13-2	—
电压波形	波峰系数	1.31~1.51	—
	交流畸变系数	5%，符合图 13-3	—
	畸变频谱	符合图 13-3	—
频率	稳态频率/Hz	395~405	390~410
	频率调制频谱	符合图 13-4	—

电压调制频谱极限如图 13-2 所示。

电压畸变频谱曲线如图 13-3 所示。

频率调制频谱分量极限如图 13-4 所示。

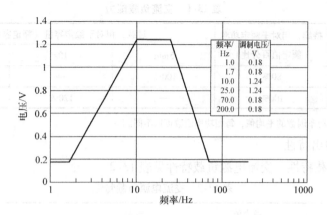

图 13-2　电压调制频谱极限

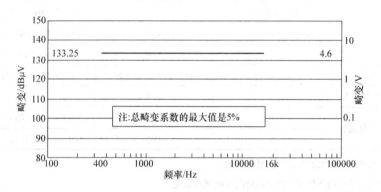

图 13-3　电压畸变频谱曲线

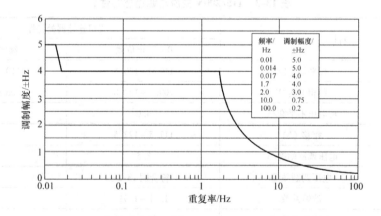

图 13-4　频率调制频谱分量极限

4）交流瞬态输出特性

① 交流瞬态负载特性　在正常工作期间，飞机连接器处的交流瞬态负载特性如下：

a. 突加或突减 1~100%，功率因数为 0.8 的额定容量的三相平衡负载；

b. 电动机负载启动，在基础负载条件下，再加上低功率因数（典型值为 0.4~0.6 滞后）电动机启动负载，总负载功率不超过电源的额定输出能力；

c. 在不中断电力传输（NBPT）工作状态，可短时与机载电源并联运行。

② 交流瞬态电压极限　在交流瞬态负载条件下，电源的交流瞬态电压特性应保持在如图 13-5 所示的极限曲线内。

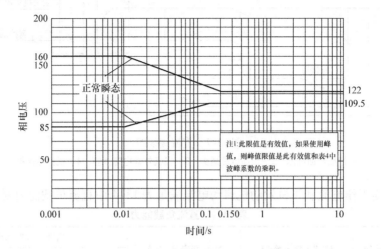

图 13-5　交流瞬态电压极限

③ 交流瞬态频率极限　在交流瞬态负载条件下，电源的瞬态频率特性应保持在如图 13-6 所示的极限曲线内。

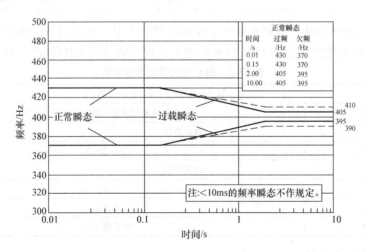

图 13-6　交流瞬态频率极限

5）不中断电力传输（NBPT）限制　在不中断电源的转换过程中，电源机组能够以不中断的方式运行，并且在与机载电源不同步时，电压频率应保持在规定的极限值内：在最大时间为 100ms 以内，地面电源与机载电源之间的相位差不超过 ±30°。频率差不超过 ±2Hz、方均根电压差不超过 ±10V。若超出不中断转换条件的规定时，则电源机组启动自己的保护装置。

（2）直流电源

直流电源为两线系统，正常输出额定电压 28V，输出连接方式如图 13-7 所示。

直流电源机组的输出电流分为 400A、600A、800A 三种规格。

直流电源机组具有持续工作和启动飞机发动机两种工况。

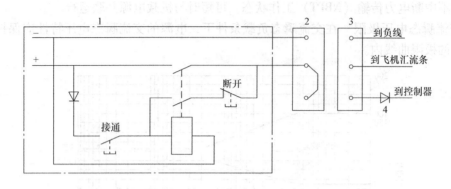

图 13-7 直流接线图

1—标准地面电源 2—地面电源插头 3—飞机外部电源插座 4—反极性保护

各工况持续工作电流和飞机发动机启动电流满足表 13-4 中直流负载能力要求。

表 13-4 直流负载能力

直流电源机组规格/A	持续工作电流/A	5min 过载能力/A	启动飞机发动机工况	
			电流/A	最大电流持续时间/s
400	400	500	800~1600	2
600	600	750	1200~2000	2
800	800	1000	1600~2200	2

1)直流稳态输出特性 负载电流从空载到额定持续工作电流的范围内运行时,飞机连接器处的直流稳态输出特性满足表 13-5 所列的要求,畸变频谱满足如图 13-8 所示要求。

表 13-5 28V 直流稳态输出特性

飞机连接器处输出特性,0~额定负载	
稳态条件	负载电流范围从 0~额定持续工作电流
直流电压	
直流电压/V	24~29.5
电压波形	
脉动幅值/V	4
畸变系数	3.5%
畸变频谱	符合图 13-8

2)直流瞬态输出特性

① 直流瞬态负载(非发动机启动) 在正常工作期间,飞机连接器处的直流瞬态负载特性包含突加或突减不超过持续工作电流的负载。

② 直流瞬态电压特性 直流瞬态电压特性如图 13-9 所示。

13.2.3 保护功能

1. 电气保护

(1)交流系统保护

1)过电压保护 当任意一相电压数值超过如图 13-10 所示的最大电压保护值时,保护系统应能切断电源机组对飞机的供电。

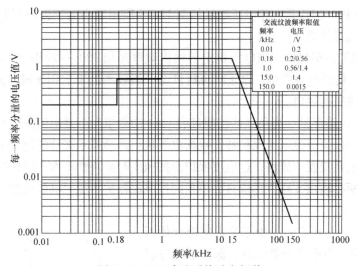

图 13-8　28V 直流系统畸变频谱

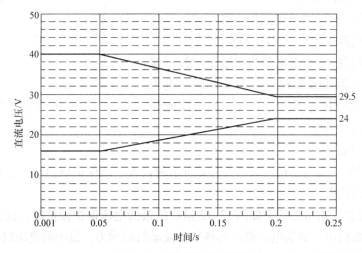

图 13-9　直流瞬态电压特性

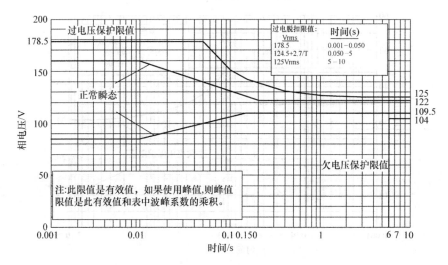

图 13-10　电压保护值

2) 欠电压保护 当任意一相电压超过如图13-10所示最小电压保护值时,保护系统应能切断电源机组对飞机的供电。

3) 过频率和欠频率保护 当电源机组的输出频率超出380~420Hz范围时,保护系统应延时2~3s动作,切断电源机组,停止向飞机供电,当频率低于350Hz时,延时应小于0.2s,切断电源机组对飞机的供电。

4) 过电流和短路保护 当负载特性超过表13-1中要求时,过电流保护系统应动作,切断电源机组对飞机的供电。过电流保护特性根据电源机组产品技术文件的规定来确定。如果电源机组内部及其配电系统发生短路,过电流保护应按照反时限特性动作,以保护电源机组。

电源机组的所有输出支路,都应具有单独的过电流保护功能。电源机组只能将出现过电流的支路断开。

5) 相序保护 三相之间的相序关系应符合如图13-11所示的规定,当不符合要求时,保护系统应能切断电源机组对飞机的供电。

6) 中线开路保护 当检测到中性线开路时,保护系统应能切断电源机组对飞机的供电。

7) 接地故障保护 交流电源机组输出中线不接地时,应当持续监测中线与机壳(大地)间的电压差,在电压差的峰值超过50V前,保护系统应能切断电源机组对飞机的供电。

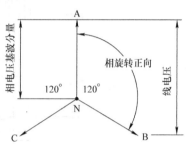

图13-11 相序关系矢量图

(2) 直流系统保护

1) 过电压保护 当电压超过如图13-12所示的最大电压保护限值时,保护系统应能切断电源机组对飞机的供电。

2) 欠电压保护 当电压低于如图13-12所示的最低电压保护限值时,保护系统应能切断电源机组对飞机的供电。如果电源机组具备启动发动机的能力,最小的电压时间限值应与发动机启动期间最恶劣的特性一致。

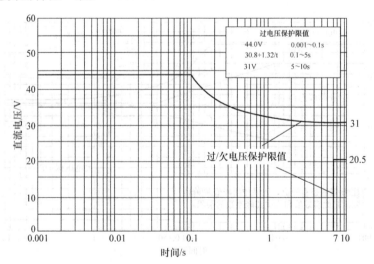

图13-12 直流电压保护限值

3）反极性保护　当输出电压极性不正确时，保护系统应能切断电源机组对飞机的供电。

4）反流保护　当反向电流大于电源机组额定输出电流的5%时，反流保护应切断电源机组对飞机的供电，不应该使用飞机供电系统启动电源机组的原动机。

5）过电流和短路保护　直流电源应设有过电流和短路保护装置，过电流保护值和延时时间由产品技术文件规定。短路保护应能在短路故障发生时立即切断电源机组与飞机电气系统连接。对具备发动机启动的电源，输出电流限值的最大允差为±10%。

2. 机械保护

电源机组应设有下列机械保护装置，各项保护值应符合配套的原动机产品技术条件规定。

1）机油压力过低保护；

2）冷却介质温度过高保护；

3）发动机超速保护。

13.2.4　安全要求

1. 机械安全

1）过热保护　电源机组应具有过热保护措施，以确保安全可靠的运转。

2）管路设备　管路设备应无漏水、漏油和漏气现象，燃油箱、燃油管路应远离发热部位。

3）燃油箱　电源机组的燃油箱容量应能保证额定工况下至少连续运行4h。燃油箱加油口设置应方便加油操作。加油口的设置应避免燃油溅到电器元件或发动机组件上。

4）排气管道　原动机的排气管应避开燃油系统和电气系统部件。排气管应设置隔离罩，防止与泄露物直接接触。

5）进气口防护　应在电源机组的进气口设置防护装置，防止外来物进入设备。

6）操作面板　操作面板上应设置操作电源机组的控制机构及仪表。操作面板应有足够的照度以便夜间操作。操作面板的布局应根据功能分类布置。控制机构和仪表的功能应标示清楚，布置合理，便于操作和读数。在操作面板附近应设置相应的操作说明。

7）人性化设计　操作方便。电源机组的操作者无需具有特别技能或经过特殊培训，便能安全、顺利操作。

8）消防器材　电源机组应配备足够数量的灭火器。灭火器应安放在醒目、安全、方便的位置。

9）温升　电源机组各部件温升应符合各产品的规定。发电机各绕组的实际温升应不超过附录GB/T 755—2008中表9的规定值。

2. 电气安全

1）过载保护　为防止电器过载，电源机组应满足电气性能和保护的要求。

2）故障状态　在故障状态下，电源机组的主开关应能将电源机组与飞机的电气系统断开。

3）应急按钮　电源机组应在明显且易于操作的位置安装应急按钮。以便在紧急情况下按动应急按钮，将电源机组与飞机的电气系统迅速断开并立即停机。

4）接地　电源机组对接地不做强制性要求。

5）启动要求

① 常温启动　电源机组在常温（柴油机组不低于5℃，增压柴油机组不低于10℃）下，

最多不应超过3次便能顺利启动,电源机组正常运行。

② 低温启动　电源机组在环境温度为 -30℃ 时,应采用低温启动措施,在 30min 内顺利启动电源机组,并且在启动后 3min 内应能带负载运行。

3. 人员安全

1) 通则　电源机组应对操作者及附近的人员提供安全保障,并应符合 GB 5226.1、GB/T 15706、IEC 61140 以及 MH/T6019 的要求。带电体、旋转部件和发热表面应有防护措施,并应设置明显的警示标识。

2) 防触电　操作面板应设置门锁,以防未经授权的人员打开。所有的控制装置和仪表都需要安装在前面板。操作面板上电压超过 50V 的部件,均应有专门隔离或适当的联锁装置,以防意外接触。

3) 防电弧　电源的输出接触器应与飞机供电系统互锁,以保证馈电电缆在不插入飞机插座的情况下不带电。

4) 噪声　应采取相应的措施抑制噪声,使距电源机组7m、距地面高1m处的噪声声压级不大于 85dB (A),或者不超过产品专用技术条件的规定。

5) 振动　电源机组应有减振装置,机组各测点处的位移、速度和加速度的有效值限值按 GB/T 21426—2008 表 1 的规定。

6) 绝缘电阻　电源机组的绝缘电阻值应不低于表 13-6 的规定,冷态绝缘电阻只供参考。

表 13-6　绝缘电阻值

项目	部位	条件		交流电源机组/Ω	直流电源机组/Ω
冷态绝缘电阻	电源机组各独立电气回路对地及回路间	环境温度	15℃~35℃	2	1
		相对湿度	45%~75%		
		环境温度	25℃	0.33	0.33
		相对湿度	100%		
热态绝缘电阻		—		0.5	0.33

7) 耐电压　电源机组的各独立电气回路对地以及各回路之间应能承受表 13-7 所规定的试验电压数值0、试验电压的频率为 50Hz、波形为正弦波,在 1min 内的绝缘介质应无击穿或闪络现象。

表 13-7　耐电压值

部位	试验电压/V	
	交流电源	直流电源
一次回路对地,一次回路对二次回路	1200	750
二次回路对地	750	750

4. 底盘安全 (汽车式电源机组)

用于安装电源机组的汽车底盘应符合国家汽车公告合格的产品。电源机组与底盘连接应牢固可靠。当电源机组向飞机供电时,应切断汽车底盘的行走功能。

5. 设计要求

1) 湿热和抗霉菌　电源机组应能在湿热和霉菌环境下工作。

2) 金属部件的抗锈蚀性　电源机组的金属部件应具有防锈蚀措施。

3）工艺　电源机组外观应无瑕疵、毛刺、毛边；尺寸、圆角半径、部件标识应精确；焊接、烤漆、绕线和铆接应完整；螺钉、螺栓等零件应紧固。电源机组应具有防雨措施。

4）可靠性和维修性　电源机组的平均无故障间隔时间不应小于700h。故障平均修复时间不大于3h。电源机组应易于维修，任何部件使用通用工具就可维修。各部件应易于拆卸、搬运。

5）互换性　电源机组的零部件应具有互换性。

6）指示仪表　电源机组的指示仪表应能显示输出电压、电流及频率等内容。

7）标识　熔断器、断路器及其他主要元器件、部件及单元组件上或附近应有数字、字母或文字标识。标识应与电路图中的项目代号一致，且易于识别。交流输出端的"A"、"B"、"C"、"N"和直流输出端的"+"、"-"字样应清晰。

8）结构　电源机组的质量应符合设计要求。

电气安装应符合电气原理图，各接线端应有不易脱落的明显标志。

9）油耗　电源机组的燃油消耗率和机油消耗率应符合原动机产品规范的规定。

13.3　总体技术方案

13.3.1　飞机地面电源机组系统组成

飞机地面电源系统主要由拖车底盘、车厢、柴油发电机组、DC 28V 直流电源组成，系统组成框如图 13-13 所示。

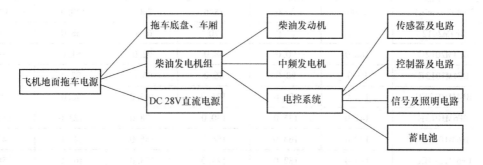

图 13-13　飞机地面电源机组系统组成框图

柴油发电机组、DC 28V 直流电源、电控系统、水箱、油箱等设备都安装在挂车底盘之上并置于车厢内，结构综合考虑设备布局，做到在不影响机组散热的情况下，底盘和车厢高度、长度完美优化。

拖车底盘可特殊设计，也可利用现有汽车底盘做优化设计，安装车厢之后，使设备满足运输与使用过程中的各种特殊工况。

13.3.2　柴油发电机组配置

1. 基本配置

电源机组的基本配置见表 13-8。

表 13-8 电源机组基本配置表

机组型号	PF	频率	电压	kVA	kW	发动机型号	发动机最大功率 p/kW	调速方式	发电机型号	发电机效率 p	发电机功率 p/kW
KD系列 400Hz – 200V/105V Deutz 发动机 + Mecc – Alte 发电机											
KD60	0.8	400Hz	200V/115V	60.0	48.0	BF4M2012C	68	机械调速	HCP34 – 1SN/24	0.916	48
KD90	0.8	400Hz	200V/115V	90.0	72.0	BF4M1013EC	98	电子调速	HCP34 – 2SN/24	0.917	72
KD110	0.8	400Hz	200V/115V	110.0	88.0	BF4M1013EC	98	电子调速	HCO38 – 1L/24	0.925	120
KD140	0.8	400Hz	200V/115V	140.0	112.0	BF6M1013FC	148	电子调速	HCO38 – 1L/24	0.925	120
KD180	0.8	400Hz	200V/115V	180.0	144.0	BF6M1013EC	165	电子调速	HCO38 – 2L/24	0.923	144

注：发动机和发电机也可选用国内外其他知名品牌配套。推荐的发动机品牌还有 CUMMINS、VOLVO – PANDA、JOHN – DEERE 等，发电机品牌还有 LD 等。

(1) 柴油机

电源机组采用 DEUTZ 柴油发动机。该系列发动机的电子控制系统能提供精确的频率调整和快速响应，符合 EPA Tier 2 和欧洲 COM2 排放标准，排放污染低；发动机都配备有电子控制模块，能够快速响应并精确地调节频率，提供动力输出，扭矩大，噪声小；对发动机润滑油压力过低、冷却液温度过高和超速等保护程序都已编入了发动机的电子控制模块中。

DEUTZ 柴油发动机功率选型见表 13-9。

表 13-9 DEUTZ 柴油发动机功率选型表

	功率类型	限油功率（IFB）/kW			持续功率（ICXN）/kW		
	转速/(r/min)	2400	2000	1846	2400	2000	1846
发动机型号	BF4M2012	74.9	74.9	70	63.0	68.0	68.0
	BF4M2012C	102.0	90.0	88.0	92.0	81.0	79.0
	BF4M1013E	95.0	90.0	86.0	86.0	82.0	78.0
	BF4M1013EC	113.0	108.0	104.0	103.0	98.0	95.0
	BF6M1013E	141.0	135.0	130.0	128.0	123.0	118.0
	BF6M1013EC	170.0	163.0	156.0	156.0	148.0	142.0
	BF6M1013EC	190.0	182.0	174.0	173.0	165.0	158.0

(2) 中频发电机

中频发电机是经过特殊设计，将机械能转换成电能输出，满足飞机用电需求。本机采用 MECC – ALTE 中频无刷同步发电机，该发电机是专门为飞机场地面交流电站配套而设计的，用内燃机作动力，组成 400Hz 中频发电机组，在机场地面作为大型飞机的交流启动或通电检查电源。

自动电压调节器适用于中频三相交流无刷同步发电机，内置电压调节，压降补偿，输出保护，以及液晶显示等功能。电源类型自动切换（显示交流输出参数或直流输出参数）。在发电机输出电缆 10m 出线端的电压考核电压，当加载时，由于电缆压降造成出线末端的电压下降，此调节器具有补偿功能，包括线路压降补偿功能和直流输出限流功能。自动电压调节器能显示以下参数：相电压、线电压、相电流和频率，在发生故障或供电超过额定保护值时还能显示故障发生的状况，并自动切断供电。MECC – ALTE 发电机功率选型见表 13-10。

表 13-10 MECC-ALTE 发电机功率选型表

型号 400Hz	cosφ 0.8,3 相连续功率/kVA			效率		
	CL. H (△T=125℃)		CL. F (△T=105℃)	η% CL. H (△T125=℃)		
Y 联结　　Y Y 并联　　YY 三角形联结　△ 三角形并联　△△	415 208 240 120	IP45	415 208 240 120	2/4	3/4	4/4
HCP 34-1SN/24	60	45	55	89.5	91.6	91.3
HCP 34-2SN/24	90	66	80	59.3	91.7	92.4
HCP 24-2LN/24	125	90	110	89.7	92.3	92.8
HCO 38-1L/24	150	125	135	90.1	92.5	92.3
HCO 38-2L/24	180	145	165	90.4	93	92.8
HCO 38-3L/24	200	160	180	90.6	93.6	93.4

型号	转动惯量 /kgm² B3-B14 FORM	重量 MD35/kg	空气流量/ (m³/min)	噪声/dB(A)	
				2000r.p.m	
			2000r.p.m	1m	7m
HCP 34-1SN/24	1.4883	346	25.5	85	71
HCP 34-2SN/24	2.0795	420			
HCP 34-2LN/24	2.8516	502			
HCO 38-1L/24	7.3407	775	41.5	87.5	74.5
HCO 38-2L/24	8.2738	837			
HCO 38-3L/24	9.5802	932			

2. 典型配置的地面电源机组主要技术指标

典型配置的地面电源机组主要技术指标见表 13-11。

表 13-11 140kVA 电源机组技术参数表

柴油发电机组技术参数		柴油发电机组技术参数	
机组型号	KD140	频率恢复时间/s	1
机组常用功率/(kW/kVA)	112/140	稳态电压偏差/%	≤±1
额定电压/V	200/115	瞬态电压偏差/%	±15
额定电流/A	404.6	电压恢复时间/s	1
额定转速/(r/min)	2000	波形失真率/%	≤5
额定频率/Hz	400	启动方式	直流电启动
功率因数	0.8 滞后	启动电池电压/V	24
线制	三相四线制	启动时间/s	4~7
电压调整范围/%	95~105	燃油耗油率(g/kW·h)	219
频率降/%	≤3	机油耗油率(g/kW·h)	0.59
稳态频率带/%	≤0.5	机组工作环境	
瞬态频率偏差/%	±10	环境温度	-30℃~-+55℃

(续)

柴油发电机组技术参数		柴油发电机组技术参数	
相对湿度	10%~100%（无凝露）	发电机技术参数	
海拔	<4000m	发电机型号	HCO38-1L/24
柴油机技术参数		发电机品牌	MECC-ALTE
柴油机型号	BF6M1013EC	额定功率/kW	120
柴油机品牌	德国DEUTZ	额定电压/V	200/105
额定功率/kW	148	额定频率/Hz	400
类型	水冷、四冲程、废气涡轮增压	额定转速（r/min）	2000
冷却方式	自带风扇式循环冷却	功率因数	0.8（滞后）
汽缸数量及排列方式	6缸直列	空气流量（m^3/s）	0.425
缸径（mm）×冲程（mm）	108×130	绝缘等级	H
压缩比	18:1	防护等级	IP23
排烟温度/℃（涡轮后）	479	绕组节距	3/4
排气背压允值/kPa	≤10	引线根数	12
润滑方式	压力和飞溅润滑	超速能力	$2250min^{-1}$
调速方式	电子调速	短路电流能力	300%（3倍）：10s
散热器	管带式水箱	电话干扰	THF小于2% TIF小于50

3. 电控系统

电控系统包括传感器电路、控制器电路、信号及照明电路、启动电动机和蓄电池等，启动控制系统均可自动监测机组的运行状态，具有故障自动报警和停机等功能。基本的故障报警/停机功能有：低油压、高水温、超速、过电流、ECU通信故障、电池电压偏低、发动机故障、燃油报警和紧急停机等。机组的电气系统采用负极接地。

4. 控制器保护功能

按照MH/T6019—2014标准4.4.1电气保护中对交流系统和直流系统保护的要求，保护器功能有：

交流：过、欠电压保护、过、欠频保护、错相、过载保护6种。

直流：过、欠电压保护、反极性保护、反电流保护4种。

按照MH/T6019—2014要求的保护曲线，交流保护阈值和动作时间如下：

1) 过电压　取5个点逼近过电压保护曲线，当电压高出过电压保护阈值时，延时相应的时间动作。

交流过电压保护动作设置见表13-12。

2) 欠电压　当三相平均电压值低于102V时，延时2~4s动作。

3) 过频　当供电频率超过430Hz时，延时2~7s动作；当供电频率超过450Hz时，延时小于0.2s动作。

表13-12　交流过电压保护动作设置值

过电压保护阈值/V	保护动作时间/s
126	≤3
130	≤2.2
140	≤1.32
160	≤0.6
180	≤0.1

4）欠频　当供电频率低于370Hz时，延时2~7s动作；当供电频率低于320Hz时，延时小于0.5s动作。

5）过电压　取5个点逼近过电压保护曲线，当电压高过过电压保护阀值时，延时相应的时间动作。直流过电压保护动作设置见表13-13。

表13-13　直流过电压保护动作设置值

过电压保护阀值/V	保护动作时间/s
31	5~10
35	≤1.05
40	≤0.45
44	0.001~0.1

6）欠电压　当发电机输出电压低于20V时延时2~4s动作。

7）反极性　当发电机输出电压的极性与飞机电气系统极性不一致时发出停机信号并断开励磁。

8）反电流　反向电流超过发电机组额定电流的5%时，发出停机信号。

13.3.3　电源机组的技术特点

电源机组技术特点如下：

1）输入三相三线制，该接线方式可有效抑制3次谐波对系统电网干扰。
2）多个电压电流环形成闭环控制，电源可靠性大大提高。
3）电缆压降自动补偿功能，解决因电缆过长造成的负载端电压下降问题。
4）适用于完全不平衡负载，每一相均可单独使用。
5）电流限流控制输出，具有截流功能，可适应电机、整流型等冲击型负载。
6）软硬件结合的独立保护设计，确保用电设备完好及操作人员安全。
7）VFD中文电压、电流、频率及故障显示，操作方便，显示人性化。
8）独有的故障诊断功能，大幅度缩短电源维护时间。
9）在电源本机上可查询静、变态电源最新运行记录，包括输出电压、电流、频率、工作时间、故障信息等，供电状况可查询，管理优化方便。

13.3.4　直流28V电源模块

航空DC28V直流启动电源，采用先进的SPWM/IGBT技术，将400Hz的交流电整流成28V直流电，供飞机启动或飞机通电检查使用。

本机组标配的DC28V/800A电源模块，体积小，功率密度大，特别适合感性负载，可满足绝大多数型号飞机直流用电要求。

1. 直流28V电源模块性能特点

1）电源功率器件采用新一代IGBT，利用IGBT的开关工作方式完成电能转换，具有体积小、重量轻、损耗低、效率高和可靠性高的特点。
2）电流模式控制采用全桥变换、PWM控制和斜率补偿技术，无须串联防偏磁电容，具有动态响应快，抗冲击负载能力强、过电流保护可靠的优点。
3）LED面板显示电源运行参数和工作状态，提高可维修性。
4）功能单元及组件全部设计成模块化结构，通过组件串联扩容，体积小、效率高，可靠性和可维修性好。
5）保护功能齐全。电源输出电流超过启动限制最大电流后，转入限流工作方式。既保护负载，又保护电源安全。

2. 直流 28V 电源模块技术指标

直流 28V 电源模块技术指标见表 13-14。

表 13-14 直流 28V 电源模块技术指标

	型号	AYD28-800
	电路形式	开关式
输入	相数	三相三线
	电压	200V±5%
	频率	400Hz±10%
输出	电压	DC 28V±10% 可调（DC 25.2V~DC 30.8V）
	电压稳定度	≤2%
	负载稳定度	≤2%
	电流	800A 长期运行
	纹波电压	≤3%
	电压表	3 位半数字表（28.0V）
	电流表	3 位半数字表
	负载特性	适用于各种负载
保护		具有过电压保护：32V 断电。欠电压：20V 断电 具有过电流保护：120% 额定电流，断电或转恒流工作 具有高温保护：机体温度过高保护 具有反接保护：输出电压极性与负载极性不一致时断开输出 具有输出短路保护：输出短路保护或转恒流工作 输入缺相保护： 反流保护功能：电源输出端有二极管，不会形成反流
	冷却	风扇强制冷却
	工作环境	温度：-20~+55℃，湿度：0~90%（非凝结状态），连续工作，防粉尘（碳刷）
	噪声	≤55dB
	耐压	输入对外壳 AC1500V/1min 无飞弧击穿现象（判断电流 10mA）
	绝缘电阻	输出对外壳≥10MΩ（500V 兆欧表）

13.3.5 框架结构和挂车底盘

框架结构和挂车底盘结构如图 13-14 所示。

1. 机箱结构

机箱采用高强度整体框架结构，表面热镀锌处理，可满足高湿和盐雾环境使用。机箱内敷设耐热阻燃隔音泡沫海绵，可起隔热隔音作用。机箱两侧的电缆槽采用可拆卸式结构，满足装箱运输需要。机箱设计有以下特点：

1) 机箱四角立柱采用高强度工程塑料镶边包角，防撞且美观。

图 13-14 框架结构和挂车底盘结构图

2）控制屏透视窗外加装遮阳板保护，防止控制器受阳光直射，提高了整体防护功能。

3）机箱侧开门中间采用无立柱设计，侧门打开后完全无遮挡，便于操作人员进行机组的维修保养。

4）机箱内壁铺设优质阻燃耐热吸音海绵，附着力强，外加圆形螺帽压紧，有较好的隔热、隔音效果。操作工艺简单，内部简洁美观。

5）机箱进风结构具有防鼠、防雨和降噪的功能。进风口网格板采用高强度工程塑料制造，模块化、标准化设计，安装简单，高效。

6）采用全新开发的重型钢制铰链，保证门板牢靠连接，不易变形。铰链紧固螺栓拆卸位于厢内，具备防盗设计功能。加装防撞胶粒，防止开门时门板碰到机厢。

7）全新定制的双保险门锁，造型美观，内安装设计，安全防盗。机箱门锁钥匙实现通用。

2. 挂车底盘

挂车底盘采用低重心结构，双桥承重，第五轮转向，前轮机械制动装置，拖拽式，当拖曳杆抬起时制动，轮胎减震。挂车底盘的设计特点如下：

1）飞机地面电源挂车在飞机场内应用，路况较好，挂车底盘离地高度可以设计的较低。基于这种应用场景，挂车底盘采用低重心设计，底盘最低处离地高度为150mm左右，结合底盘的承载重量，配套小轮径实心轮胎，双桥承重，前组轮子做成转向轮，实现第五轮转向，具有结构简单、紧凑，转弯半径小，运动轻便、灵活等优点。

2）挂车制动采用前轮机械制动装置，制动板与拖曳杆之间实现联动，当拖曳杆抬高时，刹车板抱紧轮胎即可刹车，安全可靠。

3）挂车的橡胶轮胎具有隔震功能，使挂车的结构大大简化，减少了故障点和维护成本。

电源机组整体外形如图13-15所示。

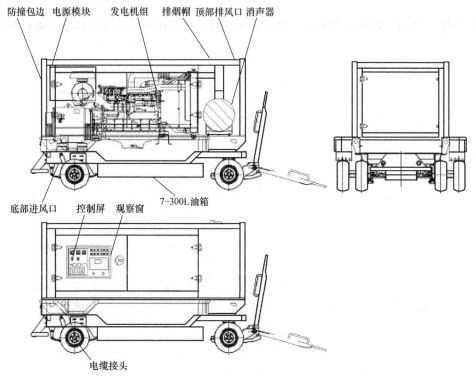

图13-15 电源机组整体外形图

13.4 自行式电源机组

根据用户对柴油发电机组容量、性能的要求，选择外形美观、性能优良的厢式载货汽车，将具有高可靠稳定性和卓越使用性的上海科泰电源股份有限公司地面电源机组安装在标准车厢内，改造成具有高吸音效果、适合柴油发电机组运行的防音车厢内，组合成完美的车载电站。车载具有降噪效果好、防雨、防雪、防晒、移动方便、速度快捷、性能可靠等优点，良好的通风系统和防止热辐射措施确保机组始终工作在适宜的环境温度，电气性能指标优良可靠。良好的全天候使用性能，可最大限度地满足用户需要。产品的主要特点如下：

1）车载电站的设计采用上海科泰电源股份有限公司低噪声车载电站发明专利技术，专利号：ZL200910045687.X。

2）整体车厢改装方式，使车载电站结构合理，外形美观。

3）车箱为方形厢体，顶部平坦，顶盖两边前角安装有两盏示廓灯，尾部有转向灯、刹车灯、尾灯，车头可装警示灯。

4）底盘结构：为标准载货汽车的二类底盘，厢体安装在汽车底盘的框架上。

5）柴油发电机组通过一套高效减振装置安装在机组的公共底座上，能消除90%以上机组运行时产生的振动，确保柴油发电机组的平稳运行。

6）箱体两侧开门，正对控制屏的位置开设观察窗，在适当位置装设紧急停机按钮，便于观察、操作。

7）独特设计的保护功能使操作人员无需对机组进行专门的监控，使得运行更加简便安全。

8）采用一体的机底燃油箱结构，充分利用空间，机组在满载情况下可连续运行8h。

第14章 柴油发电机组的机房设计与安装

14.1 机房设计概述

随着中国社会经济的飞速发展，建筑技术水平不断地提高，城市建筑向着规模大、楼层高的方向发展，进而对建筑供电的可靠性要求越来越高，社会的信息化、建筑的现代化，使建筑对供电系统的依赖程度也越来越大，配备主用或备用电源成为必然的趋势。而柴油发电机组因其使用的燃料经济安全、热效率高、性能可靠稳定、排放对环境污染小而得到广泛的应用。

1. 机房总体布置

柴油发电机组安装必须满足相关规范的规定，正确的安装有利于保证机组的正常运行，避免损坏机组、相关附件和发生电气事故。机房必须有足够的空间、足够的进、排风口；进、排风一般采用轴向通风方式，保证空气自由循环，对于确保机组的正常使用、减少机组的功率损耗及保证机组的正常使用寿命等都是十分重要的。

柴油发电机组机房，至少要有一面靠外墙，为热风管道和排烟管道导出室外创造条件，最好是在建筑物的背面，以便于处理设备的进出口。

机房选址时应注意以下几点：

1) 尽量避开建筑物的主入口、正立面等部位，以免排烟、排风对其造成影响。
2) 注意噪声对环境的影响。
3) 宜靠近建筑物的变电所，这样便于接线，减少电能损耗，也便于运行管理。
4) 避免在卫生间、浴室等潮湿场所的下方或相邻，以免渗水影响机组的运行。
5) 考虑到发电机组的进风、排风、排烟的要求，如果条件允许最好设在一层。

多数情况下，用户不愿把这一黄金地方作为柴油发电机组的设备用房，因此机房通常设在地下室。这样就给机房的通风和排烟带来不便。

机房设计时，应综合考虑机组使用现场对噪声的要求，振动对周围环境的影响，新风进入、热风排出、排烟面积和机组检修所需空间等因素。机房设计的好与坏，直接影响到机组是否能够正常、稳定、长期的运行，是否能够满足周围环境对噪声的要求，是否能够方便检修等问题。因此，对机房进行科学、合理的设计非常必要。

如图14-1所示为机房基本安装布置图。机房最基本的安装须具备以下条件：混凝土地台、进风百叶窗、排风百叶窗、排烟口、排烟消声器、排烟弯头、减振波纹管、防振连接喉、吊码弹簧等；机房的进、排风一般采用轴向通风方式，保证空气自由循环；与机组关系密切的油箱、水箱、进排风机、电池、控制屏、配电屏和断路器屏等辅助设备也应设在机房内或者机房附近。

在进行机房设计之前，应先确定选用的发电机组的型号，并根据生产厂家提供的对应型号机组的相关技术参数，如机组外形尺寸、水箱有效面积、排风量、燃气量、排烟管口径、排气背压等，进行机房规划、布置、设计，并考虑控制系统和配电装置的尺寸，详细了解用户的其他安装工程的要求。如何针对机房现场结构条件进行科学、合理的设计和布置，灵活处理进、

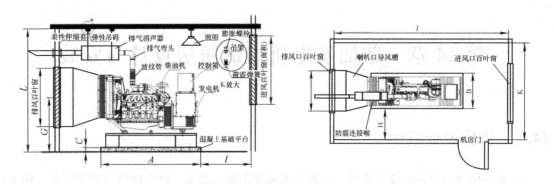

图 14-1 机房基本安装布置图

排风通道与进、排风口的连接是设计中极其关键的环节。如果现场条件确实无法满足机组安装工程的要求，应及时与用户沟通，提出困难和疑问，以便用户方的水电工程师（或结构工程师）根据具体实际问题做出局部调整，以满足机房设计的要求。

2. 机房设计的要求

机房设计必须认真贯彻国家关于环境保护工作的方针和政策，使设计符合国家有关法规、规范及标准；按国家环境保护标准 GB12348—2008《工业企业厂界环境噪声排放标准》进行设计，满足相应的环保标准要求。机房内设备的布置应满足《民用建筑电气设计规范》的要求，力求紧凑，保证安全及便于操作和维护。

机房中配置的柴油发电机组重量较重，其产生的振动、辐射噪声及排烟管噪声将严重影响周围环境及用户单位的正常工作。设计方案必须采取综合治理噪声源的方法，即：隔振、减振、消声、隔声。为此，对机房设计的要求如下：

1）机房内的柴油发电机组、控制屏等大件设备，从建筑物外运至机房的沿途应设计足够尺寸的出入口、通道和门孔，便于设备安装或运出修理。在机组纵向中心线上方应预留 2~3 个起重吊钩，其高度应能吊出活塞、连杆、曲轴和缸体，为机组的安装和检修提供方便。

2）机房设备的布置应根据机组容量大小和台数而定，力求紧凑、经济合理、保证安全及便于维护。

当发电机房只设一台机组时，如果机组容量在 500kW 及以下，则一般不设控制室，这时配电屏、控制屏宜布置在发电机端或发电机侧面，其操作检修通道的要求为屏前距发电机端距离不应小于 2m，屏前距发电机侧距离不应小于 1.5m。

对于单机容量在 500kW 及以上的多台机组，考虑到运行维护、管理和集中控制的方便，宜设控制室。一般将发电机控制屏、机组操作台、动力控制（屏）台及照明配电箱等放在控制室。设置控制室的机房，在控制室与机房之间的隔墙上应设观察窗。

3）与主体建筑设在一起的机房应进行隔声和消声处理。

4）机房地面一般采用压光水泥地面，有条件时可采用水磨石或磁砖地面。柴油发电机周围地面应能防止油污渗入。

5）柴油发电机组机房应采用外墙体为 200~300mm 的砖墙或钢筋混凝土隔墙，耐火极限不低于 2.00h，楼板的耐火极限不低于 1.50h。

6）机房与其他部位隔开；机房门应采取防火、隔音措施，并应向外开启。

7）机房四周墙体及机房内风道必须砌筑密实，不得留下孔隙，穿过机房的管道在穿墙时，缝隙必须填实，以防漏声。

8）机房与外界相通而预留的通道（如冷却风扇出口、发动机排气出口、机房通风换气口等）必须设计成消声通道。

9）对于噪声治理要求较高的机房，四周墙体及天花板应作吸声体，吸收部分声能，减少由于声波反射产生的混响声。

10）机座的隔振。柴油发电机组基础平台为混凝土结构，柴油发电机组通过高效减振器安置在混凝土基础上。这样可有效地防止振动通过基础向周围传递。

14.2 柴油发电机组的基础

柴油发电机组是往复式运转机械，运行时将产生较大的振动。因此，柴油发电机组的基础是安装中很重要的部分。柴油发电机组基础质量的优劣直接影响到发电机组的安装质量和正常运行，从而影响机组的使用寿命。

混凝土安装基础是一种可靠简便的安装方式，建议用户优先采用。当浇注混凝土底座时，应确保混凝土的表面平整光滑，没有任何损伤。机组的地基应有足够体积，以减小振动。用于制作混凝土平台的机房内地面必须有足够承载强度来承受它上面的整个装置和混凝土基础的总重量，避免沉降。一般来说，柴油发电机组的混凝土平台高度高出机房内地面100～200mm，并采取表面涂耐油油漆防油浸措施。

1. 基础的作用

1）支撑整台机组的重量和机组运行时不平衡力所产生的动态冲击负载。

2）具有足够的刚度和稳定度，以防止变形而影响柴油发动机和主交流发电机及附件的同轴度。

3）吸收机组运行时所产生的振动，尽量减少振动传递给基础和墙壁等；建议用户结合使用水平仪或类似仪器进行机组及其排气系统的安装。

基础主要用于支撑柴油发电机组及底座的全部重量，底座位于基础上，机组安装在底座上，底座上一般都采取减振措施。

2. 基础的设计

柴油发电机组的基础应布置在发电机房里合适的位置，其四周留有至少1m的空气流通余地，也便于检查维修操作。机组可直接安装在水平的混凝土基础平台上，要求基础平台的承载能力应能满足承载要求。

(1) 基础的设计准则

1）基础的强度必须能够支撑机组湿重（包括机组、燃油和冷却液）和动负载。

2）基础各边应超出机组底座150～300mm。

3）基础应高于机房地平面100～300mm，以防水浸。

(2) 基础的设计要求

1）地基基础应有较好的土壤条件，其允许压力一般要求为0.15～0.25MPa。

2）地基一般为钢筋混凝土结构，地基重量为机组总重的1.5～2倍。混凝土强度等级不低于C20级。

3）机组的地基与机房结构不得有刚性连接，以减小机房的振动。

4）机组运行和检修时会出现漏油、漏水等现象，因此地基表面应进行防渗油和渗水的处理，并有排水措施。

(3) 基础载重的计算

1) 基础的载重取决于机组湿重、体积的大小和减振垫，若底座直接固定在基础上，则基础的载重为

基础载重 = 整台机组的重量/底座槽轨的面积（接触基础地面的槽轨面积）

2) 如果基础与底座间装有减振器，机组的重量又是平均地分布在每一个减振器上时，地基的载重为

基础载重 = 整台机组的重量/（减振器面积 × 减振器数目）

由上式可知，用户可以在必要时（例如基础的载重受限制等）通过增加减振器的数目来减少基础的载重。

3) 如果机组的重量不是均匀地分布，基础的最大载重将产生在支持重量最大的那个减振器上（假设全部的减振器大小相同）。

最大基础载重 = 最重负载减振器上的重量/减振器面积

(4) 基础（即混凝土底座）厚度

混凝土底座的厚度可由式 $D = W/d \times B \times L$ 计算，

式中 D——混凝土底厚座（m）；

W——发电机组的总重量（kg）；

d——混凝土的比重（kg/m³，注意：当不知道准确的比重数据时，用2402.8kg/m³ 计算）；

B——混凝土底座的宽度（m）；

L——混凝土底座的长度（m）。

当按照运行机组对重量和稳定度要求确定了混凝土底座厚度后，必须检查底座是否能承受总重量（机组加混凝土底座）和抵抗它所受到的作用力。

当机组位于建筑物底层时，应按机组要求设置混凝土基础。地脚螺钉可预埋，也可以在机组到达后在用电钻打孔安装。当机房地面为楼板时（机组安装在楼板上即机房不在底层时），设计时需把机组载荷提供给专业机构，基础筋需与楼板连接，与楼板的连接方式：与楼板筋均匀焊接、植筋焊接、膨胀螺钉焊接。

钢筋混凝土的基础必须经过一定的养护期，设备才可以就位。

3. 基础的常见做法

基础地基的处理就是按照发电机组对地基的要求，对地基进行加固或改良，提高地基的承载力，保证地基的稳定。柴油发电机组的基础通常采用混凝土基础，必须能够承受发电机组的静态重量和动态载荷，一般要求基础承载能力为机组重量的2倍。混凝土基础分素混凝土基础和钢筋混凝土基础。对于重量较轻的机组（400kW及以下），基础承受载荷较小，变形不大，可采用素混凝土基础；对于重量较重的机组（400kW以上），基础承受载荷较大，变形较大，则采用钢筋混凝土基础，钢筋混凝土基础如图14-2所示。素混凝土基础是由砂、碎石、水泥等材料组成的基础；钢筋混凝土基础是由砂、碎石、水泥、钢筋等材料组成的基础，混凝土的强度等级通常采用C20。

混凝土基础平台常见做法：

1) 基础应高出机房地面100~300mm。

2) 基础各边应超出机组底座150~300mm。

3）基础外表面应无裂纹、空洞、掉角和露筋。

4）基础表面和地脚螺栓预留孔中的油污、碎石、泥土和积水等应清理干净。

5）混凝土底座的厚度可由 $D = W/d \times B \times L$ 计算确定，如果使用地脚螺钉，建议螺钉深度取 $H = 0.5\text{m}$。

6）地基表面应进行防水、防油处理，基坑地面应夯实。

7）机组的地脚螺钉可一次浇筑，也可预留孔进行二次浇筑。地脚螺钉位置尺寸应根据生产厂商提供的尺寸确定。

8）地基与机组底盘间最好设减振器。减振器在每个地脚螺钉处设一个，按机组总重量平均分配在各地脚螺钉上的压力选择，并留有一定富余量，机组与外部连接的油、水、排烟管路，应采用橡胶管或金属波纹管软连接，以防止机组振动或受热膨胀时损坏管路。

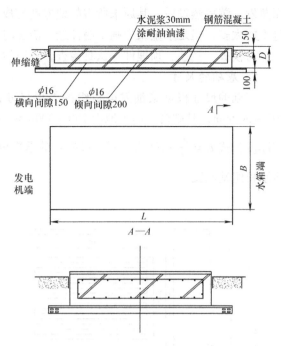

图 14-2 钢筋混凝土基础大样

9）当机房地面为楼板时，机组安装在楼板上时，这种机组就不可能做较深的地基，设计时需把机组载荷提供给相关专业结构，基础筋需与楼板连接，楼板应能承受机组的静载荷和运行时的动载荷，并留有 1.5 的安全系数。底盘与楼板间的防振措施要增强。

4. 地基材料与混凝土的配比

地基材料主要由水泥、砂、碎石和水分等组成。混凝土是指用水泥作胶凝材料，砂、碎石作集料，与水（加或不加添加剂和掺合料）按一定比例配合，经搅拌、成型、养护、硬化而成的具有一定结构强度的结构或者构件，也称水泥混凝土。混凝土的强度等级通常采用 C20。

配合比计算应依据混凝土设计强度等级、钢筋最小净距、水泥品种和强度等级、砂、石的种类规格等。

所用的砂子要坚硬、无土（所含的泥土不超过总质量的 5%），最好的砂子为石英砂，石子大小为 5~50mm，石子的大小应与砂子的粗细搭配使用。

混凝土通常采用的容积配合比例（水泥:砂:石子）为 1:2:4、1:3:5 或 1:3:6。以容积比例配合的混凝土的材料用量参考见表 14-1。

表 14-1 混凝土的容积配合比例表

容积比	水泥		砂/m³	碎石/m³
	质量/kg	袋/(50kg/袋)		
1:2:4	236	6.72	0.44	0.88
1:3:5	253	5.04	0.55	0.83
1:3:6	229	4.57	0.45	0.90

拌和混凝土时要拌得彻底，使水均匀地分布于水泥、砂子及石子颗粒表面。拌和时所加入的水量要适当。因为加入的水量仅有一小部分（20%）与水泥发生水化作用，其余的水游离

而蒸发。游离蒸发后,其原来所占的地方就变成微小空隙,使混凝土的强度受到影响,所以水量不能太多。但是水量太少则不易拌透,浇注时也不易夯实,亦将造成大量空隙。混凝土浇筑前应对模板、钢筋、预埋件等认真检查,并应清除模板内的杂物,方可进行浇筑。

5. 基础的尺寸

基础的尺寸根据柴油发电机组的外形尺寸确定。按照机组本身的长宽尺寸各向外增加 200~300mm,基础台可高于地面 100~300mm。基础的深度即混凝土基础的厚度,一般参照基础厚度公式 $D = \frac{W}{d} \times B \times L$ 计算。基础台的承重设计应按照 1.5~2 倍机组重量设计。如图14-3所示机组基础图。

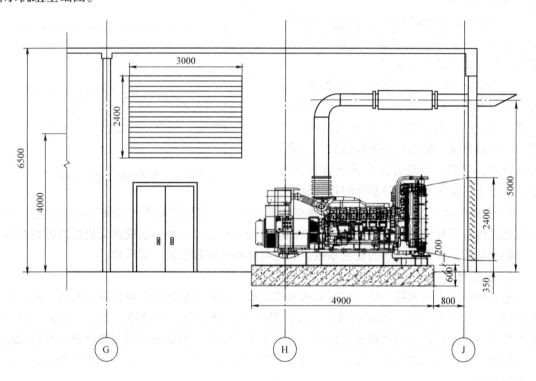

图 14-3 机组基础图

6. 基础的浇筑

1) 浇筑前,应根据混凝土基础的长宽尺寸、基础顶面的标高准备好模板,检查模板支撑是否牢固,模板是否已清洗干净,基坑有无积水。

2) 向模板间断浇水 2~3 次,使板缝胀严,并避免吸收混凝土的水分。

3) 一般应分层浇筑,每层混凝土的厚度为 200~300mm。

4) 混凝土灌入模框时,中间存有很多空隙,必须随时夯实,排除空气。

5) 地基要一次浇筑完毕,在浇筑过程中间隔时间最多不要超过 2h。

6) 地基表面要求水平、平整,有足够的承载能力,一般要求为机组净重的 2 倍。

7) 浇筑完毕应按规范要求进行养护,保湿养护的持续时间不得少于 14 天。如有需要,可在水泥中添加增强剂,则可在 10 天内安装柴油发电机组。

8) 对特殊部位,如地脚螺栓、预留地脚螺栓孔、预埋管等,浇筑混凝土时要控制好混凝土上升速度,使其均匀上升,同时,防止碰撞,以免发生位移或歪斜。

9）功率为 1000kW 以上的机组基础须预留安装底板锚定螺栓孔。当安装底板的平面度和平行度校正完成之后，在底板与基础锚定螺栓孔中浇灌水泥浆。在浇灌完成之后，应有 7~10 天的凝结时间。

10）安装前必须按相关规范对基础进行验收。

14.3 机房的通风

机房的通风系统对柴油发电机组的输出功率、燃油消耗率、热气流排放和使用寿命等有直接而重要的影响。

柴油发电机组运转时，一方面会将部分清新空气吸入燃烧室，使其与燃油均匀混合于燃烧室燃烧做功，驱动整台机组持续运转；同时，机组运转时所产生的大量热量必须及时散发出机房，否则会消耗大量的新鲜空气。因此，标准机组除自身必须具有良好的循环水冷却或油冷却结构外，机房的冷却和通风系统十分重要，必须保证有足够的空气流入机房，以补充消耗于发动机燃烧用的空气以及将机组运行时所散发出的大量热量通过散热器芯排出机房外，使机房内温度尽可能接近环境温度及保持机体温度在正常工作范围。

机房通风系统包括进风、排风、排烟和机房散热等多个系统。

14.3.1 排气系统

一个好的排放系统可以将机组运行时排出的废气、废烟直接排出户外，不会影响周围环境和居民工作、生活的环境。排气系统中应包含至少一个合适的排气消声器，通常厂家会配套一个工业型排气消声器供安装时使用。对降噪要求不严格的地区，可以安装一个工业型消声器；对降噪要求较为严格的地区，应再加装一个住宅型消声器。

为避免机房内温度过高，恶化机组正常的工作环境和避免操作人员烫伤，以及减少机组排气系统和增压器的机械噪声，机房内的排气系统应全部做有效的绝热隔声包扎。排气管最外端出口处应做防雨水处理，如将管口下切出一个角度适宜的倾斜角或加装防雨帽等。

排气系统应尽可能地减少弯头数量和缩短排气管的总长度，否则就会导致机组的排气背压增大，而使机组产生过多的功率损失，影响机组的正常运行和降低机组的正常使用寿命。在柴油发电机组技术资料中所提供的排气管径，一般是以排气管总长为 6m、一个弯头和一个消声器为例的，在实际安装时，当排气系统超出了所规定的长度和弯头的数量时，则应适当加大排气管径，增大的尺寸取决于排气管总长和弯头的数量。一般地，排气管每增长 6m，排气管截面积应加大 4%~6% 为宜。在计算排气管的总长时，应将弯头计算在内，具体换算方法是：一个 90°弯头相当于其外缘直径的 2.5~2.8 倍的排气管有效长度。

从机组增压器排气总管接出的第一段管道，必须先接一个波纹管隔振，以避免柴油发电机组的振动通过排气管向周围传递；再接一个工业型消声器，然后再加装一个住宅型消声器，这样可有效地防止噪声从排气管向外传播。排气管第二段应被弹性支承，以避免排气管安装不合理或机组运行时，排气系统因热效应而产生的相对位移引起的附加侧应力和压应力加到机组上。排气管道的所有支承机构和悬吊装置均应有一定的弹性。排气管引至屋顶高空排放，中间连接膨胀节，吸收气管的伸缩变形。

当机房内有一台以上机组时，每台机组的排气系统均应独立设计和安装，绝不允许让不同的机组共用一个排气管，以避免机组运行时，因不同机组的排气压力不同而引起的异常窜动，增大排气背压和防止废烟、废气通过共用管道回流,影响机组正常的功率输出,以至引起机组的损坏。

所有排气管的壁厚应不小于 2mm,同时建议选用热膨胀系数较小的钢质管。在可能的情况下,所有的排气管均应做绝热隔声包扎,特别是机房内和室外可能引起人员烫伤的管道必须包扎。

14.3.2 通风系统

机房通风系统对柴油发电机组的输出功率、燃油消耗率、热气流排放和使用寿命等有直接的影响。柴油发电机房的通风问题是机房设计中特别重要的问题,特别是机房位于地下室时更要处理好,否则会直接影响机房的空气循环和通风效果,降低发电机组的运行效率和时间,甚至缩短机组的使用寿命。在坚持设计原理的基础上,遵循轴向通风方式的原则,根据机房实际结构,选择机组的最佳布置位置,创造有利因素。

1. 进风口

进风口应位于灰尘浓度尽可能小的合理位置及确保附近无异物,当条件许可时,建议用户采用靠近机组控制屏侧的斜上进风方式,并加设百叶窗和金属防护网帘,以避免雨水及其他异物进入,确保正常的空气对流。为防止热空气回流,机组进风口应尽可能远离排风口,并尽可能让机房内空气直流,遵循轴向通风方式的布置。

2. 进风口面积和进风量的计算

柴油发电机组在正常工作的时候需要有足够的新风供应,一方面保证发动机的正常工作,另一方面要给机组创造良好的散热条件,否则机组无法保证其使用性能。

机组的进风系统主要包括进风通道和发动机本身的进气系统,机组的进风通道必须能够使新风顺畅地进入机房。柴油机在运行时,机房的换气量应等于或大于柴油机燃烧所需的新风量与维持机房室温所需新风量之和,即 $C = C_1 + C_2$。其中 C_1 维持室温所需的新风量;C_2 是维持柴油机燃烧所需的新风量。

$$C_1 = 0.078 \times P \times T$$

式中 C_1——维持室温所需要的新风量(m^3/s);
P——柴油机额定功率(kW);
T——机房温升(℃)。

燃气量 C_2 数据可向机组厂家索取,若无资料时,可按每千瓦制动功率需要 $0.1m^3/min$ 计算(柴油机制动功率按发电机主发电功率千瓦数的 1.1 倍配备)。

设计时需要综合考虑计算维持室温最少所需新风量和燃气量,并以此为依据判断进风面积是否足够。一般情况下,进风口的面积应满足下式要求

$$S_进 \geq 1.2 \times k \times S_水$$

式中 $S_进$——进风口面积(m^2);
$S_水$——柴油机散热水箱的有效面积(m^2);
k——风阻系数。具体 k 值详见表 14-2。

表 14-2 风阻系数

附加物	k
无降噪箱	1
防鼠网	1.05~1.1
百叶窗	1.2~1.5
降噪箱	3
降噪箱+防鼠网	3.05~3.1
降噪箱+百叶窗	3.2~3.5

机房计算进风量计算如下：

$$Q_{进} = \frac{S_{进} \times V_{进}}{k} \ (m^3/s)$$

式中 $Q_{进}$——计算进风量（m^3/s）；

$S_{进}$——进风口面积（m^2）；

$V_{进}$——风速（m/s），一般取 3 级风的风速平均值 4.4（m/s）进行计算，风速见表 14-3，但最强风速不应超过 8（m/s）；

k——风阻系数，具体 k 值详见表 14-2。

如果机房计算进风量 $Q_{进} \geq C_1 + C_2$。则可以认为该设计是符合要求的。

表 14-3 风速表

风级	名称	风速	风级	名称	风速
0	无风	0~0.2	7	疾风	13.9~17.1
1	软风	0.3~1.5	8	大风	17.2~20.7
2	轻风	1.6~3.3	9	烈风	20.8~24.4
3	微风	3.4~5.4	10	狂风	24.5~28.4
4	和风	5.5~7.9	11	暴风	28.5~32.6
5	清劲风	8.0~10.7	12	飓风	32.7~36.9
6	强风	10.8~13.8			

3. 排风口

通常机组排风口的面积应略大于水箱的有效面积，从降低风阻考虑，排风口离前面障碍物的距离应大于或等于 600~2000mm，机组进风量应大于机组的排风量和燃气量的总和，其客观效果是机组在运行时机房内不能产生负压。在满足机组排风量要求的前提下，机房的降噪效果主要由进排风通道及消声箱的长度和选用的吸音材料决定。

当在排风口安装百叶窗及金属防护网时，应确保排风口净面积最小不低于散热器芯有效面积的 1.4 倍，排风口中心位置应尽可能与机组散热器芯的中心位置一致，排风口的宽高比要尽可能与散热器芯的宽高比相同。为防止热空气回流及机械振动向外传递，在散热器与排风口之间应加装弹性减振喇叭形导风槽。

4. 排风口面积的计算

排风口面积的计算公式为

$$S_{排} \geq k \times S_{水}$$

式中 $S_{排}$——排风口面积（m^2）；

$S_{水}$——柴油机散热水箱的有效面积（m^2）；

k——风阻系数，具体 k 值详见表 15-2。

机房实际排风量计算如下式

$$Q_{排} = \frac{S_{排} \times V_{排}}{k} \ (m^3/s)$$

式中 $Q_{排}$——计算排风量（m^3/s）；

$V_{排}$——风速（m/s），一般取 3 级风的风速平均值 4.4（m/s）进行计算，风速表见表 14-3，但最强风速不应超过 8（m/s）。

实际排风量 Q 数据可在机组技术参数中可查到,如果计算排风量大于或等于实际排风量即 $Q_{排} \geq Q$。则可以认为该设计是符合要求的。

当机房条件不能满足按照机组技术参数计算的进、排风口净面积要求时,必须考虑采用强制进排风的方式,以确保机组正常燃烧和冷却的需要。在建筑物中,通风口通常配有百叶窗和金属防护网,在计算进、排风口的尺寸时,必须考虑百叶窗片和金属网等所占有的无效面积。

在冬季,机组用于备用运行状态时,机组只是偶尔运转,大多数时间都是处于备用停机状态。此时机房内应时刻保持适当的温度,以避免影响机组的正常启动能力或使冷却水结冰,致机组损坏。这就要求机房所有的通风口都必须是可以调节的,以便机组停用时能够自动或人工关闭。同时建议机组加装配套的水套加热器,并使其始终保持正常的工作状态。

14.3.3 机房的通风散热

柴油发电机组机房的通风和散热问题是机房设计中要特别注意解决的问题,无论是对机组的运行还是对操作人员的身心健康,都有很大的影响。良好的机房通风系统必须确保有足够的空气流入和流出,并可在机房内实现自由循环。如果处理不当,将直接影响柴油发电机组的运行。柴油机、发电机、排烟管在运行时均散发出热量,使室温升高。为了不使室温过高而影响发电机的输出功率,采取的措施通常为热风管道与柴油机散热器连一起,其连接处采用软接头,出风口尽量靠近且正对散热器,采取措施以减少机房内的热量积聚,完全无泄漏地排出所有废气和保证房间内有充足的冷却风,这样才能保证机组满负载、长时间、低噪声和无公害运行和延长机组使用寿命,并为机组操作人员提供一个良好的工作环境。

为了避免控制屏内的电子元器件因温度过高而产生故障,一般规定机房内的环境温度不得高于 45℃。

因此,机房内应有足够大的空间,从而确保机房内的气温保持均衡,及空气正常、顺畅的流通。如无受特殊安装条件的限制,通常通风系统应采用直进、直出型。并绝对避免机组排放的热空气通过机房进风口再次进入机房形成热风回流。

如图 14-4、图 14-5 所示的空气流动路线是比较好的方式,冷空气从机组尾部经过控制屏、发电机、柴油机到散热器,最后由冷却风扇将热空气通过一个可装拆的排风管排到室外,形成一个完整良好的空气循环。

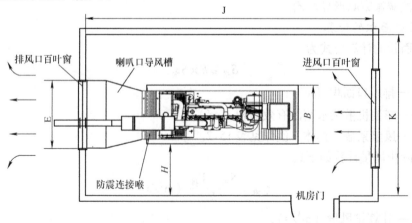

图 14-4 机房的通风散热

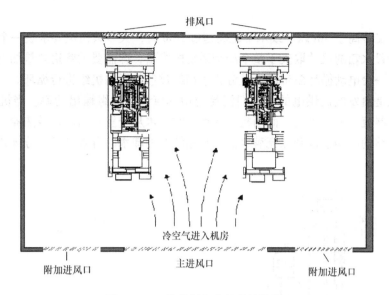

图 14-5 双机公用机房的通风散热

1. 普通水冷发电机组机房的通风和散热

水冷机组机房的热风主要是通过风扇和散热器来散热，机房的布置和设施应将热风引到机房外。通常利用门洞或墙洞，再加上可拆移的引风罩将热风引出机房。若利用墙洞固定引风罩必须考虑隔热和减振问题，可采用帆布框罩缓冲隔振，采用石棉层来隔热。风罩和管道应平顺、光滑，避免急弯，以最短距离引出机房，进风口和排风口处都需要采取措施，防止雨水和小动物进入风道。

为了保证机房内有良好的通风效果，机房内应有开向户外或通向建筑物另一部分的面积足够大的进风口，以便让足够的新鲜空气进入。在某些较小或特殊要求的机房，有时可以用通风管把空气抽入房间或直接地送到机组的进气口，但这种做法一般不推荐使用。此外，机房还应有面积足够大的排风口和畅通无阻的排风通道，保证热风从该口及其通道排出室外。机房的排风口和进风口应保持足够的距离，避免热风回流，并设置有挡风雨的百叶窗。百叶窗可以是固定的，也可以是在气温低或自动启动时能够自动调节的。排气管应按相关设计规范经由排烟管道引至屋面高空排放。

2. 使用远距离分体散热器通风和散热

当机组被安装在地下室时，实际空间很可能会限制风槽的运用，在这种情况下，一般可采用其他的通风和散热方法。对于普通型发电机组的机房安装，散发的热量已计算在散热器空气流量中；但对于那些把散热器安装在远处的机房，机房冷却空气的流量是由发动机、发电机和排气系统任何部分向周围空气散发的总热量来计算的，所以应采取一些必要且有效的措施排出机房中的热风。

柴油机和发电机冷却空气的需求量在前面已有说明。排气系统的散热取决于在房间内排气管的长度及使用的隔热材料，在计算房间内的空气流量时，这些热源散出的热量也在计算范围以内。排气管应按相关设计规范经由排烟管道引至屋面高空排放。

远置式散热水箱的冷却系统是可以选择的方式之一。在该系统中，散热器是与机组分开的，并由电动风机作散热之用，此系统可作为一个全封闭的单元组件供户外使用，亦可作为开放形式供室内装置用。为确保电动风机与机组工作的同步，建议采用机组输出电力作为电动风机的供电电源。

当散热器安装高于3m以上或水平距离超过10m时，大多数机组要求装一个分置的水箱和电动水泵，分置水箱的尺寸取决于整个冷却系统的容量，即需要的管道总量加上冷却用水量。

冷却水由一台电动循环泵带动，从分置水箱经过散热器和机组进行循环。一般散热器风机和水泵电动机是由发电机供电的，它们消耗的功率应计入机组输出功率。当机组处于停用状态，水从散热器流入分置水箱，而当机组在运行时，水从分置水箱流入散热器，此分置水箱必须长期保持足够的冷却水以确保充满全部冷却系统及冷却水的有效循环，分体式散热器安装如图14-6所示。

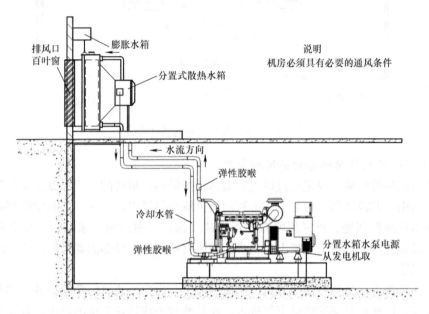

图14-6 分体式散热器的安装图

对此系统需要注意以下几点：
1）要防止外来杂质污染冷却液。
2）分置水箱的扰流可使冷却液氧化。
3）避免空气滞留于系统中，管道应备有通气孔。
4）进行适当的水处理以达到机组使用要求。
5）要预防冷却液凝结。
6）使冷却液在机体中保持（无压）自然流动。

如果散热器装于和发动机同一水平面，则无须采用分置水箱，但应在散热器正上方配置一个膨胀水箱，以容许冷却水受热膨胀和补充。

3. 使用热交换器的通风和散热

热交换器冷却有"标准热交换器冷却方式"和"分体水箱配热交换器冷却方式"两种类型。这种系统需要空间比分置式水箱要少，其封闭水路能利用补充水箱的球形阀将蒸发损失的冷却水自动补充，以保证冷却系统中始终有足够的冷却水。热交换器安装方式如图14-7所示。

大多数的柴油发电机组都能够配套热交换器，在水质可能被污染的地区或能从冷却塔或大型贮水装置提供冷却水的场合都可以采用热交换器作为机组的冷却手段，但是水经过热交换器后不能作家庭用水。

由于用后的水必须流向废水管,所以绝大多数地方不允许用食用水作热交换器用。热交换器的水压可维持在大约 0.14MPa。

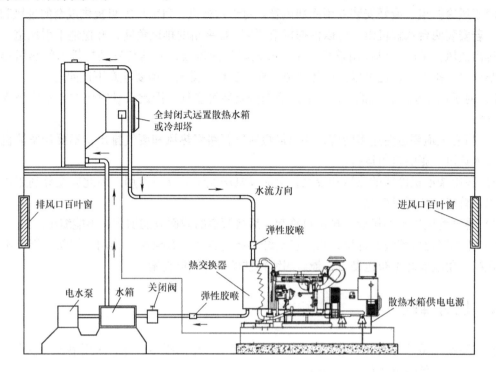

图 14-7 热交换器安装方式

当使用远置式散热器或热交换器的冷却系统时,必须保持一定的通风余量,以提供足够的空气给发动机燃烧,并作为机房的通风及冷却机组发出的辐射热之用。

注:

1) 对于远置散热器和热交换器的冷却系统:一些具有涡轮增压及(空气—空气)增压冷却系统,如 VOLVOPENTA 的 TAD 系列和 MITSUBISHI 的 PTAA 系列发动机是不适用于远置散热器的冷却方式。但对一些采用(空气—水)增压冷却系统的发动机便合适,如 VOLVOPENTA 的 TWD 系列和 MITSUBISHI 的 PTA 系列发动机等。

2) 如将设有(空气—空气)增压冷却系统的发动机配合热交换器的冷却方式使用,将会导致输出功率损失。

4. 冷却水的处理

当柴油发电机组使用于较低温环境中时,为防止冷却水有结冰的危险,机体内的冷却水就必须进行必要的抗冷凝保护,具体方法是在往机体内加注纯净的冷却水时,应按要求加注 40%~60% 剂量的乙二醇防冻液,同时,应采取必要的均匀混合措施,如预先在专门容器内将水与防冻液搅拌均匀,并在加注完后,将机组运行至热机状态,以获得最佳的均匀混合。

为防止机组冻损,建议用户加装机组专用水套加热器。该加热器的电源应为市电 AC 220V 的电源,当机组处于备用停机状态时,该加热器能够视环境温度和机体内冷却水的实际温度进行自动加热。使机体内冷却水的温度始终保持在 +5~+40℃ 之间。

对于环境温度较高的地区,客户应在冷却水中均匀地混合适当比例的防锈液,以免水道生锈,从而确保水循环正常畅通,增强机组的冷却效能。

为防止冷却系统内所有金属材料锈蚀,纯水应加防锈剂。

5. 风冷柴油发电机组机房的通风和散热

对于风冷机组,最好安装专用冷却风管。对于六缸机,目前厂家可提供成套的进风和排风管件。若安装两台八缸机组,可以依据机组"V"形夹角的排风角度,开挖地下引风道,用引风机排出热风。平时引风口用盖板盖平,开机时打开盖板,使其与发动机排出的热风形成风斗。柴油机的排气管,也可以像散热风道一样,从地下排出。但要注意下述问题:

1) 对于风冷机组,柴油机冷却和燃烧都需要新鲜空气,因此设计时应注意不能吸入热风和废气。

2) 所有风道要避免过多转弯,要以最短通风管路将热风和废气排出,不要让柴油机在机房内吸入热风,影响机组运行。

3) 风冷柴油机冷却的热风和废气,会形成机房气流的反射作用,因此应充分利用这个特点,以改善机房的通风散热。

4) 排气管应以柴油机废气排出口算起,后接管道的截面只能加大,不能缩小。

5) 排气管道应缠绕石棉层,再用玻璃纤维布包裹住。石棉层应选用石棉纺织绳,不要用石棉扭绳。用玻璃纤维布包裹后,最后用镀锌铁丝以螺旋形扎紧。

14.4 机房降噪

机房降噪就是针对柴油发电机组工作时各个环节产生的噪声,综合采用隔声、吸声、消声等技术手段,降低噪声对环境的影响。

柴油发电机组是多发声源的复杂机器,随着机组结构型式和尺寸、运转工况的不同,各个发声源对总噪声的影响是不同的,一般情况下,机组各类噪声大致按如下顺序排列:排气噪声、燃烧噪声、机械噪声、风扇噪声和进气噪声。降噪设计的基本思路:首先查明各种声源中的最大噪声成分及其频率特性,采取有关技术措施,将各声源的噪声级尽量降低到大致相同的水平,降低噪声对环境的影响。

14.4.1 噪声限制适用标准和测量评价

柴油发电机组运行时,通常会产生95～110dB(A)的噪声,如果不采取必要的降噪措施,机组运行的噪声将对周围环境造成严重损害。为了防治环境噪声,保护和改善生活环境,保障人体健康、促进经济和社会可持续发展,必须对噪声进行控制。现行的国家对城市区域噪声规定标准是2008年10月1日起实施的《工业企业厂界环境噪声排放标准》,该标准将原来的《工业企业厂界噪声标准》(GB12348—90)和《工业企业厂界噪声测量方法》(GB12349—90)合并为一个标准,包括了对城市五类区域的环境噪声最高限制值。该标准适用于城市区域,对乡村生活区域也可参照该标准执行。在机房降噪工程进行设计时,应根据各自所在区域的不同,选择合适的降噪方案。城市5类环境噪声标准值见表14-4。

表14-4 城市5类环境噪声标准值

类别	昼间	夜间
0	50	40
I	55	45
II	60	50
III	65	55
IV	70	55

1. 各类标准的适用区域

0类标准适用于疗养区、高级别墅区、高级宾馆区等特别需要安静的区域，位于城郊和乡村的这一类区域分别按严于0类标准5dB执行。

Ⅰ类标准适用于以居住、文教机关为主的区域。乡村居住环境可参照执行该类标准。

Ⅱ类标准适用于居住、商业和工业混杂区。

Ⅲ类标准适用于工业区。

Ⅳ类标准适用于城市中的道路交通干线道路两侧区域，穿越城区的内河航道两侧区域。穿越城区的铁路主、次干线两侧区域的背景噪声（指不通过列车时的噪声水平）限值也执行该类标准。

另外，夜间突发的噪声，其最大值不准超过标准值15dB。

从评价细节方法上，规定在75%额定功率下测量，比其他标准在空载状态下测量更合理。

为满足国家对城市区域噪声规定标准，通常按昼间60dB（A）的标准进行低噪声工程设计。

2. 测点

测点（即传声器位置）应选在法定厂界外1m，高度为1.2m以上的噪声敏感处。如厂界有围墙，测点应高于围墙。若厂界与居民住宅相连，厂界噪声无法测量时，测点应选在居室中央，室内限值应比相应标准值低10dB（A）。

3. 测量记录及数据处理

（1）测量记录

围绕厂界布点。布点数目及间距视实际情况而定。在每个测点测量，计算正常工作时间内的等效声级，填入工业企业厂界噪声测量记录表。

（2）背景值修正

背景噪声的声级值应比待测噪声的声级值低10dB（A）以上，若测量值与背景值差值小于10dB（A），按表14-5进行修正。

表14-5 测量结果修正表

差值	3	4~5	6~10
修正值	-3	-2	-1

14.4.2 机房降噪措施

在了解柴油发电机组主要噪声源和降噪方案的设计原则后，就可以针对机组的各噪声源制定出相应治理措施。从噪声的频谱分析可分为低、中、高频三种，处理的办法是将其噪声进行隔断、衰减，以达到在机房外噪声能符合相应的要求。

1. 排气噪声治理

排气噪声是发动机空气动力噪声的主要部分。其噪声一般要比发动机整机高10~15dB（A），是首先要进行降噪控制的部分。消声器是控制排气噪声的一种基本方法。正确选配消声器（或消声器组合）可使排气噪声减弱30~40dB（A）以上。

根据消声原理，消声器结构可分为阻性消声器和抗性消声器两大类：

1）阻性消声器（也称为工业型消声器）是利用多孔吸声材料，以一定方式布置在管道内，当气流通过阻性消声器时，声波便引起吸声材料孔隙中的空气和细小纤维的振动。由于摩擦和黏滞阻力，声能变为热能而吸收，从而起到消声作用。一般可降噪 10~15dB（A），阻性消声器如图 14-8 所示。

2）抗性消声器（也称为住宅型消声器）是利用不同形状的管道和共振腔进行适当的组合，

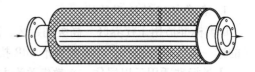

图 14-8 阻性消声器

借助于管道截面和形状的变化而引起的声阻抗不匹配所产生的反射和干涉作用，达到衰减噪声的目的。其消声效果与管道形状、尺寸和结构有关。适用于窄带噪声和低、中频噪声的消减。一般可降噪约 25~30dB（A），抗性消声器如图 14-9 所示。

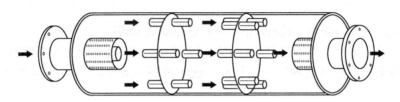

图 14-9 抗性消声器

机组排气系统的降噪处理：一般利用一个波纹减振节，安装于机组排烟口；同时选择使用这两种消声器，即一个工业型消声器和一个住宅型消声器的组合，这样可以在更宽的频率范围内取得良好的降噪效果，有效地隔断了排气振动和排气噪声的传播。此外，对排气管道进行隔热隔声包扎，也能改善机组的运行环境和由排气管引起的噪声。根据环保部门规定，要求排烟经排烟管道接至高空排放。

2. 机械噪声和燃烧噪声的控制措施

机械噪声主要是发动机各运动零部件在运转过程中受气体压力和运动惯性力的周期变化所引起的振动或相互冲击而产生的，传播远、衰减小，一旦形成很难隔绝。燃烧噪声是燃烧过程产生的结构振动和噪声，其中、高频段的气缸压力级易于传出。

控制机械噪声和燃烧噪声的有效办法：

1）对机组进行隔振处理，机组的隔振一般采用高效减振胶垫，机组的机座下部安装有高效减振装置，吸收机组 90%以上的振动动能。现在这一部分技术已经非常成熟。经过隔振处理，机组表面的振动被有效隔断。

2）在噪声的传播通道上进行降噪处理，减少声源对外的辐射，对于噪声指标控制特别严格的机房还要在内墙和天花板粘贴高效吸音材料，使噪声源在传出机房前已被有效衰减以提高机房的降噪效果。

3. 冷却风扇和排风噪声的控制措施

冷却风扇和排风通道连接，直接与外界相通，排风通道空气流速很大，气流噪声、风扇噪声和机械噪声经此通道辐射出去。

冷却风扇和排风噪声的控制措施主要是设计一个排风吸音通道，这个吸音通道可由导风槽和排风降噪箱组成。排风降噪箱的工作原理类似于阻性消声器。可通过更换吸音材料（改变材料的吸音系数），改变吸音材料的厚度、排风通道的长度、宽度等参数来提高吸音效果。在设计排风吸音通道时，要特别注意排风口的有效面积必须满足机组散热的需要，以免排风口风阻增大而致排风噪声增大和机组高水温停机。风道的结构形式可以参考以下几点：

1）风道的截面形状以折线形式，可形成对噪声声波的反射降噪作用。

2) 风道中应有吸声材料，通过吸声材料，吸收一部分噪声能量。

3) 风道与机组的工作舱之间最好做成可拆卸的，以利于安装调整和维修。

4) 在水箱与排风口之间，设有排风导风罩，用于防止热风在室内循环，引起机房内温度上升，使机组不能正常工作，同时在导风罩与水箱之间设有柔性连接，以隔绝机组振动，导风罩设有检修口，以方便对水箱的检修。

4. 进风噪声的控制措施

进气系统包括机组的进风通道和发动机的进气系统。为了保证机组的正常运行，在机组的结构中，应考虑机房内的散热以及新鲜空气的补充。要求机组中应有一定的通风，根据机房实际结构，选择机组最佳布置位置和进风口的布置形式。

由于柴油发电机组一般都配置有空气滤清器，其本身就具有一定的消声作用。考虑到进气噪声相对较低，故对发动机的进气系统一般不做另外处理。对机组的进风通道，主要是设计一个良好的进风吸音通道，选用合适的进风降噪箱。进风通道采用与排风吸音通道相同的降噪方法。另外进、排风道也可增设隔音墙，可明显地提高降噪效果。进风设置口应注意以下几个问题：

1) 进风口的进风量，应满足柴油发电机房所需要新风量的要求。

2) 进风口的位置，应设计在发电机端附近，遵循轴向通风方式的原则。

3) 进风口的结构形式，应能阻挡声波的流出，同时有利于进风。

在设计中，进风口的截面结构采用百叶窗的形式。同时，在进风口内壁增设风斗式的屏障，以提高隔声罩的隔声效果。

机房门也是噪声最易向外泄漏、辐射的地方，因此要求机房门采用有隔音消音作用的隔音门。通常要求安装双层隔音门，或做成两扇隔音门，之间形成一个过渡空间，即先经过一扇隔音门，进入过渡空间，再经第二扇隔音门进入到机房内，则降噪效果更佳。

如图14-10所示为机房标准降噪方案示意1，如图14-11所示为机房标准降噪方案示意2。

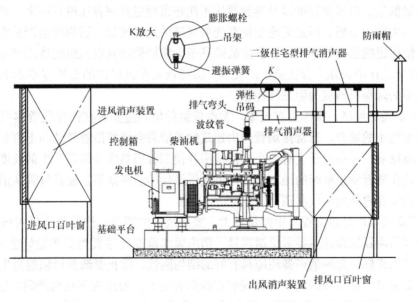

图14-10 机房标准降噪方案示意图1

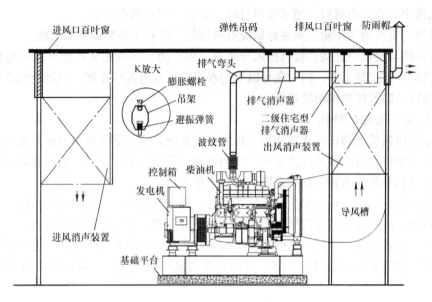

图 14-11 机房标准降噪方案示意图 2

14.4.3 机房降噪方案的设计

1. 机房降噪方案的设计原则

在进行机房降噪的设计工作时,应针对主要发声源,分别采取有效措施。对于不同结构特点的机房,进行科学合理的分析,做到环保、经济、方便、实用、可靠,设计出优化方案。还应遵循如下降噪方案的设计原则:

1) 在机房降噪方案设计时,首先确保不降低机组功率的原则。应充分考虑到机组正常运行时所需的最低进、出风量标准以及排放背压不能超出额定许用背压值等因素。机房的降噪和通风量是一对尖锐的矛盾,但是无论如何首先要保证的是通风量,否则将会严重影响到机组的功率输出,使机组的温升较高,频繁发生故障甚至会缩短柴油发电机组的使用寿命。

2) 在设计工作中必须十分注意消防安全,降噪设备在机房内的布置应不影响防火通道的畅通,所选用的降噪材料应为阻燃性物品。

3) 为了安装更经济、操作更有效率,发电机组的位置应安装在使排气管尽可能短,弯曲和堵塞都尽可能小的地方。通常排烟管伸出建筑物外墙后会继续沿着外墙向上直到屋顶,在墙孔处安置一减振套,并在管子上有一个弹性接头补偿烟管因热胀冷缩而产生的长度变化。排气消声器应安装在靠近发电机组的地方,这样可提供最佳的消声效果,使排气管从消声器通往户外,或可以安装在户外的墙或屋顶上。

4) 由于排气噪声是机组噪声中能量最大、成分最多的部分,故首先应针对该噪声进行降低处理。排气消声器的设计主要考虑消声量、消声频率范围(主要为消声量峰值的频率范围)及阻力损失三大指标,此外消声器还应具有好的结构刚性、防止受激振而辐射再生噪声,尺寸适宜、便于安装等。在某些情况下(如安装在排烟管道上)要求内部结构能耐高温和抗腐蚀。

5) 降噪设备结构的设计和吸音、隔音材料的选择应集中在针对降低 500~3000Hz 这一频率段的噪声上,因为这一频率段正处于人体听觉最敏感区域,而且机组的噪声源也主要是分布在 500Hz 附近,同时也要十分注意和坚决避免与噪声源产生共振的可能。

6）不能忽略振动噪声的治理，这方面可从基础设计入手。

7）若机房内设有控制室，为保证工作人员的环境，应注意控制室和机房间的隔振、隔音。在机房结构的设计上，机房与操作室应用厚度为 240mm 的隔墙隔开；墙壁上开三层防爆玻璃观察窗（玻璃厚度为 4~5mm），外面两层玻璃的间隔应大于 100mm，面向机房的玻璃上端最好与机房地坪面略为倾斜，使噪声反射效果更好，并能防止结雾；操作室与机房之间的门应用双层夹板制成的隔音门。

8）设计机房时还需要考虑的主要因素有地基承载力、通道位置、维护保养的操作空间、机组的振动、通风散热、排气管的连接、隔热、降噪；燃油箱的大小和位置，以及与之有关的国家和地方建筑、环保条例和有关法规的规定，结合实际需要进行综合分析，确定满足实际需要和最为经济的降噪方案。

9）通常机组排风口的面积应略大于水箱的有效面积，从降低风阻考虑，排风口离前面障碍物的距离应大于 600~2000mm，机组进风量应大于机组的排风量和燃气量的总和，机组在运行时机房内不能产生负压。

2. 机房内的布置原则

在满足机组排风量要求的前提下，机房的降噪效果主要由进排风通道消声箱的长度和选用的吸音材料决定。根据机房实际结构，遵循轴向通风方式的原则，选择机组最佳布置位置和进风口的布置形式。机房内的布置原则：

1）排风管道和排烟管道架空敷设在机组两侧靠墙 2.2m 以上空间内。排烟管道一般布置在机组背面。

2）安装、检修、搬运通道，在平行布置的机房中安排在机组的操作面。在平行布置的机房中，气缸为单列直立式机组，一般安排在柴油机端；V 形柴油发电机组一般安排在发电机端。对于双列平行布置的机房，机组的安装、检修、搬运通道安排在两排机组之间。

3）在机组安装或检修时，利用预留吊钩用手动葫芦起吊活塞、连杆、曲轴所需的高度。

4）水、油管道分别设置在机组两侧的地沟内，地沟净深一般为 0.5~0.8m，并设置支架。

3. 机房降噪方案的设计

机房降噪方案的设计是针对机房的现场结构条件，结合噪声控制目标值，在保证机组正常使用的前提下，充分发挥高品质柴油发电机组的优良特性，延长使用寿命和提高可靠性能，做到环保、经济、方便、实用和可靠。

1）先确定选用的发电机组的型号，并根据厂家提供的对应型号机组，查找相关的技术参数，并分别列出机组外形尺寸、机组净重、水箱有效面积、排风量、燃气量、排烟管口径、排气背压等。

2）按照机组本身的长宽尺寸各向外增加 200~300mm，确定基础平台的长宽尺寸。

3）根据机组的净重，一般参照基础厚度公式 $D = \dfrac{W}{d} \times B \times L$ 计算基础的厚度，基础的承重 W 应按照 1.5~2 倍机组重量计算。

4）根据机房实际结构形状，同时考虑控制系统和配电装置的尺寸，以及用户的其他安装要求，进行合理布置，确定基础平台的位置。

5）结合噪声控制目标值，选择进、排风降噪装置的结构形式，进行各项降噪措施和装置的具体计算，确定进、排风降噪装置的外形尺寸、各降噪措施和装置安装位置及进、排风通道的走向。

① 排风口面积 $A_{排}$（m^2）

$$A_{排} = k \cdot S_{水箱} \; (\mathrm{m}^2)$$

式中 $S_{水箱}$ 为水箱净面积；k 为风阻系数；k 值见表 14-2。

② 排风降噪箱尺寸计算

$$A_{排降噪箱} = k \cdot S_{水箱} \; (\mathrm{m}^2)$$

式中一般取 $k=3$，根据表 14-2，标准结构降噪箱有效通风面积是 $1/3$，故取 $k=3$。

风速验算：

$$V_{排降噪箱} = \frac{K \times Q}{60 \times A_{排降噪箱}} \; (\mathrm{m/s})$$

通常进、排风最强风速应控制在 6.5m/s 以内，如 $V_{排降噪箱} \leq 6.5 \mathrm{m/s}$，则 $A_{排降噪箱}$ 满足要求；否则必须调整 $A_{排降噪箱}$ 直至风速验算满足。确定 $A_{排降噪箱}$ 后；再根据现场排风口及排风通道结构，确定排风降噪箱长宽尺寸。

③ 进风降噪箱尺寸计算

一般设计中，取 $A_{进降噪箱} = 1.2 \cdot A_{排} \; (\mathrm{m}^2)$，

同样，进行风速验算

$$V_{进降噪箱} = \frac{K \times (Q_{排} + Q_{燃})}{60 \times A_{进降噪箱}} \; (\mathrm{m/s})$$

$V_{进降噪箱} \leq 6.5 \mathrm{m/s}$，则 $A_{进降噪箱}$ 必须满足要求；否则必须调整 $A_{排降噪箱}$ 直至风速验算满足。确定 $A_{排降噪箱}$ 后；再根据现场进风通道结构，确定进风降噪箱长宽尺寸。

④ 进、排风降噪箱风道长 $L_{风}$

$$L_{风} = C$$

式中 C 为常数，其值与降噪效果有关，C 值见表 14-6。

表 14-6 C 值

dB/A	C/mm
70	1600
65	1800
60	2000

对于功率在 1200kW 以上的机组，C 值应适当加大至 2200~2400mm。

至此，可确定进、排风降噪的具体外形尺寸，根据机房具体结构条件，灵活布置，以满足设计原则和布置原则。

⑤ 进、排风百叶窗面积计算 百叶窗应按有效面积大于 80% 来制作，进、排风百叶窗是通向室外的最后环节，风速应控制在更低值，最强不能超过 6.0m/s，可取值

$$A_{进窗} = \frac{A_{进降噪箱}}{K \times 80\%} \; (\mathrm{m}^2)$$

$$A_{排窗} = \frac{A_{排降噪箱}}{K \times 80\%} \; (\mathrm{m}^2)$$

同样，在进、排风百叶窗也进行风速验算

$$V_{进降噪箱} = \frac{Q_{排} + Q_{燃}}{60 \times A_{进窗} \times 80\%} \; (\mathrm{m/s})$$

$$V_{排降噪箱} = \frac{Q_{排}}{60 \times A_{排窗} \times 80\%} \; (\mathrm{m/s})$$

$V_{进降噪箱}$、$V_{排降噪箱}$ 验算必须都在 6.0m/s 以内，否则重新调整直至满足。

4. 排气背压的计算

排烟系统应尽量减少背压，因为废气阻力的增加将会导致柴油机输出功率的下降及温升的

增加。通过排气管道让排出的气体自由地流动以减少排气背压,过大的排气背压会严重影响柴油机的输出功率。造成高背压的主要因素有:

1) 排烟管的直径太小。
2) 排烟管过长。
3) 排烟系统弯头过多。
4) 排烟消声器阻力太大。
5) 处于某种临界长度,压力波导致高阻力。

影响排烟背压的因素主要有排烟管的直径、长度、弯头及其内部表面的光滑程度,管子超长、弯头过多、内部表面粗糙都会增加排烟背压。有时还需要考虑因使用时间较长而产生的烟垢和变质造成管道阻塞而增大的排烟阻力。

为了在应用中设计正确合理的排气管道及其最小口径,达到既符合机房总体设计和布置要求,又保证整个系统的排气背压不至于超过发电机组最大允许范围的目的。在进行排气系统计算时,可先作这样的设定:机组标准配置的波纹避振节、工业型消声器等同于同管径的直管,弯头折算成直管当量长度(见表14-7),把以上三项和连接直管的长度相加后用排气管道背压的计算公式计算背压,可使整个计算简化,并不失计算精度。排烟流量、排烟温度、极限背压值等数据可由机组技术参数中查找。

表 14-7 直管当量长度表

管径/英寸	45°弯头(m/每个弯头)	90°弯头(m/每个弯头)
3.5	0.57	1.33
4	0.65	1.52
5	0.81	1.90
6	0.98	2.28
7	1.22	2.70
8	1.39	3.04
10	1.74	3.8
12	2.09	4.56
14	2.44	5.32

(1) 排烟管背压的计算

$$P_{排} = 6.23 \frac{L \times Q^2}{D^5} \times \frac{1}{T+273}$$

式中 $P_{排}$——排烟管的总排烟背压(kPa);
L——排烟管直管当量总长度(m)(见表14-7);
T——排烟温度(℃);
Q——每秒钟排烟量(m³/s);
D——排烟管内径(m)。

(2) 消声器背压 $P_{消}$ 的计算

由于现实施工及周围环境对噪声要求的限制,在机房设计中通常都使用了消声器,则计算排烟系统总背压 P 时,除了应考虑排烟管的背压 $P_{排}$,还应考虑消声器的排烟背压 $P_{消}$。消声器的排烟背压 $P_{消}$ 的计算方法如下

先计算消声器的管流速 $V_{管}$

$$V_{管} = \frac{Q(\text{m}^3/\text{s})}{A_{管}(\text{m}^2)}(\text{m/s})$$

式中　$A_{管}$——消声器排烟口的截面积。

用计算出的管流速值如图 14-12 所示（流速/阻力曲图）查出消声器的阻力值 $F_{阻}$，则消声器排气背压 $P_{消}$ 的计算公式

$$P_{消} = \frac{F_{阻} \times 9.8 \times 10^{-3} \times 673}{T + 273}(\text{kPa})（注：1 毫米水柱 = 0.0098\text{kPa}）$$

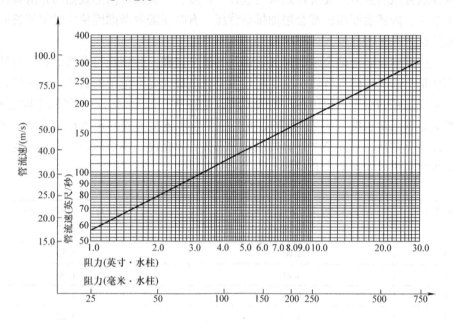

图 14-12　流速/阻力曲线图

（3）排烟系统总背压 P 的计算

排烟系统总背压 P 等于排烟管的背压 $P_{排}$ 与消声器的排烟背压 $P_{消}$ 之和，

$$P_{总} = P_{排} + P_{消}$$

在排烟系统的设计和安装中，必须保证系统许用背压 $[P]$ 大于或等于排烟系统总背压 P，即

$$P = (P_{排} + P_{消}) \leq [P]$$

式中　$P_{排}$——排气管的背压（kPa）；

　　　$P_{消}$——消声器的背压（kPa）；

　　　$[P]$——系统许用背压值（kPa）；

　　　P——排气系统总背压（kPa）。

如果不能满足 $P = (P_{排} + P_{消}) \leq [P]$，会造成高排气背压的情况出现，则必须将排烟管口径进行扩大，以减小排气系统总背压 P，直至发电机组最大允许范围内。即

$$P = (P_{排} + P_{消}) \leq [P] \text{ 成立}$$

5. 排气背压的计算示例

以某一机房排气背压计算为例。机房内设计安装科泰机组 KM2250E，发动机为 S16R -

PTAA2，选用14″住宅型消声器，住宅型消声器前面有一工业型消声器，一波纹管避振节。机房内排烟管长度为11m，管径为ϕ377（内直径为369mm），管壁厚度为4mm；伸出外墙竖直向上的排烟管长度为36m，考虑排烟管总长度较长，为避免高背压，竖直向上的排烟管扩大至管径ϕ377（内直径为412mm），管壁厚度为4mm；90°弯头2个，45°弯头1个。

由科泰机组 KM2250E 数据资料查取：

排烟量 $Q = 420 \text{m}^3/\text{min} = 7 \text{m}^3/\text{s}$，排气温度 $T = 520℃$，发动机的最高允许背压值 $[P] = 5.6\text{kPa}$

1) 机房内排气管当量长度

$$L_1 = 11\text{m} + 2(\text{弯头}) \times 5.32\text{m} + 1(\text{弯头}) \times 2.44\text{m} = 24.08\text{m}$$

竖直段排气管长度

$$L_2 = 16\text{m}$$

2) 排气管背压 $P_{排}$ 的计算

$$P_{排} = 6.32 \frac{L \times Q^2}{D^5} \times \frac{1}{T + 273} \times 10^{-3}$$

式中　L——直管当量总长度；
　　　Q——排气流量；
　　　D——排气管直径；
　　　T——排气温度。三菱机组 $T = 520℃$。

所以，$P_{排1} = 6.32 \times \frac{24.08 \times 7^2}{0.369^5} \times \frac{1}{520 + 273} \times 10^{-3}$

$= 1.38\text{kPa}$

$P_{排2} = 6.32 \times \frac{36 \times 7^2}{0.412^5} \times \frac{1}{520 + 273} \times 10^{-3}$

$= 1.18\text{kPa}$

3) 14寸住宅型消声器的背压计算

先计算消声器的管流速 $V_{管}$

$$V_{管} = \frac{Q(\text{m}^3/\text{s})}{A_{管}(\text{m}^2)} (\text{m/s})$$

式中　$A_{管}$——消声器排烟口的截面积；

$A_{管} = 3.14 \times (0.369/2)^2 = 0.1069\text{m}^2$

$$V_{消} = \frac{Q(\text{m}^3/\text{s})}{A_{消}(\text{m}^2)} = \frac{7}{0.1069} = 65.48(\text{m/s})$$

由 $V_{消}$ 如图 14-12 所示（流速/阻力曲图）查出消声器的阻力值 $F_{阻} = 300$（毫米水柱），则消声器排气背压 $P_{消}$ 的计算公式如下

$$P_{消} = \frac{F_{阻} \times 9.8 \times 10^{-3} \times 673}{T + 273}(\text{kPa}) = \frac{300 \times 9.8 \times 10^{-3} \times 673}{520 + 273}(\text{kPa}) = 2.50 \text{ (kPa)}$$

4) 排气系统的背压 $P = P_{排1} + P_{排2} + P_{消} = 1.38 + 1.18 + 2.5 = 5.06\text{kPa}$

发动机的最高允许背压值 $[P] = 5.6\text{kPa} > 5.06\text{kPa}$

因此，竖直向上的排烟管扩大至内直径为412mm 的排气管道满足要求。

另外，考虑到排气管道的热胀冷缩问题，一般需在每15~20m处设一伸缩节（伸缩度不

小于5cm)。

设计时要合理布置烟管走向，尽量缩短烟管长度，可以减小烟管沿程阻力，同时通过绘制综合管线图，避免管道交叉，减少弯头数量，减小烟管局部阻力。

14.5 机房设备的安装

机组安装的作业流程：机组的搬运进场→开箱检查→基础测量放线→基础检查→机组吊装就位→安装精度调整与检测→机组固定、基础与地脚螺栓孔灌浆→零部件装配→附件及其他装置安装→润滑与机组加油→试运转→工程验收。

柴油发电机组其优良的特性能否充分发挥，使用寿命和可靠性能能否达到理想水平，很大程度上取决于科学合理的安装。下面介绍其安装步骤和注意的问题。

14.5.1 机组安装前的准备工作与机组的安装

1. 机组的搬运进场

由于机组既大又重，因此安装前应事先考虑好搬运路线，在机房应预留适当的机组进场口。如果门窗不够大时，可利用门窗位置留出较大的搬运孔，待机组进场后，再补砌砖墙和安装门窗。

2. 机组开箱检查

开箱之前将箱上的灰尘泥土扫除干净，并查看箱体有无损伤，核实箱号及数量。开箱时要注意切勿碰伤机件。开箱的顺序一般从顶板开始，在顶板开启后，看清是否属于准备起出的机件。然后再拆其他箱板，如拆顶板有困难时，则可选择适当处拆除几块箱板，观察清楚后，再进行开箱。

根据机组装箱单和随机文件，对机组及其零部件按名称、规格和型号逐一清点，察看机组及附件的主要尺寸是否与图样相符；检查机组及附件有无损坏、锈蚀。

如果机组经检查后不能即时安装，应将拆卸过的机件的精加工面上重新涂防锈油，妥加保护。对于机组的转动和滑动部件，在防锈油尚未清除之前不要转动。若因检查已除去防锈油，在检查完后应再重新涂好防锈油。

机组在开箱后要注意保管，放置平整，法兰及各种接口必须封盖、包扎，防止雨水及灰沙侵入。

3. 基础测量放线

机组就位前，应按照工艺布置图并依据相关建筑物轴线、边缘线、标高线，划定机组的基准线和基准。利用卷尺和安装区域中设置的控制点结合设备的定位尺寸，划出待安装机组的中心线。按照平面布置所标注的各机组与墙或柱中心之间，机组与机组之间的关系尺寸，划定机组安装地点的纵、横的基准线。机组中心与墙、柱之间的允差为20mm，机组与机组之间的允差为10mm。

4. 基础检查

基础检查主要检查验收混凝土配合比、养护及强度，其表面要求水平、平整，有足够的承载能力（一般要求为机组净重的2倍）；基础外表面应无缺陷，无裂纹、空洞、掉角、露筋；基础表面和地脚螺栓预留孔中油污、碎石、泥土、积水等应清楚干净；检查基础尺寸（偏差

0～+20mm)，检查基础中心线偏差不超过 2mm，检查地脚螺栓坑位置（偏差 ±5mm、深度偏差 +20mm)。

5. 机组吊装就位

吊装时用足够强度的钢丝绳索在机组的起吊部位（不许套在轴上碰伤油管和表盘）。按吊装的技术安装规程将机组吊起，对准基础中心线的减振器，将机组垫平。

6. 安装精度调整与检测

对于立式或六缸柴油机，把气缸盖打开，将水平仪放在气缸上部端面（即加工基准面）上进行检查；对于四、八缸柴油机，则利用飞轮基准面或曲轴伸出端进行检查。利用垫铁调至水平。安装精度是纵向和横向水平偏差每米为 0～1mm。当然，精度越高越好，垫铁和机座底不能有间隔，使其受力均匀。

7. 机组固定、基础与地脚螺栓孔灌浆

完成测量检查后，对基础与地脚螺栓孔进行二次灌浆。灌浆用的水泥必须采用灌浆专用的自应力水泥。灌浆后经一周的养护，再拧紧地脚螺栓的锁紧螺母。

14.5.2 排烟系统的安装

1）排烟系统包括：减振波纹节、工业型消声器、住宅型消声器、排烟管、固定支架、导向支架和滑动支架等。

2）排烟管与发电机组间用弹性不锈钢波纹管连接，避免发电机组的振动通过烟管传递。

3）消声器以及消声器前的管段加装弹簧减振吊码，以减少发电机及设备的振动对烟管的影响。

排气消声器通常都标有气流方向，应按气流方向安装，不允许倒向安装。

烟管穿越墙体或楼板处，采用有防火性能的弹性阻尼层填堵。

膨胀节安装前首先按计算的补偿量进行预拉伸，以便消除因温升引起的管道膨胀。

发电机组运行时，排烟温度超出 500℃，对于水喷淋前的烟管或没装水喷淋的烟管，都必须做好保温包扎；机房内裸露的排气管，消声器应以耐热材料包裹，以减少机房内的热辐射。

排气管、消声器均要可靠固定，不允许在机组运行时有摇晃、振动现象。

水平安装的烟管，应保持 0.5% 的坡度，坡向立管以防止雨水意外流入发电机，并在立管底部设置 DN20 的全金属阀门，用于暴雨后检查防水。

屋顶烟管出口应避免朝向其他建筑物、通道等，排放应符合国家相关部门的规定。烟道顶面剖面如图 14-13 所示。

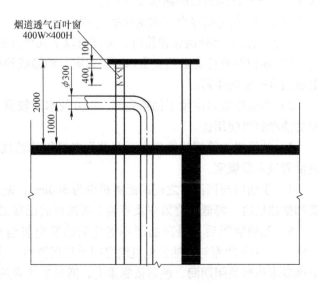

图 14-13 烟道顶面剖面图

14.5.3 降噪装置的安装

在水箱与排风口之间，设有排风导风罩，用于防止热风在室内循环，同时在导风罩与水箱之间设有柔性连接，以隔绝机组振动；导风罩设有检修口，以方便对水箱的检修。进、排风降噪装置按施工方案图的位置安装到各预留洞口上，安装固定后接缝应做好填补密封。

14.5.4 机组燃油箱及管路的安装

1. 燃油箱

油箱容积应根据机组满载耗油量来进行设计。COOLTECH 机组功率在 500kW 及以下的系列机组，都有自带的一体化机底燃油箱，能为机组提供 8~12h 满载运行的燃油量，一般不需要另外单独制作日用燃油箱。对于功率大于 500kW 的系列机组需要另外安装日用燃油箱。

燃油箱一般由钢板冲压焊接而成，为避免燃油与油箱材料发生化学反应，产生杂质和劣化燃油品质，切勿在油箱内部喷漆或镀锌，铜板和镀锌板均不适合作为油箱的制作材料。油箱内表面镀有保护层（不能用镀锌板），防止油箱腐蚀。油箱盖上，有和大气相通的压力平衡孔，并在盖的内侧加装空气滤清毡垫，用来滤清空气中的灰尘。在油箱上部有注油孔，注油孔内装有滤网，可对注入油箱的燃油进行初步过滤，加完油以后，盖好油箱盖。在油箱沉淀池下部装有放油塞，用来排放脏物和油中的水分。有的油箱在放油塞上还装有一个自动活门。放油时，将塞子拧下，然后接上软管。当软管紧压塞门时即可将活门打开，放出燃油。日用油箱安装时，还应该加装手动油泵和油箱油量表。

（1）日用油箱储油量的估算

燃油箱制作容量的大小一般应视设计工作时间的长短和当地消防部门的要求而定，如果油箱放置在机房内，需另外砌 240mm 厚的墙体进行隔离，并安装防火门。通常，日用油箱的储油量应能保证机组在全负载下连续运行 8h，其容量可按下式进行估算

$$W = 2.7 P_H (L)$$

式中 W——日用油箱的储油量（L）；

P_H——发电机输出的额定功率（kW）。

（2）当需要另外制作油箱时，应注意以下几个方面：

1）油箱存放位置必须安全以防止火灾，油箱或油桶应单独放在看得见的地方，与柴油发电机组有一定的距离。

2）燃油排放口应位于油箱底部，以方便水和较重杂质及其他离沉淀物排放干净，保持燃油的洁净和可使用性。

3）油箱供油管端位置应高于柴油发电机组油箱底部约 50mm，以防止沉积物和水被吸入供油管进入燃烧室。

4）供油口与回油口之间的距离最少为 300mm，避免了回油管的热油和空气直接进入供油管和柴油机内，降低燃烧效率及不利于柴油机的正常工作状态和使用寿命。

5）油箱放置后，最高油面不能比柴油发电机组底座高出其 2.5m，如大油库油面高于 2.5m，应在大油库与柴油发电机组之间加日用油箱，使直接送油的落差不大于 2.5m。防止在柴油发电机组关闭期间，燃油依靠重力，通过进油管路或喷油管路流入柴油机。

6）油箱底部应另外增加一个有少许倾角的盛油盘，以便将溢出或渗漏之柴油收集。

7）油箱顶部应有通气管，使得油箱中压力和大气压力平衡。

8）油口处的阻力不允许超过所有柴油发电机组性能数据单上规定的使用干净滤芯时的规定值。这个阻力值是建立在燃油箱装一半燃油的基础上的。

9）油箱供油和回油区域应设有带孔隔板，以减少柴油发电机组的热交换。

2．油箱和管道的安装

油箱向柴油机供油的管口距油箱底部的距离最少应在1m左右。安装位置应尽量避开热源和振动源。振动会导致沉淀物泛起，热源将可能使柴油机功率下降，若燃油温度达到65°C时，会产生柴油雾化，使柴油机无法工作。

油管应采用黑铁无缝钢管而不能采用镀锌管，机房内一般都设有油管沟，油管沟盖板宜采用钢板，或钢筋混凝土盖板。油管走向应尽可能避免受发动机散热的影响。喷油泵前的燃油最高允许温度为60℃～70℃，视机型不同而定。在发动机和输油管之间应采用软连接，以避免机组的振动影响油管，并确保发动机与油箱之间的输油管不会发生泄漏。如图14-14所示为典型的供油系统示意图。

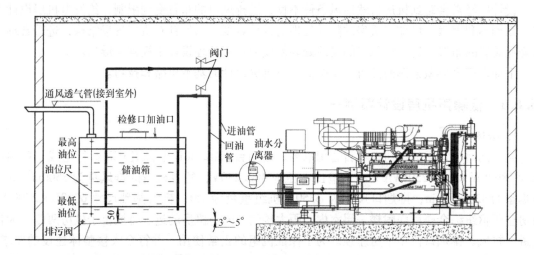

说明：1．送油管，回油管最小直径为20mm，KM660E以下用20mm，KM660E以上用25mm。
2．箱体表面用红丹底漆加灰色醇酸磁漆处理。
3．储油箱箱底最高不高于高压油泵1.5m，最低不低于高压油泵2m。
4．回油管应不高于最低油位。

图14-14 供油系统图

3．燃油

燃油的成分对柴油发动机的工作和使用寿命及排放物成分有非常重要的影响。为了获得规定的功率、燃油经济性和达到当地环保部门所规定的排放标准，应该使用满足国际和国家标准的洁净轻燃油。在国内，一般使用洁净的0#柴油即可，但应注意机组必须配套安装油水分离器，并做好必要的防冻、防凝措施。油水过滤器应定期排放水和其他异物，必要时可更换滤芯。

绝大多数的燃油，如果长时间不用就会变质沉积，对于备用机组，最好只储备供机组连续运行几小时的燃油。因此，正确的机组保养是在18个月内将油箱完全更新一次。其他解决办法是把防腐剂加入燃油使其更新时间延长，但它会同时降低燃油的燃烧效率和降低机组的启动性能。一般不建议使用这种方法。

14.5.5 电气系统的安装

1) 机组至 ATS 主电力电缆线的布设、两端接线端子的制作及连接。
2) 市电和负载至 ATS 端的电力电缆线的连接,控制电缆的布设连接。
3) 蓄电池及电池线的布设、两端接线端子的连接。
4) 接地线的布设、两端接线端子的制作及连接。

14.6 机房安装的典型案例

低噪声柴油发电机房的设计原理是在保证机组正常使用的前提下,针对机房的实际结构条件和柴油发电机组工作时各个环节产生的噪声,综合采用隔声、吸声、消声等技术手段,做到环保、经济、方便、实用、可靠,减低噪声对环境的影响。

设计中经常会碰到机房自然通风条件不良,进排风口的布置受到限制,给发电机房设计带来一系列不利因素,增加了机房的降噪处理的设计难度。如何针对机房现场结构,进行合理设计降噪装置的布置,进、排风口的灵活处理便成为噪声治理设计中极其关键的环节。

下面以三个典型案例的分析,说明低噪声机房设计的基本思路和技巧。

14.6.1 低噪声机房设计案例一

1. 概述

某省网通公司通信枢纽楼项目备用电源,由两台 KM2250E 型机组并联运行组成。备用功率为 1800kW×2 (2250kVA×2),输出电压为 400/230V,每台机组的排风量为 2500m^3/min,排烟量为 420m^3/min,排烟口尺寸为 φ350,机组重量为 15t。机组基础尺寸 6000L×2500W,机房位于枢纽综合楼后面附楼一层室内,距大楼约 50m。机房的进、排风位于机房两侧,为自然进、排风。排烟口位于平房屋顶。为了保证机组的正常使用,并符合大楼整体建设的要求,针对机房的实际情况,本着环保、方便、实用、可靠的原则,制定出机房工程的设计施工方案。

2. 治理目标值

根据对现场环境噪声的调查和估测,该机房受周边设备运转噪声的影响较大,如相邻的空调机房与油机房相隔不足 10m。未做降噪处理,开机时噪声对油机房影响很大。柴油发电机组的噪声为稳定噪声,在相同工况下运行噪声级不变,因此在修正背景噪声的影响后,机房外 1m 噪声值控制在 60dB(A)。

3. 设计依据

1) 现场的机房实际尺寸和周边情况。
2) 发电机组的有关性能和参数。
3) 同类柴油发电机组机房噪声类比测量报告。
4) 有关的环境噪声材料。

4. 设计、施工方案

整个工程分为机组就位安装、排气系统、机房消声处理、机房防寒防尘处理、自动燃油系统和电气系统六大部分,以下将对各部分逐一阐述。

(1) 机组就位安装

为了使机组平稳工作，并不致使振动传至基础，在机组安装基础平台上预埋减振垫的安装钢板，用于机组减振垫的安装，待机组就位后，使用千斤顶将机组抬高，将 24 个高效减振垫的安装孔分别对准钢板上预先钻好的安装螺孔，然后用螺栓将减振垫固定在安装钢板上。

(2) 排气系统

机组的排气系统由波纹减振节、室内排烟管、工业型消声器、住宅型消声器和室外 450mm×450mm 方形排烟管、防雨帽等组成。在机组排烟口，首先安装波纹减振节，用于隔绝机组的振动；室内使用直径为 350mm 排烟管；自排气方向，工业型消音器在前，住宅型消音器安装在后，机组随机配置的工业型消声器是阻性消声器，它可以吸收机组排气噪声中的高频部分。设计消声量≥10dB（A）。专为降噪配置的住宅型消声器是抗性消声器，由排气扩张室和共振腔组成，它可以吸收机组排气噪声中的中、低频部分。设计消声量≥40dB（A）。排气管穿墙时使用岩棉包裹，避免将振动传至墙体；室外使用 450mm×450mm 方形排烟管，沿墙伸至屋顶，以满足环保要求（排烟口周围 15m 内不得有建筑），并作相应固定；排烟口设有防雨帽，确保机组能正常运行；排气系统作为机组的一大热源，为了保持室内温度适合机组运行，排气管室内部分及消音器使用 50mm 厚岩棉作为内层包裹，用铝薄作外层包裹；为了避免排气系统对上一层建筑的影响，在消音器吊装时设有弹簧减振装置。

由于消声器、排烟管和弯接头的阻力影响，整个排气系统产生了一个排气压力损失，按照发动机的技术要求，该型发动机排气允许的压力损失为≤5.6kPa，机组验收测试时，满载时测量，系统的排气压力损失为 4.25kPa，在允许的范围之内。

(3) 机房降噪处理

本机房按 GB12348—12349—90 二类（昼）标准进行设计，机房外 1m 测量达到 60dB（A）的要求，同时将不降低机组功率。机房外墙体要求为 300mm 厚，隔断机组的噪声传至室外；机房设计用两扇消声门，中间做成门斗形式，以形成声闸效应隔断机组的噪声通过门洞传至室外；机房到配电室的门也用消声门隔断噪声的传播。

机组的进风通道、排风通道均设高效片式消声器，消声器内为狭长的通道，内壁为穿孔板结构，内设高效吸声材料，穿孔板结构和高效吸音材料形成无数空气活塞，空气流经该通道时，其振动能量经空气活塞变为热能已被极大地衰减，同时消声器内的通风净面积已充分考虑到了机组正常运行机房换气所需的面积，满足机组通风散热的要求。

机组的机座下部安装有高效减振装置，吸收机组 90% 以上的振动能量。

(4) 机房防寒防尘处理

由于当地气候条件为全年多风多尘、冬季寒冷，为了保持室内清洁，延长机组使用寿命及在冬季防止机房内温度过低，机组无法正常启动使用，兼顾经济性考虑，在机房的进风口设电动百叶窗，机组水箱前的排风口设自垂式百叶窗。外墙排风口安装固定百叶窗。

当机组运行时，电动百叶窗自动打开，自垂式百叶窗在发动机风机风压作用下被吹开，当机组停止运行时，电动百叶窗延时后（由 UPS 电源）自动关闭。自垂式百叶窗由于重力作用也自动闭合，由此，确保机房在机组备用时处于密闭状态，保暖和防尘。

(5) 自动燃油系统

由两个 2500L 室内日用油箱（每台机组用一台）、两台电动油泵、自动燃油控制箱、室外油罐、管路及阀门等组成。日用油箱采用自流方式向机组供油，在日用油箱上设有高、低液面检测传感器。该系统可手动/自动操作，自动方式为机组运行时，液面低于低位，电动油泵自动将燃油从室外油罐抽至室内日用油箱，当油箱油位高于高位时，自动停止，手动方式为用户根据油箱液位指示，通过按钮控制室外油罐向油箱补油。

使用1寸无缝钢管自油箱进、回油接口处将进、回油管沿着油管沟引至机组旁，通过柔性管接至发动机进、回油管接口。进、回油管管路中均设有阀门；根据消防要求，使用1.5寸无缝钢管将室内油箱的透气管接至室外；管路安装前首先刷上防锈漆，油路系统安装完毕后，管路内用柴油清洗。

(6) 电气系统

电气系统安装包括机组至输出配电柜动力电缆的制作与连接，8808并车系统之间，8808并车系统与机组输出配电柜控制电缆的制作与连接，机组及输出柜与接地系统的连接，机组的水套加热器及启动蓄电池浮充装置电源连接，自动燃油系统控制电源连接，电动百叶窗控制系统连接等。以上项目在机房降噪安装时，施工方将统一考虑。

5. 低噪声机房设计的基本思路和技巧

本机房的降噪设计充分利用原有机房的布局特点，进风和排风顺着机组自然通风的方向，从发电机端进风，水箱端排风，在外墙进风口和进风消声器之间留有1m距离的扩张腔，相当于多了一个抗性消声器，提升了消声器的低频消声特性，有效降低了进风口的风速和噪声。同时，由于扩张腔的存在，使布置进风百叶窗时避免落地安装。进风百叶窗布置在离地3.6m以上的外墙。排风通道布置了两段扩张腔，水箱排出的热风先排到排风井的空腔，空腔挡风墙距离水箱口有3.8m，使排风风压降低，然后再通过消声器降噪，最后经过扩张腔和百叶窗排出室外。由于设计时有意加长了排风路径的距离，并设置了两段扩张腔，把排风口设计在离地4.4m以上的外墙，这些综合措施将进、排风口噪声的影响降到了最低。设计方案如图14-15所示。

由于两台机组布置在一个机房里，中间留有大约5m的通道，而机房门和两边的进风消声器互不干涉，这样就留出了门斗的位置。门斗的直线距离为3m，在门斗里分别安装两扇单开隔声门，由于有门斗的声闸效应，门的隔声量达到60dB（A）左右，与整个机房的降噪要求等效。本项目经用户和工程监理部门联合验收，机房外1m噪声在60dB（A）以下，满足用户和设计的要求。

14.6.2 低噪声机房设计案例二

1. 工程概述

南方某国际机场航站楼应急柴油发电机组为4台日本三菱重工生产的M16R-G型机组并联运行。单台机组备用功率为1800kW（2250kVA），输出电压为10kV。机房布置如图14-16所示。

机房位于航站楼西侧地下室（西设备房）。机房的进、排风位于地面一层，为自然进、排风。地面距离航站楼最近点约60m。

排烟口位于地面一层露台。根据对现场环境噪声的调查和估测，该机房受周边设备运转噪声的影响较大，如相邻的空调机房和地面的冷却塔，相距不到10m，未做降噪处理，开机时噪声对油机房影响很大。还有机房距离道路仅有20m左右，车流噪声的影响也比较大。

考虑到柴油发电机组的噪声为稳定噪声，在相同工况下运行噪声不变、因此在修正背景噪声的影响后，实际噪声控制值在机房外1m处为60dB（A）。

考虑到柴油发电机组的噪声为稳定噪声，在相同工况下运行噪声不变、因此在修正背景噪声的影响后，实际噪声控制值在机房外1m 60dB（A）。

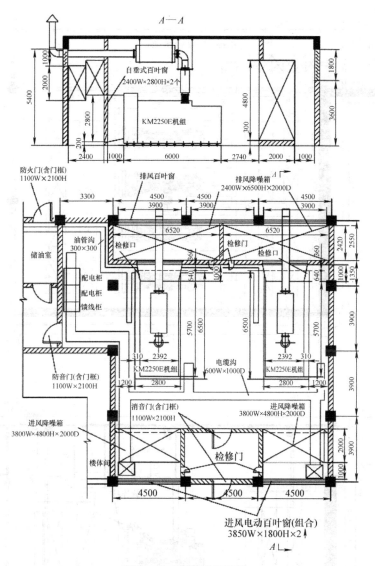

图 14-15 降噪机房设计

2. 机房降噪技术手段

本机房层高为 10m（为两层合一），长度方向为 21.5m，宽度方向为 19.5m。在长度方向顺着机组进排风方向分别布置了一个进风竖井和一个排风竖井（4 台机组共用）。宽度方向并列均布 4 台机组。由于进、排风竖井净高都有 10m，形成的抽风效应非常明显，使其从地面自然进、排风显得十分流畅。机组的进排风消声器都做成两段式，中间留有扩张腔，改善了消声器的消声特性。排风通道从散热水箱到消声器有一段为 2.8m 的导风槽和软连接，消声器到排风竖井墙壁距离为 2.4m，加上两段消声器和扩张腔的长度，排风竖井的高度，热风排出机房到地面的路径长 17.5m，不算消声器的消声量，排风噪声经过这一路径的自然衰减已达 15dB（A）左右。机房噪声经进风通道泄出地面的效应同排风。

机组的排烟消声处理：由于机组排烟管走出机房后通过地面一层露台的排烟井扩散排出，排烟路径较短，排烟噪声对地面影响较大。为增加排烟降噪效果，在住宅型消声器后再增加一节工业型消声器，这一节消声器通径为 $\varPhi 400mm$，对高频噪声来说，消声器通径 $\varPhi \geqslant 300mm$

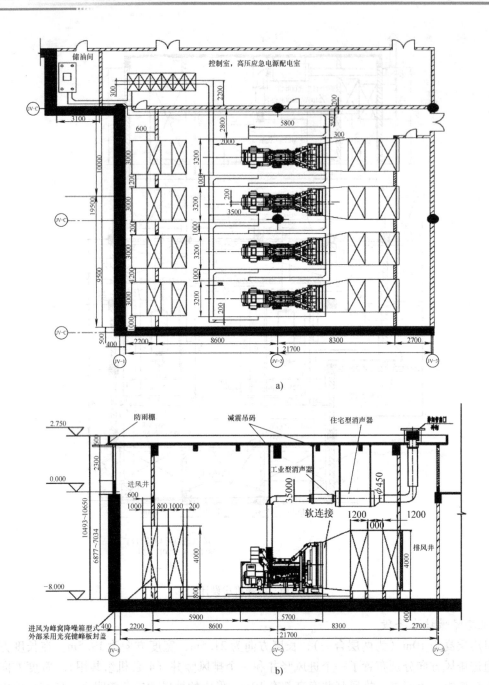

图 14-16 某国际机场航站楼备用油机房布置图
a) 某国际机场项目机房降噪方案平面图 b) 某国际机场项目机房降噪方案立面图

已经高频失效,但在中低频段增加的消声量增强了住宅型消声器的消声效果。

本项目机房四壁和天花板都做了吸声装饰,增强了机房的降噪效果。

机房工程竣工后经当地环保部门验收,减噪效果满足环保的要求。

低噪声机房的设计技巧就是综合采用隔声、吸声、消声等技术手段,因地制宜,用最小的投入,产生最大的降噪效果。以上两个机房形状各异,采取的技术手段也各有不同,但都取得了满意的减噪效果。

14.6.3 低噪声机房设计案例三

如图 14-17 所示是广东某大酒店位于地下层的柴油发电机房,要求做噪声治理,达到国标 GB 12348—2008《工业企业厂界环境噪声排放标准》的要求,界外噪声为 60dB(A)。

机房内需要布置 4 台功率为 550kVA 左右的柴油发电机组,虽然机房内空间充足,但进、排风井紧挨在一起,无法采用轴向通风方式,很难满足机组正常进、排风的要求。第一,进、排风容易形成回路,不能充分冷却机组,也不能满足机房内的换气需要;第二,远离进风口的机组更容易造成热机运行,严重影响机组的正常使用性能。本方案改变了原设计柴油发电机组的布置方向,在坚持设计原理的基础上,遵循轴向通风方式的原则,根据机房实际结构,选择机组最佳布置位置,创造有利因素。

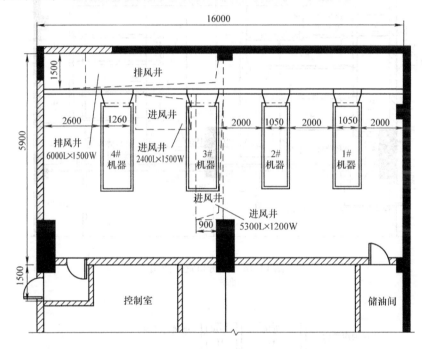

图 14-17 发电机房布置图

如图 14-18 和图 14-19 所示,根据机房现场结构条件,机组分两组反向布置,分别砌封排风通道,连接至排风井,使机组排出的大量热风得以及时经排风井排出室外,由于排风通道空间充足,降噪装置采用二级分段结构,既节省降噪材料,又取得更好的降噪效果。而进风降噪就需一定的处理技巧。两个进风井的降噪装置采用不同的安装方式,按进风井的净面积,科学计算降噪装置的有效面积,在小进风井里的降噪装置采用吊装形式安装,新鲜空气自上而下通过降噪装置送进机房中部;在大进风井下方,距离地面 2.6m 高处浇注一混凝土板,两降噪箱分别安装于此夹层板两端,巧妙地拓展进风降噪箱安装空间,新鲜空气便经由两降噪箱分别流向两端分布的机组,达到最佳的进风效果,形成轴向通风方式,使机组处于最佳的运行状态。4 台机组基本都能均衡地得到冷却,而机房中间也刚好留出开阔的空间,使配电屏的布置、检修、操作的空间都很充足。

总体布置确定后,接下来就是排烟系统的布置。一般将排烟系统加装二级消声装置后,引至现场提供的排烟通道,如现场没有预留排烟通道的,则须引至适当地方接往建筑物顶面,进行高空排放。最后按常规设计要求,设计机组的基础、机组排风口连接、加装隔音门等项目。值得注意的是本方案因进、排风井紧挨在一起,所以要求建筑设计时,进、排风井上部百叶窗在满足有效面积的同时,排风百叶窗下沿至少必须高出进风百叶窗上沿1.5m以上。本项目经用户和工程监理部门联合验收,机房外1m噪声在60dB(A)以下,满足用户和设计要求。如图14-18、图14-19所示是本项目设计图。

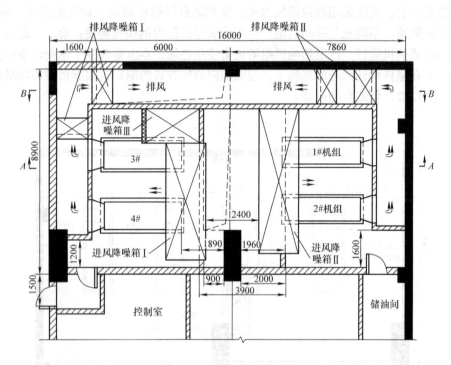

图14-18 机房布置平面图

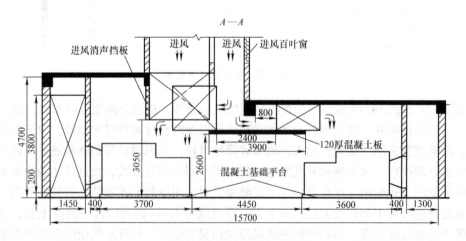

图14-19 机房布置立面图

附　录

附录 A　分布式能源系统

目前，全世界供电系统是以大机组、大电网、高电压为主的集中式单一供电系统，全世界90%的电力负载都由这种大电网供电。电网中任何故障都会对整个电网造成严重影响，严重时可能引起大面积停电甚至全网崩溃，造成灾难性后果，同时这种大电网又极易受到战争或恐怖势力的破坏，严重时将危害整个国家的安全；另外，集中式大电网还不能跟踪电力负载的变化，而为了短暂的峰荷建造发电厂又花费巨大，经济效益非常低。根据西方国家的经验：大电网系统和分布式能源系统相结合是节省投资，降低能耗，提高系统安全性和灵活性的主要途径。

1. 分布式能源系统简介

（1）分布式能源系统（DES）的概念

1987年，美国的公共事业管理政策法律中首次提出了分布式发电的概念，并将其定义为：在配电网中设置的或者主要分布于负载周围的发电设备，进而实现高效、优质、经济、安全、可靠的发电。分布式发电电源即分布式发电中所使用每种设备，主要包括太阳能发电、风力发电、微型燃气轮机以及燃料电池等。由于以上发电设备规模较小，能够直接在用户周围设置，并且可以直接向需要的用电场所输送电能。

（2）分布式发电的特征

1）可靠性高　分布式发电中的电源多运用微型或中小型机组，操作方式简便且电站之间相独立，出现大规模供电事故的风险极低。

2）经济性好　由于输电距离的缩短而减少了线路损耗和不稳定所带来的损耗。

3）灵活性强　分布式发电中，电源占地面积小、投资少、工程建设周期较短，因此能在较短的时间内改善供电问题。

4）环保性好　分布式发电系统中多采用天然气等环保、可再生能源，有利于环境保护。同时，就近供电的模式也减少了供电线路的建设，使电磁污染进一步降低。

分布式能源系统是一种建立在能量梯级利用概念基础之上的，分布安置在需求侧的能源梯级利用，以及资源综合利用和可再生能源设施。通过在需求现场根据用户对能源的不同需求，实现对口供应能源，将输送环节的损耗降至最低，从而实现能源利用效能的最大化。

分布式能源是以资源、环境和经济效益最优化来确定机组配置和容量规模的系统，它追求终端能源利用效率的最大化，采用需求应对式设计和模块化组合配置，可以满足用户多种能源需求，能够对资源配置进行供需优化整合。分布式能源依赖于先进的信息技术，采用智能化、网络化控制和远程遥控技术，可实现无人值守。同时，也可依靠能源服务公司体系的社会化能源技术服务体系，实现投资、建设、运行和管理的专业化运作模式，以保障各能源系统的安全可靠运行。

分布式能源系统可在用户现场或在靠近用电现场配置较小的发电机组（一般低于

30MW），以满足特定用户的需要，支持现存配电网的经济运行，或者同时满足这两个方面的要求。这些小型机组包括燃料电池、小型燃气轮机，或燃气轮机与燃料电池的混合装置，也可是太阳能发电或风力发电等新能源发电系统。由于靠近用户需求，提高了服务的可靠性和电力质量。随着技术的发展，公共环境政策和电力市场的扩大等因素的共同作用使得分布式能源系统成为新世纪重要的能源选择。

（3）分布式能源系统和集中供电系统配合应用的优点

1）分布式能源系统中各电站相互独立，用户可以自行控制，不会发生大规模停电事故，安全可靠性比较高。

2）分布式能源系统可以弥补大电网安全稳定性差的缺点，当发生意外灾害时能继续供电，已成为集中供电方式中不可缺少的因素。

3）可对区域电力的质量和性能进行实时监控，非常适合农村、牧区、山区，发展中的中、小城市或商业区的居民供电。

4）分布式能源系统的输配电损耗低，无需再建配电站，可降低或避免附加的输配电成本，同时土建和安装成本低。

5）可以满足特殊场合的需求，用于重要集会或庆典活动的（处于热备用状态的）移动分散式发电车。

6）调峰性能好，操作简单，参与运行的系统少，起停快速，便于实现全自动化。

（4）分布式能源的分类

根据所使用一次能源的不同，分布式能源系统可分为基于化石能源的分布式能源系统技术、基于可再生能源的分布式能源系统技术以及混合式分布式能源系统技术，如图 A-1 所示。

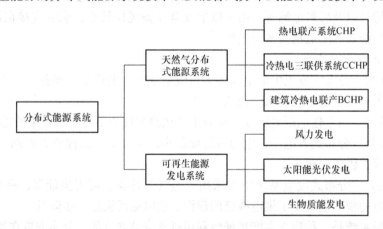

图 A-1　分布式能源系统分类

基于化石能源的分布式能源系统技术主要由以下三种技术构成。

1）往复式发动机技术　用于分布式能源系统的往复式发动机采用四冲程的点燃式或压燃式发动机，以汽油或柴油为燃料，是目前应用最广的分布式能源系统方式。通过技术上的改进，已经大大减少了噪声污染和废气的排放污染。

2）微型燃气轮机技术　微型燃气轮机是指功率为几百千瓦以下，以天然气、甲烷、汽油、柴油为燃料的超小型燃气轮机。但是，微型燃气轮机的效率较低。满负载运行时的效率为30%，在半负载运行时效率只有10%~15%，所以目前多采用家庭热电联供的办法利用设备废弃的热能，以提高热效率。目前，国外已进入示范阶段，其技术关键是高速轴承、高温材料、部件加工等。

3）燃料电池技术　燃料电池是一种在等温状态下直接将化学能转变为电能的电化学装置。燃料电池工作时，不需要燃烧，同时不污染环境，其电能是通过电化学过程获得的。在阳极上通过富氢燃料，阴极上面通过空气，并由电解液分离这两种物质，在获得电能的过程中，将产生热、水和二氧化碳等。氢燃料由各种碳氢源，在压力作用下通过蒸汽重整过程或由氧化反应生成。是一种很有发展前途的洁净和高效发电方式，被称为21世纪的分布式电源。

2. 燃气冷热电三联供机组

燃气冷热电三联供系统主要由动力设备、余热利用设备和制冷设备等组成。

(1) 动力设备

冷热电三联供系统的动力设备主要有燃气轮机、燃气内燃机、燃气外燃机、微燃机和燃料电池等。

1）燃气轮机是分布式能源中普遍使用的动力设备。小型燃气轮机容量从几百千瓦到50MW，发电效率在20%~35%，余热均为高品质烟气，温度在500℃左右，非常便于回收，热电联产效率一般可达75%~85%。商业发电用机组容量一般为100~300MW。燃气轮机有重型燃气轮机和轻型燃气轮机两种：

工业重型燃气轮机是专门为陆用发电而开发设计的，特点是设备体积和质量较大，对燃料的适应性较强，可燃用轻质油和重质油。重型燃气轮机的排气温度较高，当采用燃气—蒸汽联合循环时，配置的余热锅炉产汽量较大，汽轮机的输出电力和供汽量均较大。虽然重型燃气轮机单循环效率略低于轻型燃气轮机，但联合循环热效率略高，缺点是设备的检修周期较长。

轻型燃气轮机体积小、重量轻，设备部件精度高，对机组运行的环境条件要求较苛刻。但轻型燃气轮机起停迅速，单循环热效率较高，非常适宜用作调峰发电机组。轻型燃气轮机排气温度较低，当采用燃气—蒸汽联合循环时，其配置的余热锅炉产汽量较少，输出的电力和供汽量均较小，对于冷热电三联供系统来说，其供热能力相对较低。

2）燃气内燃机初期投资较低、启动方便、变工况性能较好，但噪声较大、污染物排放较高，需要定期维护。内燃机发电效率较高，从小楼宇使用的1~5MW，到热电联产电厂或调峰电厂使用的20~100MW，发电效率均可达到35%~44%。内燃机组可以搭配各种大小不同单机容量，以多机组合、可渐进扩充发电容量满足电厂弹性的经济性投资。内燃机的余热有350~450℃的排气、90~110℃的缸套冷却水、50~80℃的中冷器冷却水和润滑油冷却水，热回收可视需求分别从不同系统获得。

3）燃气外燃机是一种外燃的闭式循环往复活塞式热力发动机，发电效率可达40%，输出电力和效率不受海拔影响。外燃机可选用的燃料包括各种气体、液体和固体燃料。燃料在气缸外燃烧，运行平稳、振动小。排气中有害成分较少，且噪声较低。外燃机零部件较少，润滑油耗量较小，无需过多维护保养。但其制造成本较高，工质密封技术较难，密封件的可靠性和使用寿命尚待提高。

4）燃料电池是把氢和氧反应生成水时放出的化学能转换成电能的装置，具有高效率、无污染、适用广、无噪声等优点。目前，燃料电池尚处于开发研制阶段，随着技术的发展，将是未来最具发展价值的动力设备。

(2) 余热利用设备

冷热电三联供系统的余热利用设备主要是余热锅炉。余热锅炉实质上是一台大型的热交换器，利用燃气轮机的高温排气加热水，并产生热蒸汽，再送往汽轮机做功。

余热锅炉按照结构型式可分为立式和卧式；按照燃烧方案可分为有补燃和无补燃，补燃余热锅炉又可分为部分补燃和完全补燃；按照蒸汽压力等级可分为单压、双压、双压再热、三压和三压再热五类蒸汽系统。

（3）制冷设备

冷热电联供系统中的制冷系统有压缩式和吸收式两种。

1）压缩式制冷机主要通过消耗外功并传递给压缩机进行制冷，可通过机械能的分配来调节电量和制冷量的比例。

2）吸收式制冷机则是通过消耗低温热能来制冷，将来自热电联产的一部分或全部热能用于驱动制冷系统，根据对热量和冷量的需求进行调节和优化。常用的吸收式制冷设备有溴化锂吸收式制冷机和氨吸收式制冷机。溴化锂吸收式制冷机以热能为动力，溴化锂溶液为吸收剂，制取0℃以上的冷水。其对热源参数的要求低、适应性强，且消耗电能较少。氨吸收式制冷机以氨水作为工质，工作原理与溴化锂吸收式制冷机相似，且能制取0℃以下的冷量而不易结晶。

3. 燃气冷热电三联供系统工作原理

由于燃气热电冷联供系统从原理上实现了对能源的梯级利用，因而科学合理的联产系统配置与利用方式，相对传统的燃煤分产系统而言，有着较大的节能潜力。同时，系统能源利用效率的提高，以及天然气清洁能源的应用，对于降低二氧化碳及其他污染物（SO_x、NO_x和烟尘等）的排放，也将有着明显的降低。燃气热电冷联供系统能够提高能源利用效率、降低污染排放，改善电力峰谷差，燃气冬夏季峰谷差及提高供电安全性等方面的优点。燃气冷热电三联供系统具有改善目前我国在环境、天然气及电力发展中存在问题的潜力。

燃气冷热电三联供系统是在热电联产（CHP）技术应用的基础上发展起来的一种能源供应方式，属于新型分布式能源系统。它以机组小型化、分散化的形式布置在用户附近，可同时向用户供冷、供热、供电，实现能源的综合梯级利用，是一种能源转换技术的集成化应用。

冷热电三联供系统一般由动力系统、燃气供应系统、供配电系统、余热利用系统、制冷系统、监控系统等组成。按燃气原动机的类型不同来分，常用的冷热电联供系统有两类，即燃气轮机式联供系统和内燃机式联供系统，系统的具体组成包括：燃气机组、发电机组及供电系统、余热回收及供热系统、制冷机组及供冷系统，此外还有燃气机组的空气加压、预热、冷却水、烟气排放的辅助系统。

燃气冷热电三联供系统通常以天然气、石油气、煤田瓦斯气、生物质气等作为一次能源，将供冷系统、供热系统和发电系统相结合，以小型燃气轮机或燃气内燃机为原动机驱动发电机进行发电，发电后的高温尾气可通过余热回收设备进行再利用，用于向用户供冷和供热，可满足用户同时对冷、热、电等能源的使用需求。与冷、热、电的独立供应系统相比，燃气冷热电三联供系统可提高一次能源的利用效率。

4. 燃气冷热电三联供系统应用分类

（1）区域型系统

主要是针对各种工业、商业或科技园区等较大的区域，设备一般采用容量较大的机组，还要考虑冷热电供应的外网设备，往往需要建设独立的能源供应中心。

（2）楼宇型系统

是针对具有特定功能的建筑物，如写字楼、商厦、医院及某些综合性建筑所建设的冷热电供应系统，一般仅需容量较小的机组，机房布置在建筑物内部，不需考虑外网建设。

(3) 燃气冷热电三联供系统设备

燃气冷热电三联供系统所采用的发电设备主要有燃气轮机、燃气内燃机和燃气微燃机等,所采用的余热利用设备主要有余热锅炉以及蒸汽型吸收制冷机、热水型吸收制冷机和烟气型吸收式制冷机等。根据所选用的发电设备和余热利用设备可以得到不同的系统组织形式。

5. 燃气冷热电三联供系统应用的优点

1) 能源综合利用率较高。冷热电三联供由于建设在用户附近,不但可以获得40%左右的发电效率,还能将中温废热回收利用供冷、供热,其综合能源利用率可达80%以上。另外,与传统长距离输电相比,它还能减少6%~7%的线损;从能量品质的角度看,燃气锅炉的热效率虽然也能达到90%,但是它的最终产出能量形式为低品质的热能,而三联供系统中将有35%左右的高品质电能产出。电能的做功能力是相同数量热能的2倍以上,所以三联供系统的综合能源利用效率比燃气锅炉直接燃烧天然气供热高得多。

2) 对燃气和电力有双重削峰填谷作用。采用燃气三联供系统,夏季燃烧天然气制冷,增加夏季的燃气使用量,减少夏季电空调的电负载,同时系统的自发电也可以降低大电网的供电压力。

3) 具有良好的经济性。采用冷热电三联供系统分布式能源,写字楼类建筑可减少运营成本12%,商场类建筑可减少运营成本11%,医院类建筑可减少运营成本21%,体育场馆类建筑可减少运营成本32%,酒店类建筑可减少运营成本23%。

4) 具有良好的环保效益。天然气是清洁能源,燃气发电机均采用先进的燃烧技术,燃气三联供系统的排放指标均能达到相关的环保标准。根据相关研究,与煤电相比,天然气发电的环境价值为8.964分/kWh。考虑了环境价值后,三联供系统将具有更好的经济性。

科泰电源 KNG 系列燃气机组 (3P 400V 50Hz) 配置表见表 A-1。

表 A-1 科泰电源 KNG 系列燃气机组 (3P 400V 50Hz) 配置表

型号	发动机型号	机组电功率 (COP)		电流	机组尺寸 (不含远置水箱) /mm	机组干重 /kg	燃气类型
		kVA	kW				
KNG36	E0834E312	36	28.8	52.0	1500*800*950	880	NG
KNG50	E0834E302	50	40	72.2	1500*800*950	880	NG
KNG55	E0836E312	55	44	79.4	1900*900*1150	1150	NG
KNG68	E0834LE302	68	54.4	98.2	1850*950*1100	1050	NG
KNG68	E0834LE302	68	54.4	98.2	1850*950*1100	1050	SG
KNG75	E0836E302	75	60	108.3	2100*900*1100	1250	NG
KNG115	E0836LE202	115	92	166.0	2500*900*1100	1400	NG
KNG137	E2876TE302	137	110	198.5	2700*1000*1400	1750	SG
KNG165	E2876E312	165	132	238.2	2600*1000*1350	1850	NG
KNG235	E2876LE302	235	188	339.2	3000*1000*1450	2400	NG
KNG246	E2876LE212	246	197	355.4	3000*1000*1450	2400	NG
KNG246	E2876LE202	246	197	355.4	3000*1000*1450	2400	SG
KNG246	E2676LE202	246	197	355.4	3000*1000*1450	2400	NG
KNG246	E2676LE212	246	197	355.4	3000*1000*1450	2400	SG
KNG283	E2842E312	283	227	409.6	3100*1400*1450	2950	NG
KNG300	E2848LE322	300	240	433.0	2600*1300*1650	2550	NG

(续)

型号	发动机型号	机组电功率（COP）		电流	机组尺寸（不含远置水箱）/mm	机组干重/kg	燃气类型
		kVA	kW				
KNG300	E2848LE322	300	240	433.0	2600*1300*1650	2550	SG
KNG425	E3268LE212	425	340	613.5	3300*1400*1750	3200	NG
KNG425	E3268LE222	425	340	613.5	3300*1400*1750	3250	SG
KNG487	E2842LE322	487	390	703.7	3300*1400*1650	3250	NG
KNG487	E2842LE202	487	390	703.7	3300*1400*1650	3250	SG
KNG625	E3262LE202	625	500	902.1	3500*1500*1850	4050	NG
KNG625	E3262LE202	625	500	902.1	3500*1500*1850	4050	SG
KNG625	E3262LE212	625	500	902.1	3500*1500*1850	4050	SG

注：1. 燃气类型中 NG——天然气，SG——专用气体。
2. 表中型号相同，功率相同但因发动机版本号（后3位数字）不同其电功率效率、热功率效率不同。
3. 表中功率以天然气热值 $10kWh/Nm^3$ 和专用气体热值 $6kWh/Nm^3$ 标定。

5）增强建筑物能源供应的安全性。冷热电三联供系统安装、运行相对比较简单、便捷，可以大幅度提高建筑物用能的电力供应安全性。尤其对于学校、医院等本来就需要备用电源，采用三联供可以兼做备用电源。

科泰电源 KGP 系列燃气机组（3P 400V 50Hz）配置表见表 A-2。

表 A-2 科泰电源 KGP 系列燃气机组（3P 400V 50Hz）配置表

型号	发动机型号	发电机	机组主用功率		外形尺寸 $(L×W×H)$/mm	净重/kg
			kVA	kW		
KPG375	4006-23TRS1	HCI444F	375	300	3300×1633×1960	4000
KPG460	4006-23TRS2	HCI544C	460	368	3350×1633×1960	4130
KPG525	4008-30TRS1	HCI544D	525	420	3500×1633×1980	5350
KPG625	4008-30TRS2	HCI544D	625	500	3550×1633×1980	5650
KPG1090	4016-61TRS1	HCI634K	1090	872	4320×1737×2150	9000
KPG1250	4016-61TRS2	PI734D	1250	1000	4320×1737×2150	9200

附录 B 高层建筑负载和应急（备用）柴油发电机组的选择及容量计算

1. 综合负载计算

高层建筑负载计算，是电气设计的一个重要内容。电气设计人员应在实践中加强调查研究，结合实际，创新运用需要系数法，合理计算电气负载。对高层建筑选取合理的需要系数，是负载计算的关键。需要系数的取值应根据具体情况，分析负载特点，合理选用，不宜套用原有的经验数据。在实际工程中，常遇到消防负载中含有平时用于其他方面的负载，如消防排烟风机除火灾时排烟外，平时还用于通风（有些情况下排烟和通风状态下的用电量尚有不同），因此应特别注意除了在计算消防负载时，计入其消防部分的电量以外，在计算正常情况下的用电负载时，还应计入消防负载中在平时使用的用电容量。要充分考虑工程投入运行后的费用，满足用户最佳经济效益的需要，达到负载计算（设计）的最佳效果。

在高层建筑供电系统设计中，首先必须明确什么情况下应设置柴油发电机组，先从高层建筑的负载等级谈起。在做高层建筑的电力负载计算时，必须要结合建筑的实际用电需求并综合现有的资金条件来做整体的计算。将供电分为动力和照明两类，设备分为冷冻机组、水泵组、风机组和电梯组等几个部分，针对这些设备的用电特点和分类方法进行负载计算。

(1) 保障型负载计算

在高层建筑中，房间内的照明用电是非常重要的保障用电之一，房间内所有的灯都应该考虑在保障供电的范围内，但客房的灯使用几率小，对系统需求影响不大，因此在计算照明的总体负载时应考虑最终的计算系数，使能准确地控制在需求和扩展需求的范围内。

综合性大楼在进行具体的电负载计算时，应根据大楼的功能布局来划分电气负载的总类，调整电气负载的计算系数，必须将该区域保障用电的使用几率考虑进去，在保障供电计算同时也要考虑到用电的节能，可以在电气设计的初始阶段对供电的投资进行合理的、有效的、最佳的控制，这是从事电气负载计算时，必须放在第一位考虑的因素。

在总体计算大楼照明和负载时，对使用几率较小的设备，如只在节、假日使用的照明设备，按照每次 3h~5h 的照明负载计算，只要在变压器允许的负载范围内，节假日使用照明设备的负载可以忽略不计。

在电梯使用时，一般情况是一个电梯上升，一个电梯下降，那么对于每部电梯给的功率负载值即铭牌上标注的值是在额定负载和额定速度下的值，在实际使用中，很少有电梯每次都在额定工作状态下，如有时电梯上的人就比较少，所以计算电梯的电气负载时，取的系数相对来说小一点。

对于大楼的生活类水泵设施，如生活水泵、排水泵、排污泵，消防泵在正常情况下是不使用的，因此计算时不包含消防泵。这些水泵采用自动化控制，实际负载的用电量是非常小的，在设计时应对系数作最小化调整。

在餐饮类建筑中，有一些设施如洗碗机、冷库等，平时使用频率比较高，而且餐饮的规模有可能扩大，这些设备的数量和型号后期会随着需要调整，在设计时应对系数适当调大。

可见，在计算保障型负载时，根据各类负载具体使用时的特点做功能需求系数调整，避免系数过大或过小，给将来建筑投入使用时带来不必要的浪费或者损失。

(2) 安保型负载计算

安保型负载的计算是针对防水泵、消防电梯、排烟风机和疏散诱导风机的使用特点，这些设备在出现紧急情况的时候需要保持一个工作状态，在做这些设备的计算时，应将所有设备的容量加起来计算。

(3) 舒适型的负载计算

对舒适型负载的计算时，应充分考虑该类设备的使用频率较高，是和人们在生活中最常用到的，同时也是故障率较高、数量容易增加的设备，而且还和季节的使用情况相关，在做这类设备的电气负载计算时，应该充分考虑使用时的各类因素，如该类设备的使用频率、安全系数、扩展容易度、发展需求大小，综合确定电气负载计算的综合系数，将其全部负载列入电气负载计算中。

(4) 高层建筑的总负载计算

所谓总体计算就是将三类电气负载的计算综合考虑，保障所有电气负载计算的完整性、可靠性和可扩展性。除此之外，还需要考虑在某个时间段内，设备几乎是在不停的工作，而且设备的质量品质是无法控制的,在使用的过程中可能发生一些意外情况的概率,对于负载的计算就应该针对那些无法控制的因素做一些整体上的系数调整;还要考虑这类设备在季节的使用频率,充分考虑在最坏的情况下的设备备份,设备的恢复,设备的紧急供电对电气负载的需求,这样的电气负载计算才是科学的,经得住考验的。总之,电气负载的计算要考虑综合因素,实际使用经验和技术发展对设备的需求。

2. 高层建筑中应急(备用)柴油发电机组的选择和容量计算

机组的选择包括台数、励磁及启动方式等因素。机组容量与台数应根据应急负载的大小和投入顺序以及单台电动机最大启动容量等因素综合确定。当应急负载较大时,可采用多台并列运行,机组台数宜为2~4台。当受并列条件限制,可实施分区供电。当用电负载谐波较大时,应考虑其对发电机的影响。当根据电动机启动容量来选择发电机组的容量时,发电机组台数不能多,因为台数增加,单机容量小,有可能满足不了电动机的启动要求。一般当容量不超过800kW时,宜选用单机;当容量在800kW以上时,宜选用两台或两台以上机组并机运行,科泰的并机控制系统技术已经相当成熟,能实现自动并机、无级分配,保证机组并机运行的稳定性。

根据一级负载、消防负载以及某些重要二级负载的容量,柴油发电机组按下列方法计算的最大容量确定如下:

(1) 根据稳定负载计算发电机容量

计算柴油发电机组容量时,第一类负载即保障型负载必须考虑在内,第二类负载即安保型负载则根据生产生活运行工艺及电网情况来定,如果工艺要求较高或城市电网供电不稳定,则应将第二类负载考虑在内。但若将第一类、第二类负载简单相加来选择柴油发电机组容量,则所选容量偏大。因为在消防状态时,只需保证消防设备的运行,第二类负载不使用,而在非消防状态下电网停电时,消防设备不使用。所以,可以选择两者中较大者作为柴油发电机组的容量。当然,在有些生产工艺中,要求电力系统停电时,备用柴油发电机组能代替电力系统的供电,这就要求机组容量要求足够大,以满足正常的生产运行要求。

设备容量统计出来后,根据实际情况选择需要系数 K_X (一般取 0.85~0.95),则计算容量 $P_j = K_X \sum P$。

备用柴油发电机组的功率按下式计算:

$$P = kP_j/\eta$$

式中　P——备用柴油发电机组的功率(kW);

P_j——负载设备的计算容量(kW);

$\sum P$——总负载(kW);

η——发电机并联运行不均匀系数一般取0.9,单台为1;

k——可靠系数,一般取1.1。

(2) 按最大的单台电动机或成组电动机启动的需要,计算发电机容量

$$P = (\sum P - P_m)/\sum \eta + P_m KC\cos\phi_m (kW)$$

式中　P_m——启动容量最大的电动机或成组电动机的容量(kW);

$\sum \eta$——总负载的计算效率,一般取0.85;

$\cos\phi_m$——电动机的启动功率因数,一般取0.4;

K——电动机的启动电流倍数;

C——全压启动 $C = 1.0$,Y/△启动 $C = 0.67$,自耦变压器启动50%抽头 $C = 0.25$,65%抽头 $C = 0.42$,80%抽头 $C = 0.64$。

发电机功率与被启动电动机功率的最小倍数 K 见表 B-1。

表 B-1　发电机功率与被启动电动机功率的最小倍数 K

启动方式		全压启动	Y/△启动	自耦变压器启动	
				$0.65U_N$	$0.8U_N$
母线允许电压降	20%	5.5	1.9	2.4	3.6
	10%	7.8	2.6	3.3	5.0

注：U_N—电动机额定电压。

（3）按启动电动机时，发电机母线允许电压降计算发电机容量

$$P = P_n K_q C X_d''(1/\Delta E - 1)(\text{kW})$$

式中　P_n——造成母线压降最大的电动机或成组启动电动机组的容量（kW）；

　　　K_q——电动机的启动电流倍数；

　　　X_d''——发电机的暂态电抗，一般取 0.25；

　　　ΔE——母线允许的瞬间电压降，有电梯时取 0.20，无电梯时取 0.25。实际工作中，也可用系数法估算柴油发电机组的启动能力。

变频启动装置在民用建筑中应用越来越广泛，变频启动与其他启动方式相比，启动电流小而启动力矩大，对电网无冲击电流，引起母线的电压降也很小。因此，当电动机采用变频调速启动时，可以只考虑用计算负载来计算发电机的容量，而不用考虑电动机启动的因素。

附录 C　上海科泰电源股份有限公司柴油发电机组典型产品型谱

1. KV 系列沃尔沃发动机系统集成产品

KV 系列沃尔沃发动机系统如图 C-1 所示。集成产品数据资料见表 C-1。

图 C-1　KV 系列沃尔沃发动机系统

表 C-1　KV 系列沃尔沃发动机系统集成产品数据资料

COOL TECM 发电机组型号	功率输出			耗油量（满载）		柴油机参数 1500r/min					机组尺寸及重量		
	kVA	kW	电流/A	柴油(L/h)	机油(L/h)	柴油机型号	气缸数量	容积/L	燃气量/(m³/min)	机油总容量/L	冷却水总容量/L	机组尺寸(L×W×H)/mm	毛重	净重
KV80	85	68.0	122.7	16	0.06	TAD550GE	4	4.76	4.75	13	29.5	2142×900×1560	1340	1290
KV90E	90	72.0	129.9	18	0.07									
KV100	100	80.0	144.3	19	0.07	TAD551GE	4	4.76	5.77	13	29.5	2142×900×1560	1400	1350
KV110E	110	88.0	158.8	21	0.08									
KV120	120	96.0	173.2	23	0.09	TAD750GE	6	7.15	9.8	20	32.9	2350×1000×1575	1620	1570
KV130E	130	104.0	187.6	25	0.1									
KV130	130	103.6	186.9	24.5	0.09	TAD750GE	6	7.15	9.8	20	32.9	2500×1000×1575	1670	1620
KV140E	143	114.2	206.1	27.1	0.1									
KV150	152	121.8	219.8	28	0.09	TAD751GE	6	7.15	10.3	20	32.9	2500×1000×1575	1810	1760
KV165E	168	134.3	242.3	31	0.1									
KV180	182	145.6	262.7	36	0.08	TAD752GE	6	7.15	10.6	34	44	2588×1050×1615	1950	1900
KV200E	200	160.0	288.7	38	0.08									
KV200	200	160.0	288.7	39	0.08	TAD753GE	6	7.15	12	34	44	2588×1050×1615	1950	1900
KV220E	220	176.0	317.6	43	0.09									
KV250	250	200.0	360.9	47	0.08	TAD754GE	6	7.15	12.6	34	44	2633×1050×1615	2100	2050
KV275E	275	220.0	396.9	52	0.09									
KV325	325	260.0	469.1	61.8	0.09	TAD1351GE	6	12.78	21.2	36	44	3000×1120×1875	3550	3500
KV355E	356	284.6	513.4	67.5	0.1									
KV350	350	280.0	505.2	58.8	0.1	TAD1352GE	6	12.78	23	36	44	3000×1120×1875	3550	3500
KV400E	400	319.8	577.1	66.9	0.11									
KV380	383	306.3	552.7	64.3	0.1	TAD1354GE	6	12.78	24	36	44	3050×1120×1875	3700	3650
KV415E	419	335.0	604.5	70.3	0.11									
KV400	400	320.0	577.4	67.2	0.12	TAD1355GE	6	12.78	24	36	44	3050×1120×1875	3700	3650
KV450E	450	360.0	649.5	75.6	0.14									
KV450	461	368.6	665.1	83	0.12	TAD1650GE	6	16.12	30	48	93	3250×1160×2040	4050	4000
KV500E	507	405.3	731.2	91.5	0.13									
KV500	507	405.5	731.7	101	0.12	TAD1651GE	6	16.12	32	48	93	3250×1160×2040	4050	4000
KV550E	556	444.6	802.3	108	0.13									
KV600	599	479.3	864.8	110	0.1	TWD1652GE	6	16.12	41.2	48	166	3300×1400×2080	4350	4300
KV650E	658	526.4	949.8	120	0.11									
KV650	650	519.7	937.6	117	0.1	TWD1653GE	6	16.12	44	48	166	3338×1400×2080	4500	4450
KV710E	714	571.4	1030.9	128	0.11									

2. KM 系列三菱发动机系统集成产品

KM 系列三菱发动机系统如图 C-2 所示，集成产品数据资料见表 C-2。

图 C-2 KM 系列三菱发动机系统

表 C-2 KM 系列三菱发动机系统集成产品数据资料

COOL TECM 发电机组型号	功率输出			耗油量（满载）		柴油机参数 1500r/min						机组尺寸及重量		
	kVA	kW	电流/A	柴油(L/h)	机油(L/h)	柴油机型号	气缸数量	容积/L	燃气量/(m^3/min)	机油容量/L	总冷却水总容量/L	机组尺寸 ($L \times W \times H$)/mm	毛重	净重
KM4	4.1	3.3	5.8	1	0.017	L2E	2	0.64	2.16	2.5	1.8	995×650×805	212	210
KM4.5E	4.5	3.6	6.5	1.3	0.019									
KM6.7	6.4	5.1	9.5	1.7	0.017	L3E	3	0.95	2.36	3.6	1.8	1054×650×840	302	300
KM7.5E	7.1	5.7	10	1.9	0.019									
KM10	10.1	8	14.4	2.4	0.025	S3L2	3	1.31	3.65	4.2	1.8	1060×650×875	382	380
KM11E	10.5	8.4	15	2.8	0.029									
KM14	14.4	11.5	20.2	3.3	0.035	S4L2	4	1.75	4.87	6	2.5	1180×700×875	393	390
KM15.5E	15.1	12.1	22	3.8	0.041									
KM21	20.6	16.5	30.3	5.1	0.053	S4Q2	4	2.5	7.4	6.5	4	1290×700×950	533	530
KM23E	22	17.6	32	5.6	0.058									
KM30	30	24	43.3	6.9	0.076	S4S	4	3.31	10	10	5.5	1460×700×980	591	585
KM33E	32	25.6	46	7.6	0.084									
KM580	593	474	855	125	0.43	S6R-PTA	6	24.51	47	100	113	3560×1420×2020	4863	4750
KM650E	655	524	946	139	0.48									
KM650	678	542	977	138	0.47	S6R2-PTA	6	29.96	52	100	118	3560×1420×2020	5118	5000
KM750E	747	598	1079	158	0.54									
KM750	737	590	1064	163	0.54	S6R2-PTAA	6	29.96	60	100	132	4080×1715×1985	5482	5350
KM825E	812	650	1173	179	0.6									

（续）

COOLTECM发电机组型号	功率输出			耗油量（满载）		柴油机参数 1500r/min						机组尺寸及重量		
	kVA	kW	电流/A	柴油(L/h)	机油(L/h)	柴油机型号	气缸数量	容积/L	燃气量/(m³/min)	机油容量/L	冷却水总容量/L	机组尺寸(L×W×H)/mm	毛重	净重
KM765	775	620	1104	166	0.54	512A2-PTA	12	33.93	64	120	132	4050×1600×2120	6552	6420
KM850E	852	682	1231	179	0.6									
KM910	940	752	1356	177	0.66	S12H-PTA	12	37.11	83	200	244	4400×1756×2440	8244	8000
KM1000E	1010	808	1458	214	0.72									
KM1050	1062	850	1533	204	0.76	S12H-PTA	12	37.11	83	200	244	4400×1756×2440	8544	8300
KM1160E	1166	933	1683	248	0.84									
KM1275	1281	1024	1847	246	0.92	S12R-PTA	12	49.03	98	180	335	4515×2200×2510	10335	10000
KM1425E	1408	1126	2033	297	1.03									
KM1375	1375	1111	1985	274	0.99	S12R-PTA2	12	49.03	105	180	335	4515×2200×2510	10835	10500
KM1530E	1527	1222	2205	336	1.1									
KM1500	1522	1281	2311	290	1.08	S12R-PTAA2	12	49.03	120	180	317	4920×2200×2810	12317	12000
KM1650E	1660	1328	2396	350	1.19									
KM1735	1736	1389	2504	333	1.25	S16R-PTA	16	65.37	128	230	350	5470×2205×2810	14150	13800
KM1900E	1900	1520	2743	400	1.37									
KM1900	1896	1516	2751	380	1.38	S16R-PTA2	16	65.37	143	230	445	5440×2205×2810	14545	14100
KM2100E	2083	1666	3008	460	1.52									
KM2000	2020	1616	2887	420	1.44	S16R-PTAA2	16	65.37	159	230	400	5700×2205×2810	14900	14500
KM2250E	2250	1800	3248	472	1.63									
KM2250	2281	1824	3290	473	1.3	S16R2-PTAW	16	79.9	188	290	500	6075×2205×2810	17000	16500
KM2500E	2524	2019	3644	525	1.4									

3. KU 系列 MTU 发动机系统集成产品

KU 系列 MTU 发动机系统如图 C-3 所示，集成产品数据资料见表 C-3。

图 C-3　KU 系列 MTU 发动机系统

表 C-3　KU 系列 MTU 发动机系统集成产品数据资料

COOL TECM 发电机组型号	功率输出			耗油量（满载）		柴油机参数 1500r/min						机组尺寸及重量		
	kVA	kW	电流/A	柴油(L/h)	机油(L/h)	柴油机型号	气缸数量	容积/L	燃气量/(m³/min)	机油总容量/L	冷却水总容量/L	机组尺寸 (L×W×H)/mm	毛重	净重
KU275	278	222.5	401.4	52	0.104	6R1600G10F	6	10.5	18	46	45	3000×1120×1970	2790	2700
KU305	309	247.5	446.6	61.5	0.123	6R1600G20F	6	10.5	18	46	50	3050×1120×1970	2890	2800
KU370	369	295.5	533.2	80.3	0.16	8V1600G10F	8	14	25.2	46	50	3100×1325×2065	3645	3550
KU400	400	320.0	577.4	81.2	0.16	8V1600G20F	8	14	23.4	46	84	3100×1325×2065	3645	3550
KU455	457	365.6	659.6	91.4	0.18	10V1600G10F	10	17.5	24	60.5	94	3230×1250×2138	4260	4115
KU500	500	400.0	721.7	99.2	0.2	10V1600G20F	10	17.5	27	60.5	94	3230×1250×2138	4260	4215
KU600	599	479.0	864.2	122.7	0.25	12V1600G10F	12	21	36	72.5	99	3230×1250×2138	4840	4735
KU660	661	528.9	954.2	130.1	0.26	12V1600G20F	12	21	48	72.5	99	3310×1250×2138	5000	4900
KU775	775	620.2	1119.1	165.2	0.826	12V2000G65	12	23.88	51	77	176	3900×1414×2200	7150	7000
KU910	910	727.7	1312.9	188.5	0.94	16V2000G25	16	31.84	60	102	223	4450×1580×2275	7850	7700
KU1000	1006	804.6	1451.6	207.3	1.04	16V2000G65	16	31.84	60	102	223	4500×1805×2275	8150	8000
KU1130	1130	904.2	1631.1	236.4	1.14	18V2000G65	18	35.82	69	130	222	4950×1810×2275	8350	8200
KU1250	1250	1000.0	1804.3	253.7	1.27	18V2000G26F	18	35.82	69	130	222	4950×1810×2275	8350	8200
KU1650	1650	1320.0	2381.6	313.3	0.94	12V4000G23	12	57.2	96	260	467	5350×2200×2515	13650	13200
KU1840	1842	1473.4	2658.5	357.6	1.07	12V4000G63	12	57.2	108	260	470	5350×2200×2515	13950	13500
KU2080	2080	1664.0	3002.3	401.7	1.21	16V4000G23	16	76.3	126	300	508	6050×2200×2580	16000	15500
KU2290	2294	1835.5	3311.8	424.3	1.27	16V4000G63	16	76.3	138	300	512	6050×2200×2580	17000	16500
KU2500	2500	2000.0	3608.5	495.5	1.486	20V4000G23	20	95.4	159	390	588	6405×2570×2975	19000	18400
KU2580	2582	2065.6	3726.9	496.1	1.49	20V4000G23	20	95.4	144	390	588	6405×2570×2975	19000	18600
KU2820	2823	2258.2	4074.5	510	1.61	20V4000G63	20	95.4	180	390	611	6405×2570×2975	19200	18600
KU3000	3000	2400.0	4330.3	550	1.913	20V4000G63L	20	95.4	190	390	611	6405×2570×2975	19200	18600
KU300E	306	244.4	441.0	57.9	0.116	6R1600G70F	6	10.5	20.4	46	89	3000×1120×1970	2790	2700
KU330E	330	264.0	476.3	68.8	0.138	6R1600G80F	6	10.5	18	46	89	3050×1120×1970	2890	2800
KU400E	404	323.0	582.9	80.6	0.161	8V1600G70F	8	14	23.4	46	84	3100×1325×2065	3645	3550
KU445E	446	356.7	643.6	89.9	0.18	8V1600G80F	8	14	25.2	46	84	3100×1325×2065	3645	3550
KU500E	504	403.2	727.5	100.1	0.2	10V1600G70F	10	17.5	34.2	60.5	94	3230×1250×2138	4260	4115
KU550E	559	447.3	807.0	109.6	0.219	10V1600G80F	10	17.5	36	60.5	94	3230×1250×2138	4260	4215
KU650E	658	526.1	949.2	130.1	0.26	12V1600G70F	12	21	48	72.5	99	3230×1250×2138	4840	4735
KU725E	727	581.5	1049.2	143.2	0.286	12V1600G80F	12	21	45	72.5	99	3310×1250×2138	5000	4900

(续)

COOL TECM 发电机 组型号	功率输出			耗油量（满载）		柴油机参数 1500r/min						机组尺寸及重量		
	kVA	kW	电流 /A	柴油 (L/h)	机油 (L/h)	柴油机 型号	气缸 数量	容积 /L	燃气量 /(m³/min)	机油总 容量 /L	冷却水 总容量 /L	机组尺寸 $(L \times W \times H)$/mm	毛重	净重
KU850E	856	684.8	1235.6	182.7	0.913	12V2000G65	12	23.88	54	77	176	3900×1414×2200	7150	7000
KU1000E	1002	801.2	1445.6	208.3	1.04	16V2000G25	16	31.84	72	102	223	4450×1580×2275	7850	7700
KU1100E	1103	882.6	1592.4	228.3	1.14	16V2000G65	16	31.84	72	102	223	4500×1805×2275	8150	8000
KU1230E	1230	984.0	1775.4	258.3	1.25	18V2000G65	18	35.82	75	130	222	4950×1810×2275	8350	8200
KU1400E	1411	1128.5	2036.1	253.7	1.27	18V2000G76F	18	35.82	108	130	222	4950×1810×2275	8350	8200
KU1770E	1770	1416.0	2554.8	336.1	0.94	12V4000G23	12	57.2	108	260	467	5350×2200×2515	13650	13200
KU1835E	1838	1470.3	2652.9	348.9	0.94	12V4000G23	12	57.2	108	260	467	5350×2200×2515	13950	13500
KU2035E	2035	1628.0	2937.4	401.2	1.2	12V4000G63	12	57.2	120	260	470	5350×2200×2515	13950	13500
KU2300E	2302	1841.3	3322.2	444.4	1.21	16V4000G23	16	76.3	138	300	508	6060×2200×2580	16000	15500
KU2500E	2556	2044.8	3689.4	501.2	1.5	16V4000G63	16	76.3	138	300	512	6050×2200×2580	17000	16500
KU2750E	2750	2200.0	3969.4	528.9	1.49	20V4000G23	20	95.4	162	390	588	6405×2570×2975	19000	18400
KU2840E	2841	2272.8	4100.8	546.2	1.52	20V4000G23	20	95.4	162	390	588	6405×2570×2975	19200	18600
KU3110E	3117	2493.8	4499.4	603.1	1.8	20V4000G63	20	95.4	180	390	611	6405×2570×2975	19200	18600
KU3300E	3300	2640.0	4763.3	637.8	1.913	20V4000G63L	20	95.4	190	390	611	6405×2570×2975	19200	18600

4. KC 系列康明斯发动机系统集成产品

KC 系列康明斯发动机系统如图 C-4 所示，集成产品数据资料见表 C-4。

图 C-4 KC 系列康明斯发动机系统

表 C-4　KC 系列康明斯发动机系统集成产品数据资料

COOL TECM 发电机组型号	功率输出 kVA	功率输出 kW	功率输出 电流/A	耗油量（满载）柴油(L/h)	耗油量（满载）机油(L/h)	柴油机型号	气缸数量	容积/L	燃气量/(m³/min)	机油总容量/L	冷却水总容量/L	机组尺寸($L \times W \times H$)/mm	毛重	净重
KC225	230	183.8	331.7	56.0	0.12	Q5L9-G2	6	8.8	18.6	26.5	39	2800×1270×1800	2214	2175
KC260E	260	208.0	375.3	62.0	0.13				18.6					
KC250	250	200.0	360.9	59.0	0.12	QSL9-G3	6	8.8	18.6	26.5	39	2800×1270×1880	2214	2175
KC275E	275	220.0	396.9	66.0	0.13				18.9					
KC300	300	240.0	433.0	63.0	0.12	QSL9-G5	6	8.8	18.6	26.5	39	2800×1270×1880	2884	2846
KC330E	330	264.0	476.3	75.0	0.13				20.4					
KC350	350	280.0	505.2	76.0	0.13	NTA855-G4	6	14	24.4	38.6	69.8	3250×1120×2030	3070	3000
KC390E	396	317.0	572.0	84.0	0.14				26					
KC450	466	372.4	671.9	95.9	0.13	QSX15-G6	6	15	30.3	83	91	3360×1300×2078	4411	4320
KC500E	517	413.7	746.4	108.0	0.14				33					
KC500	503	402.6	726.5	103.0	0.14	QSX15-G8	6	15	32.4	83	91	3360×1300×2078	4501	4410
KC550E	548	454.0	819.1	123.0	0.15				36.3					
KC500	506	404.6	729.9	107.0	0.15	KTA19-G4	6	18.9	31.9	50	94	3380×1355×2078	4094	4000
KC565E	570	655.9	822.6	121.0	0.16				34.7					
KC640	641	513.0	925.7	140.0	0.23	VTA28-G5	12	28	49.6	83	163	3750×1875×2200	5833	5670
KC700E	700	560.0	1010.4	154.0	0.24				52.7					
KC660	662	529.8	956.0	147.0	0.23	QSK19-G4	6	19	46.5	84	111.6	3550×1750×2290	4732	4620
KC730E	731	584.6	1054.8	161.0	0.24				48.6					
KC740	748	598.1	1079.1	151.0	0.23	QSK23-G2	6	23.15	46.7	103	112.5	4040×1620×2150	6263	6150
KC790E	790	632.0	1140.3	168.0	0.24				49.2					
KC840E	840	671.7	1211.9	195.0	0.24	VTA28-G6	12	28	54.8	83	171	3890×1875×2200	6321	6150
KC810	815	651.7	1175.8	161.0	0.24	QSK23-G3	6	23.15	48.9	103	112.5	4250×1620×2205	6613	6500
KC875E	891	713.1	1286.7	178.0	0.25				53.3					
KC825	833	666.6	1202.7	163.0	0.24	QSK23-G9	6	23.15	51.5	103	122.5	4250×1620×2205	6623	6500
KC900E	919	735.4	1326.9	186.0	0.25				56.5					
KC930	937	749.4	1352.0	184.0	0.25	QST30-G3	12	30.40	51.9	154	190	4215×1760×2266	7190	7000
KC1035E	1039	831.4	1500.0	204.0	0.25				56.1					
KC1000	1014	811.2	1463.6	202.0	0.25	QST30-G4	12	30.40	56.7	154	233	4215×1760×2266	7733	7500
KC1100E	1110	888.0	1602.2	224.0	0.26				60.3					
KC1020	1027	821.3	1481.8	190.1	0.95	KTA38-G5	12	37.8	68.4	135	245	4385×2057×2320	8345	8100
KC1100E	1131	904.4	1631.8	197.6	0.99				72.8					
KC1250E	1260	1007.6	1818.0	256.0	0.63	XTA38-G9	12	37.8	78.5	135	245	4385×2057×2320	8445	8200
KC1130	1134	907.3	1637.0	242.0	0.29	QSK38-G2	12	37.7	84.8	170.3	316	4450×1760×2320	8400	8300
KC1250E	1258	1006.6	1816.3	271.0	0.3				93.2					
KC1270	1274	1019.2	1838.9	274.0	0.3	QSK38-G5	12	37.7	91.4	170.3	316	4885×2445×2340	9116	8800
KC1400E	1410	1127.8	2034.9	301.0	0.31				95.7					
KC1275	1276	1021.1	1842.4	274.0	0.3	KTA50-G3	16	50.3	90	177	297	4920×2100×2340	10097	9800
KC1400E	1428	1142.1	2060.6	293.0	0.31				99.3					

(续)

COOL TECM 发电机组型号	功率输出		耗油量（满载）		柴油机参数 1500r/min					机组尺寸及重量		
	kVA	kW	电流/A	柴油(L/h)	机油(L/h)	柴油机型号	气缸数量	容积/L	燃气量/(m³/min)	机油总容量/L	冷却水总容量/L	机组尺寸 (L×W×H)/mm	毛重	净重
KC1395	1395	1116.2	2013.9	313.0	0.37	QSK50-G3	16	50.3	111.9	235	327	5250×2060×2320	10127	9800
KC1615E	1617	1293.6	2333.6	357.0	0.38				119.7					
KC1395	1395	1114.2	2013.9	289.0	0.37	KTA50-G8	16	50.3	94.9	204	335	4950×2230×2500	11335	11000
KC1650E	1640	1328.0	2396.1	345.0	0.38				99.3					
KC1500	1500	1200.0	2165.1	309.0	1.3	KTA50-GS8	16	50.3	94.8	204	335	4950×2230×2500	11335	11000
KC1650E	1660	1328.0	2396.1	345.0	1.45				99.3					
KC1540	1542	1233.3	2225.2	338.0	0.4	QSK50-G4	16	50.3	117.6	235	327	5372×2200×2675	12827	12500
KC1710E	1717	1373.8	2478.4	373.0	0.41				122.4					
KC1650	1654	1323.0	2387.0	349.0	0.42	QSK50-G7	16	50.3	116.1	235	327	5495×2200×2780	12827	12500
KC1830E	1843	1474.2	2659.8	394.0	0.43				124.8					
KC1890	1894	1515.5	2734.4	363.0	0.55	QSK60-G3	16	60.2	129	280	422	5750×2250×2730	16117	15695
KC2035E	2035	1620.0	2937.6	404.0	0.58				135.3					
KC2030	2034	1627.2	2935.9	394.0	0.55	QSK60-G4	16	60.2	135.8	280	422	5875×2250×2730	16392	15970
KC2250E	2250	1800.0	3247.7	437.0	0.58				144.3					
KC2020	2019	1615.4	2914.7	399.0	0.55	QSK60-G13	16	60.2	129.7	280	579	5940×2600×2730	17579	17000
KC2500E	2539	2031.2	3664.8	523.0	0.58				154.4					
KC2250	2263	1810.6	3266.7	399.0	0.55	QSK60-G21	16	60.2	129.7	280	579	5940×2600×2730	17579	17000
KC2500E	2532	2025.4	3654.4	523.0	0.58				154.4					

5. KP 系列珀金斯发动机系统集成产品

KP 系列珀金斯发动机系统如图 C-5 所示，集成产品数据资料见表 C-5。

图 C-5　KP 系列珀金斯发动机系统

表 C-5　KP 系列珀金斯发动机系统集成产品数据资料

COOL TECM 发电机组型号	功率输出 kVA	功率输出 kW	电流 /A	耗油量（满载）柴油 (L/h)	耗油量（满载）机油 (L/h)	柴油机型号	气缸数量	容积 /L	燃气量 /(m³/min)	机油总容量 /L	冷却水总容量 /L	机组尺寸 (L×W×H)/mm	毛重	净重
KP9	9	6.9	12.4	2.6	0.014	403A-11G1	3	1.1	0.7	4.9	5.2	1055×650×1010	310	305
KP10E	9	7.5	13.6	2.9	0.016									
KP13	12	9.8	17.8	6.8	0.019	403A-15G1	3	1.5	1.3	6	6	1140×700×1070	350	375
KP14E	14	10.8	19.5	7.5	0.021									
KP20	20	14.7	28.3	5.3	0.027	404A-22G1	4	2.2	1.4	10.6	7	1300×700×1130	507	500
KP22E	21	17.1	30.9	6.1	0.031									
KP30	30	24.0	43.3	7.1	0.036	1103A-33G	3	3.3	2.1	8.3	10.2	1500×850×1210	760	750
KP33E	33	24.1	47.1	7.9	0.042									
KP45	46	36.4	65.7	10.7	0.053	1103A-33TG1	3	3.3	2.6	8.3	10.2	1750×850×1255	860	850
KP50E	50	40.0	72.2	12.0	0.064									
KP60	61	48.6	87.3	13.9	0.070	1100A-33TAG1	3	3.3	4.2	8.3	10.2	1750×850×1255	895	885
KP66E	66	53.1	95.8	15.4	0.077									
KP80	81	64.9	117.1	18.7	0.094	1104A-44TG2	4	4.4	4.2	8	13	1820×850×1370	1163	1150
KP88E	89	71.2	128.5	20.5	0.103									
KP100	100	80.0	144.3	22.6	0.113	1104C-44TAG2	4	4.4	4	8	12.6	1980×890×1370	1240	1250
KP110E	110	88.0	158.8	24.9	0.125									
KP150	151	120.9	218.1	33.4	0.205	1106A-70TAG2	6	7.0	10.7	16.5	21	2300×950×1420	1470	1450
KP165E	166	132.6	239.2	36.1	0.217									
KP200	200	160.0	288.7	45.8	0.229	1106A-70TAG4	6	7.0	13.2	16.5	21	2300×950×1420	1490	1470
KP220E	220	176.0	317.6	49.4	0.247									
KP230	230	184.0	332.0	48.6	0.243	1506A-E88TAG2	6	8.8	15	41	29.6	2635×1090×1670	2130	2100
KP250E	260	208.0	375.3	51.5	0.258									
KP250	250	200.0	360.0	55.5	0.278	1506A-E88TAG3	6	8.8	15	41	29.6	2635×1090×1670	2180	2150
KP275E	275	220.0	396.9	60.7	0.304									
KP300	300	240.0	433.0	64.9	0.325	1506A-E88TAG5	6	8.8	18.3	41	33.2	2635×1090×1670	2358	2325
KP330E	330	264.0	476.3	73.1	0.366									
KP350	363	290.6	524.4	71	0.360	2206C-E13TAG2	6	12.5	23.6	40	51.4	3190×1240×2085	3250	3200
KP400E	404	323.2	582.9	80.0	0.400									
KP400	400	320.0	577.4	84	0.410	2206C-E13TAG3	6	12.5	24.6	40	51.4	3190×1240×2085	3350	3300
KP450E	450	360.0	649.5	90.0	0.450									
KP470	473	378.2	682.4	99	0.480	2506C-E15TAG1	6	15.2	33.8	62	58	3460×1740×2085	3758	3700
KP515E	517	413.9	746.8	109.0	0.520									
KP520	521	416.8	752.0	106	0.500	2506C-E15TAG2	6	15.2	36.2	62	58	3460×1240×2085	3818	3760
KP570E	571	456.8	824.2	114.0	0.560									
KP610	610	488.0	880.5	123	0.660	250A-E15TAG1A	6	18.1	36.2	62	61	3310×1536×2140	4610	4600
KP665E	645	532.0	959.9	134.0	0.670									

（续）

COOL TECM 发电机组型号	功率输出		电流 /A	耗油量（满载）		柴油机参数 1500r/min					机组尺寸及重量		
	kVA	kW		柴油 (L/h)	机油 (L/h)	柴油机型号	气缸数量	容积 /L	燃气量 /(m³/min)	机油总容量 /L	冷却水总容量 /L	机组尺寸 (L×W×H)/mm	毛重	净重
KP670	670	536.0	967.1	132	0.660	2806A- E18TAG2	6	18.1	40.8	62	61	3310×1536×2140	4840	4800
KP730E	732	585.6	1056.6	143.0	0.720									
KP740	741	592.8	1069.6	161	0.790	400A- 23TAG2A	6	23.0	49.8	113.4	105	4000×1710×2210	6025	5920
KP800E	814	651.0	1174.5	176.0	0.860									
KP800	802	641.3	1157.0	172	0.860	4006- 23TAG3A	6	23.0	53.4	113.4	105	4000×1710×2210	6105	6000
KP895E	895	715.9	1291.7	194.0	0.970									
KP910	911	728.6	1314.7	195	0.975	4006TAG1A	8	30.6	74	153	143	4680×2050×2400	8143	8000
KP1000E	1000	800.0	1443.6	218.0	1.090									
KP1020	1024	818.8	1477.3	220	1.530	4006TAG2A	8	30.6	76	165.6	143	4480×2050×2400	8143	8000
KP1095E	1095	875.9	1580.4	248.0	1.710									
KP1125	1123	898.7	1621.5	240	1.200	4006- 30TAG3	8	30.6	78	177	143	4680×2050×2400	8143	8000
KP1250E	1250	1000.0	1804.3	248.0	1.340									
KP1250	1252	1001.2	1806.4	259	1.300	4012- 46TWG2A	12	45.8	98.1	177	196	4770×2100×2380	10196	10000
KP1375E	1380	1104.2	1992.3	288.0	1.440									
KP1500	1511	1208.7	2180.9	301	1.510	4012- 46TAG2A	12	45.8	109	177	207	4930×2200×2410	10407	10200
KP1650E	1658	1326.6	2393.6	335.0	1.680									
KP1720	1724	1379.5	2489.0	370	1.850	4012- 46TAG3A	12	45.8	109	177	207	5040×2200×2715	12707	12500
KP1890E	1892	1513.4	2730.5	405.0	2.030									
KP1840	1840	1472.0	2655.9	389	1.710	4016TAG1A	16	61.1	145	237.2	316	5600×2792×3150	13816	13500
KP2020E	2020	1616.0	2915.7	430.0	1.900									
KP2050	2058	1646.4	2970.6	447	1.950	4016TAG2A	16	61.1	145	237.2	316	5720×2792×3150	14316	14000
KP2250E	2250	1800.0	3247.7	488.0	2.170									
KP2250	2252	1801.8	3251.0	473	1.100	4016- 61TRG3	16	61.1	175	213	492	5720×2792×3150	16192	15700
KP2500E	2500	2000.0	3608.5	528.0	1.200									

6. KC 系列东康和重康发动机系统集成产品

KC 系列东康和重康发动机系统如图 C-6 所示，集成产品数据资料见表 C-6。

图 C-6　KC 系列东康和重康发动机系统

表 C-6　KC 系列东康和重康发动机系统集成产品数据资料

COOL TECM 发电机组型号	功率输出 kVA	功率输出 kW	功率输出 电流/A	耗油量（满载）柴油(L/h)	耗油量（满载）机油(L/h)	柴油机参数 1500r/min 柴油机型号	气缸数量	容积/L	燃气量/(m³/min)	机油容量/L	总冷却水总容量/L	机组尺寸 (L×W×H)/mm	毛重	净重
KC20	20	16.0	28.9	5.7	0.04	4B3.9-G1/G2	4	3.9	4	11	23	1650×850×1360	793	770
KC22E	22	17.6	31.8	6.3										
KC25	25	19.6	35.4	6.7	0.06	4B3.9-G1/G2	4	3.9	4	11	23	1650×850×1360	807	784
KC27.5E	27	21.8	39.3	7.5										
KC30	30	24.0	43.3	7.8	0.07	4BT3.9-G1/G2	4	3.9	4	11	23	1650×850×1360	893	870
KC33E	33	26.4	47.6	8.3										
KC35	35	28.0	50.5	8.6	0.08	4BT3.9-G1/G2	4	3.9	4	11	23	1765×850×1360	917	894
KC38E	39	30.8	55.6	9.5										
KC38	38	30.2	54.6	9.3	0.09	4BT3.9-G1/G2	4	3.9	4	11	23	1720×850×1360	917	894
KC42E	42	33.3	60.0	10.3										
KC50	50	40.0	72.2	11.8	0.12	4BTA3.9-G2	4	3.9	4	11	23.7	1750×850×1410	1094	1070
KC55E	55	44.0	79.4	13.3										
KC72	73	58.0	104.6	18.0	0.16	6BT5.9-G1/G2	6	5.9	5.9	16	27.7	2020×900×1410	1338	1310
KC80E	80	64.0	115.5	19.5										
KC85	85	68.0	122.7	20.0	0.19	6BT5.9-G1/G2	6	5.9	5.9	16	27.7	2210×900×1490	1358	1330
KC90E	91	72.6	131.1	23.0										
KC95	98	78.0	140.7	22.0	0.21	6BT5.9-G1/G2	6	5.9	5.9	16	27.7	2100×900×1565	1378	1350
KC105E	108	86.2	155.6	25.0										
KC100	100	80.0	144.3	20.0	0.24	6BTA5.9-G2	6	5.9	7.3	16	29.4	2100×900×1520	1409	1380
KC110E	110	88.0	158.8	23.0										
KC120	120	95.7	172.6	27.0	0.27	6BTA5.9-G2	6	5.9	7.3	16	29.4	2100×900×1520	1429	1400
KC130E	130	103.9	187.5	30.0										
KC130	132	105.6	190.5	30.0	0.32	6BTAA5.9-G2	6	5.9	8.2	16	29.6	2350×900×1580	1645	1615
KC145E	145	115.8	209.0	34.0										
KC160	160	128.0	230.9	35.0	0.36	6CTA8.3-G2	6	8.3	8.8	24	38	2350×950×1640	1738	1700
KC175E	175	140.0	252.6	39.5										
KC180	181	144.4	260.5	40.0	0.42	6CTA8.3-G2	6	8.3	8.8	24	38	2415×950×1675	1708	1670
KC200E	200	160.0	288.7	45.0										
KC200	200	160.0	288.7	45.4	0.42	6CTAA8.3-G2	6	8.3	9.7	24	40	2500×1000×1690	1840	1800
KC220E	220	176.0	317.6	51.4										
KC245	245	195.8	353.2	53.0	0.55	6LTAA8.9-G2	6	8.9	11.2	28	40	2575×1000×1800	2030	1990
KC265E	266	212.4	383.2	58.0										
KC325	325	260.0	469.1	69.0	0.68	QSM11-G2	6	10.8	24.2	36.7	37.5	3000×1310×1850	2880	2800
KC355E	358	286.0	516.0	79.0										
KC380	381	304.9	550.1	76.5	0.78	6ZTAA13-G3	6	13	30.1	45.4	73.1	3150×1360×2090	4250	4100
KC420E	423	338.6	610.9	86.9										
KC400	400	320.0	577.8	89.1	0.88	6ZTAA13-G2	6	13	30.1	45.4	73.1	3150×1360×2090	4250	4100
KC450E	450	360.0	649.5	95.8										

(续)

COOL TECM 发电机组型号	功率输出			耗油量（满载）		柴油机参数 1500r/min					机组尺寸及重量		
	kVA	kW	电流/A	柴油(L/h)	机油(L/h)	柴油机型号	气缸数量	容积/L	燃气量/(m³/min)	机油总容量/L	冷却水总容量/L	机组尺寸(L×W×H)/mm	毛重	净重
KC450	450	360.2	649.8	88.8	0.88	QSZ13-G2	6	13	30.1	45.4	75.1	3150×1360×2090	4280	4130
KC490E	494	395.4	713.3	98.7										
KC500	500	400.0	721.7	101.0	1.02	QSZ13-G3	6	13	30.2	45.4	73.1	3150×1360×2090	4280	4130
KC520E	520	416.0	750.6	105.5										
KC225	230	184.0	332.0	40.6	0.22	NT855-GA	6	14	19.4 21.1	38.6	65.8	2910×1120×1850	2666	2600
KC250E	260	208.0	375.3	45.2	0.24									
KC250	250	200.0	360.9	45.1	0.23	NT855-GA	6	14	19.4 21.1	38.6	65.8	2910×1120×1850	2766	2700
KC275E	275	220.0	396.9	52.8	0.25									
KC265	266	213.1	384.5	59.2	0.24	NTA855-G1	6	14	19.26 20.7	38.6	65.8	3080×1120×1880	3016	2950
KC290E	293	234.2	422.5	65.1	0.25									
KC285	290	232.3	419.2	61.3	0.26	NTA855-G1A	6	14	21.3 23.4	36.7	65.8	3050×1120×1880	3016	2950
KC315E	320	256.0	461.9	68.3	0.28									
KC325	325	260.0	469.1	59.3	0.28	NTA855-G2A	6	14	23.7 25.5	36.7	69.8	3050×1120×1880	3070	3000
KC358E	358	286.0	516.0	65.8	0.30									
KC350	350	280.0	505.2	64.8	0.32	NTA855-G4	6	14	24.5 26	36.7	69.8	3170×1120×2030	3170	3100
KC390E	390	312.2	563.2	74	0.37									
KC380	384	307.1	554.1	85.4	0.35	NTAA855-G7	6	14	30.6 29.1	36.7	69.8	3250×1120×2030	3270	3200
KC420E	421	336.6	607.4	94	0.4									
KC450E	450	360.0	649.5	82.8	0.41	NTAA855-G7A	6	14	30.6	36.7	68.8	3250×1120×2030	3419	3350
KC450	458	366.7	661.7	86.8	0.43	KTA19-G3	6	18.9	29.2 32	50	94	3160×1310×2020	4094	4000
KC500E	510	408.1	736.3	96	0.48									
KC500	514	411.2	741.8	96	0.48	KTA19-G4/G3A	6	18.9	31.9 34.7	50	94	3160×1310×2020	4094	4000
KC550E	578	462.5	834.4	105.6	0.52									
KC535	539	430.8	777.3	105.6	0.52	KTAA19-G5	6	18.9	41.5 43.9	50	112	3600×1650×2370	4912	4800
KC625E	637	509.4	919.0	120	0.6									
KC595	598	478.2	862.9	116.3	0.58	KTAA19-G6	6	18.9	41.5 43.9	50	120	3600×1650×2370	4920	4800
KC650E	654	523.5	944.6	128	0.64									
KC700E	702	561.9	1013.9	158.4	0.64	KTAA19-G6A	6	18.9	58.1	50	120	3600×1650×2370	4920	4800
KC750	761	608.9	1098.6	150.3	0.75	KTA38-G2	12	37.8	52.7 51	135	228	4350×1720×2450	7868	7640
KC825E	838	670.6	1210.0	166	0.83									
KC820	822	657.4	1186.1	170.4	0.84	KTA38-G2B	12	37.8	55.2 51.5	135	239	4350×1720×2450	8119	7880
KC910E	913	730.1	1317.3	187.2	0.89									
KC940	940	752.0	1356.8	169.4	0.84	KTA38-G2A	12	37.8	56.5 62.5	135	239	4350×1720×2450	8119	7880
KC1010E	1010	808.0	1457.9	179	0.89									

(续)

COOL TECM 发电机组型号	功率输出			耗油量(满载)		柴油机参数 1500r/min						机组尺寸及重量		
	kVA	kW	电流/A	柴油(L/h)	机油(L/h)	柴油机型号	气缸数量	容积/L	燃气量/(m³/min)	机油总容量/L	冷却水总容量/L	机组尺寸(L×W×H)/mm	毛重	净重
KC1020 KC1100E	1021 1110	816.9 888.0	1473.9 1602.2	190.1 197.6	0.95 0.99	KTA38-G5	12	37.8	68.4 72.8	135	245	4385×2057×2320	8345	8100
KC1250E	1264	1011.4	1824.8	256	0.63	KTA38-G9	12	37.8	78.5	135	245	4385×2057×2320	8445	8200
KC1275 KC1400E	1275 1426	1020.2 1141.1	1840.6 2058.9	274 293	0.3 0.31	KTA50-G3	16	50.3	90 99.3	176.8	297	4950×2230×2500	11297	11000
KC1390 KC1650E	1395 1650	1116.2 1320.0	2013.9 2381.6	277.8 318.3	1.25 1.43	KTA50-G8	16	50.3	99 99.3	204	360	4950×2230×2500	11360	11000
KC1500 KC1650E	1500 1660	1200.0 1328.0	2165.1 2396.1	309 345	1.3 1.45	KTA50-G58	16	50.3	94.8 99.3	204	335	4950×2230×2500	11360	11000

7. KJ 系列强鹿发动机系统集成产品

KJ 系列强鹿发动机系统如图 C-7 所示，集成产品数据资料见表 C-7。

图 C-7　KJ 系列强鹿发动机系统

表 C-7 KJ 系列强鹿发动机系统集成产品数据资料

COOL TECM 发电机组型号	功率输出			耗油量（满载）		柴油机参数 1500r/min						机组尺寸及重量		
	kVA	kW	电流 /A	柴油 (L/h)	机油 (L/h)	柴油机型号	气缸数量	容积 /L	燃气量 /(m³/min)	机油总容量 /L	冷却水总容量 /L	机组尺寸 (L×W×H)/mm	毛重	净重
KJ27	27	21.6	39.0	6.8	0.03	3029DFU29	3	2.9	1.7 1.8	6.3	14.5	1500×850×1200	750	700
KJ30E	30	24.0	43.3	8.4	0.04									
KJ40	39	31.2	56.3	8.5	0.04	3029TFU29	3	2.9	3 3.2	8.5	16	1580×850×1200	790	740
KC44E	43	34.4	62.1	9.2	0.05									
KJ63	67	53.6	96.7	16	0.07	4045TF158	4	4.5	4.4 4.6	12.2	17.5	2010×900×1450	1090	1040
KJ75E	74	59.2	106.8	18	0.09									
KJ80	79	63.2	114.0	21	0.1	4045TF258	4	4.5	5.6 6.1	12.2	25	2060×900×1450	1175	1110
KJ90E	88	70.4	127.0	23	0.11									
KJ100	98	78.4	141.5	24	0.12	4045HF158	4	4.5	6.4 7	17	25	2010×900×1450	1250	1180
KJ110E	110	88.0	158.8	26	0.13									
KJ120	119	95.2	171.8	27	0.13	6068TF258	6	6.8	6.5 7	17	26	2265×950×1685	1550	1480
KJ130E	130	104.0	187.5	30	0.15									
KJ150	155	124.0	223.7	39	0.17	6068HF158	6	6.8	9 9.8	24.6	28	2380×950×1685	1650	1580
KJ165E	172	137.6	248.3	41	0.18									
KJ180	186	148.8	268.5	42	0.2	6068HF258	6	6.8	10.7 11.5	32	32	2470×1000×1685	1750	1680
KJ200E	205	164.0	295.9	46	0.23									
KJ250	250	200.0	360.9	55	0.23	6068HFU55	6	6.8	14.5 15.4	32	39	2630×1100×1685	1830	1750
KJ275E	275	220.0	396.9	60	0.27									
KJ350	357	285.6	515.3	76	0.36	6135HF475 [C]	6	13.5	24.2 25	42	68	3040×1500×2200	3160	2960
KJ395E	395	316.0	570.2	83	0.39									
KJ400	400	320.0	577.4	85	0.38	6135HF475 [B]	6	13.5	27 28	42	68	3040×1500×2200	3160	2960
KJ445E	446	356.8	643.8	92	0.41									
KJ450	460	368.0	664.0	93	0.42	6435HF475 [A]	6	13.5	28.4 30.1	42	68	3115×1500×2200	3250	3130
KJ500E	507	405.6	731.8	103	0.46									

8. 静音型和挂车电站

静音型和挂车电站如图 C-8 所示，数据资料见表 C-8。

图 C-8 静音型和挂车电站

表 C-8 静音型和挂车电站数据资料

静音箱型号	功率范围	静音相箱外形尺寸 $(L \times W \times H)$/mm	静音机组装柜数量			底座油箱容量 L	静音机箱重量 kg	噪声等级		拖车电站型号	刹车配置	转向形式
			20GP	40GP	40HQ			dB (A) @1m	dB (A) @7m			
TC1500	7.5－11kVA	1500×830×1100	18	42	/	60	195	78	71	T1500	驻车手刹	机械拉杆转向
TC1750	14－25kVA	1750×830×1200	18	/	36	70	230	78	71	T1750		
TC2000－1	25－33kVA	2000×830×1250	7	/	28	100	275	78	71	T2000－1		
TC2000－2	KP33E	2000×830×1380	7	/	14	100	290	80	73	T2000－2		
TC2280	22－44kVA	2280×1120×1600	5	10	/	260	430	85	78	T2280		
TC2600	55－110kVA	2600×1120×1600	4	8	/	280	520	85	78	T2600		
TC2950	80－130kVA	2950×1120×1700	4	8	/	328	575	85	78	T2950	驻车手刹+液压制动	
TC3350	140－220kVA	3350×1120×1850	2	6	/	400	650	85	78	T3350		
TC3520－1	170－250kVA	3520×1120×2050	2	6	/	450	1020	85	78	T3520－1		
TC3520－2	220－275kVA	3520×1320×2050	1	3	/	550	1100	85	78	T3520－2		
TC3900－1	250－350kVA	3900×1320×2200	1	3	/	610	1215	85	78	T3900－1		
TC3900－2	330－400kVA	3900×1440×2200	1	3	/	660	1285	85	78	T3900－2		
TC4320－1	290－500kVA	4320×1440×2200	/	1	2	750	1360	88	81	T4320－1	驻车手刹+气刹	转盘转向
TC4320－2	400－550kVA	4320×1440×2400	/	/	2	750	1410	88	81	T4320－2		
TC4580	450－650kVA	4580×1660×2400	/	/	2	970	1535	88	81	T4580		
TC4920	625－750kVA	4920×1800×2500	/	/	2	1160	1745	88	81	T4920		
TC5320	735－820kVA	5320×1900×2500	/	/	2	1250	2000	88	81	T5320		

9. 高压机组

发动机为康明斯、三菱或 MTU，配套发电机为斯坦福（其他品牌可选）。

高压机组如图 C-9 所示。数据资料见表 C-9。

图 C-9 高压机组

表 C-9 高压机组数据资料

COOLTECM 发电机组型号	功率输出 kVA	功率输出 kW	电流 /A	耗油量(满载) 柴油 (L/h)	耗油量(满载) 机油 (L/h)	柴油机型号	气缸数量	容积 /L	燃气量 /(m³/min)	机油总容量 /L	冷却水总容量 /L	机组尺寸 (L×W×H)/mm	毛重	净重
KC1900H	1896	1516.8	104.3	363	0.55	QSK60G3	16	60.2	135	280	422	5750×2250×2730	17422	17000
KC2100EH	2104	1683.2	115.7	404	0.58									
KC2000H	2034	1627.2	111.8	394	0.55	QSK60G4	16	60.2	144	280	422	5875×2250×2730	17622	13200
KC2250EH	2253	1802.4	123.9	437	0.58									
KC2250H	2250	1800.0	123.7	399	0.55	QSK60G21	16	60.2	154	280	579	5940×2600×2730	18079	17500
KC2500EH	2536	2028.8	139.4	523	0.58									
KC2750H	2662	2129.6	144.4	528	0.62	QSK78G9	18	77.6	193	466	620	6580×2600×2730	20420	19800
KC3000EH	2938	2350.6	161.6	569	0.68									
KM1735H	1738	1390.4	95.6	333	1.25	S16R-PTA	16	65.37	120	230	350	5470×2200×2010	6150	15000
KM1900EH	1904	1523.2	104.7	400	1.37									
KM1900H	1094	1515.2	104.1	380	1.38	S16R-PTA2	16	65.37	143	230	445	5440×2200×2810	16545	16100
KM2100EH	2083	1666.6	114.5	460	1.52									
KM2000H	2018	1614.4	1110	420	1.44	S16R-PTAA2	16	65.37	159	230	400	5700×2392×2010	16900	16500
KM2250EH	2269	1815.2	124.8	472	1.63									
KM2250H	2276	1820.8	125.2	473	1.3	S16R2-PTAW	16	79.9	188	290	500	6075×2200×2566	17500	17000
KM2500EH	2521	2016.8	138.6	525	1.4									
KU2100H	2101	1680.8	115.5	401.7	1.21	16V4000G23	16	76.3	130	300	508	6050×2200×2500	17000	16500
KU2300EH	2300	1840.8	126.5	444.4	1.21									
KU2250H	2209	1831.2	125.9	424.3	1.27	16V4000G63	16	76.3	138	300	512	6050×2200×2580	17000	16500
KU2500EH	2553	2042.4	140.4	201.2	1.5									
KU2580H	2579	2063.2	141.8	496.9	1.49	20V4000G23	20	95.4	162	390	588	7100×2510×3350	22100	21500
KU2825EH	2838	2270.4	156.3	546.2	1.52									
KU2010H	2819	2255.2	155.0	510	1.61	20V4000G63	20	95.6	180	390	411	7100×2510×3250	22100	21500
KU3110EH	3114	2491.2	171.2	603.1	1.8									
KU3020H	3024	2419.2	166.3	550	1.913	20V4000G63L	20	95.4	190	390	611	7100×2510×3250	22100	21500
KU3330EH	3330	2664.0	102.1	637.8	1.913									
KP1840H	1842	1473.6	101.3	389	1.710	4016TAG1A	16	61.1	145	237.2	316	5600×2292×3150	15316	15000
KP2020EH	2023	1618.6	111.2	430.0	1900									
KP2050H	2050	1640.0	112.7	447	1.950	4016TAG2A	16	61.1	145	237.2	316	5720×2792×3150	15316	15500
KP2250EH	2250	1000.0	123.7	488.0	2.170									
KP2250H	2250	1800.0	123.7	473	1.100	4016-61TRG3	16	61.1	175	213	492	5720×2792×3150	16692	16200
KP2500EH	2500	2000.0	137.5	528.0	1.200									

10. 方舱和集装箱机组

方舱和集装箱机组如图 C-10 所示，数据资料见表 C-10。

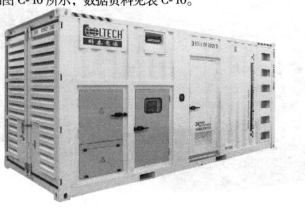

图 C-10 方舱和集装箱机组

表 C-10 方舱和集装箱机组数据资料

集装箱规格	机箱尺寸 ($L \times W \times H$)/mm	机箱重量 kg	功率范围	降噪效果 @1m	降噪效果 @7m	备注
20′标柜（20GP）	6058×2438×2591	3600	630–1250kVA	88	80	
20′高柜（20HQ）	6058×2438×2896	4000	1000–1650kVA	88	80	
30′标柜（30GP）	9125×2438×2591	6000	630–1250kVA	82	75	
30′高柜（30HQ）	9125×2438×2896	6600	1000–1650kVA	82	75	
40′高柜（40HQ）	12192×2438×2896	7000	1710–2500kVA	88	80	
40′高柜（40HQ）	12192×2438×2896	8000	1890–3300kVA	88	80	远置上排风水箱

方舱电站箱号	机箱尺寸 ($L \times W \times H$)/mm	机箱重量 T	功率范围	降噪效果 @1m	降噪效果 @7m	备注 进排风降噪型式
K07–B12000–0A	12000×3000×3300	12	700–1400kVA	75	68	降噪箱
			1375–2035kVA	85	78	降噪箱
			1710–3300kVA	95	88	吸音挡板
K07–B13500–0A	13500×3000×4500	16	1360–2035kVA	75	68	降噪箱
			1710–3300kVA	85	78	降噪箱
K07–B15000–0A	15200×3200×4900	21	1710–3300kVA	75	68	降噪箱

11. 汽车电站

汽车电站如图 C-11 所示，数据资料见表 C-11。

图 C-11 汽车电站

表 C-11 汽车电站数据资料

序号	汽车品牌	底盘型号	排放	总质量	电源车外形尺寸 $(L \times W \times H)$/mm	整备质量 /kg	功率范围	噪声 dB/A /1m	噪声 dB/A /1m
庆铃国Ⅳ底盘车配置									
1	庆铃 Oing Ling	OL10703KARY	国Ⅳ China Ⅳ Vehiche	7300	6790×1899×2785	7170	55~200kVA	80	73
2	庆铃 Qing Ling	OL11009MARY	国Ⅳ China Ⅳ Vehiche	10000	8200×2450×3500	9805	200~675kVA	80	73
3	庆铃 Qing Ling	OL11409QFR	国Ⅳ China Ⅳ Vehiche	14000	9650×2490×3500、3670	13805	290~710kVA	80	73
4	庆铃 Qing Ling	OL116090FRY	国Ⅳ China Ⅳ Vehiche	16000	9650×2500×3500、3670	15805	290~725kVA	80	73
5	庆铃 Qing Ling	OL1250DTFZY	国Ⅳ China Ⅳ Vehiche	25000	11900×2500×3950	24805	665~1160kVA	85	78
东风国Ⅴ底盘车配置									
6	东风 Dong Feng	DFL1120B21	国Ⅴ Chins Ⅴ Vehiche	12000	8450×2500×3550	10.495	275~500kVA	80	73
7	东风 Dong Feng	DFL5160XXYBX2V	国Ⅴ China Ⅴ Vehiche	16000	9870×2500×3860	14.495	290~725kVA	80	73
8	东风 Dong Feng	DFL1250A13	国Ⅴ China Ⅴ Vehiche	25000	10870×2500×3960	24805	665~1160kVA	85	73
江铃国Ⅴ底盘车配置									
9	江铃 Jiang Ling	JX104ITG25	国Ⅴ China Ⅴ Vehiche	4495	5995×2018×2990	4365	10~33kVA	75	68
10	江铃 Jiang Ling	JX1061TG25	国Ⅴ China Ⅴ Vehitle	5880	5995×2018×2990	5750	30~110kVA	75	68
依维柯国Ⅴ底盘车配置									
11	依维柯 lveco	NJ1055DJC	国Ⅴ Chins Ⅴ Vehiche	5200	6940×2000×2850	5005	10~33kVA	75	68

参 考 文 献

[1] 许乃强,陶东明. 威尔信柴油发电机组 [M]. 北京:机械工业出版社,2006.
[2] 王维俊,等. 高速发电机系统理论与技术 [M]. 北京:科学出版社,2010.
[3] 石楚生. 进口汽油发电机组原理、结构与维修技术 [M]. 北京:电子工业出版社,1998.
[4] J. F. Dagel, R. N. Brady. 柴油机燃油系统结构及维修 [M]. 司利增,译. 北京:电子工业出版社,2004.
[5] 李铁军. 柴油机电控技术实用教程 [M]. 北京:机械工业出版社,2013.
[6] 唐开元,欧阳光辉. 高等内燃机学 [M]. 北京:国防工业出版社,2010.
[7] 徐家龙. 柴油机电控喷油技术 [M]. 北京:人民交通出版社,2004.
[8] 军奇. 柴油发电机组实用技术技能 [M]. 北京:机械工业出版社,2006.
[9] 杨贵恒等. 柴油发电机组技术手册 [M]. 北京:化学工业出版社,2015.
[10] 苏石川. 现代柴油发电机组的应用与管理 [M]. 北京:化学工业出版社,2005.
[11] 马大猷. 噪声与振动控制工程手册 [M]. 北京:化学工业出版社,2002.
[12] 许乃强. 电子喷射技术在现代柴油发电机组中的应用 [J]. 移动电源与车辆,2002 (2).
[13] 许乃强. 天然气发电机组热电联产 [J]. 电源技术应用,2003 (10).
[14] 许乃强. 天然气发电机组热电联产——种能源利用的有效形式 [J]. 移动电源与车辆,2003 (3).
[15] 许乃强. 柴油发电机自动控制系统的应用 [J]. UPS 应用,2004 (6).
[16] 庄衍平. 防音型柴油发电机组的噪声控制 [J]. 电源世界,2001 (5).
[17] 庄衍平. 柴油发电机组机房的低噪声设计 [J]. 通信电源技术,2002 (1).
[18] 庄衍平,等. 一种内装式电动电缆绞盘 [J]. 移动电源与车辆,2004 (2).
[19] 庄衍平,等. 一种核安全级柴油发电机组 [J]. 移动电源与车辆,2006 (4).
[20] 蔡行荣,等. 柴油发电机组机选型细则 [J]. 通信电源技术,2007 (5).
[21] 蔡行荣,等. 核安全级柴油发电机组的抗震试验 [J]. 移动电源与车辆,2007 (2).
[22] 庄衍平,等. 一种组合式低噪声方舱电站 [J]. 移动电源与车辆,2008 (2).
[23] 庄衍平. 通信基站用环保低噪声柴油发电机组 [J]. 邮电设计技术,2008 (11).
[24] 蔡行荣,等. 低噪声车载电站的设计与选型 [J]. 通信电源技术,2008 (3).
[25] 蔡行荣,等. 低噪声柴油发电机组的结构设计 [J]. 通信电源技术,2009 (3).
[26] 杨少琴,等. 低噪声机房典型方案分析 [J]. 移动电源与车辆,2010 (2).
[27] 杨少琴. 低噪声柴油发电机房的设计 [J]. 机电工程技术,2010 (12).
[28] 庄衍平,等. 低噪声内燃机电站的设计 [J]. 电信技术,2014 (12).
[29] 刘苗青,等. 大型 IDC 备用电源的设计与选型探讨 [J]. 电信技术,2014 (8).
[30] 田智会,等. 适用于极寒地域运行及运输的箱式柴油发电机组 [J]. 机电工程技术,2016 (4).
[31] 苏成,等. 核电厂中压移动电源系统设计研究 [J]. 移动电源与车辆,2016 (1).
[32] 田智会,等. 电动汽车应用于通信基站应急供电 [J]. 通信电源技术,2016 (2).
[33] 田智会,等. 通信基站应急供电用高压直流柴油发电机组 [J]. 通信电源技术,2016 (6).
[34] 王斌,等. 增程型电动汽车的增程器系统控制优化与实验研究 [J]. 汽车工程,2015 (4).
[35] 潘国胜,等. 科泰柴油发电机组加装低温冷启动自动控制装置 [J]. 视听,2011 (6).
[36] 吕良,等. 核应急柴油发电机组的设计 [J]. 内燃机,2011 (4).
[37] 叶晓丽,等. 核电站水压试验泵柴油发电机组设计 [J]. 科技传播,2014 (9).
[38] 李宏亮. 附加柴油发电机在核电站中的应用 [J]. 广东电力,2000 (2).
[39] 李海冰,等. 二代加与三代核电机组各类柴油发电机比较 [J]. 硅谷,2015 (3).
[40] 陈国宇. 6MW 核级应急柴油发电机组的国产化 [J]. 核电工程与技术,2011 (1).
[41] 阮阳,等. 移动式应急柴油发电机组在核电厂的应用探析 [J]. 电力电气,2014 (6).